Stefan Höltgen (Hrsg.)
**Medientechnisches Wissen**
De Gruyter Studium

# Weitere empfehlenswerte Titel

*Medientechnisches Wissen*
Herausgegeben von Stefan Höltgen
*Band 2: Informatik, Programmieren, Kybernetik*
Thomas Fischer, Thorsten Schöler, Johannes Maibaum,
Stefan Höltgen, geplant für 2026/27
ISBN 978-3-11-117951-3, e-ISBN (PDF) 978-3-11-118035-9
*Band 3: Mathematik, Physik, Chemie*
Bernd Ulmann, Martin Wendt, Ingo Klöckl, geplant für 2026/27
ISBN 978-3-11-117966-7, e-ISBN (PDF) 978-3-11-118024-3
*Band 4: Elektronik, Elektronikpraxis, Computerbau*
Henry Westphal, Malte Schulze, Mario Keller, Thomas Fecker, 2023
ISBN 978-3-11-058179-9, e-ISBN (PDF) 978-3-11-058180-5

*Mediendidaktik*
*Lernen in der digitalen Welt*
Michael Kerres, 2024
ISBN 978-3-11-120073-6,
e-ISBN (PDF) 978-3-11-120107-8

*Angewandte Differentialgleichungen Kompakt*
*Festigkeits- und Verformungslehre, Baudynamik, Wärmeübertragung,*
*Strömungslehre, Grenzschichttheorie*
Adriano Oprandi, 2025
ISBN 978-3-11-134508-6, e-ISBN (PDF) 978-3-11-134576-5

*Physik im Studium – Ein Brückenkurs*
Jan Peter Gehrke, Patrick Köberle, 2021
ISBN 978-3-11-070392-4,
e-ISBN (PDF) 978-3-11-070393-1

*Bühnentechnik*
*Mechanische Einrichtungen*
Bruno Grösel, 2022
ISBN 978-3-11-077586-0,
e-ISBN (PDF) 978-3-11-077600-3

Stefan Höltgen, Horst Völz, Guido Nockemann

# Medien-technisches Wissen

Band 1: Logik, Informations- und Speichertheorie, Archäologie

Herausgegeben von Stefan Höltgen

**DE GRUYTER**
OLDENBOURG

**Herausgeber:**
Dr. Dr. Stefan Höltgen
Universität Bonn
Abteilung Medienwissenschaft
Lennéstraße 1
53113 Bonn
stefan.hoeltgen@uni-bonn.de

ISBN 978-3-11-103622-9
e-ISBN (PDF) 978-3-11-103654-0
e-ISBN (EPUB) 978-3-11-103714-1

**Library of Congress Control Number: 2024950601**

**Bibliografische Information der Deutschen Nationalbibliothek**
Die Deutsche Nationalbibliothek verzeichnet diese Publikation in der DeutschenNationalbibliografie;
detaillierte bibliografische Daten sind im Internet über http://dnb.dnb.de abrufbar.

www.degruyter.com
Questions about General Product Safety Regulation:
productsafety@degruyterbrill.com

# Inhalt

## Teil II:  Informations- und Speichertheorie (Horst Völz)

## Teil III:  **Archäologie (Guido Nockemann)**

# Vorwort

In den Händen halten Sie die zweite Auflage des ersten von vier Bänden der Lehrbuchreihe „Medientechnisches Wissen", die zuerst zwischen 2017 und 2022 am Institut für Musikwissenschaft und Medienwissenschaft der *Humboldt-Universität zu Berlin* und in Zusammenarbeit mit Wissenschaftlern unterschiedlichster Fachrichtungen aus ganz Deutschland entstanden sind.

Die Reihe gründet auf der Lehrerfahrung im Fach Medienwissenschaft und der Tatsache, dass eine techniknahe Medienwissenschaft ständig mit Texten, Dokumenten (Schaltplänen, Programmcodes, …) und technischen Artefakten konfrontiert ist, deren Verständnis Voraussetzung für ihre theoretische und epistemologische Einordnung ist. Im Zuge der sukzessiven Verbreitung der Theorien und Methoden der Medien- und Computerarchäologie im deutschen wie internationalen Forschungsdiskurs scheint es daher an der Zeit, die bereits praktizierte Interdisziplinarität innerhalb der medienwissenschaftlichen Diskurse auf eine solide Grundlage zu stellen, damit sowohl Medienwissenschaftler:innen als auch Studenten:innen der Medienwissenschaft informiert an diesen Diskursen partizipieren können.

Hierzu werden in der Lehrbuchreihe insgesamt zwölf konzise Einführungen in unterschiedliche Fachdisziplinen angeboten, welche die Leser:innen mit einer Lese- und damit Verstehenskompetenz für die Themen der jeweiligen Fachdisziplinen ausstatten. Es handelt sich dabei um Logik, Informations- und Speichertheorie sowie Archäologie, (Band 1), Kybernetik, Informatik, Programmierlehre (Band 2), Mathematik, Physik, Chemie (Band 3) sowie Elektronik, Elektronikpraxis und Computerbau (Band 4). Diese Themen werden dabei aus der Perspektive ihrer medientechnischen Anwendung vorgestellt – anhand konkreter Apparate, Prozesse und in Hinblick auf medientheoretische und -epistemologische Fragestellungen.

Die jeweiligen Autor:innen führen leicht verständlich in ihre Disziplinen ein (Voraussetzung ist lediglich das Abiturwissen des jeweiligen Gebietes, sofern es zum schulischen Curriculum gehört), erläutern deren Fachterminologien sowie (notwendige) Formalisierungen und bieten – wo dies möglich ist – Experimente, Übungen und Vorschläge für vertiefende Lektüren an. Die einzelnen Kapitel sind damit sowohl für das Selbststudium geeignet als auch als Grundlage für einsemestrige Einführungsveranstaltungen im Grundstudium der Medienwissenschaft.

Die Auswahl der Autor:innen richtet sich dabei zuvorderst nach ihrem Fachgebiet und der Erfahrung, die diese in der Forschung und Lehre desselben besitzen. So werden die Einführungen in die Chemie der Medien von einem Chemiker, die Einführungen in die Facharchäologie von zwei Archäolog:innen und so weiter realisiert. Dort, wo keine eigene Fachdisziplin (im Sinne eines Studiengangs) existiert, wie bei der Kybernetik oder der Speichertheorie, wurden Fachleute, die sich in ihrer wissenschaftlichen Forschung und Lehre zentral mit diesen Themengebieten beschäftigen, eingeladen. Aufbau und Stil jedes Kapitels richten sich weitgehend nach den Vorstellungen des jeweiligen Autors,

https://doi.org/10.1515/9783111036540-202

sodass die Individualität der Autor:innen in der Perspektive auf ihre Disziplin erhalten bleibt und der Stil des jeweiligen Fachgebietes für beim Lesen und Lernen zugleich erfahrbar wird. Durch Querverweise (die römischen Ziffern geben dabei den Teilband an) werden, wo möglich, Bezüge zwischen den Kapiteln eines Bandes oder der anderen Bände hergestellt.

Der erste Band widmet sich den Disziplinen Logik, Informations- und Speichertheorie sowie der Facharchäologie. Im Geleitwort zur Reihe stellt der Medientheoretiker Wolfgang Ernst die medienwissenschaftliche Begründung des Projektes vor und zeigt die doppelseitigen Beziehungen zwischen den techno-mathematischen Methoden der Medienarchäologie und dem medienbasierten Arbeiten der MINT-Wissenschaften auf. Er weist darauf hin, dass insbesondere im hochtechnischen Zeitalter eine Geistes- und Kulturwissenschaft, die sich mit *Medien als Gegenstand* beschäftigt, nicht ohne fundiertes technisches Wissen dieses Gegenstandes auskommen kann. Und insbesondere dann, wenn die jeweilige Disziplin in das Stadium der *Digital Humanities* übertritt und Medientechnologien noch mehr als zuvor Teil an der Wissensgenerierung nehmen, wird eine Reflexion der Werkzeuge, die „an den Gedanken mitschreiben", (Nietzsche) unabdingbar.

Im darauf folgenden Logik-Teilband stellt Stefan Höltgen den Weg der Logik als Instrument der Analyse von Aussagen von der Antike (die Logik Aristoteles) über die klassische moderne Logik (nach Frege u. a.) bis zur Mathematisierung und „Technisierung" durch Boole, Shannon und deren Anwendungen in der Digitaltechnik dar. Die unterschiedlichen Logiken werden dabei in ihrer jeweilig tradierten Formelsprache vorgestellt. Die Frage, wie und womit Computer rechnen können, stellt dabei den Ausgangspunkt dar, der in einer Darstellung der schaltungslogischen Prozesse innerhalb von Mikroprozessoren kulminiert. Neben Anwendungen aus der formalen Logik, der Schaltungslogik und der Digitaltechnik werden Experimente zur Logik-Programmierung vorgestellt, die ihre Fortsetzung in Band 2 und Band 4 der Lehrbuchreihe (in den Kapiteln zur Informatik und Programmierlehre sowie Computerbau) erfahren.

Im Logik-Teilband werden Programme zum Abtippen als Experimente angeboten. Diese sind in den Programmiersprachen C und Assembler (MOS 6502) angegeben. Letztere Sprache wird auf dem Selbstbaucomputer MOUSE verwendet, der in Band 4 der Reihe vorgestellt wird. Die Experimente können ebenso im Emulator „MOUSE2Go"[1] dieses Computers verwenden. Sie können für den Assembler als Plattform einen Arduino-Computer (mind. Version Uno) verwenden. Die C-Programme lassen sich für alle gängigen Betriebssysteme kompilieren.

Der renommierte Speicher- und Informationstheoretiker Horst Völz fügt die beiden Teilgebiete der angewandten Physik und Elektrotechnik in diesem Lehrbuch erstmals zusammen. Im Kapitel über die Informationstheorie stellt er Claude Shannons klassisches Modell und dessen Folgen für die Entwicklung der Informationstheorie vor, bevor er, basierend auf seinen eigenen Arbeiten, eine Systematisierung derselben vornimmt.

---

1 Die jeweils aktuelle Version findet sich unter: https://github.com/mkeller0815/MOUSE2Go

Die Kodierung, Dekodierung und Komprimierung von Information wird dann anhand bekannter Verfahren und Algorithmen vorgestellt, um von dort aus die Frage nach der Speicherung von Information zu stellen. Im Speicher-Kapitel stellt der Autor die Geschichte und Systematik unterschiedlicher Speicher sowie deren physikalische Eigenschaften und technische Implementierungen vor, die er zum Schluss in Fragen der menschlichen und kulturellen Speicherung von Informationen einmünden lässt. Insbesondere die seit langem irreführende Verwendung von Begriffen wie „analog", „digital", „Entropie", „Information" und anderer wird vom Autor durch trennscharfe Definitionen hinterfragt.

Im dritten Teilband „Archäologie" stellt Guido Nockemann die Geschichte und Systematik dieser Disziplin unter besonderer Berücksichtigung ihrer Beziehungen zu Medien dar. Hierbei werden die unterschiedlichen Archäologie-Begriffe (wie sie in der Facharchäologie, Diskursarchäologie, Medien- und Computerarchäologie verwendet werden) in ihren Unterschieden und Gemeinsamkeiten gezeigt. Dass zentrale Artefakte der menschlichen Kultur inzwischen auch Medienobjekte sind, wird dabei ebenso gezeigt, wie die Tatsache, dass Medientechnologien in der archäologischen Forschung eine zentrale Rolle bei der Analyse, Verarbeitung und Speicherung wissenschaftlicher Daten einnehmen.

## Zur zweiten Auflage

Für die zweite Auflage dieses ersten Bandes wurden die Kapitel noch einmal kritisch durchgesehen, verbliebene Fehler korrigiert und stellenweise Ergänzungen vorgenommen. Diese betreffen vor allem den Teilband Informations- und Speichertheorie, für dessen Überarbeitung Host Völz seine aktuellen Überlegungen zu einer Taxonomie von Informationen beigesteuert hat. Die größte Änderung betrifft den neu hinzugekommenen Teilband „Archäologie für Medienwissenschaftler". Damit rückt der erste Teilband in inhaltlichem wie quantitativem Umfang zu den Nachfolgebänden auf. Ich danke an dieser Stelle allen Autor:innen, Unterstützer:innen, Rezensent:innen, Hinweisgeber:innen sowie dem De-Gruyter-Verlag bei der Mithilfe an dieser zweiten Auflage des ersten Bandes der Reihe „Medientechnisches Wissen".

Kassel im Frühjahr 2025
*Stefan Höltgen*

# Das Wissen von Medien und seine techno-logische Erdung

Zum Geleit

*Wolfgang Ernst*

## Wissensbedingungen einer techniknahen Medienwissenschaft

Medienwissenschaft stellt nicht schlicht einen interdisziplinären Versammlungsort dar, an dem sich verschiedene Fächer zusammenfinden, um „die mediale Frage zu klären" (Schröter 2014:1)[1]; vielmehr bildet sie selbst – im fachbewussten Singular – eine disziplinäre Matrix aus, von der aus in Dialogen das Verhältnis zu sachverwandten Disziplinen präzisiert wird. Damit stellt sich die Gretchenfrage, welche denn diese Nachbardisziplinen sind. Im Unterschied zu Publizistik, Mediensoziologie und Kommunikationswissenschaft, welche kritische Massenmedienwirkung bis hin zu den sogenannten „Sozialen Medien" in der Epoche mobiler Kommunikation betreiben, und in Ausdifferenzierung gegenüber den diskursorientierten cultural studies oder kulturwissenschaftlich orientierten Forschungen zum Verhältnis von Technik und Gesellschaft, ist der Lackmustest für eine wirklich techniknahe Medienwissenschaft die Frage, wie sie es mit dem technomathematischen Grundlagenwissen über jene Medienwelten hält, die ebenso die Gegenstände (hochtechnische Kommunikationsmedien) wie die apparativen Methoden ihrer Wissenschaft (etwa die Magnetbandaufzeichnung als Bedingung von Radio-, Film- und Fernsehanalyse) bilden.

Letztendlich zielt akademische Medienwissenschaft in Lehre und Forschung, die – anders als etwa Ingenieurswissenschaften oder Informatik – an der Philosophischen Fakultät angesiedelt ist, auf die erkenntnisgeleitete theoretische und kulturelle Reflexion ihrer Gegenstände. Doch bevor Erkenntnisfunken aus der Analyse von Medienrealitäten gewonnen werden können, bedarf es (so die Grundannahme des vorliegenden Lehrbuchs) der Kenntnis ihrer existentiellen Grundlagen und technischen Funktionen. Während Handbücher ihren Schwerpunkt auf den Gegenwartsbezug legen, „den Stand der Dinge zu einem bestimmten Zeitpunkt gleichsam zu arretieren versuchen" (Schröter 2014:6), bezieht das vorliegende Lehrbuch gleichzeitig kulturhistorische, erkenntniswissenschaftliche und gar medienarchäologische Dimensionen mit ein.

In fröhlicher Interdisziplinarität eingebettet, würden die Grenzen der Medienwissenschaft verschwimmen. Das vorliegende Lehrbuch entscheidet sich daher dezidiert für eine Einführung in jene Wissensgebiete, die für Studierende und Forschende der

---

1 Siehe demgegenüber Wolfgang Ernst (2011).

https://doi.org/10.1515/9783111036540-001

Medienwissenschaft – sofern sie in Geistes- und Kulturwissenschaften hermeneutisch ausgebildet wurden – gemeinhin die unerbittlichste Herausforderung darstellen, weil das entsprechende Abiturwissen schon weitgehend verfallen ist. Die Archäologie (Band 4) zum Beispiel ist nicht auf ausgrabende Disziplinen im manifesten Sinne reduziert, sondern bezieht auch die medientheoretisch relevante Neuformulierung als Wissensarchäologie (Foucault 1973) bis zur Medienarchäologie (Parikka 2012) mit ein. Fach-Archäologie als altertumswissenschaftliche Disziplin ist mit den kulturtechnischen Vorläufern hochtechnischer Hard- und Software vertraut: als Funde materieller Artefakte wie etwa Keramik und Grundmauern, oder Schriftstücke als symbolisch kodierte Datenträger.

Aufgabe des akademischen Fachs Medienwissenschaft ist es, über den Rand der geisteswissenschaftlichen Fächer, also über den Verbund aus historischen, kulturwissenschaftlichen und philologischen Disziplinen hinaus, das Wissen der ingenieurs-, informations- und naturwissenschaftlichen Disziplinen mit einzubeziehen. Medientheorie wird auch in anderen Wissenschaften als der Medienwissenschaft produziert (etwa in der Physik von Luft und Wasser); die Kunst liegt nun darin, die genauen Schnittstellen zur Medienwissenschaft herauszudestillieren. Medienwissenschaft macht für die Geistes- und Kulturwissenschaften (humanities) erkenntnistheoretisch explizit, was in den exakten Wissenschaften (sciences) als Bedingung von Medienprozessen ins technische Werk gesetzt wird. Dies zu vermitteln erfordert einen Balanceakt zwischen Expertenwissen und einem wohlverstandenen technischen Dilettantismus.

„Das Wesen des Technischen ist nichts Technisches" (Heidegger 1959), doch es unterscheidet die Medienwissenschaft von den spekulativen Disziplinen, dass es ihre Protagonisten tatsächlich gibt. Techniknahe Medienwissenschaft ist weder rein philosophisch noch rein mathematisch-naturwissenschaftlich definiert, sondern dazwischen oder quer dazu. Die Ausdifferenzierung techniknaher Medien- gegenüber Kulturwissenschaft ist in jenen Momenten fassbar, wo zugespitzt körpergebundene oder -extendierende Kulturtechniken zu Techniken eskalieren, die sich der unmittelbaren menschlichen Verfügung und Handhabbarkeit entziehen, wie etwa die Photographie jenseits der malerischen Hand (Henry Fox Talbots Argument). Über die strikt objektimmanente Epistemologie technischer Artefakte hinaus verlangt Medienwissenschaft eine Verhältnisanalyse bisheriger Kulturtechniken zu der Rolle volltechnischer Objekte darin; etwa die Transformation (oder der Bruch) von oraler Poesie durch ihre alphabetische Aufzeichnung (Kulturtechnik Schrift) und die epistemologische Wandlung durch phonografische Aufzeichnung, bis hin zur Rekursion der altgriechischen Einheit mathematischer, prosodischer und musikalischer Notation im Vokalalphabet in Form des alphanumerischen Codes zur Steuerung logischer Maschinen.

Eine techniknahe akademische Medienwissenschaft setzt sich dabei der beständigen Gefahr und Kritik aus, notwendig in einem fröhlichen Halbwissen auf technomathematischem Terrain gegenüber den eigentlichen MINT-Fächern Mathematik, Informatik, Naturwissenschaften und Technik zu verbleiben. Von daher leistet dieses Lehrbuch Hilfestellungen, Medienwissen soweit aufzurüsten, dass ein Gespräch mit den Fachvertretern ebenso möglich ist wie eine entsprechende Interaktion mit den technischen Medien selbst – vom Löten bis zum Programmieren.

## Die medienarchäologische Perspektive

Viele der aktuellen Methoden von Medienwissenschaft sind in hohem Maße benachbarten kulturwissenschaftlichen und philologischen Fächern entliehen. Medienarchäologie als spezifische Form von Medienwissenschaft hingegen orientiert sich an technikphilosophischer Epistemologie einerseits, ebenso notwendig jedoch auch an den sogenannten MINT-Fächern. Voraussetzung dafür ist die Entschlossenheit, den Begriff der Medien nicht bis zur Unkenntlichkeit zu relativieren oder gar als rein diskursives Produkt zu dekonstruieren, sondern die Anerkenntnis, dass es Medien in einem technischen Sinne gibt. Als Marshall McLuhan das Medienverstehen erstmals in den Rang eines Buchtitels erhob, meinte dies weder die fünf natürlichen Elemente noch spiritistische Erscheinungen; vielmehr war dies eine akademische Antwort auf die Herausforderung, die sich der Gesellschaft durch die Wirkungsmacht vornehmlich elektronischer Medien (Radio und Fernsehen) stellte und sich seitdem in fortwährenden Transformationen weiterhin stellt – auch wenn die konkrete Form der Signalverarbeitung längst von der analogen zur digitalen geworden ist. Der Gegenstand einer in diesem Sinne wohldefinierten Medienwissenschaft sind dementsprechend hochtechnische, nunmehr techno-mathematische Objekte.

Radikale Medienarchäologie sucht den Wurzeln der Medienkultur auf die Spur zu kommen; sie konzentriert sich daher auf das technologische Artefakt als Hard- und Software: Materialitäten und logische Maschinen. Aus deren vertrauter Kenntnis schlägt sie Erkenntnisfunken und speist diese auch jenseits des MINT-Fachwissens wieder in den kulturellen und wissenschaftlichen Diskurs ein – als positives (kreatives) oder negatives (kritisches) Feedback. Diese Blickweise ist strikt objektorientiert und schreibt den Artefakten eine eigenständige Handlungslogik und -mächtigkeit zu. Obgleich technische Produkte menschlicher Kultur, ist doch der Mensch hier nicht alleine Herr des Geschehens, sondern fügt sich der Logik des Artefakts (Simondon 2012).

Ebenso, wie die traditionellen archäologischen Fächer (Ur- und Frühgeschichte, Klassische Archäologie et al.) sich zunehmend durch naturwissenschaftliche Praktiken auszeichnen,[2] steht auch einer Wissensarchäologie hochtechnischer Medien die Nähe zu den MINT-Fächern an; dies ist nicht nur aus handwerklichen, sondern auch aus erkenntnistheoretischen Gründen gegeben. So wurde beispielsweise die Turing-Maschine als Urszene digitaler Computerwelten 1936 nicht etwa als Verbesserung kommerzieller

---

2 „Es ist zumindest mehr als klar, daß die Archäologie im wachsenden Maße [...] die Methodik der Naturwissenschaften übernimmt." (Wheeler 1960:10).

Rechenmaschinen, sondern als Antwort auf ein metamathematisches Problem (das „Halteproblem") skizziert.

Doch die meisten geisteswissenschaftlich ausgebildeten Lehrenden und Studieren-den der Medienwissenschaft haben Schwierigkeiten, sich in die Mathematik, Physik und Informatik hochtechnischer Medien einzuarbeiten. Dieses Wissen zugleich grundlegend und exemplarisch zu bündeln, ist der Anspruch dieses Lehrbuchs. Auf einer mittleren techno-mathematischen Ebene stellt es Grundlagenwissen für Medienwissenschaft be-reit. Erkenntniswissenschaftlichen Mehrwert aus technischem Wissen zu erarbeiten, ist Aufgabe der akademischen Medienwissenschaft. Dahinter muss auch für Geistes- und Kulturwissenschaftler die Bereitschaft stehen, sich unermüdlich um gezielte technische Kompetenz zu bemühen. Im Sinne einer wirklichen Medienphilologie bedarf die gezielte Analyse medientechnischer Sachverhalte eines close readings; Fundament dafür ist ei-ne trittfeste Kenntnis elektronischer Bauelemente und mathematischer Formalismen. Nur so lassen sich etwa aktuelle Praktiken der Datenkomprimierung in Bild- und Klang-geräten und ihre Systematisierung zu kybernetischen Systemen namens „Social Web" verstehen.

## Wie halten wir es mit der Mathematik?

Grenzgänge zwischen dem Diskursiven und dem Non-Diskursiven sind Anspruch und Ri-siko der techno-mathematischen und epistemologischen Ausbildung von Medienwissen-schaft. Der Balanceakt, ein ansatzweise hinreichendes Maß an mathematischer Kenntnis damit zu verknüpfen, findet sich im Vorwort zu einem Klassiker der Nachrichtentheorie formuliert, in der Monografie Phänomene der Kommunikation von John R. Pierce (im amerikanischen Originaltitel besser: Symbols, Signals and Noise). Pierce widmet fast sein gesamtes Vorwort dem Problem der mathematischen Darstellung für nicht-geschulte Leser: „Ich musste zwar weitgehend auf mathematische Formulierungen verzichten, konnte aber doch nicht ganz ohne Mathematik auskommen, da die Informationstheorie eine rein mathematische Theorie ist" (Pierce 1965:9). Und für das erste aus dem Geist der mathematischen Theorie geborene Medium, den Computer (als Turing-Maschine), gilt dies allemal. Pierce beschreibt die Lösung des Problems: „Sämtliche mathematischen Formulierungen müssen in elementarer Form erläutert werden" (Pierce 1965:10).

Lehre und Studium von Mediendiskursen und Mediengeschichte verführen bisweilen dazu, die Gegenstände ohne materialnahe Kenntnisse auf der Ebene ihrer Inhalte zu verhandeln. Um im Sinne Marshall McLuhans jedoch die wesentliche Botschaft des jeweiligen Mediums überhaupt erst bewusst zu vernehmen und analytisch zu erfassen, bedarf es der Kenntnis seines materiellen und formalen „Archivs" (Michel Foucault) – denn genau dies meint präzise der Begriff der Techno-logien.

Eine in Hinblick auf ihre Lehr- und Forschungsgegenstände wohldefinierte Medien-wissenschaft hat nicht nur ein epistemologisches Anliegen (nämlich Erkenntnisfunken aus konkretem technischem Wissen zu schlagen), sondern bleibt auch methodisch hart am konkreten Gegenstand, in einem geradezu medienphilologischen close reading. Im vorliegenden Lehrbuch werden daher Methoden und Fragestellungen der jeweiligen Disziplin soweit wie möglich induktiv anhand von konkreten Medientechnologien entwickelt.

Die Grenzen der Reichweite medienwissenschaftlicher Epistemologie liegen in ihrer Erdung durch tatsächliche Medienprozesse. Der Begriff der Erdung selbst sagt es, als terminus technicus der Elektrotechnik. Die Betonung des techno-mathematisch Machbaren ist für Medienwissenschaft wesentlich: das, was die Griechen ausdrücklich mechaniké téchne nannten und Hegel in seinen Jenaer Systementwürfen als die „abstrakte äußere Tätigkeit" in Raum und Zeit definierte.

Zur Medienarchäologie als Analyse der arché technischer Logik gehören auch die Versuche, der Techno-Mathematik selbst ihre Geheimnisse zu entringen. „Eine rein diskursive Medienwissenschaft ohne Mathematik und archäologisch-epistemische Tiefe läuft […] Gefahr im common sense aktueller Moden zu verbleiben und Mediengeschichte aus zweiter Hand nachzubeten";[3] dazu bedurfte es keiner neuen Disziplin. Eine wohldefinierte Medienwissenschaft aber tastet sich den Grenzen, Bruchstellen und Funkstillen zwischen den diskursiven Performanzen der Kultur und den nichtdiskursiven technischen Operationen entlang, um beide Aussageformen miteinander zu kontrastieren.

## Medienwissen und seine Hilfswissenschaften

Jedes akademische Fach operiert auf der Basis exakter Hilfswissenschaften – wie jedes Fach seinerseits stets zur Hilfswissenschaft einer anderen Disziplin gereichen kann. Medienwissenschaft gewinnt durch ihren Doppelbezug zu den MINT-Wissenschaften. Wie jedes universitäre Fach zunächst einmal handwerklich kennenlernen muss, bedarf auch das Studium der Medien eines techniknahen Grundlagenwissens. Diesem Zweck dient die Lehrbuchreihe, welches nicht bloß die offensichtlich techno-mathematischen Attribute eines Mediums erklärt (z. B. die physikalische Optik eines Teleskops oder die Fourier-Analysen in der analog/digital-Wandlung), sondern ebenso auf die Wissensmodelle deutet, die darin am Werk sind – etwa die Automatentheorie für den Digitalcomputer, oder die kybernetische Systemtheorie zum Verständnis der zu medienkultureller Praxis gewordenen Mensch-Maschine-Interaktion und aktueller Interfaces. Auf diesen Grundlagen kann eine akademische Medienepistemologie entwickelt werden, welche Technikwissen nicht nur in gelingende Medienpraktiken, sondern auch in Erkenntniswertes verwandelt. In diesem Sinne führt die Lehrbuch-Reihe nicht allgemein in die Mathematik, Physik, Kybernetik und Informatik ein (dafür gibt es zahlreiche Fachbücher und Didaktiken), sondern fokussiert deren medienwissenschaftlich relevante Aspekte.

---

3 E-Mail des Magisterstudenten Martin Donner, Dezember 2010.

Wo beginnt, und wo endet die Notwendigkeit technischen Wissens für eine Analyse real existierender Medien? Die Mehrzahl von Lehrbüchern und Einführungen in die Medienwissenschaft ist eher diskursiver Natur. Viele Gegenstände akademischer Medienwissenschaft werden verbal-, gar alltagssprachlich verhandelt, während sich etwa diejenigen, die Medien programmieren, in formalen Sprachen ausdrücken, sobald nicht allein weitere Menschen, sondern vor allem Maschinen selbst den Adressatenkreis bilden. Es geht hiermit um die Sensibilisierung für andere Schreibweisen, etwa Formeln und Diagramme als Werkzeuge der medienarchäologischen und -theoretischen Analyse neben der verbalsprachlichen Argumentation. "In diesem Buch haben wir mathematische Symbole und Rechnungen soweit wie möglich vermieden, obgleich wir an verschiedenen Stellen gezwungen waren, mit ihnen einen Kompromiss zu schliessen", schreibt Norbert Wiener im seinem diskursstiftenden Klassiker (Wiener 1968:127f.). In der Medienanalyse kommen die langen Umschreibungen der klassischen Hermeneutik an ihre Grenzen; für die Dinge der computerisierten, d. h. algorithmisierten Medienkultur bildet die Symbolik der Mathematik neben der der Elektrotechnik die geeignete Sprache.

Besonders jene deutschsprachige Medienwissenschaft Friedrich Kittlers, welche im akademischen Feld international diskursbegründend wurde, ist (bewundernd wie auch kritisch) mit dem Begriff des „Technikdeterminismus" und des "technischen Apriori" (im Anschluss an Immanuel Kant und Michel Foucault) verbunden. Kittler hat seine Einsichten in Technik nicht nur auf der Schreibmaschine geschrieben, sondern seinerseits mit einer für Germanisten ungewöhnlichen Lesekompetenz technischer Schaltpläne auch als modularen Synthesizer zusammengelötet (Sonntag / Döring 2013), kulminierend in einem Harmonizer, welcher Männerstimmen in Echtzeit zu Frauenstimmen hochzutransponieren vermag, ohne dabei dem Mickey-Mouse-Effekt der Stimmbeschleunigung in klassischer Tonbandtechnik zu erliegen (Kittler 1986:58). Dies führte Kittler mit technologischer Konsequenz dahin, sich letztendlich der algorithmischen Programmierung entsprechender Mikroprozessoren in Assembler zu widmen.

Die Leistung der Medienwissenschaft liegt in einer geistes- und naturwissenschaftichen Doppelbindung ihrer Gegenstände, nämlich als deren diskursive Poetisierung und analytische Formalisierung (mathesis). Was Medientheorie den technisch-mathematischen Fachwissenschaften zurückzugeben vermag, sind jene Fragestellungen, wie sie genuin der Philosophischen Fakultät entspringen. Im „Streit der Fakultäten" (Kant) ist Medienwissenschaft ob ihres Gegenstandsbereichs idealerweise nicht allein in der Philosophischen Fakultät, sondern mit dem anderen Bein auch in der technisch-mathematischen Fakultät verortet; die Kunst liegt in der Balance. Der aktuellen Informatik fehlt – gegenüber der klassischen Kybernetik – zumeist die historische Tiefendimension, weshalb eine Reihe von Informatikstudenten gerade Medienwissenschaft gerne als Zweit- oder Ergänzungsfach wählt; andererseits ist Medienwissenschaft im Rahmen der Philosophischen Fakultät auf informatisches Fachwissen angewiesen, da Medienkultur heute vor allem die Kultur computergestützter Mediensysteme meint.

Es gehört zu den Aufgaben akademischer Medienwissenschaft, ihre Studierenden nicht nur in der kritischen Kenntnis von Massenmedieninhalten und -gestaltung, sondern auch mit deren Möglichkeitsbedingungen Elektrotechnik und Programmierung zu bilden. So gibt es etwa das Fernsehen nicht nur als Inhalt seiner Programme, sondern auch den Fernseher als audiovisuelle Zeitmaschine. Eine so verstandene Medienwissenschaft ist ebenso Medientheater wie auch ein diskursives und tatsächliches Labor zur Analyse von Signalen. Neben den Fundus der elektrotechnischen (vornehmlich „analogen") Artefakte tritt das Wissen um das handwerkliche Können (techné) digitaler, sprich: numerischer (lógos) Medienoperationen. Erst als technisch implementierte Operation wird ein Algorithmus (ein Programm, ein Quellcode) medienwirksam – und das Wort (Software) wird Fleisch (Hardware). Erst die Einsicht in diese gegenseitige Verschränkung (Heraklits harmonía als „gegenstrebige Fügung") ergibt den medienarchäologischen Sinn von Techno/logie. Genau dies macht technisches wie mathematisches Wissen zur Bedingung qualifizierter Medienwissenschaft.

Die heroische Epoche der Kybernetik, die in den 1960er-Jahren expandierte, gilt es nicht vorschnell wissensgeschichtlich zu einem bloßen Zwischenkapitel zu historisieren, sondern als medienkybernetische Gegenwart wiederzuentdecken. Tatsächlich sind die Fragen der Kybernetik heute hochaktuell, nur eingebettet in Wissenschaften mit anderen Namen (etwa Neurobiologie und Informatik).

Mathematisches Wissen war den Fragen der klassischen Analogmedien von Fotografie und Phonograph über Radio und Fernsehen eher fern (abgesehen vom Zwischenspiel des Analogcomputers, für den die Kenntnis von Infinitesimalrechnung wesentlich ist). Das modellbildende Medium der Gegenwart jedoch, der Digitalcomputer, ruft eine ganz andere Notwendigkeit von Wissensgenealogie wach: Arithmetisierung und Algorithmisierung, das formale Denken und dessen medienmaterielle Konsequenz: die Mechanisierung der Rechen- wie der Denkoperationen.

Die Lehrbuchreihe dient der Grundlegung einer wohldefinierten Medienwissenschaft – gegen das Unwort des „Medialen", denn damit geht die vorschnelle Diskursivierung des Technischen einher (vgl. Ernst 2011). Wenn für die techniknahe Medienwissenschaft Missverständnisse, etwa die Gleichsetzung mit Publizistik oder Kommunikationswissenschaft, vermieden werden sollen, spricht Einiges dafür, sie „Mediamatik" zu nennen; damit ist die techno-mathematische Medienarchäologie ebenso adressiert wie die alteuropäische mathesis, also das umfassende Wissen um tatsächliche Operationen.

## Geleitwort zur zweiten Auflage

Während das Geleitwort zur ersten Auflage von Band 1 der Lehrbuchreihe Medientechnisches Wissens die Medienarchäologie noch als eine der impliziten Methoden der diversen Beiträge deklariert hat, kommt sie in Form des in der zweiten Auflage ergänzenden Teilband-Beitrags „'Archäologie' für ‚Medien/Wissenschaften'" nun auch auf ihren disziplinären Begriff. Damit wird die zuvor deklarierte techniknahe Medien- und besonders auch Computerarchäologie in ihrer Nähe und zugleich Differenz zur akademischen Archäologie buchstäblich „geerdet". Als Ausgrabungswissenschaft und materiale Analytik ist die post-klassische Archäologie einerseits von geistes- und kulturwissenschaftlichen Impulsen motiviert, aber zugleich in natur- und zunehmend technikwissenschaftlichen Methoden begründet. Sie ist damit wie die techniknahe Medienwissenschaft eine Brückendisziplin zwischen den beiden klassischen Kulturen der Universität. Dieser Gestus ist paradigmatisch für den „Geist" oder auch Technológos (sit venia verbo) des gesamten Projekts Medientechnisches Wissen: möglichst detaillierte Kenntnis der konkreten Technologien, doch nicht um des technisch funktionalen Wissens selbst willen, sondern der darüber hinausgreifenden Erkenntnis wegen.

Die Erweiterung des vorliegenden Wissensfelds um den Begriff der Archäologie (sowohl als Feldforschung wie als medienepistemogene Methode) unterstreicht das Anliegen der Lehrbuchreihe, sich durchaus nicht auf empirische Technikkunde zu beschränken, sondern ebenso Hilfestellungen zu liefern, Erkenntnisfunken aus diesem Wissen zu schlagen, die weit über den eigentlichen Gegenstand von Technik- und Medienwissenschaft – nämlich das Wissen um Medien als technologische Form, Energie und Substanz im operativen Vollzug – hinausgehen und für andere Fach- und Wissensgebiete anschlussfähig macht. Es ist diese „Konnektivität", um welche die Buchreihe nun mit den erneu(er)ten künstlichen neuronalen Netzen wetteifert. Die erweiterte zweite Auflage der Bände 1–3 von Medientechnisches Wissen antwortet damit nicht nur auf ein fortwährendes Bedürfnis der Medienwissenschaft und anderer strukturell verwandter Fächer, dem Fachstudium eine technische Wissensgrundlage zu verleihen, sondern sie erhält mit der Insistenz auf solidem Grundlagenwissen auch Bedeutung durch ihr Veto gegen einen zunehmend von Metaphysik-Vermutungen durchwirkten Diskurs, der angesichts von Künstlicher Intelligenz und „Deep" Machine Learning Gefahr läuft, in Hardware-Vergessenheit zu verfallen.

Berlin, im Juli 2024
*Wolfgang Ernst*

# Literatur

Ernst, W. (2011): Umbrella Word oder wohldefinierte Disziplin? Perspektiven der "Medienwissenschaft". In: Medienwissenschaft, Heft 1/2000, S. 14–24.

Foucault, M. (1973): Archäologie des Wissens. Frankfurt am Main: Suhrkamp.

ders. (1999): Botschaften der Macht. Der Foucault-Reader. Diskurs und Medien. Hg. u. mit e. Nachwort versehen v. Jan Engelmann, mit e. Geleitwort von Friedrich Kittler. Stuttgart: Deutsche Verlags-Anstalt.

Heidegger, M. (1959): Die Frage nach der Technik. In: Ders.: Reden und Aufsätze, Tübingen: Neske, S. 13–44.

Kittler, F. (1986): Grammophon – Film – Typewriter. Berlin: Brinkmann & Bose.

McLuhan, M. (1964): Understanding Media. The Extensions of Men. New York: McGraw Hill.

Parikka, J. (2012): What is Media Archaeology? Cambridge, Malden (MA): Polity Press.

Parikka, J. (2015): A Geology of Media. Minneapolis, London: University of Minnesota Press.

Pierce, J. R. (1965): Phänomene der Kommunikation. Informationstheorie — Nachrichtenübertragung — Kybernetik. Düsseldorf, Wien: Econ.

Schröter, J. (2014): Einleitung. In: Ders. (Hg.): Handbuch Medienwissenschaft. Metzler: Stuttgart/Weimar 2014, S. 1–11.

Simondon, G. (2012): Die Existenzweise technischer Objekte. Zürich: Diaphanes 2012.

Sonntag, J.-P. E. R. / Döring / Sebastian (2013): apparatus opparandi. anatomie Der Synthesizer des Friedrich A. Kittler. In: Seitter, W. / Ott, M. (Hgg.) TUMULT. Schriften zur Verkehrswissenschaft, 40. Folge, Themenheft: Friedrich Kittler. Technik oder Kunst? Wetzlar: Büchse der Pandora, S. 35–56.

Talbot, W. H.F. (1969): The Pencil of Nature. New York: Da Capo Press.

Wiener, N. (1968): Kybernetik. Regelung und Nachrichtenübertragung in Lebewesen und Maschine. Reinbek b. Hamburg: Rowohlt.

# Teil I: **Logik (Stefan Höltgen)**

# 1 Einführung

## 1.1 Die Logik der Medien

**Abb. 1.1:** 6+7=13 – Ein klassisches Rechenbeispiel, gelöst mit einem Computer

Diese nicht besonders komplizierte aber traditionsreiche[1] Rechenaufgabe soll den Ausgangspunkt der folgenden Ausführungen zu der Frage bilden: *Warum können Computer rechnen?* Die Frage ist in dieser allgemeinen Formulierung gerade vage genug, um als Anlass für eine spezifische Wissensgeschichte von Medien dienen zu können. „Warum können Computer rechnen?" führt nämlich schnell zu den Fragen, wie sich maschinelles vom menschlichen Rechenvermögen unterscheidet, welche Methoden die Mathematik bereithält, um solche Rechenaufgaben lösbar zu machen und nicht zuletzt, welche *sprachliche Grundlage* die Mathematik anbietet, um solche Berechnungen formalisierbar und schließlich automatisierbar (algorithmisierbar) zu machen.

Die Antwort auf die Frage, warum Maschinen rechnen können, verlangt zunächst eine genauere Bestimmung, welche Maschinen hier gemeint sind. Solange der Mensch rechnet, bedient er sich immer auch technischer Hilfsmittel – angefangen bei der Übertragung der Ziffern und Zahlen auf seine Finger (lt. *digitus*), die damit Elemente eines „Handrechners" werden. Rechnen wird mit Zählsteinen (lat. *calculus* = Kieselstein), Gewichten, Flüssigkeiten, Seilzügen, Rechenschiebern, Bändern mit Knoten, Zahnrädern und ähnlichen Hilfsmitteln erleichtert; die Automatisierung von Rechenvorgängen stößt jedoch mit anwachsender Komplexität der Aufgaben auf Hindernisse, für deren Überwin-

---

[1] Sie ist das erste Beispiel des Philosophen und Mathematikers Gottfried Wilhelm Leibniz in seiner Darlegung der Dualzahlen-Arithmetik. (Vgl. Zacher 1973:297.)

https://doi.org/10.1515/9783111036540-002

dung es spezieller technischer Lösungen bedarf. Eines der frühesten und andauerndsten dieser Hindernisse stellt der sogenannte *Übertrag* dar.

Beim Übertrag überschreitet das Ergebnis einer Berechnung die Stelle, die die Ausgangswerte (im obigen Beispiel die Summanden 6 und 7) im Zahlensystem eingenommen haben. Das Ergebnis ist dann (wie im Beispiel die 13) nicht mehr einstellig, sondern zweistellig. Für jede der Stellen einer Zahl müssen die Ziffern nun eigens berechnet werden, wobei auf neuerliche Überträge zu achten ist. Die Lösungsansätze für dieses Problem sind in der Geschichte der Rechenmaschinen vielfältig; ein universeller Ansatz dafür, der eine besondere Art der Rechenmaschine voraussetzt, soll in diesem Teilband zur Logik vorgestellt und erörtert werden. Doch dies stellt nur ein Einsatzgebiet der Logik in rechnenden Maschinen dar. Alle Digitalcomputer (und damit auch alle Apparate, die auf Digitalelektronik basieren), greifen in vielfältiger Weise auf Logik zurück, weshalb die Kenntnis der Digitallogik auch eine Pflicht für jede:n Informatiker:innen und Elektrotechniker:innen darstellt.

Aber warum sollten Medienwissenschaftler:innen Logik verstehen und ihre Anwendungsgebiete kennen? Die Gründe hierfür speisen sich aus zwei Perspektiven auf Medien: Zum Einen stehen Medienwissenschaftler:innen vor der Aufgabe *Medien in ihrer grundlegenden Funktionsweise erklären* zu können. Es genügt dafür nicht allein deren Oberflächen und Ausgaben zu berücksichtigen, sich den Ästhetiken, Wirkungen, Ökonomien und anderen Medieneffekten zu widmen. Die diesen Effekten zugrunde liegenden *Technologien* sind es, die Nutzungsweisen und Effekte von Medien erst ermöglichen. Um die Beziehungen zwischen Menschen und Medien in Gänze verstehen zu können, ist es deshalb unerlässlich, die Medientechniken – die nicht zuletzt auch das Ergebnis menschlicher Leistungen darstellen – zu kennen und bei den Analysen mitzudenken.

Die zweite Perspektive blickt auf *Medien als Apparate des Wissens* und ergründet ihre Wissensgeschichte(n). Hier befindet sich Medienwissenschaft in einem dialogischen Spannungsfeld zwischen klassischen Geisteswissenschaften (Philosophie, Sprachwissenschaft, ...) und den Formal- und Ingenieurswissenschaften (Informatik, Elektrotechnik, Mathematik, ...) und vermittelt zwischen den Sphären. Zu erwähnen, dass „die Logik" nicht von George Boole und Claude Elwood Shannon „erfunden" wurde, um damit Digitalcomputer bauen zu können, ist mehr als bloß ein Widerspruch zu einen Anachronismus. Logik ist der sehr frühe Versuch das Denken des Menschen und seine Sprache auf formale Prinzipien zurückzuführen und be-/aufschreibbar zu machen. Logik tritt zuallererst als philosophische Disziplin auf und bleibt diese bis in die Neuzeit. Daher ließe sich über Digitalcomputer also durchaus behaupten, sie bestünden zu einem maßgeblichen Teil aus Philosophie(geschichte) und ihr Entstehen und ihre Entwicklung schreibe damit auch eine Geschichte fort, die zuvorderst nicht technischer, sondern epistemologischer Natur ist. Medienwissenschaftler sind immer wieder aufgerufen, diese Medien-Episteme offenzulegen, Querbeziehungen zwischen unterschiedlich(st)en Feldern herzustellen und so die Geisteswissenschaften auf die Konsequenzen ihrer Entdeckungen ebenso aufmerksam zu machen wie Natur- und Ingenieurswissenschaften auf die epistemologischen Grundlangen und Bestandteile ihrer Methoden und Praktiken.

### 1.1.1 Überblick

In diesem Sinne soll das folgende Logik-Kapitel also stets beide Perspektiven einnehmen. Nach einer allgemeinen Einführung in die Systematik, Geschichte und den Gegenstandsbereich der Logik als Disziplin, soll im darauffolgenden Kapitel zuerst die *philosophische, klassische, moderne zweiwertige Aussagenlogik* (vgl. Gabriel 2007:7) und ihre formalisierte Schreibweise vorgestellt werden. Dass dieser Aspekt formaler Philosophie auch ganz praktische Konsequenzen hatte, wird an Beispielen aus der Geschichte der logischen Automaten exemplifiziert. Davon ausgehend wird im zweiten Kapitel über die Boole'sche Algebra die Fortschreibung der formalen Logik als eine Rechenpraxis vollzogen. Dazu werden die „sprachlichen Residuen" der Logik in algebraische Schreibweisen mit Ziffern und Operatoren überführt und in einem Exkurs die Mengendarstellungen logischer Aussagenverknüpfungen vorgestellt.

Derartig als von binären Wahrheitswerten und Junktoren auf Dualzahlen[2] und Boole'sche Operatoren umgestellt, kann nun endlich mit Logik gerechnet werden. Die Anwendung einfacher Rechenoperationen im Dualzahlensystem wird im dritten Kapitel dargelegt und dabei bereits einige Besonderheiten ihrer Implementierung in Computern vorgestellt. Hieran schließt sich ein Exkurs über Schalter an, der zeigen soll, auf welche Weise binäre Zustände physikalisch und technisch realisiert wurden und werden, womit eine dezidierte Technikgeschichte der Logik aufgerufen wird.

Im darauf folgenden vierten Kapitel zur Schaltalgebra „gerinnen" die Symbole der formalen Aussagenlogik und der Boole'sche Algebra schließlich in realen Hardware-Schaltgattern, deren Beschreibung wiederum eine formalsprachliche Verschiebung nach sich zieht: Statt Dualzahlen sind es nun Spannungsflanken und statt Operatoren Logik-Gatter. Hier werden Logik-Schaltnetze vorgestellt und analysiert. Mithilfe spezieller Methoden soll die Konstruktion eigener und die Analyse und Kompaktifizierung bestehender Logik-Gatter verständlich werden. Dabei wird sich abermals zeigen, dass die hinter den Schaltungen stehende Logik immer noch eine Sprache ist, deren komplexe Aussagenverknüpfungen sich oft „einfacher ausdrücken" lassen. Dass für diese Implementierung der Logik in realen Maschinen wiederum maschinelle Analyse-Werkzeuge existieren, zeigt ein kleiner Exkurs über Logik-Analysatoren, in dem auch die Frage der Messbarkeit von diskreten Signalen problematisiert wird.

Den Abschluss des Teilbandes bietet ein Blick auf das Feld „Logik und Computer". Nachdem die mathematischen und elektrotechnischen Implikationen der Logik bei der Konstruktion von Computern (als virtuelle wie auch als reale Maschinen) eingeführt wurden, soll hier schließlich die Logik in deren Programmierung vorgestellt, sowie die noch ausgesparten Bereiche der Logik, die für elaboriertere Computeranwendungen eine Rolle spielen, angerissen werden. Der Teilband schließt mit einer kommentierten

---

2 Der Begriff binär beschreibt jedes *Zeichensystem*, das aus (nur) zwei Zeichen besteht (wahr/falsch, ja/nein usw.); dual bezeichnet ein binäres *Zahlensystem* mit nur zwei Ziffern (0/1).

Auswahlbibliografie, aus der Vertiefungen und Erweiterungen der zuvor behandelten Bereiche entnommen werden können.

### 1.1.2 Abgrenzung

Die hier vorgestellte *klassische moderne Logik* muss sowohl aus Platz- als auch aus Relevanzgründen eingegrenzt werden. Quantoren (All- und Existenzaussagen), die für die Begriffslogik wichtig sind und in der mathematischen Beweisführung (und damit natürlich auch in automatischen Beweis-Algorithmen) eine Rolle spielen, können aber auf der Ebene der hier verhandelten Aussagenlogik ignoriert werden. (Vgl. Band 2, Kap. II.2.2) Ebenso bietet die Boole'sche Algebra vielfältigere Möglichkeiten der Mathematisierung der Aussagenlogik, als hier vorgestellt werden. Im Unterkapitel zur Schaltalgebra werden lediglich einfache Schaltungen vorgestellt, um die Prinzipien dieser Implementierung zu verdeutlichen (tiefer gehende Darstellungen finden sich in Band 4, Kap. I.3); ebenso beschränken sich die algorithmischen Implementierungen von Logik auf Beispiele in 8-Bit-Assemblern, welche in dieser Lehrbuch-Reihe als medienwissenschaftliche Lehrsprachen in einem eigenen Teilband vorgestellt werden. Zu all den verkürzten und ausgelassenen Themen werden jedoch ausführliche Literaturhinweise zur Ergänzung und Vertiefung angeboten.

## 1.2 Geschichte und Systematik der Logik

Am Anfang der Geschichte der Logik steht die Frage, wie sich von wahren Aussagen auf andere wahre Aussagen schließen lässt. Berühmt geworden ist hierfür das folgende Beispiel:

> Alle Menschen sind sterblich. Sokrates ist ein Mensch. Also ist Sokrates sterblich.

Aus den beiden ersten Sätzen ergibt sich als Folgerung der dritte Satz, dessen Information allerdings implizit schon in den Vorsätzen enthalten ist. Hierbei ist zu beachten, dass die semantische Wahrheit und Falschheit der ersten beiden Sätze für die formale Sturktur des Schlusssatzes keine Rolle spielt. Allein die Form der Aussagen bildet die Grundlage für die Folgerung. Dies kann man sich vergegenwärtigen, wenn man den folgenden Satz ansieht:

> Alle A gehören zu C. B gehört zu A. Also gehört B auch zu C.

Oder:

> Alle Menschen sind Pferde. Sokrates ist ein Mensch. Also ist Sokrates ein Pferd.

Die Begriffe A, B und C mögen keinen konkreten Inhalt haben oder vielleicht sogar keinen realweltlichen Sinn ergeben. Ebensowenig ist es möglich zugleich Mensch und Pferd zu sein (es sei denn, man spricht von Zentauren). In dem Moment aber, wo die beiden erste Sätze auf die obige Weise miteinander kombiniert werden, ist der dritte Satz eine formallogische Schlussfolgerung aus ihnen – unabhängig von ihrem Wahrheitsgehalt oder Sinn. Wenn sich später herausstellen sollte, dass die Aussage „Alle Menschen sind Pferde." falsch ist, hat dies auch Konsequenzen für die Wahrheit des Schlusssatzes; er wäre dann auch falsch und die Schlussfolgerung daher ungültig. Inwieweit sich die Semantik aus Aussagen abstrahieren lässt, wenn sie miteinander kombiniert werden, wird noch zu erörtern sein.

Wir alle bilden täglich Sätze nach dem obigen Muster: Wenn wir aus gegebenen Tatsachen Schlüsse ziehen, wenn wir Rätsel lösen, Aufgaben bewältigen oder einfach Beobachtungen machen und unser Verhalten daraus ableiten, berufen wir uns auf die Wahrheit und Falschheit von Sätzen, um daraus die Wahrheit, Falschheit oder Notwendigkeit von Schlüssen abzuleiten. Logik liefert uns damit eine „Grammatik des Denkens"; diese wird aber insbesondere in der Alltagssprache – ebenso wie andere Grammatiken – nicht immer korrekt angewendet. Die Regeln der Logik zu kennen, heißt damit auch Denkfehler zu erkennen und zu vermeiden.

Logik liegt implizit allem Denken und Erkennen zugrunde. Zugleich hilft Logik (als Disziplin) diese impliziten Denkgesetze zu explizieren und zu formalisieren, um sie der Analyse zugänglich zu machen. Der korrekte Gebrauch von Logik ist auch eine Grundbedingung des wissenschaftlichen Denkens und Argumentierens und sollte neben Wissenschaftstheorie und Methodologie deshalb auch in allen akademischen Disziplinen (und damit natürlich auch in der Medienwissenschaft) als Grundlagenwissen vermittelt werden.

## 1.2.1 Von Aristoteles bis Wittgenstein

Das obige Sokrates-Beispiel ist mehr als 2000 Jahre alt und stammt von Aristoteles, der als Begründer der philosophischen Logik gilt. Mit seiner „Syllogistik"[3] (Schlusslehre) beginnt die Offenlegung der Denkgesetze, die über die Philosophiegeschichte bis heute betrieben wird. Aristoteles untersuchte dabei die *Subjekt-Prädikat-Struktur von Aussagen.* Im obigen Beispiel ist Sokrates das Subjekt, das Menschsein das Prädikat, welches das Subjekt innehat. Weil der Mensch als Subjekt aber auch die Sterblichkeit als Prädikat besitzt, besitzt das Subjekt Sokrates dieses Prädikat ebenfalls. Der Schluss von den beiden allgemeinen Aussagen auf die besondere dritte Aussage heißt *Deduktion.* Aristoteles schreibt:

> Eine Deduktion (*syllogismos*) ist also ein Argument, in welchem sich, wenn etwas gesetzt wurde, etwas anderes als das Gesetzte mit Notwendigkeit durch das Gesetzte ergibt. (Aristoteles 2004: I,1,100a25–27.)

---

**3** http://www.zeno.org/Philosophie/M/Aristoteles/Organon (Abruf: 07.07.2017)

Aristoteles stellt drei Denkgesetze auf (die in Kap. 2.1.4 vorgestellt werden) und betont damit den Status von Wahrheit und Falschheit von Aussagen. Bis ins 20. Jahrhundert hinein wurde diese Form der *traditionellen Logik* gelehrt, erweitert und formalisiert. Als Begründer der *modernen Logik* gilt Gottlob Frege, der in seiner „Begriffsschrift" (1879) die philosophische Aussagenlogik auf eine formale Basis stellt, indem er Aussagen mittels logischer Funktionen als miteinander verknüpft darstellt, um so die *Argument- und Funktion-Struktur von Aussagen* analysieren zu können. Hierzu ergänzt er die *Junktoren* (das sind logische Operatoren wie *und, oder, …*), mit denen Aussagen verknüpft werden, um *Quantoren*, womit dann auch Allaussagen und Existenzaussagen formal darstellbar werden.

Die formale Darstellung logischer Aussagen und Sätze setzt bereits im vierten bis zweiten Jahrhundert vor unserer Zeitrechnung bei griechischen Philosophen Philon von Megara und Chrysippos von Soloi an: In ihren (teilweise verschollenen und nur koplortierten) Schriften werden Aussagen erstmals in Wahrheits(wert)tabellen systematisch zur Untersuchung notiert. Das Darstellungssystem, das die formale Philosophie heute benutzt, basiert auf der Darstellung Ludwig Wittgensteins in seinem „Tractatus Logico Philosophicus". Dort führt Wittgenstein nicht nur die Wahrheitswerttabelle mit den Aussagewerten p und q ein, sondern grenzt den Anwendungsbereich der Logik als sprachanalytisches System ein.

### 1.2.2 Klassische und nicht-klassische Logiken

Die hier beschriebenen Logiken von Aristoteles bis Wittgenstein heißen *klassische Logiken*, weil sie
1.  nur *zweiwertig* sind, also nur „wahr" oder „falsch" (beziehungsweise andere binäre Oppositionen) für Aussagen anerkennen,
2.  weil sie nur mit überhaupt *wahrheitsfähigen Aussagen* operieren,
3.  weil sie *apriorisch gültig* sind, also auch unabhängig von (jeder) Erfahrung gelten.

Klassische Logik setzt also voraus, dass Aussagen entweder wahr oder falsch sind, unabhängig davon, ob ihre Wahrheit oder Falschheit erkennbar ist. (Beispiel: „Das Weltall ist unendlich groß.") Damit reduziert sie die sprachliche und ontologische Wirklichkeit zwar auf ein binäres Wertesystem, liefert jedoch eine Formalisierung, die Erkenntnissen in den Formalwissenschaften (Mathematik, Sprachwissenschaft, Informatik, …) und nicht-klassischen Logiken als Grundlage dienen kann.

*Nicht-klassische Logiken* berücksichtigen zum Beispiel auch, dass Aussagen nicht nur wahr oder falsch sein können, sprachliche Modalitäten („vielleicht") oder zeitliche Beziehungen zwischen Aussagen, untersuchen die Logik in Fragesätzen, differenzieren zwischen Glauben und Wissen und so weiter. Nicht-klassische Logiken sind vor allem von (sprach)philosophischem Interesse; einige von ihnen haben auch Eingang in die Technikgeschichte (des Computers) gefunden: etwa die *Ternärlogik*, die dreiwertig ist, die Fuzzylogik, welche unscharfe Grenzen zwischen wahr und falsch berücksichtigt, und jüngst die *Quantenlogik*, welche die Frage aufwirft, ob und wie die zweiwertige Logik auf der Ebene der Quanteneffekte anwendbar ist. Sie stellten und stellen Herausforderungen an die Technikentwicklung dar und werden am Ende dieses Teilbandes im Ausblick kurz skizziert.

## 1.3 Einfache Aussagen

Bislang wurde von „Aussagen" gesprochen, ohne genau zu bestimmen, was damit gemeint ist.

---

**Begriffserklärung: Aussage**
Nach Aristoteles sind *Aussagen sprachliche Gebilde, bei denen es sinnvoll ist, nach ihrer Wahrheit oder Falschheit zu fragen*. Dabei ist es unerheblich, ob die jeweilige Aussage tatsächlich wahr oder falsch *ist* oder ob ihre Wahrheit oder Falschheit für den Menschen *überhaupt erkennbar ist*. Die Untersuchung der Wahrheit oder Falschheit von Aussagen obliegt nicht der Logik, sondern den Fachwissenschaften. Für die logische Analyse ist lediglich wichtig, dass Aussagen *wahrheitsfähig sein können*. (Vgl. Hinst 1974:7–47.)

---

Ein Beispiel für eine Aussage:

> Der Mond ist rund.

Diese Aussage kann grundsätzlich wahr oder falsch sein. Aussagenlogik betrachtet ausschließlich die Verbindung von Subjekt und Prädikat und lässt alle poetologischen oder rhetorischen Beifügungen außer Acht. Die beiden Sätze

> Der Mann steht vor dem Haus.

und

> Der gebrechliche, alte Mann mit den grauen Hut steht vor der Tür seines verfallenen Hauses.

sind in ihrem ausgedrückten Sachverhalt als identisch zu betrachten. Trotz aller sprachlicher Komplexität bleiben beide aus Sicht der Logik einfache Aussagen.

---

**Begriffserklärung: Satz**
*Sätze* sind Aussagen, die eine Wahrheit oder Falschheit behaupten oder feststellen, indem sie mehrere einfache Aussagen mithilfe logischer Operationen miteinander verknüpfen.

---

> Die Sonne scheint *und* der Logik-Kurs findet statt.

Dieser Satz besteht aus den wahrheitsfähigen Aussagen (p) und (q):

(p) Die Sonne scheint.

(q) Der Logik-Kurs findet statt.

die beide unabhängig voneinander wahr oder falsch sein können. Sie sind mit dem *Junktor* „und" verknüpft und bilden damit eine neue, wahrheitsfähige Aussage: den *Satz*. Je nachdem, ob seine Einzelaussagen wahr oder falsch sind, wird aber der gesamte Satz auch wahr oder falsch sein. Die Überprüfung seines Wahrheitsgehaltes ist das zentrale Anliegen der hier vorgestellten philosophischen Logik und wird später thematisiert.

Oben wurde bereits dargelegt, dass die prinzipielle Wahrheit und Falschheit von Aussagen nicht von deren Semantik abhängig ist. Dennoch gilt es zu prüfen, ob eine Aussage nicht eine Bedeutung in sich trägt, die es unmöglich machen könnte, ihre Wahrheit oder Falschheit feststellbar zu machen. Denn dann wäre sie im logischen Sinne auch keine Aussage mehr. Dies bedeutet allerdings nicht, dass ihre Wahrheit oder Falschheit erst noch (beispielsweise durch wissenschaftliche Verfahren) geprüft werden muss. Eine Aussage kann auch wahrheitsfähig sein, wenn ihre Wahrheit oder Falschheit erst noch festgestellt werden muss. Folgende (Ausschluss-)Kriterien für Aussagen lassen sich vorschlagen:

1. Aussagen *benötigen Prädikate* („ist", „>", „wohnt in", ...)
2. Aussagen sind *weder Fragen noch Ausrufe* („Ist das ein Auto?", „Geh da weg!")
3. Aussagen müssen *semantisch verstehbar*, also sinnvoll sein, um überprüft werden zu können („Nachts ist es kälter als draußen.")
4. Bei Aussagen dürfen *Form und Inhalt nicht im Widerspruch* zueinander stehen („Dieser Satz ist keine Aussage", „Diser Saz enthält fünf Fehler" und ähnliche metasprachliche Paradoxien.).
5. Aussagen müssen *konkreter als bloße Schemata/Formeln* sein („$a^2+b^2=c^2$", „$y=2x-3$", ... aber: „$3^2+4^2=5^2$", „$1^2+2^2=3^2$", ...)
6. Aussagen sollen keine indexikalischen Ausdrücke enthalten (z. B. „hier", „heute", „jetzt", „ich", ...), die ihren Wahrheitsgehalt vom Äußerungskontext abhängig machen.

Die Aussageform bietet damit auch die angemessene Form für wissenschaftliche Thesen und Hypothesen, denn nur durch die Verknüpfung von Subjekt und Prädikat ist eine Verifizierung und Falsifizierung von wissenschaftlichen Aussagen überhaupt möglich. Hypothesen, die nicht *falsifizierbar* sind, gelten nach Karl Popper daher auch als nicht wissenschaftlich (etwa Glaubenssätze). Die Falsifizierbarkeit ist ein strengeres Kriterium als die Wahrheitsfähigkeit. Ein Satz wie „Gott existiert." mag zwar nicht falsifizierbar sein, ist aber grundsätzlich wahrheitsfähig.

# 2 Philosophische moderne, klassische Logik

Für die formallogische Untersuchung von Aussagen haben sich über die Jahrtausende formelhafte Schreibweisen etabliert, die gleich in mehrfacher Hinsicht nützlich sind: Sie reduzieren grammatisch komplexe, natürlichsprachliche Sätze auf ihren aussagenlogischen Gehalt, wobei eine lange Aussage oftmals auf einen Buchstaben reduziert werden kann. Damit machen sie es möglich Übersicht in selbst komplexe Strukturen verknüpfter Aussagen zu bringen und schließlich die Analyse auf ihre Wahrheitsgehalte (die ebenfalls abgekürzt werden können) zu erleichtern.

In diesem und den folgenden Unterkapiteln werden verschiedene Schreibweisen für logische Sachverhalte (Sprache, Arithmetik, Digitalelektronik) vorgestellt. Dabei sollte der Versuchung widerstanden werden, einfach ein System auf alle Gebiete anzuwenden. Wenngleich dahinter auch jeweils „dieselbe Logik" steht (nämlich die moderne, klassische Logik), so bezeichnen die Schreibweisen jedoch deutlich voneinander unterscheidbare Gegenstandsbereiche, die ihre jeweiligen Anwendungsfälle und Wissensgeschichten mit sich führen.

## 2.1 Formalisierung von Aussagen, Wahrheitswerten und Junktoren

### 2.1.1 Aussagen und Wahrheitswerte

Für die philosophische Logik schlage ich vor, Aussagen mit den Buchstaben p und q (bei weiteren Aussagen: r, s usw.) als Variablen zu verwenden. Die Wahrheitswerte „wahr" und „falsch" werden üblicherweise mit den Buchstaben „w" und „f" (in englischen Publikationen „t" für true und „f" für false) abgekürzt. Aus der Permutation der möglichen Wahrheitswerte von zwei Aussagen ergeben sich vier Möglichkeiten:

```
p   q        ⇐ Aussagen
w   w        ⇐ Zeile
w   f
f   w
f   f
    ⇑
    Kolonne
```

Die vertikale Reihe der Wahrheitswerte nennt man *Kolonne*, die horizontale Reihe von Wahrheitswerten verschiedener Aussagen *Zeile*. Zu bedenken ist, dass für die Analyse der Aussagen alle Kombinationen von w und f berücksichtigt werden müssen. Deshalb bietet es sich vor allem dann, wenn mehr als zwei Aussagen miteinander kombiniert werden sollen, an, sich eine feste Reihenfolge der Wahrheitswerte in jeder Kolonne zu überlegen. Auf diese Weise kann (quasi „automatisch") sichergestellt werden, dass keine Kombination vergessen wird:

https://doi.org/10.1515/9783111036540-003

| p | q | r |
|---|---|---|
| w | w | w |
| w | f | w |
| f | w | w |
| f | f | w |
| w | w | f |
| w | f | f |
| f | w | f |
| f | f | f |

Oft kommt es zudem vor, dass eine Aussage in einem Satz mehrfach auftritt:

> „Die Sonne scheint und wir gehen ins Schwimmbad oder die Sonne scheint nicht."
> (p) Die Sonne scheint.
> (q) Wir gehen ins Schwimmbad.
> Junktoren: „und", „oder", „nicht"
> Formale Darstellung: p und q oder nicht p

In einem solchen Fall ist unbedingt zu beachten, dass alle wiederholten Kolonnen einer Aussage identisch zu der ihres ersten Auftretens sind:

| p | q | p |
|---|---|---|
| w | w | w |
| w | f | w |
| f | w | f |
| f | f | f |

## 2.1.2 Junktoren

Das gerade aufgeführte Beispiel hat schon einige der in der Logik verwendeten Junktoren vorgeführt: „und", „oder", „nicht". Hier werden diese nun einzeln vorgestellt und es wird gezeigt, welche Wahrheitswerte sie bei der Verknüpfung von Aussagen zu Sätzen produzieren.

### Konjunktion: „und" ($\wedge$)

Mit der Konjunktion (lat. *coniunctio* = Verbindung) werden Sätze durch das Wort „und" miteinander verbunden. Beispiel:

> Heute ist Montag und es regnet.
> (p) Heute ist Montag.
> (q) Es regnet.

Anstelle von „und" finden sich zahlreiche alternative Formulierungen, die logisch jedoch dasselbe bedeuten, etwa:

Heute ist sowohl Montag (p) als auch regnet es (q).

Einerseits ist heute Montag (p), andererseits regnet es (q).

Obwohl heute Montag ist (p), regnet es (q).

usw.

Es hängt von der „Übersetzungsfähigkeit" der Rezipient:innen ab, aus solchen Fügungen den Junktor „und" heraus zu hören/zu lesen. Formallogisch lässt sich die Aussage dann wie folgt reduziert aufschreiben:

| p | ∧ | q |
|---|---|---|
| w | **w** | w |
| w | **f** | f |
| f | **f** | w |
| f | **f** | f |

Neu ist die Wahrheitswert-Kolonne unterhalb des Junktors. In ihr wird der Wahrheitswert des Satzes angegeben. Für die Konjunktion gilt dabei:

---

**Merksatz: Konjunktion**

Eine Konjunktion ist nur dann wahr, wenn beide Einzelaussagen wahr sind.

---

Auf das Beispiel bezogen: Wenn heute Montag ist und es nicht regnet (2. Zeile), heute Dienstag ist und es regnet (3. Zeile) oder heute Freitag ist und die Sonne scheint (4. Zeile), dann ist der Satz „Heute ist Montag und es regnet." falsch.

## Disjunktion

Verknüpfungen mit „oder" heißen Disjunktionen. Hierbei werden zwei Formen unterschieden: das *einschließende Oder* (das *Adjunktion* heißt) und das *ausschließende Oder* (das *Disjunktion* – im engeren Sinne – heißt).

### Die Adjunktion: einschließendes „oder" (∨)

Die Adjunktion beschreibt die Verknüpfung zweier Aussagen durch „oder" (lat. adiungere = angrenzen). Das hier verwendetes Junktoren-Zeichen ∨ erinnert an den Buchstaben „v" (womit sich eine Eselsbrücke zum lateinischen *vel* = oder bauen lässt).

Die Adjunktion ist ein einschließendes Oder, das bedeutet: Sie schließt auch denjenigen Fall als wahr ein, dass beide Aussagen wahr sind. Ein Beispiel:

Elias oder Alina geben heute eine Cryptoparty.

(p) Elias gibt heute eine Cryptoparty.

(q) Alina gibt heute eine Cryptoparty.

| p | ∨ | q |
|---|---|---|
| w | **w** | w |
| w | **w** | f |
| f | **w** | w |
| *f* | *f* | *f* |

Die Wahrheitswerttabelle zeigt: Die Cryptoparty findet also nur dann nicht statt, wenn keiner der beiden dabei ist. Allgemein lässt sich als markantes Merkmal der Adjunktion notieren:

---

**!** **Merksatz: Adjunktion**
Die Adjunktion ist nur dann falsch, wenn beide Einzelaussagen falsch sind.

---

### Die Disjunktion: ausschließendes „oder" / Exklusiv-Oder (∨̇)

Eine Sonderform der „oder"-Verknüpfung ist diejenige, die in dem Fall, dass beide Einzelaussagen wahr sind, zu einer falschen Gesamtaussage führt. Anders als die Adjunktion schließt die Disjunktion (lat. *disiungere* = trennen, unterscheiden) diesen Fall aus. Das Beispiel verdeutlicht diesen Unterschied:

> <u>Entweder</u> gehen wir morgen zur Cryptoparty (p) <u>oder</u> wir lernen für die Logik-Klausur.
> (p) Wir gehen morgen zur Cryptoparty.
> (q) Wir lernen für die Logik-Klausur.

| p | ∨̇ | q |
|---|---|---|
| w | **f** | w |
| w | **w** | *f* |
| *f* | **w** | w |
| f | **f** | f |

Nicht erst an der Wahrheitswerttabelle zeigt sich: Beides kann nicht zugleich wahr sein – entweder findet der Krypotoparty-Besuch statt oder die Lern-Session. Die in natürlicher Sprache oft anzutreffende Formulierung „entweder ... oder ..." kann als Unterscheidungskriterium zur Adjunktion dienen.

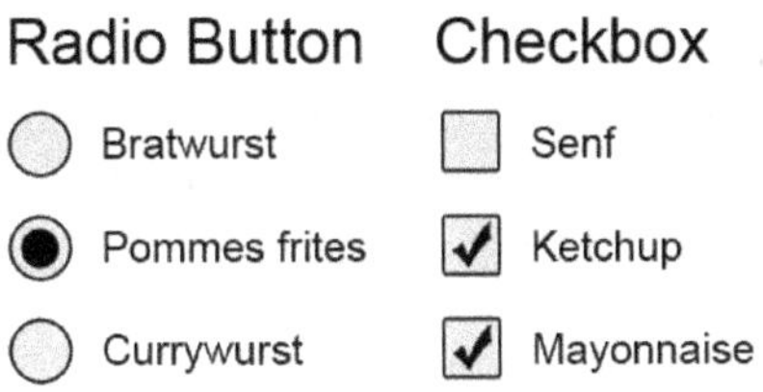

| Radio Button | Checkbox |
|---|---|
| ◯ Bratwurst | ☐ Senf |
| ◉ Pommes frites | ☑ Ketchup |
| ◯ Currywurst | ☑ Mayonnaise |

**Abb. 2.1:** Radio Button erlauben die Auswahl nur einer Option, Checkboxen lassen die Auswahl mehrerer/aller Optionen zu.

---

**Merksatz: Disjunktion**
Die Disjunktion ist nur dann wahr, wenn eine der Einzelaussagen falsch und die andere wahr ist.

---

Als Junktor wird das ∨ mit einem Punkt darüber $\dot{\vee}$ verwendet (auch, um damit die Verwandtschaft zur Adjunktion aufzuzeigen).[1]

Man begegnet der Disjunktion oft in Formularen, in denen man eine der Optionen ankreuzen soll (aber nicht mehrere), etwa wenn das Geschlecht angegeben werden soll oder die Frage, ob man verheiratet ist oder ob man Kinder hat, beantwortet werden soll. Für Internetformulare wird hier der sogenannte „Radio Button" verwendet, der ebenfalls nur eine Auswahloption zulässt. Sollen mehrere Optionen ausgewählt werden dürfen, implementiert man hierfür die „Checkbox", die der Adjunktion entspricht (Abb. 2.1).

### Negation: „nicht" (¬)

Die Negation ist der einzige monovalente Junktor. Das bedeutet: Er wird nur auf eine Aussage angewandt, während andere Junktoren zwei Aussagen zueinander in Relation setzen. Damit fällt seine Wahrheitswerttabelle kürzer aus, wie das Beispiel zeigt:

(p) Heute ist <u>nicht</u> Dienstag.

| p | ¬p |
|---|---|
| w | f |
| f | w |

Die Negation verkehrt den Wahrheitswert einer Aussage in ihr Gegenteil; aus wahr wird falsch und aus falsch wird wahr. Sie sollte wie jeder andere Junktor behandelt werden, was meint, dass der nicht-negierte Wahrheitswert aufgeschrieben und unter den Negationsjunktor dann der negierte Wahrheitswert notiert wird. So lassen sich gerade bei komplexen Sätzen Irrtümer und Fehler vermeiden.

---

1 Es existieren hierfür weitere Zeichen (vgl. Kap. 9.1).

### Subjunktion oder Implikation: „wenn ... dann ...“ (→)

Mit Blick zurück auf Aristoteles' Schlussregeln fällt auf, dass (mindestens) noch ein wichtiger Junktor fehlen muss: derjenige, der den Schluss von einer Aussage auf eine andere beschreibt. Dieser wird durch die Subjunktion (lat. subiungere = unterordnen) realisiert. Ein Beispiel:

> <u>Wenn</u> es regnet, <u>(dann)</u> wird die Straße nass.
> (p) Es regnet.
> (q) Die Straße ist nass.

| p | → | q |
|---|---|---|
| w | w | w |
| w | *f* | *f* |
| f | w | w |
| f | w | f |

Natürlichsprachlich tritt die Subjunktion zumeist als „Wenn ... dann ...“-Fügung auf und beschreibt den Fall, dass aus einer (wahren) Aussage auf eine andere (wahre) Aussage geschlossen werden kann.

Die Reihenfolge zwischen diesen Aussagen ist, anders als bei den vorher genannten Junktoren, nicht tauschbar, weil die beiden Sätze in einer unterordnenden Beziehung zueinander stehen:

> (p) heißt Vordersatz (oder Bedingung oder hinreichende Bedingung)
> (q) heißt Nachsatz (oder Folge oder notwendige Bedingung)

---

**❗ Merksatz: Subjunktion**

Die Subjunktion ist nur dann falsch, wenn die Bedingung wahr, die Folge aber falsch ist.

---

Das heißt: Die Folge muss wahr sein, wenn die Bedingung wahr war. (1. Zeile). Ist die Folge falsch, die Bedingung aber wahr (2. Zeile), dann ist auch der Schluss nicht wahr. Die übrigen beiden Fälle (3. und 4. Zeile) zeigen, dass die Subjunktion einen bedingten wahren Vordersatz formuliert, aus dem dann ein wahrer Nachsatz folgen soll. Ist allerdings schon die Bedingung falsch, dann kann der Nachsatz wahr oder falsch sein; die Aussage wird dann als wahr angesehen. Im Beispiel: Wenn die Straße nass ist, es aber nicht geregnet hat (solche Fälle sind angesichts von Rasensprengern, pinkelnden Hunden oder geplatzten Wasserleitungen ja vorstellbar), dann ergibt die ganze Subjunktion keinen Sinn.

### Bisubjunktion, auch Bikonditional: „nur wenn ... dann ...“ (↔)

Die Subjunktion ist nicht umkehrbar („Wenn die Straße nass ist, dann hat es geregnet."), dies suggeriert bereits der Junktor: ein in nur eine Richtung weisender Pfeil. Anders sieht dies bei der Bisubjunktion aus:

Nur dann, wenn du Hausaufgaben gemacht hast, gehen wir nachher ein Eis essen.
(p) Du hast deine Hausaufgaben gemacht.
(q) Wir gehen nachher ein Eis essen.

| p | $\leftrightarrow$ | q |
|---|---|---|
| w | **w** | w |
| w | **f** | f |
| *f* | ***f*** | w |
| f | **w** | f |

Die Umkehrung des Satzes lautet:

Wenn wir ein Eis essen gehen, hast du deine Hausaufgaben gemacht.
(q) Wir gehen ein Eis essen.
(p) Du hast deine Hausaufgaben gemacht.

| q | $\leftrightarrow$ | p |
|---|---|---|
| w | **w** | w |
| f | **f** | w |
| w | **f** | f |
| f | **w** | f |

Nicht erst die Wahrheitswerttabelle zeigt, dass die Umkehrung gültig ist. Anders als bei der Subjunktion (bei deren Verwendung man schon einmal – etwa aus Mitleid oder um sich nicht selbst zu schaden – auch trotz unerledigter Hausaufgaben ein Eis essen gehen dürfte), kann das Kind bei bisubjunktiver Verknüpfung nur dann an ein Eis gekommen sein, wenn es seine Hausaufgaben gemacht hat.

---

**Merksatz: Bisubjunktion**
Die Bisubjunktion ist dann falsch, wenn eine der Einzelaussagen falsch ist.                    **!**

---

Insbesondere aber kann nicht aus einer falschen auf eine wahre Aussage geschlossen werden.

### Hinreichende und notwendige Bedingung
Das Problem der Unumkehrbarkeit von Aussagen in Subjunktionen soll hier noch einmal genauer angesprochen werden – auch, weil es gerade in der Alltagskommunikation oft geschieht, dass die Bedingungen unabsichtlich oder absichtlich vertauscht werden.

Die *Subjunktion* p → q bedeutet: *(p) impliziert (q). (q) ist damit die notwendige Bedingung für (p).* Es kommt nicht vor, dass (p) wahr ist und (q) falsch ist. Wenn aber sicher ist, dass (p) wahr ist, dann ist auch (q) wahr. Es kann dann von (p) auf (q) geschlossen werden. *(p) ist die hinreichende Bedingung für (q).* Beispiel:

Fleißige Student:innen bestehen die Logik-Klausur.

meint:

> Wenn ein:e Student:in fleißig ist (hinreichende Bedingung, um die Klausur zu bestehen), dann besteht er/sie die Logik-Klausur (notwendige Bedingung dafür, fleißig gewesen zu sein).

Die Klausur kann nur dann (mit legalen Mitteln) bestanden worden sein, wenn der/die Student:in fleißig war. Wenn der/die Student:in fleißig und zusätzlich intelligent, hungrig, blond usw. ist, kann er/sie die Klausur dennoch bestehen, denn fleißig zu sein, ist hierfür ausreichend/hinreichend.

Dieses Verhältnis ist aber nicht umkehrbar! Oder, wie jetzt formallogisch notiert werden kann:

$$p \rightarrow q \iff \neg(p \rightarrow \neg q)$$

(p) Student:in ist fleißig
(q) Student:in besteht die Logik-Klausur.

Der Satz „Wenn ein:e Student:in fleißig ist, besteht er/sie die Logik-Klausur" ist äquivalent dazu, dass es nicht sein kann, dass ein:e Student:in fleißig ist und daraus folgt, dass er/sie die Klausur nicht besteht. Wenn ein:e Student:in die Logik-Klausur bestanden hat, dann war er/sie fleißig. Es sind auch andere Gründe für sein/ihr Bestehen denkbar (Betrug, Vorwissen, Intelligenz, Zufall).

*Bei der Bisubjunktion ist jede der Aussagen sowohl hinreichende als auch notwendige Bedingung für die jeweils andere:*

$$p \leftrightarrow q \iff (p \rightarrow q) \wedge (q \rightarrow p)$$

Die rechtsseitige Konjunktion der beiden Subjunktionsterme meint, dass die Aussage wahr ist, wenn beide Terme wahr sind, was insinuiert, dass (p) und (q) vertauscht werden dürfen. Wie dieser Beweis zu führen ist, wird im Folgenden erläutert.

**Logische Äquivalenz: „… ist gleichbedeutend mit …" ( $\iff$ )**
Von logischer Äquivalenz (lat. *aequus* = gleich; *valere* = wert sein) spricht man dann, wenn zwei Aussagen(komplexe) dieselben Wahrheitswerte besitzen. Die Äquivalenzprüfung ist ein Verfahren, um zum Beispiel die logische Gleichheit zweier Sätze zu beweisen.

**Merksatz: Äquivalenz**
Die Äquivalenz wird als Bisubjunktion getestet.

Im obigen Beispiel:

| p | → | q | ⟺ | ¬ | (p | ∧ | ¬q) |
|---|---|---|---|---|----|---|-----|
| w | w | w | **w** | w | w | f | fw |
| w | f | f | **w** | f | w | w | wf |
| f | w | w | **w** | w | f | f | fw |
| f | w | f | **w** | w | f | f | wf |

Wie sich hier zeigt, sind bereits die Wahrheitswert-Kolonnen des linken und des rechten Satzes identisch. Diese Identität kann mittels der Bisubjunktion bewiesen werden: Zeigen sich in der Wahrheitswert-Kolonne hier ausschließlich wahre Aussagen, gelten die Sätze als äquivalent. In Hinblick auf ihren Informationsgehalt kann die Beziehung der beiden Sätze zueinander als *Tautologie* angesehen werden: Sie sagen dasselbe aus.

### Peirce-Funktion: „beide nicht" (↓), Nicht-Oder

Insbesondere für die Schaltalgebra werden zwei logische Junktoren wichtig, die abschließend vorgestellt werden sollen. Die Peirce-Funktion[2] verknüpft zwei Aussagen nach dem Muster „beide nicht". Zum Beispiel:

Weder Elias noch Alina geben heute eine Cryptoparty.
(p) Elias gibt eine Cryptoparty.
(q) Alina gibt eine Cryptoparty.

Die Aussage ist äquivalent zu 1. „Elias oder Alina geben heute keine Cryptoparty." und 2. „Elias gibt keine Cryptoparty und Alina gibt keine Cryptoparty":

| p | ↓ | q | ⟺ | ¬ | (p | ∨ | q) | ⟺ | ¬p | ∧ | ¬q |
|---|---|---|---|---|----|---|----|---|----|---|-----|
| w | f | w | w | f | w | w | w | w | fw | f | fw |
| w | f | f | w | f | w | w | f | w | fw | f | wf |
| f | f | w | w | f | f | w | w | w | wf | f | fw |
| f | w | f | w | w | f | f | f | w | wf | w | wf |

**Merksatz: Peirce-Funktion**
Die Peirce-Funktion ist nur dann wahr, wenn beide Bedingungen falsch sind.

---

2 Benannt nach dem US-amerikanischen Mathematiker, Logiker und Semiotiker Charles Sanders Peirce.

**Sheffer-Funktion: „nicht beide" ( | ), Nicht-Und**

Die „Beide nicht"-Funktion ist allerdings nicht zu verwechseln mit der „Nicht beide"-, bzw. Sheffer-Funktion[3], wie das Beispiel zeigt:

> Elias und Alina können nicht beide zur Cryptoparty kommen.
> (p) Elias kann zur Cryptoparty kommen.
> (q) Alina kann zur Cryptoparty kommen.

(Grund hierfür mag zum Beispiel sein, dass einer von beiden auf für eine Klausur üben muss, während die andere zur Party geht.)

Diese Aussage ist wiederum äquivalent zu den Aussagen: 1. „Es ist falsch, dass Elias und Alina heute zur Cryptoparty kommen." sowie 2. „Elias kommt nicht zur Cryptoparty oder Alina kommt nicht zur Cryptoparty":

| p | \| | q | ⟺ | ¬ | (p | ∧ | q) | ⟺ | ¬p | ∨ | ¬q |
|---|---|---|---|---|---|---|---|---|---|---|---|
| w | **f** | w | w | **f** | w | w | w | w | f | **f** | f |
| w | **w** | f | w | **w** | w | f | f | w | f | **w** | w |
| f | **w** | w | w | **w** | f | f | w | w | w | **w** | f |
| f | **w** | f | w | **w** | f | f | f | w | w | **w** | w |

---

**!**  **Merksatz: Sheffer-Funktion**
Die Sheffer-Funktion ist nur dann falsch, wenn beide Aussagen wahr sind.

---

**Zwischenfazit**

Im Vorausgegangenen wurden die für die Aussagenlogik und deren spätere Überführung in andere logische Systeme wichtigsten Junktoren vorgestellt. Permutiert man alle möglichen Kombinationen der Wahrheitswerte, die die Verknüpfung von zwei Aussagen ergeben kann, zeigt sich folgende Übersicht:

| w | ∨ | | → | \| | | | ∨̇ | | | ↔ | ∧ | | | ↓ | f |
|---|---|---|---|---|---|---|---|---|---|---|---|---|---|---|---|
| w | w | w | w | f | w | w | f | f | f | w | w | f | f | f | f |
| w | w | w | f | w | w | f | w | w | f | f | f | w | f | f | f |
| w | w | f | w | w | f | w | w | f | w | f | f | f | w | f | f |
| w | f | w | w | w | f | f | f | w | w | w | f | f | f | w | f |

Dies sind die 16 Ergebniskolonnen aller logischen Verknüpfungen zweier Aussagen. Oberhalb einiger Kolonnen sind die dazugehörigen Junktoren angegeben. Alle Kolonnen, die keinem Junktor zugewiesen sind, lassen sich durch die Kombination von Junktoren

---

3 Benannt ist die Sheffer-Funktion nach dem US-amerikanischen Logiker Henry Maurice Sheffer, dessen Verdienst der Nachweis ist, dass sich alle logischen Junktoren durch die Sheffer- und die Peirce-Funktion darstellen lassen (und der überdies die Boole'sche Algebra als Erster so benannt hat).

darstellen.[4] Die ganz linke Kolonnen, die ausschließlich w als Wahrheitswert enthält, beschreibt die Äquivalenz von Sätzen; die ganz rechte Kolonne mit nur f-Wahrheitswerten deren Kontradiktion.

### 2.1.3 Kombinierte Junktoren

Wie sich in einigen der obigen Beispiele bereits gezeigt hat, lassen sich in Sätzen unterschiedliche Junktoren miteinander kombinieren. Das wirft die Frage auf, ob es eine Hierarchie gibt, die bei der logischen Analyse von Sätzen zu beachten ist. Folgendes Beispiel verdeutlicht das Problem:

$$p \wedge q \vee \neg p \rightarrow q$$

Wie wäre dieser Satz zu analysieren, oder mit anderen Worten: Unter welche Junktoren schreibt man in welcher Reihenfolge die Wahrheitswert-Kolonnen und welche ist dann die Ergebniskolonne? In folgender hierarchischer Reihenfolge müssen die Junktoren analysiert werden:

---

**Hierarchie der Junktoren**

1. Negation
2. Konjunktion
3. Disjunktion
4. Adjunktion
5. Subjunktion
6. Bisubjunktion

---

Das bedeutet für den obigen Satz, dass mit den Negationen angefangen wird, dann die Konjunktion und dann die Adjunktion aufgelöst wird und die finale Kolonne schließlich unter die Subjunktion geschrieben wird. Um Fehler zu vermeiden, bietet es sich an Klammern zu verwenden, die dann in der üblichen Reihenfolge (von innen nach außen) bearbeitet werden:

$$((p \wedge q) \vee \neg p) \rightarrow q$$

Ebenso empfiehlt es sich, die Kolonnen in der Reihenfolge, in der man sie bearbeitet hat, durchzunummerieren. Auf diese Weise behält man Überblick über die zuletzt gelösten Kolonnen (die eventuell als Ausgangskolonnen für weitere Verknüpfungen dienen):

---

4 Vorschläge für die Bezeichnung der hier noch nicht zugewiesenen Junktoren finden sich in (Dewdney 1995:18).

| ((p | ∧ | q) | ∨ | ¬p) | → | q |
|---|---|---|---|---|---|---|
| w | w | w | w | fw | w | w |
| w | f | f | f | fw | w | f |
| f | f | w | w | wf | w | w |
| f | f | f | f | wf | w | f |
| 1 | | 3 | 2 | | | <u>4</u> |

Zur Vereinfachung komplexer logischer Sätze lassen sich Konjunktionen darin bündeln bzw. zusammenfassen:

p ∧ q ∧ r ∧ s

p ∧ q wird zusammengefasst zu t.

r ∧ s wird zusammengefasst zu u.

t und u werden durch Konjunktion miteinander verknüpft: t ∧ u

Die Prüfung der Gültigkeit dieser Zusammenfassung ist über die Wahrheitswerttabelle möglich:

| (p | ∧ | q) | ∧ | (r | ∧ | s) |
|---|---|---|---|---|---|---|
| w | w | w | w | w | w | w |
| w | f | f | f | w | w | w |
| f | f | w | f | w | w | w |
| f | f | f | f | w | w | w |
| w | w | w | f | f | f | w |
| w | f | f | f | f | f | w |
| f | f | w | f | f | f | w |
| f | f | f | f | f | f | w |
| w | w | w | f | w | f | f |
| w | f | f | f | w | f | f |
| f | f | w | f | w | f | f |
| f | f | f | f | w | f | f |
| w | w | w | f | f | f | f |
| w | f | f | f | f | f | f |
| f | f | w | f | f | f | f |
| f | f | f | f | f | f | f |
| 1 | | <u>3</u> | | 2 | | |

Die Tabelle zeigt, dass die vier konjugierten Aussagen nur dann wahr sind, wenn jede Einzelaussage wahr ist. Nichts anderes gilt für t und u:

| t | ∧ | u |
|---|---|---|
| w | w | w |
| w | f | f |
| f | f | w |
| f | f | f |

### 2.1.4 Logische Regeln und Sätze

Zum Abschluss soll eine Reihe von logischen Regeln und Sätzen (Gesetzen) vorgestellt werden, die grundsätzliche Beziehungen zwischen Aussagen und Junktoren beschreiben. Sie sind für viele Algebren gültig und können zur Vereinfachung von Aussagen, Boole'schen Ausdrücken und sogar logischen Schaltnetzen verwendet werden.

#### Die klassischen Denkgesetze

Die sogenannten *Denkgesetze* beschreiben, wie (logisch) gedacht werden soll, damit das (logische) Denken zu korrekten Schlüssen führt. Die drei Denkgesetze stammen aus der aristotelischen Logik.

#### *Der Satz der (Selbst)Identität*

Von einer Aussage p kann immer wieder auf die Aussage p zurückgeschlossen werden, wie der Beispielsatz verdeutlicht:

> Wenn ich recht habe, habe ich recht.

| p | → | p |
|---|---|---|
| w | **w** | w |
| f | **w** | f |

Einen solchen Satz, der – unabhängig von den Wahrheitsgehalten seiner einzelnen Aussagen – nur wahre Aussagen produziert, nennt man eine *logische Tautologie*.

#### *Der Satz vom ausgeschlossenen Widerspruch*

Eine Aussage und ihr Gegenteil können nicht zugleich wahr sein. Zum Beispiel:

> Es kann nicht sein, dass Gott existiert und zugleich nicht existiert.

| ¬( | p | ∧ | ¬p) |
|---|---|---|---|
| **w** | w | f | f |
| **w** | f | f | w |

Hier zeigt sich besonders deutlich, dass die ontologische Wahrheit einer Aussage unabhängig von ihrer logischen Wahrheitsfähigkeit ist.

#### *Der Satz vom ausgeschlossenen Dritten*

Entweder eine Aussage ist wahr oder sie ist falsch. Eine dritte Möglichkeit gibt es nicht („tertium non datur"):

> Entweder Sokrates lebt nicht oder er lebt. Eine dritte Möglichkeit gibt es nicht.

| ¬( | ¬p | ∨ | p) |
|---|---|---|---|
| **w** | f | f | w |
| **w** | w | f | f |

## Grundgesetze der Aussagenlogik

Eine weitere Reihe von Regeln stammt großteils aus der Mathematik und lässt sich auch für die Beschreibung verschiedener Zusammenhänge zwischen Junktoren der Aussagenlogik nutzen.

### Kommutativgesetz (Gesetz der Vertauschbarkeit)

Bei Sätzen, deren Aussagen mit Konjunktion, Adjunktion, Disjunktion und Bisubjunktion verknüpft werden, lassen sich diese tauschen. Dies gilt allerdings nicht für die Subjunktion, weil dadurch hinreichende und notwendige Bedingungen vertauscht würden:

$$p \wedge q \iff q \wedge p$$
$$p \vee q \iff q \vee p$$
$$p \mathbin{\dot\vee} q \iff q \mathbin{\dot\vee} p$$
$$p \leftrightarrow q \iff q \leftrightarrow p$$

### Assoziativitätsgesetz (Gesetz der Verknüpfbarkeit)

Ähnlich den Faktoren bei der Multiplikation, können auch bei Konjunktion, Adjunktion, Disjunktion und Bisubjunktion die Aussagen untereinander getauscht werden. Klammern können entfallen, wenn in ihnen ausschließlich dieselben Junktoren vorkommen wie außerhalb. Auch hier ist die Subjunktion von der Regel ausgenommen:

$$p \wedge (q \wedge r) \iff (p \wedge q) \wedge r \iff p \wedge q \wedge r$$
$$p \vee (q \vee r) \iff (p \vee q) \vee r \iff p \vee q \vee r$$
$$p \mathbin{\dot\vee} (q \mathbin{\dot\vee} r) \iff (p \mathbin{\dot\vee} q) \mathbin{\dot\vee} r \iff p \mathbin{\dot\vee} q \mathbin{\dot\vee} r$$
$$p \leftrightarrow (q \leftrightarrow r) \iff (p \leftrightarrow q) \leftrightarrow r \iff p \leftrightarrow q \leftrightarrow r$$

Die Gültigkeit zeigt ein Beispiel für eine Konjunktionskette:

Alina studiert Medienwissenschaft und Philosophie – und (dazu auch noch) Informatik.

Alina studiert Medienwissenschaft und (dazu auch noch) Philosophie und Informatik.

### Absorptionsgesetz (Gesetz der Auflösung)

Das Absorptionsgesetz betrifft Aussagenkomplexe mit Konjunktion und Adjunktion, bei denen eine der Aussagen sowohl in der konjunktiven als auch in der disjunktiven Verknüpfung enthalten ist. Beispiel:

Elias spielt mit Autos oder: Er spielt mit Autos und mit der Eisenbahn. Elias spielt mit Autos.

$$p \wedge (p \vee q) \iff p$$
$$p \vee (p \wedge q) \iff p$$

Die Verknüpfung ergibt dieselben Wahrheitswerte wie p. Im obigen Beispiel hat der Nachsatz keinen Einfluss auf die Aussagewahrheit; es ist also egal, dass Elias auch mit der Eisenbahn spielt.

Mit dieser Regel lassen sich komplexe logische Ausdrücke stark vereinfachen, denn sobald eine *Konjunktion mit einer Adjunktionskette* oder eine *Adjunktion mit einer Konjunktionskette* vorliegt, bei der beide eine identische Aussage enthalten, kann die jeweilige Kette komplett gestrichen werden und nur der doppelte Ausdruck bleibt erhalten:

$$p \vee (p \wedge q \wedge r \wedge s \wedge t \wedge u) \iff p$$

### Distributivgesetz (Gesetz der Verteilbarkeit)

Das Distributivgesetz beschreibt, wie sich bei drei oder mehr Aussagen eine priorisierte Konjunktion zu einer Adjunktionskette verhält. Beispielsweise:

Alina will Medienwissenschaft (p) studieren. Sie will aber auch noch Philosophie (q) oder Informatik (r) studieren.
Alina will Medienwissenschaft (p) und Philosophie (q), oder sie will Medienwissenschaft (p) und Informatik (r) studieren.

$$p \wedge (q \vee r) \iff (p \wedge q) \vee (p \wedge r)$$
$$p \vee (q \wedge r) \iff (p \vee q) \wedge (p \vee r)$$

Das Gesetz gilt ebenso, wenn Konjunktion und Adjunktion vertauscht werden, wie das Beispiel zeigt:

Elias will Medienwissenschaft (p) oder Informatik (q) und Philosophie (r) studieren.
Elias will Medienwissenschaft (p) oder Informatik (q) und er will Medienwissenschaft (p) oder Philosophie (r) studieren.

$$p \vee (q \wedge r) \iff (p \vee q) \wedge (p \vee r)$$

Das Distributivgesetz dürfte bereits aus der Algebra bekannt sein, wenn es dort, von links nach rechts angewendet, ein „Ausmultiplizieren" bedeutet. Von rechts nach links angewendet bedeutet es hingegen ein „Ausklammern". Auch hiermit lassen sich Aussagenkomplexe vereinfachen.

### Komplementärgesetz (Gesetz der Ergänzung)

Direkt aus dem *Satz vom ausgeschlossenen Widerspruch* ableitbar ist das Komplementärgesetz, denn es kann nicht sein, dass zugleich p und ¬p gilt:

Elias studiert Medienwissenschaft (p) und er studiert nicht Medienwissenschaft (¬p).

$$p \land \neg p \iff f$$

Indirekt aus dem *Satz des ausgeschlossen Dritten* ableitbar ist hingegen die Verknüpfung mit oder:

Elias studiert Medienwissenschaft (p) oder er studiert nicht Medienwissenschaft (¬p).

$$p \lor \neg p \iff w$$

Entstehen – etwa nach einer Umformung – solche Aussageverbindungen, entfallen sie nicht, sondern werden zu dem Wahrheitswert aufgelöst, der bei der weiteren Auswertung der Aussage berücksichtigt werden muss:

$$\underline{p \lor \neg p} \land q \iff w \land \neg q \iff w \land q \iff q$$

### Neutralitätsgesetz

Das vorangegangene Beispiel hat bereits gezeigt: Wenn eine Aussage mit einer anderen Aussage, von der wir bereits wissen, ob sie wahr oder falsch ist, verknüpft wird, so entstehen neue Darstellungen:

$$p \land w \iff p$$
$$p \land f \iff f$$

Eine wahre Aussage verhält sich zu einer Aussage mit Konjunktion verknüpft *neutral*. Eine falsche Aussage ergibt hier wieder eine falsche Aussage.

$$p \lor f \iff p$$
$$p \lor w \iff w$$

Eine falsche Aussage verhält sich zu einer mit Konjunktion verknüpften Aussage *neutral*. Eine wahre Aussage ergibt hier wieder eine wahre Aussage.

### Idempotenzgesetz (Gesetz des selben Vermögens)

Aus der Konjunktion oder der Disjunktion einer Aussage mit sich selbst geht immer die Aussage selbst hervor:

$$p \land p \iff p$$
$$p \lor p \iff p$$

Das Idempotenzgesetz gilt nicht für die Disjunktion, Subjunktion und Bisubjunktion. Hier gilt hingegen:

$$p \;\dot{\vee}\; p \;\Longleftrightarrow\; f$$
$$p \;\rightarrow\; p \;\Longleftrightarrow\; w^{5}$$
$$p \;\leftrightarrow\; p \;\Longleftrightarrow\; w$$

## De-Morgan'sche Gesetze

Die De-Morgan'schen Gesetze[6] beschreiben den Einfluss von Negationen auf Konjunktionen und Adjunktionen. Sie zeigen zudem, wie sich der Peirce- und der Sheffer-Junktor in Konjunktion und Adjunktion überführen lässt.

$$\neg\,(p \wedge q) \;\Longleftrightarrow\; \neg\,p \vee \neg\,q^{7}$$
$$\neg\,(p \vee q) \;\Longleftrightarrow\; \neg\,p \wedge \neg\,q^{8}$$

Auch hier zeigt sich eine Ähnlichkeit zu anderen Algebren: Wie ändern sich Junktoren in Klammern bei der Auflösung, wenn eine Negation davor steht?

## Gesetz der doppelten Negation

In Aussagen können durchaus auch mehrere Negationen auftreten. Stehen diese direkt „nebeneinander", dann gilt, dass sie sich *paarweise aufheben*: Gerade Anzahlen von Negationen lösen sich vollständig auf; ungerade Anzahlen werden auf eine Negation reduziert:

$$\neg\,\neg p \;\Longleftrightarrow\; p$$
$$\neg\,\neg\,\neg p \;\Longleftrightarrow\; \neg p$$
$$\neg\,\neg\,\neg\,\neg p \;\Longleftrightarrow\; p$$
$$\neg\,\neg\,\neg\,\neg\,\neg\,p \;\Longleftrightarrow\; \neg p$$
usw.

Die Aussagenlogik verwendet nur die *Aussagennegation*. Die Negation von Begriffen spielt in der Begriffslogik und in der Linguistik eine Rolle („Er ist kein Unmensch." enthält beide Negationsarten, die sich deshalb aber keineswegs aufheben). Diese Unterscheidung kann hier ignoriert werden, weshalb also grundsätzlich gilt: Doppelte Verneinungen heben sich auf.

## Weitere logische Identitäten

Überdies können noch folgende Beziehungen hilfreich bei der Umwandlung und Vereinfachung von Aussagenkomplexen sein:
Die Bedeutung und Gültigkeit dieser Äquivalenzen wurde oben dargelegt.

---

5 ... dies entspricht Aristoteles' „Satz der Identität".
6 Benannt nach dem englischen Logiker Auguste De Morgan, dem Mathematik-Lehrer Ada Lovelaces.
7 ... dies entspricht der Sheffer-Funktion (NAND).
8 ... dies entspricht der Peirce-Funktion (NOR).

## 2.2 Logische Maschinen

Abgesehen von der Tatsache, dass die schriftliche Fixierung von logischen Sachverhalten, wie etwa in Aristoteles' *Organon* geschehen, bereits Formalisierungen und Operationalisierungen zulässt, die in gesprochener Sprache nicht möglich sind, beginnt die Mediengeschichte der Logik wahrscheinlich im Hochmittelalter. Dort waren logische Maschinen zunächst als Automaten konzipiert, mit deren Hilfe man begriffslogisch Verknüpfungen von Subjekten und ihren Prädikaten vornehmen konnte, um damit zu neuen (wahren) Verknüpfungen ähnlicher Art zu gelangen. Logische Maschinen im Sinne von Analyseinstrumenten waren das allerdings noch nicht. Im Zuge der Formalisierung der Logik durch Boole und des Übergangs von der Begriffs- zur Aussagenlogik durch Frege erhielten logische Maschinen mehr und mehr die Aufgabe, das zeitraubende Permutieren von Wahrheitswerten und das Aufstellen von Wahrheitswerttabellen zu automatisieren. Spätere Systeme waren zudem in der Lage solche generierten Tafeln automatisch nach Wahrheitswerten einer bestimmten Aussage zu durchsuchen.

Die für die logischen Maschinen verwandten Technologien basierten zunächst auf Papier, dann auf Mechanik und schließlich – nach dem Erscheinen von Claude Shannons „A Symbolic Analysis of Relay and Switching Circuits" im Jahre 1938 – auf Elektronmechanik. Die ebenfalls in der Folge Shannons einsetzende Entwicklung von Digitalcomputern sorgte dafür, dass die logischen Maschinen in der zweiten Hälfte der 1950er-Jahre verschwanden; zum einen konnten Computer mit ihren implementierten Logik-Operationen (vgl. Kap. 7) die Permutationen schneller und für mehr Aussagen-Kombinationen durchführen, zum anderen waren logische Maschinen für die vornehmliche Anwendung – die Vereinfachung von Logik-Gattern bei der Computerarchitektur – kaum ausreichend. Im Folgenden werden exemplarisch vier historische logische Maschinen und ihre Funktionsweisen vorgestellt. Eine historische Übersichtstabelle über logische Maschinen findet sich in (Zemanek 1991:60).

### 2.2.1 Ramon Llulls *Ars Magna*

Die Maschine des mallorquinischen mittelalterlichen Logikers, Philosophen und Theologen Ramon Llull (zeitweise auch Raymundus Lullus genannt) heißt „Ars Magna" (Große Kunst) und wurde zu seinen Lebzeiten wahrscheinlich nie gebaut. Sie ist beschrieben in seinem gleichnamigen Werk und war offenbar vornehmlich dazu gedacht, die Bekehrung von Moslems zum christlichen Glauben zu „automatisieren" (vgl. Künzel 1991:61).
Hierzu verfügt die Maschine über konzentrisch übereinander angeordnete, verschieden große Scheiben (Abb. 2.2), von denen der Äußere die Buchstaben B bis K enthält, die für verschiedene Begriffe (Subjekte) standen: Güte, Gott, Gerechtigkeit, Ursache, Freier Wille, Aufrichtigkeit und andere (vgl. Cornelius 1991:147). Diese Begriffe sind sortiert nach Kategorien wie göttliche Attribute, Relationsprädikate, Subjekte, Fragen usw. (vgl.: ebd.). Die Kombination zweier Buchstaben ließ damit bereits eine Vielzahl an mögli-

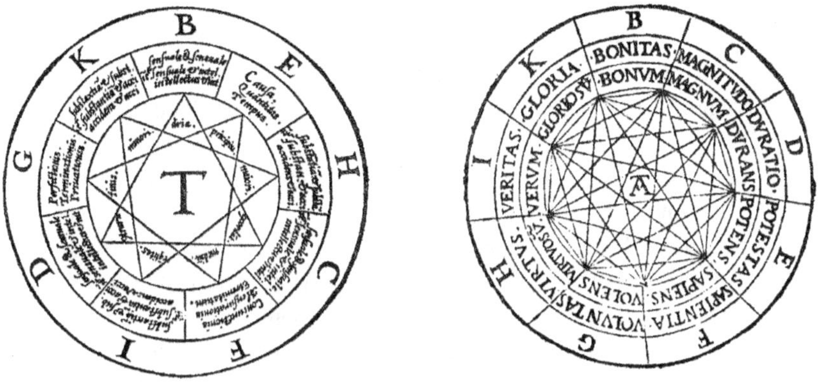

**Abb. 2.2:** Ramon Llulls *Ars Magna* (Künzel/Cornelius 1991:46+48.) – Prima Figura (li), Secunda Figura (re.)

chen Subjekt-Prädikat-Zuschreibungen zu: „Gott besitzt Güte" usw. Durch die Kategorie „Fragen" lassen sich Beziehungen zwischen einzelnen Begriffen erfragen: „Wieviel Güte besitzt Gott?" usw. Über den Scheiben sind drei Dreiecke angeordnet, mit denen die Begriff-Buchstaben angezeigt werden können. Die Spitzen dieser Dreiecke bezeichnen die Beziehungen von Begriffen – etwa Unterschied, Übereinstimmung und Gegensatz (vgl. Künzel 1991:47). Das genaue Funktionsprinzip erklärt Gardner (1958:9–13).

Mit der „Ars Magna" entsteht eine frühe Form von operativer logischer Diagrammatik: Das Papier wird hier gleichsam zu einer Maschine, mit deren Hilfe sich logische Zuschreibungen geometrisch generieren lassen: „It was the earliest attempt in the history of formal logic to employ geometrical diagrams for the purpose of discovering nonmathematical truths" (Gardner 1958:1). Die Vielzahl der Begriffe und ihre Kombinationsmöglichkeiten lassen die Konstruktion tausender solcher (neuer) Zuschreibungen zu. Darüber hinaus ist die von Llull genutzte Verwendung von Buchstaben, die für Begriffe stehen, bereits eine Protoform der Algebraisierung von logischen Aussagen, wie sie später bei Frege und Boole zur Grundlage der Formalisierung wird.

Nachdem diese Erfindung Llulls lange Zeit (sowohl von den Zeitgenossen als auch von der Philosophie-Geschichtsschreibung, (vgl. Cornelius 1991:23–69)) verkannt wurde, finden sich in der Renaissance erste Versuche einer technischen Implementierung. Bedeutsamer scheint jedoch ihr Einfluss auf die Arbeit des Philosophen Georg Wilhelm Leibniz', der Llull als „innovativen Logiker" (Cornelius 1991:32) wertet. In jüngerer Zeit hat sich die Sichtweise auf Llull dahingehend geändert, dass seine „Papiermaschine" als eine wichtige Vorstufe zum Computer gewertet wird. Sie findet daher Erwähnung in zahlreichen medienwissenschaftlichen Schriften. Werner Künzel und Heiko Cornelius widmen ihr eine Monografie, in der sie sie als einen „geheimen Ursprung der Computertheorie" bezeichnen, ihren Aufbau und ihre Arbeitsweise erklären und Computerprogramme zu ihrer Simulation anbieten (vgl. Künzel/Cornelius 1991).

### 2.2.2 W. S. Jevons' *Logisches Piano*

1869 entsteht William Stanley Jevons' „Logisches Piano". Es stellt das Endprodukt einer Reihe von Vorrichtungen dar, die sich der Professor für Logik und Ökonomie (auf letzterem Feld war er zeitlebens bekannter als für seine Errungenschaften in der Philosophie) zur Arbeitserleichterung erdachte. Angefangen bei der Idee, die Permutationstabellen für logische Operationen auf separaten Stempeln unterzubringen über die Konstruktion eines „logischen Lineals" und eines „logischen Abacus" (vgl. Gardner 1958:97) entwarf er schließlich eine Maschine, über deren klavierähnlich angeordnete Tasten sich Subjekte mit Prädikaten automatisch miteinander verknüpfen lassen.

Die Maschine basiert auf Jevons' eigener logischer Notationstechnik, bei der Begriffe und Prädikate als Großbuchstaben angegeben werden und ihre Negationen als Kleinbuchstaben. Im Sinne der Begriffslogik lassen sich damit bei drei Begriffs-Prädikat-Kombinationen von ABC acht Kombinationen konstruieren (ABc, AbC, AbC, Abc, aBC, usw.). ABC bedeutet „A, B, C", ABc heißt „A, B, nicht c" usw. Das System besitzt Ähnlichkeit zu den etwa zur selben Zeit entstehenden Venn-Diagrammen (siehe 3.1), Jevons versucht damit jedoch die 1847 publizierte logische Algebra seines Landsmanns George Boole (siehe 3.2) zu adaptieren, indem er ein System aufstellt, das die gleichen Resultate hervorbringt. Jevons war seinerzeit einer der wenigen Logiker, der die Errungenschaften Booles (an)erkannte: „He regarded Boole's algebraic logic as the greatest advance in the history of the subject since Aristotle." (Gardner 1958:92.)

Das „Logische Piano" (Abb. 2.3) ermöglicht es nun, solche Kombinationen mit bis zu vier Begriffen und Prädikaten automatisch auszuführen. Hierzu ist eine Anzeigenreihe an der Front angebracht, die Groß- und Kleinbuchstaben enthält. Die Eingabe erfolgt über eine Tastatur, deren Tasten direkt unterhalb der jeweiligen Buchstaben-Anzeige angebracht sind. Alle Buchstaben sind zweimal (jeweils links und rechts von der Copula-Taste) sowohl in Klein- als auch Großbuchstaben angegeben. Zusätzlich finden sich Tasten für „Eingabe", „Zurücksetzen", „Copula" (=) und zwei „logisches Oder". Gardner (1958:99) beschreibt die ungefähre Nutzungsweise des „Logischen Pianos": Wollte man nun eine Zuschreibung wie „Alle A sind B" mit der Maschine lösen, müsste man A auf der linken Seite, dann Copula, dann A und B auf der rechten Seite und schließlich die Eingabe-Taste drücken. Die Maschine entfernt dann alle Buchstaben, die gemäß der eingegebenen Verknüpfung falsch sind, also a, b, c, C, d und D. Damit werden alle möglichen Schlüsse, die sich aus der Verknüpfung ergeben, angezeigt. Mit den angezeigten Begriffen können dann weitere Verknüpfungen vorgenommen werden.

Das „Logische Piano" ist die erste Maschine, die logische Probleme schneller als der Mensch löst. Der US-amerikanische Logiker Alan Marquand konstruierte, wahrscheinlich auf Anregung seines Philosophie-Lehrers Charles Sanders Peirce 1885, eine elektrisch arbeitende Version des „Logischen Pianos". Peirce selbst hatte am Rande eines Artikels über logische Maschinen aus dem Jahr 1887 elektrisch organisierte Schaltgatter (für Konjunktion und Adjunktion) vorgeschlagen (vgl. Peirce 1976:632 Fußnote 2). Jevons'

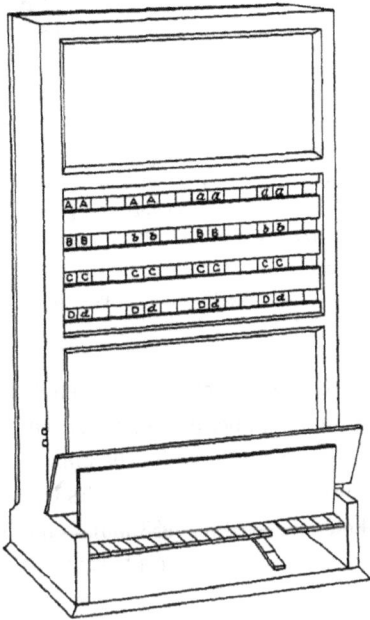

**Abb. 2.3:** Jevons' Logisches Piano (Gardner 1958:98)

originales „Logisches Piano" kann heute im Museum der *Oxford University* besichtigt werden.

### 2.2.3 Die *Kalin-Burkhard-Maschine*

Theodore A. Kalin und William Burkhart, zwei Studienanfänger in Harvard, zeigten sich von Claude Shannons oben erwähnter Arbeit über elektronische Logik-Gatter derartig begeistert, dass sie sich vornahmen eine darauf basierende logische Maschine zu konstruieren, um damit Wahrheitswerttabellen auszuwerten:

> Shannon's paper on the relation of such logic to switching circuits. Weary of solving problems by laborious paper and pencil methods, and unaware of any previous logic machines, they decided to build themselves an electrical device that would do their homework automatically. (Gardner 1958:128.)

In ihre Maschine, die erste elektromechanische logische Maschine, können über Drehschalter bis zu zwölf Aussagen eingegeben werden. Die Maschine arbeitet die daraus entstehende Permutation zeilenweise ab und zeigt über zwölf Lämpchen die ermittelten Wahrheitswerte einer jeden Zeile an (wobei eine eingeschaltete für „wahr" und eine ausgeschaltete Lampe für „falsch" steht). Die Funktionsweise stellt Tarján (1962) vor:

> Die Maschine beruht auf dem Grundgedanken, daß alle elementaren Verknüpfungen durch zwei Wechselkontakte und einen zweipoligen Drehschalter realisiert werden können. Dadurch können die verschiedenen nötigen Verknüpfungen an einem einzigen Element wahlweise eingestellt werden, was den einheitlichen Bau der Maschine wesentlich vereinfacht. Es können wahlweise vier elementare Verknüpfungen, Konjunktion, Disjunktion, Implikation und Äquivalenz, eingestellt werden. Die Negation wird durch besondere Relais durch Umpolen ausgeführt. Es können Formeln bis zu 12 Variablen, die durch höchstens 11 Verknüpfungen verbunden sind, eingestellt werden. Die einzelnen Kombinationen werden durch eine duale Zahlenkette mit 1023 Positionen geliefert, was praktisch eine Einschränkung der Anzahl der Variablen auf 10 bedeutet. Die Maschine bleibt automatisch bei jener Kombination stehen, für welche die eingestellte Formel wahr (wahlweise auch falsch) ist, worauf die Kombination von dem Stand der Zahlkette notiert und die Maschine wieder in Gang gesetzt werden kann.(Tarján 1962:126.)

Mit der „Kalin-Burkhard-Maschine" kann also bereits nach einzelnen wahren oder falschen Ergebnissen gesucht werden, was ihre Funktionalität über die einer „Aufschreibehilfe" hinausführt. Allerdings soll die Transformation der Aussagen für die Maschine und die Eingabe derselben den Zeitgewinn gegenüber der handschriftlichen Erstellung von Wahrheitswerttabellen wieder kompensiert haben (vgl. Gardner 1958:130). Den Aufbau der Maschine hat Burkhard 1947 in seiner Abschlussarbeit detailliert beschrieben.

### 2.2.4 Friedrich Ludwig Bauers *Stanislaus*

Die letzte hier vorgestellte logische Maschine des deutschen Informatikers Friedrich Ludwig Bauer namens „Stanislaus" (Abb. 5) stellt zugleich eine der letzten logischen Maschinen überhaupt dar. Bauer hatte bereits 1950 mit der Konzeption der Maschine begonnen, sie jedoch – aufgrund anderer Arbeiten – erst 1956 fertiggestellt. Die gerade aufkeimende Informatik, zu deren Pionieren Bauer gehört, besaß für ihn höhere Priorität als die Entwicklung einer Maschine, deren Aufgaben sukzessive von Computern übernommen werden konnten. 1957 stellt Bauers Mitarbeiter Helmut Angstl „Stanislaus" öffentlich vor. Die Maschine erlaubt die Eingabe von fünf Aussagen und deren Verknüpfungen zu Aussagen mit bis zu elf Zeichen Länge. Nach der Eingabe, die über eine Tastatur mit 110 Tasten sowie fünf Schaltern (für die Aussagen) erfolgt, wird der Term zunächst auf seine syntaktische Korrektheit überprüft und, falls diese nicht vorliegt, zurückgewiesen. Die Aussagen selbst werden klammerfrei nach der sogenannten „Polnischen Notation" eingegeben:

> Die Polnische Notation kann auf folgende Weise formuliert werden: es gibt Zeichen für die Operationen, z.B. N für Negation, C für Konjunktion, D für Disjunktion, E für Äquivalenz und I für Implikation, und es gibt Zeichen für die Variablen p, q, r, s, t. Eine Variable ist eine Formel. Eine Formel mit dem Zeichen N davor ist eine Formel. Zwei nebeneinandergestellte Formeln mit einem Zeichen C, D, E, I davor, sind eine Formel. Die Auswertung einer derartigen Formel geschieht auf folgende Weise: jedes Variablen-Zeichen p, q, r, ... hat einen Wert 0 oder 1. Das Operationszeichen wirkt auf den Wert der einen Formel oder der beiden Formeln, die es beherrscht, und ergibt so den Wert der Verbundformel. (Bauer 1984:36.)

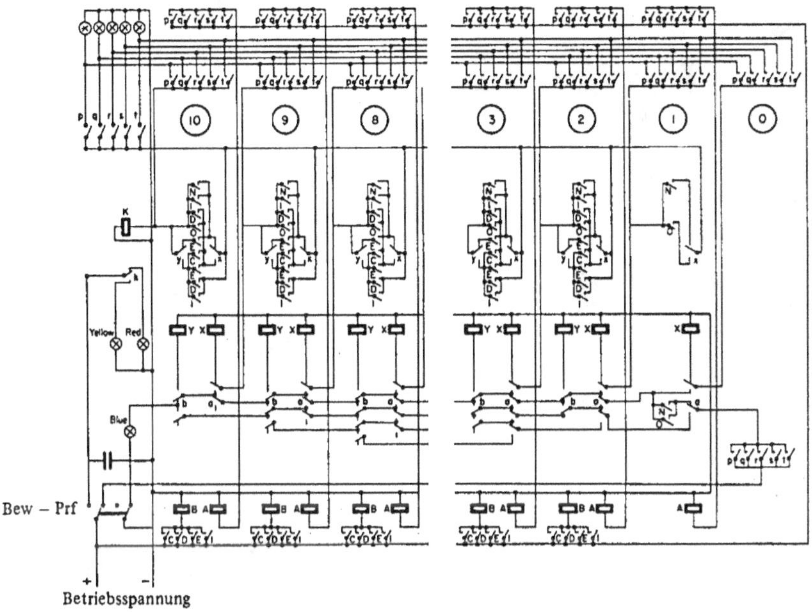

**Abb. 2.4:** Teilschaltbild von Stanislaus (Bauer 1984:37)

Aus einer Aussagenkombination:

$$[(p \rightarrow q) \wedge (q \rightarrow r)] \rightarrow (p \rightarrow r)$$

wird nach der Umwandlung in die Polnische Notation:

ICIpqIqrIpr (vgl. Bauer 1984:36.)

Wie die Kalin-Burkhard-Maschine basiert auch Stanislaus auf Relais (Abb. 2.4). Anders als dort kann hier die Formel aber direkt eingegeben werden, ohne zuvor manuell umgewandelt werden zu müssen. Jede Spalte für die Wahrheitswerte einer Aussage ist direkt mit einem Logik-Gatter verbunden. Bauers „Computer" (eine Bezeichnung, die Bauer für Stanislaus verwendet) besitzt eine spezifische Form von interner Speicherung, nach der die eingegebenen Schaltereignisse gespeichert sind – den sogenannten Kellerspeicher. Bei diesem werden die zu speichernden Informationen nacheinander „übereinander gestapelt" und können in der umgekehrten Reihenfolge abgerufen werden (vgl. Kap. II.5.2.2 und Band 2, Kap. I.3.2.2.). Die verwendete Polnische Notation legt die Verwendung eines Kellerspeichers zur Abarbeitung der Gleichungen nahe. Maschinen, die ausschließlich mit diesem Speichertyp arbeiten, gelten nach Ansicht der Informatik zwar nicht als universelle Computer (vgl. Band 2, Kap. I.3.2.2), womit Bauers Zuschreibung zumindest nur eingeschränkt richtig ist. Ein „Spielzeug" (Bauer 1984:37) scheint Stanislaus aber gerade wegen der Einführung dieses Speichertyps auch nicht zu sein. Heute steht die Maschine in der Computerausstellung des *Deutschen Museums* in München.

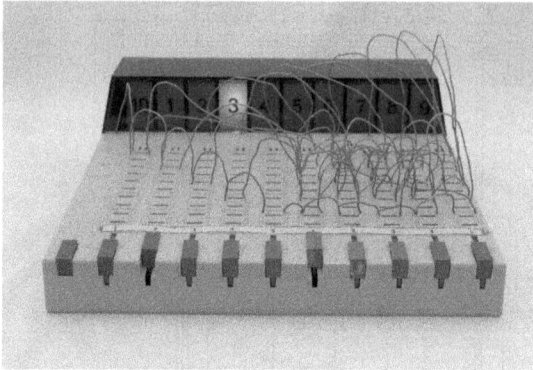

**Abb. 2.5:** Kosmos Logikus

## 2.2.5 Kosmos *Logikus*

Der „Logikus" (Abb. 2.5) hingegen ist ein Spielzeug – beziehungsweise wurde als solches ab 1968 vom Kosmos-Verlag in Westdeutschland (und unter der Bezeichnung „Piko dat" im Jahr darauf auch in der DDR) verkauft. Damit schert der „Logikus" aus der Darstellung der logischen Maschinen ein wenig aus, denn er soll nicht bei der Lösung von logischen Aussagenkomplexen helfen, sondern – ähnlich wie Llulls Ars Magna – mithilfe von Logik neue Aussagen generieren. Der Hintergrund ist ebenfalls didaktischer Natur, bezieht sich nun aber auf das technische Objekt und seinen theoretischen (logischen) Hintergrund. Wie oft bei technischen Spielzeugen, wird auch beim „Logikus" das Funktionsprinzip besonders deutlich. Im Gerät finden sich keinerlei elektronische Bauteile (also auch keine mikroelektronischen Logik-Schaltungen). Anstelle dessen werden die drei Junktoren „und", „oder" und „nicht" über zehn Schiebeschalter an der Gehäusevorderseite und über Verdrahtungen auf einem Patch-Feld auf der Gehäuseoberseite hergestellt. Die Betriebsspannung wird über eine Batterie geliefert; die Ausgaben erfolgen auf zehn Glühlämpchen, die als Display am hinteren Ende der Gehäuseoberseite angebracht sind.

Vor dieser Glühlämpchen können nun (mitgelieferte) halbdurchsichtige Schablonen mit Grafiken angebracht werden, die dem jeweiligen Experiment/Spiel seine Semantik verleihen. Würfelspiele, ein Fußballspiel, die Buchung von Plätzen in einem Flugzeug, ein Fangen-Spiel und andere dienen im Handbuch als praktische Probleme, um die Funktionsweise von Schaltnetzen, Computer-Rechenwerken, logischen Junktoren und kybernetischen Regelkreisläufen, Dual-Arithmetik zu erklären. Das Begleitbuch (Lohberg 1969) stellt mehrere Dutzend Experimente und Spiele vor; 1970 erscheint ein zweiter Band (Lohberg 1970) mit 30 weiteren Experimenten und Spielen.

# 3 Mathematische Darstellungen der Aussagenlogik

Seit Ende des 19. Jahrhunderts wird Logik nicht mehr allein durch die formale Philosophie erforscht und weiterentwickelt, sondern hat Eingang in die Mathematik gefunden. Die oben vorgestellten logischen Regeln und Sätze finden sich isomorph in den Regeln und Sätzen verschiedener mathematischer Teilgebiete wie der Arithmetik und der Mengenlehre wieder. Zudem wird die *Prädikatenlogik* (als Erweiterung der Aussagenlogik, bei der Aussagen auf ihre Prädikate untersucht werden und Quantoren wie All- und Existenzaussagen logische Sätze beschreiben) für Beweise mathematischer Sätze genutzt (vgl. Band 3, Kap. I.2.2).

Im Folgenden soll zunächst gezeigt werden, dass die mathematische Logik auch dazu genutzt werden kann, aussagenlogische Verknüpfungen diagrammatisch darzustellen und so ikonisch erfassbar zu machen. Hierzu werden einfache Beziehungen zwischen Aussagenverknüpfungen und Mengen vorgestellt. Die zweite mathematische Darstellung der Logik findet wieder im Symbolischen statt und führt die Grundprinzipien der Boole'schen Algebra vor, die ein wichtiger Schritt auf dem Weg der Implementierung von Logik in (Medien)Technik ist. Die zahlreichen weiteren Beziehungen zwischen philosophischer und mathematischer Logik können vor dem Hintergrund unserer Fragestellungen ausgeklammert werden. (Vgl. hierzu Band 2, Kap. I.2.3.7) Im Anhang wird für Interessierte eine Lektüreempfehlung gegeben.

## 3.1 Darstellungen durch Mengen

Logische Verknüpfungen können auch als Kombinationen unterschiedlicher Mengen dargestellt werden. Diese Darstellungsweise verhilft komplexeren logischen Operationen nicht nur zur Anschaulichkeit, sondern stellt zugleich auch den Übergang von einer Logik als (reiner) Erkenntnistheorie zu einer Ontologie und Mathematisierung dar.

Die Anschaulichkeit verdanken diese Darstellungen der *Diagrammatik* – der Überführung symbolischer in ikonische (bildhafte) Darstellungen. Als Diagramme können die vormals „starren" symbolischen Strukturen nun vom Betrachter mental „in Vollzug gesetzt" werden – es lassen sich sozusagen zeitliche Operationen an ihnen durchführen. Aus dem Grund, dass es sich bei Diagrammen nämlich *um operativ(ierbar)e Objekte* handelt, fügt Gardner (1958:28–59) logische Diagramme in seine Darstellung logischer Maschinen ein. Bereits die von Ramon Llull lediglich auf Papier entworfene, aber nie selbst gebaute „Ars Magna" stellt solch ein operatives Diagramm – man könnte sagen: eine Papiermaschine – dar.

Erste logische Diagramme finden sich bereits bei Aristoteles, der Baumdiagramme zur Visualisierung von Taxonomien genutzt hat (vgl. Gardner 1958:29). Bereits im 17. Jahrhundert wurden solche Darstellungen logischer Verknüpfungen (durch Leibniz) für die Beschreibung aussagenlogischer Sachverhalte verwendet. Eine der bekannteren

https://doi.org/10.1515/9783111036540-004

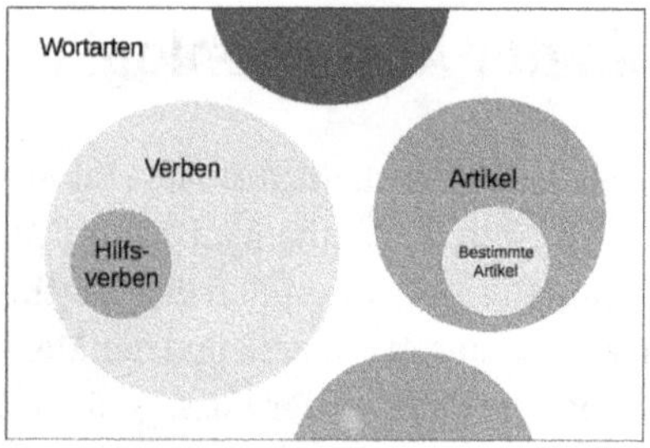

**Abb. 3.1:** Euler-Diagramm zur Beziehung der Wortarten zueinander: Hilfsverben sind eine Untermenge der Vollverben. Artikel bilden eine von den Verben unabhängige Menge usw.

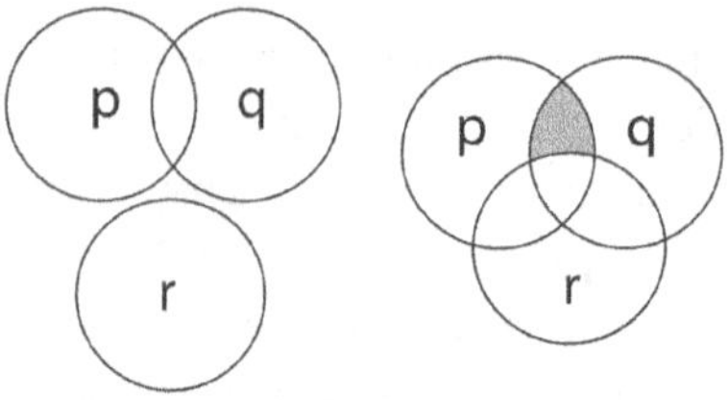

**Abb. 3.2:** p ∧ q ∧ ¬r als Euler- (li.) und Venn-Diagramm (re.)

Arbeiten zu logischen Diagrammen legte Leonard Euler im Jahre 1761 vor (Abb 3.1). Darin stellt er die Beziehungen zwischen Mengen als Überlappungsflächen dar.

Diese Diagramme verdeutlichen bereits die Beziehungen von Sachverhalten (Gemeinsamkeiten und Unterschiede) zueinander. Der englische Mathematiker John Venn entwickelte um 1880 die Darstellungen Eulers weiter, indem er diejenigen Mengen, die Euler durch räumliche Trennung darstellte (um ihre Negation zu markieren, Abb. 3.2) als leere Schnittmengen mit den zu unterscheidenden Mengen visualisierte.

Die nach ihm benannten *Venn-Diagramme* lassen übersichtliche Darstellungen von bis zu fünf Aussagen/Mengen zu (Abb. 3.4 und 3.5). An den 16 möglichen Beziehungen zwischen zwei Aussagen soll dies hier dargestellt werden (Abb. 3.6).

Die Mengenlehre verwendet zur Beschreibung von Beziehungen zwischen Mengen eigene Symbole, die in ihrer Form einigen der hier verwendeten logischen Junktoren ähneln: Die Schnittmenge A ∩ B (sprich: „A schneidet B") entspricht p ∧ q, die Vereinigungsmenge A ∪ B (sprich: „A vereinigt mit B") entspricht p ∨ q. Die Anschaulichkeit in der Darstellung von logischen Verknüpfungen einzelner Aussagen ist durch die Anzahl der zu verknüpfenden Aussagen begrenzt. Dadurch, dass für die Visualisierung nur zwei oder drei Raumdimensionen zur Verfügung stehen, werden Venn-Diagramme mit steigender Zahl von Aussagen schnell unübersichtlich (Abb. 3.6).

Venn selbst hatte allerdings Methoden vorgeschlagen, wie sich beliebig viele Aussagen mithilfe seiner Diagramme anschaulich darstellen lassen. Ebenso erdachte er verschiedene Möglichkeiten, um seine Diagramme automatisch anzufertigen (etwa durch

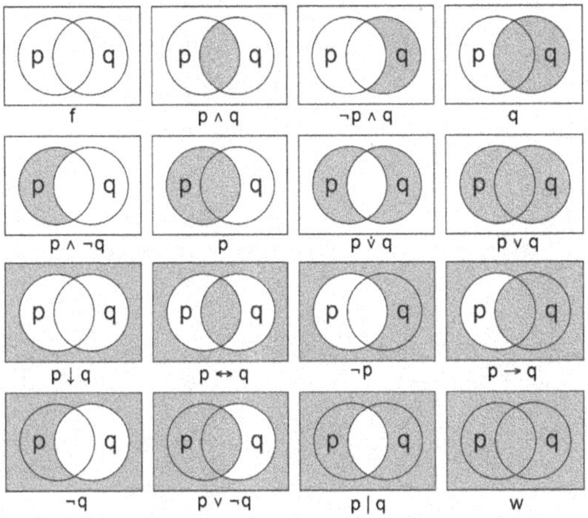

**Abb. 3.3:** Venn-Diagramme für alle 16 logischen Verknüpfungen zweier Aussagen. Die Kreise p und q stellen die Aussagen dar; ihre Flächen die Wahrheitswerte (grau bedeutet wahr, weiß bedeutet falsch). Der Außenbereich kennzeichnet das „weder p noch q".

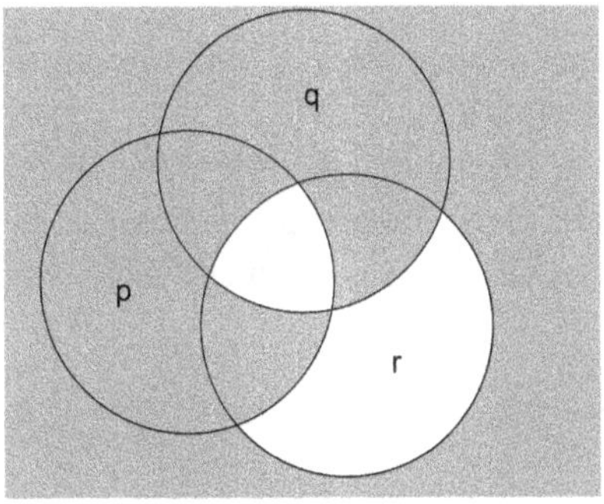

**Abb. 3.4:** Venn-Diagramm für drei Aussagen: $p \veebar q \vee \neg r$

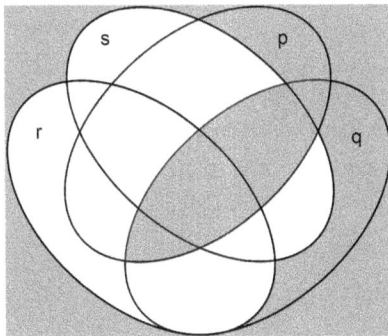

**Abb. 3.5:** Venn-Diagramm für vier Aussagen: $p \wedge q \vee \neg r \wedge \neg s$

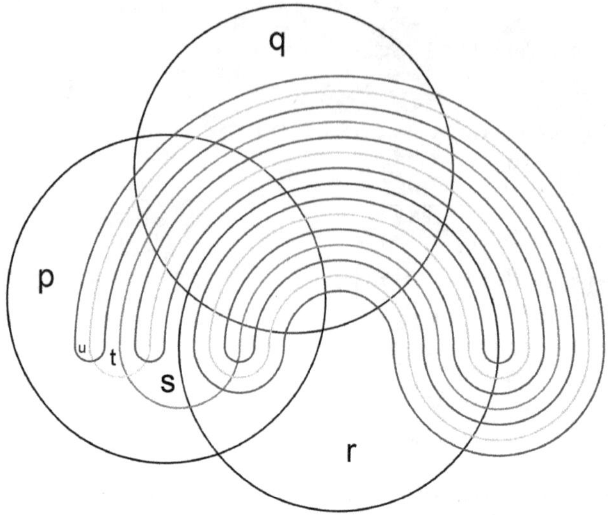

**Abb. 3.6:** Venn-Diagramm für sechs Aussagen

Stempel). Sogar ein mechanischer Apparat zur Darstellung von vier Verknüpfungen findet sich unter seinen Entwürfen (vgl. Gardner 1958:105f.).

Diagrammatische Darstellungen von logischen Verknüpfungen erleichtern nicht nur das Verständnis des jeweiligen Sachverhaltes. Diagramme lassen sich auch zur Vereinfachung der ihnen zugrunde liegenden symbolischen Darstellung nutzen, wie später (Kap. 4.2) dargelegt wird.

## 3.2 Boole'sche Algebra

Die Gesetze und Regeln haben bereits gezeigt, dass es „Rechenregeln" für logische Operationen gibt. Diese Idee lässt sich konsequent in eine Algebra überführen. Eine solche wurde vom britischen Mathematiker und Philosophen George Boole in seinen Werken „The Mathematical Analysis of Logic" (1847) und „Laws of Thought" (1854) eingeführt. Die deshalb später nach ihm benannte *Boole'sche Algebra* stellt die erste Formalisierung der philosophischen Aussagenlogik dar. Seine Arbeit hatte nicht nur großen Einfluss auf die Mathematik, sondern bildete die Grundlage für die technische Implementierung der Logik durch Claude Shannon (siehe Kap. 6).

### 3.2.1 Notation

Die Boole'sche Algebra geht mit einer neuen Notation einher. Dabei werden zweiwertige (binäre) Eingangswerte (vorher „Einzelaussagen") zu zweiwertigen (binären) Ausgangsgrößen verknüpft. Anstelle von „wahr" und „falsch" verwendet die Boole'sche Algebra die dualen Ziffern 0 (falsch) und 1 (wahr). Die Ziffern 0 und 1 bilden damit die möglichen Elemente einer Boole'schen Menge. Die zahlreichen Junktoren der Aussagenlogik werden auf drei reduziert: Konjunktion, Adjunktion und Negation. Diese heißen *Boole'sche Operatoren*. Die logischen Junktoren werden mit folgenden Symbolen dargestellt:

---

**Boole'sche Operatoren**

```
¬ wird zu – (logische Negation)
∧ wird zu × (logische Multiplikation)
∨ wird zu + (logische Addition)
```

Für die Operatoren gilt folgende Priorität:

```
– kommt vor ×
× kommt vor +
```

Neben den *variablen* Ein- und Ausgangswerten existieren noch die zwei *Konstanten*:

```
wahr wird zu 1
falsch wird zu 0
```

---

Zur besseren Unterscheidung der Boole'schen Algebra von der Aussagenlogik werden den Ein- und Ausgangswerten im Folgenden die Variablen x und y übergeben. Häufig wird in der Boole'schen Multiplikation der Operator nicht mitgeschrieben (analog zur elementaren Algebra, die aus der Schule bekannt ist):

$$x \times y \times z \iff xyz$$

Logikfunktionen können neben ihrer Darstellung in Wahrheitswerttabellen auch als algebraische Funktionsgleichungen dargestellt werden. Die Anzahl der Eingangswerte gibt die „Stelligkeit" der Funktion an:

Darstellung der zweistelligen Konjunktionsfunktion y: $y(x1,x2) = x1 \times x2$
Darstellung der dreistelligen Adjunktionsfunktion: y: $y(x1,x2,x3) = x1 + x2 + x3$

Die mathematischen Ausformulierungen (insbesondere für die Mengenlehre) der Boole'schen Algebra sind sehr umfangreich, können hier aber zugunsten einer Entwicklung von „Lesekompetenz" Boole'scher Ausdrücke vernachlässigt werden. Wer sich eingehender mit der Materie beschäftigen will, sei auf die ergänzende Literatur (Whitesitt 1968) verwiesen.

### 3.2.2 Axiome

Analog zu den *Grundgesetzen der Aussagenlogik* gelten auch für die Boole'sche Algebra Axiome:

|  | Konjunktive Darstellung | Disjunktive Darstellung |
|---|---|---|
| Kommutativgesetz | $x \times y \iff y \times x$ | $x+y \iff y+x$ |
| Assoziativitätsgesetz | $(x \times y) \times z \iff x \times (y \times z)$ | $(x+y)+z \iff x+(y+z)$ |
| Idempotenzgesetz | $x \times x \iff x$ | $x+x \iff x$ |
| Distributivgesetz | $x \times (y+z) \iff (x \times y)+(x \times z)$ | $x+(y \times z) \iff (x+y) \times (x+z)$ |
| Neutralitätsgesetz | $x \times 1 \iff x$ | $x+0 \iff x$ |
| Extremalgesetz | $x \times 0 \iff 0$ | $x+1 \iff 1$ |
| Doppelte Negation | $-x \iff x$ | $-x \iff x$ |
| De Morgan'sches Gesetz | $-(x \times y) \iff -x+-y$ | $-(x+y) \iff -x \times -y$ |
| Komplementärgesetz | $x \times -x \iff 0$ | $x+-x \iff 1$ |
| Absorptionsgesetz | $x+(x \times y) \iff x$ | $x \times (x+y) \iff x$ |

### 3.2.3 Umformungen von logischen Ausdrücken

Für die technische Anwendung der Boole'schen Algebra ist vor allem die Umformung von Ausdrücken wichtig. Diese ergibt sich zum einen aus den Anforderungen realweltliche Probleme auf Darstellungen mit drei Junktoren zu reduzieren[1], zum anderen kommt sie bei der Kompaktifizierung (Reduktion) von Schaltnetzen zur Anwendung.

Alle logischen Junktoren, die keinen eigenen Boole'schen Operator besitzen, lassen sich, wie oben ausgeführt, durch Umformung darstellen:

Disjunktion: $x \mathbin{\dot{\vee}} y \iff (x \times -y) + (-x \times y) \iff$
$(-x + -y) \times (x + y)$
Subjunktion: $x \to y \iff -(x \times -y)$
Bisubjunktion: $x \leftrightarrow y \iff -(x \times -y) \times -(y \times -x)$
Peirce-Funktion (NOR): $x \downarrow y \iff -(x + y) \iff -x \times -y$
Sheffer-Funktion (NAND): $x \mid y \iff -(x \times y) \iff -x + -y$
usw.

Besondere Bedeutung unter den Umformungen besitzen die *Normalformen*. Eine Normalform ist eine standardisierte Darstellung einer logischen Gleichung, die besondere Eingenschaften aufweist – etwa die Verwendung bestimmter Operatoren an bestimmten Stellen –, und so die Vergleichbarkeit mit anderen (ebenfalls normalisierten) Ausdrücken

---

1 „Man entwerfe eine Schaltung, die eine Lampe und zwei Schalter derart verbindet, daß jeder der beiden Schalter die Lampe unabhängig vom anderen ein- und ausschalten kann." [Whitesitt 1968:99.] Diese als „Wechselschaltung" bekannte Installation basiert auf einer disjunktiven (XOR-)Verknüpfung (siehe Kap. 6.3.1).

erlaubt. (Ein Vergleich aus der Schulmathematik: Die Umformung von rationalen Brücken auf den selben Nenner, etwa, um sie addieren oder subtrahieren zu können, oder die Polynomdarstellung von Funktionen erfüllen einen ähnlichen Zweck.) Zur Umformung eines beliebigen Boole'schen Ausdrucks in eine Normalform lassen sich einfache Regeln anwenden. Die Normalformen logischer Ausdrücke wurden durch George Boole eingeführt.

### Disjunktive Normalform

Für die Darstellung eines Ausdrucks als disjunktive Normalform (DNF) werden alle *Konjunktionen eingeklammert* und die *Klammerausdrücke mit Disjunktionen verknüpft*. Jede binäre Funktion, die nicht nur den Wert 0 besitzt, kann in disjunktiver Normalform wiedergegeben werden. Hierzu kann die Wertetafel der Funktion genutzt werden, indem deren Ergebniskolonne für die Werte 1 betrachtet wird.

Beispiel für die schrittweise Umwandlung eines Terms in seine disjunktive Normalform:

$$-(x \times (x + y))$$

1. Zu diesem Term bildet man die Wahrheitswerttabelle:

| - | (x | × | (x | + | y)) |
|---|---|---|---|---|---|
| 0 | 1 | 1 | 1 | 1 | 1 |
| 0 | 1 | 1 | 1 | 1 | 0 |
| 1 | 0 | 0 | 0 | 1 | 1 |
| 1 | 0 | 0 | 0 | 0 | 0 |
| 3 | | 2 | | 1 | |

2. Diese Wahrheitswerttabelle reduziert man auf die Wahrheitswerte für die Einzelaussagen und die finale Ergebniskolonne (3):

| | - | (x | × | (x | + | y)) |
|---|---|---|---|---|---|---|
| | 0 | 1 | | | | 1 |
| | 0 | 1 | | | | 0 |
| → | 1 | 0 | | | | 1 |
| → | 1 | 0 | | | | 0 |
| | 3 | | | | | |

3. Überall dort, wo in der *Ergebniskolonne eine 1 auftaucht, wird ein neuer Term erstellt, dessen Teilterme mit einer Konjunktion verknüpft werden.* Die eingeklammerten Teilterme werden nun mit einer Adjunktion verknüpft. Diese Verknüpfung der Eingangsvariablen durch Adjunktionen nennt man Maxterm. Bei der obigen Funktion gibt es zwei 1er-Ergebnisse, woraus sich zwei Klammerterme ergeben. In diese kön-

nen nun die Eingangsvariablen der Funktion eingetragen werden; deren Vorzeichen muss jedoch in einem weiteren Schritt ermittelt werden.

$$(?x \times ?y) + (?x \times ?y)$$

4. Hierzu werden die ursprünglichen Aussagen jener Zeilen, die in der Ergebniskolonne 1 ergeben haben, betrachtet. *Dort, wo eine 0 steht, wird in den Klammer-Termen die Aussage negiert.* Hierbei gilt: 1. Zeile = 1. Term, 2. Zeile = 2. Term usw.:

$$(-x \times y) + (-x \times -y)$$

ist damit die DNF des Ausdrucks

$$-(x \times (x + y))$$

**Konjunktive Normalform**

Zur Bildung der konjunktiven Normalform (KNF) werden *Adjunktionen eingeklammert* und die *Klammerausdrücke mit Konjunktionen verknüpft.* Sie wird favorisiert, wenn *mehr 1en als 0en in der Ergebniskolonne* vorhanden sind.

Beispiel für die Umwandlung des obigen Terms in die konjunktive Normalform:

$$-(x \times (x + y))$$

1. Wiederum wird zuerst die Wahrheitswerttabelle für den Term gebildet:

| - | (x | × | (x | + | y)) |
|---|----|----|----|----|-----|
| 0 | 1 | 1 | 1 | 1 | 1 |
| 0 | 1 | 1 | 1 | 1 | 0 |
| 1 | 0 | 0 | 0 | 1 | 1 |
| 1 | 0 | 0 | 0 | 0 | 0 |
| 3 | 2 | | 1 | | |

2. Diese Wahrheitswerttabelle reduziert man auf die Wahrheitswerte für die Einzelaussagen und die finale Ergebniskolonne (3):

| | - | (x | × | (x | + | y)) |
|---|---|----|----|----|----|-----|
| → | 0 | 1 | | | | 1 |
| → | 0 | 1 | | | | 0 |
| | 1 | 0 | | | | 1 |
| | 1 | 0 | | | | 0 |
| | 3 | | | | | |

3. In der Ergebniskolonne sind nun *die Zeilen mit 0* zu beachten. Sie bestimmen die Anzahl der Klammerterme. Diese stellen Adjunktionen dar, die mit Konjunktion verknüpft und Minterm genannt werden:

$$(?x + ?y) \times (?x + ?y)$$

4. In die Teilterme werden nur die Einzelaussagen der 0er-Zeilen der Ergebniskolonne eingetragen und durch Adjunktionen verknüpft. *Dort, wo die Einzelaussagen 1 sind, wird die Aussage negiert.* Somit ergibt sich die KNF:

$$(-x + -y) \times (-x + y)$$

Die Entscheidung für die Bildung einer DNF oder KNF sollte auf folgender Basis getroffen werden: Die DNF wird favorisiert, wenn *mehr 0en als 1en in der Ergebniskolonne* vorhanden sind. Die KNF sollte im Gegenzug dann gewählt werden, wenn in der Ergebniskolonne *mehr 1en als 0en* vorhanden sind. Es ist leicht ersichtlich, dass die „falsche" Wahl zwar wohl zu einer korrekten Funktion führt, den Schreibaufwand aber beträchtlich erhöhen kann. Dies zeigt folgendes Beispiel.

Gegeben ist eine Gleichung mit folgenden Ein- und Ausgangswerten:

| x | y | z | A |
|---|---|---|---|
| 0 | 0 | 0 | 1 |
| 0 | 0 | 1 | 1 |
| 0 | 1 | 0 | 0 |
| 0 | 1 | 1 | 0 |
| 1 | 0 | 0 | 0 |
| 1 | 0 | 1 | 0 |
| 1 | 1 | 0 | 0 |
| 1 | 1 | 1 | 1 |

Hier bietet sich aufgrund der drei Ausgangswerte mit 1 die Bildung einer DNF an:

$$(-x \times -y \times -z) + (-x \times -y \times z) + (x \times y \times z)$$

Die KNF fällt umfangreicher aus:

$$(x + -y + z) \times (x + -y + -z) \times (-x + y + z) \times (-x + y + -z) \times (-x + -y + z)$$

Dass die KNF nicht „falsch" ist, sondern nur umfangreicher, würde eine Äquivalenzprüfung ergeben. Ob die gebildete KNF oder DNF insgesamt korrekt gebildet wurde, lässt sich ebenfalls durch Äquivalenzprüfung mit der Ausgangsfunktion feststellen. Darstellungen Boole'scher Funktionen in Normalform werden in der Anwendung insbesondere zur Vereinfachung von Schaltungen genutzt (siehe Kap. 4). Auch aus diesem Grund bietet sich die Suche nach der kürzeren Normalform-Darstellung an.

# 4 Vereinfachung logischer Ausdrücke

Dass sich logische Aussagen in syntaktisch andere Formen (durch Verwendung anderer Junktoren) überführen lassen, wurde bereits gezeigt. Diese Transformierbarkeit wird vor allem dann bedeutsam, wenn es darum geht Aussagen zu vereinfachen. Ein aus Negation und Konjunktion erstellter Satz wie „Es ist nicht wahr, dass es regnet und die Straße nicht nass wird.", kann durch die Verwendung der Subjunktion „vereinfacht" werden: „Wenn es regnet, wird die Straße nass." Im Folgenden soll es hingegen um Vereinfachungen von Boole'schen Funktionen gehen, ohne dabei auf andere Junktoren zuzugreifen. Hierfür werden zwei Verfahren vorgestellt: Die Nutzung der Axiome (vgl. Kap. 2.1.4 und 3.2.2) sowie die Erstellung von KV-Diagrammen.

## 4.1 Vereinfachung über die Axiome der Boole'schen Algebra

Die Anwendung der Axiome der Boole'sche Algebra erlaubt es oft, lange Terme zu vereinfachen. Hierzu bedarf es einiger Übung, um die anwendbaren Regeln zu erkennen und gewinnbringend einzusetzen. An den folgenden Beispielen soll dies gezeigt werden:

1. Beispiel: $(x + -x) \times y$

| | |
|---|---|
| $(x + -x) \times y$ | Komplementarität: $(x + -x) = 1$ |
| $1 \times y$ | Neutralitätsgesetz: $1 \times y = y$ |
| $(x + -x) \times y \iff y$ | |

2. Beispiel: $x \times z + y \times -z + y \times z$

| | |
|---|---|
| $x \times z + y \times -z + y \times z$ | Einklammern: $(x \times z) + (y \times -z) + (y \times z)$ |
| $(x \times z) + (y \times -z) + (y \times z)$ | Distributivgesetz: $(y \times -z) + (y \times z) = y \times (z + -z)$ |
| $(x \times z) + y \times (z + -z)$ | Komplementärgesetz: $(z + -z) = 1$ |
| $(x \times z) + y \times 1$ | Neutralitätsgesetz: $y \times 1 = y$ |
| $(x \times z) + y$ | ohne Klammer: $(x \times z) + y = x \times z + y$ |
| $x \times z + y \times -z + y \times z \iff x \times z + y$ | |

## 4.2 Vereinfachung mittels KV-Diagrammen

Die Vereinfachung von Termen mithilfe der Axiome der Boole'schen Algebra erfordert neben Übung vor allem die Fähigkeit, die axiomatischen Formen innerhalb komplexer Ausdrücke zu erkennen. Dies ist oft – wie das letzte Bespiel gezeigt haben könnte – ein recht zeitaufwändiges Unterfangen. Es geht aber auch anders. Mithilfe von Diagrammen lässt sich der Vorgang algorithmisieren und sogar automatisieren. Solche Diagramme

https://doi.org/10.1515/9783111036540-005

werden vor allem bei der Vereinfachung von Schaltnetzen genutzt und heißen Karnaugh-Veitch-Diagramme (abgekürzt KV-Diagramme).[1]

KV-Diagramme stellen zunächst eine diagrammatische Visualisierung von logischen Aussagen dar (vgl. Kap. 3.1). In ihnen werden die Wahrheitswerte der Aussagen nicht mehr eindimensional (wie in den Wahrheitswerttabellen), sondern zweidimensional notiert. Diese Darstellungsweise geht auf Allan Marquands 1881 entwickeltes Diagramm (vgl. Gardner 1958:44) zurück – einer Vorarbeit zu seiner 1887 gebauten logischen Maschine (vgl. Gardner 1958:106f.).

Es gibt mehrere Möglichkeiten zur Bildung eines KV-Diagramms (vgl. Coy 1988:30f.). Hier wird das Verfahren zur *Bildung eines KV-Diagramms aus einer Normalform* (zumeist DNF) in fünf Schritten vorgestellt. Als Ausgangsterm wird beispielsweise betrachtet:

$-(x \times z) \times -(-x \times y)$

Hierfür lautet die DNF:

$(-x \times -y \times z) + (x \times -y \times -z) + (x \times y \times -z) + (-x \times -y \times -z)$

1. Für die einzelnen Aussagen wird nun eine *Permutationstabelle* erstellt. Diese Tabelle enthält so viele Spalten wie die Funktion Terme besitzt. Die Anzahl und Beschriftung der Reihen und Spalten richtet sich nach der Anzahl der Variablen, die jeweils in negierter und nicht-negierter Form aufgeführt werden müssen. Für die oben genannte, dreistellige Funktion, bestehend aus vier Termen, sieht die Tabelle wie folgt aus:

|     | x |     | -x  |
|-----|---|-----|-----|
| y   |   |     |     |
| -y  |   |     |     |
|     | z | -z  | z   |

2. Die einzelnen Terme werden nun mit dem Wert 1 in die Permutationstabelle einge-tragen. Für den Teilterm ($-x \times -y \times -z$) heißt dies, dass an der Stelle -x/-y/-z eine 1 in die Tabelle eingefügt wird:

|     | x |     | -x  |
|-----|---|-----|-----|
| y   |   |     |     |
| -y  |   | 1   |     |
|     | z | -z  | z   |

---

[1] Benannt nach ihren beiden Erfindern Edward W. Veitch und Maurice Karnaugh, die das Verfahren 1952/53 entwickelt haben.

Für die übrigen Terme wird analog verfahren. Die verbleibenden Felder werden leer gelassen oder mit Nullen gefüllt, sodass die Tabelle schließlich wie folgt aussieht:

|     | x |   | -x |   |
| --- | --- | --- | --- | --- |
| y   | 0 | 1 | 0 | 0 |
| -y  | 0 | 1 | 1 | 1 |
|     | z | -z | z |   |

3.  Nun werden Tabellenzellen gruppiert. Dabei sind folgende Regeln anzuwenden:
    - Horizontal oder vertikal benachbarte Felder, in die eine 1 eingetragen ist, werden zu Gruppen zusammengefasst.
    - Alle 1en müssen in so wenige Gruppen wie möglich zusammengefasst werden.
    - Diese Gruppen müssen so groß wie möglich sein, dürfen dabei aber nur $2^n$ (1, 2, 4, 8, …) Felder umfassen.
    - Eine Gruppe darf nur Felder enthalten, in denen eine 1 eingetragen ist.
    - Die so gebildeten Felder dürfen nur rechteckig sein.
    - Felder dürfen sich überlappen und auch über die Ränder hinweggehen.
    - Zwei Gruppen dürfen nicht exakt dieselben Einsen umfassen.
    - Ebenso darf keine Gruppe die Untermenge einer anderen Gruppe sein.
    In unserem Beispiel sähe eine Gruppierung wie folgt aus:

|     | x |   | -x |   |
| --- | --- | --- | --- | --- |
| y   | 0 | 1 | 0 | 0 |
| -y  | 0 | 1 | 1 | 1 |
|     | z | -z | z |   |

4.  Nun wird der Schritt 2 in umgekehrter Reihenfolge ausgeführt: Aus den 1er-Gruppen werden Terme gebildet. Hierbei werden Terme, die sich dadurch auszeichnen, dass sie negiert und nicht negiert auftreten (z. B. y und -y), eliminiert. Diese Eliminierung basiert auf der Tatsache, dass sich benachbarte Zellen des KV-Diagramms in genau einem Punkt unterscheiden. Sie können damit nach der Regel (a×b)+(a×-b)=a zusammengefasst werden. In unserem Beispiel:

    Hellgrauer Block: x × y × -z × -y = x × -z
    Dunkelgrauer Block: -x × -y × -z × z = -x × -y

5.  Schließlich werden die so gebildeten Teilterme mit einer Adjunktion verknüpft:

    (x × -z) + (-x × -y)

    Die Vereinfachung von Funktionen über KV-Diagramme bietet sich bei Termen mit bis zu vier Variablen an. Jede weitere Variable macht die tabellarische Darstellung unübersichtlicher und den Transformationsprozess damit fehleranfälliger. Ein KV-Diagramm für vier Variable hat die Form:

|   | a |   | -a |   |
|---|---|---|----|---|
| b |   |   |    | e |
|   |   |   |    | -e |
| -b |  |   |    | e |
|   | c | -c | c |   |

# 5 Dualzahlen

Die sukzessive Abstraktion der wahrheitsfähigen logischen Aussagen zu Ein- und Ausgangswerten in der Menge der Boole'schen Zahlen [0,1] hat aus der philosophischen Logik schließlich eine Arithmetik mit Rechenregeln werden lassen. Diese *Arithmetik dualer Zahlen* ist bereits seit dem 17. Jahrhundert Bestandteil der Mathematik. Sie stellt einerseits eine pragmatische Nutzung der Boole'schen Algebra dar, bildet andererseits aber auch die Grundlage für das Rechnen in Digitalcomputern, denn die 0 und die 1 bilden zugleich die nummerischen Entsprechungen der beiden Informationszustände, welche ein Bit annehmen kann.

Aus diesem Grund soll die Dualzahlen-Arithmetik hier gesondert behandelt und an den vier Grundrechenarten Addition, Subtraktion, Multiplikation und Division vorgestellt werden. Die besonderen Anwendungsmöglichkeiten, die die Verwendung von Dualzahlen für Digitalcomputer erbringt – das Rechnen mit sehr großen, sehr kleinen und sogar negativen Zahlen – schließen das Kapitel ab (vgl. Band 3, Kap. I.2.3.7).

## 5.1 Die Geschichte der Dualzahlen

Die Herkunft des dualen Zahlensystems ist noch immer nicht restlos geklärt. Eine wichtige Spur führt zurück ins China des dritten Jahrtausends vor unserer Zeitrechnung. Dort entstand das „I Ging", eine Textsammlung, in der die Sprüche mit Hexagrammen markiert wurden. Diese Hexagramme bestehen aus sechs übereinander angeordneten Strichzeichen aus zwei unterschiedlichen Strichtypen: einem durchgezogenen (yang) und einem unterbrochenen (ying) – beides Symbole, die in der buddhistischen Philosophie für zahlreiche binäre Oppositionen (Mann/Frau, Leben/Tod, Licht/Dunkel, Alles/Nichts, …) stehen. Es gibt $2^6$ (64) verschiedene Kombinationen dieser Striche und daher ebenso viele Hexagramme. Diese können wiederum miteinander kombiniert werden.

Der deutsche Universalgelehrte Georg Wilhelm Leibniz wurde Ende des 17. Jahrhunderts durch den Jesuitenpater Joachim Bouvet auf die Hexagramme des I Ging aufmerksam gemacht. Leibniz überführte die Strichsymbole in die Zeichen für „Etwas" (I bzw. 1) und „Nichts" (O bzw. 0) und bezeichnete das so entstandene Zahlensystem als Dyadik. Er erkannte darin Bezüge zur Theologie (Abb. 5.1) und zu seinem philosophischen Modell der Monadologie (vgl. Zacher 1973:142–164). Gleichzeitig stellte Leibniz für dieses zweiwertige Ziffernsystem eine Arithmetik auf (Abb. 5.2) und übertrug die Rechenregeln aus dem Dezimalsystem auf dieses duale Zahlensystem. Eine Kugelrechenmaschine namens „Machina arithmeticae dyadicae", die ebenfalls im dualen Zahlensystem rechnet, hatte Leibniz bereits 1679 entworfen, aber selbst nie gebaut. Maschinell implementiert wurde das duale Zahlensystem erst 1936 durch Konrad Zuse in dessen erstem Computer Z1.

Das *Dezimalsystem* verwendet Zahlen zur Basis 10 und die Ziffern 0–9. Jede Zahl lässt sich dabei als eine Potenz nach dem Muster $a \cdot 10^b$ darstellen (wobei a und b aus der

https://doi.org/10.1515/9783111036540-006

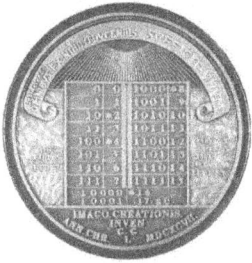

**Abb. 5.1:** Leibniz' Entwurf einer Medaille mit Dualzahlen von 1697 mit dem Titel „Bild der Schöpfung": „Um Alles aus Nichts zu erzeugen, reicht Eins." heißt die lateinische Inschrift übersetzt und zeigt, dass Leibniz im dualen Zahlensystem weit mehr als bloß eine neue Zahlenmenge sah. (Quelle: Gottfried Wilhelm Leibniz Bibliothek, Niedersächsische Landesbibliothek Hannover)

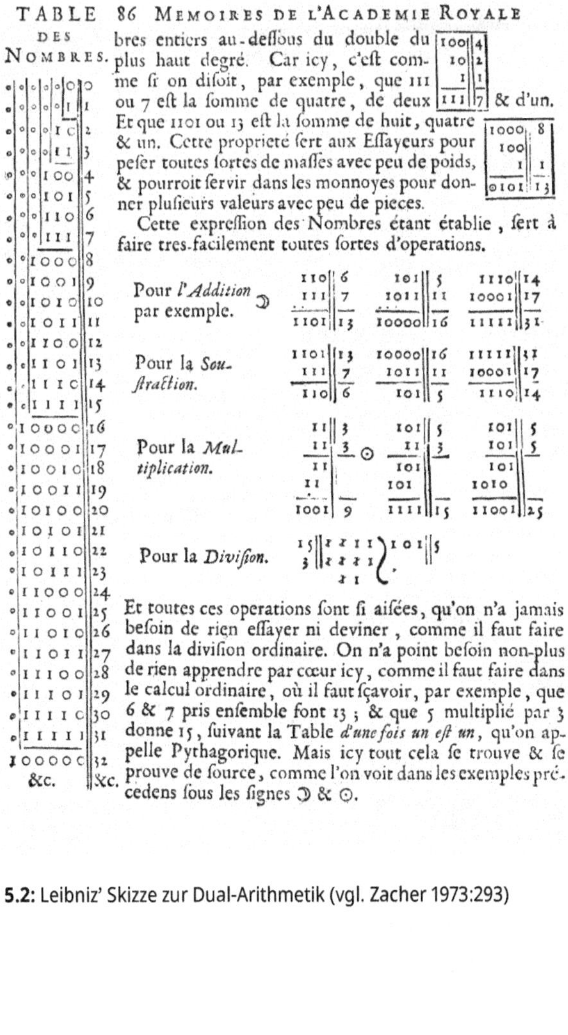

86 MEMOIRES DE L'ACADEMIE ROYALE

TABLE DES NOMBRES.

| | |
|---|---|
| 000000 | 0 |
| 000001 | 1 |
| 000010 | 2 |
| 000011 | 3 |
| 000100 | 4 |
| 000101 | 5 |
| 000110 | 6 |
| 000111 | 7 |
| 001000 | 8 |
| 001001 | 9 |
| 001010 | 10 |
| 001011 | 11 |
| 001100 | 12 |
| 001101 | 13 |
| 001110 | 14 |
| 001111 | 15 |
| 010000 | 16 |
| 010001 | 17 |
| 010010 | 18 |
| 010011 | 19 |
| 010100 | 20 |
| 010101 | 21 |
| 010110 | 22 |
| 010111 | 23 |
| 011000 | 24 |
| 011001 | 25 |
| 011010 | 26 |
| 011011 | 27 |
| 011100 | 28 |
| 011101 | 29 |
| 011110 | 30 |
| 011111 | 31 |
| 100000 | 32 |
| &c. | &c. |

bres entiers au-dessous du double du plus haut degré. Car icy, c'est comme si on disoit, par exemple, que 111 ou 7 est la somme de quatre, de deux & d'un.

| | |
|---|---|
| 100 | 4 |
| 10 | 2 |
| 1 | 1 |
| 111 | 7 |

Et que 1101 ou 13 est la somme de huit, quatre & un. Cette proprieté sert aux Essayeurs pour peser toutes sortes de masses avec peu de poids, & pourroit servir dans les monnoyes pour donner plusieurs valeurs avec peu de pieces.

| | |
|---|---|
| 1000 | 8 |
| 100 | |
| 1 | 1 |
| 1101 | 13 |

Cette expression des Nombres étant établie, sert à faire tres-facilement toutes sortes d'operations.

Pour *l'Addition* par exemple. ☽

| | | | | | |
|---|---|---|---|---|---|
| 110 | 6 | 101 | 5 | 1110 | 14 |
| 111 | 7 | 1011 | 11 | 10001 | 17 |
| 1101 | 13 | 10000 | 16 | 11111 | 31 |

Pour la *Soustraction.*

| | | | | | |
|---|---|---|---|---|---|
| 1101 | 13 | 10000 | 16 | 11111 | 31 |
| 111 | 7 | 1011 | 11 | 10001 | 17 |
| 110 | 6 | 101 | 5 | 1110 | 14 |

Pour la *Multiplication.* ⊙

| | | | | | |
|---|---|---|---|---|---|
| 11 | 3 | 101 | 5 | 101 | 5 |
| 11 | 3 | 11 | 3 | 101 | 5 |
| 11 | | 101 | | 101 | |
| 11 | | 101 | | 1010 | |
| 1001 | 9 | 1111 | 15 | 11001 | 25 |

Pour la *Division.*

| | | |
|---|---|---|
| 15 | 1111 | 101 |
| 3 | 1111 | 5 |
| | 11 | |

Et toutes ces operations sont si aisées, qu'on n'a jamais besoin de rien essayer ni deviner, comme il faut faire dans la division ordinaire. On n'a point besoin non-plus de rien apprendre par cœur icy, comme il faut faire dans le calcul ordinaire, où il faut sçavoir, par exemple, que 6 & 7 pris ensemble font 13; & que 5 multiplié par 3 donne 15, suivant la Table *d'une fois un est un*, qu'on appelle Pythagorique. Mais icy tout cela se trouve & se prouve de source, comme l'on voit dans les exemples précedens sous les signes ☽ & ⊙.

**Abb. 5.2:** Leibniz' Skizze zur Dual-Arithmetik (vgl. Zacher 1973:293)

Menge der reellen Zahlen stammen können). Die Zahl 127 ließe sich somit als $1{,}27 \cdot 10^2$, die Zahl -134900 als $-1{,}349 \cdot 10^5$, die Zahl 0,0005 als $5 \cdot 10^{-3}$ usw.[1] schreiben. Dezimalbeträge lassen sich allerdings auch anders darstellen. Die Zahl 9.432.910 könnte man ebenso in ihre Zehner-Potenzen aufgliedern:

| Dezimalstelle | $10^6$ | $10^5$ | $10^4$ | $10^3$ | $10^2$ | $10^1$ | $10^0$ |
|---|---|---|---|---|---|---|---|
| Faktor | 9 | 4 | 3 | 2 | 9 | 1 | 0 |

Die Dezimalstellen (Zehnerstellen) werden mit den Faktoren multipliziert und diese miteinander addiert:

$$9 \cdot 10^6 + 4 \cdot 10^5 + 3 \cdot 10^4 + 2 \cdot 10^3 + 9 \cdot 10^2 + 1 \cdot 10^1 + 0 \cdot 10^0$$

Im dualen Zahlensystem wird hingegen *zur Basis 2* gezählt und dafür die Ziffern 0 und 1 verwendet. Das bedeutet, dass der Übertrag zur nächsten Stelle nicht erst nach der 9 (die als Zeichen im Dualzahlensystem gar nicht existiert) stattfindet, sondern bereits nach der 1: Nach 0 kommt 1 und nach 1 kommt 10, dann 11, dann 100, dann 101 und so weiter. Auch für das Dualzahlensystem lässt sich eine Exponentialschreibweise angeben nach dem Muster: $a \cdot 2_b$. Da bei Dualzahlen implementiert in Computern die Darstellung negativer Zahlen nicht möglich ist, kann a ausschließlich vorzeichenlos sein.[2] Dualbrüche bzw. „Nachkommastellen" lassen sich, wie weiter unten beschrieben wird, hingegen darstellen.

Dualzahlen werden als Ketten von 0en und 1en notiert, wobei – wie bei anderen Stellenwertsystemen – die jeweilige Dualstelle die Zweierpotenz und darin die Ziffer (0 oder 1) den Faktor mit dieser Potenz ausdrückt. Für eine Dualzahl wie z. B. $10010110_2$ stellt sich das ähnlich dar, nur dass die Stellenwerte jetzt Faktoren zur Basis 2 bilden:

| Dualstelle | $2^7$ | $2^6$ | $2^5$ | $2^4$ | $2^3$ | $2^2$ | $2^1$ | $2^0$ |
|---|---|---|---|---|---|---|---|---|
| Faktor | 1 | 0 | 0 | 1 | 0 | 1 | 1 | 0 |

Diese Darstellung erleichtert die Umrechnung von einem Zahlensystem in das andere.

## 5.2 Umwandlung der Zahlensysteme

Beide Zahlensysteme lassen sich leicht ineinander umrechnen. Hierzu ist es möglich moderne Taschenrechner (insbesondere solche, die Funktionen für Programmierer an-

---

[1] Um das Dezimalsystem von anderen Zahlensystemen unterscheidbar zu machen (insbesondere, wenn in einem Text mehrere Zahlensysteme aufgeführt werden), kann man die 10 in den Index hinter einer Ziffer schreiben: $123_{10}$.

[2] Zur Unterscheidung der dualen Zahl 101 von der dezimalen 101 kann auch hier die Größe der Zahlenbasis (2) in den Index geschrieben werden: $101_{10} \neq 101_2$.

bieten) zu nutzen.[3] Selbstverständlich ist auch die manuelle Umrechnung vom dezimalen ins duale und vom dualen ins dezimale Zahlensystem möglich, wie an zwei Beispielen vorgeführt wird

1. Beispiel: $138_{10}$ als Dualzahl:

| | |
|---|---|
| 138 : 2 = 69 | Rest 0 |
| 69 : 2 = 34 | Rest 1 |
| 34 : 2 = 17 | Rest 0 |
| 17 : 2 = 8 | Rest 1 |
| 8 : 2 = 4 | Rest 0 |
| 4 : 2 = 2 | Rest 0 |
| 2 : 2 = 1 | Rest 0 |
| 1 : 2 = 0 | Rest 1 |

$138_{10} = 10001010_2$

- Die umzurechnende Dezimalzahl wird durch 2 geteilt. Das ganzzahlige Ergebnis wird notiert und ebenso der entstehende Rest 0 oder 1.
- Das ganzzahlige Ergebnis der jeweils vorherigen Rechnung wird abermals durch 2 geteilt und der Quotient sowie der Rest notiert.
- Damit wird so lange fortgefahren, bis der übrig gebliebene Quotient 1 oder 0 ist. Sofern er 1 lautet, kann er noch einmal durch zwei geteilt werden, woraus sich der Quotient 0 und der Rest 1 ergibt.
- Die Reste (0en und 1en) werden nun nebeneinander notiert – „rückwärts", vom untersten bis zum obersten ermittelten Rest. Die sich daraus ergebende Zahlenreihe aus 0en und 1en stellt die gesuchte Dualzahl dar. (Ganz links stehende 0en können – wie im Dezimalsystem – gestrichen werden.)

Das Verfahren ist nicht nur für Dualzahlen, sondern auch für andere Zahlensysteme (z. B. Oktalzahlen zur Basis 8) geeignet. Dabei dividiert man die zu konvertierende Zahl sooft durch die Basis des Zahlensystems, in das sie übertragen werden soll, bis als letzter Quotient eine 0 herauskommt. Die Rest-Ziffern bilden dann wiederum die Zahl im jeweiligen Zahlensystem. Dass die eigentlichen Quotienten für das Ergebnis weniger interessieren als der Divisionsrest, liegt daran, dass es hier eigentlich um eine Modulo-Berechnung geht (eine Operation, bei der lediglich der Divisionsrest ermittelt wird). Die Division durch 2 selbst entspricht einer Verschiebung der Dualstelle nach rechts.

Bei der umgekehrten Konvertierung – vom Dual- ins Dezimalsystem – macht man sich die Kenntnis des Stellenwertsystems zu nutze (siehe oben). Die Konvertierung entspricht dabei der Multiplikation jeder Dualstelle mit ihrem Exponentialfaktor und der Addition der daraus entstehenden Produkte.

---

**3** Ein Online-Zahlensystem-Umrechner findet sich zum Beispiel unter dem Link http://manderc.com/concepts/umrechner/index.php (Abruf: 07.07.2017)

2. Beispiel: $10001010_2$ als Dezimalzahl

$$
\begin{array}{rcl}
0 \cdot 2^0 = & & 0 \\
+\quad 1 \cdot 2^1 = + & & 2 \\
+\quad 0 \cdot 2^2 = + & & 0 \\
+\quad 1 \cdot 2^3 = + & & 8 \\
+\quad 0 \cdot 2^4 = + & & 0 \\
+\quad 0 \cdot 2^5 = + & & 0 \\
+\quad 0 \cdot 2^6 = + & & 0 \\
+\quad 1 \cdot 2^7 = + & & 128 \\
\hline
& & 138
\end{array}
$$

## 5.3 Dualzahlen-Arithmetik

Mit Dualzahlen lassen sich sämtliche arithmetische Operationen, die auch in anderen Zahlensystemen möglich sind, durchführen. Der nachfolgende manuelle Nachvollzug dieser Operationen lässt schon gleich erahnen, auf welche Weise Computer mit Dualzahlen rechnen, weshalb er hier an Bespielen vorgeführt und diese Parallelen benannt werden sollen.

### 5.3.1 Addition von Dualzahlen

Die Addition einstelliger dualer Ziffern zeigt, dass sich diese mittels einer einfachen logischen Aussageverknüpfung vornehmen lässt:

```
0 + 0 = 0
0 + 1 = 1
1 + 0 = 1
1 + 1 = 0 (Übertrag/Carry: 1)
```

Die Ergebniskolonne entspricht derjenigen der Disjunktion. Aus diesem Grund bezeichnet die Boole'sche Algebra die Disjunktion als „logische Addition" und verwendet dafür das Symbol +. Sollen mehrstellige duale Zahlen miteinander addiert werden, verfährt man dabei analog wie bei der Addition von Dezimalzahlen:

1. Man schreibt die Dualzahlen untereinander und zwar rechtsbündig, sodass jede 2er-Potenz der einen Zahl genau unter/über derselben 2er-Potenz der anderen Zahl steht.
2. Nun wird von rechts nach links Ziffer für Ziffer miteinander nach der obigen Tabelle addiert. Die Teilsumme wird stellengenau unterhalb der Summanden aufgeschrieben. Dort, wo zwei 1en miteinander addiert werden, ist das Ergebnis 0 und ein Übertrag 1 (Carry) wird zur nächste Stelle (links davon) addiert.
3. Enthält diese nächste Stelle ebenfalls zwei 1en und nun noch den Übertrag von rechts, dann ist das Ergebnis der Stellenaddition 11, was bedeutet, dass eine 1 als

Summe unterhalb der Spalte addiert wird und wiederum eine 1 zur nächsten Stelle übertragen wird.

Beispiel:

```
  00101101   = 45
+ 01100101   = 101
  ─────────
  10010010   = 146
```

Die manuelle Addition jeder einzelnen Dualstelle und die Bildung des Übertrags wird technisch auf ganz ähnliche Weise durch die Verkettung von sogenannten Halbaddierern zu Volladdierern und Addierwerken durchgeführt (vgl. Kap. 6.4).

### 5.3.2 Subtraktion

Für die Subtraktion von einstelligen Dualzahlen zeigt sich folgende Ergebniskolonne:

```
1 - 1 = 0
1 - 0 = 1
0 - 1 = 0 (Übertrag/Borrow: 1)
0 - 0 = 0
```

Als aussagenlogische Verknüpfung ließe sich hier die negierte Subjunktion angeben. Diese Erkenntnis ist jedoch von keiner praktischen/technischen Bedeutung, weil für Subjunktionen keine solitären Schaltkreise genutzt werden. Wie später gezeigt wird (Kap. 6.4), werden Subtraktionsschaltungen mithilfe von Addierschaltungen realisiert.

Subtraktionen mehrstelliger Dualzahlen werden wiederum Dualstelle für Dualstelle vollzogen. Die Rechenanweisung ist dabei analog zu der bei Subtraktionen im Dezimalsystem:

1. Man schreibt Minuend (oben) und Subtrahend (unten) dualstellengenau übereinander.
2. Man subtrahiert von rechts nach links jede Stelle des Subtrahenden vom Minuenden nach der oben genannten Tabelle und schreibt die Differenz in eine neue Zeile darunter.
3. Ist der Subtrahend 1 und der Minuend 0, so wird ein Übertrag 1 (Borrow) rechts neben der aktuellen Subtraktionsstelle notiert. Dieser Übertrag wird in der nächsten Teilsubtraktion mitsubtrahiert.

Bei der Subtraktion kann der Fall auftreten, dass der Subtrahend größer als der Minuend ist und damit die Differenz negativ wird. Dieser Fall wird weiter unten gesondert behandelt (siehe 5.4)

Beispiel:

```
  10110101   = 181
- 00101110   = 46
  10000111   = 135
```

### 5.3.3 Multiplikation

Für die Multiplikation von zwei einstelligen Dualzahlen zeigt sich wieder eine bekannte Ergebniskolonne:

```
1 · 1 = 1
1 · 0 = 0
0 · 1 = 0
0 · 0 = 0
```

Diese Kolonne entspricht der logischen Konjunktion, weshalb die Konjunktion in der Boole'schen Algebra zuweilen als „logische Multiplikation" bezeichnet wird und den Operator × verwendet. Die Multiplikation zweier mehrstelliger dualer Faktoren verläuft ebenfalls analog zu der im Dezimalsystem:

1. Die beiden Faktoren werden nebeneinander geschrieben.
2. Jede Ziffer des rechten Faktors (beginnend mit der linken, endend mit der rechten Ziffer) wird mit jeder Ziffer des linken Faktors (beginnend mit der linken, endend mit der rechten Ziffer) multipliziert. Hierbei ergibt sich entweder der Fall, dass der linke Faktor noch einmal notiert wird (wenn die Ziffer des rechten eine 1 war), oder dass vier Nullen notiert werden (wenn die Ziffer des rechten eine 0 war).
3. Dieser Vorgang wird für jede Ziffer der rechten Dualzahl wiederholt (weshalb es sich empfiehlt, die kürzere Dualzahl als rechten Faktor zu verwenden). Beim Wechsel der rechten Ziffer wird das Teilprodukt in der nächsten Zeile geschrieben – jedoch um eine Stelle nach rechts versetzt.
4. Die so entstandene, Zeile für Zeile um eine Ziffer nach rechts verschobene Kolonne wird addiert (siehe Kap. 5.3.1).

Beispiel:

```
    1  1  0  1  ·  1  0  1  0  =  13₁₀ · 10₁₀
    1  1  0  1
+         0  0  0  0
+         1  1  0  1
+            0  0  0  0
 1  0  0  0  0  0  1  0           =  130₁₀
```

Das Verfahren zeigt, dass es sich bei der Multiplikation im Prinzip um Additionen handelt, bei denen die jeweiligen Summanden um eine Stelle im Stellenwertsystem verschoben sind. Mit anderen Worten und anhand des obigen Beispiels: Im ersten Schritt wird die

$2^3$er-Stelle multipliziert, im zweiten Schritt die $2^2$er-Stelle, im dritten Schritt die $2^1$er-Stelle und im letzten Schritt die $2^0$er-Stelle. Die Teilergebnisse werden dann anhand der Stellenwertigkeit miteinander addiert.

Der Sonderfall, dass eine Multiplikation mit $2_{10}$ bzw. $10_2$ vorgenommen werden soll, verdeutlicht dies: $22_{10} \cdot 2_{10} = 44_{10}$. $10110_2$ multipliziert mit $10_2$ stellt eine Operation dar, bei der alle Dualziffern um eine Stelle nach links verschoben werden. Von rechts wird dabei eine 0 eingeschoben:

```
010110 · 10 =
101100
```

Verfügt eine Rechenmaschine bzw. eine CPU über kein gesondertes Multiplikationswerk, so wird die Multiplikation am einfachsten als die oben dargestellte wiederholte Addition von verschobenen Teilprodukten realisiert (siehe Kap. 7.7).


### 5.3.4 Division

Die Division zweier Dualziffern konfrontiert uns mit einem dritten möglichen Zustand, der in Rechenschaltungen (und Rechenalgorithmen) berücksichtigt werden muss:

```
1 : 1 = 1
1 : 0 = E (Fehler)
0 : 1 = 0
0 : 0 = E (Fehler)
```

In Computern muss dieser Fehler abgefangen werden (etwa, indem der Divisor vorab daraufhin geprüft wird, ob er 0 ist).[4] Im Folgenden wird eine Division vorgestellt, bei der der Divisor von 0 unterschiedlich ist:

1.  Der Dividend wird nach links, der Divisor nach rechts geschrieben.
2.  Im Dividenden wird (von links nach rechts) nach einer Ziffergruppe gesucht, die groß genug ist, um ein mal durch den Divisor geteilt werden zu können.
3.  Das Ergebnis des Teilquotienten (1) wird dann auf der rechten Seite neben dem Dividend notiert.
4.  Dieses Teilergebnis wird mit dem Divisor multipliziert und das sich daraus ergebende Produkt unterhalb der unter 2. ermittelten Ziffergruppe aufgeschrieben.
5.  Nun werden diese beiden Ziffergruppen voneinander subtrahiert und die Differenz darunter notiert.
6.  Die nächste Dualziffer (die sich rechts neben der unter 2. ermittelten Ziffergruppe im Dividenden befindet) wird neben die in 5. ermittelte Differenz geschrieben.

---

4 Im Gegensatz zur Division der 1 durch die 0 (bei der das Ergebnis des Quotienten gegen Unendlich strebt), ist die Division von 0 durch 0 nicht definiert. Die implementierte Dual-Arithmetik verwendet jedoch für beides den Wert E (Fehler).

7.  Mit dieser Zifferngruppe wird der Vorgang ab 1. solange wiederholt, bis keine weiteren Ziffern im Dividenden mehr vorhanden sind, die neben die aktuelle Differenz geschrieben werden können.
8.  Ist die unter 5. berechnete Differenz kleiner als der Divisor, dann wird eine 0 im Ergebnis des Quotienten notiert und mit 6. fortgefahren.
9.  Die Berechnung ist dann beendet, wenn keine weiteren Ziffern im Dividenden übrig sind, die unten neben die ermittelte Differenz geschrieben werden können und wenn diese Differenz 0 beträgt.

Dieser etwas umständlich klingende Algorithmus wird an einem Beispiel deutlich:
$28_{10} : 4_{10} = 7_{10}$

```
  1  1  1  0  0  :  1  0  0  =  1  1  1
-  1  0  0
        1  1  0
     -  1  0  0
           1  0  0
        -  1  0  0
                 0
```

Wie eingangs geschrieben, lassen sich auch nicht-ganze duale Zahlen notieren. Diese treten insbesondere bei Divisionen auf, bei denen der Divisor kein ganzzahliger Teiler des Dividenden ist. Hier besteht nun einerseits die Möglichkeit den dualen Rest zu notieren:
Beispiel: $41_{10} : 3_{10} = 13_{10}$ Rest $2_{10}$

```
  1  0  1  0  0  1  :  1  1  =  01101 Rest 10
-  0  0
     1  0  1
  -  0  1  1
        1  0  0
     -  0  1  1
           0  1  0
        -  0  0  0
              1  0  1
           -  0  1  1
                 1  0
```

Eine zweite Möglichkeit ist es, eine Dualzahl mit Nachkommastellen zu generieren. Im obigen Beispiel geschähe dies wie folgt:

10. Enthält der Dividend keine weiteren Ziffern, so wird rechts neben dem Ergebnis des Quotienten ein Komma notiert und dann eine 0 unten neben die zuletzt ermittelte Differenz geschrieben.
11. Die Division wird nun wieder wie ab 1. fortgesetzt, solange, bis die Differenz (aus 5.) eine 0 ergibt.

12. Sollte sich in 5. ein Differenz ergeben, die schon einmal vorgelegen hat, wird sich der Divisionsprozess endlos wiederholen, was bedeutet, dass ein periodischer Dual-Bruch vorliegt.

```
  1   0   1   0   0   1   :   1   1   =   01101,1010...
-  0   0
   1   0   1
-  0   1   1
       1   0   0
   -   0   1   1
           0   1   0
       -   0   0   0
               1   0   1
           -   0   1   1
                   1   0   0
               -   0   1   1
                       0   1   0
                   -   0   0   0
                           1   0   0
                       -   0   1   1
                           1   0   0
                           ...
```

Der Quotient des oben genannten Beispiels ist ein periodischer Bruch, weshalb es sich hier anbietet, den Rest als ganzzahlige Dualzahl zu notieren anstatt die Komma-Darstellung zu wählen.

Der kleinteilig notierte Algorithmus zur Ermittlung eines Quotienten aus zwei Dual-zahlen stellt sich wesentlich komplizierter dar, als die technische Lösung des Problems ist. Hierbei wird der umgekehrte Weg wie bei der Multiplikation beschritten. Eine Division durch $2_{10}$ ist nichts anderes als eine Stellenwertverschiebung nach rechts, bei der von links eine 0 eingeschoben wird, wie das Beispiel $22_{10}:2_{10}=11_{10}$ verdeutlicht:

```
10110 : 10 =
01011
```

## 5.4 Dualzahlen mit Vorzeichen

Beim Rechnen mit Dualzahlen in Computern ergibt sich bei Subtraktionen das Problem fehlender negativer Zahlen. Dieses Problem wird dadurch umgangen, dass die *höchste Dualziffer als Vorzeichen* definiert wird: Eine 0 bedeutet dabei ein positives, eine 1 ein negatives Vorzeichen. Diese Konvention macht allerdings eine Verständigung darüber erforderlich, ob der Computer mit „logischen" oder mit „arithmetischen" Binärwerten rechnen soll. Nur bei letzteren wird die höchste Binärziffer als eben jenes Vorzeichen gewertet und nicht in arithmetische und logische Operationen einbezogen.

Für die Handhabung dieses sogenannten *Vorzeichenbits* ist ein besonderes arithmetisches Verfahren notwendig, wenn negative Zahlen auftreten können: Subtraktionen werden dann als *Additionen des Subtrahenden mit negativem Minuenden* dargestellt. Der Minuend muss dazu aber zunächst in eine spezielle Form, das *Zweierkomplement*, umgewandelt werden.

Das folgende Beispiel zeigt, dass ein „unbehandelter" Minuend zu einem Rechenfehler führt:

$$
\begin{array}{ll}
\phantom{-}\ 0001 & (1_{10}) \\
-\ \ 0011 & (3_{10}) \\
\hline
\phantom{-}\ 1110 & (14_{10})
\end{array}
$$

Dieses (augenscheinlich) falsche Ergebnis kann dadurch vermieden werden, dass der Subtrahend in sein Zweierkomplement umgewandelt wird. Dies geschieht in zwei Schritten:

1. Bildung des *Einerkomplements* durch Invertierung aller Dualziffern. Im Beispiel:

ursprünglicher Subtrahend: 0011
Einerkomplement: 1100

2. Bildung des *Zweierkomplements* durch Addieren einer 1:

Einerkomplement: 1100
Zweierkomplement: 1101

Ein einfaches Beispiel zeigt die Anwendung: $1_{10} - 3_{10} = -2_{10}$

$$
\begin{array}{ll}
\phantom{+}\ 0001 & (1_{10}) \\
+\ \ 1101 & (-3_{10}\ \text{als Addition im Zweierkomplement}) \\
\hline
\phantom{+}\ 1110 & (-2_{10}\ \text{im Zweierkomplement})
\end{array}
$$

Zur Probe wird die Komplementbildung in umgekehrter Reihenfolge rückgängig gemacht:

1110: Ergebnis (im Zweierkomplement)
1101: Rückbildung des Zweierkomplement ($-1_2$)
0010: Rückbildung des Einerkomplements (durch Invertierung)

Das Ergebnis ist $3_{10}$ ohne das negative Vorzeichen. Da die Subtraktion im Zweierkomplement geschah, ist das Vorzeichen zu ergänzen: $-3_{10}$. Das folgende Beispiel zeigt den Fall eines entstehenden Übertrags: $-4_{10} - 3_{10} = -7_{10}$

$$
\begin{array}{ll}
\phantom{+}\ 1100 & (-4_{10}) \\
+\ \ 1101 & (-3_{10}) \\
\hline
1\ \ 1001 & (-7_{10})
\end{array}
$$

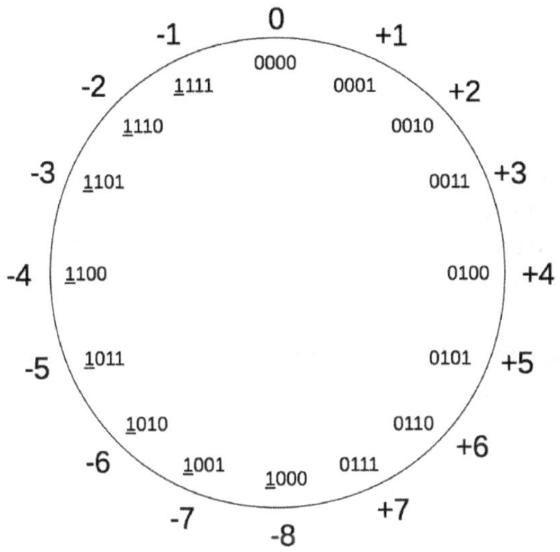

**Abb. 5.3:** Zahlenkreis

Hier ist zu beachten, dass die Übertragsziffer (die unterstrichene 1 ganz links) beim Ergebnis ignoriert werden muss. Das Zweierkomplement des Ergebnisses $1001_2$ ergibt dann, in die Normaldarstellung zurück gewandelt: $0111_2$ also $7_{10}$ (ohne Vorzeichen).

Zur Verdeutlichung der Beziehungen zwischen der Normaldarstellung und der Zweierkomplementdarstellung von Dualzahlen kann folgende Grafik in Abb. 5.3 dienen.

Binäre Speicher, in denen Dualzahlen aufgenommen werden, haben in der Regel eine fest „Breite" (zum Beispiel acht Bit), sodass darin nur eine feste Anzahl von Dualziffern Platz findet. Aus dieser Breitenbegrenzung ergibt sich der in der Abbildung 14 dargestellte kreisförmige „Überlauf": Wird eine breitere Zahl als zulässig gespeichert, so kann diese nicht dargestellt werden. Würde man beispielsweise in einen vier Bit großen Speicher, der bereits die Zahl $1111_2$ enthält, eine zusätzliche $1_2$ addieren, dann wäre das Ergebnis $0000_2$ (die fünfte Dualziffer wäre dann im Überlauf/Carry).

Wird in Computern das Vorzeichenbit verwendet, verändert sich damit zugleich der Bereich der darstellbaren Zahlen. Beispielsweise lassen sich in acht Bit im *logischen Modus* die Zahlen $0_{10}$ bis $255_{10}$ darstellen. Wird das achte Bit für das Vorzeichen reserviert und der Computer in den *arithmetischen Modus* versetzt, reduziert sich der darstellbare (positive) Zahlenraum auf sieben Bit. Es kommen nun jedoch noch jene (negativen) Zahlen im Bereich von sieben Bit hinzu, die durch die vorangestellte 1 gebildet werden:

Positive Zahlen (Normaldarstellung): 00000000 bis 01111111 = $0_{10}$ bis $127_{10}$
Negative Zahlen (Zweierkomplement): 10000000 bis 11111111 = $-128_{10}$ bis $-1_{10}$

## 5.5 Fließkommazahlen

Die Begrenzung der Speicherbreite hat noch eine weitere Konsequenz für die arithmetischen Möglichkeiten von Rechenmaschinen: Die Zahlenraumbegrenzung lässt eine Darstellung sehr kleiner oder sehr großer Zahlen nur auf einem Umweg zu. Um den begrenzten Zahlenraum zu überschreiten, wird die Binärkodierung von *Fließkomma- oder Gleitkommazahlen* genutzt. Diese Darstellung geht zurück ins dritte Jahrtausend vor unserer Zeitrechnung, hat jedoch abermals erst mit Konrad Zuses Computer Z1 eine technische Implementierung erfahren.

Zur Darstellung einer Fließkommazahl wird eine große Dualzahl (die aus verketteten kleineren Dualzahlen zusammengesetzt sein kann) wie folgt segmentiert:

| VZ | Mantisse | | | | | | | VZ | Exponent | | | | | | | |
|----|---|---|---|---|---|---|---|----|---|---|---|---|---|---|---|---|
| 1 | 1 | 0 | 0 | 1 | 1 | 0 | 0 | 1 | 1 | 0 | 0 | 0 | 1 | 1 | 1 | 0 | 0 |

Die oben eingetragenen 18 Bit werden zu folgender Dualzahl kodiert:

$-10011001 \cdot 10^{1011100}$

Dies entspricht der Dezimalzahl:

$-153 \cdot 10^{-28}$

Dies stellt eine negative Zahl mit 26 Nullen hinter dem Komma dar:

-0,00000000000000000000000000153

Die beiden als VZ bezeichneten Bits stellen die Vorzeichen der Mantisse und des Exponenten dar. Die Basis des Exponenten ist fest mit $10_{10}$ kodiert. In 18 Bit lassen sich damit Zahlen von $-255 \cdot 10^{255}$ bis $255 \cdot 10^{255}$ darstellen. Bei negativem Exponenten können rationale Brüche bis $10^{-255}$ darstellen. Die Darstellung als Fließkommazahl ist nur so genau, wie die Größe von Mantisse und Exponent es zulässt. Dennoch lassen sich auf diese Weise, allerdings unter Verbrauch großer Speichermengen, wesentlich größere Zahlenbereiche als auf „rein technische" Art darstellen.

## 5.6 BCD-Zahlen

In Computern wird noch ein weiteres Zahlensystem verwendet, das mehr Speicher als reine Dualzahlen benötigt: der BCD-Zahlencode (Binary Coded Decimals). Insbesondere zur Erleichterung des Rechnens mit Dezimalzahlen in Digitalcomputern wurde er in den 1950er-Jahren von *IBM* entwickelt. Zunächst diente er zur Vereinfachung der Zifferndarstellung auf Lochkarten, wurde von dort aber in die ersten Standard-Zeichenkodierungen (EBCDIC und später ASCII) übernommen. Die letzten vier Bits (auch Halbbyte oder Nibble genannt) sind bei beiden Kodierungen identisch und stellen die Dualzahlen des jeweiligen Ziffernwertes dar:

| Ziffernzeichen | EBCDIC | ASCII |
|---|---|---|
| 0 | 1111 0000 | 0011 0000 |
| 1 | 1111 0001 | 0011 0001 |
| 2 | 1111 0010 | 0011 0010 |
| 3 | 1111 0011 | 0011 0011 |
| 4 | 1111 0100 | 0011 0100 |
| 5 | 1111 0101 | 0011 0101 |
| 6 | 1111 0110 | 0011 0110 |
| 7 | 1111 0111 | 0011 0111 |
| 8 | 1111 1000 | 0011 1000 |
| 9 | 1111 1001 | 0011 1001 |

Insbesondere Tisch- und Taschenrechner haben von dieser Ziffernkodierung Gebrauch gemacht, weil sie die Darstellung auf spezifischen Displays technisch wesentlich vereinfachte (vgl. Kap. 6.4). Beim BCD-Code handelt es sich um eine Dualzahlen-Variante, die ein Nibble zur Kodierung der Ziffern von 0 bis 9 nutzt:

0: 0000
1: 0001
2: 0010
3: 0011
4: 0100
5: 0101
6: 0110
7: 0111
8: 1000
9: 1001

Anders als bei Dualzahlen findet der Übergang zur $10_{10}$ hier jedoch durch einen „Sprung" in das nächste Halbbyte statt, sodass jedes Nibble eine Dezimalstelle kodiert:

10: 0001 0000
11: 0001 0001
12: 0001 0010
...
19: 0001 1001
20: 0010 0000
...
98: 1001 1000
99: 1001 1001
100: 0001 0000 0000
Und so weiter.

Die Vereinfachung besteht darin, dass der Dezimalwechsel hier auch durch den Wechsel des Halbbytes vollzogen wird, sodass für jede Dezimalstelle einer Zahl ein separates Halbbyte zur Verfügung steht. Diese „verschwendet" zwar pro Halbbyte jeweils sechs Bits, macht die Konvertierung zwischen Dual- und Dezimal-Arithmetik jedoch sehr komfortabel. Mikroprozessoren, die die BCD-Arithmetik unterstützen, besitzen meistens Befehle, mit denen der Nutzer der CPU vor oder nach einer Berechnung mitteilen kann, in welchem Modus das Ergebnis zu interpretieren ist. Dies ist vor allem auch deshalb wichtig, weil durch die BCD-Ziffern Flags und Vorzeichenbits verändert werden können (siehe Kap. 7).

# 6 Schaltalgebra

Im Jahre 1938 veröffentlichte der damals 21-jährige US-Amerikaner Claude Shannon die vielleicht einflussreichste Masterarbeit aller Zeiten: Mit „A Symbolic Analysis of Relay and Switching Circuits" (Shannon 1938) überführte er die Boole'sche Algebra in eine Schaltalgebra. Die Schaltalgebra ist isomorph zur Boole'schen Algebra und damit auch zur Aussagenlogik und stellt den Übergang der symbolischen in ikonische Darstellung logischer Junktoren dar. Diese heißen nun *Schaltgatter* und bestehen aus verschiedenen Kombinationen von Schaltern. Diese Schaltgatter treten in der Digitaltechnik in größeren Verbünden als Schaltnetze auf. Ihre Eingangswerte werden mit H (für High) und L (für Low) benannt und beschreiben die elektrischen Spannungspegel, die zwischen den einzelnen Zuständen unterscheiden. Dabei gilt:

---

**Flankenwerte der Schaltalgebra**

| Aussagenlogik | Boole'sche Algebra | Schaltalgebra |
|---------------|--------------------|---------------|
| Wahr (w)      | 1                  | High (H)      |
| Falsch (f)    | 0                  | Low (L)       |

---

Wenngleich Schaltgatter und -netze, wie oben geschrieben, keine symbolischen Darstellungen sind, stellen sie trotzdem noch Abstraktionen des real implementierten Logikschaltkreises dar. Ihre Darstellung berücksichtigt grundsätzlich keine elektrischen/elektronischen Komponenten wie Widerstände, Masseleitungen, Verbraucher, etc. Vielmehr stellen sie Prinzipschaltungen dar. Bereits der einzelne Schalter ist nur im Prinzip ein Schalter, weil seine Versorgungsspannung (die von der Schaltspannung unterschieden werden muss) in der Schaltgatter-Darstellung nicht berücksichtigt werden muss.[1]

## 6.1 Schalter und Logik

Claude Shannons Arbeit beschäftigt sich mit „relays" – also Relais-Schaltern –, die dezidiert elektromechanische Bauteile darstellen. Die Schaltalgebra ist jedoch keineswegs nur für elektronische Schaltgatter (und dort auch nicht nur für Relais-basierte Schalter) gültig. Zunächst soll deshalb eine Auswahl an Schaltern, ihre besonderen Eigenschaften und ihre technischen Anwendungen in Rechenanlagen vorgestellt werden.

---

[1] Dass diese Versorgungsspannung aus der zweiwertigen eine mehrwertige Logik (z.B. Tristate-Logik) entstehen lassen kann, wird in Kap. 8.2 noch einmal ausgeführt.

https://doi.org/10.1515/9783111036540-007

### 6.1.1 Schaltprinzipien

Um ein Signal ein- und auszuschalten, gibt es mehrere Möglichkeiten. Für technische Anwendungen werden *temporäre* Unterbrecher (die sich vom *elektrischen Schluss*, der konstant H liefert, und von der *Unterbrechung*, die konstant L liefert, unterscheiden) verwendet. Diese sind zum Beispiel als *Taster* oder *Schalter* realisiert (vgl. Vinaricky 2002:429–537 und 646–661).

Ein Taster (Abb. 6.1) ist ein sogenanntes *monostabiles* Element: Er verharrt in einem Zustand permanent und kann nur temporär in den anderen Zustand gebracht werden. Ob der monostabile Zustand H oder L ist, kann frei definiert werden (zum Beispiel durch Verwendung eines zusätzlichen NOT-Gatters). Taster werden durch äußere Krafteinwirkung geschaltet. Andere monostabile Elemente sind Relais (die nur schalten, wenn eine Betriebsspannung anliegt, siehe unten) oder elektronische Monoflops (Schalter aus Transistoren, die ebenfalls elektrisch geschaltet werden). Die Anwendungen für Taster sind vielfältig: von den Tasten zur Steuerung eines Fahrstuhls oder einer zeitgesteuerten Hausflur-Lichtanlage über Impulsgeber in Fernbedienungen bis hin zu Tastaturen an Computern.

Von den monostabilen Tastern werden die *bistabilen* Schalter (Abb. 6.2) unterschieden. Sie verharren in dem zuletzt eingenommenen Zustand, bis sie in den anderen Zustand umgeschaltet werden. Auch diese Schalter gibt es in vielfältigen Formen: als Drehschalter, Kippschalter oder Flip-Flops. Und ebenso vielfältig sind die Anwendungsgebiete, die von einfachen Lichtschaltern über Getriebeschalter bis hin zu Speichern (sRAM) reichen, welche die Schaltposition als Zustand (0 oder 1) speichern.

Sowohl bei monostabilen als auch bei bistabilen Schaltern ist es notwendig die beiden gewünschten Schaltzustände streng voneinander (und von möglichen weiteren Zwischenzuständen) zu unterscheiden. Mechanische Schalter und Taster ermöglichen dies zumeist dadurch, dass beim Schaltprozess ein Hindernis mittels Kraft überwunden werden muss. Beim Taster führt eine zum Beispiel durch eine Feder aufgebaute Gegenkraft dazu, dass er in seinen Ursprungszustand zurückkehrt. Beim bistabilen Schalter hindert eine Gegenkraft den Schalter daran, aus der geschalteten Position von allein zurückzuschalten.

Der Weg, den der Schalter zwischen den beiden stabilen Positionen zurücklegt, soll dabei als Schaltereignis nicht berücksichtigt werden. In der Digitaltechnik stellt er eine „tote Zone" dar, die weder H noch L als Wert ergibt und folglich zugunsten eines dieser beiden diskreten Zustände „überwunden" werden muss (vgl. II-5.3.1). Zudem muss die Öffnung oder Schließung eines Stromkreises beim Schalten möglichst schnell vonstatten gehen, um Kurzschlüsse und andere Schaltartefakte zu vermeiden. Bei Tastern zeigt sich dieses Problem im sogenannten Prellen: Hier werden in sehr kurzen Abständen Schaltzustände aktiviert und deaktiviert[2], die bei einer genügend feinen zeitlichen Ab-

---

2 Die kann sowohl durch mechanische Vibrationen zwischen den Schaltkontakten als auch durch den unbewussten Muskeltremor des schaltenden Fingers ausgelöst werden.

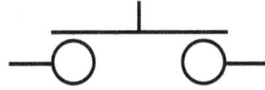

**Abb. 6.1:** Taster (li.) Schaltzeichen (re.)

**Abb. 6.2:** Kippschalter (li.) Schaltzeichen (re.)

frage als einzelne, intendierte Schaltvorgänge gewertet werden. Das *Entprellen* solcher ungewollter Schaltvorgänge wird durch hardwaretechnische Vorrichtungen (zum Beispiel die Auslösung längerer Schaltimpulse durch einen Tastendruck) oder Software (die Schaltvorgänge beispielsweise nur in bestimmten Intervallen abfragt) kompensiert (vgl. Kemnitz 2011:72f.).

### 6.1.2 Schalterarten

Mechanische Schalter und Taster wurden oben bereits beschrieben. In der Medientechnik finden beide Arten vielfältige Anwendungen. Taster werden zur Signalübermittlung und Dateneingabe (etwa in Tastaturen) verwendet; mechanische Schalter finden sich oft bei älteren Medien in Form von Wahlschaltern, Ein/Ausschaltern und sogar zur Dateneingabe, wie in Mini- und Mikrocomputern der 1960er- und 1970er-Jahre (Abb. 6.3).

Die Geschichte der Computer ließe sich als eine Geschichte der Implementierung unterschiedlicher Schalterarten lesen, die je nach Anforderungsänderung (zum Beispiel höheren Schaltgeschwindigkeiten) unterschiedliche Schalter verwendet hat. Dass die in Computern verwendeten Schalter genuin gar nicht für diese Anwendungszwecke

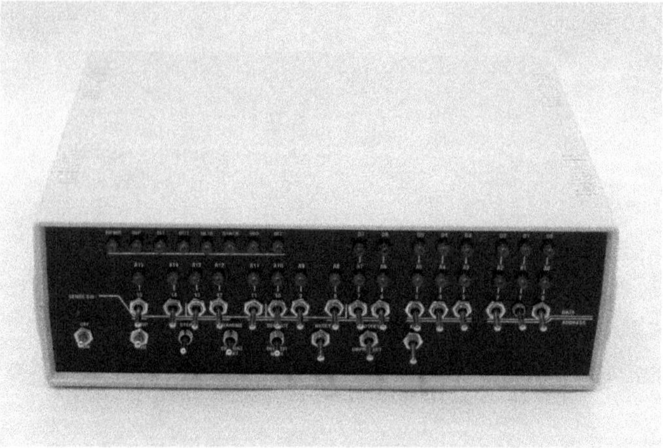

**Abb. 6.3:** Der frühe Mikrocomputer Altair 8800 (1976) wird mit Schaltern programmiert. Die Dateneingabe erfolgt dabei rein binär. Der Programmierer programmiert die Hardware hier direkt, indem er Einfluss auf die Pegel der Daten- und Adressbusse (vgl. Kap. 7) nimmt.

erfunden, beziehungsweise umgenutzt wurden, und dass „exotische" Schalterarten nur in kurzen historischen Zeiträumen relevant zu sein schienen, macht die Betrachtung der Computergeschichte aus dieser Perspektive besonders interessant.

### Relais

Das Relais (französ. *Mittler*) ist ein *elektromechanischer Schalter*. Das heißt: Mithilfe einer Spannung (*Steuerspannung*) wird ein mechanischer Schaltprozess ausgelöst, der eine andere Spannung (*Schaltspannung*) regelt (Abb. 6.4 li.). Als Schaltelement in Computern ist das Relais ein Erbe der Telegrafentechnik. Dort fungierte es aber keineswegs als Schalter, sondern – wie auch die nachfolgend vorgestellten Schaltertypen – als *Verstärker*: Es wurde in regelmäßigen Abständen in die kabelgebundene Signalleitung eingebaut, um die durch den Leitungswiderstand stetig schwächer werdenden Spannungen zu verstärken. Dies geschieht auf elektromagnetischem Weg: Die Steuerspannung (im Fall des Telegrafen: das schwächer werdende Übertragungssignal) durchfließt eine Metallspule, welche dadurch zu einem temporären Elektromagneten wird. Über dessen Pol ist eine Eisenplatte, der *Anker*, angebracht, der vom Magneten angezogen wird, sobald die Steuerspannung durch die Spule fließt. Am Anker und der anziehenden Seite des Magneten sind die elektrischen Kontakte des Laststromkreises mit einer externen Energiequelle angebracht (Abb. 6.4 mi.). Berühren sich nun Anker und Kontaktstelle (was an einem hörbaren Schaltgeräusch zu erkennen ist), wird der Laststromkreis geschlossen. Das aus diesem Laststromkreis gewonnene Signal besitzt nun wieder eine genügend hohe Spannung, um weiter übertragen werden zu können.

Der Verstärkungseffekt von Relais ist zweiwertig: Liegt keine oder eine zu niedrige Steuerspannung an, dann ist der Pegel des Laststromkreises L. Beim Anlegen einer

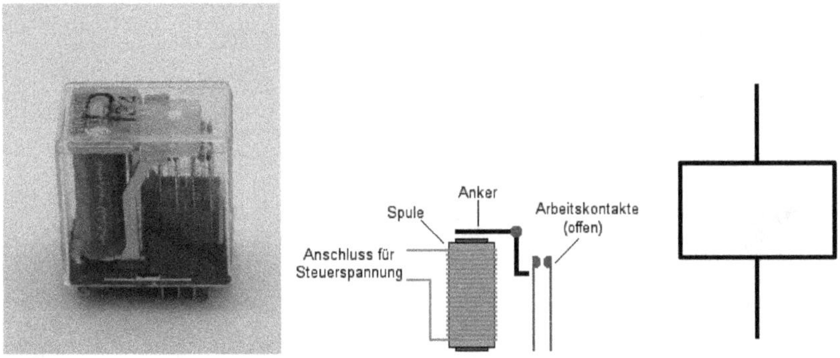

**Abb. 6.4:** Relais (li.) Schema (mi.) Schaltzeichen (re.)

genügend hohen Steuerspannung ist der Pegel der Laststromkreises H. Die Größe der notwendigen Steuerspannung hängt vom Relais ab, das in mehreren Typen und mit unterschiedlichen Kenngrößen existiert. Sein zweitstufiger Verstärkungseffekt macht das Relais bereits zu einem praktikablen monostabilen Schalter, weswegen es ab 1941 in der Computertechnik Einsatz fand: Konrad Zuse verbaute in seinem Computer Z3 über 2000 Relais, mit denen er den Speicher und das Rechenwerk realisierte. Auch der Nachfolger Z4, entstanden in der zweiten Hälfte der 1940er-Jahre, basierte auf der Relaistechnik; ebenso die Harvard-Rechner Mark I (1944) und Mark II (1947).

Als Schalter in Computern haben sich Relais Ende der 1940er-Jahre als zu langsam, zu laut, zu groß und auch zu fehleranfällig erwiesen. So ist von Grace M. Hopper, einer Programmiererin des Harvard Mark II, die Anekdote überliefert, dass sie den ersten „echten Computer-Bug" gefunden habe: Nachdem der Rechner eine Funktionsstörung hatte, fand Hopper in einem Relais zwischen Anker und Kontakt eine dort eingeklemmte Motte. Sie entfernte diese, klebte sie in ihr Labortagebuch (Abb. 6.5).

### Elektronenröhren

Elektronenröhren sind *elektronische Schalter* und besitzen daher viele Nachteile der Relais nicht: Sie schalten leise und in nahezu beliebiger Geschwindigkeit. In puncto Größe und Fehleranfälligkeit standen sie zur Zeit ihres Einsatzes in Computern den Relais aber kaum nach. Und auch Elektronenröhren wurden ursprünglich nicht als Schalter, sondern als Verstärker eingesetzt.

Die Elektronenröhre (Abb. 6.6) wurde im Prinzip um 1880 erfunden, nachdem entdeckt worden war, dass glühende Metalle Elektronen in ihre Umgebung emittieren. Dadurch wird das Metall zur Kathode (Elektronendonator); eine in ihrer Nähe positionierte Anode (Elektronenakzeptor) kann diese Elektronen nun „einfangen" und als elektrischen Strom weiterleiten. Bringt man zwischen Kathode und Anode ein beheizbares Metallgitter an, lässt sich der Elektronenfluss damit bremsen und sogar stoppen,

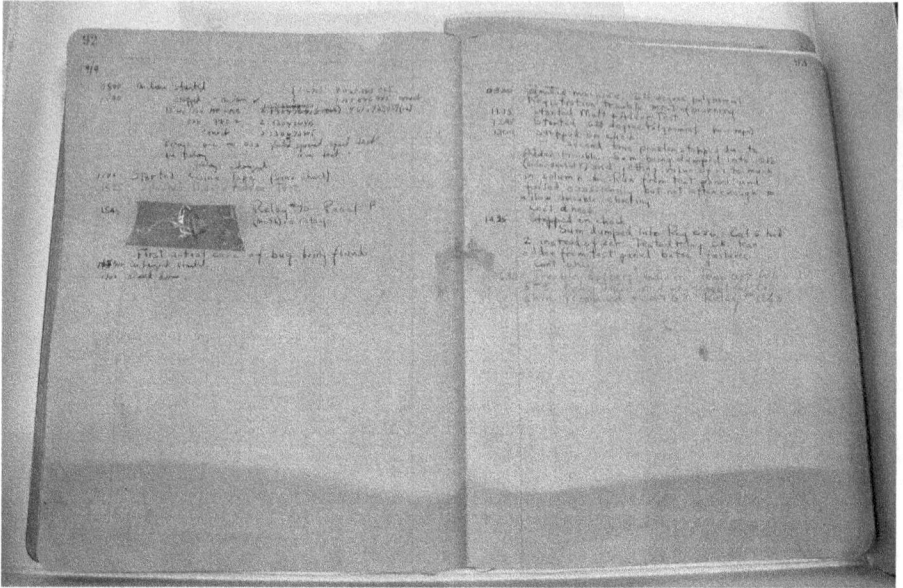

**Abb. 6.5:** „First acutal case of bug being found" (1947)

**Abb. 6.6:** Elektronenröhre (li.) Schaltzeichen (re.)

bevor er die Anode erreicht. Durch Regulierung der Hitze des Gitters kann dabei die Menge an eingefangenen/durchgelassenen Elektronen geregelt werden. Dieser Prozess findet innerhalb einer evakuierten oder mit einem Schutzgas gefüllten Röhre (zumeist aus Glas) statt, um eine möglichst gute elektrische Isolation zwischen Anode und Kathode zu ermöglichen (Abb. 6.7).

Als Verstärker fanden Elektronenröhren beispielsweise in den Radioempfängern von Mitte der 1920er- bis in die 1950er-Jahre Einsatz. Der Verstärker-Effekt der Elektronenröhre ist im Gegensatz zu dem des Relais stufenlos regulierbar, was ihren Einsatz für Schaltungszwecke zwar nicht verhindert, es jedoch notwendig macht, die Gitter-Hitze so zu regulieren, dass eine diskrete Menge an Elektronen passieren kann (oder blockiert wird), um so eine möglichst genaue Schaltspannung zu erzeugen. Den Einsatz der Elektronenröhre als Schalter könnte man damit als eine missbräuchliche Verwendung des Bauteils bezeichnen.

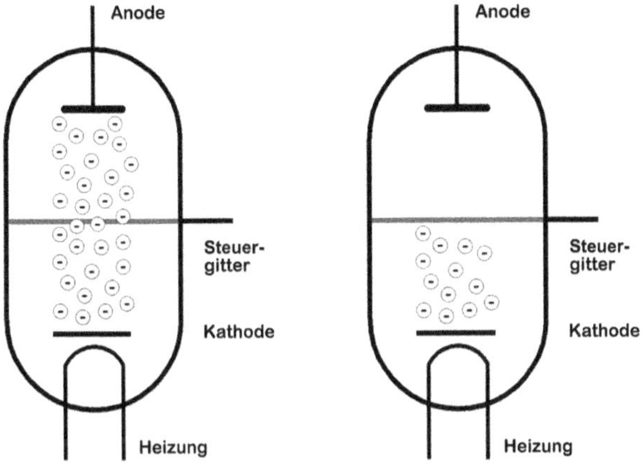

**Abb. 6.7:** Schema einer Elektronenröhre – offen (li.) sperrend (re.)

In Computern wurden Elektronenröhren zeitgleich zu Transistoren verwendet: Der zwischen 1937 und 1942 entwickelte Barry-Atanasov-Computer basierte auf Elektronenröhren ebenso wie der britische Colossus (1943) und der ENIAC (1946). Ihre „Blütezeit" erlebten Röhrencomputer allerdings erst in den 1950er-Jahren. Die Verbesserung der Röhrenproduktion ermöglichte den zunehmend sicheren Einsatz dieser Bauteile, sodass der AN/FSQ-7 (1958), ein Computersystem zur Frühwarnung und Luftverteidigung der USA, bereits über 60.000 Röhren nutzte. Solche Systeme mussten jedoch stets redundant angelegt werden, denn selbst die qualitativ besten Elektronenröhren haben immer noch eine sehr hohe Ausfallwahrscheinlichkeit, sodass ein funktionierendes Computermodul die Aufgaben übernehmen musste, während beim defekten Modul die durchgebrannte(n) Elektronenröhre(n) ausgetauscht wurden.

Elektronenröhren besitzen weitere Nachteile, die sie für den Masseneinsatz (zum Beispiel in Computern) wenig geeignet erscheinen lassen: Sie brauchen eine Heizung (für die Kathode), die eine Warmlaufzeit benötigt, bis die Röhre betriebsbereit ist. Sie sind erschütterungsempfindlich und ihr Glasgehäuse ist spröde. Wie alle elektrischen „Heizungen" (zum Beispiel Glühlampen) haben sie eine hohe Verlustleistung, die sie als Wärme an ihre Umgebung abgeben.[3] Elektronenröhren verschleißen mit der Zeit und sind zudem teuer in der Produktion.

### Transistoren

All diese Nachteile konnten mit dem Einsatz des Transistors (Abb. 6.8) kompensiert werden. Die Erfindung des Transistor-Prinzips geht auf das Jahr 1925 zurück, in welchem

---

3 In den Computerräumen der 1950er-Jahren arbeiteten die Ingenieure daher nicht selten in Unterwäsche.

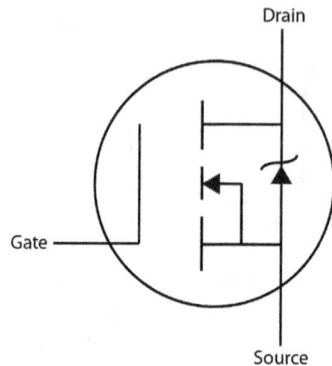

**Abb. 6.8:** Transistor (li.) Schaltzeichen für einen sperrenden n-Kanal-MOSFET-Transistor (re.)

der deutsche Physiker Julius Edgar Lilienfeld den ersten Transistor zum Patent anmeldete. Die noch heute vorhandene, bipolare Bauform existiert seit 1945 und wurde durch die US-Amerikaner William Shockley, John Bardeen und Walter Brattain in den *Bell Labs* entwickelt, wofür die drei 1956 den Nobelpreis in Physik erhielten.

Transistoren sind ebenfalls elektronische Schalter, die jedoch auf einem mikrophysikalischen Prinzip basieren. Das Grundmaterial für ihren Bau ist das chemische Element Silizium (Si), das zum Beispiel in Sand und Quarzgestein als Siliziumdioxid ($SiO_2$) vorkommt. Durch einen aufwändigen Prozess wird aus $SiO_2$ hochreines Silizium gewonnen. Silizium zählt zur Gruppe der Halbleiter, das heißt, es besitzt Eigenschaften von Metallen und Nichtmetallen, welche für seinen Einsatz in Transistoren genutzt werden (vgl. Band 3, Kap. II.9.3.3, Band 3, Kap. II.5 sowie Band 3, Kap. III.5).

Wie die Abb. 6.9 zeigt, ist ein Transistor[4] aus mehreren Schichten aufgebaut. Das Substrat besteht in diesem Fall aus *p-dotiertem* Silizium. Dieses wird erzeugt, indem hochreines Silizium gezielt mit einem chemischen Element verunreinigt wird, das weniger Elektronen auf seiner äußeren Schale (nach dem Bohr'schen Atommodell) besitzt als Silizium, welches vier Außenelektronen hat. Hierfür kann beispielsweise das Element Bor (B) verwendet werden, das nur drei Elektronen auf seiner äußeren Schale besitzt. In dieses Substrat werden an zwei Stellen weitere Verunreinigungen eingebracht werden: Beim NPN-Transistor handelt es sich dabei um chemische Elemente wie zum Beispiel Phosphor, der mit fünf Elektronen eines mehr als Silizium auf seiner äußeren Schale besitzt. Durch diese *Dotierung* genannte Verunreinigung entsteht ein elektrisches Ungleichgewicht im Kristallgitter des Siliziums, das nach Ausgleich strebt.

---

4 Die folgenden Ausführungen beschränken sich auf den MOSFET (Metal on Silicon Field Effect Transistor) in der n-Kanal-Ausführung. Eine detaillierte Beschreibung des Herstellungsprozesses findet bei (Malone 1996:41–100) statt. Die unterschiedlichen Typen und Funktionsweisen von Transistoren stellt (Thuselt 2005:255–292) vor.

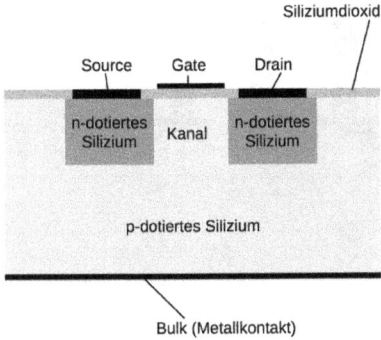

**Abb. 6.9:** Aufbau eines CMOS-Transistors

Zwischen den beiden sogenannten *n-dotierten Inseln* bleibt ein schmaler *Kanal* aus p-dotiertem Silizium frei. Auf der Oberfläche des Substrates wird nun als Isolator Siliziumdioxid erzeugt, das über den beiden Inseln wieder fortgeätzt wird. Darauf wird eine Metallschicht (zum Beispiel aus Aluminium) aufgetragen, die außer über den Inseln und dem mit Siliziumdioxid isolierten Kanal wieder entfernt wird. Diese Metallschicht bildet die elektrischen Kontakte des Transistors: Auf der einen Seite ist der *Source*-Anschluss angebracht, von dem aus die Elektronen zur anderen Seite, dem *Drain*-Anschluss fließen sollen.

Der Elektronenfluss wird allerdings durch den Kanal aus Silizium blockiert. Dies ändert sich, sobald am mittleren *Gate*-Anschluss eine positive Schaltspannung angelegt wird. Das dadurch unterhalb dieses Anschlusses entstehende *elektromagnetische Feld* polarisiert das darunter befindliche p-dotierte Substrat, sodass der Kanal nun (wie die n-dotierten Inseln) negativ geladen (*n-leitend*) ist. Durch diesen Kanal können dann die Elektronen vom Source- zum Drain-Anschluss fließen. Die Größe des Kanals hängt dabei von der Höhe der am Gate anliegenden Spannung ab. Weil diese von 0 Volt bis zu einem (für den spezifischen Transistor festgelegten) maximalen Spannungswert reichen kann, wodurch die Größe des elektromagnetischen Feldes und damit die Menge an durchfließenden Elektronen geregelt wird, lässt sich der Transistor ebenfalls als regulierbarer Verstärker verwenden. Liegt keine Spannung am Gate-Anschluss an, sperrt der Transistor den Elektronenfluss (Abb. 6.10).

Transistoren sind heutzutage in nahezu allen digitalen und nicht-digitalen elektronischen Geräten verbaut – als Schaltelemente oder als Verstärker (vgl. Band 4, Kap. I.4.2). Ihr Einsatz in Computern reicht in die Mitte der 1950er-Jahre zurück, fand dort allerdings zunächst experimentell oder in Prototypen statt. Mit dem 1955 von Heinz Zemanek in Wien konstruierten Mailüfterl und dem für das MIT entwickelten TX-0 gelangten transistorisierte Computer zur Marktreife, wenngleich beide Geräte ebenfalls Unikate blieben. Transistorcomputer wurden in den 1960er-Jahren zum Standard und sorgten dafür, dass die Baugrößen der Rechner rapide abnahmen.

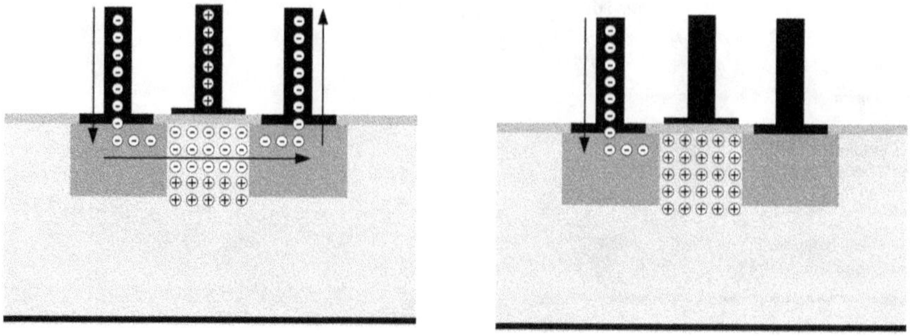

**Abb. 6.10:** Funktionsprinzip – leitender (li.) und sperrender (re.) Transistor

## Integrierte Schaltkreise

Der letzte Schritt dieser Schalterverkleinerung fand 1958 statt, als der US-amerikanische Ingenieur Jack Kilby eine komplette Flip-Flop-Schaltung (vgl. Band 4, Kap. I.3.11) auf einem Silizium-Substrat integrierte und damit die *integrierte Schaltung* erfand. Die Integration von mehreren Bauteilen in einem Gehäuse ist allerdings bereits in den 1920er-Jahren durch die Entwicklung einer Dreifach-Trioden-Röhre gelungen. Was Kilby erfand und ein Jahr nach ihm durch Robert Noyce so weit verfeinert wurde, dass alle Bauteile auf dem selben Substrat angelegt waren, war die Integration von Halbleiter-Schaltelementen.

Es existieren heute unzählige integrierte Schaltungen für alle möglichen Zwecke und mit sämtlichen aktiven und passiven elektronischen Bauelementen in unterschiedlichen Bauformen. Der Integrationsgrad, also die Anzahl der Transistoren pro Bauteil hat dabei sukzessive zugenommen. Sprach man in den 1970er-Jahren noch von *Large Scale Integration* (LSI) bei etwa 1000 Transistoren auf einem IC (Integrated Circuit), so werden heutzutage in der *Giant Large Scale Integration* (GLSI) bis zu 9 Milliarden Transistoren auf ICs (zum Beispiel einer CPU) untergebracht.

Für die hier diskutierten Zwecke sollen die ICs der sogenannten 74er-Reihe[5] betrachtet werden. Dabei handelt es sich um eine Baureihe, die die Firma *Texas Instruments* in den 1970er-Jahren auf den Markt brachte und die vor allem unterschiedliche Logik-Gatter in einem Baustein integrierte. Schaltungen, die aus solchen 74er-ICs aufgebaut sind, werden auch TTL-Schaltungen (Transistor-Transistor-Logik) genannt.

Der Archetypus des TTL-Bausteins ist der SN7400 (Abb. 6.11 – ein vierfaches NAND-Gatter, das erstmals 1966 auf den Markt kam. Wie in der Abb. 6.12 zu sehen, besitzt der IC 14 Anschluss-Pins (in der Bauform *Dual Inline Package* – abgekürzt als DIP bzw. DIL). Die Belegung der 14 Pins, den prinzipiellen inneren Aufbau und einige Bauformen des

---

5 Auch hier sollen aus Platzgründen keine anderen Logikbaustein-Familien (DTL- und RTL-Bausteine), Temperatur-Varianten (54er, 84er, ...), sowie unterschiedliche Bauformen, Arbeits- und Versorgungsspannungen usw. aufgeführt werden. Details zu diesem Thema finden sich in (Beuth 1992:113–176).

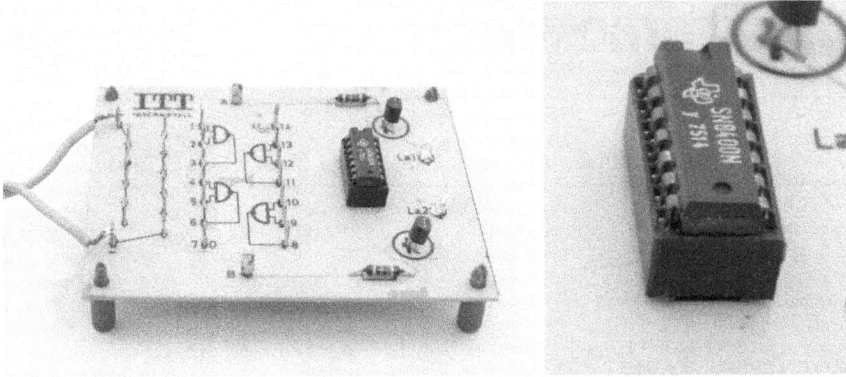

**Abb. 6.11:** SN8400 – Eine Variante des SN7400, die stärkere Temparaturschwankungen verträgt und industriell eingesetzt werden kann

ICs zeigt bereits die erste Seite des Datenblattes[6] des 7400, vgl. Abb. 6.12. Aufgrund der niedrigen Preise der 74er-Bauteile und der großen Beliebtheit hat *Texas Instruments* 1974 das „TTL Cook Book" herausgegeben, das ein Jahr später auch auf Deutsch erschienen ist (vgl. Texas Instruments 1975 – vgl auch die Literaturempfehlungen in Kap. 9.2).

Auf der Oberseite des IC-Gehäuses findet sich ein Aufdruck: Links steht das Logo der Herstellerfirma (hier von *Texas Instruments*), rechts, in der oberen Zeile, der Name des Bauteils „SN8400N" (die „84" gibt den Namen der Logikfamilie an, die „00" den Gattertyp – hier: NAND – und das „N" für die Verpackungsart – hier: Standard-Plastik). Darunter befindet sich das Herstellungsdatum des ICs (die linken zwei Ziffern geben das Jahr an – hier: 75, die beiden rechten die Wochennummer des Jahres – hier: 14).

Auf TTL-Bausteinen basieren zahlreiche Minicomputer und Tischrechner der 1970er-Jahre. Im Zuge der Preissenkung von Computern wurden in den 1980er-Jahren Logik-Gatter in speziell konfektionierten Gate-Array- bzw. Uncommitted-Logic-Array-Bauteilen (ULA) integriert. Die Menge der verbauten ICs in Computern sank dadurch dramatisch. Zugleich konnten die spezifisch genutzten Logik-Gatter auch als Firmengeheimnisse in solchen Bausteinen als Black-Box verborgen werden. Nach dem Ende der Homecomputer-Ära und dem fortschreitenden Ausfall dieser Bausteine sind Initiativen entstanden, in denen Gate-Arrays und ULAs *reverse engineered* wurden, um deren Funktionen wieder in TTL-ICs nachbauen zu können. (Vgl. Smith 2010.)

---

6 Die technischen Datenblätter zu den meisten elektronischen Bauteilen lassen sich im Internet finden (z. B. unter der Adresse www.alldatasheet.com).

# SGS-THOMSON
## MICROELECTRONICS

## M54HC00
## M74HC00

## QUAD 2-INPUT NAND GATE

- HIGH SPEED
  $t_{PD}$ = 6 ns (TYP.) AT $V_{CC}$ = 5 V
- LOW POWER DISSIPATION
  $I_{CC}$ = 1 µA (MAX.) AT $T_A$ = 25 °C
- HIGH NOISE IMMUNITY
  $V_{NIH}$ = $V_{NIL}$ = 28 % $V_{CC}$ (MIN.)
- OUTPUTS DRIVE CAPABILITY
  10 LSTTL LOADS
- BALANCED PROPAGATION DELAYS
  $t_{PLH}$ = $t_{PHL}$
- WIDE OPERATING VOLTAGE RANGE
  $V_{CC}$ (OPR) = 2 V TO 6 V
- PIN AND FUNCTION COMPATIBLE
  WITH 54/74LS00
- SYMMETRICAL OUTPUT IMPEDANCE
  $|I_{OH}|$ = $I_{OL}$ = 4 mA (MIN.)

**B1R**
(Plastic Package)

**F1R**
(Ceramic Package)

**M1R**
(Micro Package)

**C1R**
(Chip Carrier)

ORDER CODES :
M54HC00F1R     M74HC00M1R
M74HC00B1R     M74HC00C1R

### DESCRIPTION

The M54/74HC00 is a high speed CMOS QUAD 2-INPUT NAND GATE fabricated in silicon gate $C^2$MOS technology. It has the same high speed performance of LSTTL combined with true CMOS low power consumption. The internal circuit is composed of 3 stages including buffer output, which enables high noise immunity and stable output. All inputs are equipped with protection circuits against static discharge and transient excess voltage.

### INPUT AND OUTPUT EQUIVALENT CIRCUIT

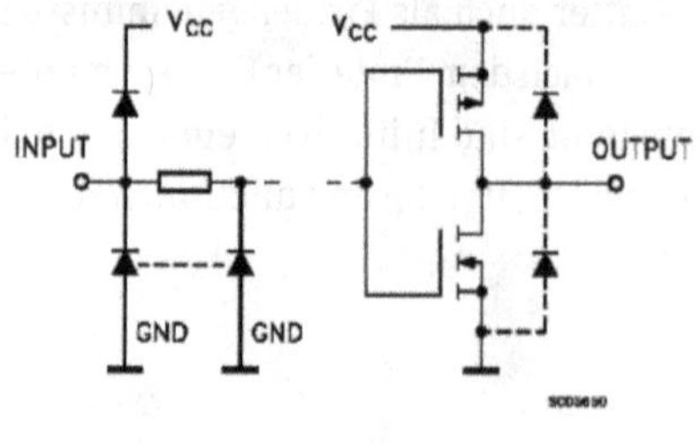

**PIN CONNECTIONS** (top view)

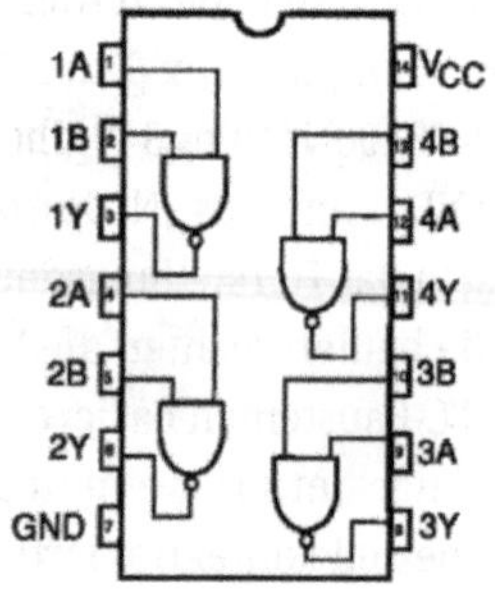

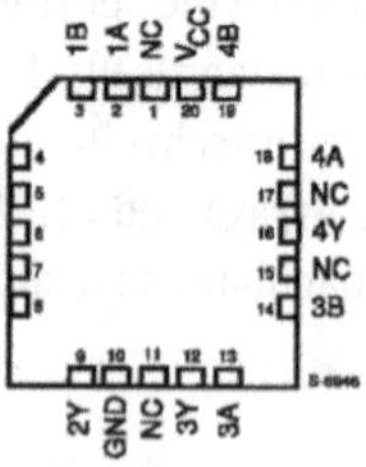

| | |
|---|---|
| 1A | $V_{CC}$ |
| 1B | 4B |
| 1Y | 4A |
| 2A | 4Y |
| 2B | 3B |
| 2Y | 3A |
| GND | 3Y |

S-6499

1B 1A NC $V_{CC}$ 4B

| | |
|---|---|
| 1Y | 4A |
| NC | NC |
| 2A | 4Y |
| NC | NC |
| 2B | 3B |

2Y GND NC 3Y 3A

NC =
No Internal
Connection

**Abb. 6.12:** Erste Seite des Datenblattes zum 7400

**Exotische Schalter**

Zum Schluss sollen hier noch Schalter vorgestellt werden, die nicht auf elektromechanischen oder elektronischen Prinzipien basieren. Solche Schalter stellten zuweilen Vorformen und Experimentalanordnungen für Digitalcomputer dar, dienten allerdings auch spezifischen Zwecken beziehungsweise wurden in besondere Ambiente eingesetzt.[7]

Zu letzterem gehören Schalter der *Fluidik*. Damit sind alle strömungsmechanischen Schaltelemente gemeint, die auf Gas- oder Flüssigkeitsströmungen basieren. So hat der deutsche Ingenieur Emil Schilling bereits 1926 eine „Steuerungsmechanik für Rechenmaschinen o. Dgl." zum Patent angemeldet, die eine Rechenapparatur beschreibt, die mittels Druckluft schaltet (vgl. Bülow 2015). Aufgrund der physikalischen Eigenschaften von Flüssigkeiten und Gasen (Dichte, Volumen, Verdrängung, Auftrieb, Fließgeschwindigkeit usw.) wurde die Fluidik selten für digitale Schaltungen (vgl. Rechten 1976:170–194), häufiger aber für Analogcomputer eingesetzt, bei denen nicht diskrete, sondern kontinuierliche Werte zum Rechnen benutzt wurden. Rechnerarchitekturen, die nicht auf (mikro)elektronischen Schaltungen basieren, waren zur Zeit des Kalten Krieges außerdem im Gespräch, weil sie unempfindlich gegenüber Stromausfällen und dem Nuklearen Elektromagnetischen Puls (NEMP) sind, der bei der Detonation einer Kernwaffe auftritt und elektronische Schaltungen zerstört. Ein implementiertes Analogcomputersystem war der britische MONIAC (Monetary National Income Analogue Computer) von 1949, der volkswirtschaftliche Prozesse simulieren sollte.

Der bereits erwähnte frühe Digitalcomputer Z1 von Konrad Zuse bediente sich ebenfalls eines „exotischen" Schaltverfahrens, das allerdings eher als das Erbe der Rechenmaschinen aus dem Barock angesehen werden kann. Die Z1 schaltete rein mechanisch mithilfe aus Metallschichten aufgebauter Schalter und Logik-Gatter. Konrad Zuse war es gelungen mittels circa 30.000 Stahlblechen das komplette Rechenwerk, den Speicher und andere Elemente seines Digitalcomputers zu bauen. Ein AND-Gatter zeigt Abb. 6.13. Heute steht sein Nachbau der Z1 im *Deutschen Technikmuseum in Berlin*.

### 6.1.3 Einfache Schaltgatter

Binäre Schalter lassen sich im Sinne der Schaltalgebra zu Schaltgattern aufbauen, um damit logische Funktionen zu implementieren. In Schaltplänen sind solche Gatter oft mit spezifischen Symbolen dargestellt.[8] Prinzipschaltungen und Impulsdiagramme[9] sollen

---

7 Unter dem Begriff *Unconventional Computing* werden unterschiedlichste „exotische" Schalter und Gatter bis hin zu kompletten Computern untersucht. Die Materialien reichen von Schleimpilzen über organische Moleküle, Zellularautomaten bis hin zu Quanten (vgl. Adamatzky 2012)

8 In diesem Buch werden die Schaltsymbole nach dem Standard ANSI/IEEE Std 91/91a-1991 verwendet. Im Anhang werden die anderen noch gebräuchlichen Symbole vorgestellt.

9 Impulsdiagramme bilden die logischen Schaltereignisse von Gattern in einem Diagramm ab, das auf der Ordinate den Schaltimpuls und auf der Abszisse den Zeitverlauf des Schaltprozesses zeigt.

**Abb. 6.13:** Nachbau eines mechanischen AND-Gatters aus Konrad Zuses Z1-Computer (Quelle: angefertigt von Bernhard Fromme, fotografiert von Christian Berg; mit freundlicher Genehmigung des Heinz-Nixdorf-MuseumsForums)

die Funktionsweise der Gatter verdeutlichen. Außer dem NOT-Gatter[10] verfügen alle Gatter standardmäßig über zwei Eingänge. Prinzipiell lassen sich aber beliebig viele weitere Eingänge damit verschalten (vgl. Tab. 6.1).

Für besondere Aufgaben lassen sich weitere Gatter denken/entwerfen, die die übrigen Ergebniskolonnen (vgl. Kap. 2.1.2) als Schaltfunktionen implementieren. So existieren beispielsweise *Sperrgatter* als AND-Gatter mit einem negierten Eingang oder *Implikationsgatter* als OR-Gatter, bei denen ebenfalls einer der Eingänge negiert ist (letzteres besitzt die Wahrheitswerte der Subjunktion).

## 6.2 Reihen- und Parallelschaltungen

Komplexere Verknüpfungen logischer Junktoren bzw. Boole'scher Operatoren lassen sich als *vereinfachte Schaltungen mit diskreten Schaltern* darstellen. Die Schalter stellen darin die „Aussagen" dar: Ein offener Schalter ist im Zustand L, ein geschlossener im Zustand H. Die Anordnung der Schalter bestimmt den Operator. In solchen Schaltungen sind die Schalter ebenso wie die Ein- und Ausgänge allerdings nur angedeutet; eine genaue elektrische Funktionalität soll damit nicht angegeben werden. Der Eingang wird im Zustand H angenommen. Die Schaltung gilt dann als geschlossen, wenn der Ausgang ebenfalls den Zustand H annimmt.

---

**10** Das NOT-Gatter ist ein *unäres* Gatter. Das bedeutet: Es besitzt nur einen Eingang, dessen Wert am Ausgang negiert bzw. invertiert wird. Es lässt sich als ein Schalter darstellen, der den Wert H liefert, wenn er auf L steht und umgekehrt. Symbole negierender/invertierender Gatter sind an einem kleinen Kreis am Ausgang zu erkennen. In Prinzipschaltungen wird hierfür ein zumeist ein Minus als Vorzeichen gesetzt. Zur Realisierung kann ein Flip-Flop verwendet werden, das auf 0 schaltet, wenn ein Impuls am Set-Eingang anliegt, und auf 1, wenn ein Impuls am Reset-Eingang anliegt. (Siehe Kap. 6.4.1)

**Tab. 6.1**

| Operator | Prinzipschaltung | Impulsdiagramm |
|---|---|---|
| NOT |  |  |
| AND | | 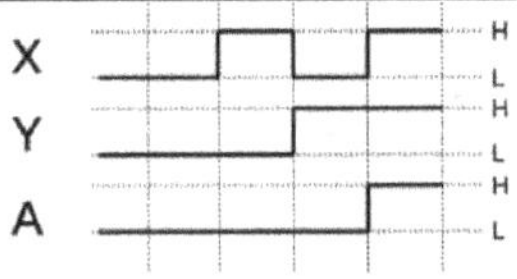 |
| OR | 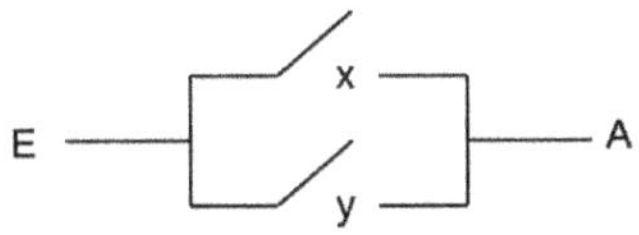 | 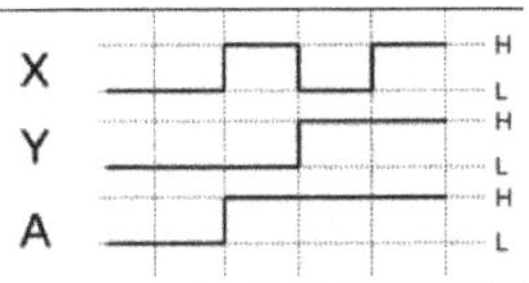 |
| XOR |  | 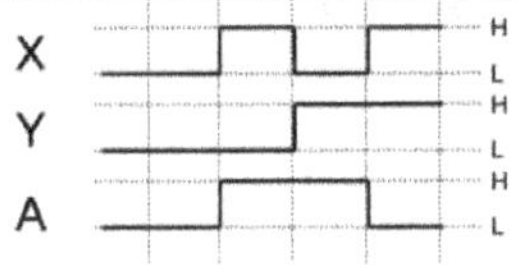 |
| NAND | 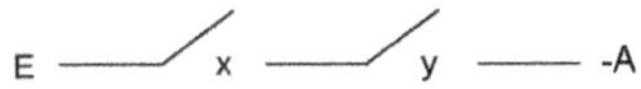 | 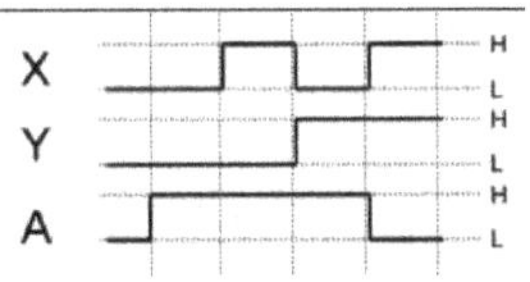 |
| NOR | 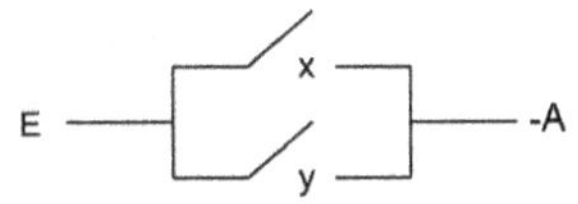 | 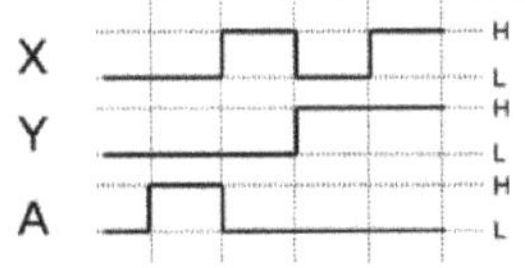 |
| XNOR |  | 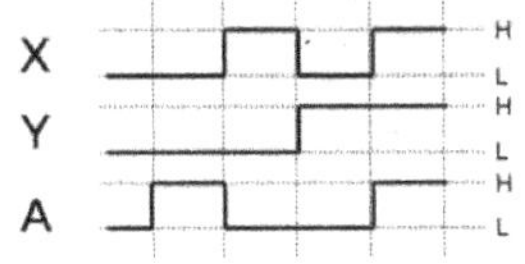 |

**Abb. 6.14:** Schema einer AND-Schaltung – offene Schalter (li.) geschlossene Schalter (re.)

Schaltungen mit AND- und OR-Schaltglieder werden als Reihen- und Parallelschaltungen bezeichnet. Ein AND-Glied lässt sich als serielle Schaltung darstellen (Abb. 6.14). Die Wahrheitswerttabelle leitet sich aus der Konjunktion ab: A=S1×S2 Nur, wenn beide Schalter S1 und S2 geschlossen sind, ist der Ausgang A im Zustand H:

| S1 | S2 | A |
|---|---|---|
| H | H | H |
| L | H | L |
| H | L | L |
| L | L | L |

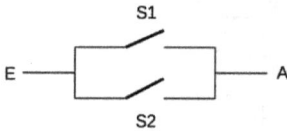

**Abb. 6.15:** Schema einer OR-Schaltung – offene Schalter (li) geschlossener Schalter S2 (re.)

Ein OR-Glied wird als Parallelschaltung dargestellt (Abb. 6.15). Auch hier zeigt sich die Wahrheitswerttabelle isomorph zur Adjunktion: A = S1+S2

| S1 | S2 | A |
|---|---|---|
| H | H | H |
| L | H | H |
| H | L | H |
| L | L | L |

Nur, wenn beide Schalter S1 und S2 geöffnet sind, ist der Ausgang A im Zustand L.

Selbstverständlich können mehr als nur zwei Schalter in Reihen- und Parallelschaltungen integriert werden, wobei die Anzahl der Operatoren dementsprechend steigt (Abb. 6.16).

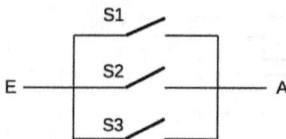

**Abb. 6.16:** Beispiel für eine dreifache Parallelschaltung (A=S1+S2+S3)

## 6.2.1 Gemischte Schaltungen

Alle Boole'schen Funktionen, die als Kombinationen von Adjunktion und Subjunktion dargestellt sind (zum Beispiel die Normalformen) lassen sich als gemischte Schaltungen (kombinierte Seriell- und Parallelschaltungen) darstellen. Um die beiden möglichen Zustände für die jeweiligen Schalter anzudeuten, werden die „Schaltstellen" selbst manchmal als Lücken dargestellt (Abb. 6.17–6.19).

**Abb. 6.17:** A=S1+(S2×S3)

**Abb. 6.18:** A=(S1×S2)+(S1×S3) – Hierbei müssen die beiden Schalter S1 stets den selben Pegel besitzen.

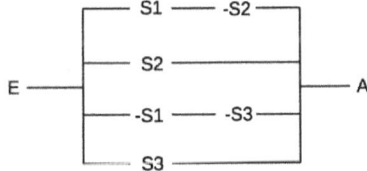

**Abb. 6.19:** A=(S1×-S1)+S2+(-S1×-S3)+S3 – Negierte Schalter können entweder mit Negator oder mit Minus-Vorzeichen oder als geschlossene Schalter dargestellt werden.

### 6.2.2 Vereinfachung gemischter Schaltungen

Mit den oben bereits vorgestellten Methoden lassen sich solche Schaltungen auch vereinfachen. Die ikonische Darstellung äquivalenter Schaltungen führt dabei den Gewinn in Form „eingesparter Schalter" besonders deutlich vor Augen. Zu vereinfachen sei die Schaltung aus Abb. 6.20.

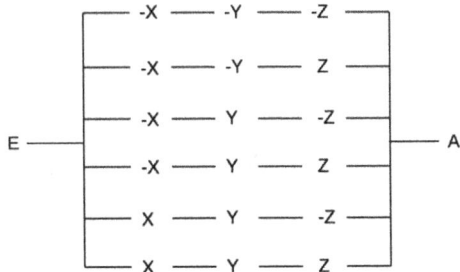

**Abb. 6.20:** Eine sechsfache Parallelschaltung dreier Schalter

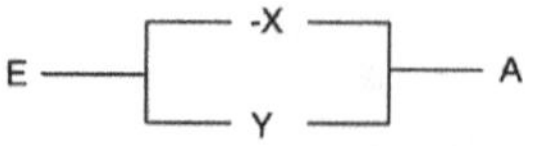

**Abb. 6.21:** Die vereinfachte Schaltung aus 6.20

Es ist zunächst ein symbolischer Term daraus zu bilden:

A=(-X×-Y×-Z)+(-X×-Y×Z)+(-X×Y×-Z)+(-X×Y×Z)+(X×Y×-Z)+(X×Y×Z)

Dieser Term, der bereits in der DNF vorliegt, wird nun (zum Beispiel mit dem KV-Diagramm) vereinfacht. Daraus erhält man:

A=(-X+Y)

Die Einsparung liegt bei 16 Schaltern – unter Beibehaltung der ursprünglichen Funktion der Schaltung (Abb. 6.21). Dem Gewinn an eingesparten Schaltern stehen dabei allerdings die „Kosten" der Verständlichkeit der Schaltung gegenüber. Die Schalter mit der Funktion Z der obigen Schaltung aus Abb. 6.20 wurden vollständig aus der Schaltung entfernt, weil ihre Funktion für die Gesamtfunktion der Schaltung irrelevant ist. Würde diese Vereinfachung an einer real existierenden Schaltanlage (zum Beispiel einem Lichtschalt-System) vorgenommen, wäre die Aufgabe der Schalter Z dort nicht mehr nachvollziehbar.

Dass solche extremen Vereinfachungen in der Praxis schon zu Verständnisproblemen geführt haben, verdeutlicht eine Anekdote aus der Computerspielgeschichte: Steven Wozniak wurde 1975 beauftragt für die Firma *Atari* das Spiel „Breakout" zu konstruieren. Der Entwurf von *Atari* sah die Verwendung von 70–170 74er-TTL-Bausteinen vor. Um Produktionskosten zu sparen, sollten so viele TTL-Bausteine wie möglich eingespart werden. Das fertige (funktionsfähige) Design von Wozniak enthielt nur noch maximal 30 davon.[11] Al Alcorn, der Ingenieur bei *Atari*, erinnert sich:

> Woz did it in like 72 hours nonstop and all in his head. He got it down to 20 or 30 ICs [integrated circuits]. It was remarkable.... a tour de force. It was so minimized, though, that nobody else could build it. Nobody could understand what Woz did but Woz. It was this brilliant piece of engineering, but it was just unproduceable. So the game sat around and languished in the lab." (Al Alcorn zit. n. Kent 2001:72.)

## 6.3 Schaltungsentwurf

Der Entwurf digitaler Schaltungen wird in der Praxis seit Ende der 1970er-Jahre mithilfe von Entwurfssystemen und Hardwarebeschreibungssprachen (beispielsweise mit VDHL – Very High Speed Integrated Circuit Hardware Description Language) vorgenommen.

---

11 Diese extreme Einsparung war deshalb möglich, weil Wozniak dieselben Schaltgatter für verschiedene Funktionen nutzen konnte, die die Spielelektronik zu unterschiedlichen (Takt-)Zeiten aufruft. Zudem waren davon nicht nur die Logik-Bausteine, sondern auch andere ICs (RAM usw.) betroffen.

Nur durch die Automatisierung lassen sich die komplexen Strukturen hochintegrierter Bausteine noch effizient konstruieren – sowohl, was den zeitlichen Aufwand des Entwurfs betrifft als auch in Hinblick auf die Vereinfachung und Kompaktifizierung des Designs. Im Folgenden soll jedoch der manuelle Entwurf kleiner digitaler Schaltungen vorgestellt werden, um einen Eindruck davon zu gewinnen, wie der Übergang von der Theorie der logischen Beschreibung in Boole'scher Algebra zur realen Implementierung in eine Schaltung vonstatten geht.

### 6.3.1 Manueller Schaltungsentwurf

Eine Schaltung mit vorgegebenen Eigenschaften aus Boole'schen Termen und Funktionen zu entwerfen, entspricht der „umgekehrten Logik", eine Aussagenfunktion nach gegebener Wahrheitswerttabelle zu finden. Dabei empfehlen sich folgende Schritte:
1. Eine Wahrheitswerttabelle aufstellen, in der jede mögliche Schalterstellung den gewünschten Zustand (L oder H) ergibt.
2. Eine Boole'sche Funktion für diese Tabelle suchen und vereinfachen.
3. Die Schaltung nach vereinfachter Funktion aufstellen.

Beispiel 1: Entwurf einer Wechselschaltung mit zwei Schaltern, die unabhängig voneinander die Lampe ein- (H) und ausschalten (L) können.

1. Die Schalter sollen x und y, die Funktion soll A heißen:

|          | x | y | A |
|----------|---|---|---|
| Zeile 1: | L | L | H |
| Zeile 2: | H | L | L |
| Zeile 3: | L | H | L |
| Zeile 4: | H | H | H |

Die Zeilen werden wie folgt interpretiert:

Zeile 1: Beide Schalter befinden sich in (irgend)einem Zustand, in dem die Schaltung geschlossen ist, also die Lampen eingeschaltet (A=H) sind.
Zeile 2 und 3: Der Zustand eines der beiden Schalter wird geändert. Die Schaltung wird dadurch geöffnet und die Lampen gehen aus (A=L).
Zeile 4: Der Zustand des anderen Schalters wird auch geändert. Die Schaltung wird damit wieder geschlossen und die Lampen werden eingeschaltet (A=H).

2. Zur Ermittlung der Funktion werden nun die beiden Zustände betrachtet, in denen die Schaltung geschlossen (A=H) und mit NOR verknüpft ist (weil einer der beiden Zustände wahr sein muss, damit die Schaltung geschlossen ist):

```
A = (x AND y) NOR ((NOT x) AND (NOT y))
```

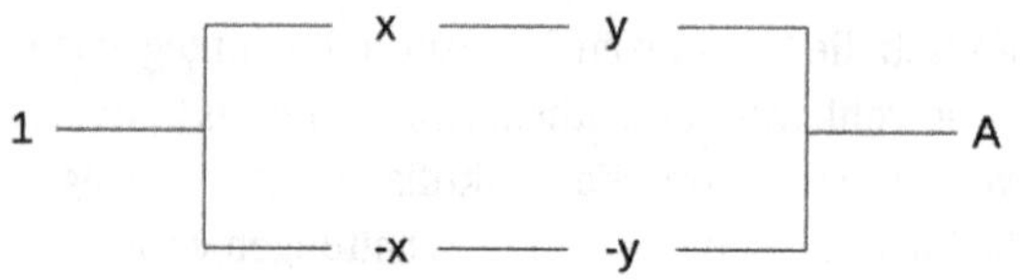

**Abb. 6.22:** Wechselschaltung

Der rechte Term lässt sich noch weiter vereinfachen:

A = (x AND y) NOR (x NOR y)

Bereits aus der Ergebniskolonne der Wahrheitswerttabelle lässt sich ablesen, dass die Schaltung auf einem einfachen Operator basiert:

$A = x \oplus y$[12]

Hieraus muss (zur Überführung in eine Serien-Parallel-Schaltung) eine Normalform gebildet werden. Die DNF für A lautet:

A = (-x × y) + (x × -y)

3. Eine Schaltung dazu zeigt Abb. 6.22.

Die vereinfachten Funktionen lassen sich aufgrund der verwendeten Operatoren NOR und XOR bereits nicht mehr als Reihen-Parallel-Schaltung darstellen, weshalb sich für den Schaltungsentwurf eine konkretere Darstellung empfiehlt, die die oben vorgestellten, vereinfachten Schaltgatter verwendet.

Beispiel 2: Zwei einstellige Dualzahlen sollen miteinander addiert werden.

Die Zahlen heißen Z1 und Z2, ihre Summe heißt S. Wie in Kap. 5 gezeigt, kommt es im dualen Zahlensystem bereits bei der Addition von $1_2$ mit $1_2$ zu einem Übertrag; dieser heißt Ü. Die Wahrheitswerttabelle für diese Aufgabe stellt sich wie folgt dar:

| Z1 | Z2 | S | Ü |
|----|----|---|---|
| 0 | 0 | 0 | 0 |
| 1 | 0 | 1 | 0 |
| 0 | 1 | 1 | 0 |
| 1 | 1 | 0 | 1 |

oder in Schaltalgebra:

---

12 Der Operator $\oplus$ wird in der Boole'schen Algebra für die Darstellung der Disjunktion (im Unterschied der Adjunktion mit +) verwendet.

| Z1 | Z2 | S | Ü |
|----|----|---|---|
| L | L | L | L |
| H | L | H | L |
| L | H | H | L |
| H | H | L | H |

Hier entstehen zwei Ergebniskolonnen: eine für S und eine für Ü. Der Blick auf die Ergebniskolonne von S zeigt, dass es sich hierbei um eine Disjunktion handelt, für die ein XOR-Gatter verwendet werden kann; Ü ist eine Konjunktion, die mit einem AND-Gatter realisiert werden kann. Daraus ergibt sich:

$$S = Z1 \oplus Z2$$
$$Ü = Z1 \times Z2$$

Um das Exklusiv-Oder in einer Serien-Parallel-Schaltung darstellen zu können, muss es wiederum in eine Normalform überführt werden. Die DNF für S lautet:

$$S = (Z1 \times -Z2(+(-Z1 \times Z2)$$

Die daraus resultierende Prinzipschaltung zeigt Abb. 6.23. Die so konstruierte Schaltung heißt *Halbaddierer*. Sie ist eine Standardschaltung und wird weiter unten noch einmal thematisiert.

**Abb. 6.23:** Halbaddierer-Schaltung

Beispiel 3: Gesucht wird eine Schaltung mit drei Schaltern und zwei Lampen. Eine der Lampen soll aufleuchten, wenn alle drei Schalter offen oder geschlossen sind; die andere andere Lampe soll leuchten, wenn zwei der drei Schalter eingeschaltet sind, der dritte jedoch ausgeschaltet ist.

| A | B | C | X | Y |
|---|---|---|---|---|
| 0 | 0 | 0 | 1 | 0 |
| 1 | 0 | 0 | 0 | 0 |
| 0 | 1 | 0 | 0 | 0 |
| 1 | 1 | 0 | 0 | 1 |
| 0 | 0 | 1 | 0 | 0 |
| 1 | 0 | 1 | 0 | 1 |
| 0 | 1 | 1 | 0 | 1 |
| 1 | 1 | 1 | 1 | 0 |

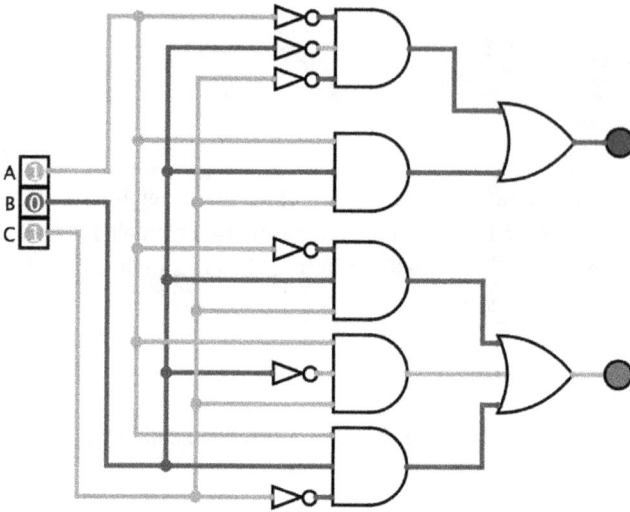

**Abb. 6.24:** Schaltung in Logisim (vgl. Kap. 6.3.2)

Die Variablen A bis C sind hierbei die drei Schalter, die Variablen X und Y die beiden Lampen.

Zur Aufstellung einer Gleichung sollte hier die DNF gewählt werden, weil die Mehrheit der Ausgänge (für X und Y) L sind, was die Zahl der Terme minimiert:

$$X = (-A \times -B \times -C) + (A \times B \times C)$$
$$Y = (A \times B \times -C) + (A \times -B \times C) + (-A \times B \times C)$$

Beide Gleichungen lassen sich nicht weiter minimieren. Die Schaltung hierzu wird mit den oben eingeführten Schaltsignalen dargestellt (Abb. 6.24).

Wie lassen sich solche Schaltungsbilder generieren und simulieren? Dazu existieren zwei Möglichkeiten: Die Schaltung lässt sich mit Schaltern/Logik-Gattern in Hardware aufbauen (zum Beispiel mit einem Baukasten) oder sie lässt sich in Software simulieren.

### 6.3.2 Entwurf mit Tools

Zum Entwurf von Schaltungen existieren zahlreiche Werkzeuge: Sie lassen sich ganz real mit elektronischen Baukasten-Systemen (Abb. 6.25) implementieren, die es sogar ermöglichen, die Funktionalität durch Bildung eines Stromkreises zu testen (vgl. Band 4, Kap. II.3.1).

Für den prinzipiellen Test empfiehlt sich jedoch zunächst eine Simulation der Schaltung mithilfe einer Entwurfssoftware. Auch solche Programme existieren in großer Auswahl. Sie ermöglichen die Konstruktion eines *operativen Diagramms*. Zwei von ihnen

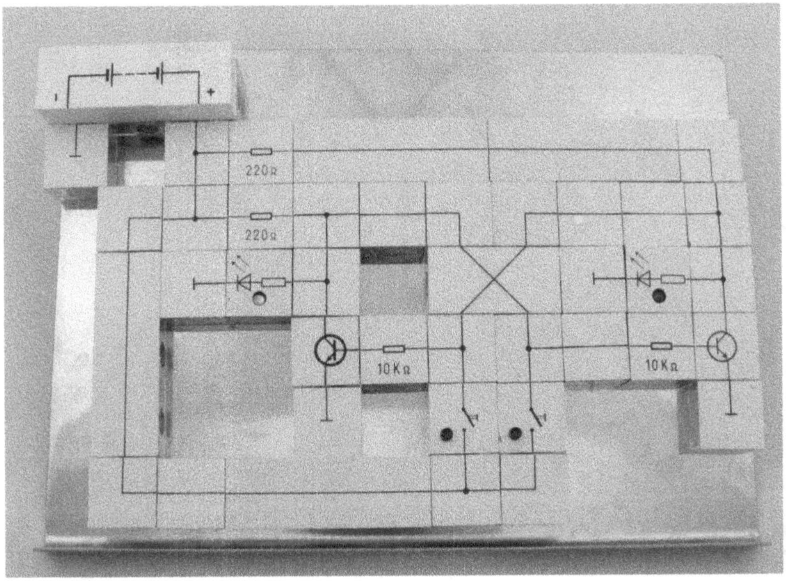

**Abb. 6.25:** RS-Flip-Flop mit „Lectron"-Experimentierkasten Elektronik (vgl. Band 4, Kap. II.3.1)

werden im folgenden kurz vorgestellt, indem die Schaltung von oben darin implementiert wird.

### Logic.ly

Das Programm „Logic.ly"[13] lässt sich sowohl online[14] als auch als App für Mac OS X und Windows nutzen. Es steht für einen kurzen Zeitraum als kostenlose Testversion zur Verfügung, muss dann aber erworben werden.

In „Logic.ly" lassen sich einfache Schaltkreise mit Standardgattern (NOT, AND, OR, XOR, NAND, NOR, XNOR usw.) entwerfen. Dabei kann die Anzahl der Eingänge frei gewählt werden. Zusätzlich bietet das Programm unterschiedliche Flip-Flop-Gatter an. Die Eingänge können unterschiedlich realisiert werden: als Taster, Schalter, gepulste Eingänge oder mit konstantem H- oder L-Signal. Jede fertig konstruierte Schaltung lässt sich als integrierter Schaltkreis „verpacken", sodass auch die Konstruktion komplexer Schaltungen möglich wird (siehe Abb. 6.26 rechts).

---

13  http://www.logic.ly (Abruf: 07.07.2017)
14  Eine Testversion findet sich auf http://www.logic.ly/demo/ (Abruf: 03.08.2023) (Abb. 6.26).

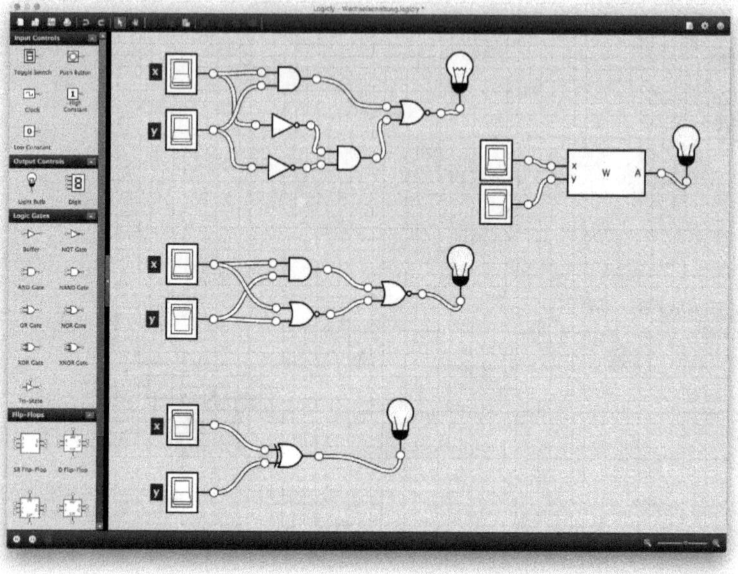

**Abb. 6.26:** Wechselschaltungen in „Logic.ly"

## Digital

„Digital"[15] (Abb. 6.28) ist ein Public-Domain-Programm, das als Java-Applet vorliegt und damit auf allen Systemen lauffähig ist, für die ein Java-Runtime-Environment erhältlich ist. Seine Oberfläche liegt in verschiedenen Sprachen vor – unter anderem auch auf Deutsch. Es stellt zahlreiche einfache und komplexe Schaltgatter zur Verfügung: Neben den einfachen logischen Gattern gibt es unter anderem Multiplexer, Demultiplexer, verschiedene Flip-Flops, RAM- und ROM-Bausteine sowie unterschiedlichste Ein- und Ausgabemedien. Alle Elemente können grafisch angepasst, mit Labeln versehen werden und verfügen über eine variable Anzahl an Eingängen. Auch in „Digital" lassen sich Schaltungen integrieren. Die Komplexität lässt sich dabei so sehr erhöhen, dass kleine Rechner konstruiert werden können. (Terminal-Fenster, Pixel-Displays, Tastaturen, Joysticks und anderes ist hierfür bereits im Repertoire der Bauteile-Bibliothek enthalten.)[16] Durch die weite Verbreitung von „Logisim" existieren bereits viele Schaltungen dafür, die aus dem Internet geladen werden können.[17]

---

15 https://github.com/hneemann/Digital/releases (Abruf: 03.10.2023)

16 2016 wurde für „Digital" im Rahmen einer Lehrveranstaltung ein funktionsfähiger 8-Bit-Digitalcomputer konstruiert, vgl. https://www.musikundmedien.hu-berlin.de/de/medienwissenschaft/medientheorien/signallabor/praxisarbeiten/dzialocha/ (Abruf: 03.08.2023) (siehe Abb. 6.27)

17 Eine Sammlung mit TTL-74er-Bausteinen für „Digital" findet sich beispielsweise hier: http://74x.weebly.com/blog/library-of-7400-logic-for-logisim (Abruf: 03.08.2023)

**Abb. 6.27:** 8-Bit-Computer mit Display, Controller und „Snake"-Spiel in „Digital", konstruiert von Andreas Dzialocha

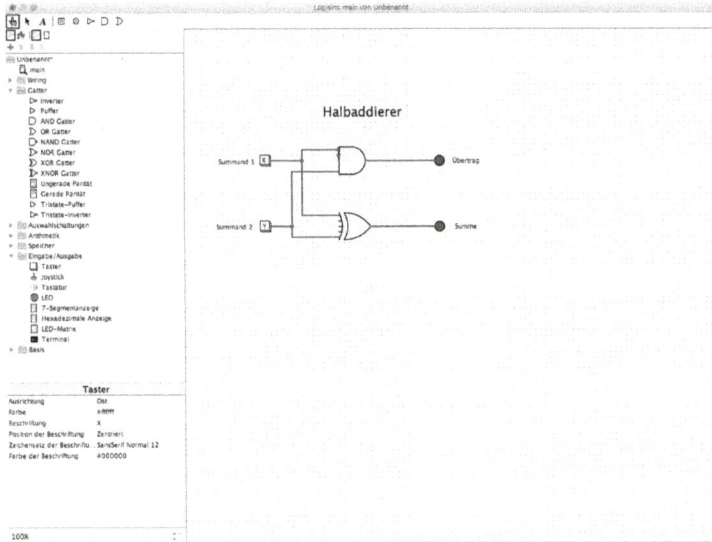

**Abb. 6.28:** Halbaddierer in „Digital"

## 6.4 Basisschaltungen digitaler Medientechnik

In digitalen Medien existiert neben den analogen Bauelementen (Verstärker u. a.) eine Vielzahl digitalelektronischer Schaltungen, die Aufgaben erfüllen, welche Mediennutzern verborgenen bleiben. Hierzu zählen Steuerung von Signalwegen, Auswahlschaltungen, Kodierungen und Dekodierungen, arithmetische Schaltungen (etwa zum Errechnen von Adressen) oder Zähler. Einige dieser Elemente werden im Folgenden vorgestellt; am Ende steht die Beschreibung einer arithmetisch-logischen Einheit (ALU), dem zentralen Rechenwerk jedes Mikroprozessors, das ein Schaltnetz unterschiedlicher Gatter darstellt, die über Daten- und Steuerungsleitungen miteinander verbunden sind.

### Flip-Flop

Das Flip-Flop ist eine aus mindestens zwei Schaltern (Relais, Elektronenröhren, Transistoren, vgl. Kap. II.5.2.1) aufgebaute bistabile Kippstufe. Das bedeutet, dass das Flip-Flop in einem Schaltzustand verharrt, bis es in den anderen umgeschaltet wird (in welchem es dann ebenfalls bis zum erneuten Umschalten verweilt). Diese Schaltpositionen werden als die beiden Schaltzustände 1 und 0 definiert, womit das Flip-Flop den Zustand eines Bits speichern kann.

Die Erfindung des Flip-Flops fand im Jahr 1919 durch die britischen Radio-Ingenieure William Henry Eccles und Frank W. Jordan statt, die mit Rückkopplungen experimentierten.[18] Als Digitalspeicher fand es in den 1940er-Jahren in den ersten elektronischen Computern Anwendung. Es reiht sich damit in die zahlreichen ideellen (Logik, Dyadik, …) und materiellen Komponenten des Digitalcomputers ein, die aus anderen Bereichen der Technik- und Ideengeschichte stammen und verkompliziert damit die Historiografie des Computers (vgl. Dennhardt 2010:13ff.).

Es existieren unterschiedliche Flip-Flops (Abb. 6.29) für unterschiedliche Zwecke: taktunabhängige (RS-Flip-Flops), taktgesteuerte (D- und T-Flip-Flops) oder flankengesteuerte (JK-Flip-Flops). Allen gemeinsam ist, dass sie über eine Rückkopplungsschaltung verfügen, die für eine Autostabilisierung des bestehenden Zustands sorgen. Flip-Flops bilden die Grundelemente zahlreicher Speicherschaltungen, insbesondere der sRAM-Bausteine (vgl. Kap. II.5.2.2).

Die Funktionsweise eines Flip-Flops wird hier am Beispiel des ungetakteten RS-Flip-Flops vorgestellt. Dieses besitzt zwei Eingänge: Set (S) und Reset (R) und zwei Ausgänge, an denen der jeweilige gespeicherte Wert (Q) oder seine Negation (-Q) anliegen. Das RS-Flip-Flop kann sowohl aus (N)AND- als auch aus (N)OR-Gattern realisiert werden (Abb. 6.30).

---

[18] Etwa zeitgleich wurde in der Sowjetunion von Mikhail Alexandrovich Bonch-Bruyevich ein „Cathode Relay" mit gleichem Aufbau und Funktion erfunden (vgl. Povarov 2001:72f.).

**Abb. 6.29:** (v. li. n. re.) zustandsgesteuertes RS-, flankengesteuertes RS-, zweiflankengesteuertes JK-, flankengesteuertes D- und flankengesteuertes T-Flip-Flop

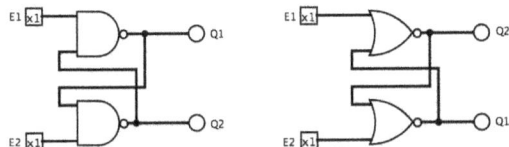

**Abb. 6.30:** RS-Flip-Flop aus NAND- (li.) und aus NOR-Gattern (re.)

| R | S | Q | -Q |
|---|---|---|----|
| H | H | M | -M |
| L | H | H | L |
| H | L | L | H |
| L | L | * | * |

Diese Wahrheitswerttabelle ist wie folgt zu interpretieren: Liegt an beiden Eingängen (R und S) H an, dann behält der Ausgang Q seinen zuvor gespeicherten Wert (und dementsprechend -Q dessen Negation). Liegt nur am Set-Eingang H an, dann liegt am Ausgang Q ein H an (eine 1 ist gespeichert); liegt nur am Reset-Eingang H an, dann liegt am Ausgang Q ein L an (eine 0 ist gespeichert). Der Zustand, dass sowohl am Set- als auch am Reset-Eingang ein L anliegt, ist „verboten", weil dadurch kein definierter Zustand am Ausgang Q erzeugt wird. (Gemäß der Schaltung wären in diesem Fall Q und -Q identisch, was dem *Satz des ausgeschlossenen Widerspruchs* widerspricht.)

Flip-Flops liegen selbstverständlich auch als unterschiedliche TTL-Bausteine vor. Der Baustein 74279 enthält insgesamt vier RS-Flip-Flops (Abb. 6.31).

### Volladdierer und Subtrahierer

Der Halbaddierer wurde bereits im Kap. 6.3.1 vorgestellt. Er bildet aus zwei einstelligen dualen Ziffern eine Summe und einen Übertrag. Mit dem binären Halbaddierer war es erstmals Konrad Zuse (in seinem Computer Z1) gelungen das mechanisch aufwändige Rechnen im Dezimalsystem zu überwinden und mit einfachsten Mitteln – nämlich mit zwei logischen Gattern – die Summe aus zwei Ziffern zu bilden.[19]

---

19 Dass die üblicherweise dezimal vorliegenden Summanden zunächst in Dualzahlen umgewandelt und die daraus gebildete Summe dann wieder ins Dezimalsystem zurückgewandelt werden müssen, wird unter 6.4.5 behandelt.

**Abb. 6.31:** 74279-Baustein und seine Pin-Belegung (Pin-Out)

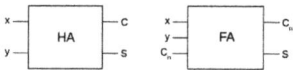

**Abb. 6.32:** Schaltzeichen Halbaddierer (li.) und Volladdierer (re.)

Der Halbaddierer (Abb. 6.32 li.) verrechnet jedoch nur zwei einzelne Dualziffern. Um größere Dualzahlen zu addieren, müssen mindestens zwei Halbaddierer zu einem Volladdierer (Abb. 6.32 re.) in Reihe geschaltet werden. Dabei wird die Summe des ersten Halbaddierers als ein Summand in den Eingang des zweiten Halbaddierers geleitet. Dort wird es mit einem Übertrag (Carry, $C_{in}$) aus einem ggf. vorgeschalteten Volladdierers addiert. Das Carry des ersten Halbaddierers wird mit der Summe des zweiten Halbaddierers über ein OR-Gatter verknüpft, woraus dann das Carry ($C_{out}$) des Volladdierers entsteht (Abb. 6.33). Die Wahrheitswerttabelle des zweistufigen Volladdierers:

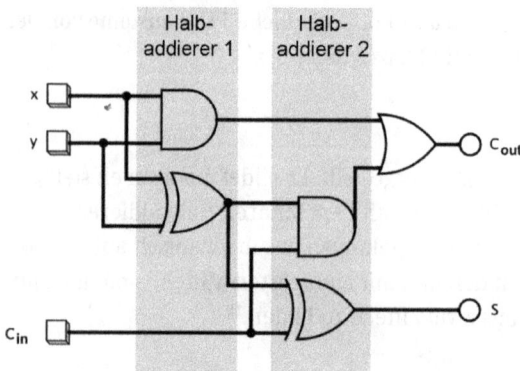

**Abb. 6.33:** Zwei Halbaddierer zu einem Volladdierer verschaltet

| x | y | $C_{in}$ | $C_{out}$ | S |
|---|---|---|---|---|
| 0 | 0 | 0 | 0 | 0 |
| 0 | 0 | 1 | 0 | 1 |
| 0 | 1 | 0 | 0 | 1 |
| 0 | 1 | 1 | 1 | 0 |
| 1 | 0 | 0 | 0 | 1 |
| 1 | 0 | 1 | 1 | 0 |
| 1 | 1 | 0 | 1 | 0 |
| 1 | 1 | 1 | 1 | 1 |

lässt sich in folgende Boole'sche Funktion (in DNF) überführen:

$$S = (\text{-}x \times \text{-}y \times C_{in}) + (\text{-}x \times y \times C_{in}) + (x \times \text{-}y \times \text{-}C_{in})$$
$$+ (\text{-}x \times \text{-}y \times \text{-}C_{in})$$
$$C_{out} = (\text{-}x \times y \times C_{in}) + (x \times \text{-}y \times \text{-} C_{in}) + (\text{-}x \times \text{-}y \times \text{-}C_{in})$$

Vereinfacht lauten die Funktionen für Summe und $C_{out}$:

$$S = x \oplus y \oplus C_{in}$$
$$C_{out} = C_{in} \times (x \oplus y) + (x \times y)[20]$$

Um größere Dualzahlen miteinander zu addieren, wird die benötigte Anzahl an Volladdierern nach verschiedenen Prinzipien in Reihe geschaltet. Die „Breite" des Addierers bestimmt dabei nicht zuletzt die Obergrenze von hardwareseitig addierbaren Zahlen. Ein Beispiel für einen solchen Addierer ist der *Ripple-Carry-Addierer* (Abb. 6.34).

Für die Subtraktion existiert eine modifizierte Addier-Schaltung (Abb. 6.35). In dieser wird der Subtrahend zur späteren Addition in sein Zweierkomplement üüberführt: Das Einerkomplement wird durch Invertierung mit XOR-Gattern gebildet. Das Zweierkomplement wird dann durch Setzen des Carry-in-Bits gebildet. Nachdem alle Binärziffern von $b_n$ in $b'_n$ überführt wurden, wird das Ergebnis in ein Addiernetzwerk eingespeist. Dort findet dann die Subtraktion (als Addition mit dem Zweierkomplement des zweiten Summanden) statt.

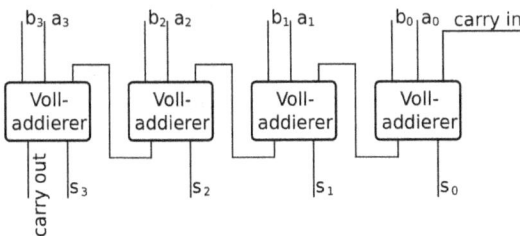

**Abb. 6.34:** Ripple-Carry-Addierer

---

20 Das ⊕-Zeichen wird für XOR verwendet. (Siehe Übersicht Kap. 7.1)

0=Addieren
1=Subtrahieren

carry in

**Abb. 6.35:** Schaltnetz zur Bildung des Zweierkomplements einer 4-Bit-Dualzahl

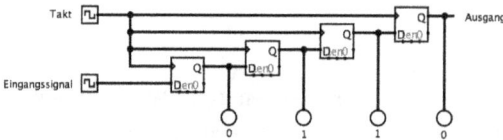

**Abb. 6.36:** 4-Bit-Shift-Register

## Schiebe- und Rotier-Schaltungen

Schiebe- und Rotier-Schaltungen erfüllen vielfältige Zwecke innerhalb digitaler Medien. Sie dienen der Parallelisierung von seriellen und der Serialisierung von parallelen Signalen, werden für Multiplikationen dualer Zahlen (vgl. Kap. 5.3.3) und zur Erzeugung von Pseudozufallszahlen genutzt (siehe unten). Die Schiebe- und Rotierrichtung ist dabei über den Aufbau der Register definierbar.

*Schieberegister* (Abb. 6.36) bestehen aus in *Reihe geschalteten taktgesteuerten Flip-Flops* (zum Beispiel D-Flip-Flops), bei denen auf Basis eines Steuersignals der Bit-Zustand eines Flip-Flops in das benachbarte übertragen wird. Der vorherige Zustand dieses Flip-Flops wird zeitgleich ebenfalls verschoben usw. Am Eingang des Schieberegisters wird eine Zahl (0 oder 1) „eingeschoben"; am Ende wird eine Zahl „hinausgeschoben". Solch ein Register arbeitet also nach dem First-in-first-out-Prinzip (FIFO).

Ein *Rotierregister* (Abb. 6.37) hat denselben Aufbau wie ein Schieberegister mit dem Unterschied, dass die beim Schieben aus dem Register „hinausgeschobene" Ziffer an seinem Eingang „eingeschoben" wird. Aus diesem Grund werden in der TTL-Technik zumeist hardwareseitig rückgekoppelte Schiebe-Register zum Rotieren benutzt. Anwendung finden diese beispielsweise in Lauflichtern und dauerhaft scrollenden LED-Anzeigetafeln. Eine Sonderanwendung von Schiebe-Registern wird zur Erzeugung von Pseudozufallszahlen genutzt. In diesen sogenannten *linear rückgekoppelten Schieberegistern* (linear

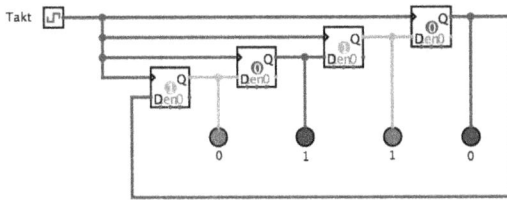

**Abb. 6.37:** 4-Bit-Rotier-Register

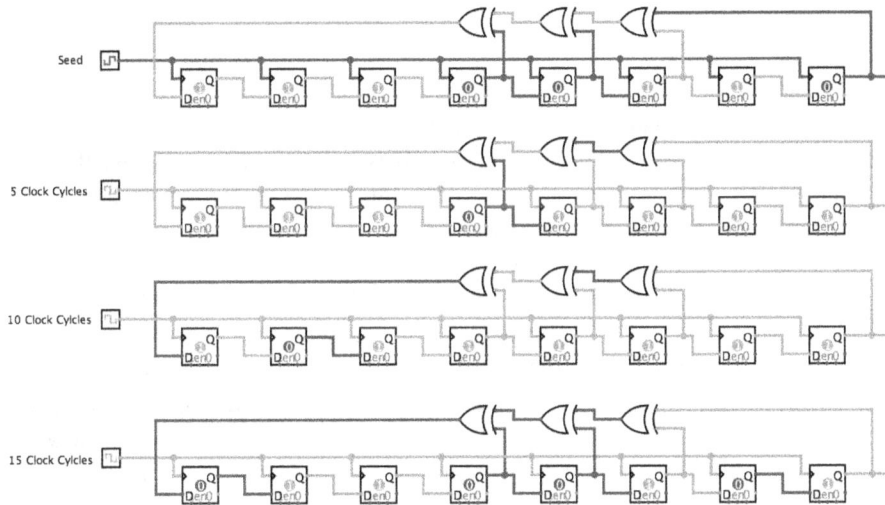

**Abb. 6.38:** Fibonacci-LSFR mit dem Seed 1100110 (oben), nach 5, 10 und 15 Taktzyklen (darunter)

feedback shift register, LSFR – Abb. 6.38) werden an bestimmten Stellen die Ausgabewerte von Flip-Flops mit den Eingangswerten anderer Flip-Flops disjungiert. Auf diese Weise werden zwar streng deterministische Zahlen erzeugt, die jedoch aufgrund ihrer starken Variabilität zufällig erscheinen. Nach endlich vielen Schiebe-Operationen (max. 2n-1, wobei n die Bit-Anzahl der Zahlenfolge ist) wird jedoch wieder die Ausgangszahlenfolge erzeugt und der Prozess wiederholt sich.

LFSR wurden beispielsweise für Rauschgeneratoren in frühen Soundchips benutzt. Ebenso spielen sie in der Nachrichtentechnik in (schwachen) Kryptografie-Verfahren eine Rolle sowie in zyklischen Hamming-Codes (vgl. Kap. II.4.5.4) als speicherplatzsparendes Verfahren zur Fehlerkorrektur eine Rolle. Shift- und Rotate-Operationen können auch softwareseitig auf Speicherzellen-Inhalte angewendet werden. Hierzu dienen spezifische Opcodes (vgl. Kap. 7.3).

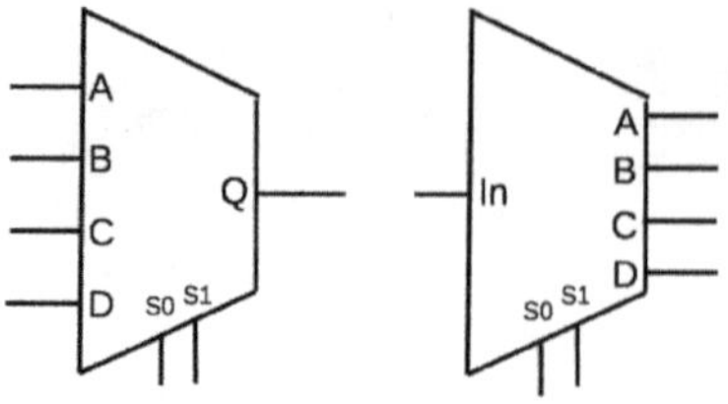

**Abb. 6.39:** Schaltzeichen 4:1-MUX (li.) und 1:4 DEMUX (re.)

## Auswahlschaltungen

*Multiplexer* (MUX – Abb. 6.39 li.) und *Demultiplexer* (DEMUX – Abb. 6.39 re.) sind Auswahl-schaltungen. Aus Signalen, die seriell oder parallel vorliegen, wird eines ausgewählt und weitergeleitet. Die Auswahl erfolgt zumeist taktgesteuert. Wird dieser Auswahlprozess automatisiert fortgesetzt, so lassen sich mit Multiplexern parallel vorliegende Signale serialisieren und mit Demultiplexern serielle Signale parallelisieren. Beide Schaltnetze stellen daher wichtige Funktionen für Bus-Systeme in Computern zur Verfügung.

Eine auf vier Datenbus-Leitungen parallel vorliegende Zahl wie $1001_2$ kann von einem Multiplexer in vier Takten in die vier seriell aufeinander folgenden Dualziffern 1, 0, 0 und 1 „aufgetrennt" werden. Hierzu ist folgende Schaltung zu verwenden: An den Eingängen D0, D1, D2 und D3 liegen die Pegel H, L, L und H an. Zwei Eingänge S0 und S1 stellen (permutiert) vier unterschiedliche Steuersignale zur Verfügung, mit denen der jeweilige Eingang auf den Ausgang A geleitet wird. Sie werden taktgesteuert weitergeschaltet.

Bei der Wahrheitswerttabelle wird durch die Steuersignal-Kombination angegeben, welcher Eingang auf den Ausgang leitet:

| S0 | S1 | A |
|----|----|-----|
| 0 | 0 | D0 |
| 0 | 1 | D1 |
| 1 | 0 | D2 |
| 1 | 1 | D3 |

Die Schaltung hierfür zeigt Abb. 6.40.

Multiplexer lassen sich kaskadieren: Um einen 8:1-Multiplexer zu erhalten, kann man die Ausgänge zweier 4:1-Multiplexer in den Eingang eines 2:1-Multiplexer einspeisen. (Ebenso lassen sich hierfür vier 2:1-Multiplexer in zwei 2:1-Multiplexer und die wiederum in einen 2:1-Multiplexer einspeisen.)

Ein Demultiplexer übernimmt genau die gegenteilige Aufgabe: Er wählt aus einem seriellen Signalstrom ein Signal aus und leitet es auf eine bestimmte Leitung eines parallelen Anschlusses. Werden die Steuerleitungen wiederum getaktet inkrementiert, so wandelt der Demultiplexer den seriellen Signalstrom in eine parallele Signalreihe um. Demultiplexer werden nicht nur zur Wandlung paralleler Datenströme für serielle

**Abb. 6.40:** 4:1-Multiplexer serialisiert die Zahl $1001_2$

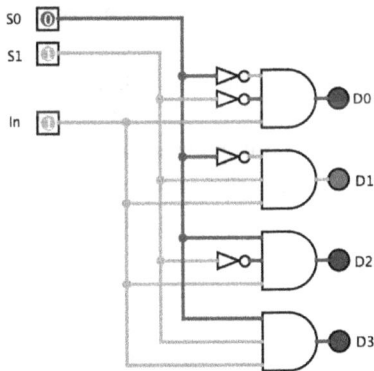

**Abb. 6.41:** 1:4-Demultiplexer leitet eine am Eingang anliegende 1 auf Leitung D1 um

Schnittstellen genutzt, sondern auch im Adresskodierer innerhalb einer CPU, um (n Bit große) zahlenförmige Adresswerte auf einen (n Leitungen breiten) parallelen Adressbus umzuleiten. Die Schaltung eines 1:4-Demultiplexers ist in Abb. 6.41 aufgefrührt.

## Zähler

Digitale Zähler zählen eingehende Impulse mit Hilfe hintereinander geschalteter flankengesteuerter Flip-Flops (z. B. D-Typ – Abb. 6.45). Der Zählimpuls wird dann in das erste Flip-Flop der Reihe, das das niedrigste Bit repräsentiert, eingespeist. Dieses schaltet seinen Zustand um: War es auf 0, dann wird sein Zustand auf 1 „erhöht", war es auf 1, dann wird sein Zustand auf 0 „zurückgeschaltet" und eine 1 als Übertrag an das Flip-Flop, welches das nächsthöhere Bit repräsentiert, als Eingangsimpuls weitergeleitet. Auf diese Weise lassen sich Zählwerke beliebiger Größe realisieren. Vertauscht man die Ausgänge Q und Q', so erhält man einen Rückwärtszähler.

Ein typischer Zählerbaustein ist der 74193, der 4 Bit synchron zum angelegten Takt zählt. Er besitzt neben jeweils vier Datenein- und -ausgängen, zwei Kontrolleingänge, die ihn in den Zustand eines Inkrementers oder Dekrementers versetzen. Über die Datenein-

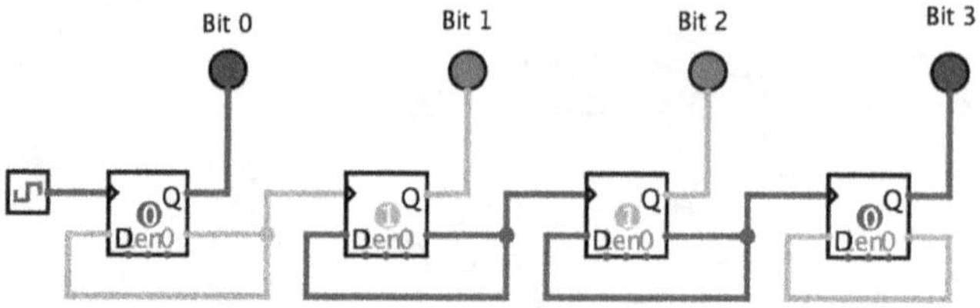

**Abb. 6.42:** 4-Bit-(Vorwärts-)Zähler aus vier D-Flip-Flops

gänge lässt sich ein Startwert übergeben und über eine Resetleitung das Zählwerk auf 0000 zurücksetzen. Zwei weitere Leitungen (Carry Out und Borrow Out) ermöglichen es, den Baustein mit weiteren Zählern zu kaskadieren, um so Zählwerke zu konstruieren, die 8, 12, 16 usw. Bits zählen.

Zähler werden für vielfältige Aufgaben eingesetzt: als Inkrementer und Dekrementer in ALUs oder als Timer mit auslesbaren Zeitschritten. Werden sie nicht taktgesteuert, spricht man von asynchronen Zählwerken. Diese können durch individuelle Signale weitergeschaltet werden. Zähler können ebenso in Software nachgebildet werden – auf der Ebene der Maschinensprache durch Aufruf von Befehlen wie INC oder DEC (siehe Kap. 7).

### Kodierer

In Medientechniken kommen unterschiedliche digitale Codes zum Einsatz. Diese dienen zum Beispiel dazu, Datenformate für bestimmte Verwendungen anzupassen (etwa, um einer 8-stelligen Dualzahl ein Zeichen in einem alphanumerischen Zeichensatz zuzuordnen), um komplexe Schaltmatrizen, wie sie in sRAM, Tastaturen oder Bildschirmspeichern vorliegen, auf die Größe des Datenbusses anzupassen, oder um Daten zu komprimieren (vgl. Kap. II.4.6). Die populärsten und wichtigsten Kodier-Schaltungen stellen sicherlich die Dual-Dezimal-Konverter dar. Ihre erste potentielle Implementierung wurde von Leibniz in dessen „Machina Arithmeticae Dyadicae"[21] vorgenommen (Abb. 6.43).
Im Folgenden soll ein historisch sehr bedeutsamer Kodierer vorgestellt werden, dessen Aufgabe bereits oben (Kap. 5.6) vorgestellt wurde: Der BCD-Kodierer, der reguläre Dualzahlen in binär kodierte Dualzahlen umwandelt. BCD-Schaltnetze waren insbesondere in der Rechentechnik bis in die 1970er-Jahre populär, weil mit ihnen kleine Taschen- und Tischrechner ausgestattet wurden.

---

21 http://dokumente.leibnizcentral.de/index.php?id=94 (Abruf: 07.07.2017)

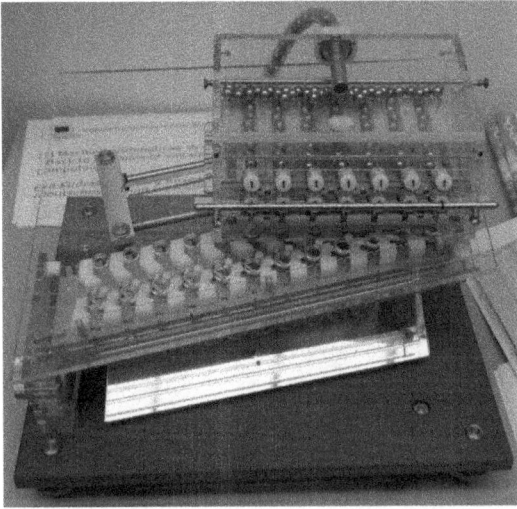

**Abb. 6.43:** Nachbau der Machina Arithmeticae Dyadicae (aus dem Deutschen Technikmuseum in Berlin)

**Abb. 6.44:** Prinzip-Diagramm zur Dual-BCD-Konvertierung

Eine 8 Bit große Dualzahl kann als BCD-Zahl maximal 12 Bit groß werden, weil die größte dezimale 8-Bit-Zahl $255_{10}$ drei Stellen besitzt (Abb. 6.44). Der Kodierer übernimmt nun

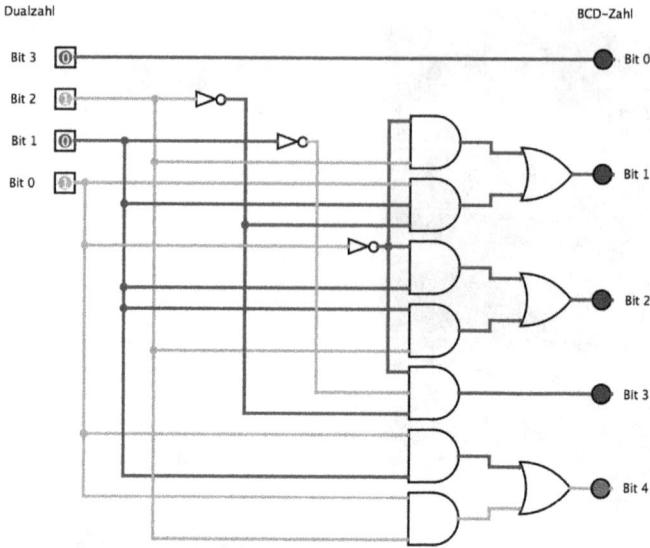

**Abb. 6.45:** 4-Bit-BCD-Konverter in Logisim

die Aufgabe, die bestimmten Stellen der Dualzahl miteinander zu addieren, wenn andere Stellen bereits 1 sind. Am Beispiel einer 4 Bit großen Dualzahl, die in eine (maximal) 5 Bit große BCD-Zahl konvertiert wird, soll dies gezeigt werden (Abb. 6.45).

Für die Dual-BCD-Konvertierung stehen TTL-Bausteine zur Verfügung: 74185 kodiert eine 6 Bit große Dualzahl in BCD; 74184 dekodiert eine 8 Bit große BCD-Zahl in eine 6-Bit-Dualzahl. Auch hier lassen sich die Bausteine parallel anordnen, um größere Dual- und BCD-Zahlen zu konvertieren. Die Ausgaben bilden dann die jeweils nächsthöheren Stellen der konvertierten Zahl.

### Arithmetisch-logische Einheit

Im Zentrum jedes Mikroprozessors befindet sich die arithmetisch-logische Einheit (ALU). Sie ist das zentrale Rechenwerk des Computers und stellt dessen logische und arithmetische Grundfunktionen zur Verfügung. Wie viele andere Architekturelemente des Digitalcomputers wurde auch die ALU von John von Neumann in dessen „First Draft of a Report on the EDVAC" (von Neumann 1945:22–25) erstmals vorgestellt.

Die ALU besitzt zwei Eingänge für Daten in der Größe des jeweiligen Systems sowie einen ebenso großen Ausgang. Zudem wird ihr über eine Steuerleitung mitgeteilt, welche Funktion sie auf die eingegebenen Daten anwenden soll. Je nach Funktion wird von der ALU ein Statusbit auf 1 gesetzt und an ein Statusregister ausgegeben. Ihr Schaltzeichen ist dem V ähnlich (Abb. 6.46).

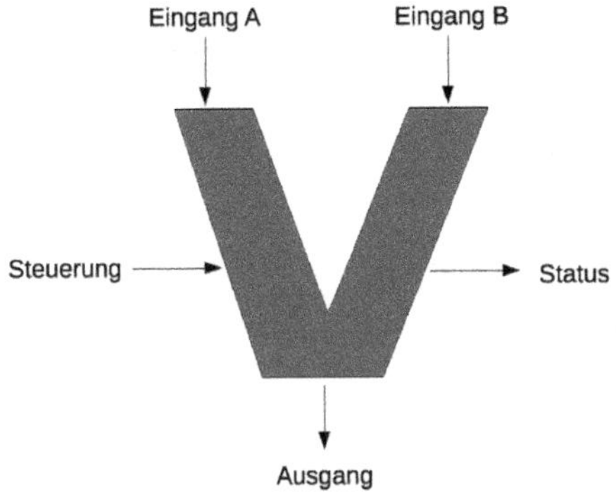

**Abb. 6.46:** Schema einer Arithmetisch-Logischen Einheit

In der ALU vereinen sich alle arithmetischen und logischen Operationen, die ein Computer benötigt, um seine (Rechen)Funktionen zu erfüllen. Damit stellt die ALU ein komplexes Schaltnetz in einem Computer dar. Um ihre Funktionen nachvollziehbar zu gestalten, beziehen sich die folgenden Ausführungen auf die 4-Bit-ALU 74181, die im Frühjahr 1970 von *Texas Instruments* als erste ALU in einem IC veröffentlicht wurde und die Funktion von 75 TTL-Bausteinen auf einem Chip in einem Gehäuse mit 14 Pins integrierte (Abb. 6.48). Sie fand Einsatz in Minicomputersystemen der frühen 1970er-Jahre und dient noch heute als Anschauungsobjekt für Lehrzwecke[22] sowie als Baustein für kleine TTL-Rechner.[23] Die aus dem Datenblatt des IC übernommene Tabelle (Abb. 6.47) führt die Funktion der ALU vor Augen.

Die Steuerleitung ist 4 Bit breit (S1-S4), womit im Prinzip 16 mögliche Funktionen aufrufbar sind. Allerdings gibt es noch ein Modus-Bit (M), mit dem der Prozessor vom arithmetischen in den logischen Modus und zurück geschaltet werden kann. Dies ist nicht nur für Zahlen mit Vorzeichen notwendig, sondern verdoppelt die 16 Funktionen auf 32: 16 logische und 16 arithmetische Operationen. Der 74181 lässt sich überdies mit weiteren ALUs kaskadieren, um Operationen mit größerer Bit-Breite zu ermöglichen. Hierzu dienen die P- und G-Ausgänge, die Signale an weitere Bausteine weiterleiten.

Der 74181-Baustein ist noch so „einfach" aufgebaut, dass seine Darstellung als Schaltnetz möglich ist. Ebenfalls in der Dokumentation von *Texas Instruments* findet sich deshalb ein komplettes Logik-Diagramm der ALU (Abb. 6.49). Mit ein wenig Geduld kann

---

22  Auf der Webseite http://www.righto.com/2017/01/die-photos-and-reverse-engineering.html (Abruf: 07.07.2017) hat jemand die 74181 geöffnet, um ihre logischen Gatter auf der Chip-Oberfläche zu identifizieren.

23  Auf der Webseite http://apollo181.wixsite.com/apollo181 (Abruf: 07.07.2017) findet sich eine Selbstbau-4-Bit-CPU, die auf dem 74181-Schaltkreis aufgebaut ist, sowie zahlreiche technische und historische Informationen zu dieser ALU.

| SELECTION | | | | ACTIVE-LOW DATA | | |
|---|---|---|---|---|---|---|
| | | | | M = H | M = L; ARITHMETIC OPERATIONS | |
| S3 | S2 | S1 | S0 | LOGIC FUNCTIONS | Cn = L (no carry) | Cn = H (with carry) |
| L | L | L | L | F = $\overline{A}$ | F = A MINUS 1 | F = A |
| L | L | L | H | F = $\overline{AB}$ | F = AB MINUS 1 | F = AB |
| L | L | H | L | F = $\overline{A}$ + B | F = $A\overline{B}$ MINUS 1 | F = $A\overline{B}$ |
| L | L | H | H | F = 1 | F = MINUS 1 (2's COMP) | F = ZERO |
| L | H | L | L | F = $\overline{A + B}$ | F = A PLUS (A + $\overline{B}$) | F = A PLUS (A + $\overline{B}$) PLUS 1 |
| L | H | L | H | F = $\overline{B}$ | F = AB PLUS (A + $\overline{B}$) | F = AB PLUS (A + $\overline{B}$) PLUS 1 |
| L | H | H | L | F = A ⊕ B | F = A MINUS B MINUS 1 | F = A MINUS B |
| L | H | H | H | F = A + $\overline{B}$ | F = A + $\overline{B}$ | F = (A + $\overline{B}$) PLUS 1 |
| H | L | L | L | F = $\overline{A}B$ | F = A PLUS (A + B) | F = A PLUS (A + B) PLUS 1 |
| H | L | L | H | F = A ⊕ B | F = A PLUS B | F = A PLUS B PLUS 1 |
| H | L | H | L | F = B | F = $A\overline{B}$ PLUS (A + B) | F = $A\overline{B}$ PLUS (A + B) PLUS 1 |
| H | L | H | H | F = A + B | F = (A + B) | F = (A + B) PLUS 1 |
| H | H | L | L | F = 0 | F = A PLUS A‡ | F = A PLUS A PLUS 1 |
| H | H | L | H | F = $A\overline{B}$ | F = AB PLUS A | F = AB PLUS A PLUS 1 |
| H | H | H | L | F = AB | F = $A\overline{B}$ PLUS A | F = $A\overline{B}$ PLUS A PLUS 1 |
| H | H | H | H | F = A | F = A | F = A PLUS 1 |

‡Each bit is shifted to the next more significant position.

**Abb. 6.47:** Tabelle mit 74181-Funktionen

man die ALU als Simulation in einem Programm wie Logisim nachbauen und mithilfe der oben abgebildeten Tabelle ihre Funktionalitäten testen.

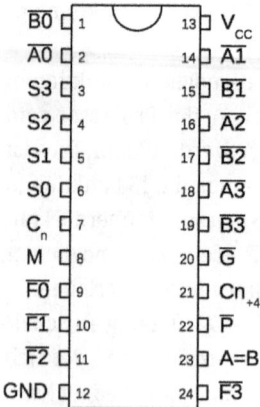

**Abb. 6.48:** Der 74181-IC-Pinout: $\overline{A0}$-$\overline{A3}$=Dateneingang A, $\overline{B0}$-$\overline{B3}$=Dateneingang B, S0-S3=Steuerleitung, M=Modusauswahl, $C_n$=Carry In, $\overline{F0}$-$\overline{F3}$=Datenausgang, A=B=Komparator-Ausgang, $\overline{G}$=Carry Generate Output, $\overline{P}$=Carry Propagate Output, $C_{n+4}$=Carry Out

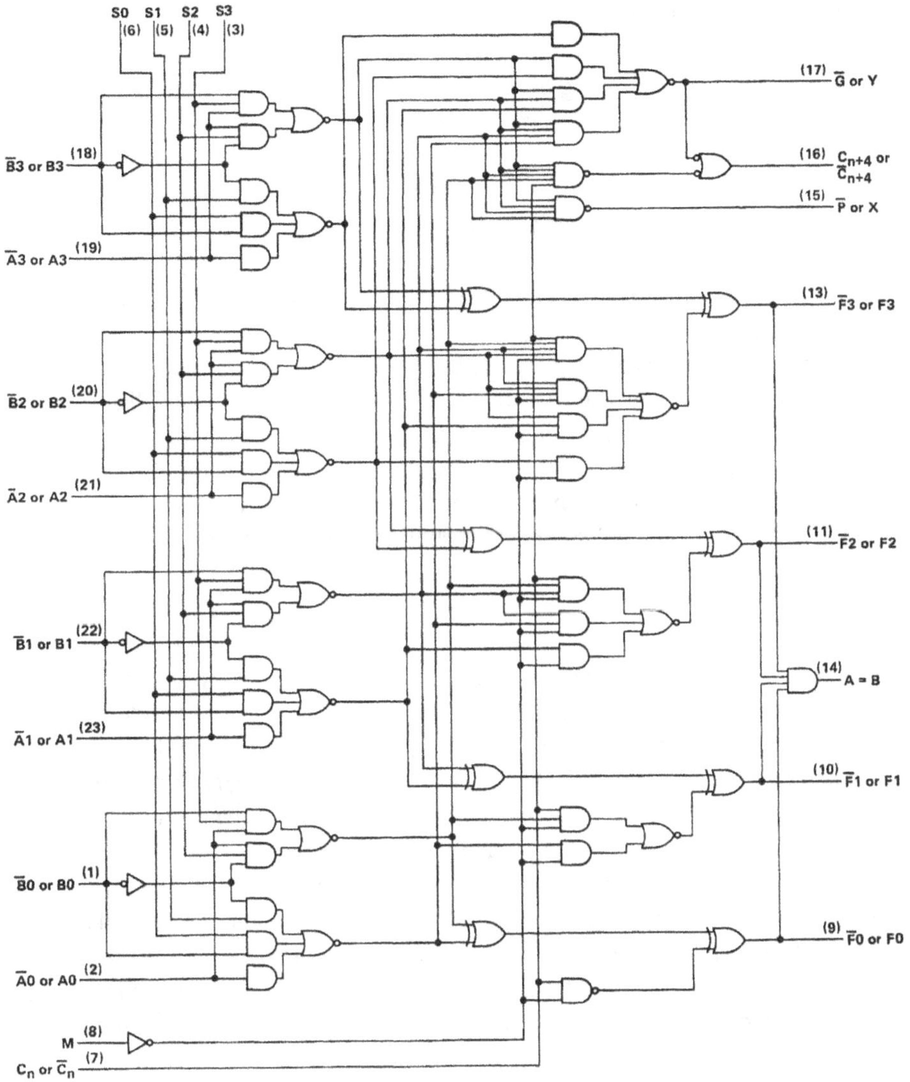

S0  S1  S2  S3
(6) (5) (4) (3)

(18)
$\overline{B}3$ or B3

(19)
$\overline{A}3$ or A3

(20)
$\overline{B}2$ or B2

(21)
$\overline{A}2$ or A2

(22)
$\overline{B}1$ or B1

(23)
$\overline{A}1$ or A1

(1)
$\overline{B}0$ or B0

(2)
$\overline{A}0$ or A0

(8)
M

(7)
$C_n$ or $\overline{C}_n$

(17)
$\overline{G}$ or Y

(16)
$C_{n+4}$ or $\overline{C}_{n+4}$

(15)
$\overline{P}$ or X

(13)
$\overline{F}3$ or F3

(11)
$\overline{F}2$ or F2

(14)
A = B

(10)
$\overline{F}1$ or F1

(9)
$\overline{F}0$ or F0

**Abb. 6.49:** Logik-Diagramm des 74181. Die Zahlen in Klammern sind die Pin-Nummern des ICs. (Quelle: Texas Instruments 1988)

## 6.5 Der Logik-Analysator

Mit der sukzessiven Beschleunigung der Taktraten von Digitalcomputern entstand ein neues Problem in Hinblick auf ihre Konstruktion, Wartung und Reparatur: Die Funktionen solcher Systeme laufen in extrem kurzen Zeitspannen ab. Die dabei entstehenden Signale auf Korrektheit zu prüfen, wurde damit eine Herausforderung an die Messtechnik. Dies gilt sowohl in Hinblick auf ihre Geschwindigkeit als auch ihre Komplexität: Eine Analyse von digitalen Prozessen erfordert den Blick auf unterschiedliche Signale, die zur selben Zeit generiert werden, um deren Zusammenhänge visuell (im Sinne der oben vorgestellten Impulsdiagramme) ergründen zu können. Mithilfe von Oszilloskopen, die oft nur zwei Eingänge besitzen und deren Anzeigen schlecht für die Darstellung diskreter Spannungsverläufe geeignet sind, wurde dies immer schwieriger, zumal die wenigsten Oszilloskope über eine Speichermöglichkeit verfügen, ohne die die Signalauswertung stark eingeschränkt ist. Der 1973 von *Hewlett Packard* veröffentlichte HP 5000A schuf zumindest für diese Probleme Abhilfe, wenngleich er auch auf zwei Eingänge beschränkt war und die Signalqualitäten über eine Leuchtdiodenreihe anzeigte.

Der HP 5000A gehört zu den sogenannten Logik-Analysatoren. Diese messen lediglich, ob ein Pegel L oder H ist und zeigen dies an. Die Anzeigen variieren bei unterschiedlichen Logik-Analysatoren in Art und Komplexität: Die einfachste Form eines dedizierten Logik-Analysators sind Stifte, die über eine metallische Messspitze und eine eigene Stromversorgung verfügen (Abb. 6.50 li.). Wird diese Spitze an einen Kontakt angelegt, leuchtet eine im Stift befindliche Leuchtdiode auf, wenn das Signal H ist. Etwas kompliziertere Varianten erlauben es noch unterschiedliche Messspannungen einstellen (TTL, CMOS) und können über drei verschiedenen Leuchtdioden anzeigen, ob ein Pin H, L oder auf (den dritten Zustand) „hochohmig" geschaltet ist.

Vielfach ist es jedoch wichtig, nicht nur den Pegel eines Signals zu kennen, sondern einerseits seine zeitliche Veränderung und andererseits seinen Zusammenhang mit weiteren Signalpegeln. Zu diesem Zweck existieren Logik-Analysatoren, die über einen Zeitverlauf (zum Beispiel eine Anzahl von Takten) Signalflanken messen und speichern. Dabei werden die Flanken unterschiedlicher Kontakte untereinander angeordnet, sodass zweidimensionale Diagramme entstehen. Aufgrund der extrem hohen Taktraten von digitalen Systemen (bei nur einem Kilohertz werden bis zu 1000 mal pro Sekunde die Spannungsflanken verändert), ist es schwierig bis unmöglich einen bestimmten Zeitausschnitt manuell zu messen. Hierzu lassen sich Trigger-Signale[24] definieren, die den Aufnahmeprozess des Logik-Analysators starten und wieder beenden. Ein wichtiger Faktor ist – wie beim Messen kontinuierlicher Signale mit dem Oszilloskop – die maximale Abtastfrequenz des Logik-Analysators. Diese muss natürlich höher als die Taktrate der zu messenden Signale sein. Für einen erfolgreichen Messprozess synchronisiert der Logik-Analysator seine Abtastfrequenz mit der des zu messenden Systems.

---

24 Das kann zum Beispiel der Aufruf einer Adresse sein, deren Bit-Muster man am Adressbus misst.

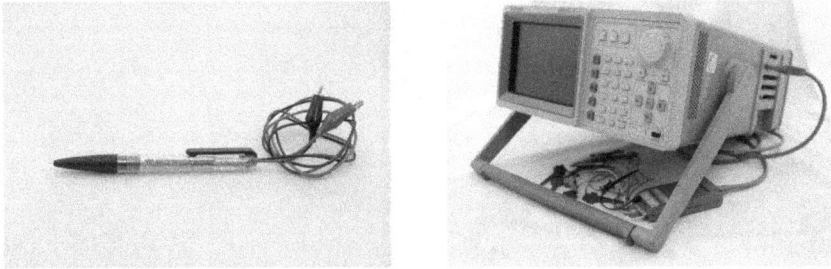

**Abb. 6.50:** Logikanalysator als Stift (li.) und dediziertes Gerät (re.)

Logik-Analysatoren (Abb. 6.50 re., vgl. Band 4, Kap. II.2.3.1) existieren als dedizierte Messgeräte. Diese haben zahlreiche Mess-Sonden (Probes), die an die Pins von digitalen Bauelemente angeklemmt werden können. Die gemessenen Daten können dann sowohl auf einem Bildschirm ausgegeben als auch auf handelsüblichen Speichermedien gesichert werden. Einige moderne Logik-Analysatoren bieten zudem die Möglichkeit aus den gemessenen Signalen Assemblercode zu disassemblieren. (Programmdaten, die aus dem Speicher in die CPU geladen werden, liegen auch als binäre Informationen vor, die symbolische Operationen darstellen.) Heute werden zumeist Software-Logik-Analysatoren auf Computern eingesetzt, bei denen die Mess-Sonden (Probes) an einem PC, Laptop oder einem Tablet angeschlossen werden. Mixed-Signals-Analysatoren erlauben es zudem diskrete und kontinuierliche Signale gleichzeitig zu messen, um Geräte zu analysieren, bei denen beide Signalformen aufeinander bezogen sind (Abb. 6.51).

**Abb. 6.51:** Logik-Analysator an einem 8-Bit-Homecomputer der 1980er-Jahre

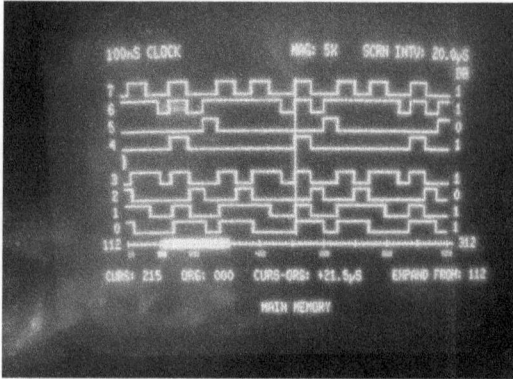

**Abb. 6.52:** Logik-Analyse mit einem Logik-Analysator (Foto: Bernd Ulmann)

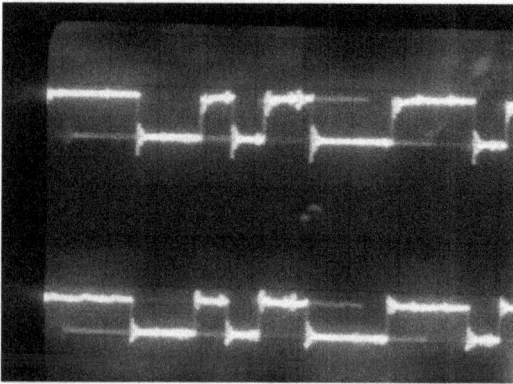

**Abb. 6.53:** Logik-Analyse mit einem Oszilloskop (Foto: Bernd Ulmann)

Kontinuierliche Signale misst man mit einem Oszilloskop (vgl. Band 4, Kap. II.2.3.1). Dieses kann auch als Logik-Analysator verwendet werden; die dann gemessenen Spannungsflanken stellen lediglich Signale mit festen Spannungsamplituden (z. B. 0 Volt und 5 Volt bei TTL-Schaltungen) dar. Während ein Logik-Analysator allerdings sehr „saubere" Darstellungen liefert, bei denen die diskreten Spannungsgrößen immer dieselbe Amplitude besitzen und auch zeitlich scharf voneinander abgegrenzt sind (sichtbar an den vertikal dargestellten Flanken – Abb. 6.53), zeigen zur Logik-Analyse verwendete Oszilloskope, wie „unsauber" das gemessene Signal eigentlich ist (Abb. 6.52). Solche Messergebnisse führen vor Augen, dass digitale Technologien ihrerseits im elektrophysikalischem Sinne immer Analogtechnik sind und eigentlich immer nur durch Konvention völlig diskrete Signale verarbeiten. Die Unschärfe der Signale muss durch unterschiedliche Technologien (Filter, Verstärker, . . . ) kompensiert werden. Dies geschieht sowohl im Logik-Analysator als auch im digitalen Gerät selbst.

# 7 Logik in Maschinensprache

In der Mikroelektronik von Digitalcomputern erreicht die implementierte Logik ihre höchste Komplexitätsstufe. Logische Schaltungen finden sich hier in zahlreichen Bausteinen – zumeist als integrierte Schaltungen: Treiber, Speicher, Kodierer und nicht zuletzt in der Zentraleinheit (CPU). Die CPU stellt das „Herz" des Mikrocomputers dar; in ihr werden die Programmbefehle (Opcodes) abgearbeitet, die Daten berechnet und die Ansteuerung der Peripherie vorbereitet. CPUs werden seit 1971 auf einem IC-Baustein integriert.[1] Dabei werden alle elektronischen Bauteile bzw. deren Funktionen in Halbleiter-Elektronik dargestellt und zusammen mit den Transistoren auf der Chip-Oberfläche verbaut.

Der Integrationsgrad (Anzahl und Dichte von Transistoren eines Chips) von CPUs gilt als ein Maß für ihre „Modernität". Das „Moore'sche Gesetz" besagt, dass sich die Integrationsdichte bei gleichbleibender Chipfläche und Preis regelmäßig (etwa 18-monatlich) verdoppelt. Welche Fortschritte hier stattgefunden haben, lässt sich an einer Gegenüberstellung zweier Mikroprozessoren zeigen: 1971 enthielt *Intels* 4-Bit CPU 4004 auf 12 mm$^2$ Chipfläche insgesamt 2300 Transistoren. Das entspricht 192 Transistoren/mm$^2$. 2016 befanden sich auf der 64-Bit-CPU Xeon E7-8890 v4 desselben Herstellers in den zehn CPU-Kernen insgesamt 7,2 Mrd. Transistoren auf 456 mm$^2$ Chipfläche. Das entspricht 15.789.473 Transistoren/mm$^2$. Während die 4004-CPU bei Einführung 200 US-Dollar kostete (das entspricht 8,6 Cent pro Transistor), kostete der Xeon-Prozessor 7174 US-Dollar (was einem Preis von ca. 0,00000001 Cent pro Transistor entspricht).

## 7.1 Die 6502-CPU

Im Folgenden wird die 8-Bit-CPU 6502 betrachtet, die 1975 von *MOS Technology Inc.* veröffentlicht wurde.[2] Sie besitzt drei 8 Bit große interne Speicher (*Register*), einen internen, 8 Bit breiten *Datenbus* und verfügt über einen 8 Bit großen *Befehlsvorrat* mit jeweils 1 Byte großen Maschinenbefehlen (*Opcodes*). Der Befehlsvorrat der 6502 ist stark *orthogonal* angelegt; das bedeutet, dass sich für fast alle Befehle alle *Adressierungsarten*[3] und alle Register nutzen lassen.

Die 6502 und ihre Varianten sind in sehr vielen Computern verbaut worden, unter anderem im Apple I und Apple II, im Commodore 64, im BBC Micro, im Atari VCS und den Computern Atari 400/800/XL/XE sowie in der Spielkonsole Nintendo NES. Aufgrund ihrer leichten Programmierbarkeit ist sie ebenfalls oft in Lernsysteme integriert worden.

---

1 Zuvor – in Mainframe- und Minicomputern – waren die CPU-Funktionen auf mehrere Bausteine und Baugruppen verteilt. Zur Entwicklungsgeschichte der CPU vgl. Malone (1996).
2 Eine ausführliche Darstellung des 6502-Assemblers findet sich in Band 2, Kap. II.2
3 Die Adressierungsart beschreibt, auf welchen Speicher die CPU auf welche Weise zugreifen kann. Eine große Vielfalt an Adressierungsarten erlaubt kompaktere Programme (vgl. Band 2, Kap. II.2.2.7).

https://doi.org/10.1515/9783111036540-008

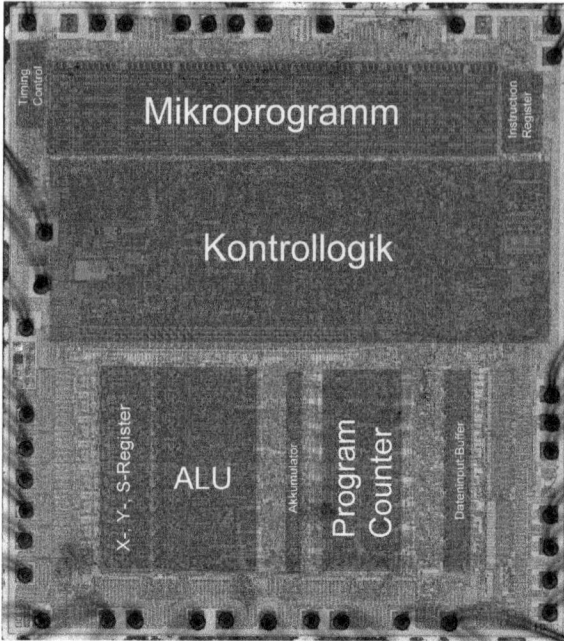

**Abb. 7.1:** 6502-Chipoberfläche

Sie besitzt eine stabile historische Kontinuität und wird in der CMOS-Variante 65C02 auch heute noch hergestellt.[4] Der Prozessor wurde mehrfachen Revisionen unterzogen, die teilweise seine Bauweise (z.B. CMOS: 65C02, max. 4 MHz) oder seine Spezifikationen (6510 [DMA, I/O-Port], 6507 [nur 13 Adressleitungen], …) betreffen. Die aktuelle Revision W65C02S6TPG-14 stammt aus dem Jahr 2012, verfügt über zusätzliche Opcodes und kann mit max. 14 MHz getaktet werden.

Die NMOS-Variante der 6502-CPU integriert ca. 5000 Transistoren auf einer Chipfläche von 3,9×4,3 mm (16,77 mm$^2$) und kann mit max. 1 MHz getaktet werden. Die Strukturen dieses Mikroprozessors sind im Vergleich zu aktuellen CPUs so „weiträumig", dass sie sich sogar noch diskret aufbauen lässt.[5]

Neben den logischen Funktionen der ALU (die hier 8 Bit große Daten verarbeiten kann) und den sRAM-Speichern (den drei internen Registern) zeigt sich als auffälligste Struktur das Mikroprogramm: Hier werden sämtliche Opcodes des Prozessors fest in einer

---

4 Das in Band 4 dieser Lehrbuchreihe vorgestellte Selbstbau-System basiert auf der W65C02, die über mehr Opcodes und Adressierungsarten verfügt und voll abwärtskompatibel zur ursprünglichen 6502-CPU ist. Auf diesem System können die hier vorgestellten Programme daher ebenfalls getestet werden.
5 Die ist im Jahre 2016 von Eric Schlaepfer vorgenommen worden: http://monster6502.com/ (Abruf: 27.07.2023)

Dioden-Matrix angelegt. Der Aufruf eines Opcodes aktiviert die jeweils dafür benötigten Mikrocodes (Abb. 7.1).

Die Wahl der 6502 für diese Lehrbuchreihe basiert auf verschiedenen Gründen: Der Prozessor besitzt eine hohe kulturelle Relevanz (die bis zu Zitaten im Fernsehen und Kino reicht) und verfügt deshalb auf breit gestreute und vielfältige Informationen: Von Online-Emulationen über Diskussionsforen zur Programmierung, Hardware und dem Reverse Engineering bis hin zu Do-it-Yourself-Projekten reichen die heutigen Beschäftigungen mit der 6502. Selbst in der akademischen Forschung wird der Prozessor als Beispiel (etwa für vergleichende Fragen zur Komplexität von Gehirn und Computern, vgl. Jonas/Kording 2017) herangezogen. Ein wesentlicher didaktischer Vorteil ist sein einfacher Aufbau und seine leichte Programmierbarkeit.[6]

## 7.2 Die Maschinensprache der 6502-CPU

Die Programmierung in Maschinensprache unterscheidet sich insofern von der in Hochsprachen, als dass sich ihr Programmierparadigma nicht an den Anforderungen und Denkweisen des Menschen ausrichtet, sondern sich rein an denen der Hardware orientiert. Es „zwingt" beim Programmieren also, sich in die Funktionalität des Computers hineinzuversetzen, weshalb es für medienwissenschaftliche Untersuchungen besonders interessant ist, auf dieser Ebene programmieren zu können. Hinzu kommt, dass man mit keiner anderen (höheren) Programmiersprache die Möglichkeit hat, die Hardware eines Computers direkt anzusprechen.

*Die eigentliche Sprache der CPU besteht aus Signalen*, die über die Boole'sche Algebra als 0en und 1en notiert werden können. Programmieren in Maschinensprache bedeutet daher, dem Computer Ketten von Dualziffern zu übergeben, die dieser in Spannungsflanken übersetzt.[7] Assemblersprachen boten bereits in den 1940er-Jahren die Möglichkeit, solche „unmenschlichen" Informationen als leichter verständliche und merkbare Kurzbefehle (*Mnemonics*) anzugeben. Diese werden von Assemblierer[8]-Programmen dann in Maschinensprache übersetzt und in den Speicher geschrieben. Die folgenden Ausführungen zur Programmierung der 6502 werden in dieser Mnemonic-Schreibweise angegeben.

---

6 In Band 2 der Lehrbuchreihe wird systematisch in die Programmierung des 6502 eingeführt.

7 Viele Computer, die bis Ende der 1970er-Jahre genutzt wurden, wurden über binäre Schalter programmiert, womit Opcodes und Daten „protosymbolisch" direkt an die Maschine übergeben werden mussten. Die Arbeit, das Programmkonzept in ein Assembler-Listing und dieses in Opcodes und dann schließlich in Dualzahlen zu übersetzen, lag beim Programmierer selbst (vgl. Abb 6.3).

8 In der Literatur findet sich für Assemblierer, also Programme, die mnemonischen Code in Maschinensprache übersetzen, zeitweilig auch die Bezeichnung „Assembler". Um hier zwischen der Sprache Assembler und dessen Übersetzungsprogramm zu unterscheiden, wird für letztere der Begriff „Assemblierer" verwendet, der zudem in der DIN 44300/4 als terminus technicus festgelegt wurde.

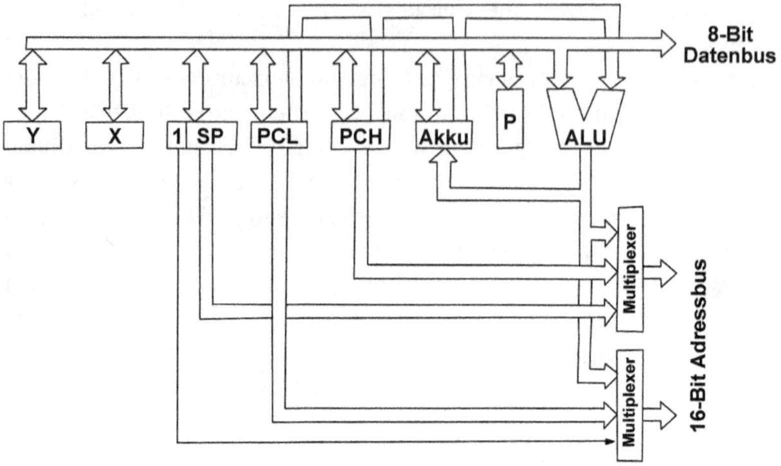

**Abb. 7.2:** Struktur-Diagramm der 6502-CPU (Quelle: Zaks 1986:47): Y=Indexregister Y, X=Indexregister X, SP=Stackpointer, PCL=Program Counter Lowbyte, PCH=Program Counter Highbyte, Akku=Akkumulator, P=Statusregister, ALU= Arithmetisch-logische Einheit

Bei der Programmierung ist es hilfreich, sich die „Orte und Wege" innerhalb der CPU vor Augen zu halten. Hierzu kann ein Struktur-Diagramm dienen (Abb. 7.2).

Die Programmierung der 6502 setzt folgende Kenntnisse voraus:

1. des *grundsätzlichen Aufbaus der CPU* (vor allem ihrer Register, Busse und der ALU),
2. der verwendbaren *Zahlensysteme* (hexadezimal, dezimal und dual),
3. der *Opcodes* (also die von der CPU ausführbaren Befehle) und ihrer Syntax,
4. *der Speicherarchitektur* der Hardware (welche Speicherbereiche welche Funktionen besitzen),
5. der *Adressierungsarten* (auf welche Weise mit welchen Opcodes auf CPU-interne und -externe Speicher zugegriffen werden kann),
6. der Funktion und Beeinflussung des *Statusregisters*.

Für die fortgeschrittene Programmierung ist es zusätzlich sinnvoll, weitere Kenntnisse zu besitzen:

1. die Zusammenhänge zwischen der Größe der Programmanweisungen und ihren „verbrauchten" Taktzyklen,
2. der Befehlsausführungszyklus der CPU,
3. die im Computer befindlichen Ein- und Ausgabebausteine und ihre Nutzung.

Diese Kenntnisse werden in zahlreichen historischen Programmierhandbüchern, teilweise sogar für kindliche und jugendliche Programmierer (vgl. Sanders 1984) didaktisch gut aufbereitet vermittelt. Als Referenzwerk zum Selbstlernen wird an dieser Stelle das

Buch „Programmierung des 6502" (Zaks 1986) empfohlen. Dies sei für die folgenden Ausführungen als Handbuch zu verwenden; einige der Programme werden teilweise daraus zitiert.

## 7.3 Logische Opcodes

Die logischen Funktionen der ALU lassen sich mittels Opcodes aufrufen und für eigene Programme nutzen. Die 6502 hat hierfür sechs Funktionen integriert, die unten als Mnemonics dargestellt sind. Bei der Assemblierung werden diese in verschiedene Opcodes übersetzt – je nachdem, auf welches Register sie sich beziehen und welche Adressierungsart verwendet wird:

| Mnemonic | Funktion | Anmerkungen |
|---|---|---|
| ORA [ADR], ORA n | Adjungiert den Inhalt des Akkumulators bitweise mit dem der Adresse [ADR] oder einem konkreten Wert n und legt das Ergebnis wieder im Akkumulator ab. | Bei 0 als Ergebnis wird das Z-Flag gesetzt. |
| AND [ADR], AND n | Konjugiert den Inhalt des Akkumulators bitweise mit dem der Adresse [ADR] oder einem konkreten Wert n und legt das Ergebnis wieder im Akkumulator ab. | Bei 0 als Ergebnis wird das Z-Flag gesetzt. |
| EOR [ADR], EOR n | Disjungiert den Inhalt des Akkumulators bitweise mit dem der Adresse [ADR] oder einem konkreten Wert n und legt das Ergebnis wieder im Akkumulator ab. | Bei 0 als Ergebnis wird das Z-Flag gesetzt. |
| CMP, CPX, CPY, [ADR], n | Vergleicht den Inhalt des Akkumulators, des X- oder Y-Registers mit dem Inhalt der Adresse [ADR] oder dem konkreten Wert n. Dieser Vergleich stellt eine logische Äquivalenzprüfung dar. | Der Inhalt des jeweiligen Registers bleibt dabei erhalten. Lediglich die Statusbits N, Z oder C werden affiziert: Aus ihnen kann nicht nur abgelesen werden, ob der Vergleich wahr (N=0, Z=1, C=1) gewesen ist, sondern auch, ob bei Falschheit der Inhalt des Registers größer (N=0, Z=0, C=1) oder kleiner (N=1, Z=0, C=0) gewesen als der Vergleichswert gewesen ist. |

Mithilfe logischer Opcodes werden zumeist Bedingungen für Sprünge geprüft. Bei der Konstruktion einer Schleife wird beispielsweise der CMP-Befehl benutzt, um das Schleifenende abzufragen:

### ⚡ Experiment: Schleife

```
; Programm Schleife
*=$400              ; Startadresse des Programms
   LDX #$FF         ; Register X mit Schleifenzaehler FF laden
LOOP:               ; Beginn der Zaehlschleife
   DEX              ; Schleifenzaehler um 1 verringern
   CPX #$0          ; Pruefen, ob Inhalt von Register X=0
   BNE LOOP         ; Falls nicht: Ruecksprung zu LOOP
JMP $E094           ; Ende
```

Diese kleine Schleife zählt rückwärts von $255_{10}$ bis 0. Bei jedem Schleifen-Durchlauf wird der zuvor mit $255_{10}$ geladene Inhalt des Registers X um 1 verringert. CPX #$0 prüft dann, ob dieser schon bei 0 angelangt ist. Mit dem Sprungkommando BNE wird auf Basis der Ungleichheit (BNE = Branch if Not Equal) von X und 0 zurück zum Label LOOP gesprungen. Sobald der Vergleich nicht mehr Ungleichheit ergibt, wird die nächste Programmzeile ausgeführt: JMP $E094 beendet das Programm.

Der CMP-Befehl kann überdies auch für komplexere bedingte Sprünge genutzt werden. Wenn zwei Zahlen in ihrem Betrag miteinander verglichen werden, können drei Ergebnisse auftreten: Gleichheit, „größer als" oder „kleiner als":

### Experiment: Größenvergleich

```
; Programm Groessenvergleich
*=$400               ; Startadresse des Programms
START:
   LDA $FE           ; Lade den Inhalt der Adresse FE in den Akkumulator
   CMP $03           ; Vergleiche den Inhalt des Akkumulators mit Adresse 03
   BEQ START         ; Springe zurueck zu START, wenn A = $03
   BCS GROSS         ; Springe zu GROSS, wenn A > $03
   BMI KLEIN         ; Springe zu KLEIN, wenn A < $03
KLEIN:
   STA $C000         ; Schreibe Akkumulator in Adresse C000
   JMP START         ; Springe zurueck zu START
GROSS:
   STA $C001         ; Schreibe Akkumulator in Adresse C001
   JMP START         ; Springe zurueck zu START
```

Das Programm nutzt die arithmetischen Funktionen (eine „Test-Subtraktion")des CMP-Befehls, indem es verschiedene Programmteile anspringt, je nachdem, ob der Inhalt der Adresse $FE_{16}$ gleich groß, kleiner oder größer als der Inhalt von Adresse $03_{16}$ ist. Für die

Prüfung der Statusbits (Flags) C, Z und N stehen unterschiedliche Branch-Befehle zur Verfügung: BEQ – Branch if Equal, BCS – Branch if Carry is Set und BMI – Branch if Minus (vgl. Zaks 1986:101ff.).

## 7.4 Arithmetische Opcodes

Wie im Vorangegangenen gezeigt wurde, basieren alle arithmetischen Funktionen, die eine Mikroprozessor-ALU ausführt, auf logischen Grundschaltungen. Daher sollen die Opcodes, die arithmetische Funktionen ausführen, hier ebenfalls kurz vorgestellt werden:

| Mnemonic | Funktion | Anmerkungen |
|---|---|---|
| ADC n, ADC [ADR] | Addiert eine Konstante n oder den Inhalt einer Adresse [ADR] zum Akkumulator. Dabei wird auch der Inhalt des Carry mitaddiert. | Ein Additionsbefehl ohne Carry existiert nicht. Daher muss der Carry vor der Addition manuell mit CLC gelöscht werden, soll er nicht berücksichtigt werden. |
| SBC n, SBC [ADR] | Subtrahiert eine Konstante n oder den Inhalt einer Adresse [ADR] vom Akkumulator. Dabei wird auch der Inhalt des Carry mitsubtrahiert. | Auch hier muss der Carry (der hier als Borrow fungiert) gegebenenfalls vorher manuell mit CLC gelöscht werden. |
| DEC [ADR] | Vermindert den Inhalt einer Speicherzelle im RAM um 1. | Es gibt keinen Opcode, der den Akkumulator dekrementiert. |
| DEX | Vermindert den Inhalt des X-Registers um 1. | X=X-1 |
| DEY | Vermindert den Inhalt des Y-Registers um 1. | Y=Y-1 |
| INC | Inkrementiert den Inhalt einer Speicherzelle im RAM um 1. | [ADR]=[ADR]+1 |
| INX | Erhöht den Inhalt des X-Registers um 1. | X=X+1 |
| INY | Erhöht den Inhalt des Y-Registers um 1. | Y=Y+1 |

Die Dekrementier-Befehle werden häufig für endliche Schleifen benutzt, um den Schleifenzähler zu vermindern und als Schleifen-Abbruchbedingung die Identität mit 0 zu prüfen. Das Inkrementieren und Dekrementieren im Speicher (DEC, INC) dauert aufgrund der RAM-Zugriffe länger, als die ähnlichen Operationen mit dem X- und Y-Register.

## 7.5 Bitoperationen, Schiebe- und Rotier-Operationen

Von den oben vorgestellten Schiebe- und Rotier-Operationen machen die nachfolgenden Opcodes Gebrauch. Dabei ist zu beachten, dass alle Schiebe- und Rotier-Operationen unter Berücksichtigung des Carry-Bits geschehen: Im Carry werden die Bits registriert, die herausgeschoben oder -rotiert wurden und verändern dies. Weiterhin ist wichtig, dass Schieben und Rotieren nach links ausschließlich logisch erfolgt (das heißt, dass das Bit 7 als „normales" Bit verwendet wird), wohingegen die Operationen nach rechts ausschließlich arithmetisch ausgeführt werden. (Das bedeutet, dass das Bit 7 hier als Vorzeichen-Indikator dient. Dies kann das N-Flag beeinflussen.)

| Mnemonic | Funktion | Anmerkungen |
|---|---|---|
| ASL [ADR], ASL | Arithmetisches Schieben (wird eine 1 in Bit 7 geschoben, verändert dies das N-Flag) | Ohne Operator bezieht sich der Opcode auf den Inhalt des Akkumulators, mit Operator auf eine RAM-Adresse. |
| ROL [ADR], ROL | Arithmetisches Rotieren (wird eine 1 in Bit 7 geschoben, verändert dies das N-Flag) | Siehe oben. |
| LSR | Logisches Schieben (verändert das N-Flag nicht) | Siehe oben. |
| ROR | Arithmetisches Rotieren (wird eine 1 in Bit 7 geschoben, verändert dies das N-Flag) | Siehe oben. |

Eine Anwendung dieser Opcodes wird in den Beispielprogrammen (Kap. 7) vorgestellt.

## 7.6 Maskierungsoperationen mit Logik-Opcodes

Einen wichtigen Einsatz für die logischen Opcodes (Kap. 7.2) stellen Maskierungsaufgaben dar. Hierunter versteht man Beeinflussungen von Speicherinhalten auf Bit-Ebene. Weil die 6502-CPU keine Opcodes zum Lesen/Testen oder Manipulieren einzelner Bits besitzt, stellen die Logik-Opcodes die einzige Möglichkeit dar, Operationen „unterhalb" der Byte-Größe durchzuführen. Sie werden im Folgenden detailliert dargestellt.

Mit den logischen Junktoren AND, OR, XOR und NOT lassen sich einzelne Bits in einem Byte manipulieren und maskieren. Diese Operationen werden sehr häufig verwendet, um Speicherplatz zu sparen (oft benötigt man für „Variablen" nur die Boole'schen Werte 0 und 1, für deren Speicherung kein ganzes Byte „verschwendet" werden muss).

### 7.6.1 Bits maskieren

Durch Konjunktion mit dem Opcode AND lassen sich einzelne Bits eines Bytes gezielt auf 0 setzen. Dazu muss das zu löschende Bit mit 0 konjugiert werden, während die zu erhaltenden Bits (ganz gleich, welchen Zustand sie haben) mit 1 konjugiert werden:

```
        10101001
AND     00001111 (Maske)
    =   00001001
```

Wie man sieht, werden durch Konjugieren mit 0 die Bits 4-7 maskiert (zu 0). Im 6502-Assembler muss diese Operation mit Dezimal- oder Hexadezimalzahlen[9] durchgeführt werden:

**Experiment: Bit-Maskierung**

```
; Programm Bitmaskierung 1
*=$400              ; Startadresse des Programms
   LDA $FE          ; Lade den Inhalt der Adresse FE
                    ; in den Akkumulator
   AND #$0C         ; Maskiere den Inhalt des Akkumulators
                    ; mit 00001100
   STA $FE          ; Speichere den (maskierten) Inhalt des
                    ; Akkumulators zurueck in FE
   JMP $E094        ; Ende
```

Stand in der Adresse $FE_{16}$ vor Beginn des Programms beispielsweise der Wert $9A_{16}$ ($10011010_2$), so ist dieser nach Beendigung des Programms $08_{16}$ ($00001000_2$).

## 7.6.2 Einzelne Bits setzen

Zum Setzen einzelner Bits eines Bytes auf den Wert 1 kann man die Adjunktion mit dem Befehl ORA ( „Verodern" mit dem Inhalt des Akkumulators) nutzen. Wird ein Bit mit 1 adjungiert, so hat es danach (unabhängig von seinem vorherigen Zustand) den Zustand 1; mit 0 adjungiert behält es seinen vorherigen Wert:

```
        01010110
ORA     10110001
    =   11110111
```

Im Beispiel wurden die Bits 0, 4, 5 und 7 mit 1 adjungiert und damit auf 1 gesetzt. Im Fall von Bit 4 hat sich der Zustand nicht geändert. Weil man zumeist nicht weiß, welchen Zustand ein bestimmtes Bit im Programmverlauf besitzt, kann man mit der Adjunktion auch „vorsichtshalber" solche Bits manipulieren, die den gewünschten Zustand bereits hatten. Im 6502-Maschinencode gibt es für diese Funktion den ORA-Befehl, der sich – wie das Mnemonic bereits andeutet – auf den Inhalt des Akkumulators bezieht:

---

9 Zur Umrechnung ins Hexadezimal-System kann z.B. der Online-Rechner unter http://manderc.com/concepts/umrechner/index.php (Abruf: 07.07.2017) genutzt werden.

---

**ℹ Experiment: einzelne Bits setzen**

```
; Programm Bitmaskierung 2
*=$400            ; Startadresse des Programms
   LDA #$A7       ; Maske 10100111 in den Akkumulator laden
   ORA $0303      ; Akkumulator mit dem Inhalt
                  ; von Adresse 0303 adjungieren
   STA $0303      ; Ergebnis wieder in 0303 speichern
   JMP $E094      ; Ende
```

---

Befand sich in Adresse $0303_{16}$ anfangs beispielsweise der Wert $3A_{16}$ ($00111010_2$), so ist nach Ende des Programms dort ein $BF_{16}$ ($10111111_2$) gespeichert. (Dies lässt sich überprüfen, indem Sie im Monitorprogramm o 0303 eingeben.)

### 7.6.3 Vergleich und Komplementierung einzelner Bits

Zum Vergleich und zur Komplementierung einzelner Bits kann die Disjunktion mit EOR verwendet werden.

**Bits vergleichen**

Um die Bits zweier Bytes miteinander zu vergleichen, wird mit einer Bitmaske disjungiert. Überall dort, wo im Ergebnis eine 0 steht, war der Vergleich erfolgreich (nach der Boole'schen Operation: $1\oplus1=0$ sowie $0\oplus0=0$):

```
      10101010
EOR   10101010
  =   00000000 = alle identisch
```

Ergibt der Vergleich Identität (also das Ergebnis 0), so wird das Z-Flag auf 1 gesetzt. Bei unterschiedlichen Inhalten ergibt sich ein anderes Ergebnis:

```
      10101011
EOR   10101010
  =   00000001
```

Hier erbringt der Vergleich, dass sich die beiden Bytes im Bit 0 unterscheiden. Dies zeigt sich darin, dass das Z-Flag nicht gesetzt ist (also den Wert 0 hat). Die Vergleichsfunktionen lassen sich auch über die Compare-Opcodes (CMP, CPX, CPY) erreichen. Ein EOR-Vergleich ist dann sinnvoll, wenn von Interesse ist, ob sich zwei Bytes in einem bestimmten Bit voneinander unterscheiden (was mit einer nachfolgenden Maskierungsoperation durch AND getestet werden kann).

**Bits komplementieren**

Das Disjungieren zweier Bytes mit den Bit-Werten 1 hat eine Komplementierung der betreffenden Bits zur Folge ($0 \oplus 1 = 1$, $1 \oplus 1 = 0$):

```
      10101111
EOR   11110000
  =   01011111
```

Mit EOR 1 verknüpft, wird ein Bit komplementiert; mit EOR 0 behält es seinen Zustand. Die Negation (Löschung) eines kompletten Bytes erreicht man daher auch mit EOR $FF_{16}$ ($11111111_2$).

# 7.7 Beispielprogramm

Der Einsatz arithmetischer und logischer Opcodes soll im Folgenden an einer Multiplikationsroutine vorgeführt werden. In der Dualzahlen-Arithmetik (Kap. 5.3.3) wurde bereits gezeigt, wie eine Multiplikation zweier Zahlen manuell durchgeführt wird. Dies soll nun für die Multiplikation zweier Bytes kurz wiederholt werden:

```
  1  1  0  1  0  1  1  0  ×  1  1  1  0  1  0  0  1   =  214₁₀ × 233₁₀
     1  1  0  1  0  1  1  0
+       1  1  0  1  0  1  1  0
+          1  1  0  1  0  1  1  0
+             0  0  0  0  0  0  0  0
+                1  1  0  1  0  1  1  0
+                   0  0  0  0  0  0  0  0
+                      0  0  0  0  0  0  0  0
+                         1  1  0  1  0  1  1  0
=  1  1  0  0  0  0  1  0  1  0  0  0  1  1  0       =  49862₁₀
```

Der Algorithmus der Multiplikation lässt sich in vier Schritten beschreiben:
1. Bilden eines Teilproduktes aus dem Multiplikator und einem Bit des Multiplikanden
2. Verschieben des Teilproduktes um eine Stelle nach rechts
3. Addieren des rechtsverschobenen Teilproduktes zum Endprodukt
4. Wiederholen von 1–3 für alle 8 Bit des Multiplikanden

In Assembler lässt sich eine Multiplikation also als Schleife realisieren, deren Länge die Bitanzahl des Multiplikanden ist und innerhalb derer zwei Additionen und eine Schiebeoperation durchgeführt werden. Die dazu benötigten Parameter sind: der Ergebnisspeicher (RESAD), der Multiplikator (MPR), der Multiplikand (MPD) und das aktuell zu multiplizierende Bit des MPR (LSB – Least Significant Bit, niedrigstwertiges Bit). Das Flussdiagramm für die Multiplikation zweier 8-Bit-Zahlen[10] zeigt Abb. 7.3.

Die Multiplikationsroutine in 6502-Assembler dazu sieht wie folgt aus:

**Experiment: Multiplikation zweier 8-Bit-Zahlen**

```
; Programm Multiplikation
*=$400              ; Startadresse des Programms
    LDA #214        ; Multiplikator (MPR) ...
    STA $303        ; ... in den Speicher laden
    LDA #233        ; Multiplikand (MPD) ...
    STA $304        ; ... in den Speicher laden
    LDA #0          ; Akkumulator loeschen
    STA $300        ; Zwischenspeicher loeschen
    STA $301        ; Byte 1 von RESAD loeschen
    STA $402        ; Byte 2 von RESAD loeschen
    LDX #8          ; Schleifenzaehler X (Anzahl der MPR-Bits)
MULT:
    LSR $303        ; MPR nach rechts verschieben
    BCC NOADD       ; Wenn Carry-Bit=0 Sprung zu NOADD
    LDA $301        ; Lade A mit niederwertigem RESAD
    CLC             ; Addition ohne Carry-Bit vorbereiten
    ADC $304        ; Addiere MPD zu RESAD
    STA $301        ; Resultat zwischenspeichern
    LDA $302        ; Addition des ...
    ADC $300        ; ... Restanteils zum ...
    STA $302        ; ... geschobenen MPD.
NOADD:
    ASL $304        ; Linksschieben des MPD
    ROL $300        ; MPD-Bit zwischenspeichern
    DEX             ; Schleifenzaehler dekrementieren ...
    BNE MULT        ; ... solange Schleifenzaehler nicht 0
JMP $E094           ; Ende
```

Die im obigen Programm genutzten Adressen haben folgenden Bedeutung:

---

10 Der Entwurf orientiert sich an Zaks' Algorithmus (1986:67–78). Die detaillierte Diskussion kann deshalb (aus Platzgründen) dort nachvollzogen werden.

| Adresse | Variable bei Zaks | Bedeutung |
|---------|-------------------|-----------|
| $400 | - | Hier beginnt das Programm. Es nimmt 57 Byte Speicherplatz ein. |
| $300 | TMP | Speicher zur Aufnahme von Zwischenergebnissen |
| $301 | RESAD | Resultat-Adresse (untere 8 Bit) |
| $302 | RESAD+1 | Resultat-Adresse (obere 8 Bit) |
| $303 | MPRAD | Multiplikator-Adresse |
| $304 | MPDAD | Multiplikand-Adresse |
| $E094 | - | Rücksprung in das Betriebssystem |

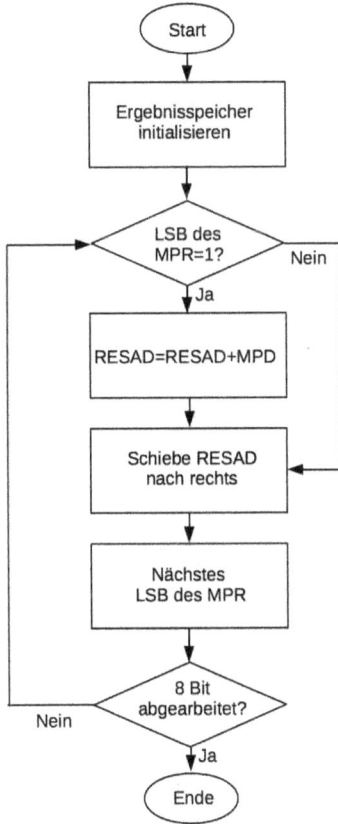

**Abb. 7.3:** Flussdiagramm des Multiplikationsprogramms

# 8  Ausblick

## 8.1  Logik und Programmierung

In höheren Programmiersprachen wird es wieder möglich Aussagenlogik (im Sinne der klassischen modernen Logik) zu nutzen – den Computer also quasi als „logische Maschine" (im Sinne des Kap. 2.2) einzusetzen. Dies nutzt auf der Maschinensprache-Ebene allerdings ebenso die bitweisen Operationen der Boole'schen Algebra. An drei kleinen Routinen in der Programmiersprache C soll dies gezeigt werden.

### 8.1.1  Aussagenlogik

C stellt Junktoren für die Konjunktion (&&), Adjunktion (||) und Negation (!) zur Verfügung, die zum Beispiel für Bedingungsprüfungen genutzt werden können:

```
if (a != b)
   printf("a ist ungleich b.");
```

Die Ausgabe erfolgt bei Ungleichheit von a und b.

```
if ( (a == b) && (b < 3) )
   printf("a ist identisch mit b UND b ist kleiner als 3.");
```

Nur, wenn beide Teilaussagen (Identität von a und b und b kleiner 3) wahr sind, erfolgt die Ausgabe.

```
if ( (a == b) || (b < 3) )
    printf("a ist identisch mit b ODER b ist kleiner als 3");
```

Die Adjunktion ergibt auch Wahrheit, wenn beide Fälle wahr (aber nicht, wenn beide falsch) sind.

### 8.1.2  Prädikatenlogik

Assembler und C gehören zur Klasse der imperativen Programmiersprachen: Mit ihnen wird der Computer in Form von Befehlsketten (Anweisungen) programmiert. Diese Form der Programmierung kommt der internen Verarbeitung von Daten und Anweisungen sehr nah – deshalb zählt Assembler zu den maschinennahen und C zu den Middlerange-Sprachen. So genannte höhere Programmiersprachen nutzen oft andere

https://doi.org/10.1515/9783111036540-009

Programmierkalküle und -paradigmen. Anfang der 1970er-Jahre ist mit der Programmiersprache Prolog (frz.: Programmation en Logique) versucht worden, das Programmieren nach logischen Kalkülen nutzbar zu machen und dem Computer zu erklären, wie ein Problem gelöst wird, weshalb Prolog nach dem deklarativem Paradigma programmiert wird.

Mit Prolog werden Computer in Form von Prädikatenlogik programmiert. Hierzu werden einer Relation verschiedene Objekte zugeordnet. Ein Beispiel hierfür könnte folgendermaßen aussehen:

```
% Bundeslaender und Hauptstaedte

hauptstadt(bayern,muenchen).
hauptstadt(niedersachsen,hannover).
hauptstadt(hessen,wiesbaden).
hauptstadt(saarland,saarbruecken).
```

Die Relation trägt den Namen „hauptstadt", deren Objekte die Ausdrücke innerhalb der Klammern sind. Die hier angelegte Datenbank verknüpft Bundesländer mit ihren Hauptstädten. An diese Datenbank lassen sich nun Fragen richten, wie zum Beispiel:

```
?- hauptstadt(hessen,wiesbaden)
```

Was der Prolog-Interpreter mit der Ausgabe

```
Yes
```

quittieren würde. Die Anfrage

```
?- hauptstadt(bayern,hannover)
```

würde hingegen mit

```
No
```

beantwortet, ebenso wie die Anfrage

```
?- hauptstadt(thueringen,erfurt)
```

jedoch nicht, weil dies tatsächlich falsch ist, sondern, weil in der Datenbank keine Informationen über die Hauptstadt von Thüringen vorliegen. Die Datenbank beschreibt also so etwas wie „die Welt"; je nach Komplexität der Subjekt-Prädikat-Struktur können unterschiedliche Fragen an sie gerichtet werden und diese mit logischen Junktoren, Variablen und Regeln erweitert werden.

Prolog ist bis heute die wichtigste der logischen Programmiersprachen geblieben. Insbesondere für die Entwicklung von Systemen mit symbolischer künstlicher Intelligenz (KI) eignet sich die logische Programmierung. Eine aktuelle Einführung in das Programmierparadigma sowie die Sprache Prolog bietet Fuchs (2013).

## 8.2 Implementierte dreiwertige Logik

Wie bereits eingangs erwähnt, repräsentiert die zweiwertige Aussagenlogik die Wirklichkeit nur bedingt angemessen. Der Wahrheitsgehalt vieler Aussagen ist nicht eindeutig festlegbar, sei es, weil sie sich auf die Zukunft beziehen („Nächsten Sonntag wird es regnen.") oder überhaupt unentscheidbar sind („Gott existiert."). Solche Aussagen verlangen eine mehrwertige Logik, die neben „wahr" und „falsch" noch Wahrheitswerte wie „unbekannt", „gleichgültig" usw. zulässt. Solche dreiwertigen Logiken[1] besitzen allerdings nicht bloß philosophische Relevanz, sie werden auch in technischen Systemen wichtig.

### 8.2.1 Tri-State-Logik

Es wurde bereits angedeutet, dass neben den rein logischen Schaltgattern in Computern noch weitere elektronische Schaltungen wichtig sind, die zum Beispiel bestimmte Busse, die von mehreren Teilsystemen genutzt werden, aktivieren oder deaktivieren, indem sie deren Leitungen auf den Zustand „hochohmig" schalten, um so elektrische Kurzschlüsse zu verhindern. Hierfür werden *Tri-State-Buffer* verwendet, die auf Basis eines dritten „Wahrheitswertes" eine Leitung sperren. Zu den Zuständen H (Datensignal 1) und L (Datensignal 0) am Datenausgang tritt nun der dritte Zustand Y, der anzeigt, dass kein Signal übertragen wird.

| E | S | A |
|---|---|---|
| H | H | H |
| L | H | L |
| - | L | Y |

Das Eingangssignal E wird zum Ausgang durchgeschaltet, wenn das Schaltsignal S auf H steht. In dem Moment, wo S auf L steht, wird der Ausgang hochohmig (Y) geschaltet. Diese Wahrheitswerttabelle beschreibt die Schaltung eines Tri-State-Buffers.

### 8.2.2 Ternärcomputer

Ende der 1950er-Jahre wurde in der damaligen Sowjetunion der experimentelle Computer „Setun" entwickelt, der auf der *balancierten dreiwertigen Logik* basiert.[2] In den

---

1 Dreiwertige Logik wurde 1920 von Jan Łukasiewicz eingeführt, der den dritten Zustand („weder wahr noch falsch") im Sinne der Boole'sche Algebra als 0,5 (zwischen 0 und 1) situiert hat (vgl. Łukasiewicz 1970:87f.).

2 Logik mit drei Aussagen erzeugt ein Stellenwertsystem zur Basis 3 (mit den Zuständen 000, 001, 002, 010, 011, 012, 020, 021, 022 usw.) Balanciert nennt man diese Logik, wenn die Zustände, wie bei einer Waage, um ein Gleichgewicht herum (-1, 0 und +1) angeordnet sind.

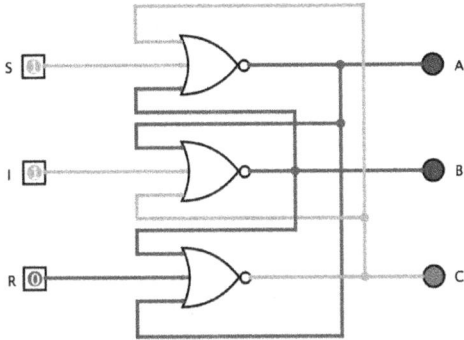

**Abb. 8.1:** Flip-Flap-Flop aus drei binären NOR-Gattern mit drei Eingängen S (Set), I und R (Reset) und drei Ausgängen A, B und C. (Vgl. Stakhov 2009:537)

1960er-Jahren wurde mit „Setun-70" ein größeres System auf dreiwertiger Logik implementiert. Eine Motivation könnte in den begrenzten Ressourcen, die dort zu dieser Zeit zur Verfügung standen, gelegen haben. Die Verwendung dreiwertiger Logik ermöglichte es nämlich einen Computer wesentlich kompakter zu bauen, als es zu dieser Zeit bei anderen Rechnern üblich war. Schaltnetze wie Addierer benötigen weniger Gatter und die Darstellung von Fest- und Fließkommazahlen ist speichereffizienter. Zudem kommt die Programmierung eines solchen Rechners den menschlichen Denkgewohnheiten näher (vgl. Hunger 2007; Brusentsov/Alvarez 2011).

Die implementierte Ternär-Logik operiert mit den Zuständen -1, 0 und 1 – „Trit" (in Anlehnung an „Bit") genannt. Trits werden dann auch nicht mehr in Flip-Flops, sondern in Flip-Flap-Flops, also Speichern für drei Zustände, gespeichert (Abb. 8.1). Logische Gatter, die mit drei Eingangs- und Ausgangswerten operieren, werden in Anlehnung an ihre binären Varianten TOR (ternary OR), TAND (ternary AND), TNAND (ternary NAND) usw. genannt (vgl. Dhande/Ingole/Ghiye 2014).

Ternäre Logik kann mit Zweiphasenwechselstrom (Meurer o.J.:27) realisiert werden. Dessen Zustände lassen sich technisch leichter differenzieren als die zehn unterschiedlichen Spannungsstufen, die beispielsweise im ENIAC implementiert waren. Die bei „Setun" als Speicher verwendeten Ringkerne (magnetische Speicher, bei denen der Zustand durch Hysterese der ferromagnetischen Teilchen gespeichert wird, vgl. Kap. II.5.3.1), werden effizienter als in binären Computer genutzt:

Nach Brusencovs eigener Aussage ist der „Setun" eine Implementierung der Syllogistik. Dies kann dahingehend gedeutet werden, dass die Kenntnis der Werte zweier Komponenten eines Trits den Wert der dritten festlegen, ähnlich der Konklusion, auf die aus dem Ober- und Untersatz im syllogistischen Schluss geschlossen werden kann. Die Anwendung der *threshold logic* macht aus dem „Setun" einen Rechner, bei dem sehr deutlich ersichtlich wird, wie das rauschhafte Verhalten der analogen Hardware digital interpretiert wird. Dies wird durch Rückgriff auf die ternäre Logik erreicht, und nicht über den Weg der Rauschkompensation. Es wird also mit den Tücken der Hardware gerechnet, ohne sie als zu unterdrückenden Fehler anzusehen. (Maurer o. J.:29. – Hervorh. i. Orig.)

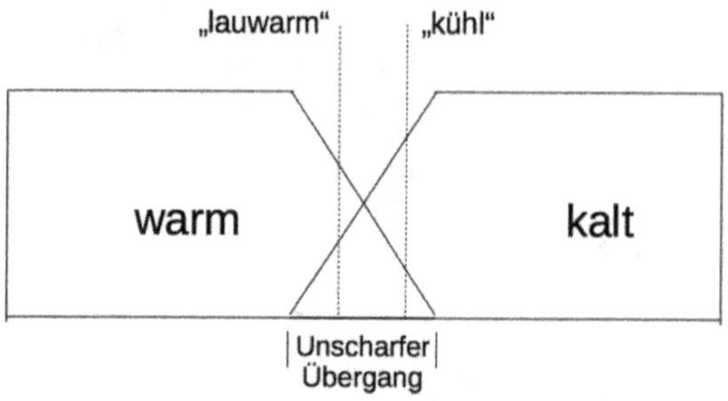

**Abb. 8.2:** Mengendiagramm für Fuzzylogik beim fließenden Übergang von kalt zu heiß

## 8.3 Implementierte nicht-klassische Logiken

### 8.3.1 Fuzzy-Logik

Die Fuzzy-Logik (engl. *fuzzy* = unscharf) entstand in den 1960er-Jahren in den USA als Erweiterung der Mengentheorie: Unscharfe Mengen grenzen ihre Elemente gegenüber Nachbarmengen nicht scharf ab. Das bedeutet, dass Elemente nicht trennscharf der einen oder der anderen Menge zugehören, sondern dass sie einen Grad an Zughörigkeit zu beiden Mengen haben, dessen Größe entscheidet, zu welcher Menge sie eher zuzurechnen sind. Demzufolge lassen sich Aussagen (als Elemente von Mengen) ebenfalls danach gewichten, ob sie tendenziell eher richtig oder falsch sind.

Ziel der Fuzzy-Logik ist es, die in Computerlogik durch binäre Oppositionen repräsentierte Wirklichkeit in Hinblick auf Zwischenzustände zu erweitern, die beispielsweise semantische Analysen von relativen und ungenauen Aussagen zulassen: „Alina ist ziemlich intelligent.", „Das Wasser ist warm." (Abb. 8.2) oder „Es regnet kaum noch." Während das menschliche Gehirn kaum Schwierigkeiten hat, solche Sätze zu verstehen, muss Computern mithilfe einer Logik, die graduelle Unterscheidungen erkennen und bewerten kann, beigebracht werden, korrekte Schlüsse aus unscharfen Prämissen zu ziehen.

Hierzu werden Erfüllungsgrade definiert – etwa die Regenmenge in ml pro m$^2$ – und Regeln bzw. Aktionen zugewiesen, die daraus folgen können. Die zweiwertige Aussagenlogik muss hierfür um solche graduellen Zwischenstufen (zwischen „wahr" und „falsch") erweitert werden. Am Ende steht hier nicht eine Ergebnismenge (von Elementen zweier unscharfer Teilmengen), sondern die Eigenschaften eines Elementes, das über logische Junktoren aus zwei unscharfen Elementen verknüpft wurde. Mithilfe von Modifizierern (mehr, weniger, sehr usw.) werden deren Wahrheitswerte beeinflusst. Sie befinden sich dann in einem Intervall [0,1].

Anwendung findet die Fuzzy-Logik vor allem in Steuerungs- und Kontrollautomaten (Fuzzy Control). So steckt sie zum Beispiel im automatischen Verwacklungsausgleich von Kameras, in den Mechanismen zum ruckfreien Bremsen und Anfahren von Bahnen oder in der Mustererkennung (etwa von Handschriften). Grundprobleme der Entscheidungs-

und Spieltheorie (nämlich die Entscheidung unter Unsicherheit) lassen sich mithilfe der Fuzzy-Logik in symbolische KI-Systeme implementieren.

## 8.3.2 Quantenlogik

Der Begriff Quantenlogik lässt sich zweifach interpretieren: Zum einen kann damit die Frage nach der Anwendbarkeit der Logik auf quantenphysikalische Prozesse gemeint sein; zum anderen kann Quantenlogik eine Applikation der Aussagenlogik mithilfe von Quanten meinen (im Sinne von Quantencomputern). Beide Verständnisse sollen hier abschließend vorgestellt werden.

### Logik auf der Quantenebene

Auf der Ebene der kleinsten Teilchen existieren Zustände, die keine eindeutige Zuschreibung von „wahr" oder „falsch" zulassen, weil die Trennung von Beobachter und Beobachtung aus der klassischen Physik hier suspendiert ist: Der Impuls eines Teilchens und sein Ort lassen sich nicht mit beliebiger Genauigkeit gleichzeitig messen: Die Messung des einen „verunschärft" die Messergebnisse des anderen. Auch der Dualismus von Welle und Teilchen (wie er im klassischen Doppelspalt-Experiment nachgewiesen wird), führt zu Problemen: Werden zwei Teilchen durch zwei Spalte gesandt, so ergibt die Messung, dass sie entweder beide durch einen Schlitz gegangen sind oder weder durch den einen noch den anderen – eine Aussage, die widersprüchlich ist.

Die zweiwertige Logik gerät an dieser Stelle an ihre Grenzen, weil sie solche Widersprüche produziert: Weder scheint hier das aristotelische Gesetz des *tertium non datur* noch das Distributivgesetz zu gelten (vgl. Olah 2011:68f. – sowie Kap. II.7.1). Erst mit dem Ausweichen auf eine dreiwertige Logik, die als dritten Zustand das „unbestimmt"[3] einführt, lassen sich solche Vorgänge beschreiben und sogar in eine Boole'sche Algebra integrieren: Neben die 0 und die 1 tritt dann ein imaginärer Wert (i) (vgl. Olah 2011:73).

### Quantencomputer

Das logische Problem der Unbestimmtheit wird bei der Konstruktion von logischen Gattern auf der Quantenebene zu einem technischen Problem. Schaltgatter auf quantenphysikalischer Basis werden zurzeit erprobt, weil sie einen Ausweg für verschiedene technische Probleme versprechen: Die auf Transistorschaltungen basierende Logik hat sich bislang nach dem Moore'schen Gesetz entwickelt, was eine sukzessive Vergrößerung der Packungsdichte voraussagt. Diese stößt jedoch bald an physikalisch bedingte Gren-

---

3 Olah weist darauf hin: „Der Ausdruck ‚unbestimmt' ist vom Ausdruck ‚unbekannt' zu unterscheiden. Letzterer bezieht sich auf einen Sachverhalt, der an sich entschieden ist, wobei wir das Resultat aber nicht kennen; ersterer macht dagegen keine Aussage über das Vorliegen oder Nichtvorliegen einer Eigenschaft." (Olah 2011:70.)

zen: Die Kanäle in Transistoren lassen sich nicht beliebig verkleinern. Bei zu geringem Abstand treten Ungenauigkeiten auf, die dazu führen, dass Schaltimpulse nicht mehr eindeutig differenziert werden können.

Eine Möglichkeit, um diesem Problem zu entkommen, ist, Quanten als Schalter zu verwenden: hier können diskrete Elektronenzustände, Photonen-Polarisation oder Quantenspins (Vgl. Kap. II.7.1) die Wahrheitswerte repräsentieren. Neben der Eskalation der Miniaturisierung verbessert sich auch die Arbeitsgeschwindigkeit von Systemen mit Quanten-Logik-Gatter: Diese arbeiten massiv parallel, während herkömmliche Digitallogik (selbst in Mehrkernsystemen, mit Nebenläufigkeit usw.) grundsätzlich eine zeitlich getaktete serielle Logik benötigt. Der Grund für die Parallelität liegt in der möglichen Verschränkung von Quantenzuständen, bei der gleichzeitig unterschiedliche Quantenbits (Qbits) gesetzt werden können, was eine massive Parallelisierung der Verarbeitung ermöglicht. Dies erklärt der Informatiker Klaus Mainzer an folgendem Beispiel:

> Als Beispiel betrachten wir eine Aufgabe, wonach ein Computer eine natürliche Zahl mit einer bestimmten Eigenschaft finden soll. Ein klassischer Computer zählt die Zahlen 1, 2, 3, … auf und prüft nacheinander, ob die jeweilige Zahl die geforderte Eigenschaft hat. Wenn die gesuchte Zahl n sehr groß ist, dann muss das Kriterium n-mal geprüft und damit enorme Rechenzeit verbraucht werden. Ein Quantencomputer könnte das Kriterium für eine große Anzahl von Zahlen gleichzeitig und damit nur einmal prüfen.(Mainzer 2016:86f.)

Die Probleme, die bei der Realisierung entstehen, sind allerdings gravierend: Zunächst können aufgrund der oben erwähnten Mess-Beeinflussung Qbits nicht direkt ausgelesen oder kopiert werden, ohne ihren Wert dadurch zu verändern. Aber auch andere, kleinste Störungen von außen können das System beeinflussen, indem Quantenzustände verändert werden.

Die Konstruktion von Quanten-Gattern unterliegt anderen Bedingungen als die von herkömmlichen Logikschaltkreisen, weil Quantensysteme reversibel sein müssen, um sicher gehen zu können, dass die Quantenzustände, die als Eingangswerte gedient haben, während der logischen Verschaltung nicht durch äußere Einflüsse verändert wurden und damit den Ausgangswert verfälschen. Diese Reversibilität liegt in „klassischen" Gattern nicht vor (bzw. ist nicht notwendig): An welchem Eingang eines OR-Gatters (dem ersten, dem zweiten oder beiden) ein H angelegen hat, lässt sich aus dem H der Ausgangsschaltung nicht mehr rekonstruieren. Das Quanten-Gatter muss daher die Information über den Eingang mitspeichern (vgl. Mainzer 2016:90).

In der Theorie liegen Lösungen für die Konstruktion von Quantengattern vor (vgl. Mainzer 2011:90–97); wie sie technisch realisiert werden können, ist allerdings bislang nicht geklärt. Dennoch strebt die Miniaturisierung unaufhaltsam auf die Grenze zur Quantenwelt zu; dies betrifft sowohl Schaltnetze als auch Speichersysteme. Nur so kann auf Dauer der von Computern gespeicherten Informationsmenge, der daraus resultierenden Komplexität und Verarbeitungszeit großer Datenmengen begegnet werden.

# 9 Anhang

## 9.1 Übersicht: Logische Junktoren, Operatoren und Schaltzeichen

In der Fachliteratur finden sich für die in diesem Kapitel vorgestellten Junktoren und Operatoren unterschiedliche Symbole und Markierungen. Auch die Schaltzeichen werden (im internationalen und historischen Vergleich) mit unterschiedlichen Symbolen dargestellt. Die nachfolgende Tabelle gibt einen Überblick über die gebräuchlichsten Notationen:

| Aussagen-logik | Boole'sche Algebra | Schaltalgebra | | | | 6502-Assembler |
| | | Symbolisch | IEC | ANSI | DIN | Opcode |
|---|---|---|---|---|---|---|
| $\wedge$ | $\times \; \otimes$ | AND | | | | AND |
| $\vee$ | $+$ | OR | | | | ORA |
| $\neg$ | $-' \sim \bar{x}$ | NOT | | | | CMP |
| $\dot{\vee}$ | $\oplus \; \veebar$ | XOR | | | | EOR |
| $\downarrow$ | | NOR | | | | |
| $\mid$ | | NAND | | | | |
| $\rightarrow$ | | | | | | |
| $\leftrightarrow$ | $=$ | XNOR | | | | CMP |

https://doi.org/10.1515/9783111036540-010

## 9.2 Lektüreempfehlungen

Im Folgenden wird eine Anzahl von einführenden oder Standardwerken zu Themengebieten vorgestellt, die sich als Vertiefung der in diesem Teilband vorgestellten Themen empfehlen lassen.

*Gottfried Gabriel: Einführung in die Logik. Kurzes Lehrbuch mit Übungsaufgaben und Musterlösungen. Jena: edition paideia 2005.*
Ein konzises Lehrbuch zur philosophischen Logik, das teilweise als Grundlage für die vorangegangenen Ausführungen gedient hat, die Themen des ersten und zweiten Kapitels aber noch vertieft und zudem um die logische Analyse mit Quantoren erweitert. Besonders hilfreich sind die Übungsaufgaben und Musterlösungen.

*Peter Hinst: Logische Propädeutik. München: Wilhelm-Fink 1974.*
Peter Hinst leistet in seinem Lehrwerk zur formalen Logik eine detaillierte und praxisnahe Einführung in die Themen Aussagen, Junktoren-, Quantorenlogik und Beweisführung. Das Buch eignet sich dabei vor allem für das Selbststudium, denn es verlangt keine Voraussetzungen und verfügt über Übungsaufgaben zu jedem Kapitel (nebst Lösungsteil im Anhang).

*Dirk W. Hoffmann: Grenzen der Mathematik. Eine Reise durch die Kerngebiete der mathematischen Logik. Berlin/Heidelberg: Sprinter 2013.*
Der Autor führt zunächst noch einmal in die Grundlagen der Logik ein, zeigt ihre historischen Etappen und formalen Systeme. Nach einer gründlichen Vorstellung der mathematischen Logik und der Beweistheorie zeigt er die Anwendungsgebiete insbesondere in der Informatik: Die Berechenbarkeitstheorie und die Algorithmentheorie. Der permanent mitverfolgte historische Diskurs sowie zahlreiche Beispiele und Aufgaben (mit im Internet aufrufbaren Lösungen) machen das Buch auch für Interessierte jenseits der Fachdisziplinen zu einem idealen Selbstlern-Kompendium.

*Wolfgang Coy: Aufbau und Arbeitsweise von Rechenanlagen. Braunschweig/Wiesbaden: Vieweg 1992.*
Ein Lehrbuch mit einer ausführlichen Darstellung der Logik für die Informatik, die alle hier ab Kap. 3 behandelten Themen vertieft und Übungsaufgaben dazu anbietet. Das Buch stellt sämtliches notwendige Wissen über die technischen Zusammenhänge von Logik und Computern für Medienwissenschaftler:innen bereit.

*Heinrich Scholz: Abriß der Geschichte der Logik. Freiburg/München: Verlag Karl Alber 1967.*
Dieses Kompendium ergänzt die sonst mehrbändigen Werke zur Geschichte der Logik um eine sehr kurze Darstellung der Protagonisten der klassischen und modernen Logik sowie ihrer Beiträge. Es werden auch einige nicht-klassische Logiken dargestellt. Auf die Wiedergabe der formalen Schreibweisen wird zugunsten der historischen Zusammenhänge weitgehend verzichtet. Dadurch, dass der Verfasser sich sehr eng an die Autor:innen und

Werke der Philosophiegeschichte hält und diese stets ausgabengenau referenziert, lässt sich das Büchlein auch als eine kommentierte Bibliografie der Logik-Geschichte lesen.

*Karel Berka / Lothar Kreiser (Hg.): Logik-Texte. Kommentierte Auswahl zur Geschichte der modernen Logik. Berlin: Akademie-Verlag 1986.*
Das Buch enthält eine Anthologie der wichtigsten Beiträge der modernen Logik, die insbesondere für die historischen Hintergründe und epistemologischen Zusammenhänge unerlässlich ist und die hier dargestellten Begriffe, Theorien und Methoden an ihre Quellen zurückträgt. Der Band enthält allerdings auch Texte, die weit über die hier dargestellten Sachverhalte hinausgehen und kann daher neben einer Vertiefung auch zur Erweiterung (etwa zu nicht-klassischen Logiken) gelesen werden.

*Martin Gardner: Logic Machines and Diagrams. New York/Toronto/London: McGraw Hill 1958.*
Gardner rekapituliert die Entwicklung dediziert logischer Maschinen vom Mittelalter bis in die Mitte der 1950er-Jahre, erklärt neben dem technischen Aufbau und der Funktionsweise auch die spezifische Sichtweise der Erfinder auf Logik und die Wirkungen ihrer Erfindungen auf die Automatisierung derselben. Gardner bezieht Diagramme, Tabellen, Graphen, Lochkarten und andere Verfahren mit in seinen Diskurs ein, sodass die Nähe zu einer medienwissenschaftlichen operativen Diagrammatik, nach der C. S. Peirce folgend, ikonische Notationssysteme bereits protomaschinelle Möglichkeiten der Bearbeitung logischer Fragestellungen besitzen. Logische Maschinen und Diagramme lassen sich damit in die Geschichte des Computers (der aus Gardners Betrachtung von Maschinen mit rein logischen Anwendungen explizit ausgeschlossen ist) integrieren.

*J. Eldon Whitesitt: Die Boolesche Algebra und ihre Anwendungen. Braunschweig: Vieweg & Sohn 1968.*
Der Autor führt sehr gründlich in die Boole'sche Algebra, insbesondere in deren mengentheoretische Aspekte ein. Auf dieser Basis stellt er die Shannon'sche Gatter-Logik dar und stellt deren Anwendungen in der Steuerungs- und Rechentechnik vor. Den Schluss des Buches nimmt ein Kapitel über die Wahrscheinlichkeitsrechnung ein, die sich aus der Mengendarstellung entwickeln lässt. Whitesitts Buch ist durchaus zum Selbststudium geeignet, zumal jedes Kapitel Beispiele und Aufgaben enthält. Für letztere werden im Anhang die Lösungen angegeben.

*Michael S. Malone: Der Mikroprozessor. Eine ungewöhnliche Biographie. Berlin u.a.: Springer 1996.*
Malone rekonstruiert die Geschichte der Halbleiter-Industrie von ihren Anfängen bis in die Gegenwart (Mitte der 1990er-Jahre). Dabei stellt er sowohl die wirtschaftshistorischen „Anekdoten" als auch die spezifischen Ingenieurs- und Erfindungsgeschichten vor, die mit der Entwicklung der digitalen Bauelemente vom Transistor bis zum Pentium-Mikroprozessor. Seine Ausführungen sind gleichermaßen technisch präzise (wenn er etwa die Funktion von Halbleiter-Bauelemente auf mikrophysikalischer Ebene erklärt) wie nachvollziehbar. Die Mikroprozessor-Biografie ist mit zahlreichen Zitaten

der Protagonisten dieser Sphäre angereichert und in journalistisch-essayistischem Stil präsentiert.

*Texas Instruments Deutschland: Das TTL-Kochbuch. Deutschsprachige TTL-Applikationen. Freising: Texas Instruments Deutschland 1975.*
Die deutsche Ausgabe des TTL-Kochbuchs ist ein Klassiker der Digitalelektronik-Literatur und ein reichhaltiges Nachschlagwerk zu den TTL-Logik-Familien 74xx, 54xx und 84xx aus dem Hause *Texas Instruments*. Die ICs werden darin nach Funktionsgruppen sortiert mit ihren Datenblättern und Kennlinien vorgestellt. Daneben bietet das Buch Einführungen in die Halbleiterphysik und -herstellung, die Boole'sche Algebra sowie zahlreiche Schaltungen und Applikationen, die mithilfe der TTL-ICs aufgebaut werden können.

*Gilbert Brands: Einführung in die Quanteninformatik. Quantenkryptografie, Teleportation und Quantencomputing. Berlin/Heidelberg: Springer 2011.*
Eines der wenigen umfassenden Werke zur Thematik, das, nachdem es noch einmal in die Quantentheorie einführt, die zentralen Themen Verschlüsselung mit Lichtquanten (nebst der notwendigen Technologien, um damit zu arbeiten), Übertragung mit Quantenverschränkung, und Aufbau von Quantencomputern behandelt. Die dafür notwendige Logik wird ebenso technisch präzise dargestellt wie die anderen technischen Aspekte des Themas, weswegen das Buch Kenntnisse der Mathematik (insbesondere der Vektorrechnung) und Logik voraussetzt.

*Dirk H. Traeger: Einführung in die Fuzzy-Logik. Stuttgart: Teubner 1994.*
Eine Einführung in die unscharfe Mathematik und ihre Anwendungen, in der die Fuzzy-Logik mathematisch und dann logisch eingeführt und auf die Mengenlehre übertragen wird. Der Autor konzentriert sich im Anwendungsteil vor allen auf die Modifikation der Entscheidungstheorie durch unscharfe Kriterien. Die Beispiele rekrutiert er dabei aus dem Alltag, sodass die Prinzipen der Fuzzy-Logik leicht nachvollziehbar sind. Technische Anwendungen werden von den Autoren des Sammelbandes „Fuzzy Logic" (Reusch 1993) vorgestellt.

*Rodnay Zaks: Programmierung des 6502. Düsseldorf u.a.: Sybex 1986.*
Zaks' Buch gilt als Standardwerk für die Programmierlehre in 6502-Assembler. Der Autor geht darin systematisch auf den Aufbau eines Mikrocomputersystems und den Ablauf von Maschinensprache-Programmen ein. Zentral werden von ihm arithmetische Algorithmen behandelt und in der zweiten Hälfte des Buches ein Lexikon der 6502-Opcodes bereitgestellt, das in der 5. Auflage von 1986 noch um ein zweites (mit dem erweiterten Befehlssatz des 65C02) ergänzt wurde. Von Zaks' Buch gibt es zwei Fortsetzungen: Das erste stellt Anwendungen für verschiedene 6502-Plattformen vor, das zweite lehrt Assembler-Programmierung für Fortgeschrittene.

# Literatur

Adamatzky, A. (2012): Is Everything a Computation? In: Studia Humana, Vol. 1(1), S. 96–101.

Aristoteles (2004): Topik. Stuttgart: Reclam.

Bauer, F. L. (1984): Der formelgesteuerte Computer „Stanislaus". In: Schuchmann, H. R. / Zemanek, H. (Hgg.): Computertechnik im Profil. Ein Vierteljahrhundert deutscher Informationsverarbeitung. Wien: Oldenbourg, S. 36–38.

Beuth, K. (1992): Digitaltechnik. Würzburg: Vogel.

Boole, G. (1847): The Mathematical Analysis Of Logic, Being An Essay Towards A Calculus Of Deductive Reasoning. Cambridge: Macmillan, Barclay, & Macmillan; London: George Bell. (http://www.gutenberg.org/ebooks/36884 – Abruf: 07.07.2017)

Boole, G. (1854): The Laws Of Thought On Which Are Founded The Mathematical Theories Of Logic And Probabilities. London: Walton And Maberly, Cambridge: Macmillan And Co. (http://www.gutenberg.org/ebooks/15114 – Abruf: 07.07.2017)

Brusentsov, N. P. / Alvarez , J. R. (2011): Ternary Computers: The Setun and the Setun 70. In: Impagliazzo, J. / Proydakov, E. (Hgg.): SoRuCom 2006, IFIP AICT 357, S. 74–80.

Bülow, R. (2015): Luftnummern. Das Patent einer Druckluft-Denkmaschine von Emil Schilling. In: Retro Nr. 34, S. 30f.

Cornelius, H. (1991): Raymundus Lullus, entziffert. In: Künzel/Cornelius, S. 147–166.

Coy, W. (1992): Aufbau und Arbeitsweise von Rechenanlagen. Braunschweig/Wiesbaden: Vieweg.

Dhande, A. P. / Ingole, V. P. / Ghiye, V. R. (2014): Ternary Digital Systems. Concepts and Applications. SM Medical Technologies Private Limited. (https://www.researchgate.net/publication/266477093_Ternary_Digital_System_Concepts_and_Applications – Abruf: 03.03.2017)

Dennhardt, R. (2010): Die Flipflop-Legende und das Digitale. Eine Vorgeschichte des Digitalcomputers vom Unterbrecherkontakt zur Röhrentechnik 1837–1945. Berlin: Kadmos.

Dewdney, A. K. (1995): Der Turing Omnibus. Eine Reise durch die Informatik in 66 Stationen. Berlin/Heidelberg: Springer.

Fuchs, N. E. (2013): Kurs in Logischer Programmierung. Wien, New York: Springer.

Gardner, M. (1967): Logic Machines. In: Edwards, P.: Encyclopedia of Philosophy. New York, London: MacMillan, Band 5, S. 81–83.

Gardner, M. (1958): Logic Machines and Diagrams. New York/Toronto/London: McGraw Hill.

Hinst, P. (1974): Logische Propädeutik. München: Wilhelm-Fink.

Hunger, F. (2007): SETUN. Eine Recherche über den sowjetischen Ternärcomputer. Leipzig: Institut für Buchkunst.

Jevons, W. S. (1890): On the Mechanical Performance of Logical Inference. In: Ders.: Pure Logic and Other Minor Works. New York, London: MacMillan and Co.

Jonas, E. /Kording, K. P. (2017): Could a Neuroscientist Understand a Microprocessor? In: PLOS – Computational Biology, 12.01.2017 (http://journals.plos.org/ploscompbiol/article?id= 10.1371/journal.pcbi.1005268 – Abruf: 07.07.2017)

Kemnitz, G. (2011): Technische Informatik. Band 2. Heidelberg u.a.: Springer.

Kent, S. L. (2001): The Ultimate History of Video Games. New York: Tree Rivers Press.

Künzel, W. / Cornelius, H. (1991): Die Ars Generalis Ultima des Raymundus Lullus. Studien zu einem geheimen Ursprung der Computertheorie. Berlin: Edition Olivia Künzel.

Lohberg, R. (1969): Spielcomputer Logikus. Stuttgart: Frankh.

Lohberg, R. (1970): Wir programmieren weiter. LOGIKUS-Zusatz-Set. Stuttgart: Frankh.

Łukasiewicz, J. (1970): On Three-Valued Login. In: Borkowski, L.: Selected Works. Amsterdam, London: North, S. 87–88.

Mainzer, K. (2016): Information. Algorithmus – Wahrscheinlichkeit – Komplexität – Quantenwelt – Leben – Gehirn – Gesellschaft. Wiesbaden: Berlin University Press.

Malone, M. S. (1996): Der Mikroprozessor. Eine ungewöhnliche Biographie. Berlin u.a.: Springer.

Maurer, C. (o. J.): tertium datur. Zur ternären Logik und deren Implementierung in dem Rechner SETUN. (http://bit.ly/2vLgukP – Abruf: 07.07.2017).

Olah, N. (2011): Einsteins trojanisches Pferd. Eine thermodynamische Deutung der Quantentheorie. Wien, New York: Springer.

Peirce, C. S. (1976): Logical Machines. In: Ders: The New Elements of Mathematics, Band 3.1: Mathematical Miscaellenea, S. 625–532.

Povarov, G. N. (2001): Mikhail Alexandrovich Bonch-Bruyevich and the Invention of the First Electronic „Flip-Flop" (Trigger). In: Trogemann, G. / Nitussov, A. Y. / Ernst, W. (Hgg.): Computing in Russia. The History of Computer Devices and Information Technology revealed. Braunschweig, Wiesbaden: Vieweg, S. 72f.

Rechten, A. W. (1976): Fluidik. Grundlagen, Bauelemente, Schaltungen. Berlin u.a.: Springer.

Reusch, B. (1993): Fuzzy Logic. Theorie und Praxis. 3. Dortmunder Fuzzy-Tage Dortmund, 7.–9. Juni 1993. Berlin u.a.: Springer.

Sanders, W. B. (1984): Assembly Language for Kids. Commodore 64. San Diego: Microcomsribe.

Shannon, C. E. (1938): A symbolic analysis of relay and switching circuits. (MIT 1936). (http://dspace.mit.edu/handle/1721.1/11173 – Abruf: 07.07.2017)

Smith, C. (2010): The ZX Spectrum ULA: How to design a Microcomputer. o.O.: ZX Design and Media.

Stakhov, A.(2009): The Mathematics of Harmony: From Euclid to Contemporary Mathematics and Computer Science. Singapur: World Scientific Publishing.

Tarján, R. (1962): Logische Maschinen. In: Hoffmann, W. (Hg.): Digitale Informationswandler. Probleme der Informationsverarbeitung in ausgewählten Beiträgen. Wiesbaden: Springer, S. 110–159.

Thuselt, F.(2005): Physik der Halbleiterbauelemente. Einführendes Lehrbuch für Ingenieure und Physiker. Berlin u.a.: Springer.

Vinaricky, E. (2002) (Hg.): Elektrische Kontakte, Werkstoffe und Anwendungen. Grundlagen, Technologien, Prüfverfahren. Berlin, Heidelberg: Springer.

von Neumann, J. (1945): First Draft of a Report on the EDVAC. (http://www.wiley.com/legacy/wileychi/wang_archi/supp/appendix_a.pdf – Abruf: 07.07.2017)

Whitesitt, E. A. (1968): Boolesche Algebra und ihre Anwendungen. Braunschweig: Vieweg.

Zacher, H. J. (1973): Die Hauptschriften zur Dyadik von G. W. Leibniz. Ein Beitrag zur Geschite des den Zahlensystems. Frankfurt am Main: Vittorio Klostermann.

Zaks, R. (1986): Programmierung des 6502. Düsseldorf u.a.: Sybex.

Zemanek, H. (1991): Geschichte der Schaltalgebra. In: Manfred Broy (Hg.): Informatik und Mathematik. Berlin u.a.: Springer, S. 43–72.

Teil II: **Informations- und Speichertheorie (Horst Völz)**

# 1 Einführung

Medien sind technische Einrichtungen und Methoden zur bestmöglichen Nutzung von Information, Wissen und Nachrichten. Ihre Inhalte müssen dabei auf unsere Sinne – vor allem den Hör- und Sehsinn – einwirken können. Die für den Menschen diesbezüglich unmittelbar vorhandene Grenze der Zeit wird durch die Speicherung, die der Entfernung durch die Geschwindigkeit der Übertragung erheblich erweitert. Zusätzlich ermöglicht die Speicherung die prinzipiell nutzbare (Informations-)Menge gewaltig zu vergrößern. Zum Verständnis dieser Möglichkeiten sind primär zwei wissenschaftliche Spezialkenntnisse erforderlich: erstens zu wissen, was Information ist und wie sie gegenüber Wissen und Nachrichten abzugrenzen ist; zweitens, wie die technischen Methoden von Speicherung und Übertragung funktionieren und welche (theoretischen) Grenzen dabei bestehen. Erste wissenschaftliche Antworten hierauf haben ab den 1940er-Jahren vor allem die Shannon'sche Informationstheorie und die Wiener'sche Kybernetik gegeben. Eigenartigerweise gibt es aber keine ähnlichen Arbeiten zur Informationsspeicherung. Sie wurde immer nur von Technikern (weiter-) entwickelt und ohne (eigenständige) Theorie unmittelbar zur Nutzung bereitgestellt.

Im folgenden Kapitel werden daher sowohl die Inhalte von Information erklärt als auch die theoretischen und technischen Grundlagen der Übertragung und Speicherung weitgehend einheitlich dargestellt. Damit sollen für Medienwissenschaftler:innen wesentliche Grundlagen möglichst gut verständlich bereitgestellt werden. Der Wiener'sche Informationsbegriff wird dabei inhaltlich deutlich vertieft und in die Kategorien von Wirkung, Zeichen, Übertragung, Speicherung und Virtualität (Nutzung der Rechentechnik) eingeteilt. Zusätzlich wird kurz und möglichst anschaulich auf eventuelle Möglichkeiten der Quantentheorie eingegangen. Für die Übertragung wird zunächst und vor allem die theoretische Grenze der Entropie von Shannon erklärt und klar von anderen Entropien abgegrenzt. Zusätzlich werden die wichtigsten Grundlagen der Fehlerkorrektur und Datenkomprimierung behandelt. Dabei werden auch die Besonderheiten der Digitaltechnik gegenüber den „älteren" kontinuierlichen (analogen) Methoden herausgestellt. Für die Speicherung werden die wichtigsten Grundlagen und Grenzen inhaltlich vertieft bereitgestellt und, soweit wie es nützlich erscheint, auch auf unsere und die gesellschaftlichen Gedächtnisse angewendet.

https://doi.org/10.1515/9783111036540-011

# 2 Informationstheorie

Der Begriff „Information" wird heute sehr umfangreich genutzt. Fast jeder hat dabei eine intuitive, meist individuelle Vorstellung. Leider gibt es keine allgemein anerkannte Definition. Das mögen wenige Beispiele belegen:

- Was ist die Information, die nach Steven Hawking *ein schwarzes Loch verlassen* kann?
- Eine Wettervorhersage liefert uns Informationen, wie wir uns für draußen optimal anziehen sollten.
- Welche Information zeigt die *Ultraschall*-Aufnahme eines *Kindes* im Mutterbauch?
- *Informationstechnik* und *Informatik* betreffen Besonderheiten der Nachrichten- bzw. Rechentechnik.

Die sehr breite Verwendung des Begriffs „Information" führt teilweise zu seiner Inhaltsleere. Deshalb wird gegen Ende dieses Kapitels gezeigt, was nicht mit Information bezeichnet werden sollte. Doch zunächst wird versucht, eine allgemeingültige Definition zu geben. Dazu werden schrittweise einzelne Aspekte – genauer *Informationsvarianten* – herausgearbeitet und möglichst exakt eingeführt. Zwischen den Varianten gibt es natürlich Übergänge.

---

**!** **Begriffserklärungen: Informationsarten**

*Information* besteht immer aus drei Teilen: *Informationsträger, angepasstes System* und *Informat* als Auswirkung des Informationsträgers im System und dessen Umgebung. Die fünf Informationsaspekte betreffen dabei einige Besonderheiten:

*W-Information (Wirkung)*: Ein stofflich-energetischer Informationsträger bewirkt in einem entsprechenden System und dessen Umgebung ein Informat, das nicht mit einfachen physikalischen Gesetzen beschrieben werden kann.

*Z-Information (Zeichen)*: Ein stofflich-energetisches Zeichen (Informationsträger) tritt an die Stelle von konkreten und/oder abstrakten Objekten und ermöglicht so einen vereinfachten Umgang (im Sinne eines Informats) mit den Objekten und/oder Objektzusammenhängen.

*S-Information (Shannon)*: Für die Weiterleitung von Informationsträgern an andere Orte wird eine Übertragungstechnik mit den mathematischen Zusammenhängen und theoretischen Grenzen nach Shannon benutzt. Wichtig sind hierbei Fehlerkorrektur, Komprimierung, und Kryptografie.

*P-Information (potenziell)*: Von einem Zeichenträger bzw. Geschehen wird eine zeitunabhängige Kopie angefertigt (gespeichert). Nur durch sie kann auf Vergangenes zugegriffen werden. Hiervon machen u.a. Kriminalistik, Geschichte und Archäologie Gebrauch. Hierzu zählen auch die vielfältigen Gedächtnisarten.

*V-Information (virtuell)*: Mittels der Computertechnik und ihrer Erweiterungen (u. a. Schnittstellen, Bildschirme und Eingabetechniken) entstehen für die anderen Informationsarten neuartige Möglichkeiten, u. a. sind so virtuelle Räume zu schaffen, die in der Realität nicht existieren (können).

*Informationsspeicherung* wird meist als eigenständiges, vorrangig auf das Technische beschränktes Fachgebiet angesehen und behandelt. Hier ist sie erstmals als Sonderzweig mit spezifischen Eigenschaften in die Informationstheorie eingeordnet.

---

https://doi.org/10.1515/9783111036540-012

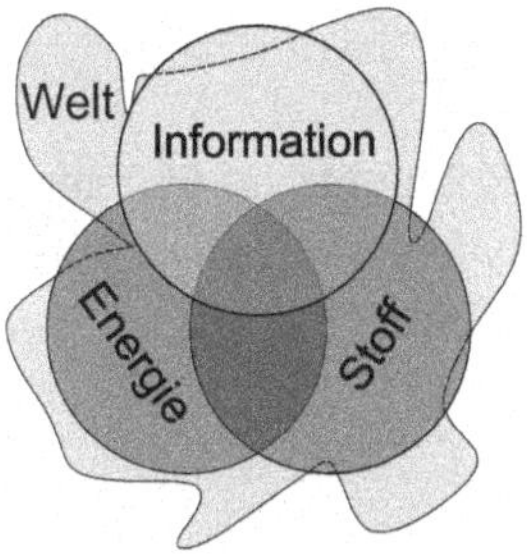

**Abb. 2.1:** Zusammenhang der Weltbeschreibungen durch Stoff, Energie und Information. Die Überlappungen ermöglichen Austausch und Wechselwirkung und sind begrenzt. Einige Bereiche der Welt können mit ihnen nicht beschrieben werden. Das sagt sinngemäß auch Karl Steinbuch besonders deutlich: Unser Wissen über die Welt gleicht immer einem Flickenteppich, der teilweise lückenhaft ist und nicht immer gut zusammenpasst (Steinbuch 1972).

Der Ursprung des Begriffs *Information* ist lateinisch: *informare* bedeutet *etwas eine Form geben*. Danach entspricht *Information* am besten der *Bildung durch Unterrichten*, dem *Belehren, Erklären*, aber auch der *Gestaltung*. Lange Zeit hieß der Hauslehrer *Informator*. Ins Deutsche kam das Wort ab dem 15. Jahrhundert, jedoch fehlt der Begriff in den Lexika des 19. Jahrhunderts vollständig. Er taucht erst wieder nach dem 2. Weltkrieg vor allem im Zuge der *Kybernetik* auf. Ungeklärt ist, ob dieser moderne/heutige Begriff auf Claude Elwood Shannon, Norbert Wiener oder John von Neumann zurückgeht. Wahrscheinlich prägten sie ihn in gemeinsamer Diskussion. Genaueres dürfte kaum noch zu ergründen sein, denn alle drei waren im Krieg mit der Kryptografie befasst und daher zur strengsten Geheimhaltung verpflichtet. Shannon benutzt jedoch in seiner Arbeit zur Nachrichtentheorie ausschließlich den Begriff „Kommunikation" (Shannon 1949). Die wohl erste Definition von „Information" stammt von Wiener aus dem Jahr 1947:

> Das mechanische Gehirn scheidet nicht Gedanken aus ‚wie die Leber ausscheidet', wie frühere Materialisten annahmen, noch liefert sie diese in Form von Energie aus, wie die Muskeln ihre Aktivität hervorbringen. *Information ist Information, weder Stoff*[1] *noch Energie* (Hervorhebung: H. V.). Kein Materialismus, der dieses nicht berücksichtigt, kann den heutigen Tag überleben. (Wiener 1948:192)

Der hervorgehobene Satz kann als die erste moderne Definition von Information aufgefasst werden. Aus dem Kontext ergibt sich dann sinngemäß: *Information ist ein drittes Modell zur Weltbeschreibung*, neben Stoff (für Chemie) und Energie (für Physik). Schematisch zeigt dies die Abb. 2.1. Der obige letzte Satz weist vorausschauend auf die entstehende Informationstechnik hin.

---

1 Im englischen Original steht „matter", was leider häufig falsch als Materie übersetzt wurde und dann zum Teil sogar zur falschen Widerlegung des dialektischen Materialismus benutzt wurde: Danach sollte Information ein Drittes zu Materie und Bewusstsein sein.

## 2.1 Zum Beispiel: Eine Schallplatte

Die in Abb. 2.2 gezeigte Schallplatte trägt einen Mitschnitt der 5. Sinfonie, op. 67, c-moll von Ludwig van Beethoven. Sie wurde 1946 von Wilhelm Furtwängler dirigiert. Unter Kenner:innen gilt sie als *die* authentische Aufnahme der 5. Sinfonie.[2]

**Abb. 2.2:** Schallplatte einer historisch bedeutsamen Aufnahme durch den Dirigenten Wilhelm Furtwängler (Portrait) sowie Hervorhebung der Rillen durch Lupenvergrößerung

Doch wo befindet sich diese „einmalige" Information auf der Schallplatte? Um sie zu erfahren, muss man sie anhören, doch nicht jeder kann daraus diesen Mehrwert ziehen. Dazu ist eine hinreichende Musikerfahrung notwendig. Verallgemeinert gilt: Die Speicherung von Information benötigt einen stofflich-energetischen Informationsträger (hier die Rillenverbiegungen). Diese gespeicherte Information muss so in Schall (als weiteren Informationsträger) umgesetzt werden, so dass ein Mensch sie hören kann. Durch hinreichende Erfahrung kann er schließlich imstande sein, die intendierte Interpretation zu erleben.

Eine Verallgemeinerung des Geschehens zeigt Abb. 2.3. Hat jemand eine Idee, die er anderen vermitteln will, so muss er diese in eine stofflich-energetische Form, einen Informationsträger, überführen. Denn nur dieser kann etwas bewirken. Er kann von den anderen aber nur dann wie intendiert verstanden werden, wenn diese ein möglichst ähnliches soziokulturelles Wissen im Laufe ihres Lebens erworben haben. Mittels des Informationsträgers wird so das zu Bewirkende zum Bewirkenden und im Empfänger sowie dessen Umgebung entsteht schließlich das Bewirkte. Dieser komplexe Prozess ge-

---

2 Hierzu gehören noch wichtige Hintergründe: Beethoven hat in ihr das „Klopfen" des Schicksals verewigt. Während des 2. Weltkrieges war dieses Klopfzeichen das Pausenzeichen des Londoner Rundfunks des *BBC* für seine deutschen Sendungen. Deren Abhören wurde in Deutschland mit dem Tod bestraft. Ferner wurde der Buchstabe V (die römische Ziffer für 5) oft auf Vergeltung und Victory (Sieg) bezogen. Mit seiner Wahl wollte Furtwängler das Wiedererwachen des demokratischen Lebens in Deutschland unterstützen.

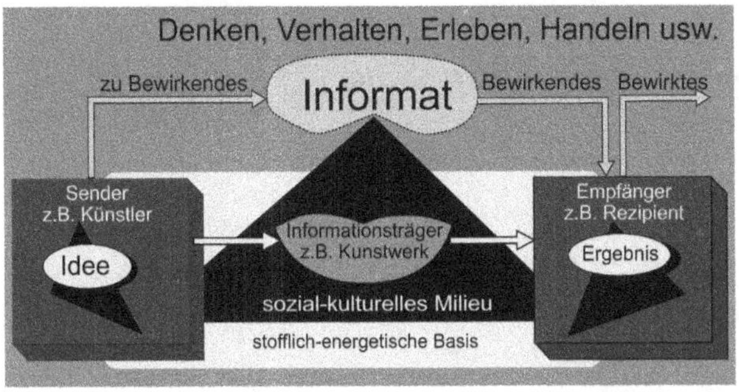

**Abb. 2.3:** Nur auf stofflich-energetischer Grundlage – nämlich mittels eines Informationsträgers – kann jemand eine Idee anderen vermitteln.

schieht nur mittelbar. Dabei ist der Informationsträger die Ursache, welche die Wirkung im Wahrnehmenden (Empfänger:in) und dessen Umgebung hervorruft. Diese „indirekte" Folge wird hier *Informat* genannt (Völz 2001). Es ist die gesamte Wirkung des Informationsträgers, also jener Teil der Information, der vorwiegend nicht stofflich-energetisch ist. Er ist erst dann voll verständlich, wenn zuvor die Modelle Stoff und Energie erklärt sind.

Die Kybernetik hat sehr schnell zahlreiche Anwendungsbezüge hierfür gefunden. Ein Beispiel ist die veränderte Sichtweise in der Physiologie. Als Ursache für das Verhalten rückte dadurch neben der ursprünglich betonten Wahrnehmung die Information in das Zentrum. Genau im Sinne der W-Information (vgl. Kap. 2.3) gab es bald Buchtitel, wie Friedhard Klix' „Information und Verhalten" (Klix 1983).

## 2.2 Definition von Stoff, Energie und Information

In der Wissenschaftstheorie gibt es etwa 30 Arten von Definitionen (Seiffert/Radnitzky 1992). Für den Informationsbegriff ist die *kombinatorische Definition* brauchbar, die möglichst alle wesentlichen Eigenschaften aufzählt, z. B.: „Ein Haus besitzt Dach, Fenster, Türen, Räume, Treppen, ...". Ihr größtes Problem besteht darin, eine ausreichende Vollständigkeit der Aufzählung zu gewinnen. Zunächst sollen jedoch von der Information die Begriffe „Stoff" und „Energie" abgegrenzt werden – ganz im Sinne der oben zitierten Definition nach Norbert Wiener.

Der *Stoff* ist das grundlegende Modell der Chemie (Vgl. Band 3, Kap. III). Physikalisch werden Stoffe primär aus Quarks gebildet, die zu Teilchen wie Elektronen, Neutronen, Protonen, Atome usw. führen, aus denen sich erst dann makroskopische Stoffe bilden. Ein Stoff ist meist körperlich vorhanden und besitzt Eigenschaften mit messbaren Ausprägungen wie Masse, Temperatur, Leitfähigkeit, Farbe, Form, Gestalt, Gewicht, Härte, Ausdehnung usw. Er kommt in den Aggregatzuständen fest, flüssig oder gasförmig vor. Ohne Energie-Einwirkung ist er im Wesentlichen beständig. Bei hinreichender Menge sind Stoffe für uns unmittelbar, z. B. als Gegenstand wahrnehmbar. Alle chemischen

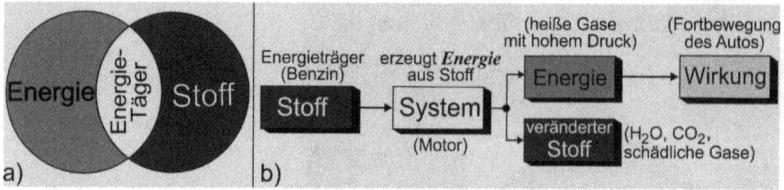

**Abb. 2.4:** Zur Wechselwirkung von Stoff und Energie. Die Gewinnung von Energie aus Stoff setzt immer ein passendes System voraus, z. B. einen Motor, Gasherd usw.

Prozesse gehen auf energetische Wechselwirkungen von Stoffen zurück. Dabei entstehen meist andere Stoffe. Diese Stoffänderungen können reversibel oder irreversibel erfolgen. Ein stabiler Zustand eines Stoffes kann als Speicherzustand (Kap. 5) für Information genutzt werden.

Die *Energie* (griechisch *enérgeia* Tatkraft, Wirkung, Wirksamkeit, *érgon* Werk, Arbeit, Tat) besitzt die Fähigkeit (Kraft) etwas Stoffliches zu bewegen oder zu verändern. Sie ist das wesentliche Modell der (dynamischen) Physik (vgl. Band 3, Kap. II.5.4). Leider ist sie recht unanschaulich und oft – besonders wenn sie nicht direkt auf uns einwirkt – auch nicht wahrzunehmen. Das veranlasste Heinrich Hertz ein ganzes Lehrbuch ohne Kräfte (die für die Energie wesentlich sind) zu schreiben (Hertz 1894). Trotz ihrer grundlegenden physikalischen Bedeutung wurde Energie nicht als Basiseinheit im SI (System International) verankert. Es gibt drei Varianten:

- *Aktive* Energie ruft eine Wirkung, bevorzugt an Stoffen, hervor, z. B. Erhitzen, Änderung des Aggregatzustandes, Verformen, Zerstören usw.
- *Potenzielle* (gespeicherte) Energie, befindet sich in Energiespeichern (Energieträgern), z. B. in Batterien, Speicherseen oder gespannten Federn. Sie ist dort entnehmbar und dann nutzbar.
- *Indirekte* Energie existiert vor allem in Feldern – kernphysikalisch, elektromagnetisch, Gravitation, Schall usw. Sie ist nur mittelbar über ihre Wirkungen (Messungen) nachweisbar.

Bei der Informationsaufzeichnung und -wiedergabe ist ebenfalls Energie notwendig (s. u.). Fast alle Arten der Energie werden aus einem Energieträger gewonnen. Ein Beispiel hierfür ist der Verbrennungsmotor. Mit seiner Hilfe wird aus dem Stoff Benzin die Bewegungsenergie erzeugt. Jedoch wird dabei (wie bei der meisten Energienutzung) der Stoff nicht völlig verbraucht. Es entstehen Wasser, Abgase usw. Dies zeigt Abb. 2.4. Der Energieträger entspricht dem Wechselwirkungsanteil zwischen Stoff und Energie. Als Grenzwert gilt hier die Einstein-Gleichung $E = m \cdot c^2$. Selbst in Kernkraftwerken und Atombomben wird jedoch nur eine sehr viel geringe Umsetzung erreicht.

Die *Information* ist deutlich schwieriger zu definieren. Das soll daher erst am Ende dieses Kapitels erfolgen. Zunächst soll der *Informationsträger* als ein Teil der Information

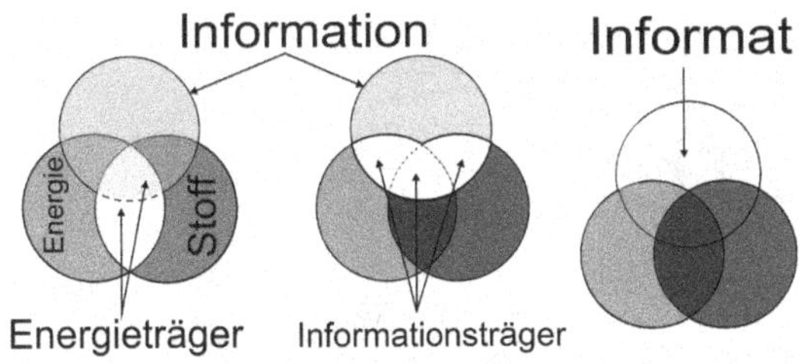

Information  Informat

Energieträger  Informationsträger

**Abb. 2.5:** Zur Bezeichnung der Teilabschnitte von Stoff, Energie und Information

aufgefasst werden[3] (Völz 1982). Dann ist der Teil ohne Träger das *Informat*. So ergibt sich unmittelbar ein Vergleich, wie in Abb. 2.5 zu sehen. In Analogie zur Energie entspricht der Informationsträger dem Energieträger und das Informat der erzeugten Energie plus ihrer Wirkung. So, wie bei der Energie ein jeweils angepasstes System zur Umwandlung erforderlich ist, verlangt auch die Information für das jeweilige Vorhaben (Ziel, Informat) ein passendes System. Zu jedem Informationsprozess gehören damit drei aufeinander bezogene Komponenten: Informationsträger, passendes System und Informat. Folglich kann ein gegebener Informationsträger bei unterschiedlichen Systemen auch verschiedene Informate bewirken. Eine etwas vertiefte Erklärung kann mit der Kybernetik gegeben werden. Dort werden Systeme häufig als Black Box (d. h. ohne Wissen über ihre innere Struktur) betrachtet. Bei ihnen erzeugt der Input einen Output. Dabei entspricht der Input dem Informationsträger und die Änderung im System plus der Wirkung auf die Umgebung (Output), dem Informat (vgl. Kap. 3.3). Hierdurch ist eine vereinfachte Beschreibung von komplexen Auslöseeffekten möglich (Wiener 1948). Sie entspricht oft Informationsprozessen. Insbesondere können so kleine Ursachen große, zum Teil gefährliche Wirkungen auslösen. Hierzu sind viele Beispiele bekannt, die folgenden vier sind eine sehr kleine Auswahl:

- Die geringe Bewegung am Abzug eines Gewehrs löst den Schuss aus.
- Marschiert eine Truppe im Gleichschritt über eine Brücke, so kann diese durch Aufschaukeln der Resonanz zerbrechen.
- Der heutige Flügelschlag eines Schmetterlings in China kann morgen in den USA einen Orkan bewirken. Diesen Schmetterlings-Effekt bewies 1961 der Meteorologe Edward Norton Lorenz mit seinen Wettergleichungen.
- Bereits 1903 bewies Henri Poincaré die Instabilität unseres Planetensystems mittels des Dreikörperproblems der Physik.

Ein spezielles technisches System ist der Regler im Regelkreis der Kybernetik (Abb. 2.6). Er ist in der Informationstechnik ein zentrales analoges Bauelement und beruht meist

---

[3] In der Literatur gibt es zwei Varianten: solche, bei denen der Träger zur Information gehört, und solche, bei denen Information leicht den Träger wechseln kann (vgl. Völz 1982).

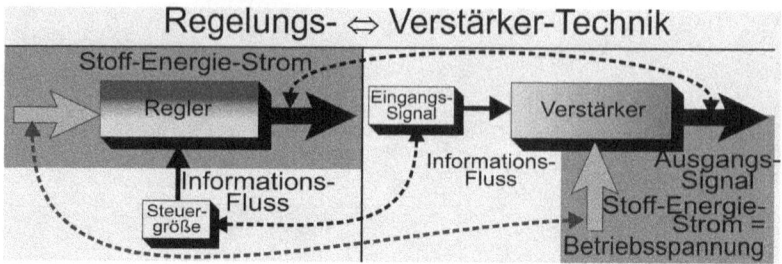

**Abb. 2.6:** Analogie und Vergleich zwischen dem Regelkreis der Kybernetik und dem Verstärker der Informationstechnik

auf Beeinflussung (Steuerung) von vorhandener Energie. Aus dem Regelkreis leitet sich auch der Verstärker ab. Dazu sind lediglich die zwei Anschlüsse zu vertauschen (vgl. Band 4, Kap. I.4).

## 2.3 W-Information

Der so indirekt von Wiener eingeführte Informationsbegriff ist wesentlich durch *drei Aussagen* gekennzeichnet, die hier abschließend nochmals zusammengefasst seien:
1. Er erfordert ein speziell angepasstes (begrenztes Teil-)*System*.
2. Auf das System wirkt der stofflich-energetische *Informationsträger* (als Input) ein.
3. Er ruft in dem System eine *Wirkung* hervor, die das System verändert und sich auf die Umgebung auswirken kann (Output). Beides zusammen ist das *Informat*.

Unberücksichtigt bleibt dabei das Substrat des Systems, z. B. ob es physikalisch, chemisch, biologisch oder geistig ist. Wesentlich sind die funktionellen Zusammenhänge zwischen den drei Komponenten: Input (Träger), System und Output (Informat). Ein typischer Zusammenhang ist die Ursache-Wirkung-Relation. Sie kann deterministisch, gesetzmäßig oder zufällig[4] sein. Daher können gewisse Unbestimmtheiten eintreten. In Bezug auf Wiener und Wirkung wird diese Informationsart daher im Folgenden die *W-Information* genannt.

Die W-Information kann auf die beidseitig gerichtete Kommunikation übertragen werden. Damit diese möglichst effektiv erfolgt, müssen Sende- und Empfangssystem (wechselseitig) aufeinander „abgestimmt" sein. Ein wichtiger Spezialfall ist der *Verstärker* (s. o.) Er gibt ausgewählte Eigenschaften des Informationsträgers verstärkt als Output weiter. In der Evolution ist er grundlegend für die Erhöhung von Komplexität.

---

4 Ursache und Wirkung können unterschiedlich zusammenhängen: deterministisch (Ursache und Wirkung sind eineindeutig verknüpft), gesetzmäßig (Zusammenhang ist – zum Beispiel durch Versuch – reproduzierbar), zufällig (es besteht kein bekannter Zusammenhang zwischen Ursache und Wirkung).

# 3 Zeichen als Informationsträger

Zeichen als Hinweise auf etwas anderes werden bereits im Tierreich erkannt: abgebrochene Zweige, Fährten, Gerüche usw. Zum Teil werden sie sogar absichtlich benutzt: Vogelgesang für Revieranspruch, Ortsmarkierungen durch Exkremente usw. Systematisch benutzt jedoch erst der Mensch Zeichen mit seiner Sprache und Schrift. Bei der Kommunikation ermöglichen sie eine deutlich einfachere Verständigung. Außerdem lassen sich damit Klassen für ähnliche Objekte bilden und vieles anderes mehr.

## 3.1 Kurze Geschichte der Zeichen-Theorien

Der Philosoph Platon unterschied *drei Inhalte* der menschlichen Erkenntnis:
- *Dinge*, die erkennbar sind und objektiv existieren. Sie können meist vereinfacht *Objekte* genannt werden.
- *Wörter* als Namen und *Zeichen* zur Kennzeichnung der Dinge, zum Verweis auf sie. Sie sind wesentliche Werkzeuge der Erkenntnis.
- *Ideen* als menschenunabhängige Urbilder, zeitlose Begriffe.

Der *Interpretant* (Beobachter) wird hier noch nicht berücksichtigt. Seine Rolle hat John Locke in seiner „Lehre von den Zeichen" (1689) betont. Er tritt dabei als dritter Aspekt an die Stelle der Platon'schen Ideen. Charles Sanders Peirce gilt als Begründer der *Semiotik* (Peirce 1931). Für *sprachliche* Zeichen (Linguistik) legte Ferdinand de Saussure die Grundlagen. Charles William Morris schuf die noch heute gültige Dreiteilung mit der sich fortsetzenden Hierarchie (Morris 1972):
- *Syntax* als Beziehung zwischen mehreren Zeichen
- *Semantik* für die Bedeutung der Zeichen, d. h. worauf sie verweisen
- *Pragmatik* für durch Zeichen bewirkte Handlungen

1963 fügte Georg Klaus als vierten Aspekt, die nur selten benutzte *Sigmatik* hinzu (Klaus 1969), (Völz 2014). Weitere Details enthalten (Eco 1972), (Völz 1983:214ff.) und (Völz 1982:339ff.)

Das *Zeichen* ist der zentrale Begriff der Semiotik. Sie unterscheidet in der Natur vorhandene Zeichen (Anzeichen) und künstliche, speziell vom Menschen geschaffene Zeichen. Natürliche Zeichen sind z. B. eine Blüte für den Duft und die spätere Frucht, eine Wolke für Regen sowie Licht und Schwerkraft für optimales Wachstum bei Pflanzen. Künstliche Zeichen sind Buchstaben, Bilder, Licht, Schall usw. (vgl. Abb. 3.1).

https://doi.org/10.1515/9783111036540-013

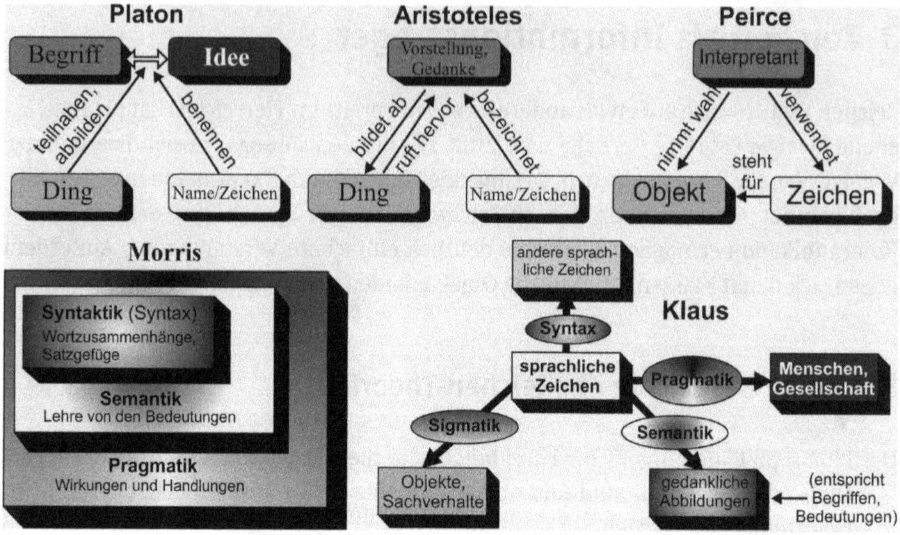

**Abb. 3.1:** Die Zusammenhänge der verschiedenen Einteilungen der Semiotik

## 3.2 Zeichen und Zeichenähnliches

Auch der Begriff Zeichen wird meist sehr allgemein benutzt. Dadurch sind zusätzlich viele ähnliche, eingeschränkte oder damit zusammenhängende Begriffe entstanden. In Hinblick auf die Informationstheorie werden hier nur die wichtigsten kurz behandelt.

*Wörter* sind die Grundelemente einer Sprache, also der sprachlichen Kommunikation. Einige gehen auf eine Lautnachahmung zurück. Im Gegensatz zum Laut oder zur Silbe besitzt das Wort eine eigenständige Bedeutung, im Sinne des Zeichens verweist es meist auf ein Objekt, Geschehen usw. Gesprochene Wörter bestehen aus Silben, die sich ihrerseits aus Phonen (Lauten) zusammensetzen. Geschriebene Wörter werden mit Buchstaben, Schriftzeichen oder Symbolen dargestellt. In vielen Sprachen sind sie durch Leer- oder Satzzeichen begrenzt. Zuweilen werden auch Gesten, Gebärden, Laute, Markierungen und Symbole zu den Sprachzeichen gezählt.

*Symbole* (griechisch *symbolon*: Merkmal, Kenn-, Wahrzeichen, *symballein*: zusammenfügen, -werfen und -legen) ersetzen möglichst anschaulich vorwiegend Abstraktes, Unanschauliches, mit den Sinnen nicht unmittelbar Wahrnehmbares. Oft werden sie für Gedachtes oder Geglaubtes verwendet; dabei sind u. a. folgende Inhalte, Bezüge unterscheidbar:

– *kulturelle*: Masken, Totem, Sanduhr für Tod, Haus für Geborgenheit, Fuchs für Verschlagenheit
– *psychologisch-soziale*: Versöhnungskuss, Händedruck
– *religiöse*: Kreuz der Christen, siebenarmiger Leuchter der Juden, Teufel, Palmenzweig, I Ging, Friedenstaube

– *wissenschaftlich-technische*: Zahlen, Buchstaben, mathematische oder chemische Formeln, Schaltbilder
– *kosmologische*: Tierkreiszeichen

Das *Icon* (Ikon) ist ein verknapptes Bild, bei dem Ähnlichkeit mit dem Bezeichneten besteht, z. B. ein Verkehrsschild oder Icons zum Anklicken in Betriebssystem-GUIs.

*Indexe* sind Zeichen, die in einem physischen Zusammenhang mit dem Bezeichneten stehen, zum Beispiel ist Rauch ein indexikalisches Zeichen für Feuer. Ein *Symptom* (griechisch *symptoma* Zusammenfallen, Zufall, Begebenheit) ist ein Index/Anzeichen für etwas, was mit seiner Ursache zusammenhängt oder ihr zumindest ähnlich ist. Es entspricht häufig einem Hinweis auf etwas, z. B. in der Medizin als Folge eines bestimmten Krankheitszustandes, wie etwa das Fieber.

*Signale* sind vorrangig technische „Zeichen". Meist sind sie zeitveränderliche elektrische Größen, die bei Systemen als In- und Output auftreten, aber auch intern vorkommen. Es gibt kontinuierliche, diskrete und digitale Signale (vgl. Kap. 4.2). *Daten* sind diskrete, meist feststehende Werte, insbesondere in der Rechentechnik. Einzelne digitale Werte werden *Bits* genannt. *Nachrichten* bestehen aus vielen Zeichen, sind überwiegend (neue) Mitteilungen für und von Menschen. Die sprachwissenschaftliche Pragmatik nennt eine Aussage deshalb dann informativ, wenn sie neue Informationen enthält.

## 3.3 Z-Information

Allgemein verweist ein *Zeichen* immer auf ein Objekt, Geschehen usw. Diese Beziehung wird vorrangig durch den *Interpretanten* festgelegt. Das Zeichen tritt dadurch an die Stelle des Objektes. Dazu muss es für den Interpretanten (ein Mensch, ein Tier, ein technisches Gerät, evtl. sogar eine Pflanze) wahrnehmbar oder feststellbar sein. Deshalb müssen Zeichen stofflich-energetisch sein und eine ausreichende Größe, d. h. Eigenschaftsausprägung besitzen. Im umgekehrten Sinn kann daher alles, was wahrnehmbar ist, zum Zeichen werden (vgl. Speicherung, Kap. 5). Zeichen wirken als Informationsträger auf den Interpretanten (als System) ein und erzeugen dabei ein Informat. Mit der Entwicklung der Informationstheorie (etwa ab den 1970er-Jahren wird die Information in Informat und Informationsträger zerlegt) wurde das deutlich und führte dazu, dass die Semiotik als Sonderzweig der Informationstheorie zugeordnet wurde. Wesentlich ist also nicht mehr die Wirkung (das Informat), sondern der Zweck, die Bedeutung der Zeichen. Deshalb wird dieser Zweig im Folgenden *Z-Information* genannt. Infolge ihrer stofflich-energetischen Eigenschaft sind Zeichen auch immer reale Objekte. Diese Verkopplung von Zeichen und Objekt kann zu Mehrdeutigkeiten führen. Über den Kontext der Verwendung lässt sich diese Mehrdeutigkeit relativ gut vermeiden (Abb. 3.2).

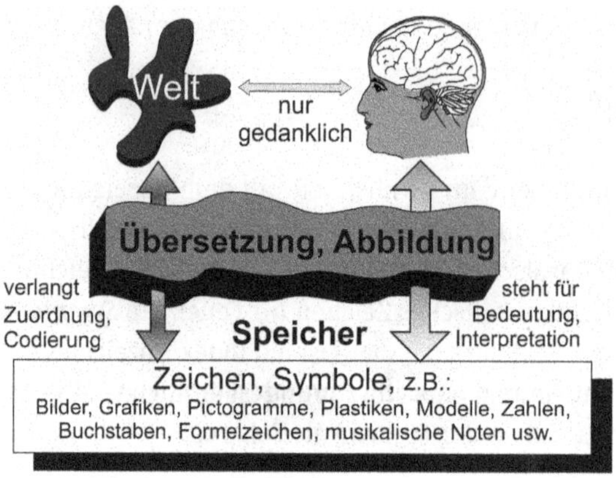

**Abb. 3.2:** Zeichen, Symbole usw. ermöglichen durch gedankliche Abbildung einen indirekten Zugriff auf Objekte der Realität (Welt).

## 3.4 Komprimierung von Information

Zeichen lassen sich meist wesentlich leichter als die ihnen zugeordneten Objekte handhaben. Viele Zeichen gestatten auch eine Komprimierung. Damit stehen Aspekte der Semiotik in engen Zusammenhang mit der Komprimierung (Kap. 4.6). Im Folgenden werden die wichtigsten Möglichkeiten kurz erläutert.

Die *Reduktion* (lateinisch *reductio*: Zurückführung) senkt die Komplexität durch einfaches Weglassen von unwesentlichen Aspekten der Aussage. Sie wurde vor allem von Wilhelm von Ockham eingeführt. Oft wird vom „Ockham'schen Rasiermesser" gesprochen, was bedeutet, dass das Unwesentliche nach dem Prinzip der Sparsamkeit einfach weggelassen, quasi abgeschnitten, wird. Es ist später nicht mehr verfügbar. Beispielsweise kann man einen Text dadurch kürzen, dass man die schmückenden Adjektive aus ihm entfernt.

Bei der *Abstraktion* wird ebenfalls Unwesentliches weggelassen, dafür aber Übergeordnetes gebildet. Beim Stuhl ist z. B. unwesentlich, ob er vier oder drei Beine hat oder ob er aus Holz oder Metall besteht. Wesentlich ist dagegen, dass er zum Sitzen geeignet ist. Gegenüber der Reduktion besteht der Vorteil, dass Weggelassenes nachträglich wieder hinzugefügt werden kann. Eine Verallgemeinerung hierzu wird bei der V-Information in Kapitel 6 vorgestellt.

Zeichen können auch auf andere Zeichen und deren Zusammenfassung verweisen. Das senkt die Komplexität noch stärker. Dies geschieht beispielsweise bei der Klassenbildung und Axiomatik (s. u.).

Mittels *Klassifizierung* können mehrere Objekte zu einer Gesamtheit zusammengefasst werden. Auch dabei können abstrakte Inhalte erzeugt und konkrete verringert werden. Vielfach genügt es, ein gemeinsames Kennzeichen der Objekte auszuwählen (Abb. 3.3). Die hierfür typische Ja/Nein-Entscheidung erfolgt vorwiegend einzeln für jedes

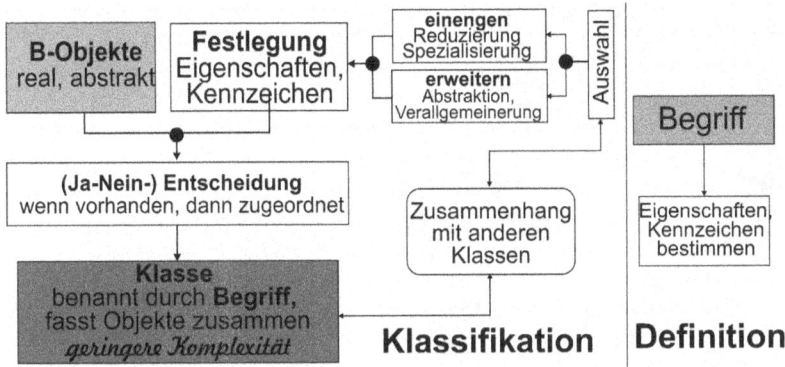

**Abb. 3.3:** Zusammenhänge bezüglich der Klassifikationen und Vergleich mit der Definition

Objekt. Die klassifizierenden Begriffe sind häufig durch den Plural gekennzeichnet. Der Begriff „Häuser" betrifft etwa eine beachtliche Vielzahl einzelner, zum Teil unterschiedlicher Ausführungen des Hauses. Ähnlich wirkt sich die Bildung durch das Weglassen des Artikels aus („Computer" versus „der Computer"). Es gibt jedoch einige klassifizierende Wörter im Kollektivsingular: Gemüse, Obst, Gesang, Musik und Schall. Die Klassifikation kommt als Vorgang in allen Bereichen des Denkens, wie der Philosophie, der Psychologie und der Ethnologie vor. Theoretisch sind für viele ausgewählte Zeichen (Objekte) sehr viele Klassifikationen möglich. Die jeweilige Auswahl ist relativ frei wählbar und daher zuweilen subjektiv bestimmt. [1] Technisch erfolgt die Klassifikation unter anderem bei der rechnergestützten optischen Zeichenerkennung (engl. *Optical character recognition*, OCR) und bei der Spracherkennung.

Die *Definition* verfährt umgekehrt zur Klassifikation. Sie kennzeichnet Objekte durch ihre wesentlichen Eigenschaften. Zwischen Objekten und damit auch Zeichen bestehen umfangreiche Zusammenhänge, die zum Teil in der Syntax ausgedrückt sind, wozu auch Zeitabhängigkeiten gehören. Dies zu beschreiben ermöglicht die *Axiomatik*. Sie benutzt hierfür erstens *Axiome* (statische Festlegungen), die unmittelbar einsichtig sind und daher nicht mehr hinterfragt werden; ein Axiom der Newton'schen Gleichungen ist beispielsweise die Gravitation. Hinzu kommen zweitens *Regeln* zum Umgang mit den Axiomen. Mittels beider lassen sich dann Folgerungen ableiten. Typische Beispiele sind die Euklid'sche Geometrie, die Newton'schen Axiome für die Bewegung einschließlich der Gravitation und die allgemeine Relativitätstheorie Einsteins.

Wenige Axiome und Regeln ersetzen auf diese Weise viele einzelne, auch abstrakte Zeichen-Objekt-Beziehungen. (Abb. 3.4) Die Anwendung der Axiomatik ist meist relativ einfach, kann aber sehr zeitaufwendig werden. Dagegen sind die Axiome und Regeln meist nur sehr schwer zu finden. Deshalb gilt die Neuentdeckung von Axiomatiken als

---

1 Dies zeigt sich insbesondere dann, wenn Kinder klassifizieren: Kinder, die in der Nähe von Flugplätzen wohnen, fassen Flugzeuge, Fliegen, Wespen usw. häufig zu „Fliegern" zusammen.

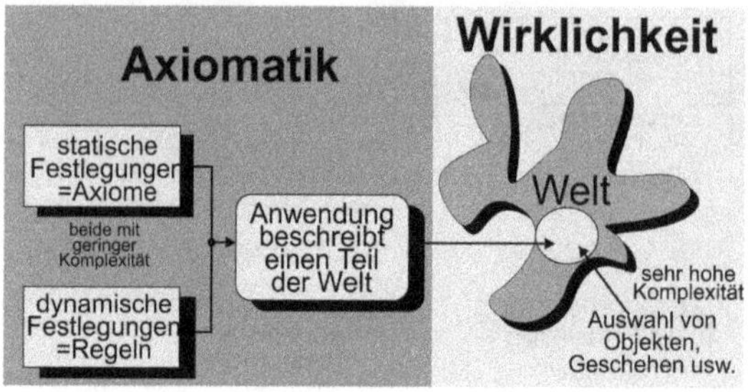

**Abb. 3.4:** Prinzip der Axiomatik zur Komplexitätsreduktion

besonders große wissenschaftliche Leistungen und diese tragen daher häufig die Namen der Wissenschaftler:innen.

## 3.5 Wissen und Information

Die Anwendung der Zeichen und die Beispiele der Klassifikation und Axiomatik legen es nahe, dass die Z-Information wesentlich für das Wissen ist. Doch bei genauer Analyse zeigt sich teilweise ein erheblicher Unterschied.

*Information* verlangt immer ein Empfangssystem, bei dem der Informationsträger das Informat hervorruft. Hierfür ist die Dreiheit *Informationsträger, System* und *Informat* notwendig. Das Informationsgeschehen erfolgt meist gemäß Ursache und Wirkung im Zeitablauf und wird besonders deutlich bei technischen Systemen. Die ihnen zugeführten Signale (zeitabhängige Zeichen) sind dabei meist bedeutungslos. Das Typische für die Z-Information besteht darin, dass etwas Reales durch Zeichen ersetzt wird und so den einfacheren Umgang damit ermöglicht. Dadurch sind auch vielfältige Vereinfachungen, vor allem durch Klassenbildung und Axiomatik, möglich.

*Wissen* ist, ganz im Gegensatz dazu, zunächst nur im Menschen (geistig) vorhanden und in seinem Gedächtnis gespeichert (Abb. 3.5). Es wird von dort ins Bewusstsein gehoben und ist teilweise über das kollektive Gedächtnis mit dem Wissen anderer Menschen verquickt (Kap. 5.5). Zur Erweiterung des Gedächtnisses kann Wissen schriftlich, bildlich oder akustisch, immer jedoch zeichenhaft, mit technischen Mitteln gespeichert werden. Aus der Perspektive der Informationstheorie ist Wissen – außer bei den es verändernden Lernvorgängen – statisch. Erst seine Nutzung kann etwas bewirken (Informat). Es gibt kein Wissen in Geräten, Computern oder Robotern. In ihnen existieren Informationsträger mit der potenziellen Möglichkeit, Wirkungen bzw. Informate zu erzeugen. Ob Wissen bei Tieren vorhanden sein kann, hängt davon ab, ob wir ihnen ein Bewusstsein zusprechen.

**Wissen und Information**

**Abb. 3.5:** Zur Unterscheidung von Wissen und Information

# 4 Shannon und die Übertragung

Claude Elwood Shannon zählt zu den bedeutendsten Wissenschaftlern des 20. Jahrhunderts auf dem Gebiet der Nachrichtentechnik. Ohne seine Theorie würde die heutige Informationstechnik bestenfalls technisch funktionieren, aber wohl kaum verstanden werden. Dabei muss betont werden, dass es zur Zeit seiner Arbeiten noch keine Digitaltechnik gab. Von ihm existieren nur wenige, dafür aber wissenschaftlich fundamentale Arbeiten. Hierzu gehört die bereits 1938 in seiner Masterarbeit entwickelte Schaltalgebra (vgl. Kap. I.6). In seiner Dissertation (1940) entwarf er eine Algebra für die theoretische Genetik. 1941 wurde er Fellow am *IAS* (*Institute for Advanced Study*, Princeton). Während des Zweiten Weltkriegs erarbeitete er wichtige Grundlagen zur Kryptografie. Von 1941 bis 1972 war er im mathematischen Institut der *Bell*-Laboratorien beschäftigt. 1948 legte er seine zentrale Arbeit zur Nachrichtentechnik vor. 1958 wurde er Professor am *MIT* (*Massachusetts Institute of Technology*).[1] 1948 liegt die Arbeit von Wiener zur Kybernetik vor und etwa gleichzeitig benennt John Wilder Tukey das „Bit" (*binary digit*; englisch: *digit* = Zahl, Ziffer, Finger) als kleinste Nachrichteneinheit. Ein Bit ist die kleinstmögliche Informationseinheit. Es kann die Werte 1 oder 0 annehmen. (Siehe hierzu die Ausführungen zur Binärarithmetik, Kap. I.5.)

Shannons „Mathematical Theory of Communication" (Shannon 1949) ist die wichtigste Grundlage der Informationstheorie und das, obwohl der Begriff Information darin gar nicht vorkommt. Wesentlicher Inhalt ist die technische Übertragung von Signalen, die in der Folge Shannons als *commutation* (Austausch) bezeichnet wird. Bei der Z-Information sind hingegen das Zeichen und das Bezeichnete (der Inhalt) entscheidend. Shannon sieht aber – wie er immer wieder betonte – gerade hiervon ab. Stattdessen benutzt er nur die Häufigkeit (Auftrittswahrscheinlichkeit) der verschiedenen Zeichen bzw. Signale. Das ist zunächst nicht einsichtig, denn das Ziel einer Übertragung ist ja immer ihr fehlerfreier *Inhalt*. Doch Shannon stellt eine andere Frage: Wie ist die Nachricht mit möglichst geringem Aufwand *schnell und fehlerfrei* zu übertragen? Um diese Frage zu beantworten, geht er ausschließlich von der *Häufigkeit der einzelnen Zeichen* aus. In Bezug auf Shannon erhalten alle hiermit zusammenhängenden Inhalte die Bezeichnung *S-Information*.

## 4.1 Optimale binäre Zeichenübertragung

Um Nachrichten in der kleinstmöglichen Zeit zu übermitteln, müssen zu Dekodierung notwendigen Zeichen festgelegt werden. Für die Übertragung liefert Shannons Entropie-

---

1 Zur wissenschaftshistorischen Einordnung von Shannons Leitungen müssen folgende wichtige Arbeiten genannt werden: 1924 entdeckt Küpfmüller experimentell die Einschwingzeit von Übertragungssystemen. 1928 formuliert Hartley den logarithmischen Zusammenhang zwischen Signalzahl und Information. 1933 entwickelt Kotelnikow erste Grundlagen zum Abtasttheorem.

https://doi.org/10.1515/9783111036540-014

Formel die theoretisch untere Grenze der gemittelten Bit/Zeichen für die gewählte Nachricht. Zugleich kann die Entropie-Formel als wesentliches Zentrum seiner Publikation angesehen werden. Dabei muss betont werden, dass Shannon gleich zu Beginn seiner Publikation binäre Signale verwendet. Das ist umso erstaunlicher, als damals praktisch noch keine Digitaltechnik abzusehen war oder gar benutzt wurde. Der Grund für diesen Ansatz ist wohl im rein mathematischen Denken begründet, wird jedoch in Shannons Arbeit nicht motiviert. Zur Ableitung der Zusammenhänge wird nun vorausgesetzt:

1. Die Quelle, der Sender verfügt über $n$ unterschiedliche Zeichen, Signale $z_i$.
2. Sie besitzen einzeln die Wahrscheinlichkeiten $p_i$.
3. Der Übertragungskanal kann nur binäre 0/1-Folgen mit teilweise unterschiedlicher Länge übertragen.

Die Zusammenfassung aller Paare aus den $z_i$ und $p_i$ werden das *Alphabet des Senders* genannt.

Die Aufgabenstellung für die bestmögliche Übertragung (mit dem Grenzwert *Entropie*, vgl. nachfolgendes Kapitel) lautet dann: Wie müssen die Zeichen als 0/1-Folgen kodiert werden, damit insgesamt möglichst wenig binäre 0/1-Werte zu übertragen sind?

Bei sehr vielen digitalen Übertragungen werden üblicherweise zusätzliche Start- und/oder Stoppzeichen als spezielle 0/1-Sonderzeichen verwendet. Nur dann können nämlich die einzelnen 0/1-Folgen der $n$ zu übertragenden Zeichen richtig erkannt werden.[2] Dieses Prinzip hat technisch aber zwei Nachteile: Erstens können die Start-/Stoppzeichen nicht zur Kodierung der $n$ Zeichen benutzt werden. Und zweitens vergrößert sich durch sie die Anzahl der insgesamt zu übertragenden 0/1-Zeichen etwa auf das Doppelte.

Beides kann mit dem speziellen und sonst unüblichen sonderzeichenfreien Präfix-Code vermieden werden, der auch irreduzibeler, kommafreier und natürlicher Code genannt wird. Er besitzt die Besonderheit, dass kein gültiges Code-Wort der Anfang eines anderen sein darf. Wenn z. B. Hund ein Code-Wort wäre, dürften Hunde, Hundehütte usw. keine gültigen Code-Wörter sein. Digital gilt entsprechend: Ist 0010 ein Code-Wort, dürfen 00101, 00100, 001010 usw. nicht mehr verwendet werden. Die Codes (Zeichen) liegen bei einem Code-Baum immer an den Endknoten und das bewirkt, dass kein verlängertes Zeichen existieren kann. Beim nicht irreduziblen Morse-Code (Abb. 4.2) folgen dagegen z. B. auf ein a = „. -" noch viele weitere, längere Zeichen mit diesem Anfang. Ein weiterer großer Vorteil des Präfix-Codes besteht darin, dass er nach einem fehlerhaften (gestörten) 0/1-Signal das folgende Zeichen als 0/1-Folge automatisch wieder richtig erkannt wird. Der Code taktet sich also immer wieder richtig ein. Dies lässt sich leicht an Beispielen nachvollziehen.

Abb. 4.1 zeigt zur durchgeführten Analyse die technischen Zusammenhänge. Die Quelle verfügt über die darunter stehenden Zeichen A bis G. Dort sind auch die dazugehö-

---

2 Dieses Prinzip wird auch in der Sprache angewendet. Die Sonderzeichen sind hier die Pausen- (Leerzeichen) und Interpunktionszeichen.

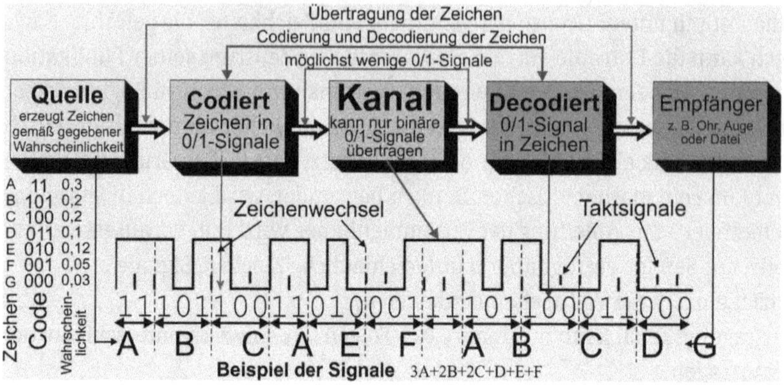

**Abb. 4.1:** Schema für die Kodierung von Zeichen, damit diese über einen Kanal für binäre Signale übertragen werden können.

renden 0/1-Folgen und die theoretischen Wahrscheinlichkeiten angefügt. Der Kodierer erzeugt aus dem jeweils ausgegeben Zeichen die entsprechende 0/1-Folge, den Code. Zur Übertragung müssen diese Zeichen noch in eine Folge hoher (für 1) und niedriger (für 0) Pegel, d. h. in Rechtecksignale umgesetzt werden. Als solche passieren sie den Kanal und werden anschließend zu den Originalzeichen dekodiert, die dann zum Empfänger gelangen. Für die zuverlässige Dekodierung sind noch Taktsignale notwendig, die als kurze Striche angedeutet sind. In der Praxis werden sie durch spezielle Schaltungen aus einer Rechteckschwingung generiert (vgl. Band 4, Kap. I.5). Für einen besseren Überblick zu den Zusammenhängen sind noch die gestrichelten Linien an den Zeichengrenzen ergänzt worden.

### 4.1.1 Der Morse-Code

Grundsätzlich ist es möglich, für jeden ausgewählten Code im Nachhinein seine Übertragungs-Effektivität zu bestimmen. Wesentlich besser ist es jedoch, einen Algorithmus zu besitzen, der einen guten oder gar den bestmöglichen Code für das Alphabet erzeugt. Müssen nur wenige Zeichen kodiert werden, so können dazu Tabellen erzeugt werden. Für die Konstruktion hat sich jedoch die Verzweigungsmethode mittels hierarchischer Bäume bewährt. Sie sei hier am binären Morse-Code[3] demonstriert (Abb. 4.2). Verzweigt der Baum durch gestrichelte Linien nach rechts, so werden Striche ausgegeben. Nach links sind es Punkte gemäß den ausgezogenen Linien. Bei diesem Baum werden alle Knoten für die Zeichen benutzt. Deshalb gilt: [.] = e, [..] = i usw. Folglich erzeugt der Morse-Code keinen Präfix-Code, denn e ist der Anfang von „i, a, s, u usw. Deshalb wird als zweites Sonderzeichen eine dreimal solange Pause für den Zeichenbeginn und dessen

---

3 benannt nach Samuel F. B. Morse, der ihn 1838 entwickelt hat.

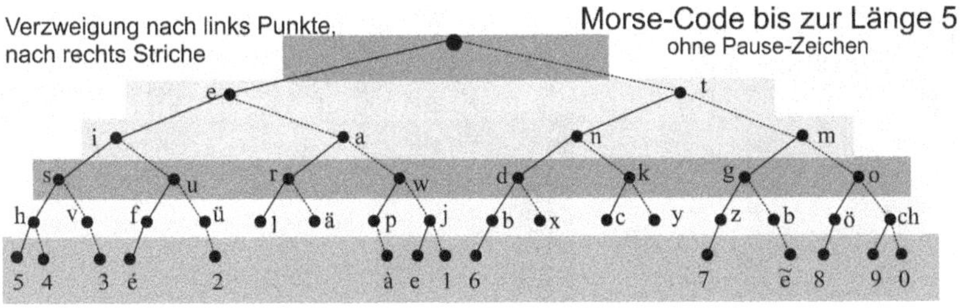

**Abb. 4.2:** Code-Baum des Morse-Codes

Ende benutzt. Zur Erhöhung der Übertragungssicherheit hat Morse zusätzlich einen noch längere Pause für Wortanfang bzw. -ende vorgesehen. Es wird so ganz deutlich, dass diese Zusätze den Aufwand und die Zeit für die Übertragung erheblich verlängern. Ohne die drei Pausen ist außerdem keine eindeutige Kodierung möglich. Die Punktstrich-Folge [......-..-..-....-..] ermöglicht entsprechend den Morsezeichen a = [.-], d = [-..], e = [.]; h = [....], i = [..], l = [.-..], n = [-.], r = [.-.], s = [...] und w = [.-] folgende Dekodierungen: „seinen adel", „herr weil" oder „ies nah d".

Wichtig ist aber, dass genau dann ein binärer Präfix-Code entsteht, wenn für die Zeichen nur die Endknoten eines sich sonst beliebig zweifach hierarchisch verzweigenden Baumes verwendet werden. Für die Konstruktion der optimalen Kodierung sind dann nur noch zusätzliche Bedingungen zu finden.

### 4.1.2 Mögliche Kodierungen und die Entropie

Für die Kodierung geht Shannon von einem vollständigen binären Baum der Tiefe $k$ (vgl. Band 2, Kap. I.6) aus. Er besitzt $m = 2^k$ Endknoten und ermöglicht daher $m$ Zeichen zu kodieren. Gibt es aber $n \neq m$ Zeichen, so ist von einer Tiefe $k \geq \mathrm{ld}(n)$ auszugehen.[4] Bei $m > n$ gibt es zu viele Endknoten. Deshalb legt Shannon einige Endknoten zusammen und verkürzt so teilweise den Baum. Für die sieben Zeichen von Abb. 4.1 entsteht z. B. die Abb. 4.3(b). Oft sind mehrere (unterschiedliche) Verkürzungen möglich.

Besteht der Baum nur aus Endknoten, ist der Präfix-Code gesichert. Doch wie groß ist der Aufwand für die Übertragung? Dazu ist das statistische Mittel über alle Zeichen zu bestimmen. Es müssen die Wahrscheinlichkeiten $p_i$ der Zeichen berücksichtigt werden. Ferner gehört zum $i$-ten Zeichen die Code-Länge $c_{Li}$ (= zugehörige Baumtiefe). Das Produkt beider ergibt den mittleren erforderlichen Aufwand. Deshalb werden die Produkte für alle Zeichen summiert. So ergibt sich der gemittelte Aufwand je Zeichen, der *Code-Aufwand ($C_A$)* heißt:

---

[4] $\mathrm{ld}(x)$ ist der Logarithmus zur Basis 2 (logarithmus dualis), also der binäre Logarithmus $log_2 x$.

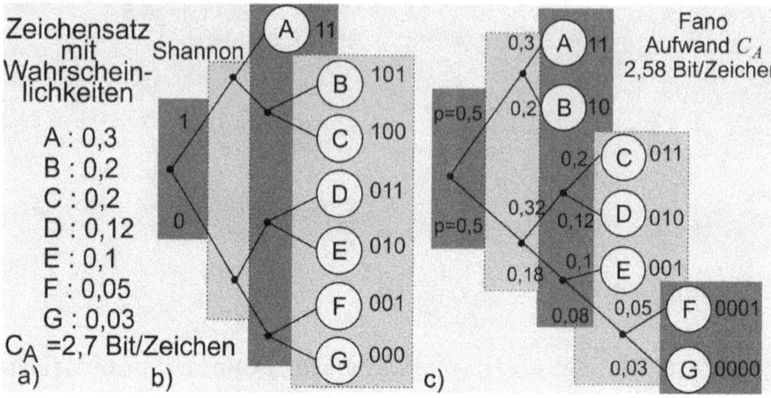

**Abb. 4.3:** Zwei Kodierungen des Alphabets a) mit 7 Zeichen. Verzweigt der Baum nach oben, so wird eine 1, nach unten eine 0 kodiert. b) Der Shannon-Code fasst nun zwei Endknoten zusammen und dorthin wird das Zeichen mit der größten Wahrscheinlichkeit (A) abgelegt. Es erhält den Code 11. c) zeigt den Code-Baum für den Fano-Code.

$$C_A = \sum_{i=1}^{n} p_i \cdot c_{Li}$$

Für das Beispiel berechnet es sich also gemäß A: 0,3×2 + B: 0,2×3 + C: 0,2×3 + D: 0,12×3 + E: 0,1×3 + F: 0,05×3 + G: 0,03×3 zu 2,7 Bit/Zeichen.

Die nächstbessere Kodiermethode schuf 1949 Robert Mario Fano. Für das ausgewähl-te Beispiel zeigt das Ergebnis Abb. 4.3(c). Für die Knoten werden ausgewählte Zeichen immer so zusammengefasst, dass etwa die Hälfte der dazugehörenden Wahrschein-lichkeiten nach oben bzw. nach unten verzweigt. Im Beispiel entsteht dadurch ein Code-Aufwand von nur 2,58 Bit/Zeichen. 1954 wurde der dazu verwendete Algorithmus durch einen noch besseren von David Albert Huffman ersetzt (Huffman 1952). Sein Ergebnis zeigt Abb. 4.4. Es werden nur noch 2,56 Bit/Zeichen benötigt. Dafür ist seine Konstruktion aber recht umständlich, wie der Algorithmus zeigt:

1. Die Zeichen sind nach fallender Wahrscheinlichkeit zu sortieren.
2. Die beiden Zeichen mit kleinster Wahrscheinlichkeit werden mit 0 bzw. 1 kodiert (bei Wiederkehr wird der zu ergänzende Code immer vor dem vorhandenen eingefügt).
3. Beide Zeichen sind aus dem Symbolvorrat zu entfernen und werden als ein neues Hilfszeichen (Superzeichen) mit den addierten Wahrscheinlichkeiten eingefügt.
4. Bei 1. ist so lange fortzufahren, bis jeweils nur noch zwei Hilfszeichen existieren.

Es ist erstaunlich, dass seit 1952 kein besseres Kodierverfahren gefunden wurde. Deshalb wird vermutet, dass es auch kein besseres geben kann (Fano 1966).

Unabhängig davon lässt sich eine theoretische Grenze für die bestmögliche Kodie-rung bestimmen. Es ist unbekannt, wie Shannon sie gewonnen hat, und leider gibt es für sie auch keine überzeugende Begründung oder Ableitung. Im Folgenden wird versucht,

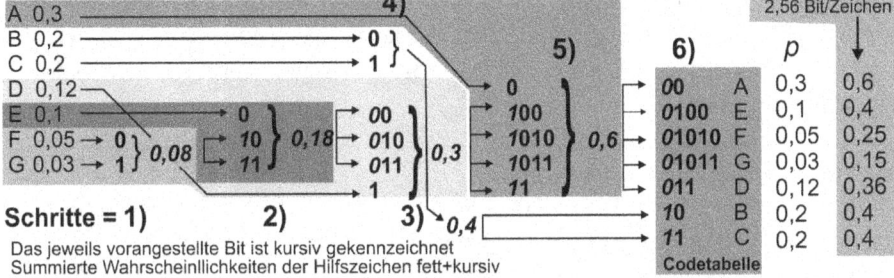

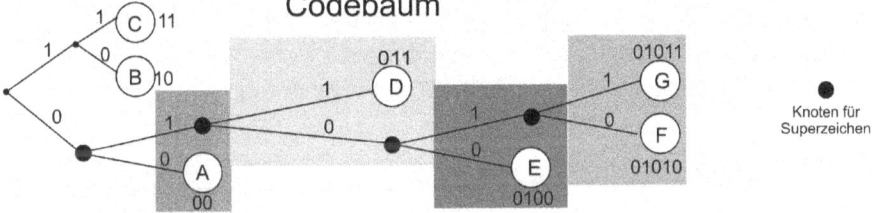

**Abb. 4.4:** Der obere Teil zeigt den Ablauf der Kodierung und die so gewonnenen Kodierungen. Im unteren Teil ist der entstandene Code-Baum in üblicher Darstellung gezeigt.

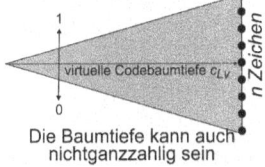

**Abb. 4.5:** Virtueller (theoretischer) Code-Baum der Tiefe $c_{Vi}$. Wie die Verzweigungen darin verlaufen, muss nicht bekannt sein. Für $n \neq 2^x$ ($x$ ganzzahlig) müssen die Verzweigungen nicht einmal ganzzahlig auftreten.

die Entropie-Formel anschaulich zu erklären: Es werden beliebige viele ($n$) ganzzahlige Zeichen zugelassen. Zu ihnen führt ein virtueller binärer Baum, der dadurch die nichtganzzahlige Tiefe $c_{Li} = ld(n)$ besitzt (Abb. 4.5). So ergibt sich der Code-Aufwand zu

$$C_A = \sum_{i=1}^{n} p_i \cdot c_{Lv}$$

Alle Zeichen besitzen hier die gleiche Code-Länge, sodass im Prinzip eine Vereinfachung der Formel möglich ist. Wird aber für die Zeichen zunächst eine Gleichverteilung angenommen, so besitzen sie alle den Wert $p = 1/n$. Wird diese Beziehung formal in die Formel (aber gleich für alle möglichen Teil-Wahrscheinlichkeiten $p_i$ der Zeichen) eingesetzt, so folgt die Entropie-Formel:

$$H = \sum_{i=1}^{n} p_i \cdot ld(n) = - \sum_{i=i}^{n} p_i \cdot ld(p)$$

Für das Beispiel ergibt sie den kleinstmöglichen Wert von 2,52 Bit/Zeichen.

Das Minuszeichen im zweiten Teil ist nur eine Folge davon, dass die Wahrscheinlichkeit $p_i < 1$ und somit $ld(p_i) < 0$ sind. Es hat also keine eigene oder gar neue Bedeutung, sondern wird nur benötigt, damit positive Werte vorliegen. Weitere Hinweise hierzu enthält das folgende Unterkapitel.

---

**❗ Begriffserklärungen: Entropie nach Shannon**

Die Entropie ist der theoretisch kleinstmögliche Kodieraufwand.

---

Unmittelbar einsichtig ist das für $n = 2^x$ ($x$ ganzzahlig) Zeichen. Zur weiteren Begründung folgen hier noch zwei andere Erklärungen: Geht man von $m=4$ binären Speicherplätzen aus, so sind aufgrund ihrer möglichen 0/1-Belegungen $n = 2^4 = 16$ Zeichen möglich. Das mit 0100 kodierte Zeichen ist in der Tabelle 4.1 hervorgehoben:

**Tab. 4.1:** Kodieraufwand

| binärer Speicherplatz | zulässige, herstellbare Zeichen, Zustände Symbol-Realisierungen, konkrete Signale |
|---|---|
| 1 | 0000000011111111 |
| 2 | 0000111100001111 |
| 3 | 0011001100110011 |
| 4 | 0101010101010101 |
| m | $n = 2^m$ |

Hier sind zu unterscheiden:
- Die Zellen (Speicherplätze) für die Information, also $m$ Bit, mit der Länge der Bitfolgen.
- Die so möglichen, nämlich damit herstellbaren $n = 2^m$ Zeichen bzw. $m = ld(n)$.

Zwischen der Zeichenzahl $n$ und der Informationsmenge $m$ besteht also ein binärlogarithmischer Zusammenhang. Ferner müssen die Wahrscheinlichkeiten der Zeichen berücksichtigt werden. Nur wenn diese gleichwahrscheinlich sind, gilt für alle $p = \frac{1}{n}$, sonst tritt ein individueller Wert $p_i$ auf. Er wirkt sich auf die Information logarithmisch aus, also $-ld(p_i)$. In der Statistik ist es üblich, ein Gewicht proportional zur Wahrscheinlichkeit $p_i$ einzuführen. So folgt für jedes Zeichen der Teilwert der Entropie (minimal möglicher Informationswert) zu $H = -p_i \cdot ld(p_i)$.

Er wird nach Helmar Frank *Auffälligkeit* des Zeichens genannt (Frank 1969). Seine Auswirkungen werden in Kapitel 4.7 behandelt. Wird $h$ über alle Zeichen summiert, so folgt daraus die Entropie-Formel. Allgemein gilt folglich $H \le C_A$. In vielen Fällen kann jedoch mit den verfügbaren Kodierungen nicht die Gleichheit zwischen Entropie und

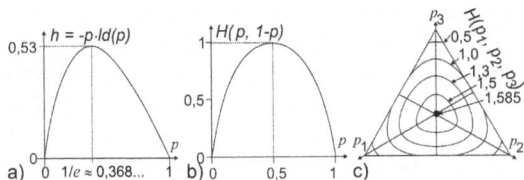

**Abb. 4.6:** Verlauf der Entropiewerte für 2 (b) und 3 (c) Zeichen. a) gilt für den Einzelterm in der Entropie.

Code-Aufwand erreicht werden. Deshalb wird die *Redundanz*[5] des Codes als $R = C_A - H$ definiert. Gebräuchlicher ist die *relative Redundanz*:

$$r = \frac{C_a - H}{H}$$

Bereits Shannon zeigte, dass die Redundanz prinzipiell auf Null reduziert werden kann. Dazu führte er Kombinationszeichen (etwa AA, AB bzw. ABC, ABDE usw.) ein. Sie sind deutlich länger (theoretisch sogar unendlich lang), kommen in größerer Anzahl vor und benötigen bei der Kodierung und Dekodierung zusätzlichen Speicherplatz. Außerdem verzögern sie die Übertragung, denn die Dekodierung kann immer erst dann erfolgen, wenn ein vollständiges Kombinationszeichen vorliegt. Daher wird dieses Prinzip nur selten und immer begrenzt auf die Länge der Zeichen benutzt. Es kann aber als weiteres Argument für die Gültigkeit der Entropie-Formel gelten.

### 4.1.3 Ergänzungen zur Entropie

Ein Vergleich der Formeln für die Entropie und den Code-Aufwand macht die aufgezeigten Übergänge noch deutlicher. Abb. 4.6 zeigt den Verlauf der Entropie in Abhängigkeit von den Wahrscheinlichkeiten. Abb. 4.6(a) gilt für den einzelnen Term mit dem größten Wert für $p_i$ bei $\frac{1}{e} \approx 0,368$ also rund 37 %, der von H. Frank benannten *Auffälligkeit* (s.o.). Für zwei Zeichen gilt Abb. 4.6(b). Das Maximum wird bei gleicher Wahrscheinlichkeit beider Zeichen angenommen. Ist die Wahrscheinlichkeit eines Zeichens besonders groß (und die des anderen damit besonders klein) so strebt die Entropie gegen Null. Das Zeichen mit dem großen Wert ist eben sehr wahrscheinlich, das andere tritt nur selten auf. Für drei Zeichen gilt Abb. 4.6(c). Die Entropiewerte sind hier als Höhenlinien für H = 0,5; 1,0; 1,3; 1,5 und 1,585 eingetragen. Wie immer tritt die größte Entropie bei Gleichverteilung, also bei $p_1 = p_2 = p_3 = \frac{1}{3}$, auf.

Streng genommen gilt die Entropie-Formel für Wahrscheinlichkeiten des Auftretens von Zeichen. Hierzu muss der entsprechende Wert vor dem „Versuch" (dem Ereignis) feststehen. Das gilt z. B. bei Lotterien, Los-Urnen, Knobeln usw. sowie bei echten Zufallszahlen. Es wird dann von a-priori-*Wahrscheinlichkeit* gesprochen. Doch in vielen Fällen

---

5 Dieser mathematische Redundanz-Begriff unterscheidet sich von der alltagssprachlichen Verwendung.

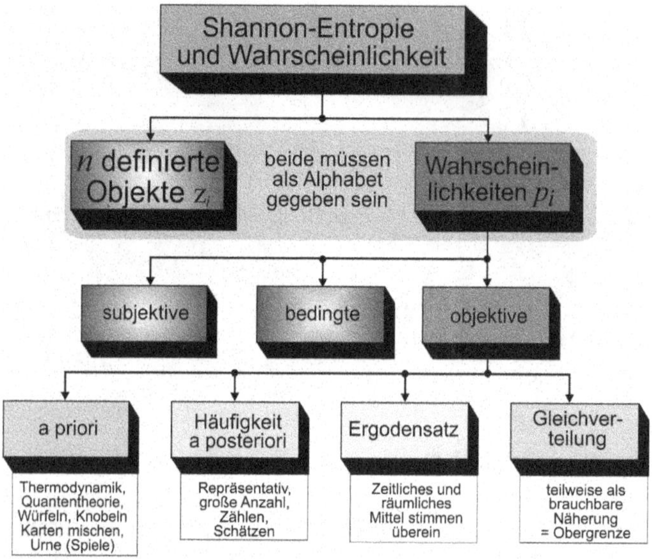

**Abb. 4.7:** Varianten der Wahrscheinlichkeiten für die Shannon-Entropie

werden Zufallswerte erst durch nachträgliche Zählung einer repräsentativen Gesamtheit gewonnen. Für sie muss dann eigentlich der Begriff *Häufigkeit* verwendet werden. Zuweilen wird auch der Begriff *a-posteriori-Wahrscheinlichkeit* benutzt. Solche Werte besitzen immer eine gewisse Unsicherheit. Sie ist durch die Größe der repräsentativen Auswahl begrenzt. Besonders unsicher sind die Häufigkeiten, wenn sie nur durch Schätzungen gewonnen werden. Zuweilen wird hierfür deshalb eine Gleichverteilung angenommen. Sie liefert dann den oberen Grenzwert für ein Ensemble aus den gegebenen Zeichen. In Abb. 4.7 sind außerdem noch die Besonderheiten der *subjektiven* (auf die noch später eingegangen wird) und der *bedingten Wahrscheinlichkeiten* eingetragen. Die Quantentheorie verlangt noch eine dritte, *absolute* Wahrscheinlichkeit (Kap. 7.1).

Schließlich sagt der *Ergodensatz* noch etwas über die Randbedingungen bei der Ermittlung der Wahrscheinlichkeiten aus. Bei einer Urne macht es z. B. keinen Unterschied, ob die Kugeln nacheinander oder gleichzeitig herausgenommen werden. Bei der Sprache können sich diese Werte jedoch unterscheiden: Jeder Sprecher ändert ständig seinen Wortschatz und seine Wortwahl. Daher ist der Ergodensatz auf Sprache nicht anwendbar, denn die parallele Auswahl der Zeichen kann sich dadurch von der zeitlich nacheinander erfolgenden unterscheiden.

### 4.1.4 Andere Entropie-Begriffe

Es gibt mehr als zehn verschiedene Entropien, die eine sehr weite Auslegung des Clausius-Zitates (s. u.) darstellen. Die folgenden Ausführungen stellen die Entropie-Begriffe von

Shannon und Boltzmann bezüglich eines Wirkungsgrades dar und sind u.a. in (Völz 2001:127ff. und 169ff.) genauer erklärt. Beiden gemeinsam ist, dass sie wesentliche Grundlagen für zwei technische Revolutionen sind: Ab Mitte des 18. Jahrhundert war die Dampfmaschine allgemein verfügbar. Durch sie wurde die menschliche und die Pferdekraft deutlich übertroffen und daher ersetzt. Damit begann die industrielle Revolution. Inhaltlich begründet werden die Zusammenhänge der Wärme-Kraft-Kopplung durch den Carnot-Kreisprozess von 1824 und die thermodynamischen Entropien, zunächst 1854 von Clausius und dann 1857 von Boltzmann (vgl. Band 3, Kap. II.6.3). Die Shannon-Entropie, publiziert in den 1940er-Jahren (Kap. 4), bestimmt dagegen entscheidend die Nachrichten- und Informationstechnik. Beide haben außerdem gemeinsam, dass ihre Formeln den Logarithmus und die Wahrscheinlichkeit enthalten. Wahrscheinlich schlug Norbert Wiener wegen dieser formalen Ähnlichkeiten für Shannons Formel den Namen Entropie vor. Teilweise gehört dazu auch eine zumindest sehr unglücklich formulierte Aussage von Wiener, auf die aber erst am Ende dieses Kapitels eingegangen werden kann. *Ansonsten sind die beiden Entropien aber unvergleichbar.* Insbesondere besitzt die Shannon-Entropie die Maßeinheit Bit/Zeichen und gilt immer für ein komplettes Ensemble von Zeichen. Die Boltzmann-Entropie gilt dagegen für den einzelnen ausgewählten Zustand des Systems bezüglich der mechanisch nutzbaren thermischen Energie.

Eine Dampfmaschine wandelt Wärmeenergie $Q$ in mechanische Energie um. Sehr ähnlich gilt das für alle Verbrennungsmotoren. Die dabei auftretende theoretische Grenze bestimmte Nicolas Léonard Sadi Carnot mit dem idealen Kreisprozess. Darin sind die absolute Temperatur $T$ der Wärme-Quelle und die der Umwelt entscheidend. Deshalb führte Rudolf Clausius 1865 den Begriff der Entropie ein:

---

**Begriffserklärungen: thermodynamische Entropie**

„Sucht man für S (die Entropie) einen bezeichnenden Namen, so könnte man, ähnlich wie von der Größe U (der inneren Energie) gesagt ist, sie sey der Wärme- und Werkinhalt des Körpers, von der Größe S sagen, sie sey der Verwandlungsinhalt des Körpers. Da ich es aber für besser halte, die Namen derartiger für die Wissenschaft wichtiger Größen aus den alten Sprachen zu entnehmen, damit sie unverändert in allen neuen Sprachen angewandt werden können, so schlage ich vor, die Größe S nach dem griechischen Worte »tropae«, die Verwandlung, die Entropie des Körpers zu nennen. Das Wort Entropie habe ich absichtlich dem Wort Energie möglichst ähnlich gebildet, denn die beiden Größen, welche durch diese Worte benannt werden sollen, sind ihren physikalischen Bedeutungen nach einander so nahe verwandt, daß eine gewisse Gleichartigkeit in der Benennung mir zweckmäßig zu seyn scheint." (Zit. n. Eigen 1983:164)

---

Das theoretisch mögliche Maximum der gewinnbaren Energie bestimmte Carnot zu $\Delta S = \Delta Q / T$. Anschaulich entspricht dies den reziproken Stromkosten eines Kühlschranks bezüglich der Innen-Temperatur $T$: Je tiefer diese ist, desto höher die Stromkosten gemäß kWh/$T$. Die Clausius-Entropie besitzt also keine erkennbare Beziehung zur Shannon-Entropie. Diese entstand erst durch Boltzmann, als dieser zur statistischen Thermodynamik überging.

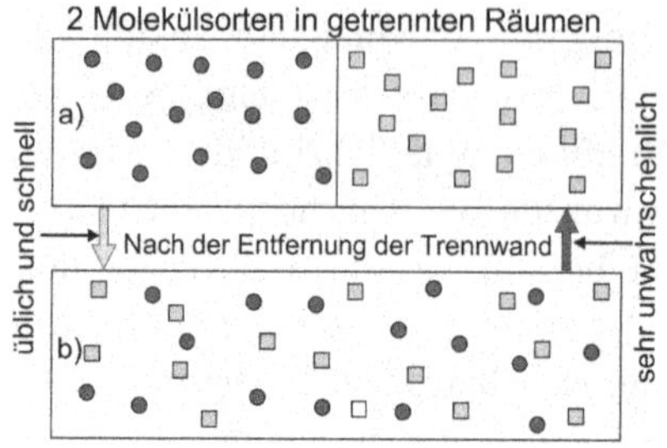

**Abb. 4.8:** Infolge von thermodynamischen Stößen füllen Moleküle den zur Verfügung stehenden Raum fast immer vollständig aus.

Ursprünglich wurde Wärme als Stoff betrachtet. 1738 erkannte sie Daniel Bernoulli als ungeordnete Bewegung von Molekülen. 1859 bestimmte James Clerk Maxwell ihre Geschwindigkeitsverteilung. Wesentlich erweitert wurde die Erkenntnis 1868 von Ludwig Boltzmann. Durch die Wärme-Energie bewegen sich die Moleküle statistisch im Raum mit der mittleren Geschwindigkeit:

$$v_{th} = \sqrt{\frac{2kT}{m}}$$

In dieser Formel bedeuten $m$ die Molekülmasse, $k$ die Boltzmann-Konstante (s. u.) und $T$ die absolute Temperatur. Bei ihrer Bewegung stoßen die Moleküle aufeinander oder treffen auf die Wände (etwa des Kühlschranks aus obigem Beispiel). Dabei werden sie reflektiert. So nutzen sie den Raum vollständig aus und erzeugen dabei den pauschalen Gasdruck.

Werden zwei Molekülarten durch eine Trennwand in einem Gefäß untergebracht, so zeigt sich nach einer bestimmten Zeit der obere Teil von Abb. 4.8. Wird die Trennwand entfernt, so vermischen sich die Moleküle durch ihre Bewegungen und jede Art erfüllt den gemeinsamen Raum (unterer Bildteil). Rein theoretisch könnte die Bewegung aber auch – wenn auch nur für sehr kurze Zeit – dazu führen, dass wieder die Verteilung, wie in der oberen Abb. gezeigt, eintritt. Die Wahrscheinlichkeit hierfür ist zwar extrem gering, aber nicht null. Auf diese Weise wird die Wahrscheinlichkeit zu einer wesentlichen Größe für Aussagen über den Zustand von Gasen und der Umwandlung von Wärmeenergie in mechanische Energie.

Für die statistische Betrachtung der Zustände thermodynamischer Teilchensysteme sind zunächst Mikro- und Makrosysteme zu unterscheiden. Beispielhaft sei hierzu das Mikrosystem eines Gefäßes mit zwei Mulden eingeführt (oberer Teil von Abb. 4.9). Ein dort hineingeworfenes Teilchen kann sich danach mit gleicher Wahrscheinlichkeit ($p = 0,5$) in der linken oder der rechten Mulde befinden. Für den ersten Makrozustand werden zwei Teilchen hineingeworfen. Dann treten drei Zustände mit den im Abb. 4.9 gezeigten Wahrscheinlichkeiten auf. Die Abb. zeigt außerdem die Ergebnisse für drei und vier Teilchen. Bei den Makrozuständen besitzen jeweils jene mit der Gleichverteilung die

**Mikro-Zustände**
links und rechts unterscheidbar — 0,5 / 0,5 — dazu gehörende Wahrscheinlichkeiten

**Makro-Zustände** mit verschiedenen Kugelzahlen

für 2 Kugeln — 0,25 / 0,5 / 0,25

3 Kugeln

| | | | | |
|---|---|---|---|---|
| links | 0,125 | 0,25 | 0,125 | 0 |
| rechts | 0 | 0,125 | 0,25 | 0,125 |
| Summe | 0,125 | 0,373 | 0,375 | 0,125 |

4 Kugeln

| | | | | | |
|---|---|---|---|---|---|
| links | 0.0625 | 0.1875 | 0,1875 | 0.0625 | 0 |
| rechts | 0 | 0,0625 | 0,1875 | 0,1875 | 0,0625 |
| Summe | 0,0625 | 0,25 | 0,375 | 0,25 | 0.0625 |

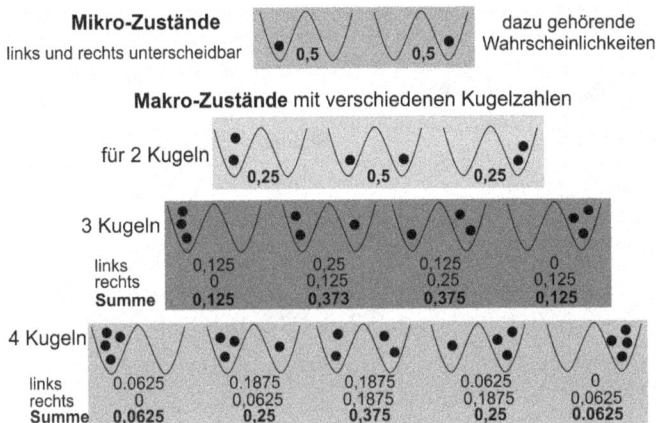

**Abb. 4.9:** Ein Mikro- und drei Makrosysteme am Beispiel eines Systems mit zwei Mulden für die Belegung mit Teilchen

höchste Wahrscheinlichkeit. Wird das Gefäß stark geschüttelt, so können die Teilchen in die jeweils anderen Mulden springen. Dadurch wird der Zustand mit der größten Wahrscheinlichkeit besonders häufig. (Dieser Vorgang entspricht dem o. g. möglichen Energiegewinn.)

Allgemein betrifft ein Makrozustand ein System, in dem $N$ Mikroteilchen zusammengefasst sind. Jedes Teilchen kann dabei einen der möglichen Mikrozustände annehmen. Aus den möglichen Kombinationen ergeben sich verschiedene Makrozustände. Bei gleichen Mikroteilchen mit jeweils zwei Mikrozuständen ergeben sich $2^N$ Makrozustände. Jeder Makrozustand hat seine eigene Makrowahrscheinlichkeit $W$ und Entropie $S$. Werden zwei Systeme $W_1$ und $W_2$ mit den Entropien $S_1$ und $S_2$ zusammengefasst, so müssen sich die Wahrscheinlichkeit multiplizieren und die Entropien addieren: $W = W_1 \cdot W_2$ und $S = S_1 + S_2$. Der Zusammenhang zwischen Leistung und Entropie ist daher logarithmisch. So ergibt sich die Boltzmann-Entropie:

$$S = k \cdot \ln(W)$$

Mit der (Boltzmann-)Konstanten $k \approx 1,38065 \cdot 10^{-23}$ Joule/Kelvin fand Boltzmann die Übereinstimmung mit der Clausius-Entropie. Außerdem ist der Logarithmus vorteilhaft, weil für wachsendes $N$ die Wahrscheinlichkeiten sehr schnell extrem klein werden. Nun kann das o. g. unglückliche Zitat von Wiener behandelt werden:

> Der Begriff des Informationsgehaltes berührt in natürlicher Weise einen klassischen Begriff in der statistischen Mechanik: den der Entropie. Gerade wie der Informationsgehalt eines Systems ein Maß des Grades der Ordnung ist, ist die Entropie eines Systems ein Maß des Grades der Unordnung; und das eine ist einfach das Negative des anderen. (Wiener 1948:38)

In eine Urne mit zwei Vertiefungen werden zwei Kugeln geworfen. Es sei gleichwahrscheinlich in welche Vertiefung eine Kugel beim Wurf fällt. Dann sind 3 Zustände mit den Wahrscheinlichkeiten $W_v = p_v$ möglich.

Kugeln ununterscheidbar

rechts und links unterscheidbar

| Boltzmann-Entropie | Shannon-Entropie |
|---|---|
| gilt für jeden Zustand, besagt B ist am wahrscheinlichsten | minimale Anzahl binärer Fragen, die bei häufigen Versuchen für die aktuelle Größe erforderlich sind: |
| $$S_v = k \cdot \ln(W_v)$$ | $$H = -\sum_{v=1}^{n} p_v \cdot \mathrm{ld}(p_v)$$ |
| Er wird bei freier Entwicklung schließlich angenommen. Geschwindigkeit dorthin hängt von absoluter Temperatur ab. | Der Versuch ergibt einen einzigen Wert $H = 1{,}5$, anstatt der verschiedenen $S_v$. |

Ein anderes statistisches System kann 4 Zustände mit unterschiedlichen Wahrscheinlichkeiten annehmen:

$$\alpha: 0{,}4 \qquad \beta: 0{,}3 \qquad \gamma: 0{,}2 \qquad \delta: 0{,}1$$

$-S_A/k = \ln(0{,}4) \approx 0{,}9163 \quad -S_B/k = \ln(0{,}3) \approx 1{,}2040$
$-S_C/k = \ln(0{,}2) \approx 1{,}6094 \quad -S_D/k = \ln(0{,}1) \approx 2{,}3026$

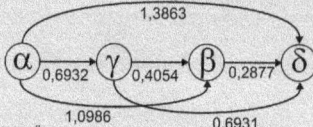

$H = 1{,}8644$ Bit /Zustand

Möglche Übergänge und relative Entropieänderungen.

**Abb. 4.10:** Vergleich der Auswirkung von statistischen Werten für die Entropien nach Boltzmann (li.) und Shannon (re.)

Zunächst ist klarzustellen, dass Ordnung und Unordnung eigentlich nur subjektive Begriffe sind. Sie verlangen immer eine Ergänzung darum, wonach etwas angeordnet wird. Für die Boltzmann-Entropie dürfte Wiener darunter den Endzustand des Wärmetodes (s. u.) gemeint haben. Bei der Shannon-Entropie dagegen tritt das Maximum bei gleichwahrscheinlichen Zeichen auf. Dabei ist aber jegliche Ordnung der Zeichen völlig belanglos. So wird die Aussage, dass eines das Negative des anderen sei, unverständlich oder gar falsch. Die Unterschiede beider Entropien werden durch den Vergleich in Abb. 4.10 deutlich. Die Boltzmann-Entropie gilt immer nur für einen der möglichen Zustände. Beim Übergang zwischen den Zuständen treten Entropie-Änderungen auf, die mit „nutzbarer" Energie zusammenhängen. Die Shannon-Entropie weist dagegen aus, wie groß der kleinstmögliche statistische Übertragungsaufwand für die Gesamtheit der Zustände (eigentlich Zeichenensemble, Alphabet) ist.

Die statistische Thermodynamik ist übrigens fast die einzige Möglichkeit, um den Zeitpfeil zu erklären. Hierzu schufen 1907 Paul Ehrenfest und seine Frau Tatiana ein Modell. Es wurde als *Hund-Flöhe-Modell* bekannt und von fast allen führenden Physikern mit mechanischen Mitteln durchgespielt. Es verlangt zwei Hunde (Urnen) und mehrere, oft 1000 nummerierte Flöhe (Teilchen). Fortlaufend wird eine Zufallszahl zwischen 1 und 1000 „gewürfelt" und der so nummerierte Floh hat danach den Hund zu wechseln. Hierbei treten zwei typische Merkmale auf (Abb. 4.11):

1.  Gemittelt über einen längeren Zeitraum geht die Entwicklung dahin, dass sich auf beiden Hunden gleichviel Flöhe, also je die Hälfte befinden. Das entspricht der Tendenz zum Gleichgewicht (Abb. 4.9 unten) und führt schließlich zum Konzept

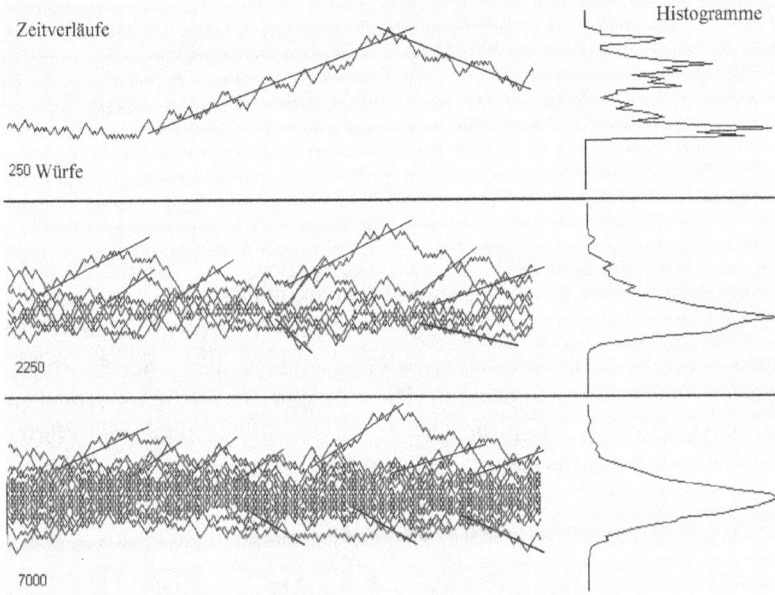

**Abb. 4.11:** Beispielverläufe für das Hund-Flöhe-Modell

des Wärmetods, gemäß des dritten Hauptsatzes der Thermodynamik. Bei Erreichen des Wärmetods gibt es in der Welt keine Unterschiede mehr, die etwas bewirken können. Die Entwicklung kommt quasi zum Stillstand und über die Vergangenheit des Systems ist nichts mehr erfahrbar. Das ist eine andere Erklärung dafür, dass von der Vergangenheit nur jenes bekannt ist, was gespeichert wurde (Kap. 5.1).

2. Andererseits treten immer wieder beachtlich lange Zeiten auf, in denen die Zahl der Flöhe auf einem Hund zunimmt. Das weisen besonders deutlich die in Abb. 4.11 hinzugefügten Geraden aus. Sie entsprechen einem Komplexerwerden des Systems. Damit ist Evolution ohne externe Energiezufuhr, also in abgeschlossenen Systemen, erklärbar: Wir leben in einer Zeit, die Evolution zulässt – ganz im Widerspruch zum Wärmetod. Diese Entwicklung ist der sonst immer zunehmenden thermodynamischen Entropie entgegengesetzt und könnte daher negentropisch genannt werden.[6] Der zuweilen benutzte Begriff der *Negentropie* betrifft damit aber keineswegs das negative Vorzeichen bei der Shannon-Entropie. In ähnlicher Weise ist auch die Behauptung von Rolf Landauer von 1961 (vgl. Bennett 1988) zu entkräften: Es behauptet, dass nicht beim Speichern, sondern beim Löschen von Daten (Wärme-)Energie frei wird.

---

6 Inhaltliches dazu enthält vor allem (Zeh 2005)

**Tab. 4.2:** Superzeichen

| Optimale Zeichen-Gruppengröße: | 2 | 3 | 4 | 5 | 6 | 7 | 8 |
|---|---|---|---|---|---|---|---|
| Bei maximaler Wortlänge: | $5,44 \approx 6$ | $22,2 \approx 23$ | $80,3 \approx 81$ | 273 | 891 | 2824 | 8773 |

### 4.1.5 Superzeichen

Unsere Wahrnehmung und unser Gedächtnis sind begrenzt. Das hat Felix Cube dazu angeregt, mit der Entropie zu berechnen, ob Zeichenkombinationen (s. o.), also die Bildung von Superzeichen, eine Senkung der Redundanz bewirken können (Cube 1965): Ein Wort bestehe aus $m = k \cdot n$ Zeichen (Zahlen oder Buchstaben). Dabei ist $n$ die Anzahl der zum Superzeichen zusammengefassten Zeichen. Es gibt also $k = \frac{m}{n}$ Superzeichen. Die Gesamtentropie des Wortes ergibt sich aus der Summe der Entropien der Wörter und der Superzeichen. Bei annähernder Gleichverteilung gilt dann:

$$H = m \cdot \mathrm{ld}(n) + k \cdot \mathrm{ld}(k)$$

Hierzu gehört das Minimum der Gesamtentropie mit $m = n \cdot e^{k-1}$. Daraus leiten sich die Werte in Tabelle 4.2 ab.

So sind die typischen Gruppierungen bei Telefonnummern (289 517 091), bei Bankkonten als IBAN (DE92 1234 5678 9876 5432 10) usw. gut erklärbar. Ähnliches gilt auch für die Bildung von Wörtern aus Buchstabenkombinationen. Auch deshalb sind Silbenwiederholungen oft so einprägsam.

## 4.2 Von kontinuierlich bis digital

Eigentlich liegen die meisten in der Natur vorkommenden Zeichen nicht binär oder digital vor. Unsere Sinne und Muskeln, gewissermaßen biologische Sensoren und Aktoren, arbeiten mit kontinuierlichen Werten. Auch die meisten Messgrößen sind kontinuierlich. Doch die Technik hat sich – insbesondere infolge des umfangreichen Einsatzes von Computern, des Internets usw. – dahingehend entwickelt, dass heute vorwiegend Digitaltechnik eingesetzt wird. Dieser Entwicklung ist jedoch der Sprachgebrauch (noch) nicht gefolgt. So werden kontinuierlich und analog vielfach gleichgesetzt, obwohl das der eigentlichen Definition deutlich widerspricht. Deshalb wird im Folgenden auf die damit zusammenhängende Begriffe: *analog, binär, digital, diskret, kontinuierlich* und *quantisiert* kurz eingegangen.

### 4.2.1 Analog und Analogie

Diese Begriffe gehen auf griechisch *lógos* (u. a. Vernunft) und lateinisch *ana* (auf, wieder, aufwärts, nach oben) zurück. Demzufolge hieße *analogia* „mit der Vernunft übereinstimmend, Gleichmäßigkeit" und das Substantiv *Analogie* „Entsprechung, Ähnlichkeit, Gleichwertigkeit, Übereinstimmung". Der Begriff wird in unterschiedlichen Bereichen verwendet, zum Beispiel:

- In der *Technik*: z. B. Analogrechner, elektromechanische Analogien; Analoguhr mit sich drehenden Zeigern (vgl. Band 3, Kap. I.3.3.8)
- In der *Kybernetik*: Technisch Systeme werden analog zu lebenden Organismen betrachtet (vgl. Band 2, Kap. III.7.2)
- In der *Logik* bei der induktiven Beweisführung: Wenn Größen in einigen Punkten ähnlich sind, dann oft auch in anderen
- In der *Literatur*: Als Stilfigur in Fabeln, Parabeln, Märchen, Gleichnissen

---

**Begriffserklärungen: analog und Analogie**                                                          **!**
*Die Begriffe analog und Analogie betreffen also immer einen Vergleich mit deutlichen Übereinstimmungen bezüglich der Funktion oder Struktur.* Sie können daher nicht auf ein einzelnes System angewendet werden. Deswegen ist die Bezeichnung „analoges Signal" eigentlich falsch, denn es fehlt der Bezug zu etwas anderem. Ein Antonym zu analog existiert nicht, insbesondere ist dies nicht „digital" oder „diskret". Es muss mit *nicht-analog (ohne Analogie)* umschrieben werden.

---

## 4.2.2 Kontinuierlich

Der Begriff *kontinuierlich* geht etymologisch auf lateinisch *continens, continuus* (zusammenhängend, angrenzend an, unmittelbar folgend, ununterbrochen, jemand zunächst stehend), *continuare* (aneinanderfügen, verbinden, fortsetzen verlängern, gleich darauf, ohne weiteres) oder *contingere* (berühren, kosten, streuen, jemandem nahe sein, beeinflussen) zurück. Auch dieser Begriff wird mehrdeutig verwendet:

- *Umgangssprache*: beharrlich, ununterbrochen, ständig. Das Gegenteil ist „unstet".
- *Mathematik*: Kontinuum der reellen Zahlen: zwischen zwei Zahlen gibt es immer eine weitere. Das gilt bei den reellen Zahlen mit unendlich vielen Ziffern. Es besteht eine Verwandtschaft zu mathematisch stetig (vgl. Band 3, Kap. I.3.3.2). Das Kontinuum betrifft auch die beliebige Annäherung an Grenzwerte.
- *Physik*: als Kontinuumsmechanik; berücksichtigt vereinfachend nicht die Mikrostruktur der Materie (insbesondere die Teilchen).
- *Technik (Signal-, Messwerte, usw.)*: Es besteht die Möglichkeit zu beliebigen Zwischenwerten bei Zeit und Amplitude (Energie). Im Gegensatz zur Mathematik besitzen Messwerte infolge von Störungen jedoch immer einen Fehlerbereich. Damit hängt die endliche Stellenzahl der gemessenen Ausprägungen und deren Streubereich zusammen. Nur bei einer rückwirkenden Abbildung auf Ähnliches entstehen „analoge" Signale als Teilmenge der kontinuierlichen Signale.

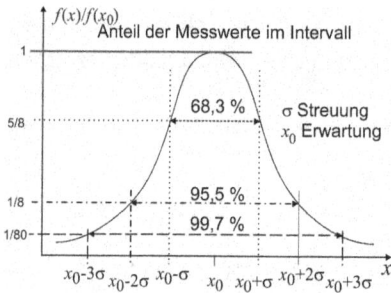

**Abb. 4.12:** Die Gauß-Verteilung mit dem Erwartungswert $x_0$ und der Streuung $\sigma$. Es ist zu beachten, dass ein nicht zu vernachlässigender Teil der möglichen Werte auch außerhalb der Streuung – ja sogar dem 2- und 3-fachen – auftreten kann.

Eine frühe Auseinandersetzung mit dem Begriff des Kontinuums findet sich bei Aristoteles in Bezug auf die Paradoxien von Zenon.[7] In den nachfolgenden Betrachtungen sind oft zwei Kontinuitätsbegriffe deutlich zu unterscheiden:

---

**!** **Begriffserklärungen: kontinuierlich**

*m-kontinuierlich* (Mathematik): Es gibt immer eine Zahl zwischen zwei Zahlen: also überabzählbar viele Zahlen. Diese Zahlen haben unendlich viele Dezimalstellen, sind daher technisch nicht darstellbar, also nicht fehlerfrei nutzbar.

*t-kontinuierlich* (Technik, Physik): Jeder Wert $x_0$ besitzt eine endliche Stellenzahl, hat damit eine Streuung $\sigma$ (Toleranzbereich ist also durch vielfältige Störungen und Messfehler unscharf). Alle Messwerte – als Ausprägungen von Eigenschaften – haben diese Eigenschaft. Bei der Streuung $\sigma$ ist zu beachten, dass vielfach eine Gauß-Verteilung vorliegt (Abb. 4.12). Es ist zu beachten, dass praktisch alle Sensoren und Aktoren, unsere Sinne und Muskeln eingeschlossen, sowie die technischen Nachrichtenkanäle (Leitungen, Funk, Lichtleiter usw.) primär t-kontinuierlich funktionieren. Erst durch zusätzliche Technik arbeiten sie diskret oder digital.

---

## 4.2.3 Diskret

Der aus dem Französischen übernommene Begriff *diskret* geht auf lateinisch *discretus* (abgesondert, getrennt) und *discernere* (scheiden, trennen, unterscheiden, beurteilen, entscheiden) zurück. Auch dieser Begriff wird, je nach Sphäre, sehr unterschiedlich verstanden:

---

7 Bei einem Wettrennen zwischen Achill und einer Schildkröte bekommt letztere einen kleinen Vorsprung. Diesen kann, Zeno zufolge, Achill aber niemals einholen, weil er stets erst den Vorsprung der Schildkröte einholen muss, bevor er sie selbst überholen kann. In der Zwischenzeit baut die Schildkröte ihren Vorsprung aber weiter aus. Dieser Vorsprung wird zwar immer kleiner, bleibt aber ein Vorsprung.

– In der *Umgangssprache* bezeichnet er einen Mensch, der taktvoll, rücksichtsvoll, zurückhaltend, unauffällig, unaufdringlich, vertrauensvoll, geheim, verschwiegen ist.
– In der *Mathematik* bezeichnet er einzelne (abzählbare viele) Werte, Elemente einer Menge, Punkte usw.[8]
– In der *Physik* werden Größen, die sich nur in endlichen Schrittweiten ändern, als diskret veränderlich bezeichnet.
– Ein diskretes *Signal* besitzt endlich, abzählbar viele, meist genau mit einem Toleranzbereich definierte Werte.

Ferner ist zu beachten, dass zum einfachen „diskret mit Toleranz" auch die Zeichen, Begriffe, Klassen usw. der Z-Information gehören.

### 4.2.4 Digital

Auch *digital* geht auf das Lateinische zurück: *digitus* (Finger; etwas inhaltlich durch Zählen, ziffernmäßig, in Zahlen angeben). Das Digit ist zudem eine alte englische Maßeinheit („Fingerbreite" entspricht 18,5 mm). Ein digitales Signal ist eine Zahlendarstellung (bzw. Zahlenabbildung) auf einer Zahlenbasis. Spezielle Fälle sind dual (zur Basis 2), oktal (zur Basis 8), dezimal (zur Basis 10) und hexadezimal (zur Basis 16). Die Anzahl der notwendigen Stufen (Speicherzustände) kann infolge von Kodierungen abweichen, z. B. *binär* bei zwei physikalischen Zuständen oder als binär kodierte Dezimalzahl (BCD) (vgl. hierzu Kap. I.5). Echt digitale Signale sind im Gegensatz zu den diskreten fast immer bezüglich Amplitude und Zeit diskret. Digitale Werte entsprechen der Beantwortung einer Ja/Nein-Frage und damit dem Bit.

### 4.2.5 Quant, quantisiert

Der Wortstamm „Quant" geht auf Lateinisch *quantitas* (Größe, Anzahl) und *quantum* (wie viel, so viel wie) zurück. Quantisieren bedeutet: diskrete Werte erzeugen.
– In der *Philosophie* ist der Gegensatz von Quantität (Menge) und Qualität (Art) wichtig.
– Die Quanten-*Physik* wurde 1900 durch Max Planck eingeführt und betrifft diskrete Energiestufen und kleinste Teilchen (vgl. Kap. 8.1 und Band II, Kap. I.14.4).
– In der *Technik* besitzt ein quantisiertes Signal diskrete Amplituden(-stufen) und/ oder Zeitpunkte (Takte). (Vgl. hierzu die Ausführungen zum A/D-Wandler und zum Sampling-Theorem in Kap. 4.3 und Band 4, Kap. I.5.4).

---

**8** Zum Begriff diskret gehören hier Probleme wie: Ab dem wievielten Pfennig wird ein Bettler reich? Wann bilden einzelne Sandkörner einen Haufen?

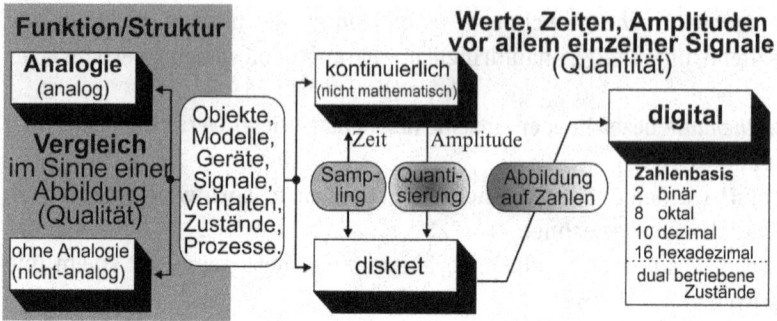

**Abb. 4.13:** Zusammenhänge der wichtigsten Begriffe von *kontinuierlich* bis *digital*

Allgemein ist eine Quantität in Zahlenwerten ausdrückbar, die Qualität dagegen nur subjektiv mit Güte-Begriffen. In der Messtechnik entspricht die Quantität dem Zahlenwert einer *Ausprägung*, die Qualität ist dagegen die *Maßeinheit* (z. B. m, kg, s).

### 4.2.6 Zusammenhang der Begriffe

**!** **Begriffserklärungen: analog, kontinuierlich, diskret, digital und dual**
Die Einordnung der einzelnen Begriffe zeigt Abb. 4.13. *Analogie und analog* bezeichnet immer einen Vergleich, meist bezüglich der Funktion oder Struktur. Die anderen Begriffe betreffen hauptsächlich einzelne Signale und zwar bezüglich ihrer Amplitude (Energie) und/oder Zeit. Dabei sind die zeitlichen Umwandlungen zwischen t-*kontinuierlich* und diskret in beiden Richtungen fehlerfrei möglich. (Die Grenzen hierzu folgen aus dem Sampling-Theorem von Shannon, vgl. Kap. 4.3.1). Eine *Diskretisierung* der Amplitude ist dagegen nicht fehlerfrei rückgängig zu machen. Für das *Diskrete* gibt es mehrere Unterbegriffe: *Digital* ist nur dann richtig, wenn die Werte auf Zahlen abgebildet werden. Diese Abbildung kann mittels unterschiedlicher Zahlenbasen erfolgen. Der Begriff *binär* wird nur dann benutzt, wenn zweiwertige Speicherzustände die Grundlage bilden.

Zeit und Amplitude können t-kontinuierlich oder diskret sein. Daher existieren die vier Signalvarianten, wie in Abb. 4.14 dargestellt, mit den dazugehörenden Übergängen. Echt digitale Signale müssen in Zeit und Amplitude diskretisiert sein. Es scheint seltsam, dass zwar die Zeit- nicht aber die Apltuden-Quantelung rückgängig gemacht werden kann. Generell ist für Berechnung jedes Übergangs zwischen diskret und kontinuierlich eine spezielle mathematische Funktion notwendig. So kann aus zwei diskreten Punkten mittels der Geraden-Gleichung eine vollständig kontinuierliche, unendlich lange Gerade gewonnen werden. Ähnliches gilt für drei Punkte und den Kreis.

Gegenüber gebräuchlichen Annahmen haben sowohl kontinuierliche als auch diskrete (digitale) Signale eigene Vor- und Nachteile. So existieren digitale Signale nur für genormte Werte. Kontinuierliche Signale können dagegen im Rahmen der technischen Grenzen beliebig groß und klein werden. Das ermöglicht einerseits die Verstärkung z. B.

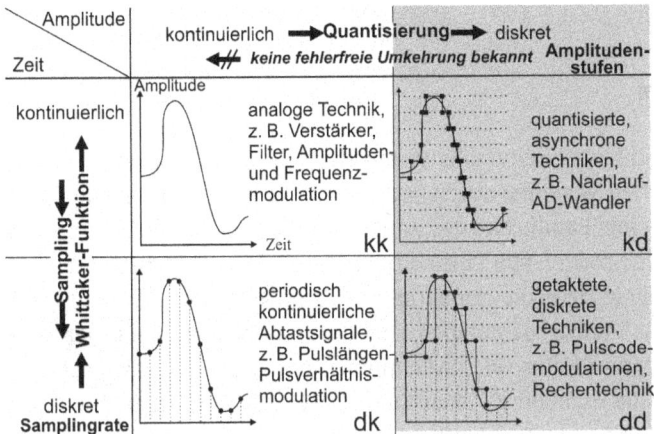

**Abb. 4.14:** Die möglichen Signalvarianten mit den Übergängen t-kontinuierlich ↔ diskret und Amplitude ↔ Zeit

sehr kleiner Antennensignale und anderseits die für Lautsprecher notwendigen großen Signale. Kontinuierliche Signale erhalten bei jeder Übertragung zusätzliche Störungen. Dagegen sind digitale Signale im Prinzip fehlerfrei weiterzuleiten oder zumindest zu regenerieren (Fehlerkorrektur) und zum Teil sogar gut zu komprimieren. Bei ihnen darf aber nie die Taktfrequenz verloren gehen.

Heute existieren in vielen Wissenschaften kontinuierliche und diskrete Beschreibungen nebeneinander. So gibt es die kontinuierlichen Felder als Folge der Wirkungen zwischen diskreten Teilchen. Für Max Planck war es ein von der Realität erzwungenes Denken, als er 1900 für die elektromagnetische Strahlung die diskreten Energiestufen $h \cdot v$ mit der Konstanten $h$ einführen und so die damals übliche kontinuierliche Physik, die mit Differentialgleichungen operierte, ergänzen musste. Auch in der Quantentheorie sind heute kontinuierliche Wahrscheinlichkeiten neben den diskreten Quanten, ebenso wie der Welle-Teilchen-Dualismus zu finden.

In der Technik liegt heute der Akzent auf der Digitaltechnologie, insbesondere infolge der Anwendung der Digitalrechentechnik. Fast alles wird nur noch diskret, digital, binär bewertet. Dies hat seinen theoretischen Ausgangspunkt sowohl in der binären Aussagenlogik der Antike als auch im dualistischen Denken der rationalistischen Philosophie (nach René Descartes). Auch technisch wird die kontinuierliche Welt binär ... durch Digitalisierung.

## 4.3 Digitalisierung

### 4.3.1 Sampling-Theorem

Etwa 1924 führte Karl Küpfmüller erstmalig systematische Untersuchungen zum Ein-schwingen von elektrischen Systemen durch (Küpfmüller 1959). Die Einschwingdauer trat dabei etwa reziprok zur Bandbreite des Kanals auf. Um 1930 untersuchte Harry Nyquist diesbezüglich die Grenzen von Pulsmodulationen.[9] 1933 entwickelte Vladimir Alexandrowitsch Kotelnikow Methoden zur optimalen Signal-Abtastung. Allerdings wur-den seine Ergebnisse erst deutlich später außerhalb Russlands bekannt. Eine mathema-tisch exakte Herleitung für die Rekonstruktion kontinuierlicher Signale gelang schließlich in den 1940er-Jahren Claude Shannon. Zu einer Kanalbandbreite $B$ gehört ein Probenab-stand ($\Delta T$).

$$\Delta T \leq \frac{1}{2 \cdot B}$$

Es besteht eine Analogie zur Heisenberg-Unschärfe: Für physikalisch konjugierte Größen z. B. Zeit $\Delta t$ und Energie $\Delta E$ gilt mit der Planck-Konstanten $h$ für die minimalen Fehler $\Delta t \cdot \Delta E \geq \frac{h}{Dt \times D}$. Mit der Photonenfrequenz $v$ folgt für die Photonen-Energie $\Delta E = h \cdot v$ der notwendige Zeitfehler.

$$\Delta t \geq \frac{1}{2 \cdot v}$$

Nur bei Einhaltung des Probenabstandes ist die fehlerfreie Rückwandlung in das ursprüngliche t-kontinuierliche Zeitsignal möglich. Dies ermöglicht die Whittaker-Funktion[10] (beim Tonfilm und Magnetband heißt sie auch Spaltfunktion):

$$x = \frac{sin(\alpha)}{\alpha} = Si(\alpha)$$

Sie besitzt ihr *Maximum* bei $\alpha = 0$ mit $x = 1$ und ihre *Nullstellen* bei $\alpha = n \cdot \pi$ mit $n = \pm 1, \pm 2, \pm 3$ usw. Bei der Rekonstruktion werden die Whittaker-Funktionen der einzelnen Abtastwerte an den jeweils korrekten Zeitpunkten überlagert. Infolge der Nullstellen bleiben dabei die Werte an den Abtastpunkten unverändert erhalten und dazwischen ergibt sich durch Addition der korrekte Übergang (Abb. 4.15).

Weil aber die anzuwendende Technik die theoretischen Forderungen nur teilweise erfüllen kann, erfolgt die Rückwandlung immer mit gewissen Fehlern. Sie werden durch die folgenden Probleme hervorgerufen:

– Damit sich der exakte Signalverlauf zwischen den Abtastpunkten einstellt, müssen alle Werte im Zeitraum von $-\infty \leq t \leq +\infty$ vorliegen. Technisch sind aber nur

---

9 Pulsmodulationen besitzen diskrete Zeit- und/oder Amplitudenwerte.
10 Shannon benutzt die Bezeichnung Whittaker-Funktion; in der Literatur findet sich auch häufig Si- oder sinc-Funktion.

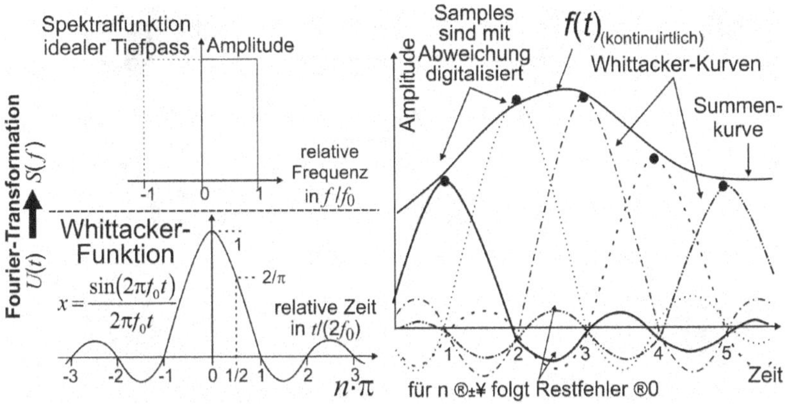

**Abb. 4.15:** Zur Rückwandlung von diskreten Proben in die t-kontinuierlichen Werte des ursprünglichen Signals

endlich viele Werte der Vergangenheit und Zukunft verfüg- und berechenbar. Je mehr berücksichtigt werden, desto größere Speicherkapazität ist notwenig, und zusätzlich tritt eine größere Verzögerung bei der Rückwandlung auf.

–  Für die Erzeugung von Si(x) ist ein ideales, rechteckförmiges Tiefpass[11] mit der Grenzfrequenz $B$ notwendig. Alle technischen Tiefpässe haben jedoch keine ideal steile Flanke und besitzen zusätzlich beachtliche Phasenfehler.

–  Bei der Wiedergabe müssen die Samples als $\delta$-Impulse mit hinreichend kleiner Zeitdauer $dt \to 0$ vorliegen. Die Bandbreite des Kanals führt aber immer zu einer „Verschmierung" des exakten Zeitpunktes.

–  Die Amplituden der Samples müssten unverändert (also zumindest t-kontinuierlich) beibehalten werden. Die Digitaltechnik verlangt jedoch immer endlich viele, entsprechend der Abtasttiefe genau festgelegte Amplitudenwerte mit äquidistantem Abstand. Der so notwendige „Amplitudenfehler" bewirkt das sehr störende Quantisierungsrauschen. Bei Musikaufnahmen wird er meist durch ein um 6 dB lauteres thermodynamisches Rauschen verdeckt, das deutlich weniger unangenehm ist.

–  Die Samples müssen zum korrekten Zeitpunkt wiedergegeben werden, infolge von Störungen sind Zeitfehler aber nahezu unvermeidbar.

Trotz dieser immer vorhandenen Mängel sind die zurück gewonnenen Signale meist ausreichend gut.[12]

---

11 Ein Tiefpass(-Filter) lässt nur Frequenzen bis zu einer definierten Obergrenze passieren (vgl. Band 4, Kap. I.2.5).

12 Ein neues Verfahren zur kontinuierlichen Digitaltechnik wird in (Völz 2008) vorgestellt.

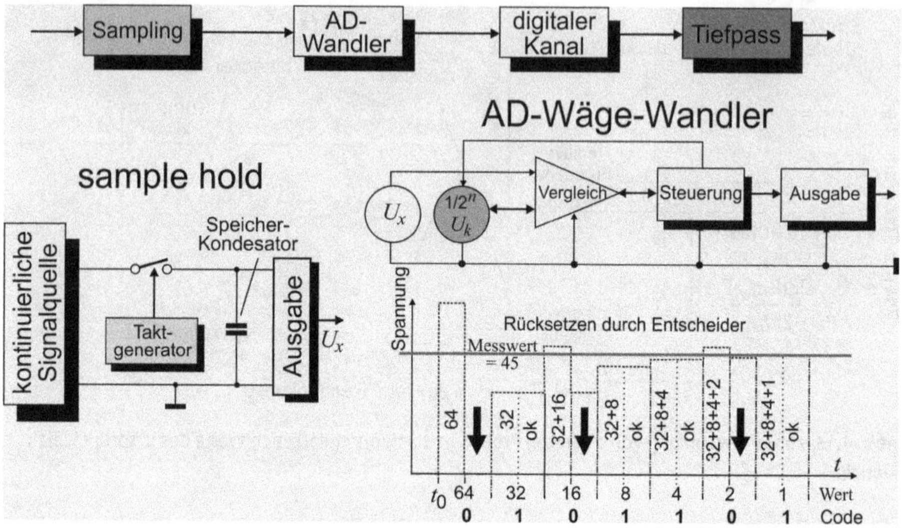

**Abb. 4.16:** Prinzip der A/D-Wandlung am Beispiel des Wäge-Wandlers. Die kontinuierlichen Signale werden zunächst einer sogenannten Sample-and-Hold-Schaltung zugeführt. Mittels des Taktgenerators werden Proben im Kondensator gespeichert und von dort aus digitalisiert.

### 4.3.2 Erzeugung digitaler Signale

Kontinuierliche Signale werden mittels A/D- bzw. „Analog"-Digital-Wandlern (kontinuierlich → diskret → digital) in digitale umgewandelt. Für diese gibt es eine größere Anzahl von Schaltungsprinzipien, siehe z. B. (Völz 1989 und Band 4, Kap. I.5). Hier wird nur der Wäge-Wandler[13] kurz erklärt (Abb. 4.16). Die Auswahl der Proben gemäß dem Sampling-Theorem erfolgt durch einen Taktgenerator. Sie werden dann bis zum nächsten Takt in einem Kondensator gespeichert. Dieser Messwert wird zunächst mit dem größtmöglichen diskreten Wert $U_k$ verglichen. Dann werden schrittweise und fortlaufend halbierte Werte addiert oder subtrahiert und zwar so, dass die bestmögliche Anpassung an den Messwert erfolgt. Parallel dazu werden 0-Werte (beim Subtrahieren) bzw. 1-Werte (beim Addieren) erzeugt. Dieser Vorgang erfolgt so lange, bis die gewünschte Bit-Tiefe erreicht ist. An diesem Beispiel ist gut zu erkennen, dass immer (das gilt auch für die anderen A/D-Wandler) äquidistante Amplitudenstufen entsprechend dem kleinstmöglichen Wert auftreten.

Die digitalen 0/1-Signale sind weitgehend genormt. Für TTL-Schaltkreise (Transistor-Transistor-Logik, vgl. Kap. I.6.4) gilt die Festlegung wie in Abb. 4.17 gezeigt. Entsprechend den Eigenschaften kontinuierlicher Signale sind zwei Toleranzbereiche und ein verbo-

---

13 Der Begriff Wäge-Wandler weist auf das ähnliche Vorgehen bei der Balkenwaage hin. Bei der Wägung werden dort fortlaufend kleinere Gewichte hinzufügt oder die letzten größeren weggenommen.

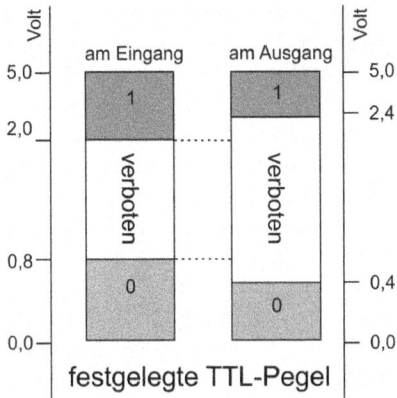

**Abb. 4.17:** Die Toleranzbereiche der digitalen 0/1-Signale bei der TTL-Technik

tener Bereich notwendig. Eine zusätzliche Sicherheit wird dadurch erreicht, dass auch noch Ein- und Ausgangssignale unterschieden werden.

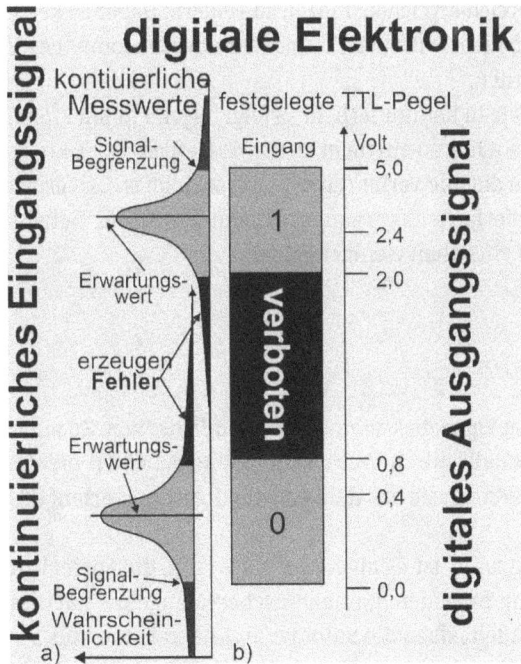

**Abb. 4.18:** Auswirkungen der Streuung bei der Digitalisierung kontinuierlicher Signale

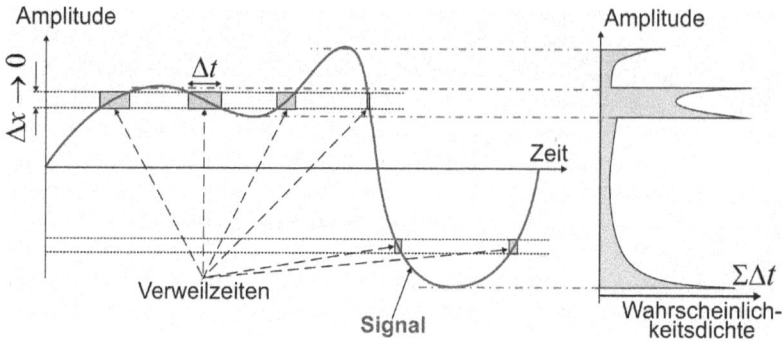

**Abb. 4.19:** Ableitung der Wahrscheinlichkeitsdichten und der Signalstatistik

Bei der A/D-Wandlung ist nun zu beachten, dass die kontinuierlichen Eingangssignale durch Störungen immer eine Unsicherheit besitzen, wie sie die Glockenkurve von Abb. 4.12 zeigt. Als Folge davon treten bei der Digitalisierung Fehler auf, so wie es Abb. 4.18 schematisch zeigt. Zu große und zu kleine Werte können vorteilhaft durch Begrenzung „abgeschnitten" werden. Werte, die jedoch in den verbotenen digitalen Bereich fallen oder gar die Grenzen zum falschen Bereich erreichen, führen zu Fehlern. Daher ist keine absolut fehlerfreie Digitalisierung möglich. Durch vielfältige Maßnahmen kann dieser Fehler jedoch sehr klein gehalten werden.

Die Rückwandlung digitaler Signale in kontinuierliche erfolgt allgemein mit einem DAU (Digital „Analog" Unit). Meist reicht hierzu ein nicht „ideales" Tiefpass (s. o.). Etwas bessere Ergebnisse ermöglicht das rein digitale Verfahren des Oversamplings. Es werden dazu viermal so viele Proben erzeugt (vierfache Taktfrequenz). Dadurch wird der Tiefpass einfacher zu realisieren und zugleich entstehen weniger Fehler.

### 4.3.3 Kontinuierliche Entropie

Bei kontinuierlichen Werten existieren keine diskreten Wahrscheinlichkeiten. Zu einer Entropie-Berechnung müssen sie deshalb durch Wahrscheinlichkeitsdichten ersetzt werden. Wie in Abb. 4.19 dargestellt, können sie aus dem vollständigen Zeitverlauf des Signalverlaufs abgeleitet werden.

Ähnlich wie bei der digitalen Entropie, ist es auch hier schwierig, die Formel zu gewinnen. Im Prinzip – wenn auch mit formalen mathematischen Mängeln – hat dies Heinz Zemanek (1975) gezeigt. Er wandelte dazu die Summen in Integrale um. Aus $p_i \cdot \mathrm{ld}(p_i)$ wird dann $p(x) \cdot \mathrm{ld}\, p(x)$ und es folgt

$$H(x) - \int\limits_{-\infty}^{+\infty} p(x) \cdot \mathrm{ld}(p(x)) \cdot dx$$

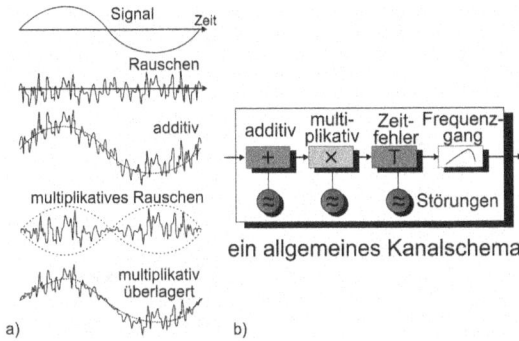

**Abb. 4.20:** Zusammenwirken verschiedener Störungen beim Signal. Der Zeitfehler ist noch nicht in die obige Rechnung einbezogen.

Beim dabei notwendigen Grenzübergang für $dx \to 0$ tritt beim Logarithmus eine Divergenz gegen $\infty$ auf. Sie tritt auch bei den vorhandenen Störungen kontinuierlicher Signale auf. Daher ergibt sich die Entropie $H$ aus der Differenz zwischen den Integralwerten des Nutzsignals und der Störungen, also $H = H_N(x) - H_S(x)$. Gehorchen beide der Normalverteilung (Gauß-Statistik), so folgt nach längerer Rechnung mit der Nutz- und Störleistung $P_N$ und $P_S$:

$$ H = \mathrm{ld}\left( \frac{P_n + P_S}{P_S} \right) $$

Diese Formel ändert sich bei abweichenden Statistiken der Signale und/oder bei Störungen. Dabei ist es äußerst schwierig, die dazugehörende Berechnung durchzuführen. Deshalb sind bisher auch nur sehr wenige Fälle mit anderer Statistik bekannt (Peters 1967 und Völz 1983:40ff). Fast immer wird dabei ein kleinerer Wert für $H$ angenommen. Das bedeutet, dass für die gleiche Informationsmenge mehr Signale zu übertragen sind. Daher entsprechen die dann berechneten Werte eher einem zur Entropie reziproken Code-Aufwand $C$. Sie werden in der Literatur dennoch „Entropie" genannt.

Für weitere Betrachtungen ist es vorteilhaft, den Klammerausdruck als die Anzahl unterscheidbarer Amplitudenstufen $k$ zu interpretieren. Dann gilt nämlich $H = \mathrm{ld}(k)$ (vgl. Kap. 4.4). So ließ sich der entsprechende Wert für Magnetbandaufzeichnungen mit ihrer störenden Amplitudenmodulation berechnen (Abb. 4.20) (Völz 1959). Hierbei setzt sich die Störung aus dem Grundgeräusch $u_2$ und dem störenden Modulationsgrad $m$ multipliziert mit dem Nutzsignal $u_n$ zusammen: $u_{st} = u_s \pm m \cdot u_n$ (Abb. 4.21). Mit dem größtmöglichen Wert $u_g$ gilt dann

$$ k = \frac{\mathrm{ld}\left( 2 \cdot m \cdot \frac{u_g}{u_s} + 1 \right) - \mathrm{ld}(1 + 2 \cdot m)}{2 \cdot m} + 1 $$

Aus der grafischen Auswertung (Abb. 4.21) wird ersichtlich, dass bei sehr geringer oder gar fehlender Störmodulation der maximale Wert, quasi die Entropie, erreicht wird. Die Verteilung der Amplitudenstufen ist dabei mit guter Näherung logarithmisch. So ergibt

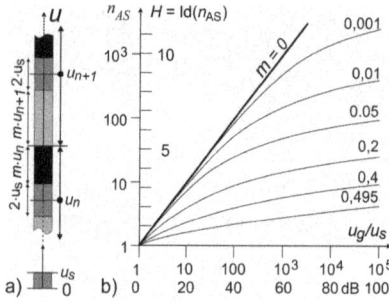

**Abb. 4.21:** Einfluss der störenden Amplitudenmodulation $m$ auf die Anzahl der unterscheidbaren (nutzbaren) Amplitudenstufen $k = n_{AS}$

sich ein gewisser Zusammenhang mit dem physiologischen Weber-Fechner-Gesetz, wie in Abb. 4.22(b) dargestellt (Schmidt/Thews 1993). Es besagt, dass die Beziehung zwischen der Energie eines Reizes und seiner subjektiven Wahrnehmung logarithmisch ist. So werden u. a. die etwa logarithmisch verteilten Lautstärkeempfindungen des Gehörs begründet. Sie stimmen teilweise recht gut mit denen beim Magnetband überein. Dadurch wird bei diesem zum Teil eine höhere subjektive Qualität als bei den weitaus mehr (aber linear verteilten) Stufen der Audio-CD wahrgenommen (Abb. 4.22[a]).

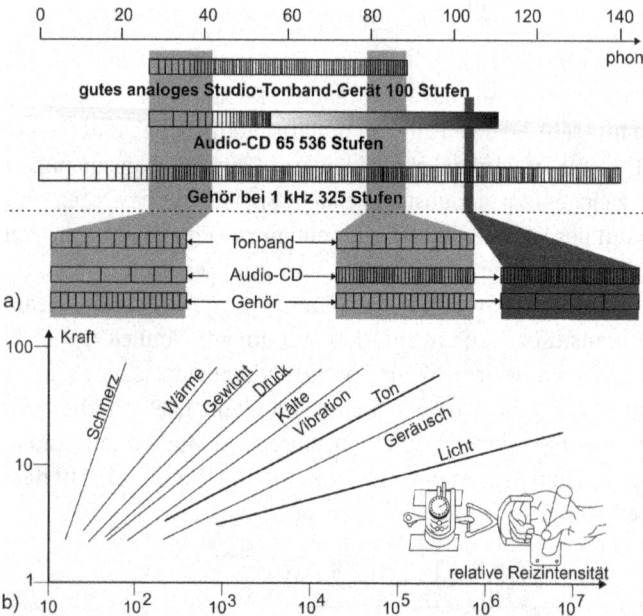

**Abb. 4.22:** a) Vergleich der unterscheidbaren Amplitudenstufen bei Gehör, Magnetband und CD. b) Zusammenhänge beim Weber-Fechner-Gesetz (1834 von Ernst Heinrich Weber „Erforschung der Sinnesorgane" und 1860 von Gustav Theodor Fechner „Elemente der Psychophysik")

## 4.4 Kanalkapazität, Informationsmenge und notwendige Energie pro Bit

Für Shannons Theorie ist neben der Entropie (auch berechenbar über die Amplituden-stufen) die Kanalkapazität $C_K$ besonders wichtig. Sie gibt an, wie viele Bit pro Sekunde maximal einen Kanal passieren können. Ein Signal der Zeitdauer $T$ und Bandbreite $B$ besteht wegen des Sampling-Theorems aus $n = 2 \cdot B \cdot T$ Samples. Alle möglichen Signale spannen daher einen $2 \cdot B \cdot T$-dimensionalen Raum auf. Für eine anschauliche Betrach-tung sei als starke Vereinfachung eine nur 2-dimensinale Fläche angenommen. Dann bestimmt Nutzleistung $P_N$ einen Kreis mit dem Radius $r$. Ein anderer, deutlich kleinerer Kreis mit dem Radius $r_S$ entsteht für die Störleistung $P_S$. Shannons Theorie bestimmt dann die Anzahl $M$ der Störkreise, die überlagerungsfrei in den Kreis der Nutzleistung passen. Dabei ergibt sich mit Rückbezug auf den $2 \cdot B \cdot T$-Raum

$$M \leq \frac{V_E}{V_S} = \left(1 + \frac{P_N}{P_S}\right)^{2 \cdot B \cdot T}$$

Hierbei entspricht $M$ den unterscheidbaren Amplitudenstufen ($k$) und so folgt erneut $H = \mathrm{ld}(M)$. Für die Kanalkapazität ist noch die Normierung auf die Zeit notwendig:

$$C = \frac{\mathrm{ld}(M)}{T} = 2 \cdot B \cdot \mathrm{ld}\left(1 + \frac{P_N}{P_S}\right)$$

Bei einer Übertragungsdauer $T_{\ddot{U}}$ ergibt sich die mögliche Informationsmenge zu

$$I = T_0 \cdot B \cdot \mathrm{ld}\left(1 + \frac{P_N}{P_S}\right)$$

Durch Modulationen, Kodierungen, Dynamikregelungen usw. können die Werte der drei Parameter Bandbreite ($B$), Einschwingzeit ($T_{\ddot{U}}$) und Störabstand[14] ($P_N/P_S$) bei gleich bleibender Informationsmenge ($I$) gegeneinander verändert und damit den Anwen-dungen angepasst werden (Abb. 4.24[b]). Leider entstehen dabei – mit Ausnahme der Einseitenbandmodulation (AM-1SB) – Verluste (a). Bei digitalen Signalen besteht ein besonderer Vorteil darin, dass mehrere, auch unterschiedliche Signale (als Multiplex sogar verlustfrei) verschachtelt werden können (c). Einige typische Datenraten zeigt Abb. 4.25.

Mittels der Kanalkapazität kann die für ein Bit minimal notwendige Energie berechnet werden. Dazu wird angenommen, dass die Störleistung allein durch das thermische Rauschen bestimmt ist $P_S = k \cdot B \cdot T$. Darin sind $B$ die Bandbreite; $T$ die absolute Temperatur und $k$ die Boltzmann-Konstante mit $1{,}381 \cdot 10^{-23} J/K$. Weiter soll die Nutzleistung $P_N$ das $z$-Fache der Störleitung sein $P_N = z \cdot P_S$. Für das Verhältnis von Nutzleitung zur Kanalkapazität $C$ ergibt sich dann $\frac{P_N}{C} = k \cdot T \cdot \frac{z}{\ln(1+z)}$ gemessen in $\frac{J}{\mathrm{Bit}}$ bzw. $\frac{W}{\mathrm{Bit/s}}$

Gemäß einer Abschätzung mit Reihenentwicklung folgt für den Grenzwert

---

**14** Der Störabstand ist das Verhältnis von Signal zur Störgröße.

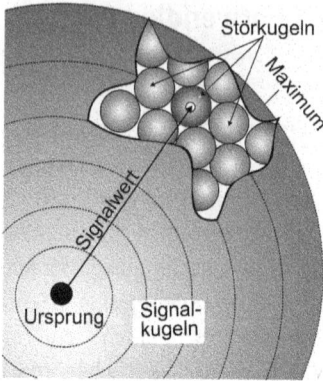

**Abb. 4.23:** In einem Signalkreis mit dem maximalen Radius $r_N$ des (Nutz-)Signals können wie viele Störkreise mit dem Radius $r_S$ der Störung untergebracht werden?

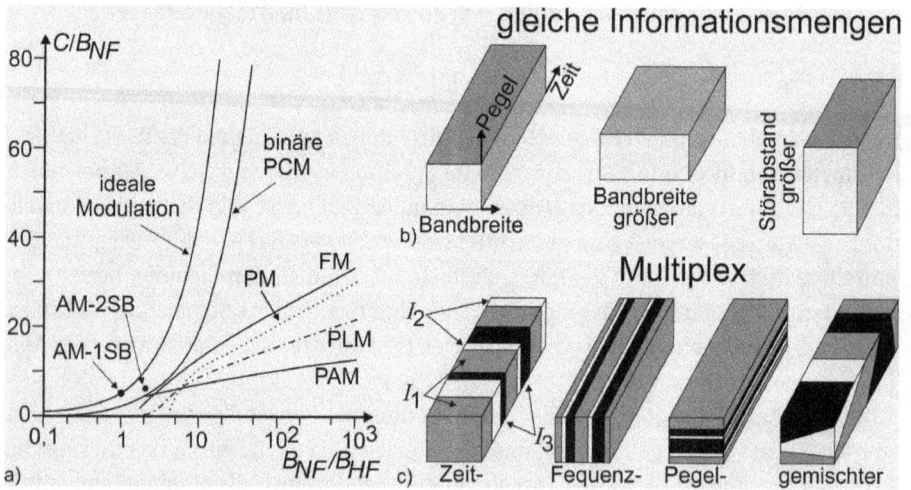

**Abb. 4.24:** a) Wirkungsgrade bei verschiedenen Modulationen und Kodierungen; b) zum Austausch von Bandbreite $B$, Übertragungszeit $T_{\ddot{U}}$ und Störabstand $P_N/P_S$; c) Multiplexverschachtelungen mehrerer digitaler Signale

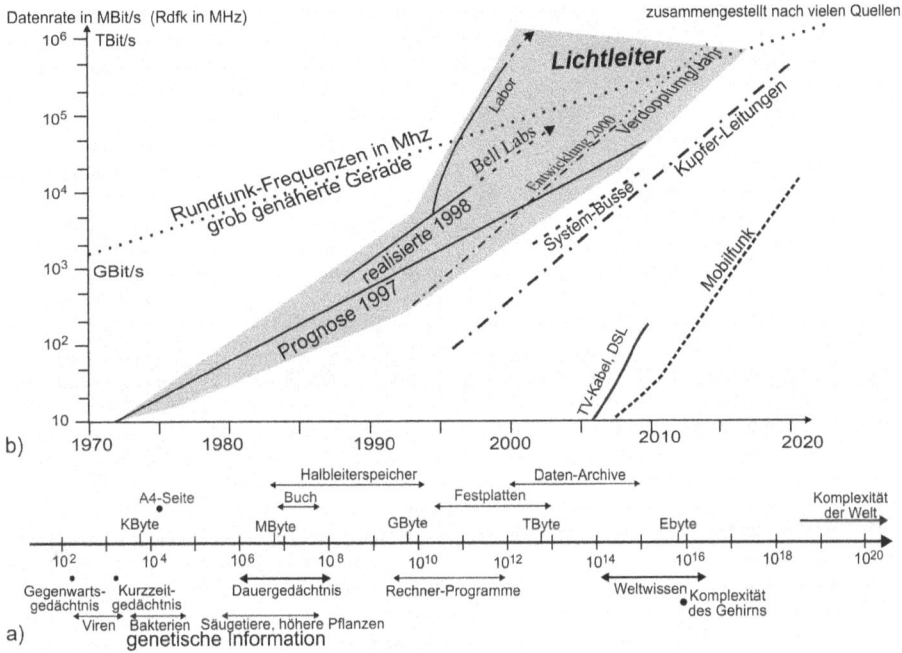

**Abb. 4.25:** a) Typische Werte der Datenübertragung; b) Geschichtliche Entwicklung der Datenrate

$$\frac{E}{\text{Bit}} \geq k \cdot T \cdot \ln(2)$$

Bei 300 K (ca. 27°C) folgt $\frac{E}{\text{Bit}} = 3.10^{-21}$ J $\cong 5 \cdot 10^{11}$ Hz $\cong 5 \cdot 10^{-22}$ cal $\cong 26$ mV. Diese Werte lassen sich auch quantentheoretisch herleiten (Kap. 8.1). Bei der minimalen Energie je Bit strebt der Störabstand gegen Null. Das würde eine sehr große Fehlerrate hervorrufen. Für Anwendungen ist daher eine deutlich größere Energie erforderlich. Abb. 4.26(a) weist aus, um wie viel die minimale Energie für einen hinreichenden Störabstand erhöht werden muss. Abb. 4.26(b) zeigt den Zusammenhang zwischen dem digitalem Fehler und thermischen Rauschen. Für eine brauchbare Fehlerkorrektur sollten die Fehler bei etwa $10^{-5}$ liegen. Das entspricht etwa 15 dB und verlangt etwa die zehnfache Energie.

## 4.5 Fehlerkorrektur

### 4.5.1 Erweiterte Übertragungen

Durch zusätzliche Maßnahmen ist es möglich, die einfache Übertragung deutlich zu erweitern (Abb. 4.27). Da bei der Übertragung Fehler auftreten können, wurden viele Verfahren zu deren Erkennung und/oder Korrektur entwickelt. Eine andere Aufgabe

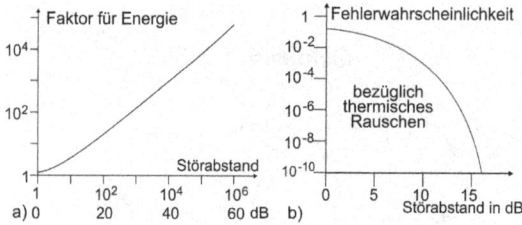

**Abb. 4.26:** Erforderlich Energie/Bit, a) bezüglich Störabstand b) Fehlerrate

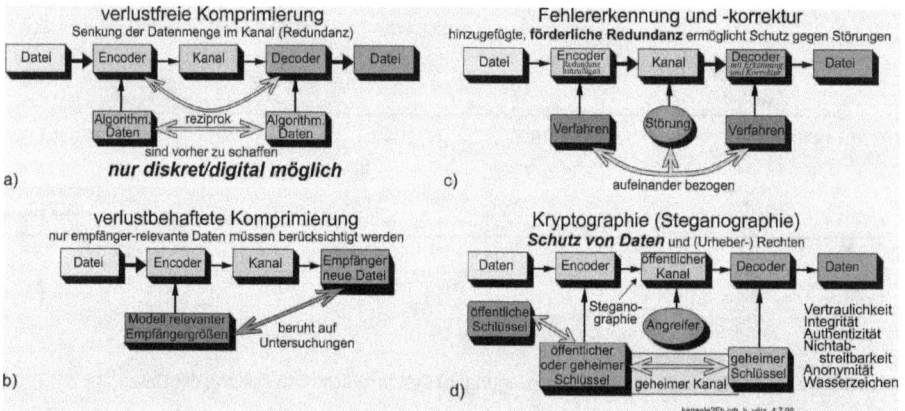

**Abb. 4.27:** Überblick zu den erweiterten Übertragungen

betrifft die Komprimierung der Daten. Die verlustfreie Komprimierung[15] setzt digitale Daten voraus und ermöglicht es, dass deutlich weniger Daten übertragen werden müssen. Auf der Empfängerseite kann die vollständige Information dennoch fehlerfrei wiederhergestellt werden. Anders arbeitet die verlustbehaftete Komprimierung. Bei ihr werden nur für den Empfänger relevante Daten übertragen. Sie ist auch für kontinuierliche Daten möglich. Beide Verfahren werden im Kap. 4.6 behandelt. Das vierte Verfahren betrifft die Sicherheit und den Schutz gegenüber „Feind"-Einwirkung (Kryptographie). Es wird hier nicht weiterbehandelt.

### 4.5.2 Fehler

Bei der Datenübertragung treten (statistisch) fast immer Fehler auf. Ihre Anzahl wird zuweilen auf die gesamte Datei, häufiger aber auf einzelne Blocks bestimmter Bit-Länge bezogen. Sie werden als 1-, 2- oder $n$-Bit-Fehler bezeichnet. Für ihre Häufigkeiten gilt

---

**15** Zuweilen ist auch der Begriff Kompression gebräuchlich. Da hierbei aber physikalische Druck mitschwingt, erscheint Komprimierung präziser.

1-Bit-Fehler

Block-Länge $n$

9-Bit-Fehler

Fehlerbüschel = Burst

1. Block-Fehler     Burst-Länge b

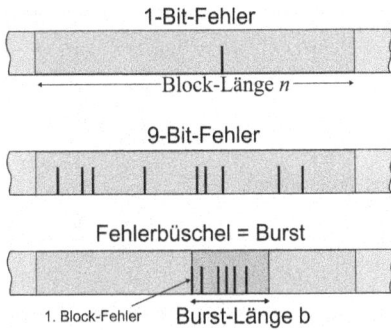

**Abb. 4.28:** Die wichtigsten Fehlerarten

die Multiplikationsregel: Wenn $\approx 10^{-3}$ 1-Bit-Fehler vorhanden sind, dann treten auch $\approx 10^{-6}$ 2-Bit-Fehler und $\approx 10^{-9}$ 3-Bit-Fehler usw. auf. Zuweilen treten Fehler auch gehäuft beieinander auf (Abb. 4.28). Sie werden Burst genannt. Ihre Ursachen sind längere externe Störimpulse oder fehlerhafte Stellen auf dem Speichermedium.[16] Sie sind leichter zu erkennen und zu korrigieren als weit verteilte Fehler. Schließlich gibt es noch Synchronisierungsfehler, bei denen der Wortanfang nicht erkannt wird.

Die Fehlerbehandlung besteht aus zwei, teilweise zusammenhängenden Verfahren:

1. Die *Fehlererkennung* (EDC = error detecting code) ermittelt nur, ob bei der Übertragung (oder Speicherung) ein Fehler aufgetreten ist. Dann kann die Übertragung mit neuer Prüfung wiederholt werden. Dabei ist aber zu beachten, dass allein bei Gleichheit von zweimal (oder öfter) übertragenen Daten noch keine Fehlerfreiheit garantiert ist. Es können durchaus mehrmals die gleichen Fehler auftreten. Genau deshalb ist eine angemessene Fehlererkennung so wichtig.

2. Die *Fehlerkorrektur* (ECC = error correcting code) reduziert nur die Fehlerhäufigkeit, zum Teil mit sehr hoher Wirksamkeit. Sie erzeugt aber prinzipiell keine absolute Fehlerfreiheit. Außerdem kann dabei – wenn auch sehr selten – ein richtiger Wert fälschlich korrigiert werden.

Zwischen der Wirksamkeit beider Verfahren ist ein gewisser Abgleich möglich: Eine Fehlerkorrektur weniger Fehler ermöglicht oft eine Erkennung weiterer Fehler. Die Leistung beider Verfahren hängt von der Blockgröße ab und ist bei Bursts stets höher.

---

16 Speichermedium meint hier das Material, in dem die Speicherung erfolgt.

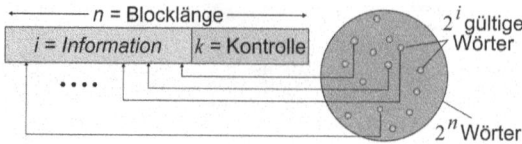

**Abb. 4.29:** Zur Definition der verschiedenen Wörter bei einer Fehlerbehandlung

### 4.5.3 Fehler-Codes und -verfahren

Damit Fehler beim Empfänger erkannt und beseitigt werden können, müssen die Originaldaten mit zusätzlicher Redundanz versehen, das heißt speziell kodiert werden. Insgesamt sind dabei drei Wörter (0/1-Folgen, -Zeichen) zu unterscheiden.

1. Die *Originalwörter* sind ursprünglich vorhanden und sollen nach der Übertragung dekodiert, also möglichst fehlerfrei wiederhergestellt werden.
2. Die *gültigen Wörter* werden für die Übertragung aus den Originalwörtern durch Zusätze und/oder Änderungen hergestellt (Abb. 4.29). Das bewirkt die notwendige Redundanz, mittels derer die Fehlerbehandlung bei der Dekodierung erfolgt. In einigen Fällen werden dabei die Originalwörter ($i$ = Information) durch passend gewählte Anhängsel ($k$ = Kontrolle) verlängert. Dann liegt ein linear-systematischer Code vor. Häufig werden aber die Originalwörter und die redundanten Ergänzungen so stark ineinander verwoben, dass die Anteile nicht mehr zu erkennen sind. In jedem Fall entsteht die Blocklänge $n > i$ der gültigen Wörter. Für die Fehlerbehandlung sind also von den so möglichen $2^n$ Wörtern $2^i$ gültige auszuwählen. Das kann sehr kompliziert sein (s. u.).
3. Die *ungültigen Wörter* entstehen durch Fehler bei der Übertragung der gültigen Wörter. Sie besitzen dabei verschiedene Abstände (s. u.) zu gültigen Wörtern. Der kleinste Abstand verweist meist auf das wahrscheinlich korrekte Wort und damit auf das dazugehörenden Originalwort.

Es gibt eine Vielzahl von Verfahren, die dem geschilderten Prinzip folgen. Die wichtigsten fünf werden hier kurz beschrieben. Bei der *Parität* werden die einzelnen Bits (0 oder 1) gezählt, und ein Bit wird so angehängt, dass die Gesamtzahl entweder gerade oder ungerade ist (gerade/ungerade Parität). Durch Fehler wird dieser Fakt gestört. Es können daher nur 1-Bit-Fehler erkannt werden. Mehr ermöglicht eine spezielle *Block-Parität*, die aber nur bei der Mehrspurspeicherung anwendbar ist. Eine weitere Variante wird *Gleiches Gewicht* genannt. Dabei wird eine festgelegte Anzahl von 1-en benutzt. Das Original ergibt sich dann aus deren Verteilung; so sind für $4 \times 1$ gültige Wörter beispielsweise `110011`, `101011`, `110110` usw., evtl. auch `10101010`, `1111` usw. Hierbei ist teilweise auch eine Fehlerkorrektur möglich. Die Regeln dafür sind aber unsystematisch. Beim *Symmetrie*-Verfahren sind die gültigen Wörter vor- und rückwärts gelesen gleich, z. B.: `110011`, `101101`, `011110` usw. Angewendet wird dieses Verfahren u. a. bei Strich-Codes wie dem Bar-Code. Das *CRC*-Zeichen (cyclic redundancy code) dient nur der Fehlererken-

Polynom : $x^5 + x^4 + x + 1$
Koeffizienten : 110011

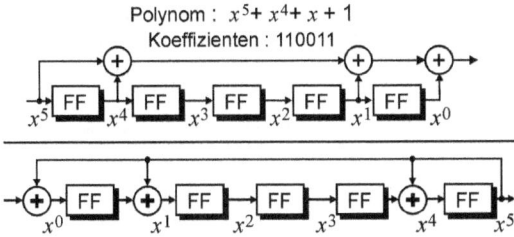

**Abb. 4.30:** Die Polynom-Formel entspricht dem Signal der Koeffizienten und den beiden Varianten der teilweise rückgekoppelten Schieberegisterketten. So beruhen Fehlertheorie, 0/1-Signale und realisierte Schaltung auf dem gleichen Kalkül und können problemlos ineinander überführt werden.

nung. Mit einem mathematischen Polynom wird aus der Datei (Block) ein Kontroll-Teil abgeleitet und angehängt. Die *komplexen Verfahren* sind sehr vielfältig und oft mathematisch hochkompliziert. Wegen ihrer Kompliziertheit sei hier nur auf die Fachliteratur verwiesen werden. Eine nach wie vor gute Einführung enthält das Buch von Peterson (1967). Neuere Codes in guter Darstellung berücksichtigt auch Friedrichs (1996). Eine weitere einfache Einführung enthält u. a. Völz (2007:102 ff.)

### 4.5.4 Der Hamming-Abstand

Für die theoretische Betrachtung und Behandlung der Fehler ist der Abstand zwischen den Wörtern besonders wichtig. Er wird durch die Anzahl unterschiedlich angeordneter 0/1-Zeichen zwischen zwei Wörtern angegeben. So beträgt der Abstand (Anzahl der veränderten Bits) zwischen 00<u>1</u>01 und 0<u>1</u>001 als auch bei 00<u>1</u>01 und 000<u>11</u> zwei. Auf diese Weise lässt sich für alle $2^n$ Wörter ein gegenseitiger Abstand bestimmen (Abb. 4.31). Entscheidend für die Fehlerkorrektur ist dann der kleinstmögliche Abstand zwischen allen gültigen Wörtern. Das ist der nach Richard Wesley Hamming benannte *Hamming-Abstand c*. Je größer er ist, desto wirksamer können Fehlerverfahren gestaltet werden. Daher sind aus den $2^n$ Wörtern die $2^i$ günstig auszuwählen. Hier liegt eine der schwierigsten Hauptaufgaben bei der Entwicklung von Fehlerkorrekturverfahren. Das Abb. 4.32 zeigt, wie sich bei den Hamming-Abständen 3, 4 und 5 Fehlerkorrektur und Fehlererkennung gegenseitig bedingen. Bei dem Hamming-Abstand $c$ sind $e_{max} = c - 1$ Fehler erkennbar und $k_{max} = \text{INT}(\frac{c-1}{2})$ korrigierbar. Sollen nur $x < c_{max}$ korrigiert werden, so sind noch zusätzlich $c - x - 1$ Fehler erkennbar. Für Bursts sind die Zusammenhänge komplizierter und hängen auch vom jeweiligen Verfahren ab. Hamming entwickelte eine ganze Klasse von Fehlerkorrekturverfahren.

Für die Fehlerbehandlung werden häufig Schieberegisterketten aus rückgekoppelten Flip-Flops angewendet. (Vgl. Abb. 4.30 sowie Kap. I.6.4) Dabei können vorteilhaft die gleichen einfachen Polynome für die Signale, für die Schaltung und die Berechnung benutzt werden.

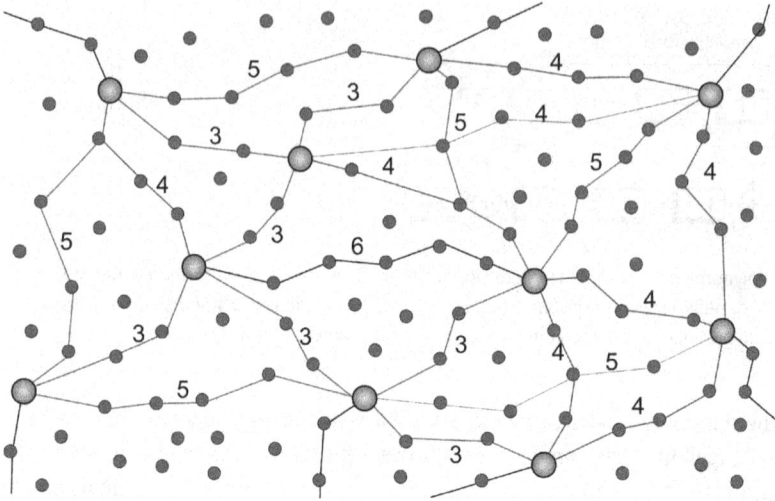

**Abb. 4.31:** Zusammenhänge zwischen gültigen Wörtern (große Kreise) und ungültigen (kleine). Zwischen je zwei Punkten beträgt der Abstand 1. So ist der Abstand zwischen den gültigen Wörtern zu erkennen (angegebene Zahl). Der Hamming-Abstand beträgt für diesen Ausschnitt c=3.

Der Kompliziertheit wegen sei hier auf eine detaillierte Beschreibung der komplexen Codes, z. B. Hamming, Fire, Faltung, Matrix, Trellis, zyklisch usw. verzichtet. Eine kurz zusammengefasste Ergänzung enthält (Völz 1991:100ff., 133 ff.).

## 4.5.5 Spreizung

Alle Verfahren der Fehlerbehandlung werden dann deutlich einfacher, wenn im jeweiligen Block weniger Fehler auftreten. Da jedoch recht oft Burst auftreten, ist es üblich, diese Anhäufung so umzuverteilen, dass stattdessen in mehreren Blocks nur Einzelfehler

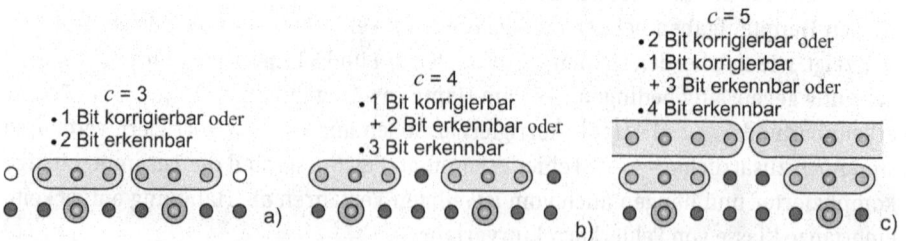

**Abb. 4.32:** Die umrandeten Kreise sind die gültigen Wörter. Die zwischen ihnen liegenden ungültigen Wörter ermöglichen eine Fehlererkennung. Innerhalb der Streifen um die gültigen Wörter ist eine Fehlerkorrektur möglich. Beim Hamming-Abstand c=5 sind Fehlerkorrektur und -erkennung (Mitte) teilweise austauschbar.

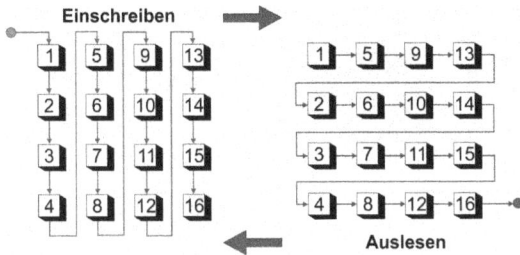

**Abb. 4.33:** Ein einfaches Prinzip zur Spreizung. Durch die Matrixanordnung kann so ein Burst in Einzel-fehler in mehreren Blöcken verwandelt werden, für die dann eine einfachere Fehlerbehandlung möglich ist.

auftreten. Dazu muss die Abfolge der Bits umsortiert werden. Das erfolgt durch „Sprei-zung", auch Interleaving oder Verschachtelung genannt. Sie wird nach der Übertragung und Fehlerbehandlung wieder zurückgenommen. Ein typisches Verfahren zeigt Abb. 4.33. Dabei werden Blöcke quadratisch angeordnet. Vor der Übertragung werden sie spaltenweise gelesen und übertragen. Nach der Korrektur und Dekodierung werden sie zeilenweise gelesen und liegen dann wieder in der richtigen Reihenfolge vor.

## 4.6 Komprimierung

### 4.6.1 Verlustbehaftete Komprimierung

Bei der verlustbehafteten Komprimierung werden auf der Senderseite (bei der Kodie-rung) nur jene Daten zur Übertragung ausgewählt, die der Empfänger auch nutzen kann oder die für ihn relevant sind. Hierzu sind Eigenschaftsmodelle des Empfängers (Mensch, Seh- und Hörmodelle) erforderlich. Es gibt dabei absolut feststehende Grenzen des Empfängers, z. B. für unser Hören der Frequenzbereich von 20 Hz bis 20 kHz. Aber auch relative Grenzen sind gebräuchlich. Sie berücksichtigen bestimmte Bedürfnisse, Interessen usw. So genügt für verständliche Sprache der Frequenzbereich von 300 bis 3000 Hz. Für künstlerische Lesungen, Hörspiele, Musik usw. legt eine gewünschte Qua-lität weitere Grenzen fest. Bei akustischen Signalen sind neben dem Frequenzbereich noch die Dynamik, das heißt der Abstand zwischen maximaler und minimaler Laut-stärke und der Klirrfaktor als Anteil unerwünschter Obertöne, wichtig. Das in einer Datei für die Übertragung nicht Erforderliche heißt irrelevant. Um es auszufiltern, sind häufig zunächst spezielle Signaltransformationen (z. B. die Fourier-Transformation, vgl. Band 3, Kap. I.3.3.6) auszuführen. Danach erfolgt die Ausfilterung des Irrelevanten und später wird die Transformation – oft bereits beim Sender – rückgängig gemacht. Ein

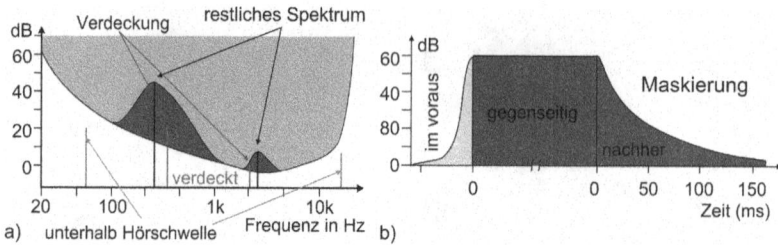

**Abb. 4.34:** Verdeckungseffekte und Maskierungen beim Hören

Anwendungsbeispiel hierfür, das bereits in den 1920er-Jahren entstand, ist der Vocoder[17], der heute aber nur noch bei Synthesizern als Effektgerät und damit nicht mehr zur Komprimierung benutzt wird.

Für die Schallkomprimierung haben sich insbesondere die MPEG-Verfahren (entwickelt von der *Moving Picture Experts Group*, also eigentlich primär für Video) und insbesondere das verwandte MP3-Verfahren durchgesetzt. Dabei werden zwei Hörbegrenzungen genutzt. Einmal bewirken laute Frequenzen, dass andere, leisere unhörbar sind (Abb. 4.34). Dabei treten spektrale Verdeckungen (a) und zeitliche Maskierungen (b) auf, die bereits bei MP2 genutzt werden. Außerdem kann die logarithmische Verteilung der hörbaren Amplitudenstufen (vgl. Abb. 4.22) genutzt werden. Insgesamt ergibt sich so das Funktionsschema von Abb. 4.36. Ähnlich arbeiten die Formate xac, aff, voc, attrac usw. sowie der winmedia-, ogg- und aac-Stream.

Eine völlig andere Komprimierung für Musik ist der MIDI-Code (Musical Instrument Digital Interface – ursprünglich ein reines Interface zur Vernetzung von Computern und Synthesizern). Bei ihm werden zunächst nur die Noten (im Sinne der Zeichen) direkt in einen Code umgesetzt. Das entspricht etwa der Verwendung von Buchstaben zur Kodierung von Sprache. Historisch wichtig für diese Entwicklung waren die Digital-Synthesizer der 1980er-Jahre. Deutlich komplexer ist eine Komprimierung von Bildern. Hier bieten die Modelle des Sehens nur wenig Möglichkeiten. Die Entwicklung von JPEG (*Joint Photographic Experts Group*, 1986 gegründet) hat sich dabei auf Nachbareigenschaften der Pixel konzentriert. Hierzu erfolgt zunächst eine Umwandlung des Bildes, z. B. aus dem RGB- in das YUV[18]-Farbmodell, mit anschließender Digitalisierung. Dann werden 8 × 8-Pixel-Blöcke gebildet. Vereinfacht auf 4 × 4-Blöcke zeigt Abb. 4.36 das Verfahren. Durch Verweise auf ähnliche Blöcke ist dabei eine Verringerung der nötigen Daten möglich. Auf die Blöcke wird die diskrete Cosinus-Transformation (DCT) angewendet, wodurch man spektrale Koeffizienten erhält. Sie werden dann mittels Tabellen bezüglich Helligkeit

---

**17** Der Vocoder (voice encoder) ist ein Gerät, um Sprache für die Übertragung (zum Beispiel in Telefonleitungen) zu kodieren. Heute wird der Vocoder vor allem in der Musik genutzt, um Stimmen über eine Klaviatur modulieren zu können.

**18** Bei RGB wird das Farbbild. in seine Rot-, Grün- und Blauanteile aufgeteilt, die jeweils mit einem Wert kodiert sind. YUV teilt das Farbbild in seine Lichtstärke (luma) und seinen Farbanteil (chroma) auf.

**Abb. 4.35:** Schema der typischen MPEG-Verfahren. Das Signal wird nach einer DCT (diskrete Cosinus-Transformation) in mehrere Spektralbereiche zerlegt. So ist es leicht zu entscheiden, welche lauten Frequenzen leisere verdecken. Zuweilen werden so auch die zeitlichen Maskierungen ausgenutzt. Bei MP3 werden dann noch, je nach Qualitätsanspruch, zusätzlich mehrere laute, gehörmäßig zu eng beieinander liegende Amplitudenstufen zu einer zusammengefasst. Das erfolgt in mehreren Lautstärkestufen. Die Rückwandlung erfolgt weitgehend beim Empfänger.

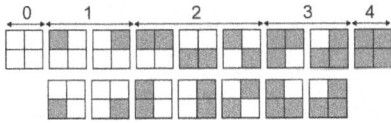

**Abb. 4.36:** Blockbildung bei 4 × 4-Blöcken. Bei der JPEG-Bildkomprimierung werden aber 8 × 8-Blöcke verwendet.

und Farbe bewertet. So ergibt sich die komprimierte Bilddatei, die anschließend noch teilweise verlustfrei weiter komprimiert wird. Schematisch zeigt das Abb. 4.37.

Bei der Anwendung der JPEG-Verfahren auf Film/Video ergab sich ein neues Problem. Wenn jedes Bild einzeln komprimiert wird, entsteht beachtliches bewegtes Rauschen. Es machen sich sehr deutlich die von Bild zu Bild unterschiedlichen Komprimierungseffekte bemerkbar. Deshalb wurde ein spezielles MPEG-Verfahren entwickelt. Wie in Abb. 4.38 zu sehen, werden dabei meist 16 Bilder gemeinsam kodiert. Nur das erste und das letzte Bild wird vollständig verwendet (sogenannte *key frames*). Weiterhin werden statt Bild 4 und 8 Prädiktions-Bilder P erzeugt, die bewegte Teile des Bildes betreffen (s. unteren Abbildungsteil). Die anderen B-Bilder werden durch Interpolation berechnet.

### 4.6.2 Verlustfreie Komprimierungen

Nur bei diskreten/digitalen Daten ist eine verlustfreie Komprimierung möglich, die sich auf der Empfangsseite wieder exakt zurücknehmen lässt. Dabei sind vier Varianten zu unterscheiden: Die so genannte *Quellen-Kodierung* wurde bereits im Kap. 4.1.2 an den Beispielen der *Shannon*- und der *Huffman-Kodierung* behandelt. Mit der Zeichen-Statistik wird dazu ein optimaler Präfix-Code erzeugt. In Sonderfällen wird die Huffman-

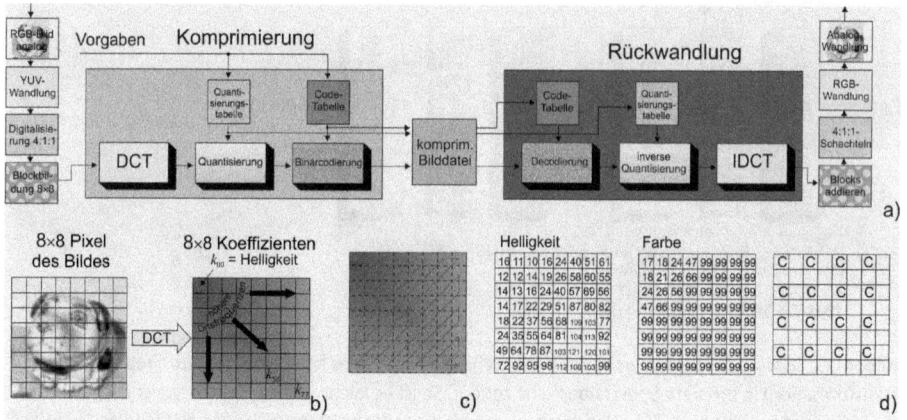

**Abb. 4.37:** Schema des typischen JPEG-Verfahrens

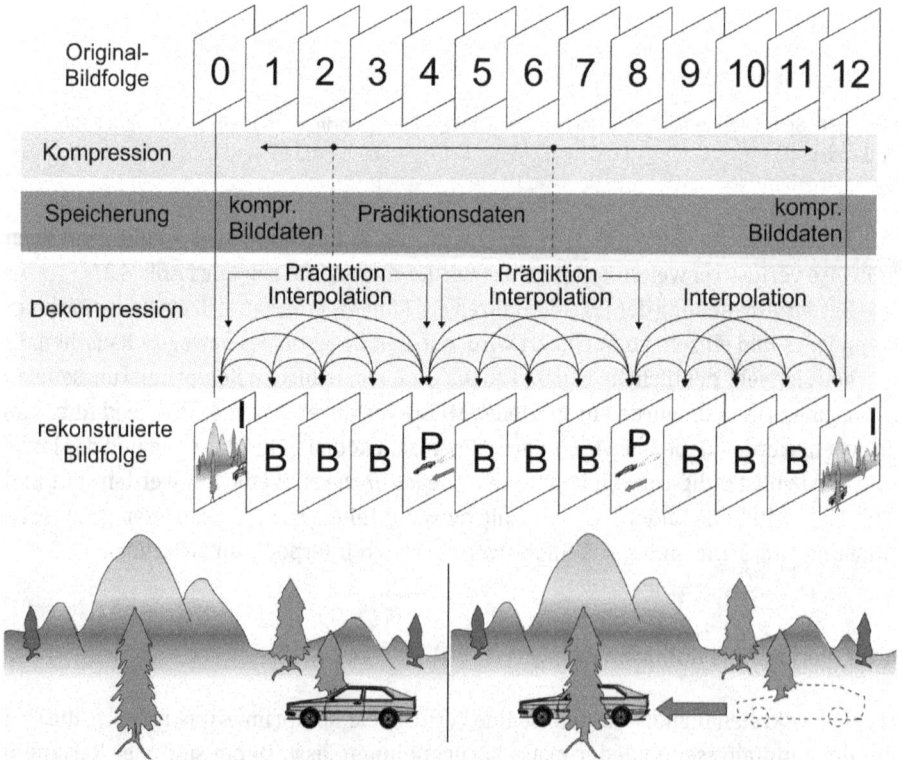

**Abb. 4.38:** Prinzipschema des typischen MPEG-Verfahrens

Kodierung auch als Teil einer Kanal-Kodierung benutzt, z. B. als Abschlusskodierung bei JPEG. Die *Kanal-Kodierungen* entstanden deutlich später, zu ihnen gehören u. a. ZIP und ARC (s. u.). Zur Komprimierung nutzen sie festgelegte Gesetzmäßigkeiten in Datenblöcken (Superzeichen und Links) und wenden sie bei der Dekomprimierung umgekehrt zur Rückgewinnung des Originals an. Die *Link-Kodierungen* verwenden linkähnliche Verweise auf Daten, die sowohl auf der Sende- als auch Empfangsseite existieren. Triviale Beispiele sind u. a. Literaturverweise, Fußnoten und Paragrafen bei Gesetzestexten. Als einzige Kodierung ermöglicht sie es zumindest theoretisch, jede endliche Datei auf 1 Bit zu reduzieren. Schließlich existieren noch *algorithmische Kodierungen*, die auch Komprimierungen unendlicher Reihen in endliche Daten ermöglichen. Hierzu gilt der Satz von Gregory J. Chaitin (Chaitin 1975): Von unendlich langen Ketten lassen sich endlich viele verkürzen, aber unendlich viele nicht. Insbesondere sind Zufallsfolgen nur selten zu verkürzen.

**Tab. 4.3:** Typische Beispiele für die Komprimierung

| | |
|---|---|
| 33333... | beginnen mit 3 und Anhängen von 3 ständig wiederholen |
| 01010101... | dasselbe für 01 |
| 01001000100001... | Startkette $s_0$=01, $s_1$=0 + $s_0$: dann fortwährend $s_{n+1} = s_n + s_0$ |
| 1 4 7 2 5 0 3 6 1 4 7 2 ... | $s_0 = 1; s_{n+1} = (s_n + 3)$ Mod 8 |
| 2 3 5 7 11 13 17... | Primzahlfolge $\Rightarrow$ Primzahl-Algorithmus |
| $\pi$ | Algorithmus (Formel) für $\pi$ |

Ähnliches lässt sich für viele unendliche Funktionsreihen, wie sin, cos usw. angeben. Der Satz von Chaitin gilt aber nicht für endliche Ketten (Dateien). Für sie wurden, je nach Inhalt, mehrere Möglichkeiten entwickelt. Folglich gibt es keinen universellen Algorithmus. Deshalb ist bei einer Datei vor der eigentlichen Komprimierung zu prüfen, welcher der vorhandenen Algorithmen am effektivsten ist. Das kann einige Zeit dauern. Die Dekomprimierung erfolgt dann aber deutlich schneller, da der benutzte Algorithmus zu Anfang übertragen wird.

Weil heute ausreichend Speicherkapazität zur Verfügung steht, können feste Datenbestände in die Komprimierungsalgorithmen (Coder und Decoder) einbezogen werden. Diese Daten stehen dann beim Sender und Empfänger immer abrufbereit zur Verfügung. Folglich genügt es für sie, nur einen entsprechenden Link zu übertragen. Nach diesem Prinzip ist es daher theoretisch möglich, jede Datei mit nur wenigen oder gar einem Bit zu übertragen. Für $n$ Datenbestände genügen {ld($n$)} Bit.[19] Bei Archiven und großen Datenmengen sind außerdem die vorhandenen Datenbestände durch zusätzliche Übertragungen leicht zu aktualisieren. Es folgen nun einige ausgewählte, häufig genutzte Beispiele.

---

**19** Die geschweiften Klammern { } bedeuten, dass die nächstgrößere ganze Zahl zu benutzen ist.

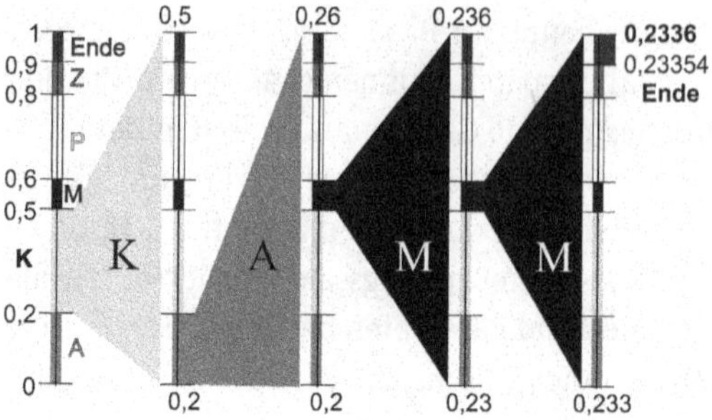

**Abb. 4.39:** Schema der Intervallteilung bei der arithmetischen Kodierung. P und Z sind weitere Zeichen, die bei der Fortsetzung der Komprimierung gebraucht werden.

Die *arithmetische Kodierung* wurde um 1985 von Peter Elias bei *IBM* entwickelt und patentiert (Witten u. a. 1987). Da sie bessere Ergebnisse als der Huffman-Code ermöglicht, wird sie z. B. bei JPEG eingesetzt. Sie arbeitet entsprechend den Häufigkeiten mit fortlaufenden Intervall-Schachtelungen. Leider kodiert sie auch deutlich langsamer. Als stark vereinfachtes Beispiel (Abb. 4.39 und die Tabelle 4.4) in dezimaler Schreibweise (üblich ist die binäre) dient hier das Wort KAMM. Es enthält nur die Zeichen A, K, M, P und Z als Zeichen für das Wortende. Das Ende der Kodierung zeigt das Sonderzeichen „!" an. In der Tabelle sind die bei der jeweiligen Intervallteilung gültig gewordenen Ziffern des Intervalls unterstrichen. Die jeweilige Ziffer wird immer sofort ausgegeben übertragen.

**Tab. 4.4:** Arithmetische Kodierung

| Zeichen | Häufigkeit | 1. Intervall | Text-Folge | Folge-Intervall | gültige Ziffern |
|---------|-----------|-------------|-----------|----------------|-----------------|
| A | 0,2 | 0,0-0,2 | K | 0,2-0,5 | 0, |
| K | 0,3 | 0,2-0,5 | KA | 0,20-0,26 | 0,2 |
| M | 0,1 | 0,5-0,6 | KAM | 0,23-0,236 | 0,23 |
| P | 0,2 | 0,6-0,8 | KAMM | 0,233-0,2336 | 0,233 |
| Z | 0,1 | 0,8-0,9 | Ende | 0,23354-0,2336 | 9,2335 |
| ! | 0,1 | 0,9-1,0 | Ausgabe | 0,23358 | 0,23358 |

Die *Lauflängen-Kodierung* (*RLE*, Run Length Encoding) wird bei Bildern (z. B. bei Windows Bitmap) für sich wiederholende Pixelwerte benutzt. In der Datei folgen dabei aufeinander ein Zähl- und ein Pixel-Byte. Statt „CCCCCCAABBBBBAAAAAEE" wird dann 6C2A4B4A2E übertragen. Bei geringen Wiederholungen kann dabei die Datei sogar größer werden.

Das *Pointer-Verfahren* (teilweise bei ZIP und ARC) benutzt Verweise auf Orte, wo die Zeichenfolge bereits vorher auftrat. Für den Verweis sind zwei Byte notwendig, nämlich für den Ort und die Länge der Zeichenkette. Bei „abrabrikadabra" folgt daher ab dem vierten Buchstaben der Verweis (1,3). Insgesamt wird „abr(1,3)ikad(1,3)a" kodiert. Die Effektivität des Verfahrens sinkt, wenn die Verweis-Vektoren sehr groß werden. Daher wird meist mit einem sogenannten gleitenden Fenster (auf Datenabschnitten) gearbeitet. Auch begrenzte Blocklängen sind vorteilhaft.

Die *Code-Erweiterung* (LZW, PKZIP) wurde 1977 von Jacob Ziv und Abraham Lempel entwickelt (Ziv/Lempel 1977) und 1984 von Terry Welch erweitert (Welch 1984). Dabei wird mit den 256 8-Bit-Zeichen des erweiterten ASCII-Codes begonnen. Für häufige Zeichenkombinationen werden neue Symbole als 9- oder gar 10-Bit-Zeichen eingeführt. Für eine optimale Kodierung müsste die Datei eigentlich erst vollständig analysiert werden. Das dauert oft zu lange. So werden stattdessen drei Vorgänge benutzt: 1. Ausgabe von Symbolen in die komprimierte Datei, 2. Erweiterung des Symbolsatzes (zum Teil auch Reduzierung) und 3. Verwendung des erweiterten Symbolsatzes. Als Beispiel wird hier verwendet: „wieder_diese_Kinder_". Dabei steht „_" für das Leerzeichen. Der Ablauf geschieht dann in folgender Weise: Zunächst wird w ausgegeben und wi = 256 als neues Symbol zum Symbolsatz hinzugefügt. Dann folgt i und ie = 257 wird generiert. Es folgt die Ausgabe von e und neu ed = 258 usw. Nach diesen Schritten existiert bereits ie und wird als 257 ausgegeben. Zusätzlich wird ies = 264 erzeugt (alle niedrigeren sind inzwischen vergeben). Am Ende der Zeichenkette existieren dann die neuen Codes: 256 (wi); 257 (ie); 258 (ed); 259 (de); 260 (er); 261 (r_); 262 (_d); 263 (di); 264 (ies); 265 (se); 266 (e_); 267 (_K); 268 (Ki); 269 (in); 270 (nd); 271 (der). Ausgegeben wird so die von 20 auf 16 Zeichen verkürzte Kette: „wieder_d 257 se_Kin 259 261". Dafür ist die Code-Länge jedoch von acht auf neun Bit/Zeichen angestiegen. Zusätzliche Maßnahmen ermöglichen es, die erweiterte Code-Basis (bis 512 = 9 Bit) möglichst vollständig zu nutzen.

Wenig bekannt ist die *Burrows-Wheeler-Transformation* (z. B. in bzip2 verwendet), die 1983 zunächst nur intern bei *DEC* von Michael Burrows und David J. Wheeler publiziert wurde (Burrows o. J.). Sie ist hoch komplex und ermöglicht dadurch bis zu zehnfache Komprimierungsraten.

**Tab. 4.5:** Komprimierungsverfahren nach Hilberg

| $x_1$ | $y_1$ | **Wörter** | $z_1$ |
|---|---|---|---|
| 0 | 0 | Rotkäppchen | 1 |
| 0 | 1 | der Wolf | 1 |
| 1 | 0 | trifft | 0 |
| 1 | 1 | erkennt | 0 |
| | | **Endwörter** | |
| 0 | 0 | den Jäger | |
| 0 | 1 | die Großmutter | |
| 1 | 0 | den Hänsel | |
| 1 | 1 | die Gretel | |

Ein extrem leistungsfähiges Verfahren für Texte stammt von Wolfgang Hilberg. Umfangreich werden dabei Syntax und Grammatik genutzt. Die Grundlage bildet, dass in einem

„sinnvollen" Text auf jedes Wort nur einige bestimmte Wörter folgen können. Das wird mit speziellen Zeigern ausgiebig genutzt (Hilberg 1990) bis (Hilberg 1987). Jedes Wort besitzt dazu zwei Links am Beginn und einen am Ende des Wortes. Ein sehr einfaches Beispiel zeigt die Tabelle 4.5.

Aus ihr lassen sich mit nur 4 Bit die folgenden 16 Sätze generieren:

0000 Rotkäppchen trifft den Jäger
0001 Rotkäppchen trifft die Großmutter
0010 Rotkäppchen erkennt den Jäger
0011 Rotkäppchen erkennt die Großmutter
0100 der Wolf trifft den Jäger
0101 der Wolf trifft die Großmutter
0110 der Wolf erkennt den Jäger
0111 der Wolf erkennt die Großmutter
1000 trifft Rotkäppchen den Hänsel
1001 trifft Rotkäppchen die Gretel
1010 trifft der Wolf den Hänsel
1011 trifft der Wolf die Gretel
1100 erkennt Rotkäppchen den Hänsel
1101 erkennt Rotkäppchen die Gretel
1110 erkennt der Wolf den Hänsel
1111 erkennt der Wolf die Gretel

Mit dem Verfahren gelang es Jochen Meyer (1989) mit nur 65 Bit alle Dissertationen der Nachrichtentechnik Darmstadt vollständig zu kodieren. Das entspricht einer Entropie von circa 0,012 Bit/Buchstabe bzw. circa 1,8 Bit/Textseite. Diese Aussagen wurden vielfach bezweifelt, z. T. wurde sogar Fälschung, Scharlatanerie oder gar Betrug angenommen. Mit 65 Bit lassen sich jedoch $2^{65}$ (ungefähr $3,7 \cdot 10^{19}$) unterschiedliche Arbeiten generieren. Versuche mit Zufalls-Bits nicht vorhandener Arbeiten zeigten dabei immer einen „höheren Unsinn". Sie besaßen aber stets eine korrekte Syntax und Grammatik. Es muss noch ergänzt werden, dass jedoch beim Empfänger ein Speicher von mehreren Megabyte (für die Code-Tabelle) Speicherplatz notwendig sind. Im Prinzip sind auf dieser Basis viele neue Ansätze möglich.

## 4.7 Anwendungen außerhalb der Nachrichtentechnik

Shannon hat sich mehrfach dagegen ausgesprochen, seine Theorie auf andere Gebiete zu übertragen. Doch das geschah später – und zum Teil recht erfolgreich – im Zusammenhang mit der Kybernetik. Noch recht nahe an Shannon steht die Erweiterung auf bidirektionale Kommunikation durch Hans Marko (1966). Durch Edgar Neuberger (1969; 1970) wurde sie auf mehrere Partner erweitert . Eine Anwendung mit Untersuchung der Kommunikation zwischen Affen leistete damit dann Mayer (1970). Hieraus ergeben sich auch Hinweise auf das Verhältnis zwischen Diktator und Untergebenen. Dabei ist auffällig, dass der Diktator immer mehr zuhört als befiehlt und zwar ganz im Gegensatz zum Untertan.

Viele Anwendungen gibt es für die die Auswirkungen des Maximums vom Term $p \cdot ld(p)$ mit $p = \frac{1}{e} \approx 0,367879441 \approx 37\,\%$. (vgl. Abb. 18). Als erster interpretierte es Helmar Frank und bezeichnete es als *Auffälligkeit* (Frank 1969). Hierfür gibt es viele Beispiele, z. B. bei Edgar Allen Poe für den „e"-Laut (wie in „b<u>e</u>lls"):

> Hear the sl<u>e</u>dg<u>e</u>s with the b<u>e</u>lls, silver b<u>e</u>lls!
> What a world of m<u>e</u>rrim<u>e</u>nt their m<u>e</u>lody foret<u>e</u>lls!

Unter den 24 Vokalen kommt es nämlich 8-mal vor. Daher tritt es mit 33 % deutlich hervor. Im Jazz sind die Synkopen mit etwa 80 % viel zu häufig, um auffällig zu sein. Im 3. Satz des 5. Brandenburgischen Konzerts von Johann Sebastian Bach sind sie mit 124 (= 40 %) bei 310 Takten jedoch fast optimal. Weitere Beispiele enthält (Völz 1990). Zunächst gab es gegen diese Betrachtung viele Einsprüche. Der Wert liegt nämlich ziemlich nahe beim Verhältnis des Goldenen Schnittes und tritt auch beim Pentagramm der Pythagoreer auf. Doch die Auffälligkeit tritt bei allen Sinneswahrnehmungen auf, ist also nicht auf das Sehen begrenzt. Damit ergibt sich ein echter Zusammenhang zum Logarithmus des Weber-Fechner-Gesetzes (vgl. Abb. 4.22[a]).

Die für die Entropie typische Statistik wurde wohl erstmalig 1954 von Ernst Lau auf die Literatur übertragen (Lau 1954). Er zählte dazu die Anzahl aller Gedichte von Goethe und Schiller in Hinblick auf ihre Verszahl. Dabei entstand die in Abb. 4.40 abgebildete Darstellung. Er folgerte aus der stark von der Theorie abweichenden Häufigkeitskurve bei Schiller, dass eine Ursache die Möglichkeit höherer Honorare durch verlängerte Gedichte gewesen sein könnte. Viele umfassende Analysen beschreibt Wilhelm Fucks (Fucks 1968). Dabei werden für Werke vieler Autoren eindeutig bestimmte Orte der gemittelte Wortlänge in Silben und der Anzahl der Wörter je Satz zugewiesen (Abb. 4.41). Aus beiden Parametern kann umgekehrt mit sehr großer Sicherheit ein unbekannter Autor ermittelt werden. Das ist sogar exemplarisch bei einigen Bibelstellen erfolgt. Auf Grundlage solcher Statistiken wurden mehrere Lesbarkeitsindizes entwickelt (Völz 1990) und (Völz 2001:453ff.). Nicht ganz so erfolgreich waren entsprechende Untersuchungen für die Musik (Fucks 1968).

Eine andere Beziehung zur Shannon-Theorie untersuchte Heinz Hauffe am Beispiel des Periodensystems der chemischen Elemente (Hauffe 1981). Eine gute Theorie soll möglichst viele experimentelle Fakten (hier nur Eigenschaften der Elemente) exakt beschreiben und weitere voraussagen. Bei ihrer Weiterentwicklung wird eine Theorie immer dichter und macht alte Aussagen redundant. Für die Chemie wählte Hauffe sechs Eigenschaftspaare aus: schwer/leicht, tief-/hochschmelzend, wärmeleitend/-isolierend, elektrisch leitend/isolierend, leicht/schwer ionisierbar sowie stabil/instabil. Mit der Zunahme der Kenntnisse und der Entwicklung neuer Theorien ergab sich so der Verlauf aus Abb. 4.42.

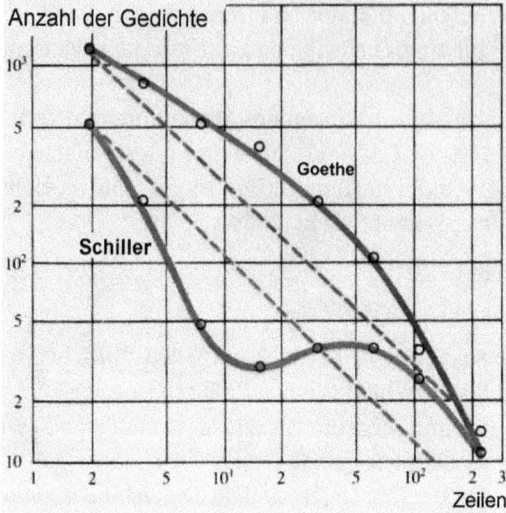

**Abb. 4.40:** Untersuchungen von Lau über die Häufigkeit von Gedichtlängen bei Goethe und Schiller (Lau 1954)

Mit der Statistik lassen sich jedoch nicht nur Analysen durchführen. Es sind auch Synthesen denkbar. Erste Versuche führte Shannon selbst durch. Mit den Häufigkeiten und den bedingten Häufigkeiten unterschiedlicher Ordnung berechnete er Sätze. Dieses Prinzip wurde alsbald von Karl Küpfmüller wiederholt (Küpfmüller 1959) und ergab dann die folgenden Texte:

> Gleichwahrscheinlich ohne Trennzeichen:
> `ITVWDGAKNAJTSQOSRMOIAQVFWTKHXD`
> Häufigkeit der Zeichen:
> `EME GKNEET ERS TITBL VTZENFNDGBD EAI E LASZ BETEATR IASMIRCH EGEOM`
> Aufeinanderfolge von Zeichen:
> `AUSZ KEINU WONDINGLIN DUFRN ISAR STEISBERER ITEHM ANORER`
> Häufigkeit nach zwei Zeichen:
> `PLAZEUNDGES PHIN INE UNDEN ÜBBEICHT GES AUF ES SO UNG GAN WANDERSSO`
> Häufigkeit nach drei Zeichen:
> `ICH FOLGEMÄSZIG BIS STEHEN DISPONIN SEELE NAMEN` (Küpfmüller 1959)

Der letzte Text lässt die Vermutung aufkommen, dass auf diese Weise sinnvolle Texte möglich werden könnten. Doch seit Küpfmüller ist viel geschehen und Gedichtgeneratoren erhielten sogar schon Auszeichnungen.[20] Allerdings wird mittlerweile auch die

---

20  Vgl. http://bit.ly/2tBCwnz (Abruf: 18.07.2017)

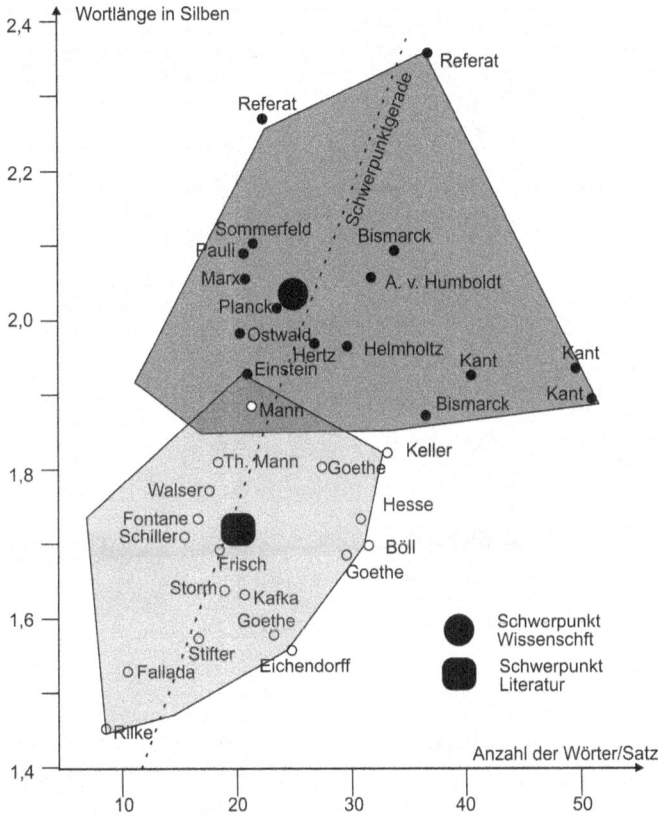

**Abb. 4.41:** Zuordnungen von Autoren nach Anzahl der Wörter/Satz und den Silben/Wort. Gemäß den Flächen und Schwerpunkten unterscheiden sich Wissenschaftler und Literaten deutlich. Nur wenige „Wortgewaltige" wie Goethe oder Kant ändern im Laufe ihres Lebens den Ort und finden sich daher mehrfach in der Grafik. Hierdurch sind teilweise sogar Nachbearbeitungen zeitlich einzuordnen (Fucks 1968).

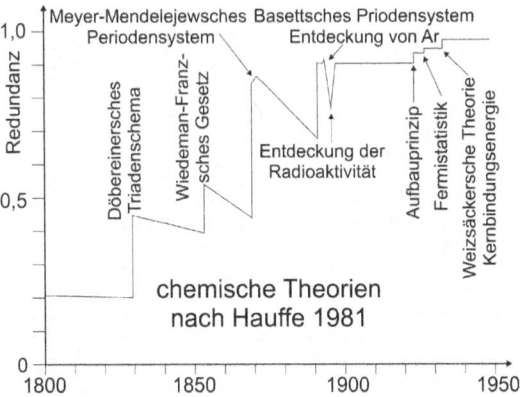

**Abb. 4.42:** Zur Redundanz chemischer Theorien im Laufe der geschichtlichen Entwicklung nach Hauffe (1981)

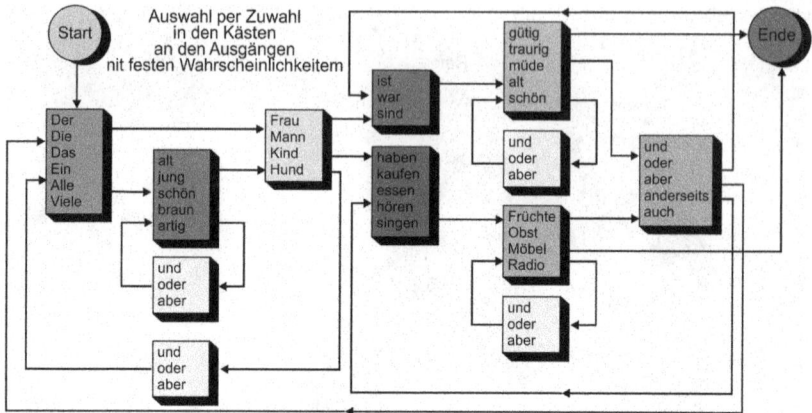

**Abb. 4.43:** Beispiel eines typischen Generators für (reim-)freie Gedichte (Völz 1990)

Syntax und Grammatik mit einbezogen. Die Struktur eines typischen Gedichtgenerators zeigt Abb. 4.43 (Völz 1990).

## 4.8 Zusammenfassung

Das primäre Ziel der S- bzw. Shannon-Information ist die Berechenbarkeit der Nachrichtentechnik. Mit ihr wird etwas – meist nicht stofflich, sondern mittels eines Informationsträgers hauptsächlich energetisch – von einem Ort zu einem anderen übertragen. Die Entropie und die Kanalkapazität bestimmen dabei die theoretischen Grenzen, aber auch die Grundlagen für Fehlererkennung, -korrektur und Komprimierung. Für die Berechnungen sind die Auftrittswahrscheinlichkeiten der Signale, aber nicht ihr Inhalt wesentlich. Die Herleitung der Entropie-Formel ist schwierig. Daher wurden hier mehrere Wege gewählt. Zur Quellen-Kodierung sind Code-Bäume und Tabellen möglich. Die eigentlich diskrete Theorie kann auf kontinuierliche Signale erweitert werden. Das erforderte eine Erklärung der Begriffe analog, kontinuierlich, diskret und digital. Beim Übergang von kontinuierlich nach diskret treten Unschärfen, Störungen und Fehler auf. Mittels der Kanalkapazität kann die minimale pro Bit notwendige Energie bestimmt werden. Mehrere Aspekte der Informationstheorie können auch auf anderen Gebieten (z. B. Kunst und Literatur) erfolgreich genutzt werden. Auf unsere Sinne bezogen ist die *Auffälligkeit* (vgl. Kap. 4.1.2) besonders wirksam.

# 5 Informationsspeicherung

Im Deutschen sind die Begriffe „Speicher" und „speichern" vieldeutig. In dieser Allgemeinheit kommen sie in anderen Sprachen kaum vor. Die Herkunft ist lateinisch: *spica* (die Ähre), *spicarium* (das Vorratshaus). Recht früh ist der deutsche Kornspeicher (als Gebäude) davon abgeleitet. Später wird Speicher auch für das Lager und die Lagerung von Waren, Gegenständen, Vorräten usw. benutzt. Schließlich entstehen auch technische Einrichtungen wie Warmwasserspeicher, Speicherbecken usw. Erst ab den 1950er-Jahren[1] erscheint der Speicher-Begriff innerhalb der Informations- und Rechentechnik als *Informations- und Datenspeicher*. Insbesondere für die Informationstheorie wird eine genügend allgemeingültige Definition von Speicher benötigt. Sie könnte lauten:

---

**Begriffserklärungen: Speicherung**                                                    **!**
*Für alles Speichern ist die Unterbrechung/Aufhebung des Zeitablaufes typisch.* In der Gegenwart wird etwas für die Zukunft festgehalten.

---

Im Kanalmodell wird so (Abb. 5.1) die Übertragung mit der Aufzeichnung unterbrochen und zu einer beliebigen späteren Zeit durch die Wiedergabe fortgesetzt. Einen umfassenden Überblick zu allen Speicherarten enthalten die drei Bände (Völz 2003; Völz 2005; Völz 2007).

## 5.1 Notwendigkeit und Grenzen

Speicherung erfolgt nicht nur absichtlich durch den Menschen. Sie geschieht fortwährend und überall ohne sein Zutun. Dadurch entstehen u. a. stabile Gebilde und Strukturen. Die ganze Evolution der Welt und des Lebens basiert weitgehend auf Speicherung. Physikalisch wesentlich ist dabei die zwar nicht beweisbare, aber wohl dennoch vorhandene *Ständigkeit*. Dabei sind beständige Objekte, Gesetze und Naturkonstanten zu unterscheiden. Die Daten von Objekten (Teilchen, Gebirge, Lebewesen usw.) müssen nicht gespeichert werden, denn sie sind messtechnisch langfristig gut verfügbar. Es sei denn, dass dadurch der Aufwand ihrer Messung vereinfacht wird. Auf die unveränderlichen (ewigen) Gesetze und Konstanten besteht dagegen kein unmittelbarer Zugriff. Sie müssen mühevoll ermittelt werden, wobei wir dann nicht einmal wissen, wo und wieso sie existieren. Deshalb müssen sie nach dem Finden (Messen) zur vielfältigen Nutzung gespeichert werden. Bei deterministischen Gesetzen genügen dazu im Prinzip Formeln, teilweise sogar dann, wenn der Laplace'sche Dämon zur Berechnung von Geschehen nicht gültig sein kann. Für zufälliges oder rein nicht-deterministisches Geschehen ist

---

[1] Gleichwohl sind Computer-Speicherkonzepte schon zuvor in den Schriften von Alan M. Turing und John von Neumann sowie in den Maschinen Konrad Zuses und anderer Pioniere enthalten.

https://doi.org/10.1515/9783111036540-015

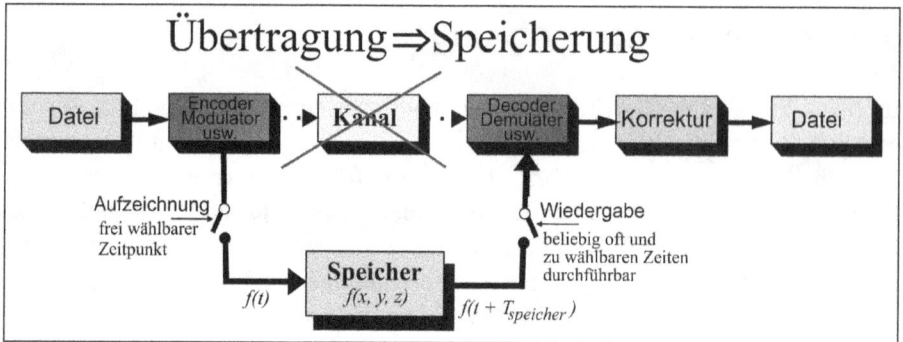

**Übertragung ⇒ Speicherung**

Datei → Encoder Modulator usw. → ⋯ Kanal ⋯ → Decoder Demulater usw. → Korrektur → Datei

Aufzeichnung
frei wählbarer
Zeitpunkt

Wiedergabe
beliebig oft und
zu wählbaren Zeiten
durchführbar

Speicher
$f(x, y, z)$

$f(t)$

$f(t + T_{speicher})$

**Abb. 5.1:** Bei der technischen Speicherung ist keine Übertragung vorhanden. Mit einem Aufzeichnungs-vorgang wird stattdessen das Signal, der Informationsträger als unveränderlicher Zustand fixiert. Zu irgendeiner späteren Zeit wird er dann wieder aktiviert und kann fast genauso wie bei der Übertragung genutzt werden.

keine vollständige Berechnung (mit Formeln und Daten) möglich. Dann ist es notwenig zu speichern (Abb. 58).

Doch Speicherung ist vielfach sogar noch fundamentaler: Ohne Speicherung gibt es kein Wissen. Die Menschheit hat zwar viele Methoden entwickelt, die Einblicke in die Zukunft ermöglichen. Doch für die Vergangenheit gibt es fast keine Methode der Rückrechnung, für das was geschah. Das demonstrieren beispielhaft die beiden Beispiele in Abb. 5.3. Beim Billard sind durch Rückrechnung nicht der Stoßort und die Stoßzeit zu berechnen. Bei einer Stellung im Schachspiel könnten wir zwar einigermaßen gut den nächsten Zug voraussehen, aber nur dann, wenn wir wissen, wer am Zug ist. Denn auch das ist nicht immer eindeutig aus der Stellung abzuleiten. Aber noch weniger bestimmbar ist, welches der letzte Zug war. Insgesamt gilt so die bedeutende Aussage: *Auch wenn die Vergangenheit unveränderlich feststeht, benötigen wir für das Wissen über sie damals Gespeichertes.*

Speicherung ist scheinbar ein Widerspruch zu allen Gesetzen der Physik. Diese gelten ja alle unverändert auch rückwärts ($t \rightarrow -t$). Dennoch ist die ständig ablaufende Zeit ein Fakt, der bestenfalls mithilfe der Thermodynamik verstanden werden kann. Daher sind Speicherungen immer die entscheidende Grundlage für Geschichte, Archäologie, Kriminalistik, Museen usw. Es erhebt sich sogar die Frage: Woher wissen wir eigentlich, dass die Vergangenheit unabänderlich feststeht?[2]

---

2 Wegen der Schwierigkeiten Informationen über Vergangenheit und Zukunft zu erlangen, wurden mehrfach Zeitreisen erdacht. Die vielleicht bekannteste hypothetische Variante hat Herbert George Wells mit seiner Erzählung „Die Zeitmaschine" (1895) vorgestellt. In solchen Fiktionen wird aber stets betont, dass in der „besuchten" Vergangenheit nichts geändert werden darf oder kann. Doch vielleicht bewirkt bereits die Beobachtung des Zeitreisenden eine Veränderung.

**Abb. 5.2:** Zusammenhänge von Welterkenntnis und notwendiger Speicherung

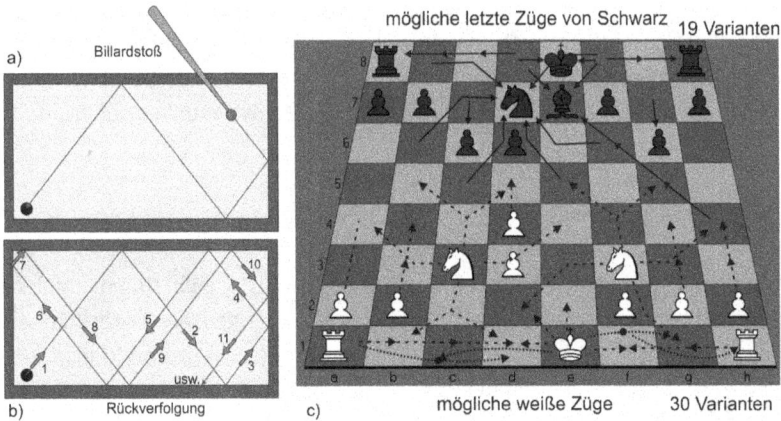

**Abb. 5.3:** Beispiele für die Notwendigkeit von Speicherungen, um Aussagen zur Vergangenheit machen zu können. Eine Rückrechnung ist in beiden Fällen nicht möglich.

### 5.1.1 Möglichkeiten der Speicherung

Speichern erfolgt immer durch eine Abbildung von Fakten auf zeitlich stabile, stofflich-energetische Zustände. Diese entsprechen dann den Informationsträgern, die mittels eines (Empfangs-)Systems zu interpretieren sind. Für die Abbildung sind dabei prinzipiell geeignet:

*Stoff*: Material, Waren, Lebensmittel u. a.; im Getreidespeicher, Materiallager, Gebäude, Raum oder Behältnis. Die Speicherung erfolgt hier unmittelbar: Das Objekt wird selbst gespeichert.

*Energie*: Feder, Schwungrad, elektrochemische Batterie, Treibstofftank für Benzin, Öl usw. Energie ist nur mittelbar in einem Energieträger zu speichern. Zur Rückgewinnung der Energie muss ein passendes System zu Verfügung stehen.

*Information* (Wissen, vgl. Kap. 3.5) kommt bei der Speicherung in drei Varianten vor: 1. als *Beständiges*, wie Daten, Fakten, Texte, Bilder; 2. als zeitlich *Ablaufendes*, wie Schall, Video, Prozesse und Geschehen und 3. als *Funktionen, Algorithmen*, die bei der Wiedergabe ausgeführt werden. Alle werden nur mittels stofflich-energetischer Informationsträger gespeichert. Genau deshalb ist für ihre Rückgewinnung das passende Wiedergabesystem notwendig. So entspricht das Gespeicherte einem Zeichen, das auf die ursprüngliche Information verweist. Dabei ist das Gespeicherte eine (vereinfachte, reduzierte) Kopie von dem, was bei der Aufzeichnung vorhanden war. Deshalb interessiert beim Speichern auch nicht der Inhalt, sondern nur die möglichst ähnliche Kopie des Originals. Das verlangt spezielle stofflich-energetische Träger. Auf diesen werden fast immer nur wichtige, gewünschte Teile, Ausschnitte vom Original gespeichert. Folglich geht immer einiges verloren (Abb. 5.4). Es kann niemals alles gespeichert werden. Doch es gibt noch weitere Mängel. So werden Speicherort, -datum usw. bei einer Speicherung nicht mitfixiert, zumindest nicht automatisch. Sie und weiteres müssen zusätzlich in der Datei festgehalten werden. Wegen der immer notwendigen Wiedergabe ist Gespeichertes nur eine potenzielle, also P-Information. Hierin ähnelt sie der potenziellen Energie einer gespannten Feder, eines geladenen Kondensators oder eines magnetischen Feldes. Sie wird nur unter bestimmten Umständen und mit angepassten Systemen zur Energie.

### 5.1.2 Die Grenzzelle

Ein Informationsspeicher benötigt dreierlei: *Stoff* ist notwendig, weil in ihm der stabile Zustand für den Informationsträger fixiert werden muss. *Energie* ist erforderlich, um die Energie des Informationsträgers in den Stoff einzubringen, sein Abbild dort aufrecht zu erhalten und schließlich bei der Wiedergabe das Vergangene in den neuen Informationsträger zu übertragen. Auch zum Löschen ist Energie erforderlich. Letztlich kann noch Störenergie die Speicherung beeinträchtigen. Damit ist die Energie für die Informationsspeicherung eine wesentliche Größe (Abb. 5.5). Am Anfang und Ende des Speicherprozesses steht immer die *Information*. Bei einer W-Information wird dabei

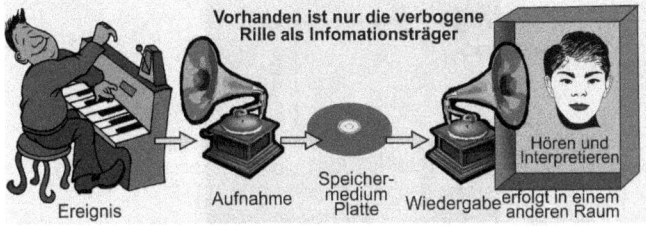

Vorhanden ist nur die verbogene Rille als Infomationsträger

Hören und Interpretieren

Ereignis — Aufnahme — Speicher-medium Platte — Wiedergabe erfolgt in einem anderen Raum

**Abb. 5.4:** Bei der üblichen Schallaufzeichnung gehen hauptsächlich alle optischen Gegebenheiten – insbesondere das persönliche Erlebnis des Dabeigewesenseins – verloren. Darüber hinaus wird nur der Schalldruck an einem Ort (dem des Mikrofons) erfasst (bei Stereo an zwei Orten). Selbst die Raumakustik ist nicht annähernd wiederzugeben. Denn der Lautsprecher befindet sich in einem Raum mit einer anderen, unterschiedlichen Raumakustik, die verfälschend hinzuaddiert wird. Selbst die besten Raumtonverfahren (surround, kopfbezogene Stereotechnik usw.) erleiden diesen Mangel immer zusätzlich.

meist von einem Signal $f(t)$ ausgegangen, das als $f(x, y, z)$ im Stoff abgelegt wird und dann schließlich nach einer frei wählbaren Zeitspanne $\Delta t$ mit dem Wiedergabevorgang als $f(t + \Delta t)$ wirksam werden kann. Dieser Wiedergabeprozess kann meist mehrfach, nach verschiedenen Zeitspannen $\Delta t$ wiederholt werden.

Aus den erforderlichen Energien lassen sich die Grenzen der Speicherung bestimmen. Die entsprechenden Berechnungsschritte schematisiert Abb. 5.6. Zunächst müssen für die Bit-Zelle im Speichermaterial hinreichende Unterschiede gegenüber ihrer Umgebung bestehen. Sie können durch diskrete Teilchen oder Quanten realisiert sein. Gegenüber der Wärmeenergie muss die bereits bei S-Information berechnete Minimalenergie je Bit von $k \cdot T \cdot \ln 2$ vorhanden sein. Diese muss in einem kleinstmöglichen Volumen untergebracht werden. Dabei ist zu beachten, dass die Energiedichte in Stoffen begrenzt ist. Hierzu gilt zunächst die Einstein-Relation $E = m \cdot c^2$. Doch selbst die Atomenergie kann von der Masse nur einen sehr kleinen Teil nutzbar machen. Für die Speicherung sind nur stabile Energiezustände nutzbar. Umfangreiche Untersuchungen haben gezeigt, dass sich die Speichergrenze der klassischen Physik für das Bit bei 0,5 J/cm$^3$ befindet. Dies entspricht etwa 1000 Atomen (Völz 1967b); weniger verlangen die Beschreibung mit der Quantenphysik. Auch die Massedichte von Festkörpern mit etwa 1 bis 10 g/cm$^3$ kann für das Gewicht des Speichers wichtig sein.

Letztlich muss der gespeicherte Zustand auch wiedergegeben werden können. Hierzu muss zumindest ein Teil der Energie für die Messung genutzt werden, um dann daraus möglichst störungsfrei das Wiedergabesignal zu erzeugen. Die Wiedergabezeit wird bezüglich der Energie durch die Heisenberg-Unschärfe ($\Delta E \cdot \Delta t \geq h$) begrenzt. (Für digitale Schaltungen ist ähnlich das Produkt aus Schaltzeit und Energie wichtig.) Für den Übergang der gemessenen Energie in das Wiedergabesignal ist also auch Zeit erforderlich. Je schneller die Wiedergabe erfolgen soll, desto mehr Energie ist notwendig. Für einen ausreichenden Störabstand gilt dabei

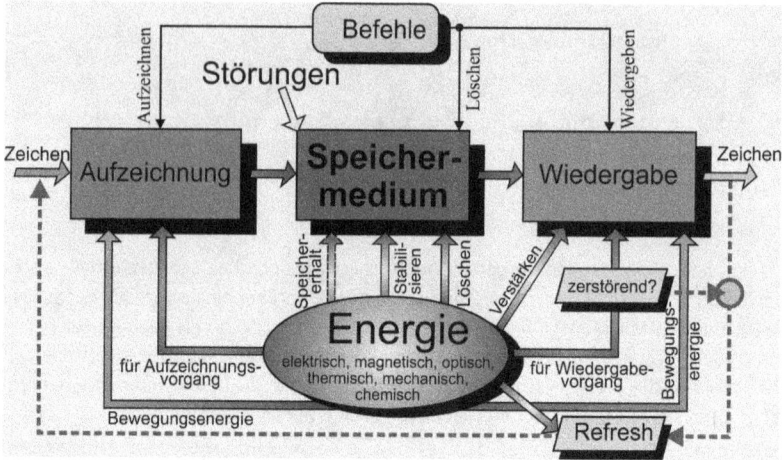

**Abb. 5.5:** Bei der Speicherung von Information ist Energie in vielfältigen Prozessen erforderlich. Im Bild sind fast alle Prozesse der technisch bekannten Speicher eingefügt. So benötigen sRAM (statisch) ständig Spannung zur Aufrechterhaltung des Speicherzustandes. Beim dRAM (dynamisch) ist ein fortwährendes Auffrischen erforderlich. Beim klassischen Film müssen zunächst die Silberkeime des virtuellen Bildes durch chemische Entwicklung zum stabilen (sichtbaren) Bild verstärkt werden. Bei motorgetriebenen Speichern, wie Festplatte, CD usw. ist Bewegungsenergie notwendig.

$$\Delta t \geq \frac{h \cdot \ln(1+z)}{k \cdot T \cdot z} \geq \frac{5 \cdot 10^{-11}}{T}$$

Für Zimmertemperatur (T circa 300K) und 60 dB Störabstand (1:1000) folgen daraus etwa $10^{-13}$ s Messzeit, als minimale Zugriffszeit. Ein äquivalenter Zusammenhang ist auch in der Nachrichten- und Messtechnik bekannt. Insgesamt gehört damit zu 1 Bit immer eine Grenzzelle[3] in $W \cdot s^2$.

Bei technischen Anwendungen werden die genannten theoretischen Grenzen natürlich nicht erreicht. So darf die einwirkende Energie bei der Aufzeichnung nur die gewünschten und nicht auch benachbarten Speicherzellen verändern. Bei der magnetischen Aufzeichnung ist hierfür der Magnetkopf zuständig. Typische Grenzwerte sind bei ihm Spaltweiten von wenigen nm und Spaltlängen von einigen µm. Das führt selbst bei geringster Spalttiefe zu dem relativ großen Volumen auf dem Datenträger von $\approx 10^{-14}$ m$^3$, $= 10^4$ µm$^3$. Das heute theoretisch denkbar kleinste Volumen ermöglicht die Optik. Bei einer Wellenlänge $\lambda$ und der Apertur (reziproke Blendenzahl) $A_n$ besitzt der Brennfleck einen Durchmesser $D \approx 0,6 \cdot \frac{\lambda}{A_n}$. Mit seiner Länge von $\lambda \cdot A_n$. ergibt das Brennvolumen zu $V_{Br} \approx \lambda^3$. Mit der Lichtgeschwindigkeit $c \approx 3 \cdot 10^8$ m/s, der Ener-

---

[3] Eine Grenzzelle ist die kleinstmögliche räumlich/zeitlich/energetische Grundlange für die Speicherung von 1 Bit.

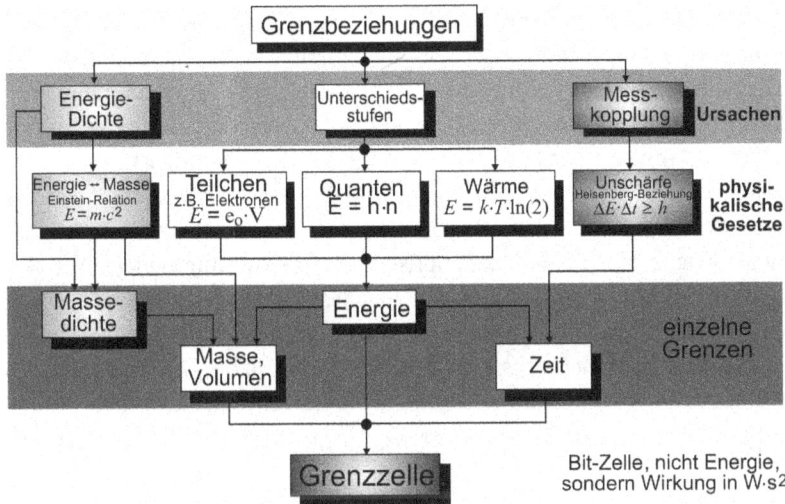

**Abb. 5.6:** Bestimmung der kleinstmöglichen Speicherzelle für 1 Bit. Hierbei wird deutlich, dass für sie nicht nur ein kleinstes Volumen und eine kleinste Energie im Speichermaterial notwendig sind. Durch den Wiedergabeprozess wird auch die Zeitdauer begrenzt. Deswegen gehört zur Speicherzelle physikalisch eine *Wirkung* in $Ws^2$ bzw. Js.

gie eines Photons $E = h \cdot v$ und der Energiedichte $w$ des Speicherzustandes folgt die kleinstmögliche nutzbare Wellenlänge:

$$\lambda = \sqrt[4]{\frac{h \cdot c}{w}}$$

Im Gegensatz zum Magnetismus (Band 3, Kap. II.10) und allen anderen Speicherverfahren sind also optisch theoretisch beliebig hohe Energiedichten möglich. Für die klassische Energiedichte $w \approx 0.5$ J/cm$^3$ folgt so die Wellenlänge $\lambda \approx 25$ nm (fernes ultraviolettes Licht) und das kleinstmögliche Volumen von $\approx 500$ nm$^3$. Das ermöglicht eine maximale Speicherdichte von $10^{22}$ Bit/m$^3$, also weitaus mehr als heute technisch erreichbar ist. Hochgerechnet auf einen Würfel mit 1 cm Kantenlänge ergäbe sich dabei theoretisch eine Speichermenge von 10 Petabit.

Deutlich anders sieht es beim Wiedergabevorgang aus. Bei ihm muss der Zustand der ausgewählten Zelle festgestellt werden. Das erfordert ebenfalls eine hoch selektive Kopplung zwischen Bitzelle und Messgerät. Mit einem „Wandler" ist die dort vorhandene Energie zu erfassen und mit möglichst wenig Störungen zu einem hochempfindlichen Verstärker zu übertragen. Dabei sind zwei Einflüsse wirksam: Einmal muss dem Speicherzustand hierzu *Energie entzogen* werden. Nur bei zerstörender Wiedergabe ist die volle gespeicherte Energie nutzbar. Dann ist aber nach dem Lesen der ursprüngliche

Zustand möglichst wieder herzustellen. Dieses Auffrischen wird u. a. beim dRAM[4] und bei Ferritkernen angewendet und benötigt viel Zeit. Ohne Zerstörung des Speicherzustandes kann deutlich weniger Energie entnommen werden. Dabei darf aber die entnommene Energie nicht so groß werden, dass sonst die Stabilität des Speicherzustandes verändert wird. Meist muss die entnommene Energie für den Wiedergabeverstärker in ein *elektrisches Signal umgewandelt* werden. Hierbei verursacht der Wirkungsgrad des Wandlers zusätzliche Verluste. Während bei Magnetköpfen Wirkungsgrade von bis zu 90 % möglich sind, erreichen optische oder gar magneto-optische Wandler oft nur wenige Promille. Werden alle Fakten mit denen der Aufzeichnung und des Speicherzustandes verglichen, so ergibt sich für die jeweils erreichbare Dichte die folgende Relation: *Aufzeichnung (beliebige Speicherdichte) > Speicherzustand (klassisch $\approx 10^{22}$ Bit/$m^3$) > Wiedergabe*

Deshalb begrenzt fast immer die Wiedergabe die nutzbare Speicherdichte eines Speicherverfahrens.

### 5.1.3 Speicherzellen und Stabilität

Im Prinzip sind alle über längere Zeit stabilen, stofflich-energetischen Zustände für eine Speicherzelle geeignet. Die meisten Speicherzellen arbeiten binär, sie können nur die zwei Zustände 0/1 annehmen. Wenige Speicherzellen sind auf mehrere diskrete Zustände ausgelegt. Flash-Zellen können beispielsweise vier Zustände annehmen und so 2 Bit speichern. Noch seltener sind Zellen mit acht Zuständen für 3 Bit. Alle Speicherzellen können nach den benutzten physikalischen Energiearten klassifiziert werden:

- *mechanisch*: Löcher, Stifte, Nocken usw. z. B. als Lochband oder -Karte, bei Spieluhren usw., Rillen in ihren Verläufen bei der Edison-Walze und der Schallplatte
- *magnetisch*: Ihr großer Vorteil besteht in der immer vorhandenen Hysterese (vgl. Kap. 5.3.1). Anwendungen sind Magnetband, Disketten, Festplatten, Ferritkerne, Blasenspeicher
- *optisch*: hell-dunkel, Grad der Reflexion oder Absorption, z. B. für Schrift, Druck, Bar- u. QR-Code, Fotografie und CD
- *elektrisch*: Kondensatorladungen (dRAM), Ferroelektrika, Flash, EPROM
- *elektronisch*: viele Arten Flip-Flops u. a. beim sRAM oder der Speicherröhre
- *Festkörper*: z. B. Übergang kristallin-amorpher Speicher, wie bei der CD-RW
- *ohmsch*: weitgehend ähnlich zu kirstallin-amorph, vielleicht künftige Anwendungen des Memristors
- *quantenphysikalisch*: bestenfalls in Ansätzen bei sehr tiefen Temperaturen erprobt

Die Varianten unterscheiden sich meist deutlich in der erreichbaren Speicherdichte. Ferner ergeben sich bei der Anwendung dreimal so viele Varianten, denn sowohl bei der

---

**4** RAM von random access memory. Das random bedeutet hier aber nicht Zufall, sondern gibt nur an, dass mittels einer Adresse beliebig auf die einzelnen Speicherzellen zugegriffen werden kann.

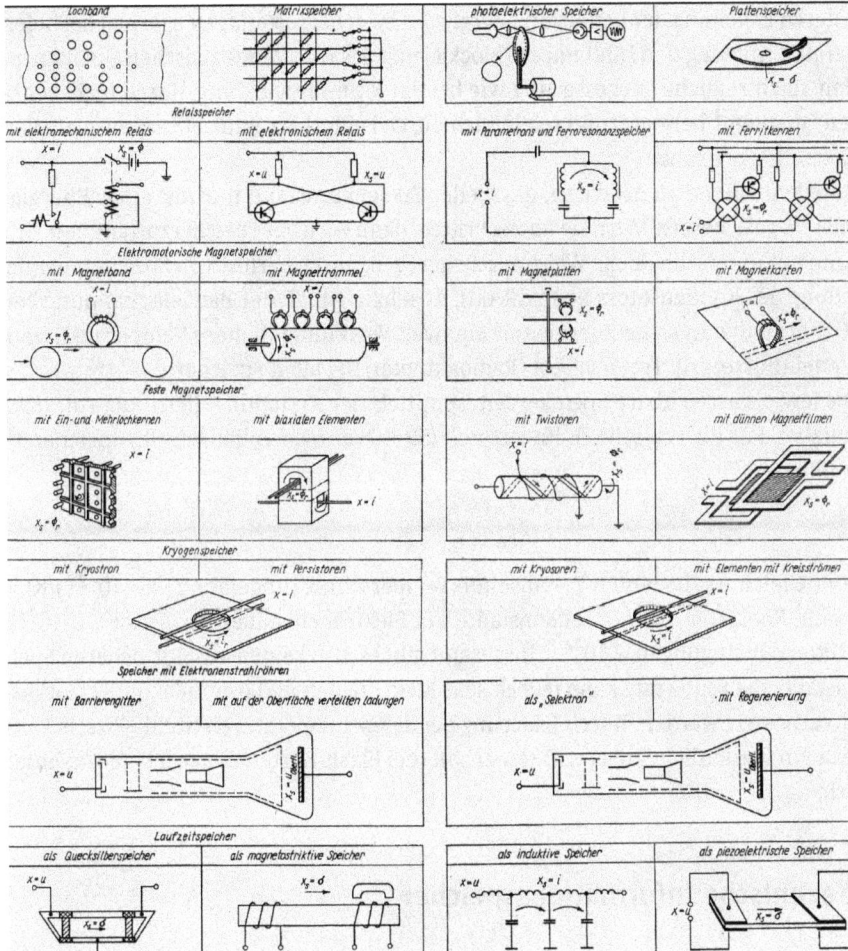

Lochband | Matrixspeicher | photoelektrischer Speicher | Plattenspeicher

Relaisspeicher
mit elektromechanischem Relais | mit elektronischem Relais | mit Parametrons und Ferroresonanzspeicher | mit Ferritkernen

Elektromotorische Magnetspeicher
mit Magnetband | mit Magnettrommel | mit Magnetplatten | mit Magnetkarten

Feste Magnetspeicher
mit Ein- und Mehrlochkernen | mit biaxialen Elementen | mit Twistoren | mit dünnen Magnetfilmen

Kryogenspeicher
mit Kryostron | mit Persistoren | mit Kryosoren | mit Elementen mit Kreisströmen

Speicher mit Elektronenstrahlröhren
mit Barrierengitter | mit auf der Oberfläche verteilten Ladungen | als „Selektron" | mit Regenerierung

Laufzeitspeicher
als Quecksilberspeicher | als magnetostriktive Speicher | als induktive Speicher | als piezoelektrische Speicher

**Abb. 5.7:** Vielfalt der Speicherverfahren um 1970 (Lerner 1970)

Aufzeichnung als auch bei der Wiedergabe können andere Energiearten als beim Speichern erforderlich sein. Dies wird nur selten beim Benennen ausreichend berücksichtigt (z. B. bei magneto-optisch). Dagegen sind bei der CD nur die Aufzeichnung und Wiedergabe optisch, nicht jedoch die Speicherzelle; diese ist mechanisch. Die große Vielfalt der möglichen Speicher zeigt Abb. 5.7 (Lerner 1970). Seither hat sie weiter zugenommen. Zur Zeit besteht eine deutliche Tendenz zur Einschränkung auf elektronische Halbleiter- und magnetische Speicher (Festplatte und Magnetband). Selbst die CD und DVD verschwinden zusehends. Diese radikale Reduzierung vereinfacht die späteren Betrachtungen zu den technischen Ausführungen.

Für die meisten Anwendungen ist die *Beständigkeit des Speicherzustandes* besonders wichtig. Daher sind Möglichkeiten zu seiner Steigerung gefragt. Sie werden vor allem durch Erhöhung der benutzten Energie des Speicherzustandes, Lagerung bei tiefer Temperatur, Nutzung von Inhibitoren (Blockierung des Übergangs zwischen Quantenzuständen, nachträgliche Verbesserung wie bei der Film-Entwicklung, durch nicht senkrechten Quanten-Übergang) und schließlich durch Fehlerkorrektur mittels zusätzlicher Speicherzellen erreicht.

In jedem Fall ist zu beachten, dass jeder Speicherzustand nur mit einer Energieschwelle $\Delta E$ gesichert ist. Wird sie überschritten, dann wird der Speicherzustand zerstört. Das kann auf unterschiedliche Weise geschehen, z. B. durch Verlust von Speicherenergie (Entladung des Kondensators beim dRAM), Aus- bzw. Abfall der Betriebsspannung bei sRAM, thermodynamische Energie mit Maxwell-Verteilung (höhere Temperatur) und Quanteneinflüsse, z. B. Tunneleffekt (Radioaktivität) bei allen Speichern.

Die jeweils erreichbare Speicherzeit ist mittels der Arrhenius-Gleichung von 1896 abschätzbar. Für die typische Halbwertszeit (50 % Wahrscheinlichkeit des Speichererhalts) gilt:

$$t_H = t_0 \cdot e^{\frac{\Delta E}{k \cdot T}}$$

In dieser Gleichung bedeuten $T$ = absolute Temperatur, $k$ (ungefähr $1,36 \cdot 10^{-23}$ J/K) = Boltzmann-Konstante und $t_0$ = Zeitkonstante. Für Elektronenbahnen beträgt sie $\approx 3 \cdot 10^{-15}$ s, für Gitterschwingungen $\approx 10^{-4}$ s. Insgesamt gibt es also keinen absolut sicheren Speicherzustand, die Fehlerrate kann jedoch sehr klein bleiben und eventuell mit Fehlerkorrektur verbessert werden. Durch Lagerung bei tiefen Temperaturen (Kühl-, Eisschrank) ist meist ein wesentlich längerer Datenerhalt (bei Flash-Karten über viele Jahrzehnte) möglich.

## 5.2 Technische Informationsspeicher

Wie in Abb. 5.7 zu sehen, gab es schon immer viele technische Varianten der Speicherung und ständig kamen neue hinzu. Das änderte sich fast schlagartig um 1995. War bis dahin die Speicherkapazität ein beachtlicher Engpass, so stand ziemlich unvermittelt reichlich zur Verfügung (vgl. Kap. 5.4; Abb. 5.38). Dadurch reduzierte sich – allerdings langsam – die Vielfalt der Speichervarianten. Heute werden fast nur noch elektronische, magnetische Speicher und einfache Varianten wie Bar-Code, QR-Code, Holografie-Label (Völz 2007:647) verwendet. Deshalb werden hier nur langfristig wichtige Varianten behandelt. In der Zukunft könnten noch spezielle elektronische Speicher und Sondervarianten der Holografie Bedeutung erlangen (Kap. 5.2.5).

### 5.2.1 Elektronische Speicher

Die kontinuierliche Schaltungselektronik kennt vor allem Schwingkreise, Filter, Verstärker und Oszillatoren, die digitale fast ausschließlich kombinatorische und serielle

# Zusammenhänge digitaler Schaltungen

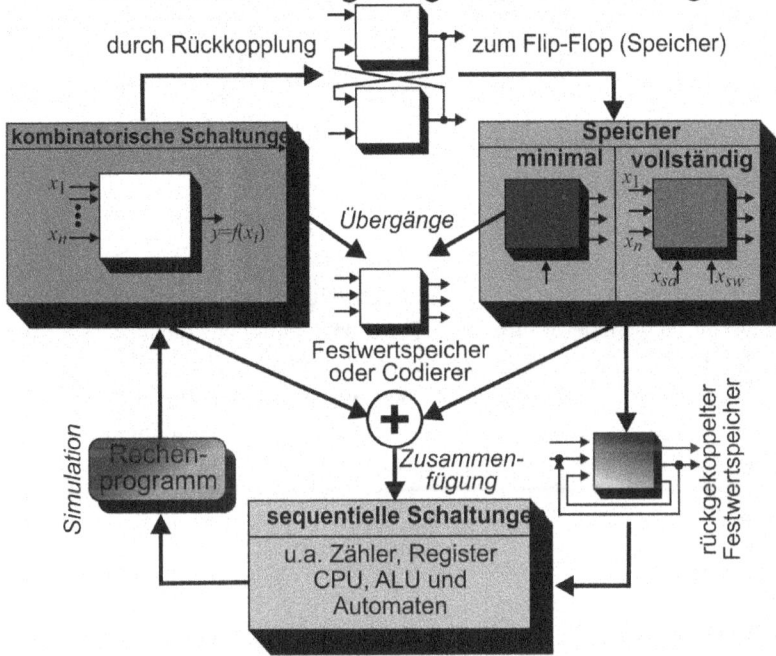

durch Rückkopplung — zum Flip-Flop (Speicher)

kombinatorische Schaltung

$x_1$
$\vdots$
$x_n$ → $y=f(x_i)$

Übergänge

Speicher
minimal | vollständig
$x_1$
$x_n$
$x_{sa}$ $x_{sw}$

Festwertspeicher
oder Codierer

Simulation

Rechen-programm

Zusammen-fügung

sequentielle Schaltung
u.a. Zähler, Register
CPU, ALU und
Automaten

rückgekoppelter
Festwertspeicher

**Abb. 5.8:** Der Zusammenhang zwischen allen möglichen digitalen Schaltungen und ihre Ableitung aus kombinatorischer Schaltung und Speicher

Schaltungen.[5] In beiden kommt der Speicher bestenfalls mittelbar vor und das obwohl seine Entwicklung schon und noch immer die Leistungsgrenzen der Halbleitertechnologie bestimmt. Die Grundbausteine der digitalen Elektronik sind jedoch die kombinatorische Schaltung und der Speicher (vgl. Band 4, Kap. I.3.5). Aus beiden lassen sich – wie Abb. 5.8 demonstriert – alle digitalen Schaltungen ableiten und herstellen. Außerdem kann ein Flip-Flop mittels Rückkopplung (aus zwei Röhren bzw. Transistoren) entstehen. Die häufig als eigenständig deklarierte sequentielle Schaltung leitet sich dann folgerichtig aus der Zusammenschaltung von kombinatorischen Schaltungen und Speichern ab.

Den Aufbau des Flip-Flops mit Transistoren unterschiedlicher Technologien (TTL, ECL, I2L, MOS und CMOS) und den Übergang zur statischen Speicherzelle des sRAM mit sechs Feld-Effekt-Transistoren (FET) zeigt Abb. 5.9. Die beiden FET an den Bitleitungen B und $\overline{\text{B}}$ dienen dabei nur der Anwahl der Speicherzelle mittels der Wort-Leitung. Für das Flip-Flop würden eigentlich zwei Transistoren wie beim MOS mit den Widerständen

---

5 Sie werden in den verschiedenen Lehrbüchern (und Hochschulen) unterschiedlich bezeichnet. Kombinatorische Schaltungen heißen dann auch Schaltwerk, statische Logik, binäre Schaltungen, Zuordner oder Kodierer; dagegen werden sequentielle Schaltungen als Schaltnetz, Folge-Schaltungen und dynamische Logik bezeichnet (vgl. Kap. I.6.2)

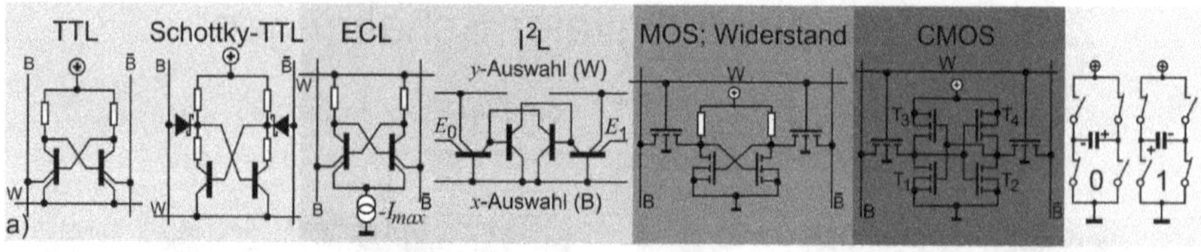

**Abb. 5.9:** Die Flip-Flop- bzw. Speicherzellen-Schaltungen dargestellt anhand der wichtigsten Schaltkreis-Technologien/-Familien.

genügen. Doch Transistoren benötigen weniger Chipfläche als Widerstände und sind dadurch preiswerter herzustellen. Beim CMOS-Flip-Flop kommt noch hinzu, dass für die übereinander liegenden Transistoren komplementäre p- und n-MOS-FET benutzt werden. Dadurch fließen in den beiden $0/1$-Stellungen nur extrem kleine Restströme. Deshalb benötigt eine CMOS-Speicherzelle nur bei den Umschaltungen etwas mehr Strom zum Umladen der unvermeidlichen Leitungskapazitäten.

### 5.2.2 Speicherschaltungen

Ein elektronischer Speicher benötigt neben den einzelnen Speicherzellen eine umfangreiche Hilfselektronik. Bei der Aufzeichnung muss ein Verstärker die erforderliche Energie bereitstellen und über einen Wandler nur der ausgewählten Zelle zuführen. Bei der Wiedergabe steht nach dem Wandler nur eine sehr geringe Spannung ($\mu$V bis nV) zur Verfügung. Sie muss möglichst störungsfrei auf die diskreten (binären) Pegel verstärkt werden. Beim dRAM muss wegen der zerstörenden Wiedergabe anschließend sofort der Speicherzustand durch Auffrischen wiederhergestellt werden. Mit der zunehmenden Anzahl von Speicherzellen wird die Auswahl der gewünschten Zellen immer schwieriger. Für die Milliarden Speicherzellen eines heutigen Speicherchips sind jedoch nach außen nur wenige Anschlüsse (Pins) möglich. Das erfordert hochkomplexe Multiplex- und Steuerschaltungen. Schließlich sind noch mehrere auch sonst übliche Schaltungen, z. B. zur Energieversorgung, Taktung und Pufferung nach außen nötig. Daher werden bei heutigen Speicherchips nur noch kleine Bruchteile der Fläche für die eigentlichen Speicherzellen (z. B. deren Matrix) verwendet. Abb. 5.10 zeigt eine Zusammenfassung dieser Fakten und ergänzt sie durch einige übergeordnete Begriffe, welche hauptsächlich die Namen von speziellen Speicherschaltungen aufzählen.

Es gibt mehrere recht einfache und daher häufig verwendete Speicherschaltungen. Das *Flag* besteht aus nur einer Speicherzelle. Es wird z. B. bei der Programmierung für eine Entscheidung (Sprung) benutzt (vgl. Kap. I.7.4). (Schiebe-)*Register* sind für mehrere Anwendungen (z. B. Fehlerkorrektur) erforderlich. Bei ihnen sind bis zu mehrere hundert Speicherzellen in Reihe zusammengeschaltet. Eine Variante hiervon ist der *Stack* (im Deutschen auch Kellerspeicher genannt). Seine Funktion kann durch einen Tellerstapel beschrieben werden (Abb. 5.11[a]). Der zuletzt aufgelegte Teller muss zuerst wieder

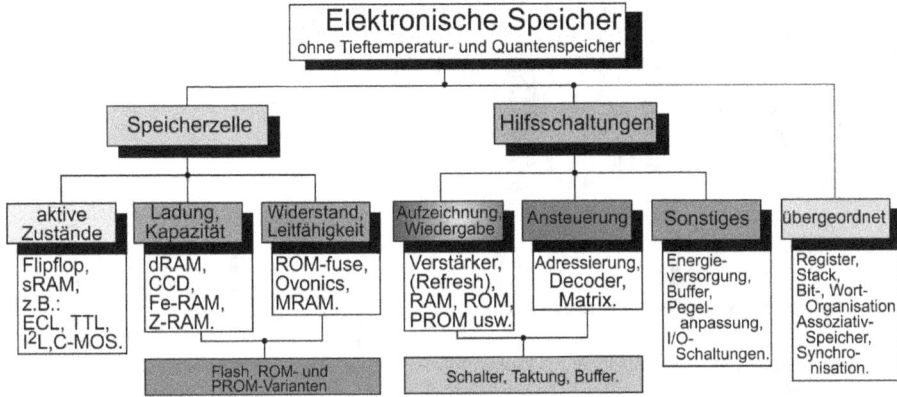

**Abb. 5.10:** Elektronische Speicher bestehen aus vielen Speicherzellen, die nach unterschiedlichen Prinzipien arbeiten können, und etlichen Hilfsschaltungen für vielfältige Aufgaben.

**Abb. 5.11:** Der Stack kann mit einem Tellerstapel in Gaststätten verglichen werden (a). Er wird immer per Software durch eine spezielle Adressierung realisiert (b).

entnommen werden. Bei diesem Speicher wird das Prinzip „last-in first-out" (LIFO) genannt[6] (Abb. 5.11[b]).

Ein weiterer spezieller Speicher ist der *Cache* (englisch: Versteck, geheimes Lager). Er dient der schnellen Zwischenspeicherung und wurde notwendig, als ab ca. 1985 die CPU der Computer erstmals deutlich schneller als die Zugriffszeit auf die Arbeitsspeicher wurde und sich dieser Unterschied dann immer mehr erhöhte. Nach speziellen Algorithmen für ein „look ahead" (vorausschauen) werden die zu erwartenden Speicherdaten für den schnellen Zugriff in einen schnellen zusätzlichen Zwischenspeicher abgelegt. Wird dieser Speicherbereich dann auch tatsächlich aufgerufen, dann wird von einem *cache hit*, andernfalls von einem *cache miss* gesprochen. *Cache hits* werden meist nur in 60-80 % der Zugriffe erreicht. Der Cache wird auch bei anderen langsamen Speichern, wie CDs,

---

6 Die Erfindung des Stacks erfolgte in den 1950er-Jahren. Wahrscheinlich schufen ihn mehrere Entwickler unabhängig voneinander, erkannten aber nicht seine fundamentale Bedeutung. Vielfach wird die Dissertation von Wilhelm Kämmerer genannt. Er verwendete ihn bereits bei den Vorarbeiten zur OPREMA (Optik-Rechen-Maschine auf Relais-Basis) um 1950, die von ihm 1955 beim *Carl-Zeiss-Werk* in Jena fertig gestellt wurde (vgl. Kap. I.2.2.4).

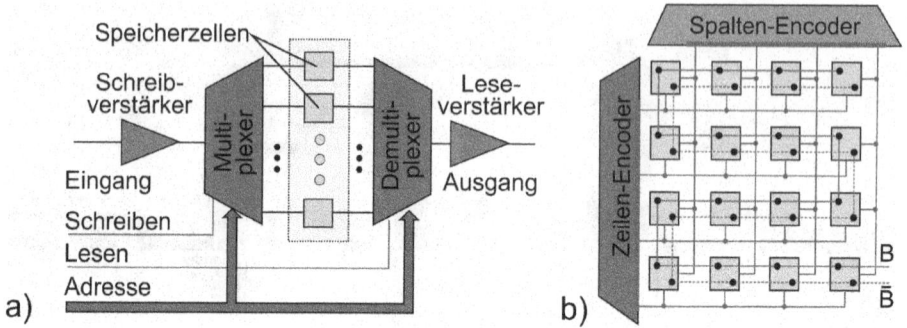

**Abb. 5.12:** a) Relativ einfacher Speicher mit Multiplexer für die einzelnen Speicherzellen – b) Matrixanordnung der Speicherzellen

Festplatten usw. benutzt. Zuweilen werden sogar mehrere, unterschiedlich große und schnelle Caches in Reihe geschaltet.

Einen noch recht einfachen *Speicherchip* für Arbeitsspeicher zeigt Abb. 5.12(a). Die einzelnen Speicherzellen werden hier per Multiplexer (vgl. Kap. I.6.4) angesteuert. Dennoch wären bereits für Speicherchips mit nur 1000 Zellen zu viele Pins als Leitungen nach außen erforderlich. Eine weitere Vereinfachung ergibt sich, wenn die Speicherzellen matrixweise angesteuert werden. Mittels Zeilen- und Spaltenauswahl genügen dann bei $n$ Speicherzellen bereits $2 \cdot \sqrt{n}$ direkte Auswahlleitungen. Hinzu kommen allerdings noch Leitungen für Eingangs- und Ausgangsbit, Lese- bzw. Schreibbefehle sowie die Stromversorgung. Deshalb wurde bereits um 1980 auch hierfür die Zeilen- und Spaltenkodierung eingeführt. Dann sind nämlich nur noch $\mathrm{ld}(n)$ Auswahlleitungen erforderlich. Schließlich kam noch die Umschaltung per RAS-CAS (Row Adress Strobe und Column Adress Strobe) mit deren Speicherung hinzu. So entsteht der heute typische Speicheraufbau (Abb. 5.13).

Einen völlig anderen Zugriff zu den Speicherzellen ermöglicht der wenig gebräuchliche Assoziativ-Speicher, auch *CAM* (content addressed memory) genannt. Hier bestimmt ein Teil des Speicherinhalts die Auswahl. Er kann gut (mit der Tabelle 5.1) am Beispiel einer gesuchten Partnerwahl erklärt werden. Die einzelnen Spalten der Speicherzeilen sind den einzelnen Personen zugeordnet. Spaltenweise sind die wichtigsten Kennzeichen abgelegt. Es seien nun beispielsweise gesucht: „unverheiratete", „männliche" Personen im Alter von „25 bis 35" Jahren mit dem Hobby „Foto". Das aktiviert die Maske (die grau hinterlegten Spalten). Die anderen Spalten „Kinderzahl" und „Namen" sind in Hinblick auf die Suche unwichtig und erhalten den Vermerk „don't care". Nach der sehr schnell möglichen, weil parallelen Suche sind alle gültigen Zeilen mit einem ∗ gekennzeichnet und können so leicht abgearbeitet werden.

Der einzige Nachteil dieser hocheffektiven Suchmethode in großen Datenbeständen besteht in der komplizierten Schaltung von Abb. 5.14. Die eigentliche Speicherzelle benötigt zehn Transistoren. Die Speichermatrix enthält den Schlüsselteil für die Suche

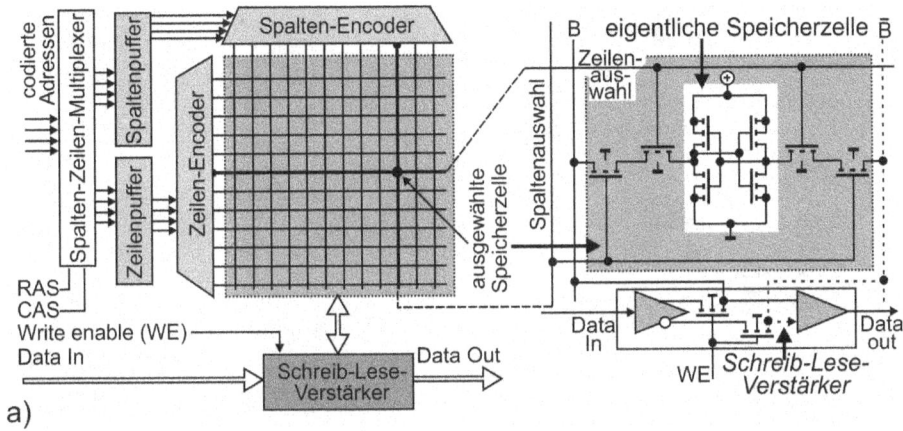

a)

**Abb. 5.13:** Aufbau eines typischen sRAM-Speichers: Die eigentliche Speicherzelle besteht wegen der Spalten- und Zeilenauswahl bereits aus 8 FETs. Für RAS und CAS sind der Zeilen- und Spalten-Puffer als Zwischenspeicher erforderlich. Der Schreib-Lese-Verstärker ist über die Bitleitungen (B) angekoppelt.

**Tab. 5.1:** Beispiel für Assoziativ-Speicher

| Nr. | Name | weiblich | Alter | ledig | Kinder | Hobby | Marke |
|-----|------|----------|-------|-------|--------|-------|-------|
| 45 | Meyer | 0 | 30 | 0 | 0 | Theater | |
| 46 | Müller | 1 | 35 | 1 | 1 | Briefmarken | |
| 47 | Schulze | 0 | 27 | 1 | 2 | Foto | * |
| 48 | Altmann | 0 | 40 | 1 | 0 | Foto | |
| 49 | Schmidt | 1 | 30 | 0 | 2 | Reisen | |
| 50 | Lindner | 0 | 28 | 1 | 0 | Foto | * |
| **Maske** | x | 0 | 25-35 | 1 | x | *Foto* | |

und Zusatzinformationen. Eine Vorrangsteuerung ermöglicht die Reihenfolge für die Ausgabe der gültigen Zeilen.

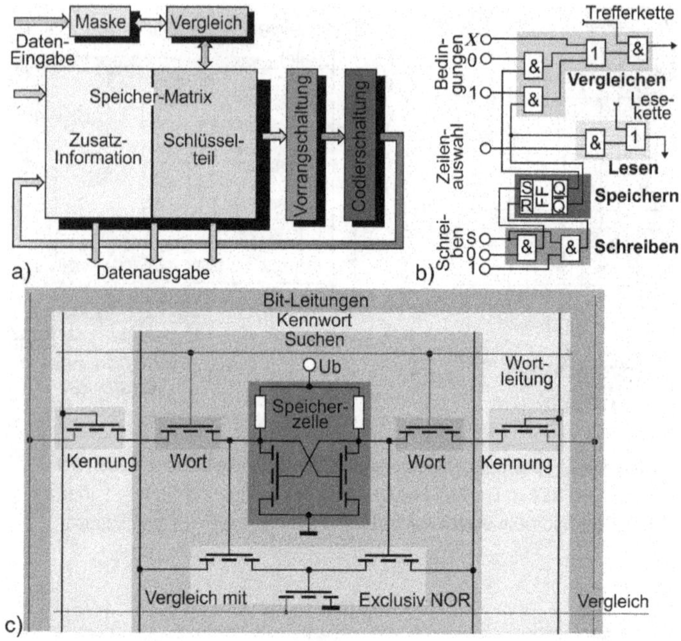

**Abb. 5.14:** Grundelemente des assoziativen Speichers: a) Aufteilung und Verkopplung der eigentlichen Speichermatrix; b) Verschaltung der Matrixzeilen zur direkten und parallelen Abfrage aller Speicherzeilen; c) Die typische Speicherzelle aus zehn Transistoren

### 5.2.3 dRAM

Eine deutlich andere Speicherzelle ist das *dRAM*. Sie benötigt nur einen Transistor und eine Kapazität (Abb. 5.15[c]). So werden die Chipfläche und damit auch die Herstellungskosten für 1 Bit erheblich verringert. Das entsprechende Kondensator-Prinzip war schon bei den ersten Relais- und Röhrenrechnern erfolgreich im Einsatz. Die Entwicklung in Halbleitertechnologie begann 1966 bei *IBM* durch Robert Dennard. 1970 kam der dRAM 1103 von *Intel* auf den Markt. Der erste serienmäßig damit ausgestattete Computer war die IBM 370/145 von 1970. Das Funktionsprinzip des dRAM zeigt Abb. 5.15(a): Mit dem 1-Schalter wird der Kondensator auf 1 aufgeladen. Der Schalter 0 entlädt ihn auf den 0-Pegel. Beim dRAM werden die Schalter durch nur einen FET ersetzt. Grundsätzlich hat jeder Kondensator Verluste, die seinem Verlust-Widerstand entsprechen. Dadurch sinkt die vorhandene 1-Spannung ($U_1$) exponentiell ab:

$$U_C = U_1\left(1 - e^{-\frac{1}{R \cdot C}}\right)$$

Deshalb muss für die 1 eine minimale Spannung $U_m$ festgelegt werden (b). Sie wird bei der Zeit $t_r$ erreicht. Dann muss ein periodisches Auffrischen (englisch: *refresh*) erfolgen, die typische Zeit hierfür beträgt $t_r \approx 60$ ms. Für das Auffrischen wird ein vergleichsweise großer Hilfskondensator $C_H$ benutzt (d). Mit dem Schalter $S_1$ wird er über einen Operationsverstärker auf die Spannung von C aufgeladen. Das Auffrischen erfolgt dann nach $t_r$ mittels $S_2$. Damit nicht jede Speicherzelle diesen Zeitaufwand benötigt, wird das Auffrischen zeilenweise nacheinander für die einzelnen Zellen vorgenommen: alle 150 ns, das entspricht 1 % der Betriebszeit. Außerdem wird etwa alle 15 µs zur nächsten Refresh-Zeile übergegangen. Insgesamt ist also eine komplexe Elektronik (e) notwendig. Während des Auffrischens ist kein Lesen und Schreiben der Refresh-Zeile möglich.

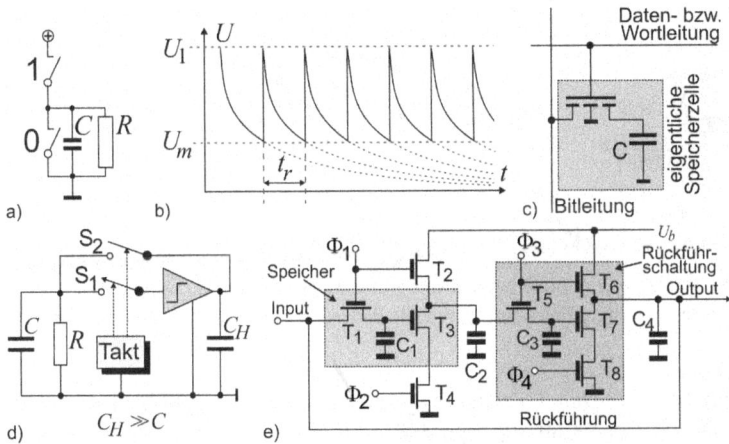

**Abb. 5.15:** Funktion und Baugruppen für einen dRAM mit 1-Transitorzelle

Das umfangreiche Geschehen beim dRAM bedingt große Zeitverluste und einen hohen Energieverbrauch. Bereits beim 1-Gigabit-Chip sind es circa fünf Watt! Für große Speicherkapazitäten müssen außerdem auf dem Chip mehrere komplette, aber getrennte Speichermatrizen verwendet werden. Für einen 64-Kilobit-Speicher galt daher um 1980 bezüglich der Chipaufteilung die Aufstellung in Tabelle 5.2.[7]

### 5.2.4 Vereinfachte Speicher

Speicher können – wie im Kap. 5.1.1 aufgezählt – nicht nur Daten aufheben, sie speichern auch Programme und Funktionen. Darüber hinaus gibt es mehrere Anwendungen, wo deren Inhalte nur unveränderlich benötigt werden. Dies betrifft z. B. das BIOS. Solche Speicher heißen *ROM* (read only memory). Sie sind deutlich einfacher, benötigen weniger Chipfläche und sind erheblich preiswerter herzustellen. In den Kreuzungspunkten

---

7 Inzwischen ist der Anteil der Speichermatrizen noch deutlich weiter gesunken, und außerdem hat die Leistungsaufnahme infolge höherer Taktfrequenzen erheblich zugenommen.

**Tab. 5.2:** Fläche und Leistung in Abhängigkeit zur Baugruppe

| Baugruppe | Fläche (in %) | Leistung (in %) |
|---|---|---|
| Speichermatritzen | 50 | 4 |
| Decoder | 15 | 4 |
| Taktgeneratoren | 10 | 60 |
| Leseverstärker | 7 | 25 |
| Sonstiges | 10 | 7 |
| Freifläche | 8 | 9 |

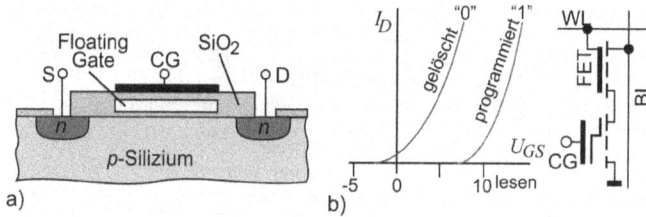

**Abb. 5.16:** Die Grundzelle eines programmierbaren ROMs erhält unter dem Gate ein sehr gut isoliertes Floating-Gate (a), das elektrisch aufgeladen werden kann und dadurch die Arbeitskennlinie verschiebt (b)

der Speichermatrix befindet sich dann keine Speicherzelle. Es genügt eine bzw. keine Diode für die Speicherung von 1 oder 0. Statt der Diode sind im Laufe der Entwicklung viele andere Varianten entstanden. Software, die im ROM gespeichert wird, kann aber immer erst nach der Fertigstellung der Hardware fertig entwickelt werden. In der „Eile" kommt sie daher zunächst häufig mit Mängeln zum Einsatz. Die spätere Korrektur ist dann nur durch komplettes Austauschen des ROM-Chips möglich. Einfacher wurde die nachträgliche Korrektur durch *PROM* (programmierbares ROM). Vom üblichen RAM unterscheiden sie sich dadurch, dass ihre Löschung und/oder Umprogrammierung lange Zeit in Anspruch nimmt. Beim Lesen verhalten sie sich aber genauso wie RAM. Die technische Grundlage für die Entwicklung von PROMs entstand dadurch, dass beim FET ein Floating-Gate eingeführt wurde (Abb. 5.16[a]). Es ist z. B. aus Metall in die gut isolierende $SiO_2$-Schicht eingebracht und entspricht daher einer Kondensator-Elektrode gegenüber dem *p*- bzw. *n*-Silizium und dem Gate. Da es keinen externen Anschluss besitzt, ergibt sich auch kein paralleler Verlustwiderstand. Eine Ladung, die diesem Floating-Gate aufgeprägt wird, bleibt daher nahezu beliebig lange bestehen. Sie verschiebt die Arbeitskennlinie des FETs deutlich (Abb. 5.16 [b]).

So kann diese Speicherzelle auf 0/1 gesetzt werden. Das Programmieren erfolgt durch das Tunneln sehr schneller Elektronen (oder Löcher) im Kanal zwischen Source S und Drain D auf das Floating-Gate (vgl. Kap. I.6.1.2). Das ursprüngliche EPROM musste noch für 20 Minuten mittels UV-Licht gelöscht werden. Durch ein Verringern der Abmessungen gelang es später, das Löschen mittels Tunneleffekten zu realisieren. So entstand das *EEPROM* (electrically erasable PROM; Abb. 5.17). Dennoch dauerte das Löschen und

| Name | EPROM | EEPROM | Flash-RAM |
|---|---|---|---|
| Schaltbild | | SF SG | |
| Struktur | 10 (50) nm | 10 nm | 20 nm |
| Löschen | UV 20 Minuten S, G: 10 MV/cm | Tunnelung 5 ms/Bit S, G: 4 MV/cm | heiße Elektronen, Tunnelung; 1 s G: 4 MV/cm |
| Schreiben a) | heiße Elektronen 100 ms D, G: 1 mA | Tunnelung 5 ms S, G: 10 pA | heiße Elektronen 10 ms S, G: 1 μA |

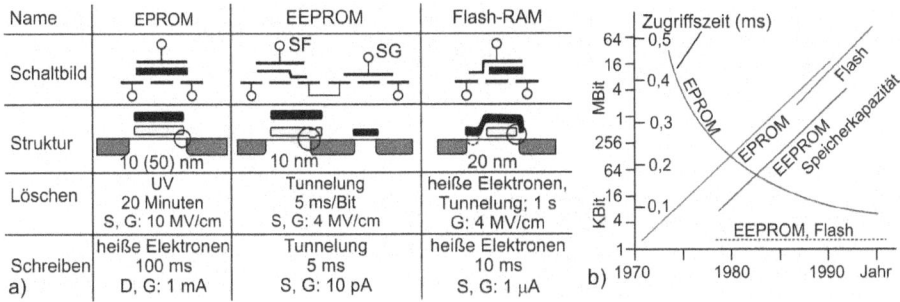

**Abb. 5.17:** a) Die typischen Eigenschaften beim Übergang vom EPROM zum Flash, b) die Entwicklung ihrer Speicherkapazität und Zugriffszeit bis etwa 2000. Heute sind viel Terabyte möglich.

Neubeschreiben immer noch oft zu lange. Dies kompensierte später das *Flash* (englisch: Blitz, schnell). Bei ihm wird vor allem die Löschgeschwindigkeit dadurch gesteigert, dass nicht eine Speicherzelle, sondern gleich ein ganzer Block gelöscht wird. Um dennoch gültige 0/1-Informationen des Blockes beibehalten zu können, werden Algorithmen benutzt, die dem Auffrischen beim dRAM ähnlich sind, um gelöschte Werte zu restaurieren.

Die Kopplung der einzelnen Flash-Zellen kann verschieden organisiert sein. So existieren NAND- und NOR-Flashs, selten auch AND- und DINOR-Flashs. Besonders viel Speicherkapazität ermöglicht der NAND-Flash. Er ist dafür langsamer und bietet nur einen seriellen Zugriff. Der NOR-Flash besitzt dagegen wahlfreien Zugriff, benötigt aber mehr Chipfläche je Bit und erreicht eine höhere Zuverlässigkeit. Ein beachtlicher Nachteil aller Flash-Speicher besteht darin, dass die Zuverlässigkeit der Zellen mit jeder Löschung und Neuprogrammierung abnimmt. Deshalb enthalten die Chips einen Zusatzalgorithmus, der die Benutzung der Zellen ständig so umverteilt, dass alle etwa gleich oft benutzt werden. So ergibt sich eine beachtliche Lebensdauer.

Infolge der sehr kleinen Fläche pro Bit bei allen Flash-Speichern sind sehr große Speicherkapazitäten möglich geworden. Abb. 5.17(b) zeigt dafür nur die Entwicklung bis etwa 2000. Inzwischen sind viele Terabyte erreicht. Als SSD (solid state disk) ersetzen Flash mittlerweile die Festplatten und sind dabei noch deutlich schneller.

Um 1982 schuf die Firma *Xicor* eine Kombination aus EEPROM und sRAM (heute meist dRAM) als *NVRAM* (non volatile RAM). Dadurch wurde die Geschwindigkeit des RAM mit der Beständigkeit des EEPROM kombiniert. Um das zu erreichen, enthielten sie einen Algorithmus, der den Inhalt des direkt benutzten RAMs in bestimmten Abständen in das EEPROM überträgt. Wenn ein Stromausfall oder eine andere Störung auftritt, so braucht danach nur die nahezu zuletzt genutzte Information aus dem EEPROM zurück in den RAM geschrieben zu werden. Die Speicherkapazität der NVRAM ist zwar relativ gering, sie bieten aber in hochsensiblen Anwendungen große Sicherheit.

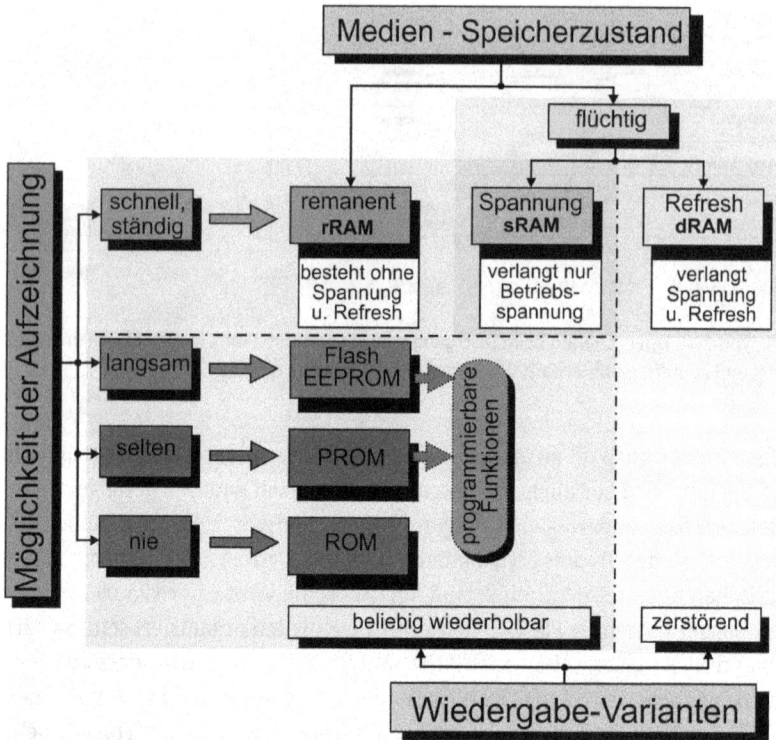

**Abb. 5.18:** Versuch einer allgemeinen Einteilung der elektronischen Speicher

## 5.2.5 Überblick

Es gibt also eine große Vielfalt elektronischer Speicher, die noch weiter zunehmen könnte. Deshalb ist in Abb. 5.18 eine Systematisierung dargestellt. Sie geht von den drei Stufen der Speicherung aus: Aufzeichnung, Speicherzustand und Wiedergabe. Die Aufzeichnung ist dabei nach der Geschwindigkeit eingeteilt. Unterschiedlich langsam und teilweise nicht aufzeichnen können EEPROM, PROM und ROM. Die Wiedergabe kann beliebig wiederholbar oder zerstörend erfolgen. Der Speicherzustand kann, wie beim dRAM, mittels Auffrischen stabilisiert werden. Beim sRAM ist hingegen eine ständige Betriebsspannung erforderlich. Im Entstehen sind neuartige rRAM (remanente), welche die Information auch ohne von außen zugeführte Energie beibehalten. Hier sind etwa fünf Varianten in der Entwicklung bzw. bereits als Muster verfügbar.

Für technische *Strukturspeicher* gibt es hauptsächlich drei Varianten, die als PLD (programmable logic device, ähnlich dem FPGA = field-progammable gate array) bezeichnet werden. Sie leiten sich allgemein aus einer Reihenschaltung von AND- und OR-Matrizen ab. Dabei werden $n$ Eingangs- und $m$ Ausgangssignale benutzt. Bei der üblichen (Masken-)Programmierung werden Dioden eingefügt oder weggelassen (Abb. 5.19(a) zeigt solch ein PLA – programmable logic array). Dadurch sind $n$ verschiedene

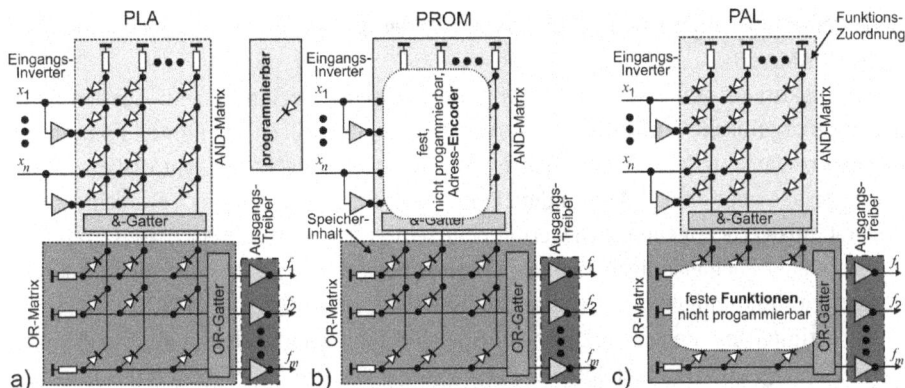

**Abb. 5.19:** Die drei programmierbaren Schaltungen aus einer Hintereinanderschaltung von AND- und OR-Arrays

Funktionen programmierbar. Aus dem PLA entsteht ein PROM (b), wenn die AND-Matrix als Address-Encoder festgelegt wird. Je nach der Kombination der $n$ Eingänge wird ein programmiertes (gespeichertes) Signal der Wortbreite $m$ ausgegeben. Für Redundanzfreiheit (Vollständigkeit) muss dabei $m = 2^n$ gelten. Die dritte Variante (c) ist ein PAL (programmable array logic). Bei ihr stehen die verfügbaren Ausgangssignale fest, sie werden mittels programmierbarer Eingangssignale ausgegeben.

Die *MRAM* basieren auf magnetischen (Quanten-)Effekten. Sie wurden erstmalig in den 1980er-Jahren von Arthur Pohm und Jim Daugton bei *Honeywell* entwickelt. 1993 gab es die ersten Varianten namens CRAM (*cros-tie*). 2000 stellte *Freescale* die ersten Serien-4-Megabit-MRAM her. Sie werden durch einen elektrischen Strom ummagnetisiert und ändern dadurch quantenmechanisch ihren elektrischen Widerstand. Infolge der magnetischen Remanenz bleibt der Zustand beliebig lange erhalten.

Beim *FRAM* (auch feRAM) wird ferroelektrisches Material als Dielektrikum in den Speicher-Kondensatoren (Ladungsspeicherung) eingesetzt. Der dazu gehörende Effekt wurde bereits 1920 von J. Valasek beim Rosette-Salz entdeckt. Um 1955 wurden die ferroelektrischen Perovskit-Kristalle, u. a. PZT, entdeckt. 1970 waren bereits mehr als 1500 Ferroelektrika bekannt. Solche Materialien werden schon lange in Kondensatormikrofonen benutzt. Mit ihnen wird die Kennlinie des FETs verlagert. Sie arbeiten bei Aufzeichnung und Wiedergabe elektrostatisch.

Die *PRAM*[8] (phase change) nutzen die beiden möglichen Zustände kristallin und amorph. Ihre Entwicklung begann bereits 1965 durch Stanford Ovshinsky. Ähnlich wie bei der CD-RW werden die Zustände durch unterschiedliche Laser- bzw. Stromimpulse

---

8 Auch bekannt unter den Bezeichnungen Ovonics, X-RAM, P-RAM, PC-RAM, OUM (organic unified memory).

eingestellt. Dabei ändert sich der elektrische Widerstand der Speicherzelle, ähnlich wie beim MRAM.

In Diskussion sind auch die *ORAM* mit organischen Verbindungen.[9] Diese nutzen aus, dass organische Substanzen unterschiedliche Strukturen annehmen können. Eine weitere Variante könnte der *Memristor* sein. Er wurde schon in den 1970er-Jahren vorausgesagt, aber erst 2014 gefunden. Bei ihm können durch Ladung unterschiedliche Widerstandswerte angenommen werden. Für sehr große Speicherkapazitäten sind auch immer wieder hochleistungsfähige *Hologrammspeicher* in der Diskussion, die in Laboren bereits gut funktionieren (Details dazu enthält [Völz 2007:612ff. und 513ff.]).

Prinzipiell sind bereits heute solche Speicher möglich und stehen auch als Muster zur Verfügung. Doch letztlich fällt die Entscheidung darüber leider nicht nur aus technischer Sicht. Sollte eine Variante zum breiten Einsatz kommen, so werden Festplatten und SSD überflüssig, weil diese die vorhandenen Speichertechnologien in wichtigen Aspekten übertreffen. Dann kann der Computer ausgeschaltet werden und nach erneutem Einschalten kann sofort an der alten Stelle weitergearbeitet werden, was nicht zuletzt Datenschutzprobleme aufwirft.

## 5.3 Magnetische Speicher

Elektronische Speicher haben den Vorteil, dass sie ohne zusätzliche Umwandlung in elektronische Signale funktionieren. Sie haben aber den Nachteil, dass die gespeicherte Information fast immer durch zusätzliche Maßnahmen stabilisiert werden muss. Bei der magnetischen Speicherung ist dies umgekehrt. Auf Grund der typischen Hysterese (s. u. sowie Band 2, Kap. III.2.3) ist das Gespeicherte ohne zusätzlichen Aufwand langfristig stabil. Dafür sind aber elektromagnetische oder andere Wandlungen in elektrische Signale erforderlich. Vorteilhaft kommt bei ihnen noch die sehr hohe Speicherdichte hinzu. Deshalb werden magnetische Speicher besonders für die Langzeitspeicherung benutzt. Entgegen sehr vielen anders lautenden Voraussagen sind die Magnetbänder aktuell noch und wahrscheinlich sogar langfristig das Material für umfangreiche Archive. Viele große Archive bestehen fast ausschließlich aus Band- und Festplattenbibliotheken mit automatisierten Suchrobotern, die Räume, ja Häuser ausfüllen.

### 5.3.1 Die Hysterese für die magnetische Speicherung

Es gibt nur wenige magnetische Materialien: hauptsächlich Eisen, Nickel, Kobalt und seltene Erden. Dies ist nur quantenphysikalisch zu erklären (vgl. Band 3, Kap. II.10). Doch mit Ausnahme der MRAM (Kap. 5.2.5) genügt weitgehend eine rein phänomenologische

---

9 Diese Entwicklung ist leider durch die vielen Fälschungen von Jan-Hendrik Schön zunächst sehr verzögert worden. (https://en.wikipedia.org/wiki/Sch%C3%B6n_scandal, Abruf: 18.07.2017)

Beschreibung mittels der typischen Hysteresekurve (Abb. 5.20[a]): Dabei wirkt eine magnetische Feldstärke $H$ auf das Material ein, wobei die Magnetisierung $M$ entsteht.[10] Ein magnetisches Material kann magnetisiert oder unmagnetisiert (entmagnetisiert) sein. Die Hysteresekurve des magnetischen Materials wird oft im unmagnetischen Zustand (bei $H=0$ und $M=0$) begonnen. Mit Erhöhung der Feldstärke entsteht dann die Neukurve. Sie beginnt sehr flach ansteigend, wird dann steiler und geht schließlich bei der Sättigungsfeldstärke $H_S$ in die Sättigung $M_S$ über. Bei $H > H_S$ nimmt die Magnetisierung nicht mehr zu. Wird anschließend die Feldstärke gesenkt, so wird irreversibel die Kurve der Grenzhysterese durchlaufen. Bei fehlender Feldstärke ($H=0$) bleibt dadurch im Material etwas von der Sättigung $M_S$ als Remanenz $M_R$ zurück. Damit ist in $M_R$ etwas von Sättigungsfeldstärke $H_S$ gespeichert. Dieser Wert kann mit der Umkehr von $H$ nach $-H$ bei der Koerzitivfeldstärke $-H_C$ vernichtet, also gelöscht werden.

Wirkt auf das Magnetmaterial eine große Wechselfeldstärke (Wechselfeld) ein, so wird dabei die graue Grenzfläche im Bild durchlaufen. Doch viele Anwendungen benutzen deutlich kleinere Wechselfeldstärken mit teilweiser Gleichfeldüberlagerung. Dabei entstehen dann Grenzflächen (Unterschleifen), wie sie Abb. 5.20 (c und d) zeigen. Der unmagnetisierte (völlig gelöschte) Zustand H=0 und B=0 ist nur durch eine systematisch abnehmende Wechselfeldstärke erreichbar (Abb. 5.20[b]).

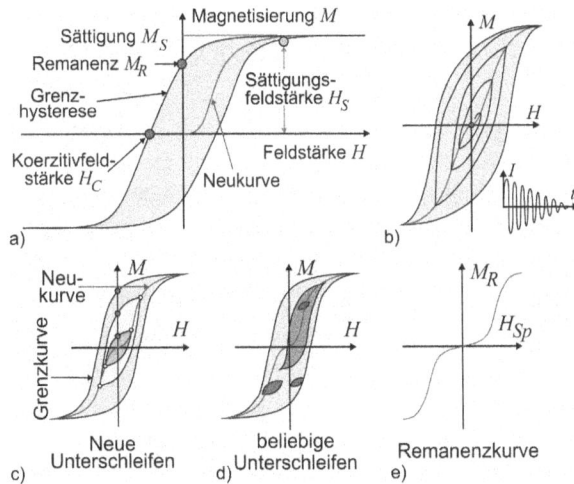

**Abb. 5.20:** Grundlagen zur Hysteresekurve des Magnetismus. a) die typische Hysteresekurve mit Sättigung, Remanenz und Koerzitivfeldstärke; b) Das Löschen aller Magnetisierungen durch eine abklingende Wechselfeldstärke; c) und d) Beispiele für Unterschleifen; d) eine typische Remanenzkurve

---

10 Eigentlich müsste als Wirkung die Induktion B benutzt werden. Denn mit der Permeabilität $\mu$ entsteht $B = \mu \cdot H$. Doch für die Speicherung ist es günstig, die Magnetisierung $M = B - H = (\mu - 1) \cdot H$ als „Verstärkung" des Magnetfeldes im Material zu benutzen. Zur Vereinfachung blieben in dieser Schreibweise die unterschiedlichen Maßeinheiten unberücksichtigt.

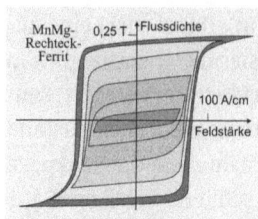

**Abb. 5.21:** Für Ferritkernspeicher typische Rechteck-Hysterese

Eine t-kontinuierliche Remanenz $M_R$ kann vom entmagnetisierten Material mit einer kurzzeitigen maximalen Feldstärke $H_{Sp}$ erreicht werden. Dabei ergibt sich die sehr gekrümmte Remanenzkurve von Abb. 5.20(e). Sie hat zur Folge, dass etwa bei direkter Schallaufzeichnung starke Verzerrungen auftreten. Sie lassen sich vollständig nur mit einer Hochfrequenzmagnetisierung vermeiden. Diese wurde – rein zufällig – 1940 von Hans-Joachim Braunmühl und Walter Weber entdeckt. So wurde erstmalig die hochwertige Audiostudiotechnik mit dem klassischen Magnetband möglich.

Die typischen Hysteresekurven (Abb. 5.20) gelten nur für einige Magnetmaterialien. Für verschiedene Anwendungen sind speziell legierte Magnetmaterialen entwickelt worden, die zu deutlich anders aussehenden Kurven führen. Für die Ferritkernspeicher wird z. B. ein nahezu rechteckförmiger Verlauf benötigt, so wie ihn z. B. Abb. 5.21 zeigt.

Ein gewisses Verständnis der komplizierten Eigenschaften von Magnetmaterialien ist über drei typische Effekte zu erreichen (Abb. 5.22): Zum Sichtbarmachen der oberflächlichen magnetischen Zustände eines Materials dient die *Bittertechnik*. Mikroskopisch verkleinert entspricht sie dem Sichtbarmachen von Magnetfeldern mit Eisenfeilspänen. Dabei werden die von Pierre-Ernest Weiß gefundenen und nach im benannten *Weiß-Bezirke* sichtbar. Ihre Abmessungen liegen im μm-Bereich. In jedem dieser Bereiche ist das Magnetfeld in nur eine Richtung fixiert, was im Bild durch dicke Pfeile angedeutet ist. Gegeneinander sind die Bereiche durch sogenannte *Wände* abgegrenzt, in denen sich die Richtung zum nächsten Bereich systematisch ändert. Beim unmagnetisierten Material sind alle Magnetisierungsrichtungen so verteilt, dass sie sich pauschal über eine große Fläche gegenseitig aufheben. Daher erscheint das Material dann unmagnetisiert. Durch Einwirken eines äußeren Magnetfeldes bewirken drei Effekte ein magnetisches Gleichgewicht zwischen dem äußeren Feld und dem pauschalen Feld der magnetischen Bereich. 1. können sich dazu die Wände verschieben, 2. können sich die Richtungen der Felder (Pfeile) drehen und 3. können die Felder um 180 Grad in die entgegengesetzte Richtung umklappen. Beim späteren Abschalten des äußeren Feldes können sich die Wandverschiebungen und Felddrehungen zumindest teilweise wieder zurückbilden, nicht jedoch die Umklappprozesse. Letztere sind also für die Speicherung wesentlich. Sie können sogar mittels einer Induktionsspule als *Barkhausenrauschen* hörbar gemacht werden.

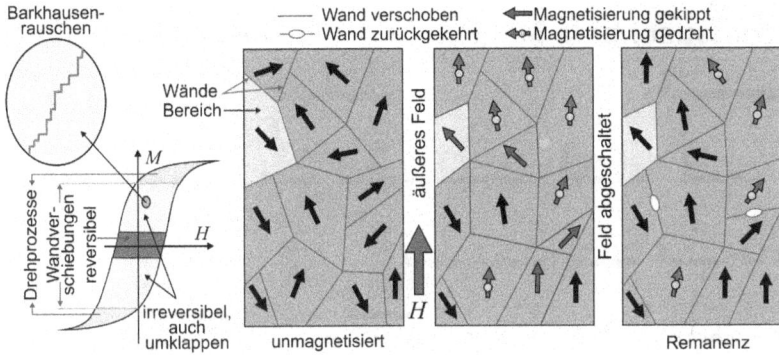

**Abb. 5.22:** Zusammensetzung der Hysteresekurve aus den drei Magnetisierungsprozessen an den in sich gleich orientierten Weiß'schen Bezirken: 1. Wandverschiebungen, 2. Drehen des Feldvektors und 3. Umkappen der Magnetisierung (bewirken Barkhauseneffekt).

## 5.3.2 Austauschbare Speicher

Elektronische Speicher sind überwiegend als Arbeitsspeicher im Computer/Gerät fest eingebaut. Die ersten Ausnahmen entstanden um 2000 mit den Flash-Speicherkarten (u. a. SD) und den USB-Sticks. Magnetische Speicher sind dagegen fast ausschließlich als externe Speicher und zum Teil sogar mit austauschbaren Speichermedien vorhanden. Nur von 1952 bis 1970 waren Ferritkerne als Arbeitsspeicher üblich und damit fest eingebaut. Zusätzlich gab es noch vereinzelt magnetische Bubbles (Blasenspeicher) und Wandverschiebespeicher, die ebenfalls fest in die Geräte integriert waren. Doch Bandspeicher, Disketten und zum Teil sogar Trommel- und Plattenspeicher wurden ausschließlich extern betrieben. Es gab und gibt auch Speichergeräte, bei denen nur der eigentliche Speicher austauschbar ist. Hier sind dann Speichergerät und auswechselbare Speichermedien zu unterscheiden. Dieser Speichertyp existiert auch für nichtmagnetische Speicher, wie CDs, DVDs, Lochkarten und Lochbänder. Für derartige Speicher ist statt der elektronischen Adressierung einer Speicherzelle ihre Bewegung zum Speicherort notwendig. Wie in Abb. 5.23 zu sehen ist, sind dabei hauptsächlich die linear bewegten und die rotierenden Techniken zu unterscheiden. Von den einst vielen vorhandenen, insbesondere magnetischen Techniken sind heute nur noch Speicher für sehr große Kapazitäten im Einsatz. Die Magnetbandtechnik findet sich vor allem in sehr großen Archiven, die Festplatten ergänzen sie u. a. für einen schnelleren Zugriff.

## 5.3.3 Bandaufzeichnungstechniken

Die Entwicklung der magnetomotorischen Speichertechnik ist durch drei Teilgebiete bestimmt: Das magnetische Speichermedium bestimmt weitgehend den Aufbau des Gerätes. Nächst typisch sind die Wandler (Köpfe) und schließlich die Antriebstechniken.

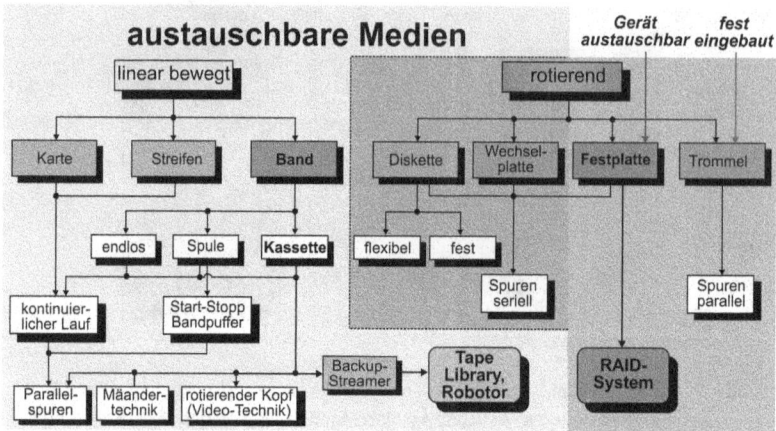

**Abb. 5.23:** Varianten der austauschbaren, vorwiegend magnetischen Speichertechniken

Der historische Beginn dieser Technologie ist durch einen Artikel in der amerikanischen Zeitschrift „The Electrical World" aus dem Jahr 1888 markiert. Hierin beschreibt Oberlin Smith einen „elektrischen Phonographen" (Abb. 5.24 oben links). In einem Baumwollfaden sind Eisenfeilspäne bzw. Stahlpulver eingearbeitet. Dieser Faden wird mittels zwei Aufwickelspulen durch eine elektrische Spule hindurch bewegt. Bei der Aufzeichnung magnetisieren Ströme, die durch ein Kohlemikrofon verändert werden, den Faden. Die so entstandene magnetische Remanenz bewirkt bei der Wiedergabe in der gleichen Spule eine Induktionsspannung, die ein Telefonhörer in Schall zurückverwandelt. Leider blieb dies nur eine Idee, die von Smith nie praktisch erprobt wurde.

Das erste brauchbare Gerät schuf Valdemar Poulsen. Hierfür erhielt er 1898 ein Patent. Das Gerät führte er auf der Pariser Weltausstellung 1900 vor und erhielt dafür den ersten Preis. Die Messingwalze hat 12 cm Durchmesser und 38 cm Länge. In ihre Oberfläche ist eine vertiefte Spiralspur eingefräst, in die ein Stahldraht von 1 mm Durchmesser und 150 m Länge präzise aufgewickelt ist. Der Draht ist das Speichermaterial und führt zugleich den Kopf. Schnelles Drehen der Kurbel bewirkt eine Draht-Geschwindigkeit von circa 20 m/s. Das ermöglicht ca. eine Minute Aufzeichnung.[11] Bereits 1900 wird ein solches Gerät in der Schweiz als Anrufbeantworter eingesetzt. 1902 ersetzt Poulsen den Messingzylinder durch zwei Spulen mit aufgewickeltem Draht. So kann er die Spielzeit erheblich verlängern. Ab 1906 werden solche Geräte in Deutschland zum Diktieren verwendet. Eine erhebliche Schwierigkeit bereitet der unkontrollierbare Drall des Drahtes, wodurch starke Pegelschwankungen auftreten. Deshalb führt Poulsen 1907 deutlich dünneren Stahldraht ein. Er wird durch den Magnetkopf hindurch geführt. Doch nun reißt der

---

11 Erst Ende der 1970er-Jahre wurde eine Walze mit einer Rede von Kaiser Franz Joseph I. entdeckt, die dieser am 20.9.1900 besprochen hatte: „Diese Erfindung hat mich sehr interessiert, und ich danke für die Vorführung derselben."

Draht leicht. Er muss dann verknotet werden. Dazu muss sich aber der Kopf „öffnen" können. Eine breite Anwendung erreicht die Drahttontechnik ab etwa 1920 durch Einführung der elektronischen Verstärkung. Geräte auf Basis dieser Technologie wurden lange Zeit als Black Box bei Flugzeugen und wegen ihrer geringen Größe zur Spionage eingesetzt.

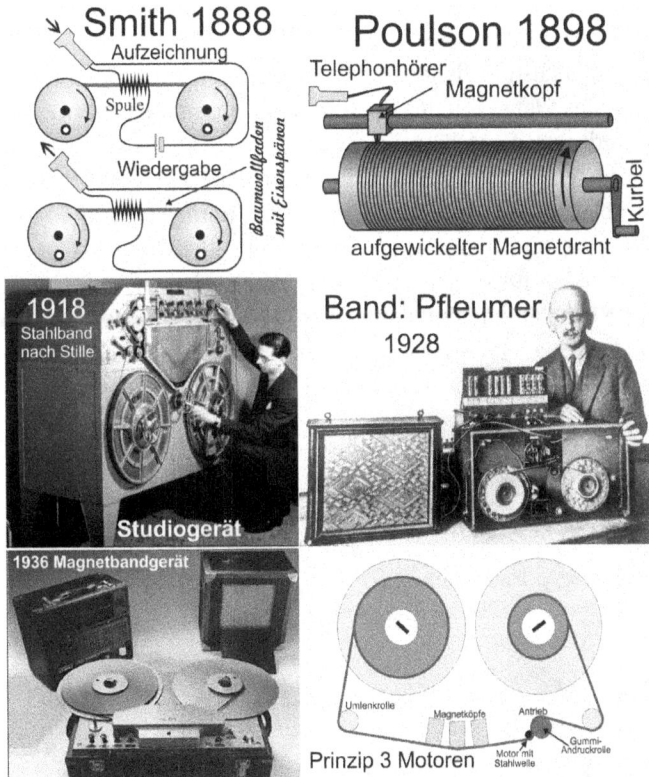

**Abb. 5.24:** Stark verkürzter Überblick zur Entwicklung der magnetomotorischen Speicher

1918 entwickelte Curt Stille das flache Stahlband und vermeidet so den Drall-Effekt des Drahtes. Das Stille-Patent wurde von Ludwig Blattner erworben, der daraus die großen Blattnerphone für die *BBC* entwickelte, die von 1929 bis in die 1940er-Jahre im Einsatz waren. Die drei grundlegenden Entwicklungen der Studiotechnik für den Rundfunk erfolgten 1928 mit dem Magnetband durch Fritz Pfleumer, 1932 mit dem Ringmagnetkopf von Erhard Schüller und 1936 bei *AEG* und *Telefunken* durch Theo Volk mit dem Dreimotoren-Laufwerk (Engel u.a. 2008). Den Aufbau dieser Gerätetechnik zeigt das Schema rechts unten im Abb. 5.24. Die Magnetspulen befinden sich ohne Schutz auf den beiden Tellern. Der Motor unter dem linken Teller bremst im Betrieb das Band so, dass ein guter Kontakt mit den Magnetköpfen auftritt. Nach dem Abspielen des Bandes wickelt er das Band wieder zurück. Der rechte Motor wird zu Aufwicklung und zum Vorspulen des Bandes benutzt. Die entscheidende Qualitätssteigerung bewirkt jedoch der Synchronmotor, der die unmagnetische Stahlwelle, den Capstan, exakt antreibt. Gegen ihn wird das Band mit der gummibelegten Andruckrolle gedrückt. Damals erreichte die Aufzeichnungsqualität allerdings noch nicht die der Schallplatte. Ihre großen Vorteile waren jedoch: das mögliche Mithören, die sofortige Wiedergabe, das Schneiden und Löschen von Aufnahmen.

Den großen Sprung zur höchstmöglichen Audioqualität erreichten 1940 Hans-Joachim Braunmühl und Walter Weber mit der Hochfrequenzvormagnetisierung, die Braunmühl nur zufällig entdeckte. Nach dem Krieg wurden alle deutschen Patente frei und so setzte sich diese Technik als Standard weltweit durch. Bald entstanden auch kleine, gut transportable Geräte für Reportagen und den Heimgebrauch. Große Verbreitung fand ab 1977 der Walkman von *Sony*.

Mit der entstehenden Rechentechnik wurde die Bandtechnik auch für digitale Daten genutzt. Es entstanden große Bandspeicher mit komplizierter Mechanik für schnelleren Zugriff. Ab etwa 1980 gab es auch digitale Audiogeräte mit vielen Magnetspuren. Daneben entstand die magnetische Videoaufzeichnung von Studiogeräten bis zur Heimvideotechnik.

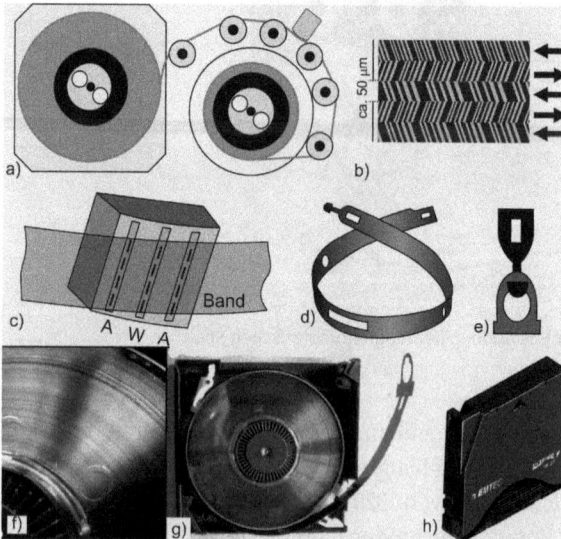

**Abb. 5.25:** Prinzip und Aussehen der digitalen Datenspeicherung DLT. a) Das Magnetband wird über mehrere Rollen am Magnetkopf vorbei aus dem Gehäuse (h) in das Speichergerät gezogen. Die Kopplung erfolgt hierbei über ein Hilfsband (d, e, g). Die Aufzeichnung erfolgt auf 448 schräg verschachtelten Spuren (b) mittels eines schräg stehenden Kopfes bei Vor- und Rücklauf.

Heute existiert von der Bandtechnik fast nur noch die digitale Langzeitspeicherung für große Datenmengen, insbesondere in DLT-Varianten (DEC linear tape). Das spezielle $\frac{1}{2}$-Zoll-Band (8 μm dick) befindet sich auf einer Spule in einem staubdichten Kunststoffgehäuse von $101,6 \times 101,6 \times 25,4$ mm$^3$. Es wird mit einer „Schlaufe" aus der Kassette ins Laufwerk gezogen. Seit 2005 (DLT-S4) werden 448 Spuren benutzt. Die Kapazität beträgt 800 Gigabyte, die Datenrate 120 Megabyte/s (Abb. 5.25). Hierzu ähnlich ist der firmenoffene Standard LTO (linear tape open). Gewisse Bedeutung besitzt noch immer die vom Band abgeleitete Magnetkarte, u. a. als Schlüsselkarte in Hotels, in Bankautomaten usw.

### 5.3.4 Magnetband und Wandler

Pfleumers Magnetband bestand aus Papierstreifen, auf die er feines Eisenpulver geklebt hatte. Als er es 1928 der Presse vorführte, war er besonders stolz, wenn das Band zerriss und er es mühelos und augenblicklich wieder zusammenkleben konnte. Die Klebestelle war praktisch unhörbar. Zusätzlich verhinderte ein solches Band den sehr gefürchteten „Drahtsalat" und hatte einen deutlich geringeren Drall- und Kopiereffekt.[12] Auf Vorschlag der *AEG* übernahm die *BASF* die Entwicklung. 1932 standen die ersten Versuchsbänder mit Eisenpulver auf Acetylcellulose zur Verfügung. 1934 lieferte die *BASF* 50 km Band für die Berliner Funkausstellung. Ab 1935 wurde statt des Eisenpulvers der schwarze Magnetit $Fe_3O_4$, später das braune $\gamma\text{-}Fe_2O_3$ benutzt. 1939 verließen bereits 5 000 km Band das Werk. Bereits vor 1945 bestritten die Deutschen Rundfunkanstalten 90 % der Sendezeit mit Bandaufnahmen.

Magnetbänder bestehen immer aus einer Unterlage, die den sehr hohen mechanischen Anforderungen genügen muss. Für die Magnetschicht werden zunächst in großen Mengen μm-große Magnetit-Kristallite hergestellt, die dann fein und möglichst gleichmäßig verteilt in ein Bindemittel emulgiert werden. Dieses wird auf die Unterlage als dünne Schicht gegossen und mittels Wärme mit ihm fest verbunden. Sowohl die Unterlage als auch die Magnetschicht wurden ständig verbessert. So entstanden viele Sorten für unterschiedliche Anwendungen. Die Produktion wird mit Unterlagen von Meter-Breite und Kilometer-Länge begonnen. Dieses Band wird mit Magnetit begossen und anschließend durch mechanischen Druck an der Oberfläche weitgehend geglättet. Erst dann können daraus die Bänder für die verschiedenen Gerätetypen geschnitten und anschließend konfektioniert werden. Dennoch bleiben an der Oberfläche gewisse störende Rauheiten bestehen. Diese führen über den mittleren Abstand des Kopfes zum Band (a) zur Dämpfung bei hohen Frequenzen und erhöhen zusätzlich das Modulationsrauschen (vgl. Abb. 4.20) infolge der ungleichmäßigen Verteilung magnetischer Kristallite in der Magnetschicht (Abb. 5.26).

---

12 Der Kopiereffekt tritt bei magnetischen Speichern dadurch auf, dass von einer magnetisierten Zelle die ihr (durch die Aufwicklung usw.) nahegelegten Zellen beeinflusst werden können.

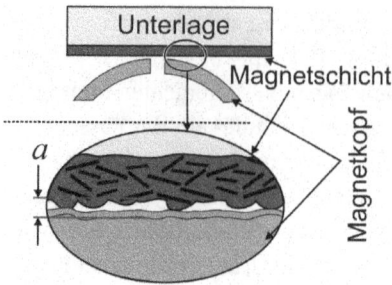

**Abb. 5.26:** Die Rauheit des Magnetbandes erhöht den Bandkopfabstand und führt dadurch zu Verlusten bei hohen Frequenzen.

In der DDR entstand in der Zusammenarbeit des Bereiches Magnetische Signalspeicher im *ZKI* mit dem Institut von Manfred von Ardenne ein völlig neuartiges Metalldünnschichtband. Auf eine Polyesterfolie wurde eine nm-dünne Metallschicht (Fe, Ni, und/oder Co) aufgedampft. Die ersten Ergebnisse wurden 1966 auf der Jahrestagung *IEEE Intermag* vorgestellt (Ardenne u.a. 1966). Ab 1975 wurde dieses Band bei ca. 30 Interkosmosspeichern der UdSSR äußerst erfolgreich eingesetzt. Die Grundtechnologie zeigt Abb. 5.27. Trotz der Auszeichnung des Kollektivs mit dem Leibnizpreis der *Akademie der Wissenschaften* kam es in der DDR zu keiner Großproduktion. So gelangten die Ergebnisse und Technologien schließlich nach Japan zu *Matsushita*, wo deutlich nach 1980 eine leicht abgewandelte Variante für Videorecorder erschien.

Auch für die magneto-elektrischen Wandler entstanden mehrere Varianten. Von ihnen hat sich lange Zeit aber nur der Ringkopf nach Eduard Schüller behauptet. Dabei ist es erstaunlich, wie das Magnetfeld der Speicherschicht den langen Weg durch den Kern des Magnetkopfes (statt durch den sehr engen Spalt $\delta$) nimmt (Abb. 5.28). Hierbei ist aber zu beachten, dass die Permeabilität des Kernes mindestens 1000 mal größer sein muss, als die der Speicherschicht. Zumindest bei den Festplatten wurde ab etwa 1980 von der Teilefertigung der Magnetköpfe zur integrierten (fotolithografisch hergestellten) Fertigung, ähnlich jener bei den Halbleitern übergangen. Bei der Wiedergabe in Festplatten sind seit etwa 1990 außerdem Wiedergabeköpfe mit magnetoresistiver statt induktiver Wandlung hinzugekommen. Ab 2010 gelang es auch, die recht schwierige Senkrechtspeicherung zu realisieren. Dafür entstanden neben den spezifischen Speicherschichten auch besondere Aufzeichnungsköpfe.

### 5.3.5 Rotierende Magnetspeicher

Ein Magnetband wird linear am Magnetkopf vorbei bewegt. Mit rotierenden Speichern ergeben sich andere Techniken. Das Prinzip wurde schon sehr früh bei akustischen Wasserspielen, Orgelwerken, Spieluhren, Musikautomaten usw. verwendet. Daher wundert es kaum, dass es auch bei der Magnetspeicherung sehr früh angewendet wird. Bereits

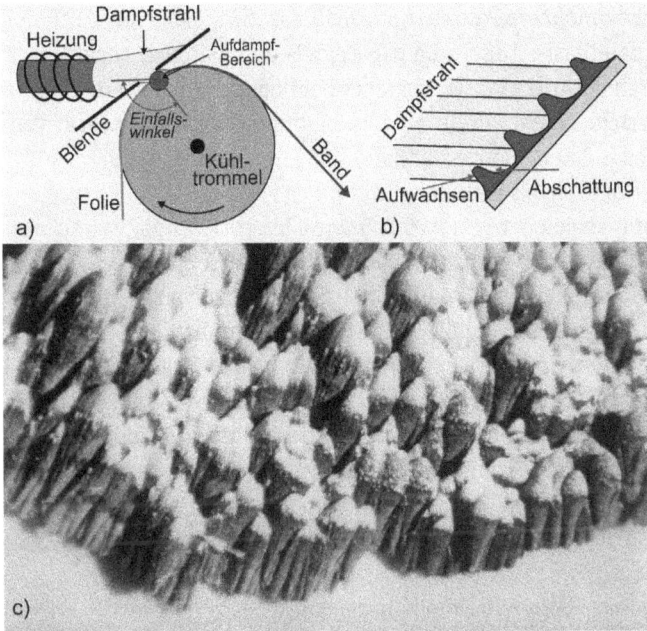

**Abb. 5.27:** a) Die typische Schrägbedampfung des Magnetbandes mit Kühlung durch flüssige Luft; b) durch die Schrägbedampfung wachsen kleine magnetische Säulen; c) zeigt eine Mikroskopaufnahme der Säule.

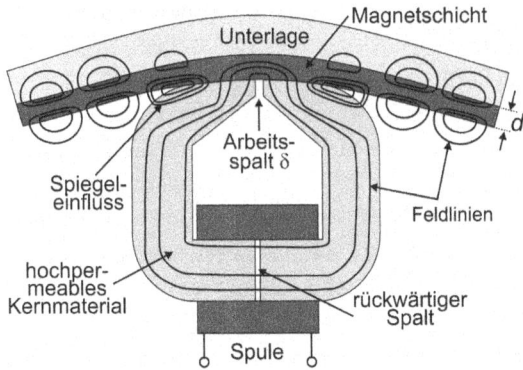

**Abb. 5.28:** Der typische Feldlinienverlauf bei einem Ringkopf. Darin bedeutet $d$ die Dicke der Magnetschicht.

1929 besaß Gustav Tauschek mehrere Patente für schriftlesende Maschinen mit Trommelspeicher auf Magnetbandbasis. Außerdem gab es viele unabhängige Ansätze (z. B. Billing 1977). Ab 1947 waren derartige Massenspeicher bei Digitalcomputern im Einsatz. Dennoch erteilte das *Deutsche Patentamt* für eine Anmeldung von Gerhard Dirks vom 17.6.1943 erst im Juni 1957 das Patent. Lange Zeit hatte sich Heinz Billing, der bereits 1947 einen derartigen Speicher betrieb, als Erfinder gewähnt.

Das Prinzip des Trommelspeichers zeigt Abb. 5.29(a). Ein rotierender Zylinder ist an seiner Oberfläche mit einer Magnetschicht versehen. Pro Spur ist ein Magnetkopf im Einsatz. Der Abstand des Kopfes von der Trommel beträgt Bruchteile eines Millimeters. Es besteht dennoch kein mechanischer Kontakt. Da die Spuren recht dicht nebeneinander liegen, sind die Köpfe rundherum angebracht. Von außen betrachtet ergibt sich so etwa die Abb. 5.29(g). Jeder Kopf besitzt seinen eigenen Aufzeichnungs- und Wiedergabeverstärker. Dadurch ist mittels elektronischer Umschaltung ein sehr schneller Zugriff auf alle Daten möglich. Maximal muss eine Trommelumdrehung lang gewartet werden. Trotz ihres großen Volumens (bedingt durch den inneren Hohlraum) waren Trommelspeicher ab 1947 bis in die 1970er-Jahre umfangreich und erfolgreich in Rechenzentren für Daten und Programme im Betrieb.

1964 schuf die Firma *Burroughs* den Scheibenspeicher, dessen Prinzip Abb. 5.29(b) zeigt. Eine Weiterentwicklung ist der Plattenspeicher (Abb. 5.29[c]): Mehrere Platten sind auf einer Achse übereinander angeordnet. Je Plattenseite existiert hier nur ein Kopf, der mittels eines Antriebes (actuator) auf die gewünschte Spur bewegt wird (d). Die Speicherkapazität je Volumen ist hier wesentlich günstiger, der Zugriff ist jedoch wegen der Einstellzeit auf die richtige Spur erheblich verlängert. Der erste leistungsfähige Plattenspeicher wurde 1956 als RAMAC (random access method of accounting and control) von Reynold B. Johnson in San Jose entwickelt und für den Computer IBM 350 eingesetzt. Die 50 Platten hatten 24 Zoll (61 cm) Durchmesser, ihre Kapazität betrug ca. 0,1 Megabyte und die Flughöhe der Köpfe 30 μm. Auf jeder Plattenseite gab es 100 Spuren für je 50 Zeichen. Große Verbreitung erfuhr jedoch erst der Wechselplattenspeicher (Abb. 5.29(f, i, j)). Hierbei sind die Speicherplatten zu einer Spindel oder einem Stapel zusammengefasst. Er kann auf einem Unterteil gelagert und durch eine Haube geschützt als Einheit transportiert werden. Im Betrieb wird sie in das Speichermodul eingesetzt. Wenn sie dort die Solldrehzahl (1500, 2400 oder 3600 UpM) erreicht hat, werden die Köpfe mittels einer Tauchspule (voice-coil) zwischen die Platten geschoben und anschließend gegen das entstehende Luftpolster möglichst nahe an die Plattenoberfläche gepresst. Die Abstandsregelung bewirkt dabei ein Gleiter, ähnlich Abb. 5.29(e). Der mittlere Flugabstand beträgt hier etwa 5 μm. Der Einsatz dieses Speichers begann 1961 mit der IBM 1311. Auf 6 Platten à 14 Zoll konnten 3,65 Megabyte gespeichert werden. Bereits 1965 erschien der IBM 2314 als 10-Plattenspeicher mit 29 Megabyte Kapazität. Solche Systeme waren bis Mitte der 1980er-Jahre in Rechenzentren im Einsatz.

Eine neue Qualität der Plattenspeichertechnik trat 1973 mit der Winchester-Technologie auf. Ursprünglich sollten in einem hermetisch abgeschlossenen Gehäuse

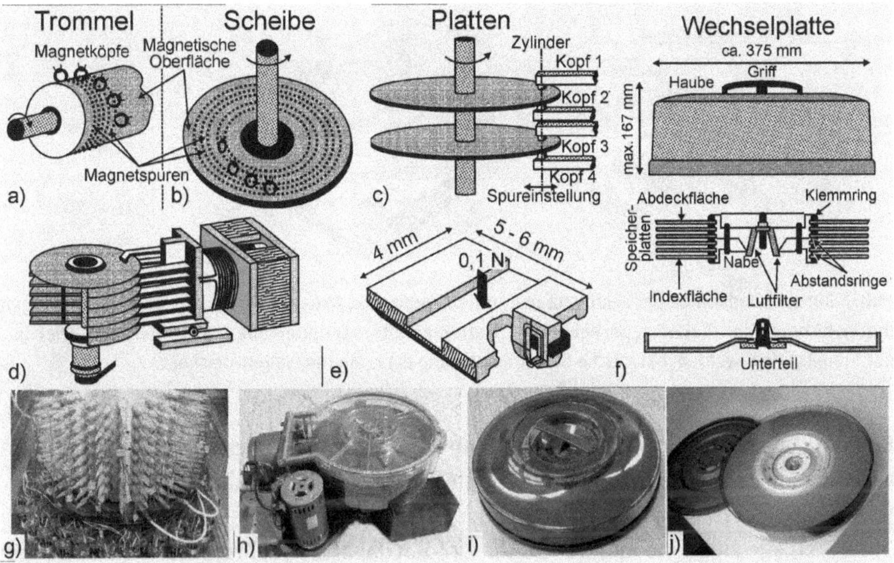

**Abb. 5.29:** Die Übergänge von Trommelspeicher (a, g) zum Scheibenspeicher (b) und Plattenspeicher (c, d, f, i, j) und schließlich zum Festplattenspeicher (h). Der aerodynamische Kopf-Platten-Abstand wird durch einen „fliegenden" Gleiter 8e) erreicht.

zwei Plattenstapel mit je 30 Megabyte enthalten sein (Abb. 5.29(h)).[13] Das entscheidende Ziel war es, den relativ häufigen Kopfcrash durch Staubpartikel usw., der eine Festplatte irreversibel zerstört, durch gründlich gefilterten Luftzutritt zu unterbinden. Allerdings entfiel hierdurch der vorteilhafte Austausch des Plattenstapels (Abb. 5.29(f, i, j)). Es konnten nur noch komplette Geräte ausgewechselt werden. Heute heißen derartige, inzwischen extrem weiter entwickelte Systeme *Festplatten(-speicher)* bzw. *hard disc.* Inzwischen sind Festplatten die einzig übrig gebliebene Variante der rotierenden Magnetspeicher. Mit den Magnetbandspeichern stellen sie zugleich die zur Zeit noch wichtigsten Massenspeicher dar. Zeitweilig existierten von den Plattenspeichern abgeleitet ab 1970 verschiedene Diskettentechniken, (SyQuest-)Wechselplatten, Bernoulli Boxen, Floptical, usw.

Ein Plattenspeicher benötigt immer zwei Antriebe: den Antriebsmotor für die Rotation des Plattenstapels und den Aktuator (Schrittmotor, voice-coil) zur Bewegung der Magnetköpfe auf die jeweilige Spur. Obwohl beide Systeme immer magnetisch ausgeführt sind, dürfen ihre Streufelder nicht den speichernden Plattenstapel beeinflussen. Deshalb befanden sie sich anfangs möglichst weit entfernt (Abb. 5.29(h) und Abb. 5.30 links) davon.

---

13 Daher die geheime Entwicklungsbezeichnung 30-30, die mit der Seriennummer der berühmten Winchester-Gewehre übereinstimmt, woraus sich der Name dieses Festplattentyps ableitete.

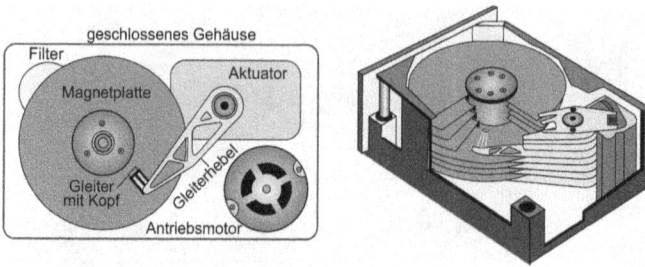

**Abb. 5.30:** a) Grundaufbau der Festplatte mit Antriebsmotor und Aktuator. Ihre magnetischen Streuungen dürfen nicht auf den Plattenstapel einwirken. Deshalb konnte erst mittels Spezialmotoren der Antrieb in den Stapel verlegt werden. b) typische Schnittdarstellung eines älteren Plattenspeichers

Erst durch Sondermotoren konnte der Stapelantrieb in das Innere verlegt werden. Das vereinfachte das ganze System und erhöhte seine Lebensdauer deutlich.

Die Speicherdichte und -kapazität der Festplatten stiegen in der Folge gewaltig an (Abb. 5.35), die Flughöhe und die Gleiter wurden dabei um mehrere Größenordnungen verkleinert. Außerdem entstanden integrierte Köpfe, die magnetoresitive Wiedergabe (1992, GMR 1997), Senkrechtspeicherung (2003), Shingled Magnetic Recording (2013 = Kopfspalt schräg, kein Rasen) usw. Abb. 5.31 zeigt mehrere Varianten der Kopfsteuerung. In a) bewegt ein Schrittmotor (rechts oben) den Kopf in guter Parallelführung über die Plattenstapel. Bei b) treibt der Schrittmotor (unten rechts) den Hebel für den Kopf über ein Stahlband. Einen leicht abgewandelten Antrieb mit Motor rechts oben zeigt c). In d) ist der heute übliche, relativ einfache, tauchspulenähnliche Antrieb mit nur einer Drehachse (daher sehr verschleißarm) für den Hebel zu sehen. Das Hebelsystem mit der angetriebenen Spule zeigt e). Verschiedene Ausführungen der Gleiter zeigen f) bis h). Oft sind auf einem klassischen System mehrere Magnetköpfe angeordnet k). Um 2006 war es notwendig, die Gleiter mit zusätzlichen kleinen Aktuatoren in der Höhe ständig nachzusteuern.[14] Das zeigen i) und j). In Abb. 5.32 sind schließlich noch einige Entwicklungsstufen der Gleiter mit den angefügten Köpfen gezeigt. Ursprünglich „flogen" die Gleiter auf drei Kufen, bald waren es nur noch zwei. Ab 1990 waren die Abmessungen so gering geworden, dass aerodynamische Berechnungen nicht mehr möglich waren. Alles musste experimentell erprobt werden und wurde zum gehüteten Firmengeheimnis. Schon ab 2003 existierten dabei z. B. nur noch drei Gleitpunkte.

---

**14** Ins Makroskopische übersetzt gilt schon im Jahr 2000 der folgende Vergleich: Eine Boing 747 müsste mit 800-facher Schallgeschwindigkeit in weniger als 1 cm Abstand über die Eroberfläche fliegen und dabei jeden Grashalm „erkennen". Auf einer Fläche von Deutschland dürften höchstens zwölf nicht korrigierbare Fehler auftreten.

**Abb. 5.31:** Fotografien verschiedener Teile und Kopfsteuerungen

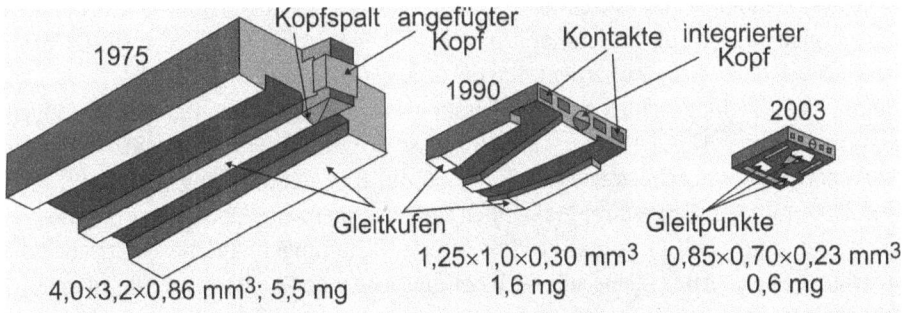

**Abb. 5.32:** Beispiele für die Gleiterentwicklung

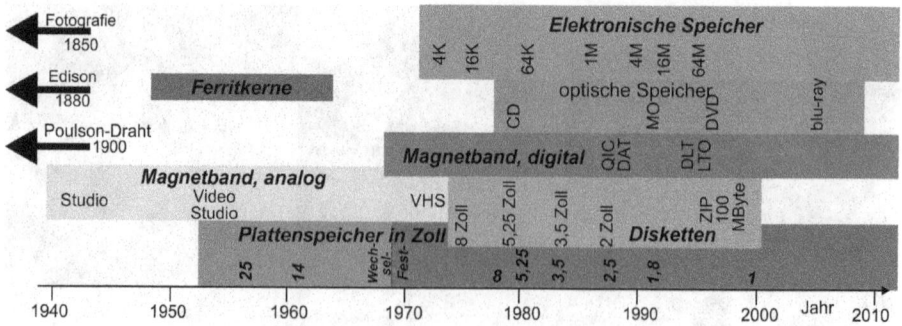

**Abb. 5.33:** Grobe geschichtliche Entwicklung der wichtigsten Speicherverfahren. Auch hier ist erkennbar, dass heute fast nur elektronische Speicher, Festplatten und Magnetbandspeicher im Einsatz sind.

## 5.4 Daten der Speichertechnik

Die Vielzahl der Speicherarten ist deutlich größer als hier behandelt. Um 1970 galt der Überblick von Abb. 5.7. Seitdem sind noch viele Speichertechnologien hinzugekommen und mehrere verschwunden. Einen stark vereinfachten Überblick gibt Abb. 5.33. Wichtig waren und sind für alle Technologien mehrere typische Kenndaten: Speicherkapazität, Zugriffszeit, Datenrate, Volumen (Speicherdichte), Zuverlässigkeit (Fehlerrate) und Preis. Diese Daten werden auf Bit oder Byte bezogen.

Da typische Datenraten (auch für Nicht-Speicher) bereits Abb. 4.25 zeigte, gibt Abb. 5.34 einen ähnlich zusammenfassenden Überblick zur (Daten-)Speicherkapazität. Besonders umfangreich und anhaltend war dabei die Entwicklung der Festplatten (Abb. 5.35).

Für alle Speicher besteht ein hoch korrelierter Zusammenhang zwischen Speicherkapazität und Zugriffszeit (vgl. Abb. 5.36[a]) (Völz 1967a). Damals wurde die Speicherkapazität unseres Gehirns noch um Größenordnungen überschätzt (vgl. Kap. 5.5.3). Für jede Speichertechnologie gibt es technologisch realisierbare Lösungen offensichtlich nur in einem relativ engen Zugriffszeit-Kapazitätsbereich. Bereits um 1970 waren alle Grenzen deutlich verschoben (b). Außerdem sind die drei Zugriffszeitgrenzen für elektronischen, motorischen und menschlichen Zugriff erstmals klar zu erkennen. Den heute gültigen Stand zeigt Abb. 5.37. Allgemein ist auffällig, dass sich für den Quotienten aus Kapazität und Zugriffszeit typische Werte ergeben: 1950: $10^7$ Bit/s; 1965: $10^9$ Bit/s, 1980: $10^{11}$ Bit/s und 2000: $10^{13}$ Bit/s. Trotz ihrer Maßeinheit sind dies aber keine Datenraten. Sie entsprechen eher dem Schalt-Leistungs-Produkt binärer Schaltungen. Auf die genetische und neuronale Speicherung – einschließlich der menschlichen Gedächtnisse – wird im Kap. 5.5 eingegangen.

Erstaunlich ist die Preisentwicklung der Speicherkapazität in Dollar/Megabyte (Abb. 5.38). Infolge der erheblichen Änderungen des Geldwertes gelten diese Angaben natürlich nur recht grob. Dennoch ist der steile und gleich bleibende Preisabfall für alle Technolo-

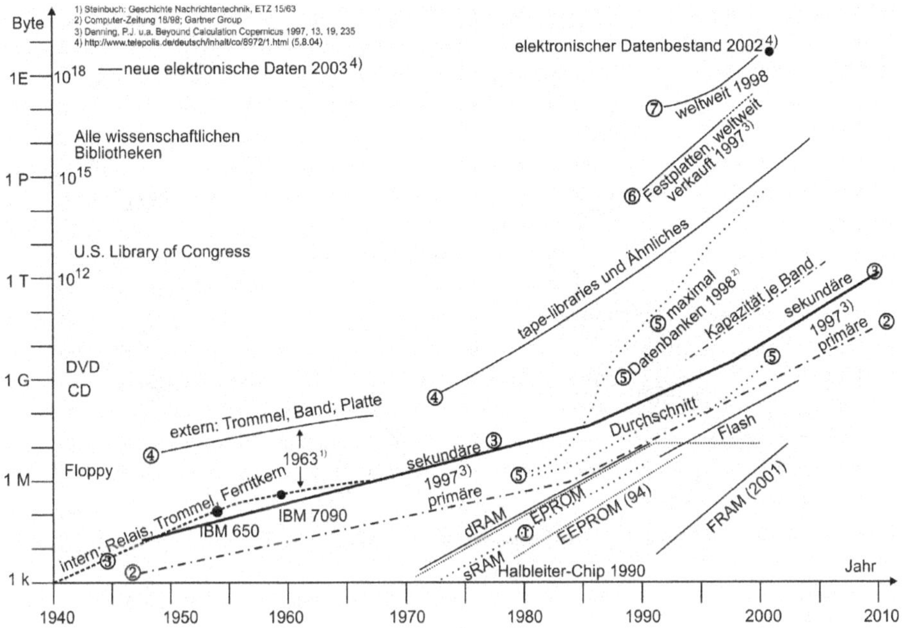

**Abb. 5.34:** Entwicklung der verfügbaren bzw. benutzen Speicherkapazität

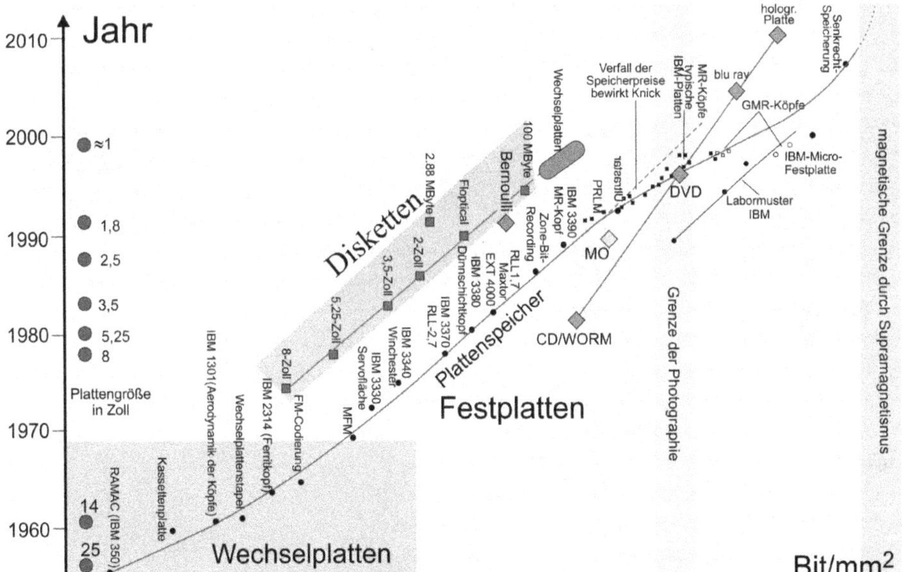

**Abb. 5.35:** Entwicklung der rotierenden Magnetspeicher

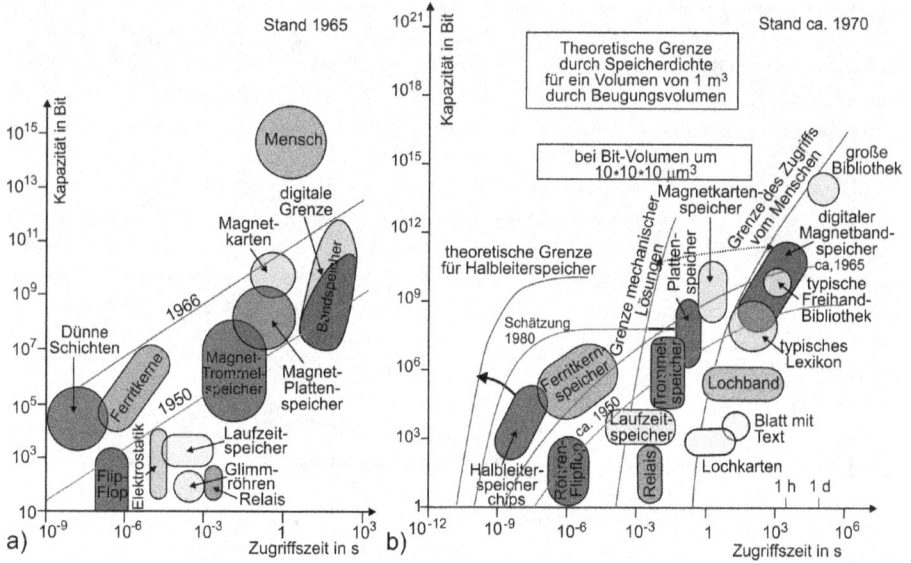

**Abb. 5.36:** a) Der Zusammenhang zwischen Zugriffszeit und Speicherkapazität, b) wesentliche Änderungen ab etwa 1970

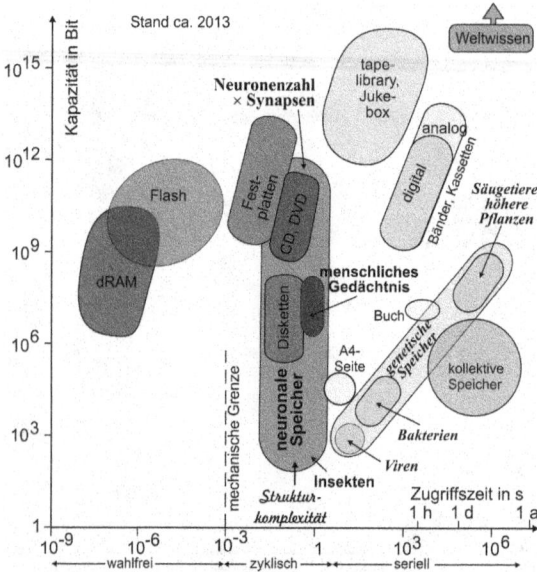

**Abb. 5.37:** Die heute gültigen Zusammenhänge zwischen Zugriffszeit und Speicherkapazität

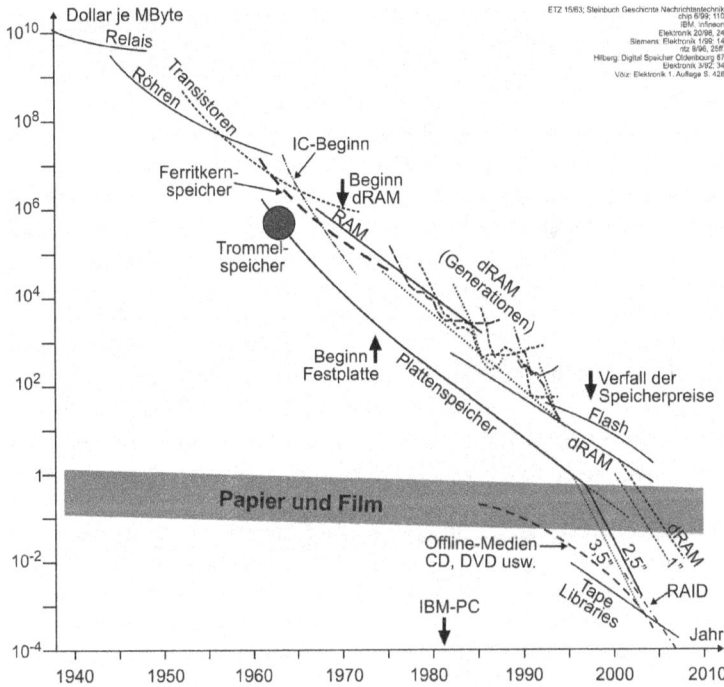

**Abb. 5.38:** Typische Preisentwicklung der Speicherkapazität innerhalb von 70 Jahren

gien bis etwa 1995 um insgesamt zehn Zehnerpotenzen ungewöhnlich hoch. Er ist sogar wesentlich steiler, als er nach der ökonomischen Faustregel „Halber Preis bei zehnfacher Erhöhung der Produktion"[15] zu erwarten wäre. Der noch steilere Abfall des Preises ab 1995 ist nur dadurch zu erklären, dass seit diesem Zeitpunkt den Anwendern mehr Speicherkapazität zur Verfügung steht als benötigt wird. Davor war die Speicherkapazität ein sehr wertvolles Gut. Dass bei dieser Entwicklung der relative Papier- bzw. Filmpreis einen Einfluss hat, ist unwahrscheinlich (vgl. Abb. 5.38).

Prinzipiell und auch im Zusammenhang mit Abb. 5.34 ist noch eine weitere allgemeingültige Betrachtung interessant. Für alle motorischen Speicherverfahren gilt nämlich historisch die Reihenfolge: Trommel, Platte, Band. Sie folgt aus dem technischen Aufwand und dem nutzbaren Verhältnis von speichernder Oberfläche zum Volumen. Denn letztlich müssen die Speichermedien in einem Volumen (Raum) gelagert werden, aber zur Speicherung kann nur die Oberfläche benutzt werden. Beim Übergang von der Trommel zur Platte entfällt der „unnütze" Hohlraum innerhalb der Trommel. Beim Übergang von der Platte zum Band ist rein rechnerisch kein Gewinn zu erkennen. Die höhere nutzbare relative Oberfläche ergibt sich indirekt dadurch, dass der Abstand zwischen den Platten entfällt und die notwendige Unterlage extrem dünn ausfallen kann.

---

15 https://de.wikipedia.org/wiki/Fixkostenproportionalisierung (Abruf: 07.08.2023)

Das Verhältnis von Speicheroberfläche zum Volumen könnte sogar zu einer möglichen Obergrenze dafür führen, welche Datenmenge die Menschheit einmal maximal speichern könnte. Hierzu sind Betrachtungen der Redundanzen von Speichertechniken erforderlich. Bereits bei den Halbleitern in Kap. 5.2.3 zeigte sich, dass die eigentlichen Speichermatrizen nur einen kleinen Teil der Halbleiteroberfläche ausmachen. Doch der zusätzliche Raumbedarf ist viel größer: Die Dicke des Chips ist viel größer als die Tiefe der Strukturen. Für die Anwendung kommen noch die Kapselung der Chips, die Unterbringung auf Leiterplatten, der Einbau in Geräte, die Klimaanlagen, die Freiwege zur Wartung usw. hinzu. Daher dürfte für große Anlagen der zur eigentlichen Speicherung nutzbare Anteil bestenfalls bei 1:1000 liegen. Auch bei Offlinespeichern dürfte zur Lagerung eine ähnliche Redundanz für brauchbaren Zugriff erforderlich sein. Deutlich zeigen diese Tendenz die Schall- und Filmarchive. Nach eigenen Abschätzungen könnten $10^{22}$ bis $10^{24}$ Byte die Obergrenze für menschliche Weltspeicher darstellen (Völz 2007). Wie Abb. 5.34 zeigt, sind wir davon nur noch wenige Zehnerpotenzen entfernt (vgl. Kap. 8.2).

## 5.5 Gedächtnisse

Speicherung ist nicht allein ein technischer Prozess. Sie findet sich in zahlreichen natürlichen Vorgängen: In der Reststrahlung ist noch etwas vom Urknall vorhanden, Fakten über die Entwicklung unseres Planeten Erde weist die Geologie nach, in der DNA sind die Grundlagen der Arten und des individuellen Lebewesens gespeichert, in den Gehirnen erfolgen neuronale Prozesse, darunter auch vielfältige Speicherungen, und so weiter. Für die Medienrezeption spielt unser Gedächtnis eine zentrale Rolle. Dabei ist zu beachten, dass im Gehirn nicht nur Wissen abgelegt ist, es verarbeitet auch die Wahrnehmungen unserer Sinne und steuert viele lebenswichtige Funktionen und Handlungen. Bei fast allen technischen Speicherungen werden die Inhalte adressiert abgelegt und aufgerufen. Genau dies geschieht nach allen medizinischen Erkenntnissen beim Gedächtnis jedoch nicht. Für einzelne Begriffe konnte nie ein bestimmter Ort im Gehirn gefunden werden. Welche Hirnareale auch durch Unfälle, Krankheiten oder Kriegseinwirkungen zerstört wurden – niemals gingen dadurch einzelne Wörter, Begriffe usw. verloren. Dagegen sind unsere Sinneswahrnehmungen, unser Verhalten und unsere körperlichen Fähigkeiten nur durch die Zerstörung eng lokalisierter Bereiche betroffen. Deshalb wurde zeitweilig angenommen, dass unser Gedächtnis holografisch funktioniere. Das scheint aber nicht der Fall zu sein, denn es wurden keine hinreichend komplexen „Schwingungen" für eine Interferenz-Bildung gefunden. Wegen ihrer großen Anzahl und der komplexen Verschaltung der Neuronen im Gehirn sind bisher keine ausreichenden Modelle für unser Gedächtnis entstanden.

Erste quantitative Untersuchungen nahm ab 1885 Hermann Ebbinghaus vor (Ebbinghaus 1885): Um dabei das typische assoziative Lernen auszuschalten, arbeitete er mit sinnlosen Silben. Die Probanden mussten diese auswendig lernen. Dann

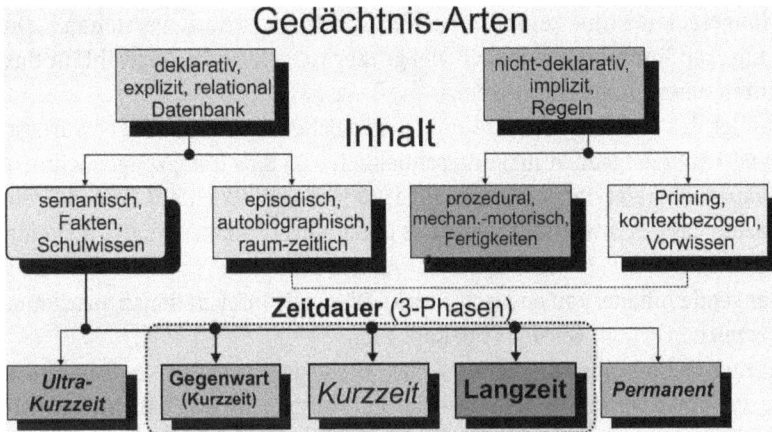

**Abb. 5.39:** Unterschiedliche Wahrnehmungen und Inhalte werden nach verschiedenen Speicherungsprinzipien im Gehirn abgelegt. Untersuchungen existieren fast nur zu unserem semantischen (verbalen) Wissen. Das wenig erforschte Ultrakurzzeitgedächtnis tritt vor allem bei bildlichen Informationen auf.

untersuchte er, nach welcher Zeitspanne davon noch wie viele gewusst wurden. Es zeigte sich ein exponentieller Verlust des Gelernten. Später wurden zahlreiche ähnliche Untersuchungen durchgeführt; häufig wurde dabei auch mit dem möglichen Memorieren von Zufallszahlen gearbeitet. Hieraus wurde für unser Gedächtnis ein Dreistufenmodell entwickelt.[16] Spätere Untersuchungen zeigten dann mehrere zum Teil starke Abweichungen von diesem Modell, insbesondere bei Bildern und nicht verbalen Texten. Einen vereinfachten Überblick hierzu gibt Abb. 5.39. Eine grobe Unterscheidung unterteilt das Gedächtnis in deklaratives (beschreibendes) und nicht-deklaratives (erklärendes) Wissen. Erstes wird auch als explizit, relational, enzyklopädisch und semantisch bezeichnet. Es ähnelt dem Inhalt von Lexika und Datenbanken. Es kann blockiert und von Hirnschäden betroffen werden. Eine Unterart davon ist das episodische, autobiografische, raum-zeitliche Gedächtnis. Das nicht-deklarative Wissen betrifft dagegen vor allem Fertigkeiten und Vorwissen (Priming). Es ist schwer zu verbalisieren, weitgehend vom Denken getrennt, arbeitet vergleichsweise langsam, zum Teil unbewusst und wird kaum durch Hirnschäden beeinflusst.

Die Untersuchungen mit Zufallssilben und -zahlen betreffen fast nur semantisches, also „Schulwissen". Eine Vielzahl von Experimenten zeigte die Zusammenhänge, wie sie in Abb. 5.40 dargestellt sind. Das Gegenwartsgedächtnis nannte Alan Baddely 1971 auch Arbeitsgedächtnis. Denn nur sein Inhalt ist uns bewusst, realisiert unser bewusstes Denken und bestimmt die subjektive Gegenwart von circa zehn Sekunden. Deshalb

---

16 Zuweilen werden auch nur zwei Stufen angenommen, u.a. 1958 von Donald Broadbent als Kurz- und Langzeitgedächtnis.

können wir längere Sätze (mit kompliziertem Satzbau) nur schwer verstehen.[17] Da die Leistung unserer Sinnesorgane jedoch viel größer ist, erfolgt die Auswahl für das Gedächtnis durch unsere Aufmerksamkeit.

In der Abfolge der drei Gedächtnisse sinkt die Speicherrate von 15 (Gegenwartsgedächtnis) auf 0,5 (Kurzzeitgedächtnis) und schließlich 0,05 Bit/s (Langzeitgedächtnis). Die Speicherkapazität steigt dabei von 150 auf 1500 und schließlich auf $10^6 - 10^8$ Bit. Wird die Kapazität des Gegenwartsgedächtnisses in Bit umgerechnet, so ergibt dies eine Speichergröße von etwa 7 Bit ($2^7 = 128$). Das ist die Anzahl der parallel erfassbaren *Chunks* (zusammenhängende Inhalte, von englisch: Stück). Die totale Informationsmenge kann so durch Superzeichen erhöht werden (vgl. Kap. 4.1.5).

Das Kurzzeitgedächtnis übernimmt nur $\frac{1}{30}$ der Inhalte des Gegenwartsgedächtnisses. Deshalb muss zu Lernendes bis zu 30 mal wiederholt werden. Mit nur 1500 Bit ist auch das Kurzzeitgedächtnis recht klein. Bei der oben genannten Datenrate ist es nach etwa einer Stunde gefüllt.[18]

Schließlich wird das Wissen in das Langzeitgedächtnis übertragen. Hier bleibt es praktisch für immer bestehen, kann aber zeitweilig verdeckt werden. Deshalb erinnern sich insbesondere alte Menschen häufig an scheinbar schon lange Vergessenes.

Beim Langzeitgedächtnis werden die Synapsen vergrößert bzw. neue gebildet. Diese Verschaltung bleibt dann praktisch lebenslang bestehen. Ihre (nur verbale) Speicherkapazität besitzt einen scheinbar kleinen Wert, der erst in letzten Jahrzehnten genau begründet wurde. Ein Beispiel ist das Begriffe-Raten. Selbst die ungewöhnlichen (z. B. „Churchills Zigarre") können immer mit 20 gut gewählten Ja/Nein-Fragen erraten werden ($2^{20}$ entspricht $10^6$ Bit).

## 5.5.1 Musikrezeption

An der *Musikhochschule Hanns Eisler* wurden Mitte der 1970er-Jahre Untersuchungen zum Gegenwartsgedächtnis und zum Lernen durchgeführt (Völz 1975). Hierzu wurden etwa 30 Kompositionen aller Epochen der klassischen Sinfonik ausgewählt. Bei ihnen wurden die Häufigkeiten der Motivdauern genau bestimmt. Einige Ergebnisse zeigt Abb. 5.41. Die Statistiken zeigten dabei für jedes Werk typische Verläufe (a). Die Mittelung über alle untersuchten Werke ergab jedoch ein unerwartetes Ergebnis mit einem Maximum

---

[17] Ein Mustersatz ist: „Denken Sie, wie tragisch der Krieger, der die Botschaft, die den Sieg, den die Athener bei Marathon, obwohl sie in der Minderheit waren, nach Athen, das in großer Sorge, ob es die Perser nicht zerstören würden, schwebte, erfochten hatten, verkündete, brachte, starb." (Wilhelm Voss: Marathongedenken)

[18] Vieles spricht dafür, dass hier der eigentliche Grund für die Länge unserer Stunde liegt. In den frühen Klöstern (vor Erfindung der Räderuhr) war es üblich, nach einer „Stunde" Arbeit eine Pause für Gebete usw. einzulegen, denn dann war das Kurzzeitgedächtnis ausgelastet. Eine 24er-Teilung ist nämlich sonst nirgends in der Menschheitsgeschichte bekannt.

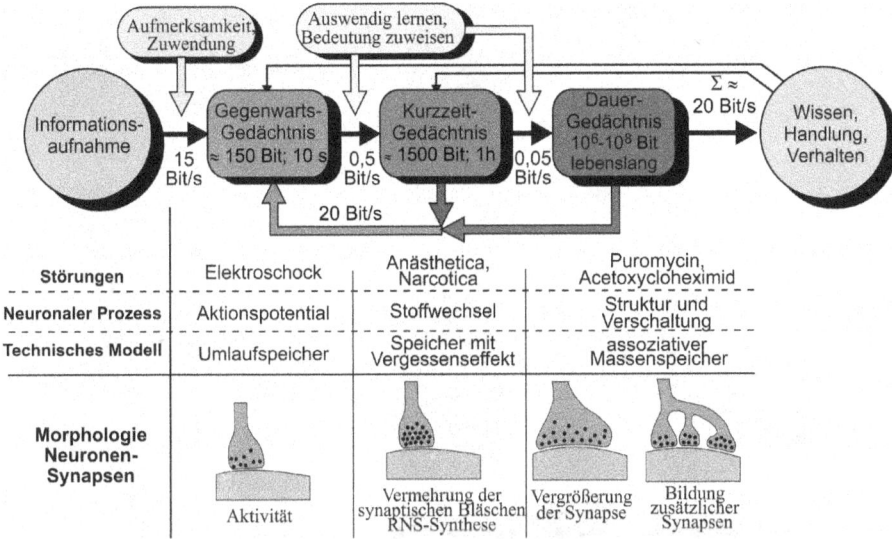

**Abb. 5.40:** Zusammenfassung der verfügbaren Daten für unser deklaratives (semantisches) Gedächtnis (Drischel 1972), (Frank 1969)

um fünf Sekunden für die Dauer eines Motivs (b). Nach langen Überlegungen wurde die Erklärung gefunden. Ein Musikkenner vergleicht das aktuell ablaufende Motiv stets mit dem jeweils für dieses Werk markant erinnerten. Deshalb steht ihm jeweils nur die Hälfte des Gegenwartsgedächtnisses für die ablaufende Musik und für das bekannte Motiv zur Verfügung (vgl. Kap. 2.1). So erfolgt ein Lernen in drei Stufen: 1. In der Phase der Verwirrung bei noch unbekannter Musik – insbesondere aus einer fremden Kultur – ist die Informationsflut ist zu groß. Dann ist keine akzeptable Rezeption möglich. Nach wiederholtem Anhören und ernsthaften Bemühen tritt die 2. Phase der Wiedererkennung ein: Einige Strukturen sind bekannt und werden wieder erkannt. Das bereitet Genuss. Beim Lernen anderer Inhalte werden so Klassen und Begriffsinhalte gebildet. Nach gründlicher Beschäftigung mit dem Werk tritt die 3. die „analytische Phase" (vgl. Adorno 1990:366f.) ein. Hier erfolgt der Vergleich von aktueller und gespeicherter Information. Nun kann auch die Qualität der jeweiligen Interpretation bewertet werden.

Aus den Ergebnissen leitet sich schließlich Abb. 5.42 ab. Mittels unserer Wahrnehmung versuchen wir stets den optimalen Wert von etwa 15 Bit/s für unser Kurzzeitgedächtnis zu erreichen. Bei dieser Datenrate bleibt unser Interesse am Werk erhalten. Ist der Wert zu gering, so tritt Langeweile ein und wir suchen nach zusätzlichen Inhalten. Ist er zu groß, so entsteht Verwirrung und wir suchen aktiv nach Strukturen.

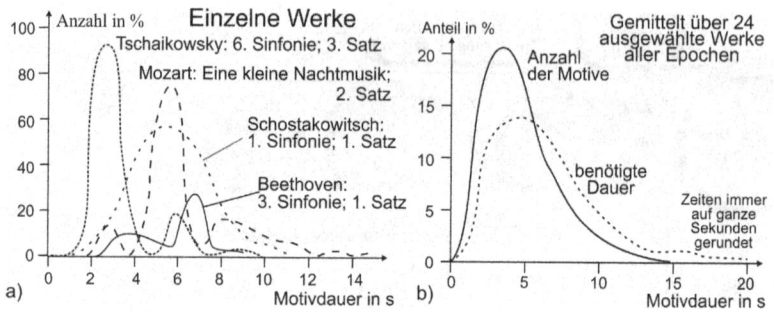

**Abb. 5.41:** Untersuchungsergebnisse bei der Analyse der Motive aus Musikwerken aller Epochen

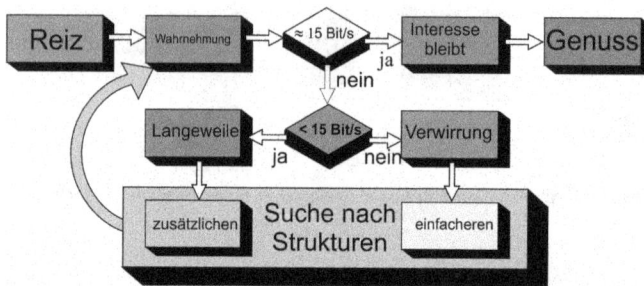

**Abb. 5.42:** Zum Umgang mit bekannter und unbekannter Information, insbesondere beim Lernen

### 5.5.2 Gesellschaftliche Gedächtnisse

Durch die Integration des Menschen in eine Gesellschaft erhalten auch sein Wissen und seine Handlungen gesellschaftlichen Charakter. Das bedeutet auch, dass sein individuelles Gedächtnis zumindest teilweise in ein komplexeres gesellschaftliches Gedächtnis übergeht und von dort Wissen übernimmt (Kap. 3.5). Das geschieht weitgehend parallel zur Erweiterung des Gedächtnisses durch technische Speichermedien. Bei genauerer Analyse lassen sich mehrere Arten gesellschaftlicher Gedächtnisse unterscheiden (Abb. 5.43) (vgl. Völz 2003). Das individuelle Gedächtnis wird, insbesondere durch die Kommunikation mit den lebenden Mitmenschen, zum *kommunikativen Gedächtnis* erweitert. Dieses erstreckt sich auf die Lebensspanne derzeit lebender Menschen. Sofern keine Schriftkultur besteht, tritt davor der *floating gap* auf – ein Zeitraum, über den kein aktuell Lebender etwas Erlebtes aussagen kann. Weiter zurück reicht das *kulturelle Gedächtnis*, das vor allem durch Mythen und Riten gespeist wird. Übergreifend ist das *kollektive Gedächtnis*, das alles erreichbare Wissen vereinigt. Deutlich anders ist das *geschichtliche Gedächtnis* beschaffen. Es basiert allein auf Dokumenten. Diese wurden jedoch von der jeweils herrschenden Klasse angelegt und müssen daher kritisch bewertet und ständig neu interpretiert werden.

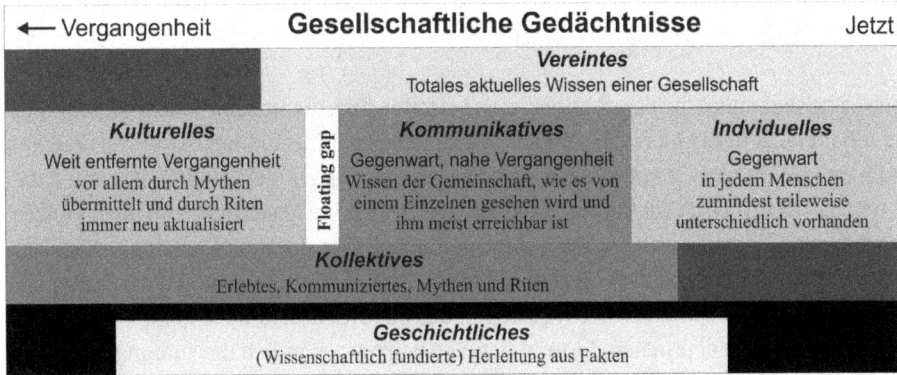

**Abb. 5.43:** Überblick zu den unterschiedlichen gesellschaftlichen Gedächtnissen

## 5.6 Zusammenfassung

Speicherung existiert für Stoff, Energie und Information und damit auch für Wissen. Sie hebt Zustände, Fakten, Abläufe usw., die irgendwann auftraten, kurz- oder langfristig für eine künftige Nutzung auf. Daher gibt es Speicherungen über die Entwicklung der Welt (Kosmos, Erde), der Biologie (Genetik und Neurologie), der Menschheit und ihrer Leistungen. Die Speicherung von Information und Wissen erfolgt immer auf stofflich-energetischen Informationsträgern. Aus ihnen kann nur mittels eines passenden Systems durch die dann auftretenden Wirkungen (Informate) wieder Information – und wenn diese in unser Bewusstsein gelangt – Wissen regeneriert werden. Gespeicherte Information ist daher nur potenzielle Information. Da so gut wie keine Mittel bekannt sind, feststehende Vergangenheit zu berechnen, ist die Speicherung fundamental für alle Aussagen über die Vergangenheit. Doch Speicherung ist niemals total, sie bewahrt immer nur (ausgewählte) Ausschnitte des vergangenen Geschehens. Der fehlende Rest muss zusätzlich gespeichert werden oder bedarf – wie in der Historiografie üblich – immer einer Interpretation.

Unser Gedächtnis ist ein hochkomplexer und vielfältiger Speicher. In ihm ist unser Wissen gelagert und weitgehend abrufbar. Eine Erweiterung unserer persönlichen Gedächtnisleistungen wird durch die gesellschaftlichen Gedächtnisse ermöglicht. Außerdem sind zusätzlich zu schriftlichen Aufzeichnungen, Bildern u. a. viele zusätzliche technische Speicher erfunden und erprobt worden. Davon besitzen aber nur noch elektronische Festkörper- und magnetische Speicher (Magnetband und Festplatte) eine relevante Bedeutung. Da Information und Wissen fast nur noch auf digitalen Informationsträgern gespeichert existieren, sind sie extrem leicht und verlustfrei zu kopieren.

# 6 Virtuelle Information

Die bisher behandelten Informationsarten betreffen fast nur einzelne, maximal gebündelte Inhalte: Das Informat entspricht der Wirkung eines Informationsträgers. Das Zeichen ist hauptsächlich ein Mittel für den einfacheren Umgang mit der Realität. Es kann dabei – und das ist für das Folgende ein guter Hinweis – auch für Abstraktes, also nicht konkret Vorhandenes, benutzt werden. Die S-Information betrifft primär die Signale der Nachrichtentechnik, einschließlich Fehlerbehandlung, Komprimierung (und Kryptografie). Die Speicherung hebt Aktuelles zur Nutzung in der Zukunft auf. Mit der Computer-Technik tritt jedoch etwas deutlich anderes in den Vordergrund, nämlich der umfangreiche Umgang mit denkbaren, virtuellen und komplexen Modellen, die dabei nicht einmal der Realität entsprechen müssen. Deshalb wird dieser neue Aspekt *V-Information* genannt. Modelle sind dabei hauptsächlich schematische Analogiebetrachtungen, die Aspekte von etwas Kompliziertem mit etwas Anderem, vorwiegend Einfacherem in Übereinstimmung bringen sollen. Der Grundgedanke von Modellen ist sehr alt. Schon in der Antike wurden vielfach Modellvorstellungen benutzt. Ein bekanntes Beispiel ist das Höhlengleichnis von Platon. Die historischen Modelle mussten aber so einfach sein, dass sie rein gedanklich unmittelbar nachvollzogen werden können. Mit der Axiomatik (Kap. 3.4) und der Mathematik wurden weitaus komplexere Modelle möglich. Für direktes menschliches Verstehen müssen dann allerdings erst ihre vielfältigen Inhalte „ausgewickelt" werden. Ein recht allgemeingültiges Denkmodell ist der Laplace'sche Dämon.[1] Insbesondere in der Physik gab es immer wieder (letztlich erfolglose) Versuche, eine „Weltformel" zu finden. Erst die elektronische Rechentechnik könnte dies ermöglichen. Sie ist vor allem durch folgende Eigenschaften gekennzeichnet:

1.  Es sind nahezu beliebig große Datenmengen nutzbar. Das führt zu einer gewaltigen Erweiterung von Klassifikation und Axiomatik im Sinne von *Big Data* und künstlicher Intelligenz (Details Kap. 6.1).
2.  Die „Auswicklungen" und elektronischen Berechnungen mittels der Formeln erfolgen meist ohne wesentlichen Zeitverzug.
3.  Die Ergebnisse sind über Monitore, elektronische Brillen, Lautsprecher, Kopfhörer usw. unmittelbar unserer sinnlichen Wahrnehmung zugänglich und manuell veränderbar (vgl. Völz 1999).
4.  Mit den Computer-Modellen sind beliebige Vergrößerungen und Verkleinerungen, aber auch Beschleunigungen und Verlangsamungen realer Prozesse möglich.
5.  Alle Ausgaben können jederzeit genauso und/oder variiert wiederholt werden.

---

[1] Der Laplace'sche Dämon ist ein Denkmodell, das besagt, dass durch Kenntnis aller Naturgesetze die Lage, Position und Geschwindigkeit aller Teilchen im Universum berechnet werden könnte und damit über eine „Weltformel" sämtliche Aussagen über die Vergangenheit und Zukunft aller Teilchen und somit des Universums selbst möglich wären.

https://doi.org/10.1515/9783111036540-016

6. Es sind auch Analysen und Beobachtungen von gefährlichen Objekten (Radioaktivität, bei extremer Temperatur, Druck usw.) und in beliebig großer Entfernung möglich.

7. Da alles nur virtuell geschieht, sind sogar Modelle möglich, die kein Äquivalent in der Realität besitzen (können), z. B. Fraktale, 4- und 5-dimensionale Würfel[2] usw.

Die Punkte 1 bis 5 ermöglichen eine bestmögliche Anpassung an unsere Wahrnehmung und unser Verstehen. Die Grenzen – insbesondere für die Punkte 1, 6 und 7 – hängen eng mit den weitaus älteren Grenzen der Mathematik und theoretischen Informatik zusammen. So ist die Mathematik völlig frei darin, ihre Begriffe und Inhalte zu wählen. Sie müssen lediglich in sich stimmig sein und dürfen zu keinem Widerspruch führen. Anschaulich sagt das Tobias Danzig:

> Man könnte den Mathematiker mit einem Modeschöpfer vergleichen, der überhaupt nicht an Geschöpfe denkt, dem seine Kleider passen sollen. Sicher, seine Kunst begann mit der Notwendigkeit, solche Geschöpfe zu bekleiden, aber das ist lange her; bis heute kommt gelegentlich eine Figur vor, die zum Kleidungsstück passt, als ob es für sie gemacht sei. Dann sind Überraschung und Freude endlos. (Zit. n. Barrow 1994:418)

Das bekannteste Beispiel dafür ist die Matrizenrechnung. Sie wurde 1850 von James Joseph Sylvester eingeführt. 1925 benutzte sie dann – obwohl er sie zu diesem Zeitpunkt noch nicht kannte – Heisenberg für seine Matrizenmechanik (erste Form der Quantenmechanik, Kap. 8.1). Bei solchen mathematischen Entwicklungen muss nicht einmal irgendein Bezug zur Realität bestehen. Dennoch kann der Inhalt in Berechnungsmodellen zur Darstellung von etwas (nicht real existierendem) führen. Das zeigt die Fraktaltheorie (s. u.). Eine andere Grenze legt die theoretische Informatik fest. Die Grenze des Berechenbaren ist zuerst von Alan Mathison Turing mit seinem universellen, rein theoretischen Turingmodell von 1936 bestimmt (vgl. Band 2, Kap. I.3.2.3). Danach entstanden sehr schnell mindestens zehn weitere mathematische Modelle, die sich aber alle als äquivalent zum Turingautomaten erwiesen. So stellte Alonzo Church schließlich 1940 die unbeweisbare, aber allgemein anerkannte These auf, dass alle berechenbaren (computable) Funktionen rekursiv sind. Wie von Cantor bewiesen wurde, gibt es allerdings auch unendlich viele unberechenbare Funktionen. Doch diese können für die elektronische Berechnung von Modellen nicht benutzt werden. Aber die praktisch nutzbare Grenze zeigt sich bereits deutlich früher, nämlich bei der „zulässigen" Rechenzeit. Auf das Rechenergebnis kann nicht beliebig lange gewartet werden. Für die entsprechende Grenze wurde der Begriff *durchführbar* (feasible) im Sinne der Zeit-Komplexität eingeführt. Sie wird weitgehend für alle elementaren Funktionen erfüllt und betrifft auch den Kontext von P-NP.[3] Anderer-

---

2 https://www.youtube.com/watch?v=lFvUaFuv5Uw (Abruf: 18.07.2017)
3 P = polynomial berechnbar (feasible), NP = nicht determinstisch in polynomialer Zeit berechenbar. Weitere Details hierzu enthalten u.a. (Völz 1991:270ff.) (Völz 1983:64ff.) sowie Band 2, Kap. I.10.

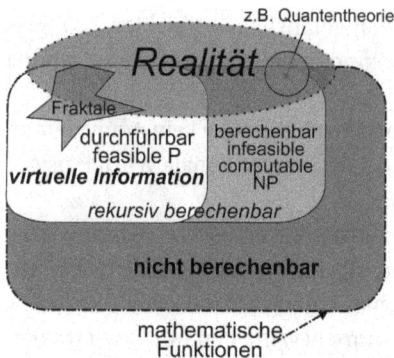

**Abb. 6.1:** Mathematische und informatische Abgrenzungen zur virtuellen Information und Einordnung der Fraktale

seits enthält die Realität mit der Quantentheorie auch nicht durchführbare und vielleicht sogar nichtberechenbare und nichtmathematische Funktionen. Eine Ursache hierfür ist der absolute Zufall (Kap. 7.1). Einen Überblick zu den entsprechenden Abgrenzungen gibt Abb. 6.1.

Beispielhaft sei hier nur auf eine spezielle Anwendung der Rekursion eingegangen, die sich auch in der Realität findet. Die so genannte L-Rekursion wurde bereits 1960 von Aristid Lindenmayer für die Darstellung von Pflanzenwachstum verwendet. Eine betont einfache Variante davon benutzt nur fünf Regeln, die als Schildkrötenbewegung interpretiert werden können. Dabei bedeutet:

F  Schritt vorwärts, also eine Linie zeichnen
+  die Bewegungsrichtung im Uhrzeigersinn um $n$ Grad drehen
–  die Bewegungsrichtung gegen Uhrzeigersinn um $n$ Grad drehen
[  den aktuellen Ort und die Bewegungsrichtung speichern
]  an die zuletzt gespeicherte Stelle und deren Richtung zurück gehen

Als Beispiel sei die einfache Rekursionsformel F := F[+F]F[-F]F (1. und 2. Schritt) benutzt. Mit jedem Rekursionsschritt entstehen dann immer komplexere Ergebnisse, die 3. und 4. lauten:

3.  F[+F]F[-F]F[+F[+F]F[-F]F]F[+F]F[-F]F[-F[+F]F[-F]F]F[+F]F[-F]F
4.  F[+F]F[-F]F[+F[+F]F[-F]F]F[+F]F[-F]F[-F[+F]F[-F]F]F[+F]F[-F]F
    [+F[+F]F[-F]F[+F[+F]F[-F]F]F[+F]F[-F]F[-F[+F]F[-F]F]F[+F]F[-F]
    F]F[+F]F[-F]F[+F[+F]F[-F]F]F[+F]F[-F]F[-F[+F]F[-F]F]F[+F]F[-F]
    F[-F[+F]F[-F]F[+F[+F]F[-F]F]F[+F]F[-F]F[-F[+F]F[-F]F]F[+F]F[-F]
    F]F[+F]F[-F]F[+F[+F]F[-F]F]F[+F]F[-F]F[-F[+F]F[-F]F]F[+F]F[-F]F

Ins Grafische übertragen ergibt sich hieraus eine Darstellung wie in Abb. 6.2. Die fünfte Stufe ähnelt bereits einem Strauch.

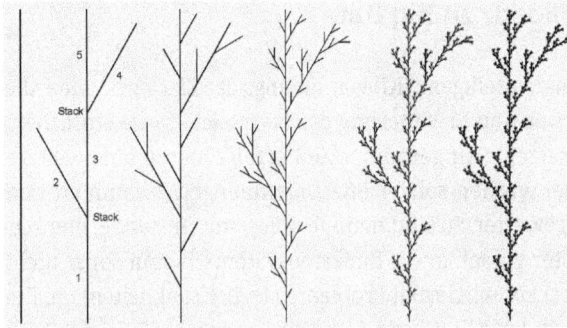

**Abb. 6.2:** Schrittweises Entstehen des Bildes eines Strauches aus der einfachen rekursiven Formel F :=
F[+F]F[-F]F

Lindenmayer konnte mit ähnlichen Formeln Bilder von zahlreichen Pflanzen erzeugen
(Prusinkiewicz u. a. 2004). Dennoch zeigen viele Versuche, dass es nicht gelingt, aus
der jeweiligen Ausgangsformel das entsprechende Bild zu antizipieren. Die universelle
Bedeutung solcher und vieler weiterer (fraktaler) Bilder für die Ähnlichkeiten mit der
Natur erkannte um 1980 Benoît B. Mandelbrot (Mandelbrot 1987). Er führte dafür den
Begriff *Fraktal* ein. Inzwischen gibt es viele und umfangreiche Untersuchungen zu diesem
Gebiet. Neben der obigen Rekursion per Formel existieren etwa fünf (vgl. Völz 2014:54ff.)
andere Rekursionsmethoden, die oft gleichartige Bilder liefern. Es wird angenommen,
dass alle mit Rekursionen erzeugbaren fraktalen Bilder eine eigenständige Bildklasse
neben der Klasse der geometrischen Bilder bilden. Ob es weitere Bildklassen geben kann,
ist ungeklärt.

Sehr speziell sind jene indirekten Methoden (z. B. Heuristik oder Fuzzy-Logik, vgl.
Kap. I.8.3), wie sie u. a. im Bereich von *Big Data*, also bei massenhaft vorliegenden Daten
eingesetzt werden. Ihre Grenzen lassen sich, zumindest zur Zeit, noch nicht abschätzen.
Doch allgemein ist die Anwendung der (virtuellen) V-Information inzwischen bereits
sehr viel umfangreicher geworden. Unter anderem wird sie in der künstliche Intelligenz,
dem künstliches Leben und bei Computerspielen umfangreich genutzt. Eine nützliche
Anwendung besteht beispielsweise in der Architektur: Vor Baubeginn ist das Gebäude,
sind die Räume usw. so zu modellieren, dass man sich mit VR-Brille, Sensoren usw. virtuell
in den Modellen bewegen kann. Eine andere Methode wird in der Medizin eingesetzt:
Mit Hilfe von Computern wird dabei die Operation von einem Spezialisten durchgeführt,
der sich nicht im Operationssaal, sondern an einem völlig anderen Ort befindet. Auf
diesem Gebiet sind für die Zukunft noch viele weitere Anwendungen zu erwarten.

## 6.1 Von künstlicher Intelligenz zu Big Data

Mit der Entwicklung der künstlichen Intelligenz (KI) war anfangs das Ziel verbunden, die Rechentechnik zur Automatisierung und Erweiterung der (vergleichsweise einfachen) menschlichen Intelligenz einzusetzen. Seit geraumer Zeit erfolgt hierzu eine weitere Vertiefung durch Big Data. Dabei werden sehr große Datenmengen gesammelt und systematisch extrem schnell ausgewertet. So sind heutige Computer imstande, menschliche Schach- oder Go-Weltmeister zu schlagen. Expertensysteme bieten sonst nicht erkennbare Lösungsvorschläge bei komplizierten Problemen (z. B. Krankheiten) an. Ein typisches, relativ altes Beispiel ist der Klix/Goede-Algorithmus von 1985: In der DDR wurden regelmäßig bei allen Bürger:innen Röntgenaufnahmen der Lunge angefertigt. Nur ein Spezialist in der Berliner *Charité* konnte daraus intuitiv Schlussfolgerungen für Herzerkrankungen ziehen. Die systematische Auswertung tausender seiner Diagnosen ermöglichte es schließlich, einen Algorithmus zur automatischen Analyse der Aufnahmen zu finden. So entstanden viele hocheffektive und nützliche Verfahren. Sie stellen alle aber nur eine Ergänzung und teilweise eine Erweiterung der menschlichen Leistung dar. Insgesamt wurde immer deutlicher, dass die letzte Entscheidung für das Handeln immer ein Mensch treffen sollte. Schon Weizenbaum (1977) wies in ähnlichem Zusammenhang darauf hin, dass die Intelligenz verschiedener Lebewesen sehr unterschiedlicher, fast nie vergleichbarer Art ist. Wahrscheinlich gilt dies übertragen auch für die technischen Erweiterungen zur menschlichen Intelligenz, insbesondere in Hinblick auf Big Data. Auch andere Wissenschaftler zeigten die Grenzen dieser Methoden auf. Das wird mit der zunehmenden Bedeutung von Big Data künftig noch gründlicher zu beachten sein. Es wird eine möglichst genaue Abgrenzung der Vor- und Nachteile zwischen menschlicher Intelligenz und den neuen technischen Möglichkeiten notwendig sein.

## 6.2 Zusammenfassung

Im alltäglichen Sprachgebraucht besteht die Tendenz, alles als Information zu bezeichnen: Holz, Steine, Nahrung, Kleidung, Benzin usw. Eine Ursache dafür ist, dass all diese Dinge unter gewissen Gesichtspunkten ausgewählte Eigenschaften der Information besitzen. Dennoch führt diese Entwicklung dazu, dass der Begriff unscharf wird. Im Sinne von Abb. 2.1 ist der Begriff Information daher dann nicht sinnvoll (korrekt) verwendet, wenn für die jeweilige Anwendung andere Begriffe (wie Physik, Energie, Chemie, Stoff usw.) den Inhalt hinreichend gut erfassen. Die Zuschreibung „Information" ist vor allem dann sinnvoll, wenn andere, vor allem stofflich-energetische Modelle, zu komplex sind. Das gilt vor allem für Prozesse, bei denen die von Wiener eingeführten Auslösungs-, Wirkungs-, Verstärker- und Rückkopplungseffekte auftreten. Genau deshalb kann Information so „definiert" werden: Information ist der zentrale Begriff/Inhalt der Kybernetik; so wie z. B. Energie für Physik, Stoff für Chemie, Gesundheit für Medizin, Zahl für Mathematik und

Algorithmus für Informatik. Ähnlich wie im Kap. 2.2 kann auch sie nur als Aufzählung von spezifischen Eigenschaften erfolgen:

- Information setzt immer ein spezifisches System (meist als Black Box) mit Input und Output voraus.
- Ein stofflich-energetischer Träger erzeugt mittels dieses Systems eine interne und/-oder externe Wirkung, das Informat, das auch vom System abhängt.
- Sowohl der Informationsträger als auch das Informat sind zeitabhängig. Diese Prozesshaftigkeit ist auch als „Information und Verhalten" bekannt.
- Gespeicherte Information ist nur potenzielle Information (meist als Informationsträger), die erst durch einen Wiedergabe- und/oder Rezeptionsvorgang eines Systems wieder zu Information wird.
- Information ist extrem ressourcenarm. Die für die Speicherung eines Bits notwendige Träger-Energie ist extrem klein. Zusätzlich kann digitale Information mittels Komprimierung auf sehr wenige Bit reduziert werden.
- In der gespeicherten (stofflich-energetischen) Form ist Information leicht zu kopieren und zu vervielfältigen.
- Information kann (heutzutage) im Prinzip nicht verloren gehen: Liegt sie erst einmal gespeichert vor, so entstehen fast immer Kopien, die an verschienen Orten abgelegt werden.
- Messen liefert quantitative Werte (Ausprägungen) der Information, denen aber die Qualität der Maßeinheiten hinzugefügt werden sollte.
- Wirklich neue Information (Verallgemeinerungen, Formeln und Axiom-Systeme) ist schwer zur erzeugen.
- Infolge ihrer notwendigen „Interpretation" durch ein passendes System (Lebewesen) besitzt Information keinen (echten) Wahrheitswert (vgl. Kap. I.2.1.1). Sie kann kann u. a. wahr, glaubhaft, wahrscheinlich, irrelevant oder falsch sein.
- Aufgrund des stetigen Anwachsens der gespeicherten Informationsmenge, sind Methoden zur optimalen Speicherung, Suche, Verwaltung und nicht zuletzt zum ethischen und juristischen Umgang mit Information zu entwickeln.
- Ferner ist zu klären, ob noch weitere Informationsqualitäten entstehen bzw. nützlich sein könnten (Kap. 8).

Für die Information können die nachfolgenden fünf Aspekte oder Besonderheiten unterschieden werden (den Zusammenhang der verschiedenen Informationsarten zeigt schematisch Abb. 6.3):

Die ursprünglich von Wiener eingeführte *W-Information* besteht aus dem Informationsträger, der auf ein ausgewähltes System einwirkt und dann in ihm und in der Umgebung eine Wirkung, das Informat, hervorruft (Abb. 6.3). Dabei liegt eine Ursache-Wirkungs-Beziehung vor. Teilweise tritt auch eine Verstärkung vom Input zum Output auf (Abb. 2.6).

Die *S-Information* ist die zweite, ursprünglich von Shannon eingeführte Informationsart. Sie betrifft vor allem die räumliche Übertragung durch die Nachrichtentechnik mit den Messwerten Entropie und Kanalkapazität. Zu ihr gehören auch Fehlerbehandlung, Komprimierung und Kryptografie. Genau genommen werden hierbei aber nur statistische Eigenschaften des Informationsträgers erfasst. So ergibt sich der linke Kreisteil des Bildes.

Die *Z-Information* greift ganz wesentlich auf die Semiotik zurück und passt diese durch zusätzliche Veränderungen an. Umgekehrt wird zuweilen auch behauptet, dass die Semiotik Grundlagen der Informationstheorie integriert habe (Eco 1972) – insbesondere den Entropiebegriff. Dass das Zeichen immer für etwas anderes steht, ist die zentrale Eigenschaft der Z-Information. Es ermöglicht einfachere Betrachtungen/Behandlungen der Realität und zusätzlich die Bildung abstrakter Begriffe einschließlich der Komprimierung u. a. mittels Klassenbildung und Axiomatik. Obwohl die Z-Information eigentlich inhaltslos ist, entstanden viele statistische Anwendungen in Kunst und Literatur (mittels Sprache, Bildern usw.). Sie betrifft vor allen den Übergang zwischen Informationsträger und System.

Die *Informationsspeicherung* erfolgt ausschließlich auf einem Informationsträger. Durch sie wird der typische Zeitablauf aufgehoben. Nur ein zur Zeit der Aufzeichnung aktueller Zustand wird für Anwendungen in der Zukunft bewahrt. Deshalb ermöglicht es die Speicherung auch, einen Zeitablauf für den Informationsträger in die Zukunft zu transportieren. Insofern liegt mit dem Informationsträger eine *potenzielle (P-)Information* vor. Genau in diesem Sinne lassen sich auch die unterschiedlichen Gedächtnisse einordnen. Zum Gespeicherten gehört weiterhin das Wissen. Doch im Unterschied zur Information liegt es vor allem statisch im Gedächtnis, zum Teil gekoppelt an das Bewusstsein, vor. P-Information kann zudem auch massenhaft und äußerst preisgünstig vervielfältigt werden. Sie ist letztlich für unser Wissen über die Vergangenheit entscheidend.

Mit Computern ist eine hoch effektive Simulation der meisten Informationsprozesse möglich. Sie kann so gestaltet werden, dass wir mittels Bildschirm, VR-Brillen usw. alles unmittelbar (virtuell als *V-Information*) erleben. Doch darüber hinaus wird sie auch für die Bildung von Modellen genutzt, die es außerhalb von Computersimulationen noch nicht gibt oder prinzipiell real gar nicht geben kann. Die V-Information stellt einen Parallelzweig zum Tripel aus Informationsträger, System und Informat dar. Ergänzend sei noch die Zusammenfassung von S-, P- und V-Information unter dem Begriff der *T-Information* genannt. Aus ihr erfolgen die meisten technischen Anwendungen.

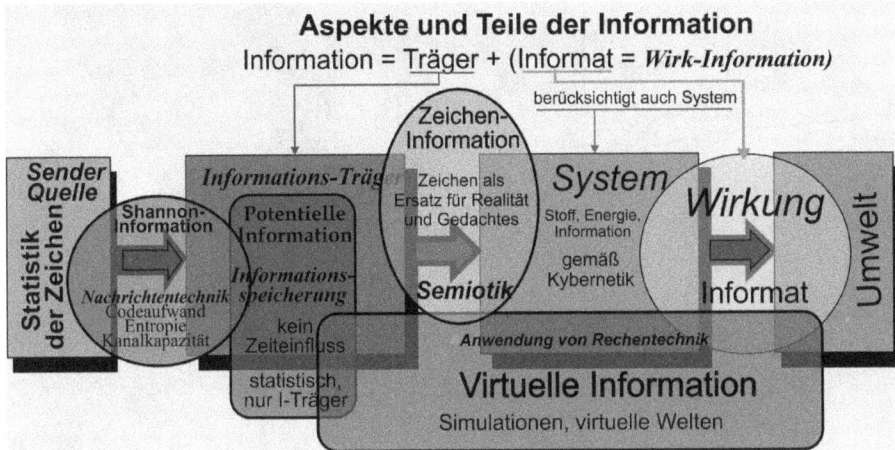

## Aspekte und Teile der Information
Information = Träger + (Informat = *Wirk-Information*)

berücksichtigt auch System

Zeichen-Information

Sender Quelle

*Informations-Träger*

Zeichen als Ersatz für Realität und Gedachtes

*System*

*Wirkung*

Statistik der Zeichen

Shannon-Information

Potentielle Information

Stoff, Energie, Information

Umwelt

*Nachrichtentechnik*
Codeaufwand
Entropie
Kanalkapazität

*Informations-speicherung*

*Semiotik*

gemäß Kybernetik

Informat

kein Zeiteinfluss

*Anwendung von Rechentechnik*

statistisch, nur I-Träger

## Virtuelle Information
Simulationen, virtuelle Welten

**Abb. 6.3:** Zusammenhänge und spezifische Bereiche der Informationsarten

Die Informationstheorie entstand ab 1945, vor allem durch die Arbeiten von Norbert Wiener und Claude Shannon. Es wurde jedoch gezeigt, dass sie ständig weitere Wissenschaftsgebiete einbezog, diese dabei anpasste und weiterentwickelte. Diese Zusammenhänge sind in Abb. 6.4 in Zeitskalen eingeordnet. Z- und S-Information gehen dabei letztlich bis auf die Sprachentwicklung zurück. Die P-Information beginnt in etwa mit der Schrift, zum Teil auch mit Bildern und Plastiken. Die V-Information hat ihren Ursprung in der Entwicklung von Zahlen und der Mathematik. Erst Computer (mit Monitoren, Tastaturen, Maussteuerung usw.) ermöglicht jedoch die vielfältigen und sich stetig weiter entwickelnden Möglichkeiten der V-Information effektiv und kreativ zu nutzen.

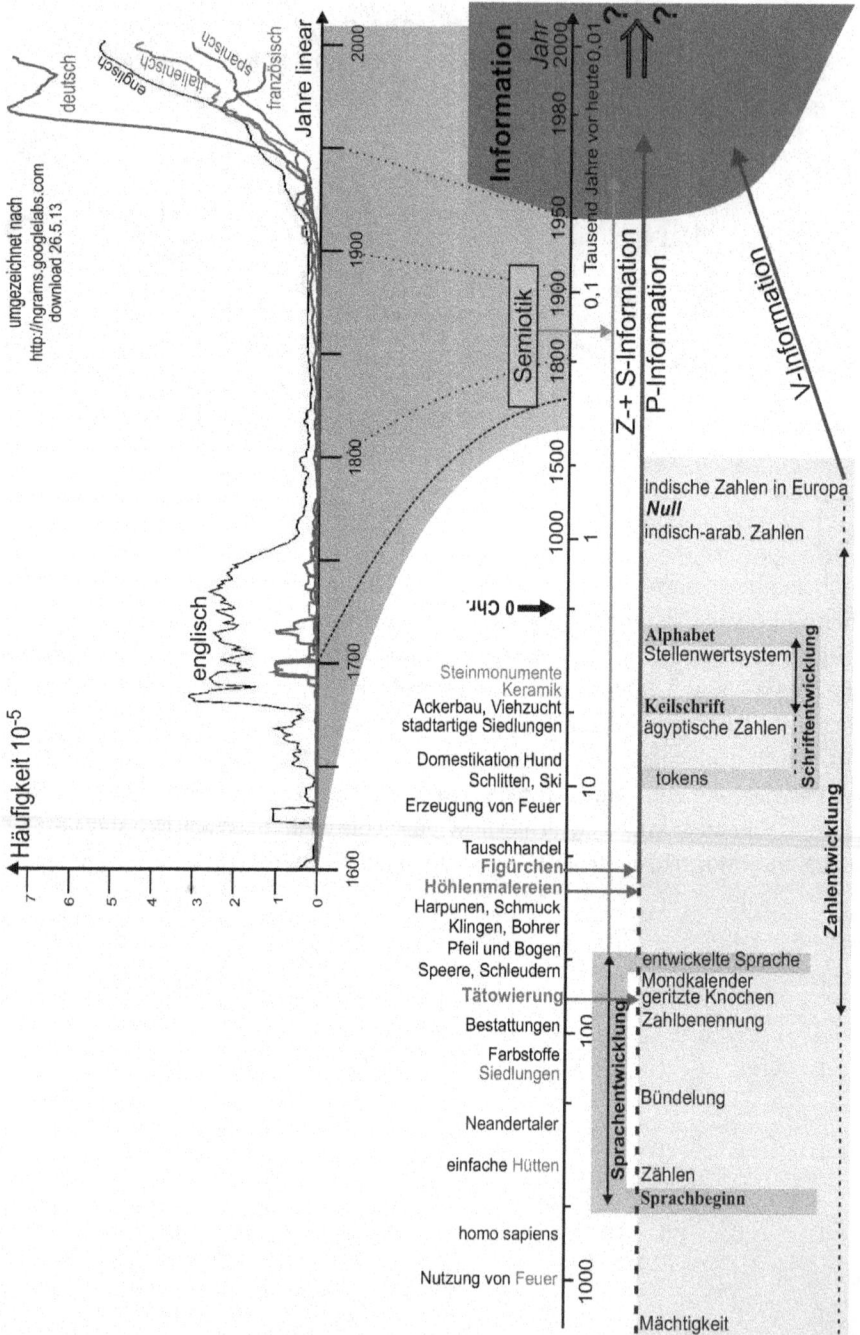

**Abb. 6.4:** Versuch zur zeitlichen Einordnung der verschiedenen Ursprünge der Informationsarten. Die oberen Kurven zeigen die relative Benutzung des Informationsbegriffs in den verschiedenen Sprachen an. Die heutige Benutzung des Begriffs zeigt der rechte dunkle Abschnitt an.

# 7 Ergänzungen

## 7.1 Quanteninformation

Für die klassische Physik ist das Ursache-Wirkungsprinzip grundlegend. Ihre Gesetze basieren fast ausschließlich auf kontinuierlichen Differentialgleichungen (vgl. Band 3, Kap. I.3.3.8). Diskrete Mathematik wird nur für Teilchen, Körper und zur Vereinfachung komplizierter kontinuierlicher Vorgänge genutzt. Aus diesem Grund blieben die diskreten (unregelmäßigen) Spektrallinien der Gase (vgl. Band 3, Kap. II.12.5), obwohl mit ihnen Aussagen zur chemischen Zusammensatzung (vgl. Band 3, Kap. III.4.5.5) der Sterne gewonnen wurden, lange Zeit unverstanden. Hierfür gab es dicke Spektral-Atlanten. Den ersten „Umbruch" erzwang das kontinuierliche Spektrum der Wärmestrahlung (von „schwarzen" Körpern). Es wurde im Jahr 1900 von Max Planck in der *Strahlungsformel* mit den diskreten Energiequanten $h\nu$ beschrieben. Die erste Quantengleichung fand Werner Heisenberg im Jahr 1925. Als er sie seinem Lehrer Max Born vorstellte, erkannte dieser darin die damals noch wenig bekannte Matrizenrechnung (vgl. Kap. 6). Aus ihr folgte die *Heisenberg'sche Unschärfe*[1], denn in der Matrizenrechnung gilt für das Produkt der Matrizen a und b allgemein a $*$ b−b $*$ a $\neq$ 0 (vgl. Band 3, Kap. I.4.2f.). Bereits 1926 entwickelte Erwin Schrödinger die mathematisch vollkommen äquivalente quantenmechanische Wellengleichung. Doch erst 1958 formulierte Paul Adrien Maurice Dirac eine elegante aber abstrakte Schreibweise für die gesamte Quantentheorie.[2] Heute gelten für den Makrokosmos die allgemeine Relativitätstheorie (nach Albert Einstein) und für die Mikrowelt die Quantenphysik nebeneinander. Eine Vereinigung dieser beiden Theoriekomplexe stellt eine der großen Herausforderungen der theoretischen Physik dar.

Bei der relativ übersichtlichen Schrödinger-Wellengleichung wird eine ortsabhängige komplexe Wellenfunktion $\Psi$ eingeführt. Mit Gesamt-Energie $W$, potenzieller Energie $U$, Masse $m$ und Planck-Konstante $h$ gilt:

$$\nabla\Psi = (W - U) \cdot \Psi \cdot \frac{2 \cdot m}{h^2}$$

Diese besonders einfache Schreibweise erfordert den Nabla-Operator entsprechend den partiellen Ableitungen nach den Raumkoordinaten ($x$, $y$, $z$ und $r$):

$$\nabla = \frac{\delta}{\delta x} i + \frac{\delta}{\delta y} j + \frac{\delta}{\delta z} k = \frac{\delta}{\delta r}$$

---

1 Die Heisenbergunschärfe beschreibt das Problem, dass entweder der Impuls oder der Ort eines Quants genau gemessen werden kann, aber nie beides zugleich, weil die Messgenauigkeit des einen Parameters die des anderen beeinflusst.

2 Eine relativ einfache Einführung in Quantentheorie enthalten (Camejo 2007; Kiefer 2002)

https://doi.org/10.1515/9783111036540-017

1927 Interpretiert Max Born das Betragsquadrat von Ψ als Wahrscheinlichkeitsamplitude, deren geometrische Darstellung die Orbitale sind:

$$dW = |\Psi|^2 \cdot dV$$

Diese Quanten-Wahrscheinlichkeit unterscheidet sich jedoch deutlich von der klassischen Variante (Kap. 4.1.3). Die dortige a-priori-Wahrscheinlichkeit setzt zumindest theoretisch deterministische Zusammenhänge voraus und beruht daher lediglich auf Wissensmangel in allen Details. Dagegen ist die quantenphysikalische Wahrscheinlichkeit absolut. Für ihr Eintreten sind grundsätzlich keine Ursachen vorhanden. Wann und weshalb ein Atom durch Radioaktivität zerfällt, ist also prinzipiell nicht ermittelbar. Dies ist für das Gesetz der Radioaktivität jedoch nicht wesentlich. Diese absolute Wahrscheinlichkeit stellt einfach alles dar, was wir je über das Quantensystem wissen können, aber zum Teil nicht erfahren werden. Die Schrödinger-Wellenfunktion Ψ beschreibt also nicht den Zustand eines Quantenobjekts, sondern gibt nur die Wahrscheinlichkeit dafür an, was bei einer makroskopischen Messung des Objekts erhalten werden kann. Die räumliche Wahrscheinlichkeitsverteilung eines Quantenobjekts wird als Orbital dargestellt und entspricht den umlaufenden Elektronen in der „klassischen" Beschreibung.

Die Dirac-Schreibweise gilt für die Gleichungen von Heisenberg und Schrödinger. Sie benutzt einen komplexen Wert $\xi = a + b \cdot i$ mit $i = \sqrt{-1}$. Für die Zeile der Matrix wird $\langle\xi|$ (gesprochen bra) und für die Spalte $|\xi\rangle$ (gesprochen ket) eingeführt. Sie ist besonders übersichtlich für die einfachsten quantenphysikalischen Systeme mit nur zwei orthogonalen Zuständen, als abstrakte Standardbeschreibung die Zustände $|0\rangle$ und $|1\rangle$. Für den Elektronenspin gilt up $| \uparrow\rangle$ und down $| \downarrow\rangle$, bei einer polarisierten Welle entsprechend horizontal $| \leftrightarrow\rangle$ und vertikal $| \updownarrow\rangle$. Für den Betrag der Matrix gilt $\langle\xi|\xi\rangle$ (gesprochen bra-ket). Bei der Schrödinger-Gleichung mit den zwei Lösungen (Zuständen) A und B, ist dann $\langle A|B\rangle$ ihr Skalar-Produkt (vgl. Band 3, Kap. I.4.1). Für ein gegenüber allen Einwirkungen von der Außenwelt abgeschirmtes Quantensystem gilt:

$$\Psi = c_1 \cdot |A\rangle + c_2 \cdot |B\rangle \text{ mit } c_1^2 + c_2^2 = 1$$

Darin sind $c_1$ und $c_2$ beliebige, (reelle) frei verfügbare Konstanten. Das bedeutet, dass alle so möglichen Quantenzustände gleichzeitig existieren. Sie sind überlagert, was als *Superposition* bezeichnet wird.

Wird ein System mit Superposition durch eine thermische Störung oder sonstige externe Einwirkung, z. B. durch eine Messung beeinflusst, so wird nur ein einzelner, absolut zufälliger Zustand angenommen. Die Folge ist die *Dekohärenz* als aufgehobene Superposition. Folglich ähnelt jede Messung an einem Quantensystem teilweise der zerstörenden Wiedergabe beim klassischen dRAM. Im Gegensatz dazu ist aber kein Auffrischen möglich, der dann ja die unendlich vielen Zustände der vorhergehenden Superposition wieder herstellen müsste. Der Zustand der Superposition existiert daher auch nur bei extrem tiefen Temperaturen (in unmittelbarer Nähe von 0° Kelvin, − 273, 15 °C). Ebenso ist auch keine Kopie (Vervielfältigung, Klonen, Backup) der Superposition sowie keine Fehlerkorrektur möglich. Dies sind ebenfalls Folgen der Heisenberg'sche Unschärfe.

Trotz der verschiedenen „Unsicherheiten" wurde 1995 von Benjamin W. Schumacher für den Zustand der Superposition der Begriff quantenphysikalisches Bit, *QBit* (auch: QuBit), geprägt (Schumacher 1995). Es kann folgendermaßen geschrieben werden:

$$QBit = \{c_1|0\rangle + c_2|1\rangle\}$$

Bei einer Messung wird mit absolutem Zufall nur ein einziger Wert $x = c_{1m} \cdot 0 + c_{2m} \cdot 1$ angenommen. Er liegt im abgeschlossenen Intervall $[-1 \cdots \pm 0 \cdots + 1]$.

1998 hat Holgar Lyre eine „Quantentheorie der Information" (Lyre 1998) vorgestellt. Eine neue Variante davon stammt von Dagmar Bruß (2003). Eine Veranschaulichung dieser Zusammenhänge ist mit dem Traumaskop[3] möglich (Völz 2005:541) (Abb. 7.1[a]): Auf einem Faden ist eine Scheibe befestigt, die vorn und hinten je ein Bild trägt. Besitzt der hinten befindliche (in a nicht zu sehende) Baum eine etwas verschobene Baumkrone, so zeigt sich beim Drehen des Fadens zwischen Daumen und Zeigefinger die Darstellung eines vom Wind bewegten Baums. Eine etwas andere Anwendung ergänzt zwei Teilbilder zu einem Ganzen (b). Dazu muss die Scheibe allerdings deutlich schneller rotieren. Für die Darstellung der Superposition (wie in der obigen Gleichung) muss ein Doppeltraumaskop (c) angenommen werden. Wie in $c_1$ und $c_2$ zu sehen, müssen die beiden Achsen etwa senkrecht zueinander stehen, und die Motoren müssen sich unterschiedlich schnell drehen. Die Belegung der beiden Scheiben erfolge so, wie es die Mitte von d) zeigt. Durch die Rotation der beiden Motoren ergeben sich dann sichtbare Bildreihen für die Zustände von A und B. Mit Blitzaufnahmen können dann Beispielzustände (e) erhalten werden. Über eine hinreichend lange Zeit überlagert, zeigt das Doppeltraumaskop dann alle unendlich vielen Zustände der obigen Gleichung. Jetzt muss es nur noch extrem klein und sensibel angenommen werden. Die Energie des Blitzes bei einer Aufnahme ist dann eine Störung, die es und damit auch die überlagerten Zustände (Superposition) zerstört. Im Sinne der Dekohärenz bliebe nur ein einziges Bild erhalten.

Wenn es gelänge, mehrere Superpositionszustände miteinander nach passenden Regeln zu verknüpfen – ohne dass dabei eine Fremdeinwirkung auftritt – dann entstünde ein *Quanten-Computer*. In ihm liegen alle unendlich vielen möglichen Verknüpfungen ebenfalls parallel vor. Das würde einer extrem großen Rechenleistung entsprechen. Für ihn sind aber auch andere „logische" Quanten-Gatter erforderlich (vgl. Kap. I.8.3.2). Einige davon stellt Bruß (2003) vor.

Es wurden bereits mehrere QBit-Systeme vorgeschlagen und zum Teil erprobt.[4] Darunter ist der *Kernspin* das bisher einzige QBit-System, das bei Zimmertemperatur funktioniert.

---

**3** Mit diesem Kinderspielzeug gelang es vor Erfindung des Films bewegte Bilder darzustellen. Übliche Darstellungen hierfür waren Jonglieren, Hüpfen, Tanzen, Hofknicks, Abschied usw.

**4** Einige davon sollen hier kurz genannt werden: Josephson-Kontakte mittels der Supraleiter wurden 1997 von Alexander, Shnirman u. a. vorgeschlagen. Quantenpunkte (quantum dots = Quantenfallen) schlugen 1998 Daniel Loss und David Divincenzo vor. Mit dem Rasterkraftmikroskop werden dazu atomweise im

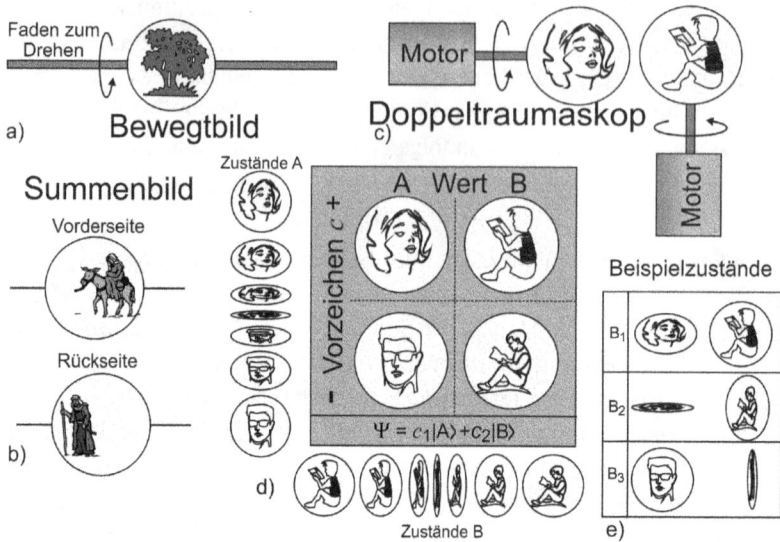

**Abb. 7.1:** Vom Traumaskop zu einer schematischen QBit-Darstellung. Die erste noch nicht ideale Darstellung zeigte (Völz 2007: 681).

Dabei werden aber für ein Qbit sehr viele Moleküle (ungefähr $10^{18}$) benötigt. Kernspin wird in der medizinischen Diagnostik als NMR (nuclear magnetic resonance = kernmagnetische Resonanz) verwendet (vgl. Band 3, Kap. II.4.4.2).

QBits sind nur solange beständig, wie kein äußerer Einfluss auftritt, der eine Dekohärenz bewirkt. Es können etwa kosmische und radioaktive Strahlung, Photonen-Emission und spontaner Atom-Zerfall stören. Selbst minimales thermisches Rauschen wäre schädlich. Deshalb sind extrem tiefe Temperaturen – mK bis nK – notwendig. Sie können nur mit komplizierter, mehrstufiger Kühlung erreicht werden. Allgemein gilt: Je größer die Masse, desto kürzer ist die Dekohärenzzeit $t_{De}$. So ist z. B. ist die Superposition zweier Zustände mit 1 g Masse und 1 cm Durchmesser bereits nach ca. $10^{-23}$ s zerstört. Die typischen Dekohärenzzeiten hängen erheblich vom jeweils verwendeten Quantensystem ab. Die besten Werte wurden bisher beim gut abgeschirmten Kernspin erreicht. Für Quantencomputer ist außerdem noch die Gatter-Schaltzeit $t_{Ga}$ wichtig. Das Verhältnis

---

Halbleiterkristall Fehlstellen von wenigen $nm^3$ eingebaut. Ionenfallen wurden von Theodor Wolfgang Hänsch und Arthur Leonard Schawlow für freie Atome und von David Wineland und Hans Georg Dehmelt für Ionen vorgeschlagen. Sie verlangen ein sehr gutes Vakuum und mehrstufige Kühlung bis zu wenigen nK. Magneto-optische Fallen (MOT = magneto optical trap) wurden 1987 von Jean Dalibard entworfen, später von David Pritchard und Steven Chu gebaut. Ein Bose-Einstein-Kondensat (BEK englisch BEC) wurde 1924 von Albert Einstein und Satyendra Nath Bose vorhergesagt und kann als Weiterentwicklung der Ionenfallen gelten. Es wurde erstmalig 1995 von Wolfgang Ketterle bei wenigen μK mit Rubidium-Atomen realisiert.

$t_{Ga}/t_{De}$ gibt die maximal mögliche Anzahl der Operationen an. Typisch Werte für $t_{De}/t_{Ga}$ betragen für Ionenfallen $10^{23}$, Kernspin $10^7$ und Quantenpunkte $10^3$. Sie hängen jedoch stark von der Temperatur und der technologischen Weiterentwicklung ab.

Weil das Speichern oder Kopieren von QBits nicht möglich ist, werden sie als Konzept fast nur zur Datenübertragung und in (geplanten) Quantencomputern benutzt. Dabei ist von Vorteil, dass sich QBits und quantenphysikalische Teilchen fest miteinander verkoppeln lassen. Sie besitzen dann nur noch gemeinsame Eigenschaften. Hierfür hat Schrödinger 1935 den Begriff der *Verschränkung* eingeführt. Passiert etwa ein Photon einen Kristall, so können zwei verschränkte Photonen von jeweils halber Energie entstehen. Sie befinden sich in einer unbekannten Superposition, aber ihre Polarisationen stehen grundsätzlich senkrecht zueinander. Beide bewegen sich in entgegengesetzte Richtungen. Wird nun eines gemessen, so wird dessen Superposition aufgehoben, was als *Dekohärenz* bezeichnet wird. Damit steht seine Polarisationsrichtung fest; aufgrund der Verschränkung besitzt das andere Quant zwangsläufig sofort die dazu senkrechte Polarisation. Die Entfernung beider Photonen (oder allgemeiner: beider Teilchen) spielt dabei keine Rolle; eine Zustandsveränderung des einen bewirkt exakt gleichzeitig die Veränderung am anderen Ort, das bedeutet für die Informationsübertragung eine unendliche Geschwindigkeit. Hierauf beruht unter anderem die Quanten-Kryptografie. Statt von Verschränkung wird heute oft von *Nicht-Lokalität* gesprochen. Sie steht allerdings im völligen Gegensatz zur klassischen Physik. Albert Einstein, Boris Podolsky und Nathan Rosen nannten sie deshalb *spukhafte Fernwirkung*. 1964 konnte John Bell die Nicht-Lokalität beweisen. Mit ihr hängt auch die *Komplementarität* von Teilchen zusammen. Ein Beispiel ist ein Elektron, das auch als Welle in einen großen Raum existiert. Wird es als Teilchen registriert, so geschieht das an einem definierten Ort. Ohne Verzögerung muss dabei die Welle im gesamten Raum verschwinden. Das wird als *Kollaps* seiner Wellenfunktion bezeichnet. Dieses „Doppelbild" entspricht der Kopenhagener Deutung von Nils Bohr von 1922.

Wie ist die *Quanten-Information* in das hier vorgestellte System der Informationen einzuordnen? Eine Zuordnung zum grundlegenden Wiener-Wirkungsmodell oder Teilen davon ist zumindest wegen des absoluten Zufalls nicht möglich; für Ereignisse auf der Quantenebene gibt es keine Ursache. Mit unserem erfahrungsgewohnten Denken ist jedenfalls keine Anpassung zu erreichen. Raum und Zeit haben auf dieser Ebene keinen deterministischen Einfluss. Einstweilen kann daher das QBit (und damit die Quanten-Information) nicht eingeordnet werden. Ansätze zu einer „Quanteninformation" finden sich bei Bruß (2003).

## 7.2 Umgang mit großen Informationsmengen

In naher Zukunft wird sich ein Problem beim Speichern von Daten ergeben. Abb. 5.38 zeigte den rasant sinkenden Bit-Preis sowie, dass seit 1995 ein Überangebot an Speicherkapazität besteht. Beides hatte ein steil ansteigendes Sammeln von Daten zur Folge. Wie in Abb. 5.34 und 5.35 zu sehen, steigt die Menge der gespeicherten Daten alle zehn Jahre um das 100-fache. So beträgt die gespeicherte Datenmenge 2016 mindestens $10^2 0$ Byte. Sie ist also nicht mehr sehr weit von der in Kap. 5.4 geschätzten Obergrenze von max. $10^2 4$ Byte entfernt. Diese wäre circa 2035 erreicht, wobei hier nicht die vielen privaten und kommerziellen Kopien berücksichtigt werden.

Deutlich anders sieht es beim *Zugriff* (Aufzeichnung und Wiedergabe) auf die gespeicherten Daten aus: Wie in Abb. 4.25 gezeigt wurde, sind zur Zeit (2016) maximal $10^9$ Bit/s übertragbar. Trotzdem kann durch die hohe Parallelität der Speicher und Kanäle leicht alles gespeichert werden. Um aber alle vorhandenen Daten einmalig zu übertragen, wären bereits etwa $10^{10}$ Sekunden (etwa 100 Jahre) notwendig, denn die Datenübertragungsrate steigt in 10 Jahren nur um das Zehnfache, also erheblich langsamer als die gespeicherte Datenmenge. Durch diese sehr unterschiedlichen Anstiege erhöht sich die Diskrepanz stetig.[5] Diese Diskrepanz wäre durch eine sorgfältige(re) Auswahl beim Sammeln von Daten und durch Vermeidung ihres Doppelns (Kopieren) zu verringern. Die Komprimierung von Daten lässt hierbei keinen Gewinn erwarten, weil sie zusätzlich Zeit benötigt und das Zeitproblem gravierender als die Datenmenge ist.

Zum Thema der Speicherung betreffen die folgenden Aussagen die P-Information und damit vorrangig unser Wissen. Für den Wissensbestand sind vor allem Inhalte, Sachbezüge und Zeitbegrenzungen zu beachten. Doch die Nutzungsmöglichkeiten hängen erheblich vom Anwendungsgebiet ab. Insbesondere aufgrund unserer geistigen Leistungsfähigkeit werden nur einzelne oder wenige Dateien benötigt. Dadurch könnte die o. g. Diskrepanz deutlich verringert werden. Aber infolge des Aufwandes beim Suchen und Finden macht sich das nur wenig bemerkbar. Daher ist es vorteilhaft ein Äquivalent zum Cache (Kap. 5.2.2) für eine optimale Vorausschau zu haben.

Eine andere Form der Reduzierung findet durch Lehrbücher, Lexika usw. statt. Das darin versammelte Wissen basiert auf ausführlicheren Informationen der Vergangenheit, die im Verlauf der Zeit ständig bearbeitet, verknappt und zusammengefasst wurden. Vor dem Hintergrund kollektiven Wissens lassen sich komplexe Sachverhalte dann so weit komprimieren, dass für ihr Verständnis wiederum das kollektive Wissen herangezogen werden kann.

*Datenverluste* gab es schon immer – durch Naturkatastrophen, Erdbeben, Orkane, Brände, Wasserschäden und Kriege. Die von Ptolemaios II gegründete *Bibliothek von Alexandria* mit 700.000 Schriftrollen (der Umfang entspricht etwa 200.000 heutigen Büchern) wurde um das Jahr 620 vollständig vernichtet. Heute sind die Ursachen für Datenverlust weitaus vielfältiger: Überspannung, Stromausfall, Malware, Diebstahl, Sabotage, Kriminalität, Fehlbedienung, vernachlässigte Backups und Übergänge zu neuer Technik. 2010 waren die häufigsten Ursachen für Datenverlust: menschliche Bedienungsfehler

---

5 Hierbei ist ebenfalls noch nicht berücksichtigt, dass ein Suchen nach bestimmten Daten zusätzlich viel Zeit benötigt. Daten, die aufgrund zu langer Suchzeiten nicht gefunden werden, haben damit im Prinzip denselben Status wie Daten, die verloren wurden.

28 %, Hardware 28 %, Software 6 %, Computerviren 13 %, Naturkatastrophen 2,7 %.[6] Die häufige Annahme, dass defekte Datenträger die entscheidende Ursache für Datenverlust seien, ist also nur sehr bedingt gültig. Dennoch gibt die US-amerikanische Luft- und Raumfahrt-Behörde NASA beispielsweise an, dass Millionen von Magnetbändern deshalb unbrauchbar seien, weil sie durch Nachlässigkeit in unkatalogisierten Pappkartons schlecht aufbewahrt wurden und sich deshalb teilweise die Magnetschicht von den Bändern abgelöst hat. Doch in der 70-jährigen Geschichte der Magnetbänder sind solche Fehler sonst unbekannt. Selbst im Zweiten Weltkrieg in der Erde verschüttete Bänder waren immernoch nachträglich lesbar. Gewiss gab es Zeiten, in denen die digitale Speichertechnik noch nicht ausgereift war. Hierauf bezieht sich der sehr generalisierte Begriff des *digital loss*. Er gilt häufiger für die beschreibbaren optischen Medien, CD-R usw. Aber bei den heutigen elektronischen Medien ist fast immer durch kühle Lagerung eine sehr lange Datensicherheit zu erreichen (vgl. Arrhenius-Gleichung Kap. 5.1.3). Magnetische Medien sind von sich aus äußerst langlebig stabil. Doch das gilt nur dann, wenn durch den Antrieb keine Mängel und/oder kein Verschleiß an ihnen auftreten. Weitaus kritischer ist der *moralische Verschleiß* der Technik. Oft ist eine neu eingeführte Technik nicht zur alten kompatibel. Ähnliches gilt für veraltete Datenformate. Um dem entgegen zu wirken wird versucht, langlebige Universalformate zu definieren und zu etablieren. Noch ist unklar, ob das Speichern von Originalen oder ihre Rekonstruktion über Formeln und Algorithmen effizienter ist. Ohne solche zukünftigen Möglichkeiten bleibt es einstweilen noch notwendig, alte Daten auf die jeweils neue Technik und ins neue Datenformat zu übertragen (Migration).

## 7.3 Ergänzungen zur zweiten Auflage

Seit der ersten Ausgabe habe ich mehrere neue Erkenntnisse gewonnen, die hauptsächlich in vier Publikationen erschienen sind. Sie ändern zwar nur einige Details am Vorhandenen, machen aber vieles deutlicher, bieten einiges Neues und stellen zusätzliche Zusammenhänge her. Leider war es dabei auch notwendig einige Begriffe umzubenennen. So hätten sich die Neuerungen nur recht kompliziert einarbeiten lassen. Z. B. ist der Begriff *Informationsträger* sprachlich falsch, denn er trägt ja nichts, sondern ist ein Input für das Informationssystem, mit dem er das Informat erzeugt. Deshalb wurde er in *Informer* umbenannt. Die nun folgenden Ergänzungen sind weitgehend so gestaltet, dass sie sowohl vor als auch nach den vorherigen Kapiteln gelesen werden können. Sie enthalten neue Abbildungen und Ausführungen zur hinzugefügten *K-Information*. Für die Herleitung und detaillierte Beschreibung muss der hier neu eingeführten Aspekte wegen des Umfanges jedoch auf die Originalarbeiten verwiesen werden.

---

6 Daten nach *Kroll Ontrack* (https://www.krollontrack.de/, Abruf: 18.07.2017)

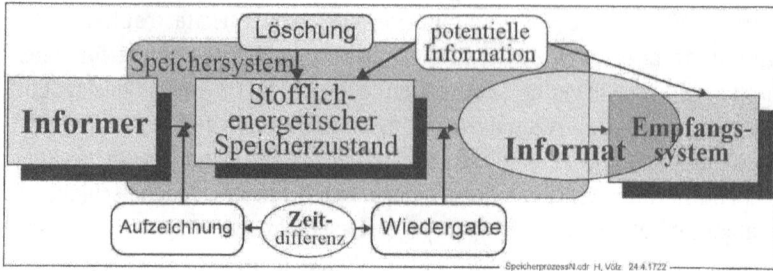

**Abb. 7.2:** Struktur der Speicherung.

### 7.3.1 Vom System zur Speicherung und Zeit

Der Begriff *System* wurde nicht selten als zu allgemein kritisiert. In der Kybernetik wurde er allerdings durch den Ursache-Wirkungs-Zusammenhang konkreter. (Vgl. Band 2, Kap. III.2) Hierbei ist die *Blackbox* wichtig. Sie besitzt einen Eingang, an dem sie durch ein Signal beeinflusst wird. Dadurch entsteht am Ausgang ein Output. Ihr Inneres ist unbekannt. Spezielle Systeme existieren u. a. in Physik, Chemie und Technik.

Ein besonders typisches System ist der Speicher (Vgl. Kap. 5). Seine Struktur für die weiteren Betrachtungen in Bezug auf Information (s. u.) zeigt Abb. 7.2. Der Input ist dann ein *Informer* (früher „Informationsträger"). Der Output ist das *Informat*. Zu einer bestimmbaren Zeit erfolgt die Aufzeichnung von Eigenschaften des Informers, die zu einer späteren Zeit wiedergegen werden können (Vgl. Kap. 5.1.1). Hier interessiert nur der Zeitunterschied Δt zwischen der Aufzeichnung und Wiedergabe. Er ist dafür verantwortlich, dass wir Zeit subjektiv wahrnehmen können. Denn physikalisch bzw. real existiert Zeit nicht: „Für uns gläubige Physiker hat der Unterschied von Vergangenheit, Gegenwart und Zukunft nur den Charakter einer wenngleich hartnäckigen Illusion ... Zeit ist nicht ein unabhängig Seiendes, sondern eine Ordnungsform der Materie" (Albert Einstein, zit. n. Weizäcker 1992:82–83).

In der Realität existieren Objekte, die vor allem durch ihre wahrnehmbaren und meist messbaren Eigenschaften, wie Größe, Masse und Farbe gekennzeichnet sind. Durch vielfältige Einflüsse können sie sich aber verändern und sind dann aktuell so nicht mehr vorhanden, weder durch Wahrnehmung noch durch Messen. Genau das besagt auch das obige Einstein-Zitat. Hier kann aber ein gespeicherter Wert weiterhelfen. Erst die Gegenüberstellung von Objekt und Speicherung ermöglicht es dann die Änderung festzustellen. Dies zeigt Abb. 7.3. Den Verlauf der Änderung verdeutlicht die Linie, auf der die verschiedenen Messpunkte eingetragen sind. Der vergangene Messwert ist mit „Start" und der aktuelle mit „Stopp" gekennzeichnet. Um ihren (zeitlichen) Abstand zu bestimmen, wird eine höherfrequente periodische Schwingung verwendet (gestrichelt gekennzeichnet). Die Anzahl der Perioden zwischen „Start" und „Stopp" ist dann die gemessene Zeit. Genau so ist auch die Zeiteinheit im System International (SI) definiert: „Die Basiseinheit 1 Sekunde (1 s) ist die Dauer von 9192631770 Perioden der Strahlung

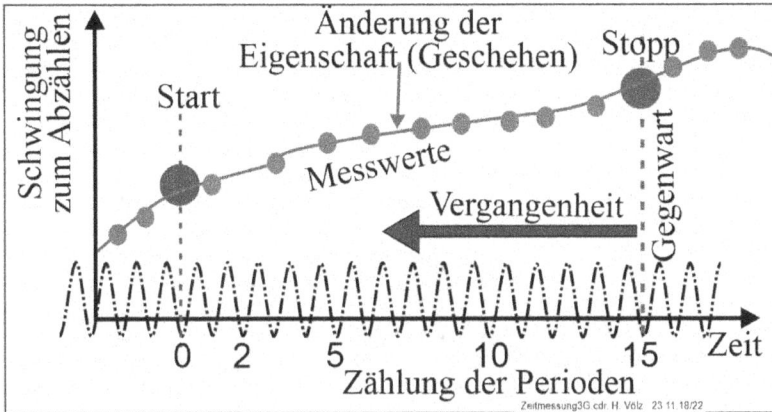

**Abb. 7.3:** Prinzip der Zeitmessung.

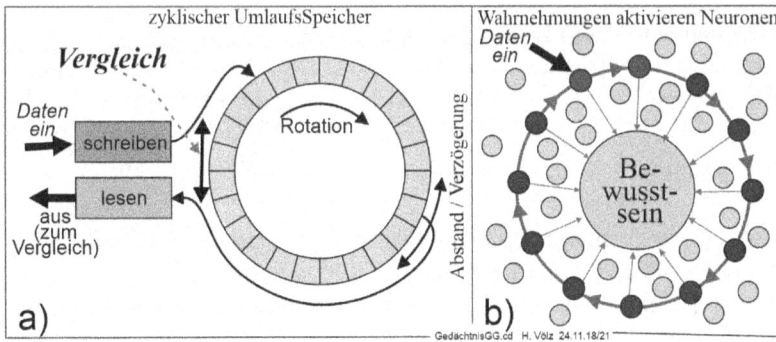

**Abb. 7.4:** Umlaufprinzip zur Messung (links) und Wahrnehmung (rechts) von Zeit.

($\approx$ 9,2 GHz.; H. V.), die dem Übergang zwischen den beiden Hyperfeinstrukturniveaus des Grundzustandes des Atoms Cäsium 133 entspricht."

Zum Nachweis einer Änderung ist ein technischer Umlaufspeicher (siehe Abb. 7.4, links) besonders gut geeignet. Dadurch stehen dann alle Werte, die sich in den kreisförmig angeordneten Speicherzellen befinden, zum Vergleich zur Verfügung. Es ist anatomisch so gut wie sicher, dass unser Gegenwartsgedächtnis (siehe Abb. 5.40) ganz ähnlich funktioniert und dabei unser Bewusstsein auf alle zum Kreis verbundenen Neuronen (schwarz, siehe Abb. 7.4, rechts) parallel zugreift. Hierfür sprechen u. a. die angestrebte konstante Datenrate (siehe Abb. 5.42) und die kurzzeitige gegenseitige Blockierung ähnlicher klingender Begriffe wie Lagrange und Laguerre (vgl. Völz 2021). Genau nach diesem Schema nehmen wir Zeit ausschließlich subjektiv wahr. Wenn sich nichts oder nur wenig ändert, verspüren wir Langeweile, Wenn dagegen viel geschieht, genießen wir dies meist und spüren das Vergehen der Zeit kaum. Wahrscheinlich besitzt nur der Mensch ein derartiges Gegenwartsgedächtnis.

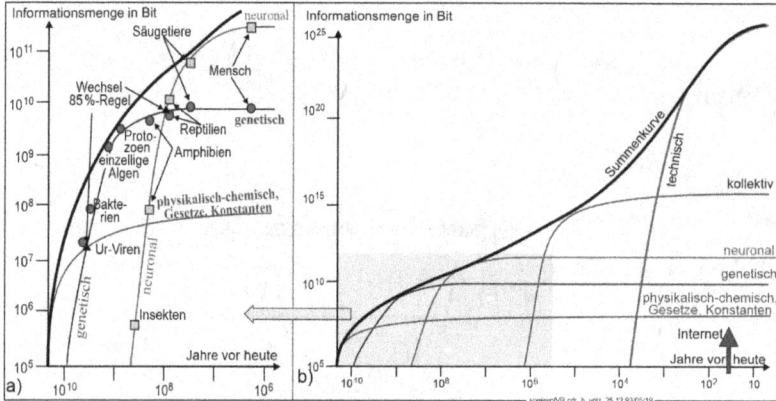

**Abb. 7.5:** Die Zunahmen der Speicherkapazität in den verschiedenen Etappen.

Speichern ist ein generell wichtiger und vielfältig genutzter Vorgang. Da er meist einfach geschieht, wird er oft nicht bemerkt und erfasst. Aufgrund der vielen Anwendungen nicht nur in der Technik – auch bei der Spurensicherung in der Kriminalistik, der Geschichtswissenschaft in histroischen Dokumenten, bei den Archiven und Museen usw. – ist er unbedingt eforderlich. Aus Sicht der Evolution sind folgende Erappen der zu nterscheiden:

1. *physikalisch-chemisch:* infolge von Wechelswirklung von den Elementarteichen zu den Elementen und Molekülen
2. *genetisch:* Mit der DNA-Speicherung beginnend bei den einfachsten Pflanzen und Lebewesen
3. *neuronal:* Beim Nervensystem und dem Gehirn für das Gedächtnis
4. *kollektiv:* Für gememimames Verhalten und Gesellschaftliches mittels Sprache usw,
5. *technisch:* Bei den Entwicklungen von Menschen Geschafffenene Geräten, Einrichtungen usw.
6. *Vernetzte Speicher:* Vor allem mittels Intenet: wodurch alle Daten extern speicherbar und schnell zugreifbar sind.

In jeder Etappe nimmt im Laufe der Zeit die Speicherkapazität zunächst exponentiell zu und geht dann schließlich zu einer Sättigung über. Diese Entwicklungen zeigt Abb. 7.5: Auf der linken Seite sind dazu die Ergebnisse von Jerison (1976) und Kaplan (1972) bezüglich der genetischen und neuronalen Speicherung zusammengefast. Die weiteren Kurven stammen aus umfangreichen oft vereinzelten Daten. Alle diese Verläufe addieren sich zu komplexen Summenkurve (rechts in der Abb. 7.5). Der Grenzwert der Speicherkapazität ist schließlich so groß, dass alles Gewünschte gespeichert werden kann und daher kein wesentlicher Zuwachs mehr erforderlich ist (siehe Abb. 5.34). Deshalb genügt für die vernetzte Speicherung auch der Pfeil rechts unten.

In einer umfangreichen Analyse hat Horst Schrauber (1978) in weit über hundert Fällen untersucht, wann eine neue Technologie die ältere ablöst. Mit beachtlich geringer Toleranz stellte er dabei fest: Dies geschieht immer dann, wenn eine Technologie bei 85 % ihrer Sättigung anlangt. Gründe hierfür sind bisher aber nicht bekannt. Häufig wird jedoch angenommen, dass bei der Fortentwicklung einer Technologie die Ausschöpfung der ‚letzten‘ Reserven immer aufwändiger wird. Bei etwa 85 % des erreichbaren Grenzwertes ist es dann einfacher und preiswerter, eine neuartige Technologie zu suchen und zu entwickeln. Daher tritt dieser Effekt völlig unerwartet auch bei den Speicheretappen auf.

### 7.3.2 Zur Information

Erst durch die umfangreichen Untersuchungen zur Speicherung und zum kybernetischen System kann schließlich Information exakt definiert werden: Neben der Hauptvariante wird auch – vor allem umgangsprachlich – eine stark vereinfachte Nebenvariante recht häufig benutzt: Information ist ein dreistufiger Prozess, bei dem ein Informer als Input auf ein Informationssystem einwirkt und dadurch als Output das Informat im Informationssystem und/oder dessen Umgebung bewirkt.

Da diese Gesamtheit ein Prozess ist, ist die Wortbildung Informationsprozess redundant und sollte deshalb vermieden werden. Wenn das Informationssystem ein Mensch ist, dann beeinflusst der Informer unser Verhalten, unsere Kenntnisse und unser Wissen. Das wird uns zumindest teilweise bewusst. In diesem Fall kann die Definition teilweise erheblich verkürzt auch Information genannt werden: Sie bewirkt aber dennoch ein Informat in meinem Gehirn. Was jedoch weniger deutlich so wahrgenommen wird. Deshalb sollte diese stark vereinfachte Variante bestenfalls umgangssprachlich benutzt werden. Diese Zusammenhänge veranschaulicht Abb. 7.6: Oben ist der Vergleich mit dem kybernetischen System Hervorgeheben; in der Mitte wird vor allem unser Wissen beschrieben, das nur im Gehirn existiert und nur gültige Aussagen (Fakten) enthalten sollte. Wesentlich sind auch die Wechselwirkungen mit der Realität wie sie unte in der Abbildung erfasst sind und vor allem die Nutzung von Speichermedien betreffen. Sie enthalten für uns nur sehr mittelbar Wissen. Denn sie selbst können nicht lesen und verstehen. Sie erzeugen auch kein Informat.

Im Hauptteil sind die verschiedenen Informationsarten ausführlich beschrieben. Es fehlt jedoch ein zusammenfassender Überblick, der nun hier in Abb. 7.7 deutlich dargestellt und um die *K-Information* ergänzt ist. Das Informationssystem und Informat sind rechts für fast alle zusammengefasst. Die jeweilige Informer treten durch die Pfeile in das System ein. Nur bei der W-Information geschieht das Unmittelbar. Bei der Z-, P- und S-Information sind zusätzliche Schaltungen vorangestellt. Bei der V-Information sind es vorwiegend Berechnungen und teilweise auch aktive Brillen und Handschubedienungen. So sind auch Fakten möglich, die in der Realität nicht existieren können.

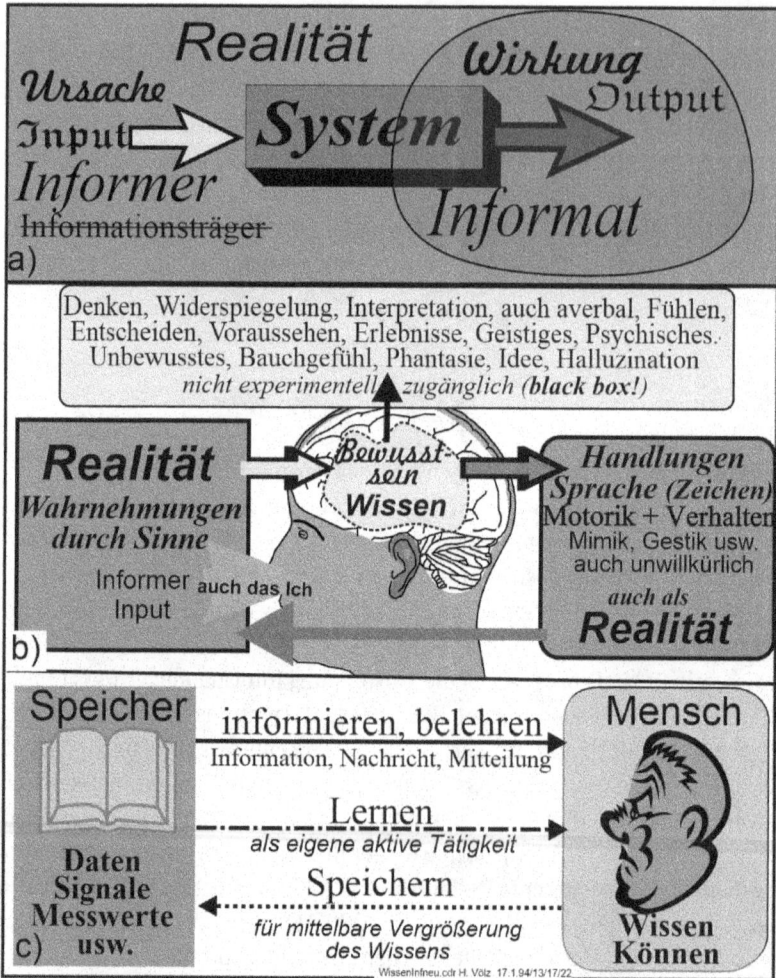

**Abb. 7.6:** Der Prozess von Information, sowie seine Nutzung für unsere Wahrnehmung, unser Wissen und Handeln.

Die Neu hinzugekommen *K-Information* betrifft vor allem Software für Rechner. Der K-Informer bewirkt daher kein Informat. sondern ändert nur die Eigenschaft des Informationssystems. Ein wirkliches Informat kann erst danach durch ein übliches Informat erzeugt werden. Schließlich sei wiederholt, dass es nach wie vor nicht sinnvoll ist, von einer Quanteninformation zu sprechen.

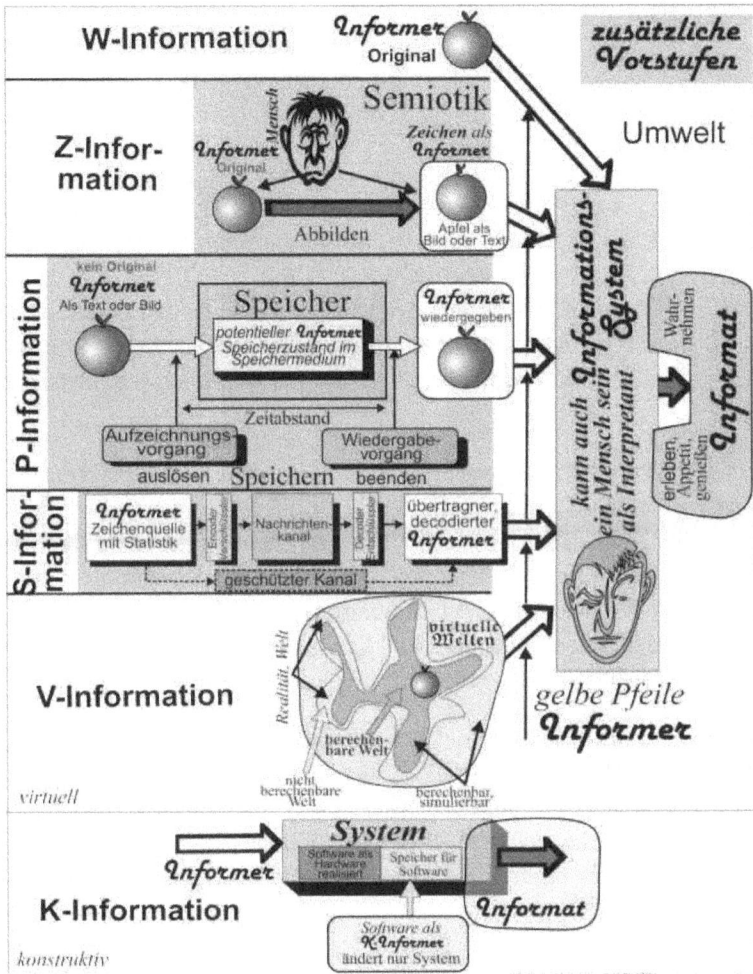

**Abb. 7.7:** Vergleichende Zusammenfassung aller Informationsarten.

## 7.4 Lektüreempfehlungen

Im Folgenden wird eine Anzahl von einführenden oder Standardwerken zu Themengebieten vorgestellt, die sich als Vertiefung der in diesem Kapitel vorgestellten Themen empfehlen lassen.

*Claude Elwood Shannon: A mathematical theory of communication. Proc. IRE 37 (1949) pp. 10 - 20, (eingereicht am 24.3.1940), übersetzt in: „Mathematische Grundlagen der Informationstheorie". R. Oldenbourg, München - Wien, 1976*
Shannons Arbeit zur Informationstheorie begründet historisch die hier im Kapitel so bezeichnete S-Information. Seine detaillierten Ausführungen werden im Wesentlichen mathematisch argumentiert. Das Vorwort von Weaver ist jedoch unbrauchbar, ungeeignet bis falsch.

*Johannes Peters: Einführung in die allgemeine Informationstheorie, Springer Verlag, Berlin/Heidelberg/New York 1967*
Ein sehr solides, inhaltsreiches Buch zur S-Information. Peters unternimmt darin zunächst eine Betrachtung der Informationsprozesse in der Natur, um sich dann ausführlich der Frage nach dem Zufall zu widmen. Dies führt ihn zur Informationstheorie nach Shannon, wie sie hier vorgestellt wurde und mündet schließlich in konkrete Anwendungsfälle aus Nachrichten- und Medientechnik.

*Horst Völz: Handbuch der Speicherung von Information Bd. 1 Grundlagen und Anwendung in Natur, Leben und Gesellschaft. Shaker Verlag Aachen 2003; Bd. 2 Technik und Geschichte vorelektronischer Medien. Shaker Verlag Aachen 2005; Bd. 3 Geschichte und Zukunft elektronischer Medien. Shaker Verlag Aachen 2007; Völz, H.: Wissen - Erkennen - Information. Datenspeicher von der Steinzeit bis ins 21. Jahrhundert. Digitale Bibliothek Bd. 159, Berlin 2007*
Die drei Bände sind wohl die umfangsreichste und vollständigste Behandlung der Speicherung. Neben der technischen Speicherung werden auch die kosmische, auf die Erde und auf das Leben bezogene Speicherung behandelt. Dazu ergänzend ist ein vierter Band als CD erhältlich, in dem die Themen untereinander verlinkt sind.

*Horst Völz: Information I - Studie zur Vielfalt und Einheit der Information. Akademie Verlag, Berlin 1982; Information II.; Grundlagen der Information. Akademie - Verlag, Berlin 1991.*
Diese drei Bände fassen den Stand um 1990 in fast allen verfügbare Fakten zur Information sehr detailliert zusammen und zeigen die Relevanz des Themas für andere Disziplinen. Der Band „Information I" ist zur Publikation im Internet vom Verlag freigegeben worden und kann unter diesem Link geladen werden: https://archive.org/details/information-i

*Horst Völz: Das Mensch-Technik-System. Physiologische, physikalische und technische Grundlagen - Software und Hardware. Wien: Linde 1999*

Der Band stellt die Medientechnik vor dem Hintergrund ihrer Kommensurabilität für meschliche Rezipient:innen dar. Hierfür findet eine allgemeinsverständliche Darstellung des menschlichen Sinnesapperates, seiner neurologischen Prozesse und deren anatomische und phsiologische Grundlagen statt. Gezeigt wird, wie Medientechniken in ihrer historischen Entstehung sukzessive an den menschlichen Perzepsionsapparat angepasst wurden.

*William Wesley Peterson: Prüfbare und korrigierbare Codes. Oldenbourg 1967.*
Dies ist die auch heute noch beste und sehr gut verständliche Einführung zur Fehlerkorrektur, auch die schwierigen mathematischen Grundlagen sind kaum irgendwo besser und gleichzeitig solide dargestellt. Auch in der zweiten Auflage von 1972 fehlen allerdings noch die neueren Verfahren. Sie sind u.a. recht gut enthalten in: Friedrichs, B.: Kanalkodierung - Grundlagen und Anwendungen in modernen Kommunikationssystemen. Springer, Berlin - Heidelberg - New York, 1996.

*Horst Völz: Was ist Information? Herzogenrath: Shaker 2017.*
Das etwa 400 Seiten starke Buch stellt die in diesem Kapitel vorgestellten Aspekte vertieft vor und erweitert sie auf Basis der dargestellten Fünfer-Struktur von Information. Der Ausblick über die Informationskultur erweitert die vorangegangenen Fragestellungen um Themen wie Datenschutz, Künstliche Intelligenz, Robotik und anderes.

# Literatur

Adorno, T. W. (1990): Zur Metakritik der Erkenntnistheorie. Frankfurt am Main: Suhrkamp.

Ardenne, Effenberger, Müller, Völz (1966): Untersuchungen über Herstellung und Eigenschaften aufgedampfter Magnetschichten als Speicherschichten für Magnetbänder. In: IEEE Trans. Mag. MAG-2 3/1966, S. 202-205.

Barrow, J. D. (1994): Ein Himmel voller Zahlen. Heidelberg, Berlin, Oxford: Spektrum.

Bennett, C. H. (1988): Maxwells Dämon. In: Spektrum der Wissenschaft, 1/1988, S. 49-55.

Billing, H. (1977): Zur Entwicklungsgeschichte der digitalen Speicher. In: Elektron. Rechenanlagen 5/1977, S. 213-218.

Bonitz, M. (1987): Zum Stand der Diskussion über Verhaltensprinzipien der wissenschaftlichen Information. Symposiumsband des WIZ, Berlin, 5. Wiss. Symposium des wissenschaftlichen Informationszentrums der AdW der DDR, 12. - 14. Okt. 1987, S. 1-7.

Bruß, D. (2003): Quanteninformation. Frankfurt: Fischer.

Burrows, M.; Wheeler D. J. (o. J.): A Block-sorting Lossless Data Compression Algorithm. Digital Equipment Corp, Sys Res Ctr SRC-124.ps. Z (74K) SRC Research, Report 124.

Camejo, S. A. (2007): Skurrile Quantenwelt. Frankfurt am Main: Fischer.

Chaitin, G. (1975): Randomness and Mathematical Proof. In: Scientific American 232, No. 5 (May 1975), S. 47-52.

Chintschin, A. J.: Der Begriff der Entropie in der Wahrscheinlichkeitsrechnung. Sowjetwissenschaft. Naturwissenschaftliche Abteilung 6, H. 5/6, S. 849-866.

Cube, F. (1965): Kybernetische Grundlagen des Lernens und Lehrens. Stuttgart: Klett.

Drischel, H. (1972): Das neuronale Gedächtnis. In: Nova acta Leopoldina, Band 37/1, Nr. 206, S. 325-353.

Ebbinghaus, H. (1885): Über das Gedächtnis. Leipzig: Dunker.

Eco, U. (1972): Einführung in die Semiotik. Stuttgart: Birkhäuser.

Eigen M. / Winkler, R. (1983): Das Spiel. München, Zürich: Piper.

Engel, F. / Kuper, G.; Bell, F. (2008): Zeitschichten: Magnetbandtechnik als Kulturträger. Erfinder-Biographien und Erfindungen. Potsdam: Polzer.

Fano, R. M. (1966): Informationsübertragung. München, Wien: Oldenbourg.

Fechner, G. T. (2010): Elemente der Psychophysik. o. O.: Kessinger Publi.

Frank, H. (1969): Kybernetische Grundlagen der Pädagogik. Bd. 1 u. 2. Baden-Baden: Agis.

Friedrichs, B. (1996): Kanalcodierung. New York u.a.: Springer.

Fucks, W. (1968): Nach allen Regeln der Kunst. Stuttgart: Deutsche Verlagsanstalt.

Gabor, D. (1946): Theory of Communication. J. Inst. Electr. Engrs. 93, Teil III, S. 429.

Hamming, R. W. (1987): Information und Kodierung. Weinheim: VCH Verlagsgesellschaft.

Hartley, R. V. L. (1928): Transmission of Information. Bell Syst. techn. J. 7, Nr.3, S. 535-563.

Hauffe, H. (1981): Der Informationsgehalt von Theorien. Wien, New York: Springer.

Hertz, H. (1894): Die Prinzipien der Mechanik, in neuem Zusammenhang dargestellt. Leipzig: Barth.

Hilberg, W. (1984a): Assoziative Gedächtnisstrukturen – Funktionale Komplexität. München, Wien: Oldenburg.

Hilberg, W. (1990): Die texturale Sprachmaschine als Gegenpol zum Computer. Groß-Bieberau: Verlag Sprache und Technik.

Huffman, D. A. (1952): A Method for the Construction of Minimum Redundancy Codes. Proceedings of the IRE. Vol. 40, No. 10, 9/1952, S. 1098-1101.

Jerison, H. J. (1976): Paleoneurobiology and evolution of the mind. In: Scientific American, No. 284 (1), S. 90–101.

Kaplan, R. W. (1972): Der Ursprung des Lebens. Stuttgart: Thieme.

Küpfmüller, K. (1959): Informationsverarbeitung durch den Menschen. In: Nachrichtentechnische Zeitschrift, 12, S. 68–74.

Küpfmüller, K. (1924): Über Einschwingvorgänge in Wellenfiltern. El.-Nachr.-T. 1 (1924), S. 141-152 .

Khinchin, A. I. (1957): Mathematical Foundations of Information Theory. Dover, New York, 1957. Englische Übersetzung von „The Entropy Concept in Probability Theory" (1953) und „On the Fundamental Theorems of Information Theory" (1956).

Kiefer, C. (2002): Quantentheorie. Frankfurt am Main: Fischer.

Klaus, G. (1969): Die Macht des Wortes. Berlin: Deutscher Verlag der Wissenschaften.

Klix, F. (1983): Information und Verhalten. Berlin: Deutscher Verlag der Wissenschaften.

Kotelnikov, V. A. (1960): The theory of optimum noise immunity. New York: McGraw-Hill.

Kotelnikow, V. A. (1933): Über die Kanalkapazität des Äthers und der Drahtverbindungen in der elektrischen Nachrichtentechnik. Tagungsbericht aus der 1. Allunionskonferenz der Nachrichtentechnik.

Kruger, A. (1992): Block Truncation Compression. Dobb's Journal, 4, S. 48-107.

Lau, E. (1954): Intensionale Keime verschiedener Programmlänge. In: Forschungen und Fortschritte, 28, 1, S. 6-10.

Lerner, A. (1970): Grundzüge der Kybernetik. Berlin: Verlag Technik.

Locke, J. (1988): Versuch über den menschlichen Verstand. Band 2, Teil 3 und 4. Stuttgart: Meiner.

Lyre, H. (1998): Die Quantentheorie der Information. Berlin: Springer Akademischer Verlag.

Müller, J. (1990): Arbeitsmethoden der Technikwissenschaften – Systematik, Heuristik, Kreativität. Heidelberg u.a.: Springer.

Mandelbrot, B. B. (1987): Die fraktale Geometrie der Natur. Basel, Boston: Birkhäuser.

Marko, H. (1966): Die Theorie der bidirektionalen Kommunikation und ihre Anwendung auf die Nachrichtenübermittlung zwischen Menschen. In: Kybernetik, 3, 3, S. 128-136.

Mayer, W. (1970): Grundverhalten von Totenkopfaffen unter besonderer Berücksichtigung der Kommunikationstheorie. In: Kybernetik, 8, 2, S. 59-69.

Meyer, J. (1989): Die Verwendung hierarchisch strukturierter Sprachnetzwerke zur redundanzarmen Codierung von Texten. Dissertation, Technische Hochschule Darmstadt.

Morris, C. (1972): Grundlagen der Zeichentheorie. München: Hanser.

Neuberger, E. (1969): Kommunikation in der Gruppe. München, Wien: R. Oldenbourg.

Neuberger, E. (1970): Zwei Fundamentalgesetze der bidirektionalen Information. In: AEÜ, 24, 5, S. 209ff.

Ostrowski, J. I. (1989): Holographie – Grundlagen, Experimente und Anwendungen. Thun, Frankfurt am Main: Harri Deutsch.

Peirce, C. S. (1931): Collected Papers of Charles Sanders Peirce. Cambridge (Mass.): Harvard University Press.

Peters, J. (1967): Einführung in die allgemeine Informationstheorie. Berlin u. a.: Springer.

Peterson, W. W. (1967): Prüfbare und korrigierbare Codes. München: Oldenbourg.

Prusinkiewicz, P. / Lindenmayer, A. (2004): The Algorithmic Beauty of Plants, (http:// algorithmicbotany.org/papers/abop/abop.pdf – Abruf: 20.07.2017)

Renyi, A. (1962): Wahrscheinlichkeitsrechnung, mit einem Anhang über Informationstheorie. Berlin: Deutscher Verlag der Wissenschaften.

Renyi, A. (1982): Tagebuch über die Informationstheorie. Berlin: Deutscher Verlag der Wissenschaften.

Schmidt, R. F. / Thews, G. (Hg.) (1993): Physiologie des Menschen. Berlin u.a.: Springer.

Schrauber, H. (1978): Manuskript der Hochschule für Ökonomie. Berlin.

Schrödinger, E. (1951): Was ist Leben. Bern: Franke.

Schumacher, B. (1995): Quantum Coding. In: Physical Review A, 51 (4), S. 2738-2747.

Seiffert, G. / Radnitzky, G. (Hg.) (1992): Handlexikon der Wissenschaftstheorie. München: dtv.

Shannon, C. E. (1949): A mathematical theory of communication. In: Proc. IRE, 37, S.10-20,

Shannon, C. E. (1976): Mathematische Grundlagen der Informationstheorie". München, Wien: R. Oldenbourg.

Steinbuch, K. (1972): Mensch und Maschine. In: Nova Acta Leopoldina, Neue Folge Nr. 206, Band 37/1, S. 451ff.

Szilard, L. (1929): Uber die Entropieverminderung in einem thermodynamischen System bei Eingriffen intelligenter Wesen. Zeitschrift für Physik 53, S. 840-856.

Völz, H. (1959): Abschätzung der Kanalkapazität für die Magnetbandaufzeichnung. In: Elektron. Rundschau, 13, 6, S. 210-212.

Völz, H. (1967a): Betrachtungen zum Zusammenhang von Speicherdichte und Zugriffszeit. In: Wiss. Z. f. Elektrotechnik, 9, 2, S. 95-107.

Völz, H. (1967b): Zum Zusammenhang von Energie- und Speicherdichte bei der Informationsspeicherung. In: Internat. Elektron. Rundschau, 16, 2, S. 41-44.

Völz, H. (1975): Beitrag zur formalen Musikanalyse und -synthese. In: Beiträge zur Musikwissenschaft, 17, 2/3, S. 127-154.

Völz, H. (1982): Information I. Studie zur Vielfalt und Einheit der Information. Berlin: Akademie.

Völz, H. (1983): Information II. Theorie und Anwendung vor allem in der Biologie, Medizin und Semiotik. Berlin: Akademie.

Völz, H. (1988): Entropie und Auffälligkeit. In: Wissenschaft und Fortschritt, 38, 10, S. 272-275.

Völz, H. (1989): Elektronik. Grundlagen – Prinzipien – Zusammenhänge. Berlin: Akademie.

Völz, H. (1990): Computer und Kunst. Reihe akzent 87. Leipzig, Jena, Berlin: Urania.

Völz, H. (1991): Grundlagen der Information. Berlin: Akademie.

Völz, H. (1999): Das Mensch-Technik-System. Renningen, Malmsheim: Expert.

Völz, H. (2001): Wissen – Erkennen – Information. Allgemeine Grundlagen für Naturwissenschaft, Technik und Medizin. Aachen: Shaker.

Völz, H. (2003): Handbuch der Speicherung von Information, Bd. 1: Grundlagen und Anwendung in Natur, Leben und Gesellschaft. Aachen: Shaker.

Völz, H. (2005): Handbuch der Speicherung von Information, Bd. 2: Technik und Geschichte vorelektronischer Medien. Aachen: Shaker.

Völz, H. (2007): Handbuch der Speicherung von Information, Bd. 3: Geschichte und Zukunft elektronischer Medien. Aachen: Shaker.

Völz, H. (2008): Kontinuierliche Digitaltechnik. Aachen: Shaker.

Völz, H. (2014): Grundlagen und Inhalte der vier Varianten von Information. Wiesbaden: Springer (Vieweg).

Völz, H. (2016): Das ist Zeit. Aachen: Shaker.

Völz, H. (2017): Das ist Information. Aachen: Shaker.

Völz, H. (2019): Speicher für Alles. Düren: Shaker.

Völz, H. (2021): Ichrealität – Mein Weltbild. Düren: Shaker.

Weber, E. H. (2006): Der Tastsinn und das Gemeingefühl. o.O.: VDM.

Weizsäcker, C. F. von (1992): Zeit und Wissen, München: Hanser.

Weizenbaum, J. (1977): Die Macht der Computer und die Ohnmacht der Vernunft. Frankfurt am Main: Suhrkamp.

Welch, T. A. (1968): A Technique for high-performance data compression. IEEE Computer J. (1984), 10, S. 8ff.

Wiener, N. (1948): Cybernetics or control and communication in the animal and the machine. Paris: Hermann.

Wiener, N. (1968): Regelung und Nachrichtenübertragung in Lebewesen und in der Maschine. Düsseldorf, Wien: Econ.

Witten, I. H., Neal, R. M., Cleary, J. G. (1987): Arithmetic Coding Data Compression. Communications ACM 30, 6, S. 520-540.

Zeh, H. D. (2005): Entropie. Frankfurt am Main: Fischer.

Zemanek, H. (1975): Elementare Informationstheorie. München, Wien: R. Oldenbourg.

Ziv, J. / Lempel, A. (1997): A Universal Algorithm for Sequential Data Compression. In: IEEE Transactions on Information Theory, Nr. 3, Volume 23, S. 337-343.

Teil III: **Archäologie (Guido Nockemann)**

# 1 Das Grundproblem: Medien als archäologische Artefakte

Für Medienwissenschaftler:innen scheint die Kombination von „ihren" Forschungsobjekten, den Medien, und der Archäologie zunächst einmal nicht wirklich plausibel zu sein. Während „ihre" Medien mehr oder weniger modern sind, denkt man bei der Archäologie zunächst einmal an zerbrochene Töpfe, antike Ruinen und vielleicht sogar an Indiana Jones.

Der erste Schritt zum Verständnis, warum diese Kombination sehr wohl Sinn ergibt, ist, sich vom Alter der Forschungsobjekte, egal ob Medien oder archäologische Artefakte, zu lösen. Natürlich ist das Alter eines Objekts eine wichtige Information, aber für die Herangehensweise, wie man nun diesem Objekt Informationen entlockt, nicht unbedingt relevant.

Was sind eigentlich Medien bzw. Artefakte? Medien sind von Menschen erschaffenen kulturelle Äußerungen. Unter archäologischen Artefakten verstehen wir von Menschen hergestellte Dinge. Wir stellen also fest, dass Medien und Artefakte eigentlich zwei verschiedene Begriffe für dieselben „Dinge" sind.

Diese Artefakte sind also Produkte der Kultur, die sie geschaffen hat und somit beinhalten sie auch viele Informationen über genau diese erschaffende Kultur. Ob dies die Intention der Erschaffer war oder nicht, ist dabei nicht von Belang. Und hier sind wir wieder bei der Archäologie, die sich ausschließlich mit den kulturellen Hinterlassenschaften des Menschen beschäftigt,

Eines der größten Probleme, die sich bei der Beschäftigung mit Artefakten ergibt, ist, dass wir das Artefakt oft nicht mehr oder nur teilweise verstehen. Was ist es? Welche Funktion hatte es? Wie funktioniert es? Welche Bedeutung hatte es für die Menschen seiner Zeit?

Hierzu ein kurzer Vergleich: Ein Computer und ein bronzezeitliches Beil bzw. eine Beilklinge weisen archäologisch betrachtet dasselbe Problem auf: Bei beiden haben wir durch ihre Form und Gestaltung sowie unseren bisherigen Erfahrungen mit derartigen Gegenständen, eine grobe Vorstellung, um was es sich handelt und wie es vermutlich verwendet wurde.

Allerdings ist bei einer bronzezeitlichen Beilklinge nur selten der Schaft erhalten. Der Schaft ist aber essentiell zur Nutzung dieses Werkzeuges. Also muss die Art und Form des Schafts rekonstruiert werden. um so ein funktionstüchtiges Werkzeug zu erhalten. Erst dann gelingt es durch Versuche mit Reproduktionen des Beils die genaue Funktionsweise zu rekonstruieren und zu erkennen, in welchem Umfang das Beil wie eingesetzt werden konnte.

Dies mag zunächst trivial erscheinen, aber die Art der Schäftung (Knieholm-Schäftung, Flügelholm-Schäftung, Tüllenbeil usw.) und die Handhabung eines prähistorischen Beils unterscheidet sich in vielen Punkten stark von dem, was wir heute im Baumarkt kaufen können. Ähnlich verhält es sich mit einem Computer. Wir müssen

https://doi.org/10.1515/9783111036540-018

erst verstehen, wie er funktioniert, um zu verstehen, wie er überhaupt angewendet und wozu er eingesetzt werden konnte. Erst dann können wir dieses Artefakt richtig in seinen kulturellen Kontext einordnen.

Neben dieser objektbezogenen Ausrichtung gibt es noch einen anderen wichtigen Aspekt, warum Grundkenntnisse der Archäologie für Medienwissenschaftler:innen relevant sind: Die Darstellung der Archäologie in den Medien selbst. Um die Darstellung archäologischer Objekte, Handelnder oder Arbeitsmethoden verstehen und bewerten zu können, bedarf es der Kenntnis der Archäologie. Ohne diese könnte man z. B. der Vermutung erliegen, dass die Darstellung des Indiana Jones der eines „realen" Archäologen entspricht und nicht der einer fiktiven Filmfigur, deren „Arbeitsmethoden" mit echter archäologischer Wissenschaft nicht viel gemein haben.

Dieser Teilband ist wie folgt aufbaut: Um die Archäologie als Methode zu verstehen, werden im ersten Kapitel zunächst einige Grundlagen der archäologischen Wissenschaft erläutert und anschließend zum besseren Verständnis in Kapitel 2 die Geschichte der Archäologie als wissenschaftliche Disziplin angeführt. Um die Bandbreite dieser Wissenschaft darzustellen, widmet sich Kapitel 3 den verschiedenen Fachrichtungen der Archäologie. Hier können nur die wichtigsten aufgeführt werden, um den Rahmen des Buches nicht zu sprengen. Kapitel 4 wiederum beschäftigt sich mit den verschiedenen Quellen der Archäologie. Diese sind sehr vielfältig und sowohl materiell als auch immateriell. Die Methoden, wie diese Quellen und archäologische Fragestellungen bearbeitet werden können, werden in Kapitel 5 beschrieben. In Kapitel 6 dreht es sich um den theoretischen Überbau der Archäologie, also um die Forschungsansätze und verschiedenen Theorien und Interpretationsansätze, um archäologische Daten auszuwerten. Gerade dieser Bereich befindet sich im permanenten Wandel, da sich die archäologische Wissenschaft stetig weiterentwickelt und sich auch aufgrund von neuen Erkenntnissen wie jede seriöse Wissenschaft selbst hinterfragen, erweitern und ggf. auch revidieren muss. Wie nun die archäologische Wissenschaft auf Medien angewendet werden kann, soll anhand einiger Beispiele in Kapitel 7 dargestellt werden. Zum Abschluss dieser Einführung in die Archäologie für Medienwissenschaftler:innen noch ein paar abschließende Gedanken in Kapitel 8. In einem Anhang stellt Stefan Höltgen die medienwissenschaftliche Theorie der *Medienarchäologie* und ihre Beziehungen zur Facharchäologie dar.

## 1.1 Was ist Archäologie?

Das im Deutschen verwendete Wort *Archäologie* lässt sich auf das griechische Wort „archaiología" zurückführen, das sich aus „archaíos" für „alt" und „lógos" für Wissen bzw. Lehre zusammensetzt. Wörtlich würde es also etwa „Lehre von den alten Dingen" bedeuten. Diese „alten Dinge" sind im Fall der Archäologie die materiellen und immateriellen Hinterlassenschaften des Menschen. Die Archäologie untersucht also diese Hinterlassenschaften und versucht so die kulturelle Entwicklung des Menschen durch die Zeit zu rekonstruieren. Ihren zeitlichen Anfang hat sie damit mit den ersten Menschenformen bzw. Hominiden (vor ca. sechs bis acht Millionen Jahren) und faktisch kein Ende, da die Zeit immer fortschreitet und selbst Dinge der jüngsten Vergangenheit mit archäologischen Methoden erforscht werden können. Die Archäologie entwickelt hierzu Methoden und Theorien, um Informationen aus den verschiedenen Quellen ziehen zu können. Hierzu nutzt sie eine Fülle an „Werkzeugen" aus den Geistes- und Naturwissenschaften. Hauptziel ist es die untersuchten Objekte und Befunde in einen größeren kulturellen und historischen Kontext zu stellen und zu verstehen.

In der deutschen Wissenschaftstradition begreift sich die Archäologie als eine kulturgeschichtliche Disziplin und ist fest in den Geisteswissenschaften verankert. Hier gibt es Unterschiede zur Archäologie in anderen Ländern. So gehört die Archäologie in Amerika zu Anthropologie, die hierzulande als Naturwissenschaft verstanden wird. Die amerikanische Archäologie hat durch ihre Herkunft eine völlig andere Ausrichtung als die europäische. Und obwohl die Archäologie im Vergleich zu anderen Wissenschaften, z. B. der Medizin, Philosophie oder Astronomie, eine recht junge Wissenschaft ist, ist sie chronologisch so umfangreich, dass es *die* Archäologie eigentlich nicht gibt. Es haben sich daher im Laufe der Zeit verschiedenen Fachrichtungen gebildet, die bestimmte Teilgebiete behandeln. Vor allem chronologisch (Urgeschichte, Mittelalterarchäologie, etc.) und räumlich (Vorderasiatische Archäologie, Archäologie der Neuen Welt, etc.), aber auch thematisch (Archäoinformatik, Archäobotanik etc.). Zum Teil überschneiden sich diese Fächer inhaltlich.

Die Quellen selbst sind in ihrer Natur sehr unterschiedlich. Die Bandbreite reicht von materiellen Hinterlassenschaften des Menschen (z. B. Gefäße, Steinartefakte, Gebäudereste, etc.), über Befunde (z. B. Hinweise auf Gebäude anhand von Pfostenlöcher, die nur noch als Verfärbungen nachweisbar sind) bin zu Schriftquellen (Aufzeichnungen, Höhlenmalereien, Piktogramme, etc.) und biologischen Quellen (Samen, Holzreste, Knochen, etc.). Da sich die Archäologie überwiegend in Zeiträumen ohne Schrift bewegt kommen den materiellen Hinterlassenschaften als (oft einzige) Quelle eine große Bedeutung zu.

Auch wenn man bei der primären Beschäftigung der Archäolog:innen zuerst an Ausgrabungen denkt, machen sie nur einen kleinen Teil der nötigen Tätigkeiten aus. Ein Großteil der Arbeit wird am Computer und in der Bibliothek erledigt. Ein Hauptunterschied zu anderen Geisteswissenschaften ist dennoch der große Praxisanteil, wobei Theorie und Praxis im Fach gleichberechtigt nebeneinanderstehen.

## 1.2  Was will die Archäologie?

Wie im vorherigen Kapitel bereits kurz erwähnt ist das Hauptziel der Archäologie die untersuchten Objekte und Befunde in einen größeren kulturellen und historischen Kontext zu stellen und zu verstehen.

Die großen Fragen der Archäologie drehen sich um die Rekonstruktion des Siedlungs- und Wirtschaftswesen, Gesellschaftsstrukturen, das Alltagsleben, die Entwicklung der Kunst, der Glaubens- und Wertvorstellungen und der Umgang mit den Toten und das Bestattungswesens. Die Archäologie will also eine Rekonstruktion der konkreten Lebenswelt des historischen Menschen erstellen, inklusive der materiellen wie auch der immateriellen Dinge. Des Weiteren soll der chronologische Ablauf der Geschichte rekonstruiert und kulturelle Prozesse erklärt werden. Man kann die archäologischen Fragestellungen, natürlich stark vereinfacht, mit den fünf „W" beschreiben: Was, wann, wo, wie und warum?

Während zu Beginn der archäologischen Forschung vor allem die Arbeit an den Objekten im Vordergrund stand, rücken seit einigen Jahren soziale Aspekte zunehmend in den Fokus der Forschung. Hier sei zum Beispiel an das Verhältnis der Geschlechter zueinander, Hierarchien, die Interaktionen zwischen Gruppen usw. gedacht.

Weitere wichtige Aspekte der Archäologie sind die identitätsstiftenden Möglichkeiten der Geschichte, die Bewahrung des Wissens um die menschliche Geschichte und die Erforschung der Geschichte um Lösungsmöglichkeiten für zukünftige Probleme zu finden. Auf den ersten Blick scheint ein Blick in die Vergangenheit unlogisch zu sein, um zukünftige Probleme zu lösen. Man denke hier aber z. B. an die archäologischen Forschungen zur Rekonstruktion des Klimas in vergangenen Zeiten, die wichtige Daten für die heutige Klimaforschung liefern können.

Allerdings lässt sich mittels der archäologischen Forschung immer nur ein Ausschnitt der historischen Realität rekonstruieren. So kann die Archäologie z. B. anhand der Verzierungen von Keramikgefäßen der Bandkeramik verschiedene Gruppen unterscheiden. Wie aber der damalige Mensch diese Unterschiede und Ähnlichkeiten wahrnahmen, lässt sich nicht sagen.

## 1.3 Der Begriff der materiellen Kultur

Aufgrund der oben genannten Problematik nutzt die Archäologie das Hilfskonstrukt der materiellen Kultur. Innerhalb einer Kultur sind bestimmte Merkmale gleich bzw. ähnlich, ihre hervorgebrachte materielle Gesamtheit definiert sie. Die materielle Kultur ist allerdings nicht nur Forschungsgegenstand der Archäologie, sondern auch der Volkskunde, Ethnologie, Soziologie, Museologie, Kunst-, Technik- und Geschichtswissenschaft.

Zu einer archäologischen Kultur gehört z. B. ein bestimmter Verzierungskanon auf den Keramikgefäßen, ein bestimmte Hausform, Feuersteinwerkzeuge gleichen Typs, eine mehr oder weniger immer wiederkehrende Siedlungsstruktur usw. Diese Kulturen werden oft nach charakteristischen Eigenschaften oder wichtigen Fundstellen benannt. So ist die jungsteinzeitliche Bandkeramische Kultur recht klar von der chronologisch späteren Rössener Kultur zu unterschieden, die endneolitische Glockenbecherkultur von der bronzezeitlichen Urnenfelderkultur oder die eisenzeitliche Hallstattkultur von der ebenso eisenzeitlichen Latènekultur. Das Konstrukt der Kultur ermöglicht es also erst das archäologische Material in den Griff zu bekommen und auswertbar zu machen. Erst, wenn das archäologische Material so klassifiziert ist, hat die Forschung auch eine Grundlage, um diese Kulturen miteinander vergleichen zu können.

Doch es reicht nicht aus, nur Funde und Siedlungsspuren zu bearbeiten, um die komplexen historischen Vorgänge und den kulturellen Wandel zu erkennen oder zu verstehen. Die Frage ist auch, wie der Mensch, der diese Funde und Spuren hinterlassen hat, mit ihnen umgegangen ist, welchen Stellenwert und welche Rolle sie in seinem Leben spielten und wie diese wieder auf den Menschen zurück wirkten? Die materiellen wie auch die immateriellen Aspekte einer Kultur wirken auf die sie erzeugende/nutzende/lebende Gesellschaft identitätsstiftend. Hier stellt sich wiederum die Frage nach dem Wie und Warum. Auch ist der „Verursacher" einer Kultur ist kein Solitär in der Landschaft bzw. seiner Umwelt, sondern interagiert ständig mit ihr. Die Kultur ist ein Ergebnis der Anpassung an die zu ihrer Zeit herrschenden Umwelt. Also ist es auch notwendig die damalige Umwelt, den ökologischen Kontext einer Kultur, zu erforschen.

Hier ist ein multidisziplinärer Ansatz von Nöten, so dass bei solchen Projekten in der archäologischen Forschung meist sehr unterschiedliche Fachbereiche zusammenarbeiten und deren Fachleute dort ihre Kompetenz einbringen. Neben den typischen Archäolog:innen sind hier je nach Bedarf Geolog:innen, Archäobotaniker:innen, Bodenwissenschaftler:innen, Materialwissenschaftler:innen, Anthropolog:innen usw. vertreten.

Zunächst werden Fragestellungen formuliert, verschiedene methodische und theoretische Ansätze verfolgt und schließlich die jeweiligen Ergebnisse der Fachgebiete zusammengetragen und gemeinsam interpretiert. Wobei sich die Fragestellungen der einzelnen Fachgebiete oft gleichen, aber das Problem mit verschiedenen Methoden und Ansätzen angegangen wird. Es werden sowohl geistes- als auch naturwissenschaftliche Methoden angewendet, weshalb die Archäologie eine wichtige Mittlerrolle zwischen diesen beiden Bereichen einnimmt.

# 2 Geschichte der Archäologie

Auch wenn, wie eingangs erwähnt, die Archäologie im Vergleich zu anderen Wissenschaften eine recht junge Disziplin ist, so blickt sie doch auf eine Jahrhunderte alte Geschichte zurück. Das im 15. Jahrhundert in der Zeit der Renaissance erwachende Interesse am Wissen der griechischen und römischen Antike führte zu den ersten systematischen Erforschungen früher Kulturen. Doch bis zu einer echten Wissenschaft musste noch einige Zeit vergehen. Vor allen griechische und römische Zeugnisse rückten in dieser Zeit in den Fokus, was nicht weiter verwundert, da der Zugang zu diesen Objekten wesentlich einfacher war. Man denke nur an die große Anzahl an Gräbern und Bauten aus dieser Zeit. Auch wollte man Zeugnisse zu den in den antiken Quellen beschriebenen Ereignissen ausfindig machen. Eine regelrechte Sammelleidenschaft entstand. Dieser folgte in der Mitte des 16. Jahrhunderts eine detaillierte Dokumentation der Objekte, die in Katalogen und Enzyklopädie zusammengefasst wurden.

Die archäologische Wissenschaft hatte aber einen schwierigen Start, da ihr noch keine Relevanz zugestanden wurde. So war man allgemein der Auffassung, dass man die Geschichte ausschließlich durch die Bibel und historische Quellen rekonstruieren konnte. Noch lange folgte man der Aussage des Theologen James Usher (Usher 1650)[1], dass die Menschheit am 23. Oktober 4004 v. u. Z. erschaffen wurde. Isaac de La Peyrère (vgl. Hakelberg 2010:16) stellte 1655 die These auf, dass die sogenannten Donnerkeile kein Naturschauspiel, sondern vom Menschen erschaffene Artefakte seinen, die vor Adam existierten. Auf Grund des Drucks der Inquisition widerrief er allerdings seine These.

In verschiedenen europäischen Ländern weckten archäologische Hinterlassenschaften das Interesse der Menschen und einige wurden ausgegraben, z. B. ein Dolmen in Maräne bei Roskilde 1588, eine Grabkammer in Frankreich in Houlbec-Cocherel (1685) oder eine ganze Reihe von Hügelgräbern im jütländischen Teil Dänemarks (1690). Allerdings waren nicht alle „Ausgräber" auf der Suche nach Erkenntnissen, viele wollten sich auch einfach nur an den Funden bereichern.

Als Begründer der archäologischen Wissenschaft gelten Johann Joachim Winckelmann und Flavio Biondo. Flavio Biondo war ein italienischer Historiker, Humanist und Begründer der antiquarischen Topografie. Geboren 1392 in Flori erhielt er eine Ausbildung zum Notar und arbeitete in verschiedenen Kanzleien. 1432 ernannte ihn Papst Eugen IV zu seinem Kanzleisekretär in der päpstlichen Kanzlei. Diese Anstellung behielt er auch nach dem Tod des Papstes und arbeitet noch für die drei folgenden Päpste, Nikolaus V., Kalixt III. und Pius II. Biondo starb am 4. Juni 1463 in Rom. Er war ein großer Kenner der Altertümer und ein leidenschaftlicher Sammler von Material für seine antiquarischen, topografischen und historischen Arbeiten. Biondo schrieb drei Enzyklopädien, die die Grundlage aller folgenden Wörterbücher zur römischen Archäologie bildeten. Seine

---

[1] Zu allen in diesem Kapitel erwähnten Wissenschaftler:innen finden sich in Anhang Informationen zu deren Lebensdaten.

https://doi.org/10.1515/9783111036540-019

Arbeit als Historiker muss man allerdings auch kritisch sehen, da er Überlieferungen und Quellen ohne Quellenkritik ungeprüft übernahm.

Johann Joachim Winkelmann war nicht nur Archäologe, sondern auch Schriftsteller der Aufklärung, Bibliothekar und Antiquar. Außerdem gilt er als Begründer des Klassizismus im deutschsprachigen Raum. Geboren am 9. Dezember 1717 in Stendal, besuchte er die Stendaler Stadtschule, die Stendaler Lateinschule, das Köllnische Gymnasium in Berlin und anschließend das Altstädtische Gymnasium in Salzwedel. Die Stendaler Schönebeck'sche Stiftung gewährte Winkelmann 1736 ein Bücherstipendium und 1738 ein Theologie-Studium an der Universität von Halle (Saale). Allerdings schloss er es nicht ab und begann 1740 als Hauslehrer zu arbeiten. Ein Jahr später studierte er bis 1742 Medizin an der Universität Jena, um anschließend wieder als Hauslehrer zu arbeiten. Von 1743 bis 1748 war er Konrektor der Lateinschule im altmärkischen Seehausen. Während dieser Zeit betrieb Winkelmann allerlei Studien zur Philosophie, Philologie und Historik. 1748 wurde Winkelmann Bibliothekar bei Heinrich Graf von Bünau auf Schloss Nöthnitz bei Dresden. Der päpstliche Nuntius in Sachsen, Alberico Archinto, bot Winkelmann die Stelle eines Bibliothekars in Rom an, sofern er zur katholischen Kirche konvertierte. Papst Clemens XIII ernannte Winkelmann 1763 zum Aufseher der Altertümer (Commissario delle Antichità) im Vatikan und zum Scrittore an der Bibliotheca Vaticana. In diesem Jahr verfasste Winkelmann auch seine „Abhandlung von der Fähigkeit der Empfindung des Schönen in der Kunst, und dem Unterrichte in derselben". Sie stellt die Grundlage der Kunsttheorie dar. 1768 unternahm Winkelmann zusammen mit dem Bildhauer Bartolomeo Cavaceppi eine Reise in seine Heimat, brach die Reise aber bereits in Regensburg ab und reiste, nach einem kurzen Aufenthalt in Wien bei Kaiserin Maria Theresia, alleine zurück. Im Hotel Locanda Grande Station in Triest begegnete er dem vorbestraften Koch Francesco Arcangeli. Am 8. Juni 1768 versuchte Arcangeli Winkelmann aus Habgier zu ermorden. Winkelmann konnte aber kurz vor seinem Tod noch Angaben zu Tat und Täter machen, woraufhin Arcangeli verhaftet und zum Tod verurteilt wurde. Johann Joachim Winkelmann wurde in dem Gemeinschaftsgrab einer Bruderschaft auf dem Friedhof der Kathedrale San Giusto in Triest beigesetzt.

## 2.1 Archäologie im 19. Jahrhundert

Zur Zeit von Winkelmann lag das Interesse bzw. der Forschungsschwerpunkt auf der Antike, also der griechischen und römischen Kultur. Somit stellt die Klassische Archäologie auch das älteste Fachgebiet dar. Mit der Zeit entstanden neue Fächer, die sich mit Teilgebieten der Archäologie beschäftigten, wie unterschiedliche geografischer Regionen oder Epochen. Dieser Prozess ist auch heute nicht abgeschlossen. Die Archäologie entwickelt sich immer weiter und neue Fachgebiete entsprechen, wie z. B. die Archäoinformatik.

Die wissenschaftlichen Erkenntnisse zur Archäologie konnten sich nur sehr zögerlich durchsetzen. Oft widersprachen sie einfach dem Zeitgeist bzw. den z. T. durch die Kirche vorgegeben Ansichten. Jacques Boucher de Perthes (Boucher de Perthes 1847) fand 1838 in den Kiesen des Kanals der Somme alt- und jungsteinzeitliche Steinartefakte und Knochen bereits ausgestorbener Tiere. Für die Datierung nutzte er 1847 als erster die stratigrafische Methode, die zur relativen Altersbestimmung von Schichten bzw. Ablagerungen und ihrem Inhalt dient. Dieser Methode liegt die Annahme zugrunde, dass die unteren Schichten, und somit auch ihr Inhalt, älter sind als die oberen. (Vgl. Kap. 5.3.1) Allerdings wurde Boucher de Perthes' Publikation zu den Kiesen des Kanals abgelehnt, da sie der damals allgemein akzeptierten Katastrophentheorie von Georges Cuvier (Cuvier 1825) entgegenstand. Laut dieser Theorie sind die Unterschiede zwischen der Fauna und Flora der verschiedenen geologischen Zeiten bzw. Schichten durch Katastrophen zu erklären, die plötzliche alles Leben in einer Region vernichtet hatten. Neues Leben entstand durch Neuschöpfung oder Einwanderung aus anderen Regionen. Erst zwanzig Jahre später wurde de Perthes' Datierung allerdings durch andere, wie den britischen Geologen Charles Lyells (Pfannenstiel 1973:12), bestätigt.

Das vom Dänen Christian Jürgensen Thomsen (Thomsen 1836), dem ersten Kurator der Altnordischen Sammlung des Dänische Nationalmuseum in Kopenhagen, eingeführte „Dreiperiodensystem" gilt (mit Einschränkungen) auch heute noch als Einteilung der (europäischen) menschlichen Vorgeschichte. Thomsen erkannte bei der Neuordnung seiner Sammlung anhand der Funde eine chronologische Ordnung. Auf dieser Grundlage entwickelte er das Dreiperiodensystem, bei dem die europäische Urgeschichte anhand von typischen Materialien zur Schmuck-, Werkzeug- und Waffenherstellung in drei Perioden aufgeteilt wird. Diese waren die Steinzeit, die Bronzezeit und die Eisenzeit. Diese Systematik ermöglichte es der Archäologie eine wissenschaftliche Struktur zu schaffen. Eine Erweiterung erfuhr das Dreiperiodensystem erst 1865 durch den britischen Anthropologen, Paläontologen, Entomologen und Botaniker John Lubbock. (Vgl. Pettitt & White 2013) Er gliederte die Steinzeit in eine „Periode des geschlagenen Steins" (Altsteinzeit) und einer „Periode des geschliffenen Steins" (Jungsteinzeit).

Die zwei wichtigsten Ausgrabungsstätten für die Eisenzeit sind Hallstatt und La Tène. 1846 begannen unter dem Bergwerksbeamten Johann Georg Ramsauer (vgl. Pertlwieser & Zapfe 1983:409.) die Ausgrabungen in Hallstatt, bei der große Teile des eisenzeitlichen Friedhofs freigelegt wurden. Dieser Fundort definierte die der Latène-Zeit vorausgehende Hallstattkultur bzw. Hallstattzeit. Anders als zu dieser Zeit üblich, erstellte Ramsauer eine umfangreiche Dokumentation seiner Arbeiten. Damit führte er einen in der archäologischen Forschung später verbindlichen wissenschaftlichen Standard ein. Der für die Latène-Zeit namensgebende Fundplatz La Tène liegt am Nordufer des schweizerischen Neuenburgersee, beim Ausfluss der Ziehl. Zwischen in den Seeboden eingerammten Pfählen wurden zahlreiche Artefakte gefunden. Seit seiner Entdeckung 1857 durch den Fischer Hans Koop, der im Auftrag von Oberst Friedrich Schwab (vgl. Caviezel-Rüegg 2012) nach solchen Artefakten suchte, wurden hier über 2500 Fund geborgen. Sie umfassen alle Materialgruppen und sind keltischen Ursprungs. Die Funde belegen, dass dieser Ort lange genutzt wurde. Vermutlich gehören die Pfähle zu einer Brücke, von der aus die Artefakte ins Wasser geworfen wurden. Höchstwahrscheinlich galt dieser Ort als ein Heiligtum mit Opfergaben.

**Abb. 2.1:** Höhlenmalereien von Altamira (li., Quelle: Wikipedia, CC3.0, Autor: Matthias Kabel) und Lascaux (re., Quelle: Wikipedia, CC3.0, Autor: EU)

Oscar Montelius (Montelius 1903) entwickelte im späten 19. Jahrhundert ein Typologiesystem, um Fundstücke zu periodisieren. Damit können die Fundstücke in eine zeitliche Reihenfolge gebracht und so eine *relative Chronologie* erstellt werden. Relativ deshalb, weil zwar die zeitliche Abfolge der Funde gelöst ist, aber diese Chronologie keine Anhaltspunkte enthält, wann ein Fundstück zu welchem exakten Zeitpunkt existierte. Dies wird erst durch die *absolute Chronologie* möglich. Die relative Chronologie klärt die Frage, ob ein Artefakt älter oder jünger als ein anderes ist, die absolute Chronologie wiederum gibt Auskunft darüber, aus welchem Jahr/Jahrhundert/usw. vor oder nach unserer Zeitrechnung ein Artefakt stammt.

Erst zum Ende des 19. Jahrhunderts hin wurde allgemein akzeptiert, dass der Mensch bzw. seine Vorfahren deutlich älter sind als 6000 Jahre. 1856 entdeckten Steinbrucharbeiter beim Kalksteinabbau im Neandertal einige Knochenfragmente, die zunächst nicht beachtet wurden, dann aber doch in die Hände des deutschen Naturforschers Johann Carl Fuhlrott (Fuhlrott 1859) gelangten. Fuhlrott und auch der Anthropologe und Naturwissenschaftler Hermann Schaaffhausen (Schaaffhausen 1888) kamen zu dem Ergebnis, dass es sich um die Reste einer vorzeitlichen Form des modernen Menschen handeln muss. Jedoch konnten sie sich mit ihrer These zunächst nicht gegen den deutschen Arzt, Prähistoriker, Anthropologen, Pathologen, pathologischer Anatomen, und auch Politiker Rudolf Virchow durchsetzen, der damals die Autorität zu diesem Thema darstellte und der Meinung war, dass die ungewöhnliche Ausprägung der Knochen durch eine rachitische Erkrankung eines anatomisch modernen Menschen (Homo sapiens) hervorgerufen wurde. (Vgl. Schrenk & Müller 1864) Erst nach dem Tod Virchows setzte sich die Erkenntnis durch, dass es sich bei dem Fund um einen vorzeitlichen Menschen handelte.

Die 1868 entdeckte Höhle von Altamira (Spanien) (siehe Abb. 2.1 links) ist eine der bekanntesten Fundorte zur paläolithischen Höhlenmalerei. Neben ihr wurden im Laufe der Zeit eine ganze Reihe von Höhlen mit Malereien entdeckt, wie z. B. die 1940 entdeckte Höhle von Lascaux (siehe Abb. 2.1 rechts), oder die 1994 entdeckte Chauvet-Höhle, die zu den weltweit bedeutendsten archäologischen Fundplätzen mit Ritzzeichnungen und mit Höhlenmalereien zählt. Die Malereien geben einen eindrucksvollen Einblick in die Vorstellungswelt und auch die handwerklichen und kreativen Möglichkeiten der Menschen der Altsteinzeit.

Einer der bekanntesten Archäologen dürfte der deutsche Kaufmann und Pionier der Feldarchäologie Heinrich Schliemann (vgl. Cobet 2007) sein. Sein Schaffen hatte maßgeblichen Einfluss auf die Entwicklung der Klassischen Archäologie und der archäologischen Grabungsarbeit. Auch gilt er als Initiator der vorgeschichtlichen Archäologie Griechenlands und des ägäischen Raums. Er führte ab 1871 im türkischen Hisarlik Ausgrabungen durch und entdeckte dort, wie von ihm selbst und auch anderen Wissenschaftler:innen vermutet, die Überreste des bronzezeitlichen Trojas. Auch wenn Schliemanns Methoden anfänglich recht umstritten waren – der Einsatz der Stratigrafie, topografische Untersuchungen oder die Fotografie zur Dokumentation der Ausgrabung, ist heute elementarer Bestandteil der archäologischen Feldarbeit. Allerdings kann und muss man Schliemann auch für seine Arbeitsweise kritisieren. So hat er zur Klärung der Stratigrafie recht „brutal" sogenannte Schnitte durch den Siedlungshügel anlegen lassen, durch die viel zerstört wurde. Die Entdeckung des so genannten „Schatzes des Priamos" brachte Schliemann allerdings erst die volle Aufmerksamkeit der Öffentlichkeit und die Anerkennung der Fachkollegen.

Das vermehrte Interesse und Forschungen zur Archäologie hatte einen grundlegenden Einfluss auf die Archäologie. Wenn zuvor der Unterschied zwischen wissenschaftlicher Ausgrabung und Grabräuberei oft nur marginal war, so führten neue Arbeitsmethoden, die exakte Dokumentation der Ausgrabung und die detaillierte Bearbeitung der Funde dazu, dass sich die Archäologie immer weiter zu einer ordentlichen Wissenschaft entwickelte.

## 2.2 Archäologie im 20. Jahrhundert

Einer der größten und aufsehenerregenden Funde des 20. Jahrhunderts war die Entdeckung des Grabs von Tut-anch-Amun am 4. November 1922 durch den britischen Ägyptologe Howard Carter (siehe Abb. 2.2, vgl. Parkison 2022). Um so erfreulicher ist, dass Carter die Ausgrabungen sehr sorgfältig dokumentiert hat. Er führte ein Grabungstagebuch, erstellte Skizzen und Zeichnungen, legte Karteikarten an. Die Funde wurden vor Ort fotografiert, nummeriert, katalogisierte und z. T. auch sofort konservatorisch behandelt.

Eine weitere neue Methode in der Archäologie wurde durch Osbert Guy Stanhope Crawford (vgl. Crawford 1928 & Crawford 1929), einem britischen Archäologen und Piloten, ins Leben gerufen. Crawford nahm 1913 an Ausgrabungen im Sudan und den Osterinseln teil und diente später im Ersten Weltkrieg in der Britischen Armee, wo er 1917 als Pilot und Luftbeobachter beim Royal Flying Corps eingesetzt wurden. Nach dem Krieg ernannte man ihn zum ersten archäologischen Beamten im britischen Ordnance Survey, einer Behörde, die für die nationale Landvermessung zuständig ist. Crawford

**Abb. 2.2:** Howard Carter in der Grabkammer von König Tutanchamun.

fotografierte vom Flugzeug aus archäologische Fundstätten und begründete so die *Luftbildarchäologie*.

Zwei weitere wichtige Personen in der archäologischen Forschung sind Gustaf Kossinna (vgl. Eggers 1959) und Vere Gordon Childe (vgl. Gleser 2007:42ff.). Kossinna, Prähistoriker und Professor der Deutschen Archäologie an der Universität Berlin, entwickelte die *siedlungsarchäologische Methode*, bei der Siedlungen, Wüstungen (aufgegebene Siedlungen) und Häuser untersucht werden, mit dem Ziel die Siedlungsgeschichte ganzer Regionen zu rekonstruieren. Hierbei bedient sie sich heute auch der Methoden aus der Archäobotanik, Archäozoologie und anderer Fächern.

Problematisch war allerdings Kossinnas Gleichsetzung einer archäologischen Kultur mit einer Ethnie oder Rasse. Zusammen mit seiner Vorstellung einer überragenden germanischen Kultur führte dies während der NS-Zeit zu einer fragwürdigen und bedauerlichen Verflechtung der völkisch-rassistischen Ideologie der Nazis und der archäologischen Forschung. Die Nationalsozialisten sahen in Kossinnas These einen Beweis für die Überlegenheit der ‚arischen Rasse' und der Germanen. Sowohl politisch als auch wissenschaftlich war Vere Gordon Childe als marxistischer Archäologe und gemäßigter Vertreter des Diffusionismus der Gegenpart zu Kossinna. Während, wie bereits erwähnt, Kossinna archäologischen Kulturen als scharf abgegrenzte „Kulturprovinzen" definiert, die sich „zu allen Zeiten" mit Völkern bzw. Ethnien decken, war Childes Ansatz ein anderer. Er definierte Kultur als einen Komplex von bestimmten kulturellen Ausprägungen der damaligen Menschen, wie z. B. bestimmte Gefäße, Bestattungssitten, Hausformen,

Symbole usw. Dieser Kultur-Komplex wäre dann der Ausdruck dessen, was man ein Volk nennen könnte.

Childe sah im Diffusionismus das Werkzeug, um die Ausbreitung und Entwicklung von Kulturen anhand ihrer Ähnlichkeiten zu- und untereinander zu erklären. So gilt z. B. als eine Grundannahmen des Diffusionismus, dass Innovationen nur selten stattfinden und sich dann zu anderen Kulturen hin ausbreiten (Kulturtransfer). Die Ähnlichkeiten und Übereinstimmungen der Kulturen zueinander wären dann ein Maß für die Intensität ihres Kontaktes miteinander. Im Rahmen seiner marxistischen Geschichtsinterpretation entwickelte Childe den Begriff der „neolithischen Revolution", der Beginn des bäuerlichen Lebens und die Abkehr von einer Subsistenz, die nur auf Jagen und Sammeln aufbaut. Diese Revolution nahm im Nahen Osten ihren Anfang und breitete sich dann über Anatolien bis nach Mitteleuropa aus. In Deutschland war die Linearbandkeramische Kultur der erster Vertretet dieser neuen Lebensweise.

Die Geburt der experimentellen Archäologie kann in das Jahr 1947 gelegt werden. Der norwegische Archäologe, Anthropologe und Ethnologe Thor Heyerdahl (Heyerdahl 1949) unternahm in diesem Jahr die berühmte Kon-Tiki-Expedition. Heyerdahl wollte beweisen, dass die präkolumbischen Indianern Südamerikas in der Lage waren Polynesien zu besiedeln. Hierzu baute er aus den damaligen Menschen zugänglichen Material und Balsa-Holz ein Floß und segelte mit ihm von Lima aus über den Pazifik nach Polynesien.

Im 20. Jahrhundert halten technische Möglichkeiten aus anderen wissenschaftlichen Bereichen verstärkt Einzug in die archäologische Forschung. Z. B. können durch die DNA-Analyse Verwandschaftsbeziehungen innerhalb von Bestattungen aufgedeckt werden. Mit Hilfe der Strontiumisotopenanalyse können Wander- und Ausbreitungsbewegungen der Menschen erforscht werden, während mit der Radiokarbondatierung, auch C14-Datierung genannt (vgl. Kap. 5.3.4), organische Stoffe wie Knochen oder Holz, datiert werden können. Die Herkunft von Metallen, die z. B. für Werkzeuge oder Waffen verwendet wurden, kann durch die Archäometallurgie bestimmt werden. Bei Prospektionen werde ohne Bodeneingriffe nur mit den elektromagnetischen Wellen des Bodenradars ganze Siedlungsstrukturen sichtbar gemacht.

In den 1960er und 1980er Jahren traten zwei neue Forschungsansätze der Prähistorischen Archäologie auf, die die Forschung nachhaltig prägten. Der Forschungsansatz der *New Archaeology* bzw. *Processual Archaeology*, auch wenn vor allem für den englischsprachigen Raum relevant, wurde in den 1960er Jahren entwickelt. Der Aufsatz „Archaeology as Anthropology" (Binford 1962) des US-amerikanischen Archäologen Lewis Binford von 1962 gilt als Auslöser. Der britische Prähistoriker David Leonard Clarke gilt als weiterer wichtiger Impulsgeber. Die Objektivierung und Verwissenschaftlichung sowie die kritische Auseinandersetzung mit den Arbeiten vorangegangener Archäolog:innen war einer der wichtigsten Forderungen der New Archaeology. Dabei distanzierte sich die Archäologie von der Geschichte und rückte näher an die Kulturanthropologie heran. Außerdem sollte das Wissen aus den Biowissenschaften, z. B. Medizin, Ernährungswissenschaften, Ökologie in die Forschung einfließen. Mathematische Simulationen und Modelle sowie GIS-Systeme (Geoinformationssysteme) wurden angewendet. Im deutschen Raum wurde die Auseinandersetzung mit diesem Forschungsansatz durch Manfred Eggert (Eggert 1978) initiiere. In den 1980er Jahren entstand daraufhin auch hier eine Theoriediskussion. Während die New Archaeology vor allen im angelsächsischen Raum eine große Rolle spielte, konnte sie sich im deutschsprachigen Raum nicht durchsetzen, was vor allem darin begründet ist, dass die Archäologie im angelsächsischen Raum zur Anthropologie zählt, während sie hier zu den Geschichts- bzw. Kulturwissenschaften gehört.

In den 1980er Jahren entwickelte sich als Reaktion auf die New Archaeology die *Postprozessuale Archäologie*. Bei diesem Ansatz wurden Methoden der Sozial- und Kulturwissenschaften stärker berücksichtigt. So werden hermeneutische wie auch selbstreflektierende Methoden angewendet.

Seit Beginn des 21. Jahrhundert wird vermehrt eine weitere Dimension der Archäologie sichtbar. Die archäologischen Hinterlassenschaften stellen das kulturelle Gedächtnis eines Landes, Region oder Kultur dar. Und gerade in Hinblick auf die Zerstörung dieses kulturellen Gedächtnisses während der Konflikte und militärischen Auseinandersetzung in vielen Gebieten der Welt (z. B. Syrien, Afghanistan, usw.), ergibt sich daraus eine politische Brisanz. So stellt doch die Zerstörung bzw. der Raub von archäologischen Fundstätten und Funden eine kulturelle Auslöschung des politischen Gegners bzw. seiner Identität dar.

# 3  Fachrichtungen der Archäologie

Die Archäologie ist im Vergleich zu anderen Wissenschaften noch recht jung. Dennoch ist es kaum möglich alle Zeiträume in „einer" Archäologie abzubilden. Daher haben sich im Laufe der Zeit verschiedene Fachrichtungen gebildet, die sich z. T. chronologisch (z. B. Urgeschichte und klassische Archäologie), thematisch (z. B. Biblische Archäologie) und/oder geografisch (z. B. Vorderasiatische Archäologie) abgrenzen. Differenzierungen zwischen den einzelnen Fachrichtungen gibt es auch hinsichtlich der jeweils angewendeten Methoden (z. B. Unterwasserarchäologie) und Quellen (z. B. Schlachtfeldarchäologie). Einige Fachrichtungen bilden auch Schnittstellen zu gänzlich urgeschichtlichen Themen wie z. B. die Historische Bauforschung zur Architektur. Es muss darauf hingewiesen werden, dass die relativen chronologischen Abgrenzungen der Fachrichtungen i. d. R. gleichbleiben, die absolute Chronologie der Fachrichtung aufgrund der jeweiligen regionalen Geschichte anders ausfallen kann. So herrschen in Mitteleuropa z. B. noch steinzeitliche Kulturen vor, während sich parallel dazu der Nahen Osten durch einsetzende Metallverarbeitung schon bereits in der Bronzezeit befindet. Es würde den Rahmen des Kapitels sprengen alle Fachrichtungen aufzulisten, zumal sich immer wieder neue Richtungen bilden. Aber die wichtigsten Fachrichtungen sollen hier kurz skizziert werden.

## 3.1  Fachrichtungen mit chronologischer Ausrichtung

### 3.1.1  Prähistorische Archäologie/Ur-(Vor-) und Frühgeschichte

Diese Fachrichtung bildet den chronologischen Beginn der Archäologie, denn sie beginnt dort, als der Mensch bzw. seine Vorfahren die ersten Werkzeuge produzierten, also mit dem Nachweis der ersten vom Menschen gemachten Artefakte. Diese Steingeräte stammen aus der Zeit von vor 2,5 Millionen Jahren. Die hier behandelte Zeitspanne endet mit der Frühgeschichte. In diesem Zeitraum fand auch die Völkerwanderung, der Aufstieg und Fall des römischen Reichs und der Beginn des frühen Mittelalters statt. Wichtig ist auch, dass erst am Ende dieses zeitlichen Abschnitts, abgesehen von einigen Schriftzeichen und Symbolen, die ersten richtigen Schriftquellen auftraten. Es überwiegen schriftlose Kulturen. In der deutschen Forschungslandschaft konzentriert sich diese Fachrichtung vor allem auf Mittel-, Nord- und Osteuropa.

### 3.1.2  Klassische Archäologie

Den Schwerpunkt der Klassischen Archäologie bilden vor allem die materiellen Hinterlassenschaften sowie alle Bau- und Kunstdenkmäler der antiken Welt im Mittelmeerraum und den Nachbarländern. Dies sind vor allem die Kulturen der Griechen, Etrusker und Römer der Antike, etwas zwischen dem 2. Jahrtausend v. u. Z. und dem 5. Jahrhundert n. u. Z.

https://doi.org/10.1515/9783111036540-020

Der chronologische wie auch der geografische Raum dieser Fachrichtung, entspricht der Ausbreitung der griechischen und römischen Kultur. Die Klassische Archäologie beschäftigt sich auch mit ihren antiken Vorgängerkulturen, daher zählen die Etruskologie und die Ägäische Vorgeschichte, die die kykladischen, minoischen und mykenischen Funde erforscht, ebenfalls zur Klassischen Archäologie.

### 3.1.3 Mittelalterarchäologie/Archäologie des Mittelalters

Der chronologische Rahmen der Mittelalterarchäologie spannt sich vom Ende der Frühgeschichte (ca. 9. Jahrhundert) bis zum Übergang zur Neuzeit (ca. 16. Jahrhundert). In dieser Fachrichtung bilden Schriften zunehmend die Hauptquellen, während die klassischen archäologischen Methoden (Ausgrabungen, Fundtypologien etc.) in den Hintergrund treten. Des Weiteren verfügt die Mittelalterarchäologie, anders als die Prähistorische Archäologie bzw. die Ur- und Frühgeschichte, häufig über noch z. T. erhaltene Bauwerke. Diese Bauwerke werden mit Hilfe der Historischen Bauforschung untersucht.

### 3.1.4 Neuzeitarchäologie

Die Neuzeitarchäologie beschäftigt sich mit den materiellen Hinterlassenschaften der Neuzeit und beginnt dort, wo die Mittelalterarchäologie aufhört, etwa mit dem 16. Jahrhundert, und reicht bis in die jüngste Zeitgeschichte. Durch die zunehmende Verfügbarkeit von Schriftquellen aus dieser Zeit werden archäologische Methoden bisher nur wenig angewendet. Dennoch gibt es Bereiche, wo gerade diese relevant sind, wie z. B. bei Untersuchungen von Konzentrationslagern der NS-Zeit, der ehemaligen innerdeutschen Grenze oder der Rekonstruktion von renaissancezeitlichen Festungsanlagen. Denn, wie sich zeigt, weichen die realen Befunde dieser Festungen von den aus den überlieferten Schriftquellen zu entnehmenden Angaben, wie etwa Bauplänen oder zeitgenössischen Stadtbildern, häufig ab. Kriegsschauplätze des Ersten und Zweiten Weltkriegs gehören auch zur Forschungsbereich der Neuzeitarchäologie, ebenso Befunde aus der Gegenwart wie die Berliner Mauer oder das Gelände des Woodstock-Festivals von 1969.

## 3.2 Fachrichtungen mit geografischer Ausrichtung

### 3.2.1 Ägyptologie

Der chronologische Rahmen der Ägyptologie erstreckt sich ca. vom 5. Jahrtausend v. u. Z. bis zum 4. Jahrhundert n. u. Z. und geografisch auf das Gebiet des antiken Ägyptens beschränkt. Sie befasst sich mit den materiellen und schriftlichen Hinterlassenschaften der altägyptischen Zeit (vgl. Abb. 3.1) und erforscht ihre Kultur, Kunst und Geschichte.

Ein Schwerpunkt liegt hier auf Erforschung der Sprachen und schriftlichen Zeugnissen. Ein Teilgebiet der Ägyptologie ist die Koptologie, die sich der Kultur der frühen Christen in Ägypten widmet.

**Abb. 3.1:** Stein von Rosetta: Das 1799 gefundene Fragment aus dem Jahr 196 v. u. Z. enthält einen Text in ägyptischen Hieroglyphen (oben), ägyptischer Gebrauchsschrift (Mitte) und altgriechischer Übersetzung (unten). Mit seiner Hilfe konnte die Hieroglyphenschrift um 1822 erstmals übersetzt werden. (Quelle: Wikipedia, CC4.0, Autor: Awikimate)

## 3.2.2 Altorientalistik

Der geografische Rahmen der Altorientalistik umfasst das antike Mesopotamien (heute Irak und Syrien), die Küste der Levante (heute Libanon und Syrien) und am Rande auch Kleinasien (heute Anatolien) und Persien (heute Iran) und in einem gewissen chronologischen Rahmen auch Ägypten. Als historisch-philologische Disziplin bearbeitet sie die Sprachen, Geschichte und Kultur dieses Raums. Zeitlich deckt sie den Bereich vom 4. Jahrtausend v. u. Z. bis in die Zeit des Hellenismus (336 bis 30 v. u. Z.) ab. Ein Großteil der in der Altorientalistik zu bearbeitenden Texte stammen aus der Zeit des Assyrischen Reichs. Daher wird die Altorientalistik auch oft als Assyriologie bezeichnet. Diese Texte wurden damals in Keilschrift auf Tontafeln festgehalten, weshalb sie auch über Jahrtausende erhalten geblieben sind (vgl. Abb. 3.2). Mit ca. 550.000 Texten stellen diese Tontafeln, zusammen mit den altägyptischen Texten, die umfangreichste Textquelle des Altertums dar.

**Abb. 3.2:** Sumerische Tontafel mit eingeritzter Keilschrift aus dem Deutschen Technikmuseum Berlin (Foto: Stefan Höltgen)

### 3.2.3 Archäologie der Neuen Welt/Altamerikanistik

Die Archäologie der Neuen Welt ist ein Teilgebiet der Altamerikanistik. Die Altamerikanistik beschäftigt sich mit den präkolumbischen Kulturen des amerikanischen Doppelkontinents also auch mit ihren darauffolgenden Kulturen der indigenen Völker und den eingewanderten Gruppen aus Europa, Asien und Afrika. Inhalte sind die kulturellen, wirtschaftlichem, sozialen und politische Aspekte, wobei der Fokus nicht nur auf der historischen Zeit liegt, sondern bis in die Gegenwart reicht. Sie bedient sich dafür eines interdisziplinären Ansatzes, der die Historischen Wissenschaften, Ethnologie, Archäologie und Philologie vereint. Forschungsschwerpunkte bilden die Hochkulturen Süd-, Meso- und Nordamerikas.

### 3.2.4 Biblische Archäologie/Palästina-Archäologie

Die Biblische Archäologie hat die Siedlungs- und Kulturgeschichte Palästinas zum For-schungsgegenstand. Hauptaugenmerk liegt hier auf die Bearbeitung der materiellen Hinterlassenschaften des 2.-1. Jahrtausend v. u. Z. aus den in der Bibel erwähnten Ländern, insbesondere Israel, dann die palästinensischen Gebiete, Jordanien und der Libanon.

### 3.2.5 Christliche Archäologie/Byzantinische Archäologie

Dieser Fachbereich folgt chronologisch der Klassischen Archäologie. Die Christliche bzw. Byzantinische Archäologie widmet sich den materiellen Hinterlassenschaften und Frage-stellungen der christlich geprägten Kulturen vom 4. Jahrhundert n. u. Z. bis zum Ende des Byzantinischen Reiches im Jahre 1453. Berücksichtigt wird sowohl Konstantinopel bzw. das Byzantinische Reich als auch das Westreich mit Rom als politisch-kulturelles Zentrum.

### 3.2.6 Provinzialrömische Archäologie/Archäologie der römischen Provinzen

Die Provinzialrömische Archäologie beschäftigt sich grob umrissen mit allem römischen Dingen, die nicht in Rom bzw. außerhalb des Kerngebietes des Römischen Reiches auf der italienischen Halbinsel stattfanden. Hauptaugenmerk liegt in der Erforschung der Geschichte, Kunst und Kultur der Römer und der einheimischen Bevölkerung in den Provinzen des römischen Reichs. Sie bildet damit auch eine Schnittstelle zwischen der Ur- und Frühgeschichte und der klassischen Archäologie, wobei allerdings vor allem die Methoden der Ur- und Frühgeschichte angewendet werden. Die germanischen bzw. nordwestlichen Provinzen des Römischen Reiches bilden in der deutschen Forschung den Schwerpunkt.

### 3.2.7 Vorderasiatische Archäologie

Die Vorderasiatische Archäologie beschäftigt sich mit den prähistorischen und histo-rischen Kulturen im vorderasiatischen und östlichen Mittelmeerraum, besonders die der frühen Hochkulturen. Das Arbeitsgebiet umfasst heute die Gebiete des Iraks, Irans, Syriens, Türkei, Jordaniens, Libanons, Israels, bzw. die Kulturen und Reiche von Babylon, Sumer, Akkad, Elam, Hethiter, Assyrien und Urartu aber auch die der nachfolgenden. Forschungsobjekte sind die archäologischen Hinterlassenschaften, Kunst- und Kultur-denkmäler dieser Region. Der chronologische Rahmen reicht vom 10. Jahrtausend v. u. Z. bis ins 7. Jahrhundert n. u. Z. Forschungsgeschichtlich geht die Vorderasiatische Archäo-logie aus der vor allem philologisch ausgerichteten Altorientalistik hervor. Aufgrund der

**Abb. 3.3:** Moorleiche von Windeby (li., Quelle: Wikipedia, CC3.0, Autor: Bullenwächter), Prähistorische Pfahlbauten im Pfahlbauten-Museum in Uhldingen am Bodensee (re., Quelle: Flickr, CC2.0, Autor: Gerhard Giebener)

räumlichen und chronologischen Überschneidungen ist die vorderasiatische Archäologie eng mit der biblischen Archäologie und Ägyptologie verbunden.

## 3.3 Fachrichtungen zu besonderen Fundplätzen

### 3.3.1 Feuchtbodenarchäologie

Auen, Moore und andere Unterwasserböden sind stark vom Grundwasser beeinflusst und werden zu den Feuchtböden gezählt. Durch den hohen Wasseranteil entsteht ein Sauerstoffabschluss, der den Zerfall von organischem Material aufhält oder sogar ganz verhindert. Dadurch ist eine sehr gute Erhaltung von organischen Materialien, wie Holz, Knochen, Getreide usw., möglich, wodurch diese Böden für die Archäologie einen sehr hohen Wert haben. Aber nicht nur kleine Gegenstände erhalten sich in diesen Böden, auch ganze Moorwege aus Holz (siehe Abb. 3.3 rechts), Schiffs- und Bootswracks und sogenannte Moorleichen (siehe Abb. 3.3 links). Gerade letztere geben einen sehr seltenen Einblick in die Lebenswelt der damaligen Menschen.

### 3.3.2 Kirchenarchäologie

Die Kirchenarchäologie ist ein sehr spezielles Gebiet, das sich zur Stadt- bzw. Siedlungs-archäologie zählen lässt. Forschungsinhalt ist die Baugeschichte von Kirchen und ihrem direkten Umfeld wie auch Bestattungen und Friedhöfe.

### 3.3.3 Schlachtfeldarchäologie

Wie ihr Name schon verrät, widmet sich die Schlachtfeldarchäologie den Plätzen größerer kriegerischer bzw. militärischer Auseinandersetzungen zwischen militärisch organisierten Gruppen. Problematisch ist hierbei, dass es sich meist nur um kurze, aber sehr großflächige Ereignisse handelt. Ihr Schwerpunkt liegt hierbei auf den Schlachtfeldern aus historischer Zeit. Aber auch die Kampfplätze aus anderen Zeitstellungen, wie z. B. der römischen Zeit oder der Bronzezeit werden hier untersucht. Anhand der Funde selbst wie auch ihrer Kartierung lassen sich Rückschlüsse auf den Verlauf der Geschehnisse sowie über die involvierten Parteien ziehen. Historische Schriftquellen liefern oft Hinweise auf diese Plätze. Durch die archäologischen Auswertungen können dann diese Schriftquellen bewertet werden, je nachdem, ob sie die Angaben bestätigen, ergänzen oder im Widerspruch zu ihnen stehen. Neben dem eigentlichen Schlachtfeld werden auch die damit verbundenen Strukturen bzw. deren Hinterlassenschaften untersucht. Dies sind z. B. Lagerplätze, Befestigungen, Bunker, Lazarettplätze, Gräber usw.

### 3.3.4 Stadtarchäologie

Maßgeblicher Inhalt der Stadtarchäologie ist die Erforschung der Geschichte der Städte. Wobei sie sich hier auf die noch existierenden konzentriert, verlassene Ansiedlungen werden in der Wüstungsforschung bearbeitet. Hierzulande liegt der Schwerpunkt der Stadtarchäologie vor allem auf den Hinterlassenschaften des Mittelalters und teilweise der frühen Neuzeit. Frühere Zeitstellungen sind aufgrund der seit Jahrhunderten andauernden Bautätigkeit in den Städten oft nur schwer nachweisbar. Vor allem die Entwicklung der Städte und ihrer Topografie, als auch das Alltagsleben der Menschen in den verschiedenen Zeiten ist der vorrangige Forschungsschwerpunkt. Da es in den heutigen Städten so gut wie keine Freiflächen gibt, wo eine archäologische Untersuchung stattfinden könnte, finden die meisten Untersuchungen bzw. Ausgrabungen im Rahmen von Bauvorhaben statt. Hier bieten besonders größere Projekte, wie sie im Straßen- oder U-Bahn-Bau häufig vorkommen, die Chance auf großflächigere Untersuchungsmöglichkeiten. Problematisch ist hierbei der enorme Zeitdruck, da die Planungen solcher Projekte kaum Spiel bieten. Gerade während des städtischen Wiederaufbaus und während der dem zunehmenden Autoverkehr geschuldeten Umstrukturierung der Städte in den 1960er und 1970er Jahren ergab sich eine Vielzahl an Ausgrabungen. In den Städten der ehemaligen DDR kam es durch die nach der Wende einsetzenden Investitionen, Sanierungen und Neubauten zu vermehrten archäologischen Untersuchungen. In West- und Süddeutschland und besonders im Rheinland liegt ein chronologischer Schwerpunkt der Stadtarchäologie vor allem auf den Befunden der römischen Zeit.

## 3.4 Fachrichtungen zu besondere Untersuchungsgegenständen

### 3.4.1 Historische Bauforschung

Die Historische Bauforschung stellt die Verbindung der Archäologie zur Architektur her, wobei in diesem Bereich Bauforscher:innen, Archäolog:innen, Architekt:innen, Bauingenieur:innen und Kunsthistoriker:innen tätig sind. Forschungsgegenstand ist die wissenschaftliche und analytische Untersuchung des Bauens, von einfachen Bauten bis zur Sakralarchitektur, Städten, Bauwerken, Monumenten oder nur Teilen der Architektur, von den Anfängen bis zur Gegenwart. Hierbei muss zwischen zwei Bereichen unterschieden werden. Die Allgemeine Bauforschung setzt sich mit dem Forschungsgegenstand wissenschaftlich-technisch, funktional-analytisch und/oder rational-bauwirtschaftlich auseinander. Die Historische Bauforschung hingegen hat zum Ziel die Geschichte eines Gebäudes hinsichtlich seiner Konstruktion, Technik bzw. Kunstgeschichte zu rekonstruieren. Anders als andere geschichtliche Fächer ist die Historische Bauforschung weitgehend an den Technischen Universitäten und Hochschulen verortet.

### 3.4.2 Industriearchäologie

Dieses Fachgebiet ist thematisch recht eng gefasst und gehört in den Bereich der Neuzeitarchäologie. Sie beschäftigt sich hauptsächlich mit der Technikgeschichte und weniger mit Archäologie. Archäologischen und bauhistorische Methoden kommen vor allem bei der Sicherung, Erfassung und Rekonstruktion von technischen und industriellen Anlangen.

### 3.4.3 Musikarchäologie

Inhalt der Musikarchäologie ist nicht nur die Erforschung von Instrumenten zur Klangerzeugung aus vergangenen Zeiten, sondern auch die Auswirkungen der Musik auf den Menschen. So wurden Musikinstrumente z. B. bei kultischen Handlungen (Schamanismus) eingesetzt, wie auch bei sozial-kulturellen Handlungen (Hochzeiten, Feierlichkeiten etc.). Außerdem gibt die Entwicklung von Musikinstrumenten Auskunft über die menschliche Entwicklung. Ohne die Vorstellung einer Tonfolge macht die Entwicklung eines Musikinstruments keinen Sinn. Man kann davon ausgehen, dass ein komplexes Instrument auch eine komplexe Idee einer Musik repräsentiert. Auch die Verwendung eines Werkstoffes lässt Rückschlüsse auf Entwicklungsstufe des Menschen zu.

### 3.4.4 Textilarchäologie

Archäologische Funde aus Textilien werden durch die Textilarchäologie bearbeitet. Zum einen werden Methoden zur Konservierung und schonenden Präsentation erforscht, zum anderen die Funde auf Hinweise zu ihrer Herstellung, Verarbeitung, ursprünglichem Aussehen, Nutzung, wie auch zur Trageweise des Stücks untersucht. Darauf aufbauend ergeben sich noch weitere Fragen zur Wirtschaft mit Textilien und zur Soziologie. So waren z. B. zu bestimmten Zeiten bestimmte Stoffe nur einer kleinen Personengruppe vorenthalten oder aber eine bestimmte Trageweise eines Kleidungsstücks war an ihren Stand oder Geschlecht gebunden. Problematisch ist die sehr seltene und oft auch schlechte Erhaltung von Textilfunden, die an sehr günstige Lagerungsbedingungen geknüpft ist. Schon bei ihrer Bergung muss sehr sorgfältig und professionell gearbeitet werden, wie auch später bei der Archivierung der Funde.

## 3.5 Fachrichtungen mit speziellen Fragestellungen

### 3.5.1 Archäoastronomie

Schon seit dem 16. Jahrhundert wurden Überlegungen zur astronomischen Deutung von archäologischen Denkmälern angestellt, da man vermutete das prähistorische Bauwerke wie Stonehenge, Großsteingräbern, Menhire, Megalith- und Kreisgrabenanlagen eine astronomische Bedeutung bzw. Funktion hatten. Der Begriff Archäoastronomie entstand aber erst viel später in den 1960er Jahren. Die Archäoastronomie will solche Bauwerke anhand von wissenschaftlich erhobenen Daten und überprüfbaren Verfahren auf ihre astronomische Funktion hin untersuchen und interpretieren. In Deutschland steht die Erforschung des astronomischen Wissens der prähistorischen Menschen und Kulturen im Vordergrund, wodurch die Archäologie stark mit der Astronomie kooperiert. Allerdings hängt die Aussagekraft dieser Untersuchungen stark von der Genauigkeit der Datierung der zu untersuchenden Bauwerke bzw. Objekte ab.

Einen Schwerpunkt in der europäischen Archäologie nimmt die Erforschung der astronomischen Kenntnisse der megalithischen Kulturen in der Zeit des mittleren Neolithikums bis zur Bronzezeit (etwa 4500 bis 1500 v. u. Z.) ein. Einer der bekanntesten Funde mit astronomischer Bedeutung ist wohl die sogenannte Himmelsscheibe von Nebra (siehe Abb. 3.4). Diese aus der Bronzezeit stammenden kreisförmige Scheibe aus Bronze trägt die bisher ältestes bekannte und korrekte Himmelsdarstellung.

### 3.5.2 Geoarchäologie

Die Geoarchäologie geht archäologischen Fragen, wie z. B. eine historische oder prähistorische Landschaft einmal aussah oder welchen Einfluss die Menschen und ihre

**Abb. 3.4:** Himmelsscheibe von Nebra (Quelle: Wikipedia, CC4.0, Autor: Frank Vincentz)

Lebensweise auf die Landschaft hatten, nach. Mittels bodengeografischer Untersuchungen, Georadar- und -elektrik-, Sediment- und Rohmaterialanalysen gewinnt sie die dazu benötigten Daten. Gerade die durch den Einfluss des Menschen abgelagerten Sedimente sind von großem Interesse. Durch die seit Ende der 1980er Jahren immer intensiver betriebenen Landschafts- und Siedlungsarchäologie entwickelte sich ein Bedarf an Fachleuten, die mit geoarchäologischen Methoden die Antworten auf die Fragen der Archäolog:innen liefern konnten. Die ersten Aktivitäten dieser Disziplin fanden in den USA statt. Überschneidungen ergeben sich hierbei mit den benachbarten Disziplinen der Geologie und Geografie.

## 3.6 Fachrichtungen mit spezifischen Methoden

### 3.6.1 Archäometrie

In der Archäometrie werden archäologische und kulturhistorische Fragestellungen mit Hilfe naturwissenschaftlicher Methoden angegangen. Damit ist die Archäometrie im Übergangsfeld zwischen Natur- und Geisteswissenschaften angesiedelt. Die angewendeten Methoden stammen aus verschiedenen Disziplinen, wie der Physik (z. B. Kern-, Atom- und Geophysik, vgl. Band 3, Kap. II.14), Chemie, Werkstoffkunde, Mineralogie, Biologie, hier besonders die Molekularbiologie. Die größten Forschungsbereiche der Archäometrie sind Materialanalysen, Datierungsmethoden und Prospektionen. So werden z. B. bei der Materialanalyse organische und anorganische Werkstoffe auf ihre Herkunft bestimmt,

Fragen zur Ernährung, Technologie oder Klima- und Umweltentwicklung erforscht. Die angewendeten Methoden lassen sich entweder nach der Art des zu untersuchenden Materials (Metall, organisches Material, Gesteine usw.) oder der Art der Fragestellung (Herkunft, Umweltbedingungen, Alter usw.) unterscheiden.

### 3.6.2 Archäoinformatik

Eine der neueren Disziplinen der Archäologie ist die Archäoinformatik. Sie verbindet die Archäologie mit der Informatik. Mit der Hilfe der Informatik sollen komplexe Probleme der Archäologie geklärt und gelöst werden. Die theoretische und die praktische Archäoinformatik bilden die beiden Säulen dieses Ansatzes. Während sich die praktische Archäoinformatik dem vorliegenden Fundmaterial und seiner Bearbeitung durch die Entwicklung und Anwendung von Software (Datenbanken, Geoinformationssysteme, virtuelle Rekonstruktion usw., siehe Abb. 3.5) widmet, befasst sich die theoretische Archäoinformatik mit Grundlagenforschung. Hier werden Methoden entwickelt wie durch die Analyse archäologischer Daten Muster, Entwicklungen und Prozesse erkannt, beschrieben und interpretiert und mittels mathematisch-statistischer Verfahren überprüft werden können. Die theoretische Archäoinformatik ist letztendlich das Resultat der von den Vertretern der „New Archaeology" bzw. „Processual Archaeology" in den 1960er bzw. 1980er Jahren geforderten Quantifizierung der Archäologie.

**Abb. 3.5:** 3D-Rekonstruktion der renaissancezeitlichen Bastion und der Toranlage am Langenbrücker Tor (Rekonstruktion: Dr. Guido Nockemann, 3D-Modell: Morris Viaden – Kleinkino/Medienproduktion)

### 3.6.3 Archäozoologie und Archäobotanik

Diese beiden Disziplinen nehmen sich der pflanzlichen und tierischen Überreste vergangener Zeiten an. Die Quellen sind hier z. B. Tierknochen, Muschelschalen, Schneckenhäuser, Pollen und Pflanzenfunde bzw. ihre Reste. Diese stammen oft aus Bodenproben, Latrinen und Abfallgruben. Die Untersuchungsobjekte der Archäozoologie stammen zumeist aus Ausgrabungen. Hierbei geht es nicht nur um die Bestimmung der Art der Objekte, sondern auch um mögliche anthropogener Spuren, wie z. B. Schnittspuren auf Knochen von Wirbeltieren, um das Fleisch zu gewinnen. Funde von Tiermumien oder erhaltene Federn, Haut- oder Fellreste sind eher selten. Die Archäozoologie kann auch die Entwicklung bestimmter Tierarten, wie dem Hausrind, nachvollziehen. Die Archäobotanik wiederum versucht durch die Analyse von Mikro- (Sporen, Pollen) und Makroresten (Samen, Früchte, Holzstücke) die Vegetations- und Agrargeschichte zu rekonstruieren. Durch die Rekonstruktion, der zur damaligen Zeit vorherrschende Vegetation und des Klimas können Rückschlüsse auf das Subsistenzverhalten bzw. -möglichkeiten des historischen Menschen geschlossen werden.

### 3.6.4 Experimentelle Archäologie

Die experimentelle Archäologie hat zum Ziel archäologische Fragestellungen mit Hilfe von Experimenten zu beantworten. Um eine wissenschaftliche Auswertung zu ermöglichen ist hierbei entscheidend, dass die Experimente wiederholbar sind und unter kontrollierten Bedingungen vollständig dokumentiert werden. Im Vordergrund stehen dabei technologische Fragestellungen, aber auch Experimente mit soziologischen oder psychologischen Ansätzen werden durchgeführt. Eine Voraussetzung, um kontrollierte Bedingungen für solche Experimente zu schaffen, ist das Wissen um die Werkstoffe und die Beherrschung der Werkzeuge (hierzu auch Kap. 5.4.1).

### 3.6.5 Luftbild-/Satellitenarchäologie

Ziel der Luftbild- bzw. Satellitenarchäologie ist es archäologische Überreste, Denkmäler oder anthropogene Störungen des Bodens zu entdecken und zu lokalisieren. Gemeinsam mit der üblichen Begehung von Flächen bildet diese Disziplin das Rückgrat der Prospektion. Möglich ist dies durch einige Merkmale und Anomalien im Gelände. So führt z. B. eine nicht sichtbare und noch unter der Oberfläche vorhandene Mauer zu Anomalien im Bewuchs darüber. Die Mauer stellt eine Störung im Boden dar, durch die der Pflanzenwuchs beeinflusst wird. Diese führt zu unterschiedlichen Wuchshöhen der Pflanzen. Kleine Unebenheiten im Geländeprofil, wie eine minimale Absenkung des Bodens durch das Absacken einer Grubenverfüllung, können durch die Schattenbildung bei sehr flach einfallendem Licht (z. B. abends) erkannt werden. In der Anfangszeit (siehe Kap. 2.2) wurden die potentiellen Fundstellen direkt bei den Überflügen durch den Piloten oder den Beobachter oder aber auf den Luftbildaufnahmen solcher Überflüge lokalisiert. Es werden unterschiedliche Luftfahrzeuge wie Flugzeuge, Hubschrauber, Drohnen oder Ballons eingesetzt. In den letzten Jahrzehnten sind aber noch andere Quellen hinzugekommen, wie die Luftbildaufnahmen von Satelliten oder die Daten aus der Fernerkundung. Hierbei werden z. B. Wärmebildsysteme eingesetzte oder die End-oberfläche mit Mikrowellen oder Laserstrahlen abgetastet. Aus diesen Daten werden Geländemodelle modelliert, die analysiert werden können.

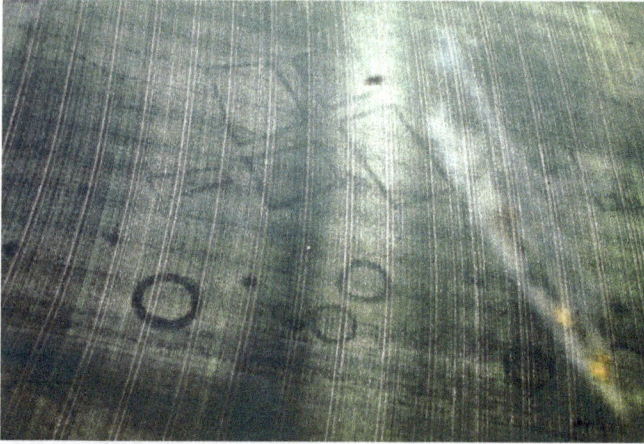

**Abb. 3.6:** Archäologische Luftaufnahme der Nekropole von Font-Barbot (Quelle: Wikipedia, CC4.0, Autor: Jacques Dassié)

### 3.6.6 Unterwasserarchäologie

Die Unterwasserarchäologie beschäftigt sich nicht nur mit archäologischen Funden im Meer, wie z. B. Schiffswracks, sondern mit allen archäologischen Hinterlassenschaften, die unter Wasser erhalten geblieben sind (siehe Abb. 3.7). Dies schließt auch solche in Flüssen, Seen, überfluteten Höhlen, Brunnen, Zisternen, Cenoten und auch Mooren mit ein. Wobei die Funde aus Feuchtböden und Mooren vor allem in der Feuchtbodenarchäologie behandelt werden. Chronologisch bilden zwar Schiffswracks aus historischer Zeit einen gewissen Schwerpunkt, doch gibt es Befunde aus fast allen Zeitstellungen. Die besonders gute Erhaltung von organischen Artefakten, z. B. aus Holz, Textilien usw. ist auf ihre Konservierung durch Luftabschluss zurückzuführen. Dadurch geben sie oft einen sehr lebendigen Blick in die Geschichte. Schiffswracks geben außerdem durch ihre geringe zeitliche Tiefe, das Schiff wie auch alle an bzw. in ihm erhaltenen Artefakte stammen

i. d. R. aus derselben Zeit, sehr gute Hinweise zur Chronologie und zur Lebenswelt der Menschen.

**Abb. 3.7:** Der Antikythera-Mechanismus, gefunden 1900 im Meer vor der Insel Antikythera (Quelle: Wikipedia, CC2.0, Autor: Tilemahos Efthimiadis)

# 4 Quellen

In der Archäologie stehen eine ganze Reihe an Quellen zur Verfügung, anhand derer versucht wird die Vergangenheit bzw. vergangenen Realität zu verstehen und auch zu rekonstruieren. Zum einen die *immateriellen Quellen*, wie Schriftzeichen oder Bilder. Hier ist der Inhalt bzw. die Aussage dieser Quellen von vorrangigem Interesse, da sie eine Momentaufnahme der Vergangenheit fixieren. Außerdem stammen diese Quellen in der Regel direkt von Personen aus dieser Vergangenheit und nicht von dritten Personen, die darüber in einer Vergangenheit zwischen dem Zeitpunkt der Erschaffung der Quellen und dem Auffinden der Quelle in unserer Zeit berichteten und die Quelle somit (bewusst oder unbewusst) gefiltert haben.

Zum anderen stehen uns *materielle Quellen* in Form von Objekten zur Verfügung. Diese müssen allerdings erst gefunden, geborgen und ggf. auch konserviert und rekonstruiert werden. Nicht immer ist die Form bzw. Funktion dieser Objekte für uns direkt verständlich. Hier bedarf es oft erst der Analyse, Rekonstruktion und Interpretation. Diese Objekte geben uns Auskunft über Teile der Vergangenheit, über bestimmte Einzelheiten, wie etwa welche Werkzeuge und wie diese verwendet wurden, welche Pflanzen man verarbeitet hat, wie alt die Menschen wurden und an welchen Krankheiten sie litten. Es sind also Teilaspekte der vergangenen Lebensrealität, die erst bei der Betrachtung aller zur Verfügung stehenden Quellen ein, wenn auch immer noch bruchstückhaftes, Gesamtbild formen können.

Des Weiteren stehen noch *archäologische Quellen* zur Verfügung. Der Begriff mag irritieren, aber hier sind die Quellen gemeint, die sich erst durch die archäologische Bearbeitung bzw. Betrachtung ergeben. So ist z. B. der „Befund" ein archäologisches Hilfsmittel zur Bearbeitung und ob eine Siedlung oder Gräberfeld als solches auch anzusprechen ist, ergibt sich oft erst durch die Bearbeitung.

Allen Quellen gemein ist, dass sie Medien darstellen, die Informationen aus einer vergangenen Lebenswelt tragen, die allerdings zunächst erst noch dekodiert werden müssen.

## 4.1 Immaterielle Quellen

### 4.1.1 Schrift- und Textquellen

Da sich die Archäologie zum Großteil mit Zeiträumen befasst, in denen keine Schrift bzw. keine Schriftkultur existierte, treten Schriftquellen nur selten auf. Lediglich in den Hochkulturen treten sie öfter bzw. regelhaft auf. Es ist ein generelles Problem, dass gerade in den von der Archäologie hauptsächlich bearbeiteten Zeiträume der überwiegende Teil der Kulturen nur eine mündliche Überlieferung praktizieren und kein Schriftsystem entwickelt haben. Natürlich kann man nicht ausschließen, dass in einigen Fällen die

https://doi.org/10.1515/9783111036540-021

Schriftquellen heute einfach nicht mehr erhalten sind, weil ihre Träger aus organischem Material bestanden, das in Laufe der Zeit vergangen ist.

Schriftquellen können in Primär- und Sekundärquelle unterschieden werden. Bei Primärquellen handelt es sich i. d. R. um die ersten Berichte aus erster Hand wie von Augenzeugen oder an den Geschehnissen Beteiligten, während Sekundärquellen Angaben aus zweiter Hand wiedergeben, also sich z. B. auf Informationen aus Primärquellen beziehen. So gibt es z. B. in historischen Schriften Hinweise auf noch ältere Begebenheiten oder Objekte, allerdings ist hierbei immer eine Quellenkritik angebracht, da die Intention des Textes bzw. seines Schreibers die im Text aufgeführten Informationen beeinflusst hat.

Schrift- bzw. Texte treten in der Archäologie z. B. in Form von Zeichen und Buchstaben auf Artefakten auf, z. B. ein Schwert mit möglichen Initialen des ehemaligen Besitzers oder Segenssprüchen für den Besitzer. Während der nordischen Eisenzeit und der Wikinger- und Vendelzeit zwischen dem 5. und 12. Jahrhundert wurden in Skandinavien sogenannte Runensteine errichtet, die mit Runen-Inschriften versehen sind. Inhaltlich erinnern sie an einen Verstorbenen oder an eine erbrachte Leistung.

Sehr frühe schriftliche und auch archäologische Quellen sind kleine Tontafeln mit in Keilschrift verfassten Texten. Bisher sind über 500.000 Stück dieser Tontafeln gefunden wurden. Die Keilschrift, erfunden von den Sumerern, war ein zwischen 3400 v. u. Z. bis 100 n. u. Z. im Vorderen Orient genutztes Schriftsystem. Interessanterweise wurde die Keilschrift von verschiedenen Sprachgruppe verwendet. Der Text wurde mit Hilfe eines Griffels in den noch feuchten Ton einer kleinen Tontafel eingeritzt. aus diesem Grund sind große Mengen dieser Tontafeln und damit ihre Texte bis heute erhalten geblieben. Aus römischer Zeit sind viele Inschriften auf Münzen, Grabsteinen, miliaria (röm. Meilensteine) und Gebäude(-resten) bekannt, sowie Weiheinschriften auf Artefakten und Steinstelen. Auch in Mittelamerika wurden z. B. in der Maya- und Azteken-Kultur Schriftsysteme verwendet, die meist auf Steinstelen erhalten geblieben sind. Nicht zu vergessen sind natürlich die ägyptischen Hieroglyphen, die in verschiedenen Schriftsystemen des alten Ägyptens eingesetzt wurden. Diese Textquellen liegen oft als Inschriften auf Gebäuden und Objekten vor oder wurden auf Stein, Ton, Leder, Leine oder Papyrus niedergeschrieben.

## 4.1.2 Höhlenmalerei und Felskunst

Als Höhlenmalerei werden Bilder an Wänden oder Decken von Höhlen oder Abris (Felsüberhang bzw. Felsdach) bezeichnet; sie sind also Parietalkunst, d. h. „zur Wand gehörende Kunst". Die Höhlenmalerei gehört zur Felskunst, so wie auch Höhlenzeichnungen. Unter Höhlenzeichnungen werden gravierte Zeichnungen verstanden, d. h. eine Zeichnung, die durch das Einritzen von Linien in den Felsen entsteht und nicht durch das Auftragen von Farbe aus selbigem. Diese Zeichnungen bzw. Gravuren sind oft auf Steinen und Felsen unter freiem Himmel anzutreffen.

Der Großteil der europäischen Höhlenmalereien stammt aus dem Paläolithikum, also der Altsteinzeit, und wurden vom anatomisch modernen Menschen geschaffen. Es gibt aber auch Höhlenmalereien aus anderen, späteren Epochen.

In der prähistorischen Felskunst wurden hauptsächlich zwei Arten von Bildern geschaffen: abstrakte und figurative. Bei Letzteren handelt es sich i. d. R. um die naturalistische Abbildung von Tieren oder Jagdszenen. Besonders häufig sind Pferde, Rentiere, Bisons, Auerochsen, Rinder und Mammuts zu finden. Aber auch Landschaften oder Landschaftselemente wie Berge oder Flüsse treten auf. Der Mensch selbst wurde nur sehr selten dargestellt und dann meist stark stilisiert. Zu den abstrakten Darstellungen gehören Linien, Punkte, Symbole und Zeichen. Ihre Interpretation ist sehr schwierig, aber sie stellen den ältesten Typ der paläolithischen Kunst dar. Es sind noch monochrome und polychrome Bilder zu unterscheiden. Monochrome Bilder wurden nur mit einer Farbe erstellt, polychrome demnach mit mindestens zwei oder mehr Farben.

Was die Erschaffer der Bilder mit ihrer Kunst eigentlich ausdrücken wollten, wird uns wohl für immer verborgen bleiben. Eine rein dekorative Funktion kann ausgeschlossen werden, denn es gibt Belege dafür, dass diese Bilderhöhlen nicht von gemeinen Menschen, sondern von den Künstlern selbst bzw. von Personen bewohnt wurden, die bei rituellen und/oder religiösen Aktivitäten in und um die Höhle beteiligt waren. Man nimmt an, dass die Höhlenbilder von Schamanen aus zeremoniellen Gründen erstellt wurden. Allerdings gibt es kein einheitliches Muster und auch andere Theorien sind möglich. So ist auch nicht zu klären, ob die Bilder etwa eine vergangene reale Begebenheit darstellen oder ob sie einer Fiktion des Künstlers entstammen.

Die damals verwendeten Farben bestanden vorwiegend aus aus Mineralien. Für Schwarz wurde entweder Holzkohle oder Manganoxid verwendet, Rot-, Gelb- und Braun-tönen wurden aus Tonocker hergestellt. Die Farbpigmente (vgl. Band 3, Kap. III.8.2) wurden zu Pulver zermahlen und mit Blut, Urin, Pflanzensaft oder tierischen Fetten zu einer Paste vermengt, die auf den Felsen aufgetragen werden konnte.

In der Höhle von La Vache wurden sogar unter dem schwarzen Pigment der Bilder eine Schicht Holzkohle gefunden, was auf eine Vorzeichnung schließen lässt. Allerdings wurden sehr viel häufiger die Umrisse des Bildes mit einem Feuerstein in den Felsen geritzt und anschließend aus- bzw. übermalt. Als Malinstrumente wurden die eigenen Finger, der Mund (Sprühbilder), bürstenartige Pinsel aus Tierhaaren oder Pflanzenfasern, Blätter usw. verwendet. Schilfrohre oder ausgehöhlte Knochen wurden für Spritztech-niken eingesetzt. Es wurden über die Zeit ganz verschiedenen Techniken angewendet. Alleine in der Höhle von Lascaux konnten Archäolog:innen dutzende verschiedener Malstile differenzieren.

Für die Datierung von Felsbildern gibt es zwei Möglichkeiten. Zum einen kann die Malerei direkt mit Hilfe der Radiokarbonmethode datiert werden. Hierzu muss von dem auf den Felsen aufgebrachtem Pigment oder Holzkohle eine Probe genommen werden, was leider das Höhlenbild bzw. einen Teil davon zerstört. Zum anderen ist es auch möglich durch den Stil bzw. die stilistische Entwicklung der Bilder eine Datierung zu erarbeiten. Allerdings weichen die Ergebnisse beider Methoden oft voneinander ab, was unter anderem in der eher subjektiven Deutung des Stils begründet ist.

Wann die Höhlenmalerei genau ihren Anfang nahm, ist bisher nicht bekannt. Möglicherweise gibt es eine Verbindung zwischen ihr und dem erstmaligen Auftreten des modernen Menschen in Mitteleuropa in der Altsteinzeit. Allerdings gibt es auch aus anderen Regionen und Kontinenten Höhlenmalereien aus dieser Zeit. Die wohl ältesten Höhlenmalereien mit einem Alter von mindestens 43.900 Jahren stammt aus der Höhle von Leang Bulu' Sipong in Indonesien. Hier wurden Darstellungen von Tieren und Tier-Mensch-Mischwesen in dunkelrotem Pigment an die Wände gemalt. Europas älteste Höhlenmalerei stammt zum einen aus der El-Castillo-Höhle in Spanien (ca. 40.000 Jahre) und zum anderen aus dem eingestürzten Abri Castanet in Frankreich.

Der Hauptschwerpunkt der (steinzeitlichen) Höhlenmalerei liegt im Südwesten Frankreichs und in Nordspanien. In dieser Region sind allein über 300 Höhlen mit Malereien bekannt. Hier sind auch die wohl spektakulärsten Beispiele der Felskunst zu finden. Einige der wichtigsten Höhlen sollen hier genannt werden:

In der Lascaux-Höhle (ca. 19.000 v. u. Z., siehe Abb. 2.1, rechts) wurden bereits 1940 Höhlenmalereien aus dem Solutren und Magdalenien entdeckt. Es gibt insgesamt sieben Kammern mit über 2000 Bildern, darunter zahlreiche Abbildungen von Pferden und Auerochsen. Es gibt sogar Abbildungen von einem Einhorn und Vogelmenschen. In der 1994 entdeckten Chauvet-Höhle (ca. 30.000 v. u. Z.) wurden Kunst aus dem Aurignacian vorgefunden. In einem Teil der Höhle sind die meisten Bilder in Rot gehalten, im anderen sind die meisten Tiere in Schwarz abgebildet. Es gibt mehre Bildgruppen, darunter das sogenannte Panel der Löwen, das Panel der Nashörner und das Panel der Pferde. Mit Holzkohle und Ocker wurden in der 1922 entdeckten Pech-Merle-Höhle polychromen Scheckpferde auf die Wände gemalt. Diese Bilder stammen aus der Zeit um 25.000 v. u. Z. Aus der Altamira-Höhle in Spanien sind Bilder aus verschiedenen Phasen bekannt. Die älteste Abbildung stammt aus dem tiefsten Teil der Höhle. Es handelt sich um ein „klumpenförmiges" Symbol, dass in die Zeit von 34.000 v. u. Z. datiert wird. Die Bilder der letzten Phase stammen aus der Zeit um 15.000 v. u. Z. Bereits 1879 wurde die Altamira-Höhle entdeckt. Sie wird auch oft als „Sixtinische Kapelle der paläolithischen Kunst" bezeichnet. Grund dafür sind die sehr kunstvollen und großformatigen Wandbilder (siehe Abb. 2.1, links). In der sogenannten polychromen Kammer befinden sich an ihrer Decke 30 große Abbildungen von Tieren, hauptsächlich in Rot und Schwarz gezeichnete Bisons. Sie sind der Höhepunkt der Kunst des Magdaléniens im französisch-kantabrischen Raum. Aber auch auf anderen Kontinenten, wie etwa Südamerika, Asien, Australien oder Afrika, befinden sich Fundstellen mit Felskunst.

Neben den Höhlenbildern wurden auch Reliefskulpturen gefunden, wie z. B. die Venus von Laussel (ca. 23.000 v. u. Z.) oder sogenannte Basreliefskulpturen im Lausselfelsenschutz bei Lascaux.

### 4.1.3 „Zeichencodes" am Beispiel der Gefäßverzierungen der Bandkeramik

In der Archäologie begegnen uns immer wieder „Codes". Gemeint sind Zeichen und Symbole deren Bedeutung sich den Archäolog:innen nicht direkt erschließen. Treten sie gehäuft bzw. regelhaft auf, kann man dies als Indiz für die Wichtigkeit des Codes für die damaligen Nutzer bzw. Erschaffer sehen und dafür, dass ihr Auftreten kein Zufall oder singuläres Ereignis ist. Die Erscheinungsform dieser Codes können sehr unterschiedlich sein. Sie sollten aber grundsätzlich von den Höhlenmalereien unterschieden werden, da diese zum einen (abgesehen von einigen Ausnahmen) von ihrer Visualität anders sind und auch nicht so abstrakt. Die Bedeutung der Höhlenbilder bzw. das, was sie aussagen sollen, mag nicht auf der Hand liegen, aber ein gezeichnetes Tier kann als solches erkannt werden.

Im Folgenden sollen am Beispiel der jungsteinzeitlichen Keramik die Aussagemöglichkeiten dieser Codes kurz dargestellt werden. Gerade die mitteleuropäische jungsteinzeitliche Keramik grenzt sich durch ihre Verzierungsmuster recht deutlich von der Keramik anderer Zeitstufen ab. Fast jede neolithische Kultur hat ihre eigenen Verzierungsart, wodurch die Keramik praktischerweise für Archäolog:innen relativ einfach grob datierbar wird. Nur wenige neolithische Kulturen haben keine oder kaum Verzierungen auf den Gefäßen. Gerade der sehr gute Forschungsstand zur Linearbandkeramischen Kultur[1] ermöglicht hier tiefere Einblicke. Die bandkeramischen Gefäße weisen drei verschiedenen Verzierungsarten (sofern alle gleichzeitig vorhanden sind) auf. Die Verzierungen werden bei der Herstellung der Gefäße in den noch weichen bzw. feuchten Ton geritzt oder gestochen. Bei den Verzierungen handelt es sich um die Randverzierung und die sogenannten Bandmuster, die für diese Kultur namensgebend und besonders charakteristisch sind. Nun gibt es aber noch die sogenannten Zwickelmuster. Diese abstrakten Muster bestehen meist aus Stichen oder kurzen Linien und werden in den Zwickeln (daher Zwickelmuster), also dem freien Raum zwischen den geschwungenen Bandmustern, angebracht (siehe Abb. 4.1).

Nun haben die Forschungen zwei Ebenen der Aussage zu diesen Verzierungen ergeben. Die Bandmuster und wohl auch die Randverzierungen sind das charakteristische der Bandkeramik und weisen eine nicht so große Varianz (rund 270 bekannte Typen) auf wie die Zwickelmuster. Außerdem konnte eine gewisse chronologische Tiefe dieser Muster festgestellt werden, wobei sich die Bandmuster von einfachen zum komplexeren Typen entwickeln. Anhand dessen kann ein Gefäß in die frühe, mittlere oder junge Bandkeramik datiert werden. Die Bandmuster können vermutlich eher als ein allgemeiner Ausdruck wie etwa „Das sind wir" oder „Wir gehören zusammen" gesehen werden.

Bei den Zwickelmustern verhält es sich genau entgegengesetzt. Die Varianz der Typen ist enorm, es sind knapp 900 unterschiedliche Typen bekannt und durch die weitere Bearbeitung neuer und Aufarbeitung bereits bekannter Fundstellen erhöht sich ihre

---

1 Linearbandkeramische Kultur, kurz „LBK", erste bäuerliche Kultur in Mitteleuropa mit festen Häusern und Ackerbau).

**Abb. 4.1:** Das Zwickelmuster (drei horizontale Linien mit kurzen Querstrichen an den Enden und in der Mitte) befindet sich i. d. R. im Zwickel zwischen dem geschwungenen Band. (Quelle: Wikipedia, CC3.0, Autor: Willow)

Anzahl weiter. Diese Zwickelmuster drücken offenbar eine gewissen Individualität aus. Es treten in einer Siedlung meist mehrere Typen gleichzeitig auf und sie bilden dort räumliche Schwerpunkte. So treten manche Typen in nur einem Haus auf, manche in mehreren, aber nur sehr selten tritt ein Typ in allen Häusern einer Siedlung auf. Außerdem sind bestimmte Typen in mehreren Siedlungen anzutreffen. Anhand von datierten Befunden konnte man feststellen, dass die Typen „wandern". D. h. konkret: Es gibt innerhalb einer Siedlung Typen, die nach einer oder mehreren Generationen von Haus zu Haus wandern. Aber auch zwischen den Siedlungen lässt sich derartiges feststellen. So ist z. B. Typ Y in der mittleren Bandkeramik in der Siedlung A anzutreffen und in der darauffolgenden jüngeren Bandkeramik in einer benachbarten Siedlung. Hierzu gibt es die recht stimmige Theorie, dass die Zwickelmuster ein Zeichen einer bestimmten Familie darstellen und durch die weibliche Linie weiter gegeben werden. Sprich: Die Mutter in Haus A gibt den Zeichencode an ihrer Tochter weiter und als diese einen Partner findet und in sein Haus umzieht nimmt sie das Familienzeichen mit. Durch die sehr umfangreichen Datenbasis zu diesen Verzierungen bzw. Codes können Netzwerkanalysen durchgeführt werden. Hierbei werden Verbindungen innerhalb einer Siedlung aber auch Verbindungen in ganzen Siedlungsnetzwerken sichtbar. Das Beispiel macht deutlich, dass bei einer entsprechenden Datenbasis auch ein immaterielles „Artefakt" wie eine Verzierungscode durchaus Aussagen zur Lebensweise damaliger Kulturen ermöglichen kann.

## 4.2 Materielle Quellen

### 4.2.1 Archäobotanische und dendrochronologische Quellen

Pflanzliche Reste aus archäologischen Zusammenhängen werden in der Archäobotanik untersucht. Hierbei handelt es sich z. B. um Pollen, Samen, Früchte oder auch um Holzstücke. Diese Reste könne aus Ausgrabungen oder auch aus Untersuchungen von Mooren, Seesedimenten oder anderen Bodenuntersuchungen stammen. Wobei zu beachten ist, dass sich Pflanzenreste nur selten und nur unter bestimmten Bedingungen erhalten, da sie i. d. R. sehr schnell zerfallen bzw. abgebaut werden. Verkohlte oder mineralisierte Pflanzenreste erhalten sich in trockenen Sedimenten, während im feuchten Sediment, wie in Seen, Latrinen oder Brunnen, neben verkohlten auch unverkohlte Pflanzenreste erhalten bleiben können. Grundsätzlich sind die Erhaltungsbedingungen für organisches Material immer dann gut, wenn die Umgebung entweder trocken, feucht bzw. nass, kalt oder gefroren ist, oder durch Hitze umgewandelt wurde. Diese Reste müssen dabei gar nicht direkt mit der Hitzequelle oder Feuer in Kontakt gekommen sein. So können sie sich auch in versteinerten oder getrockneten Backwaren oder Speiseresten erhalten haben.

Problematisch ist allerdings die sehr geringe Größe der Pflanzenreste, so dass sie bei Ausgrabungen oft noch gar nicht sichtbar sind. Meist weisen sie nur eine Größe von wenigen Millimetern oder sogar noch weniger auf und werden erste bei der Probenaufbereitung im Labor und dann auch meist nur unter dem Mikroskop sichtbar.

Daher handelt es sich entweder um Zufallsfunde oder aber Funde aus gezielt genommenen Bodenproben aus entsprechenden Schichten. Diese Bodenproben werden dann im Labor gesiebt, durchgeschlämmt und/oder flotiert, um die organischen Reste vom mineralischen (Boden-)Material zu trennen. Die so gewonnen Pflanzenreste werden anschließend unter dem Mikroskop untersucht und bestimmt. Zu unterscheiden sind Makro- und Mikroreste. Bei den Makroresten handelt es sich um Samen, Früchte, Holzreste wie auch Holzkohle, Fasern, Bast, Harz usw. Zu den viel kleineren Mikroresten gehören Pollen und Sporen.

Mittels dieser Reste können die Ernährungsgewohnheiten, Anbaumethoden, die Vegetations-, Siedlungs- und Agrargeschichte erforscht und rekonstruiert, wie auch die Klima- und Umweltbedingungen nachgezeichnet werden. Besonders die Wechselbeziehungen zwischen Mensch und Pflanze sind hierbei interessant. Aber nicht nur für die Ernährung relevante Pflanzenreste sind für die Archäologie bedeutsam, sondern auch solche die bei anderen Aktivitäten entstanden bzw. angefallen sind, wie z. B. bei der Textil- und Holzverarbeitung, der Nutzung von Heilpflanzen, Viehfutter, Flechterei usw.

Seit je her sind Pflanzen eine elementare Grundlage für die Ernährung des Menschen. Bis zum Neolithikum wurden das genutzt, was vorhanden war, aber nicht aktiv diese Ressource verbessert. Erst seit der sogenannten neolithischen Revolution begann der Mensch damit Pflanzen anzubauen, zu züchten, zu selektieren und zu ernten. Dadurch gehörten diese Pflanzen zum ständigen Begleiter des Menschen und gelangten so bei seinen täglichen Arbeiten auch in den Siedlungsabfall.

Ein Glücksfall für die Archäologie sind die sogenannten Seeufersiedlungen. Hier haben sich im sauerstoffarmen Seesediment neben den Pfahlresten der Häuser oft auch große Mengen an organischem Material, pflanzlich wie auch tierisch, erhalten.

Sofern eine Holzprobe groß und ausreichend genug erhalten und eine bestimmte Mindestanzahl an Jahresringen erkennbar ist, kann sie mittels der Dendrochronologie zur Datierung herangezogen werden. Die Einzelheiten des Verfahrens werden im Kapitel 5.3.3 dargelegt.

### 4.2.2 Anthropologische Quellen

Menschliche Überreste sind für die Archäologie ein direktes Fenster in die Vergangenheit, da sie sich hier direkt mit dem Menschen der damaligen Zeit auseinandersetzt.

---

**Ethische Aspekte**

Nicht unerwähnt darf hier der ethische Aspekt bleiben, denn auch wenn Menschenknochen nur eine der vielen Fundmaterialien in der Archäologie darstellen, so handelt es sich hier immer noch um die Überreste von Menschen, die mit entsprechendem Respekt behandelt werden sollten. Gerade im musealen Zusammenhang ist die Präsentation von Gebeinen nicht immer unproblematisch, wie z. B. bei Massengräbern wie die Ausstellung des Massengrabs von Lützen aus dem dreißigjährigen Krieg in der Ausstellung „Krieg"[2], ein beeindruckendes wie auch aufwühlendes Objekt. Noch problematischer wird die Situation bei menschlichen Überresten aus der Kolonialzeit.

---

Grundsätzlich können Menschenknochen auf das Alter des Individuums, Größe, Geschlecht, Erkrankungen, Ernährung und Lebensweise und bei einer entsprechend guten Erhaltung auch auf Verwandschaftsverhältnisse untereinander untersucht werden. Über die Strontiumisotopenanalyse von Zahn- oder Knochenmaterial sind sogar Aussagen zur Migration möglich, d. h. man kann feststellen an welchen Orten sich ein Mensch eine bestimmte Zeit lang aufgehalten hat. Abhängig vom geografischen Ort wird Strontium in unterschiedlichen Isotopenverhältnissen mit der Nahrung aufgenommen und in Knochen und Zähnen eingelagert.

Ein Großteil der menschlichen Knochen stammt aus Bestattungen. Allerdings gibt es noch andere Befundkategorien, in denen auch Menschenknochen gefunden werden. So z. B. auf ehemaligen Schlachtfeldern, bei und unter Richtstätten, Grabenwerken der Bandkeramik oder in Siedlungen.

Die Fundzusammenhänge geben Hinweise auf die Art des Umgangs mit den Verstorbenen bzw. menschlichen Überresten. Während bei Körperbestattungen im Allgemeinen

---

2 https://www.landesmuseum-vorgeschichte.de/sonderausstellungen/ausstellungsarchiv/krieg (Abruf: 09.09.2024)

der komplette Knochenapparat beigesetzt wurde, treten auf Schlachtfeldern oft auch nur die Knochen von Körperteilen auf. So auch bei Richtstätten, wo die Körper bzw. Körperteile der Hingerichteten an Ort und Stelle beigesetzt bzw. verscharrt wurden. Am Knochenmaterial sind Spuren der Richtwerkzeuge zu finden, manche Halswirbel zeigen z. B. das der Scharfrichter bei der Enthauptung mehrfach ansetzen musste. In Siedlungen treten Schädel in den Wänden als Bauopfer oder im Fußboden der Häuser komplette Kinderskelette auf. In Grabenwerken der Bandkeramik finden sich rituell deponierte menschliche Überreste wie auch ganze Körperskelette. Auch weisen diese Knochen oft Schnittspuren auf, die auf eine rituelle Behandlung hindeuten können. In anderen Zusammenhängen sind Spuren von Ritual- wie auch Ernährungskannibalismus festzustellen.

### 4.2.3 Archäozoologische Quellen

Knochen von Tieren geben nicht nur Auskunft über die Tierarten einer bestimmten Zeit, sie ermöglichen auch Rückschlüsse zu Ihrer Nutzung durch den Menschen. Knochenreste können sich über Jahrtausende im Boden erhalten und stammen im archäologischen Kontext zumeist aus den Abfallgruben von Siedlungen, die bei Ausgrabungen freigelegt werden.

Die Tierknochen werden hinsichtlich Tierart, Alter, Geschlecht, Größe und mögliche Erkrankungen untersucht. So ergibt sich zunächst ein Bild der Artenzusammensetzung, die zu der Zeit, in der ihre Reste in den Abfallgruben entsorgt wurde, lebten. Allerdings muss dabei berücksichtigt werden, dass es sich hier um eine Selektion durch den Menschen handelt. Diese Auswahl gibt Hinweise auf die Art der Subsistenz der Menschen. Wurden Wildtiere gejagt (und wenn ja, welche) oder domestizierte Tiere wie Schafe, Schweine, usw. verarbeitet? Bei domestizierten Tierarten ergeben sich noch Hinweise auf die Art der Nutzung. Bei der Gewinnung von Fleisch findet man vorwiegend Jungtiere im Schlachtabfall, bei einer vorwiegenden Nutzung der Wolle, Milch oder Arbeitskraft (z. B. als Zugtiere) weist der Schlachtabfall mehr ausgewachsene Individuen auf.

Aus Knochen wurde außerdem Werkzeuge (Nadeln, Meißel, Pfrieme etc.), Waffen (Pfeil- und Speerspitzen etc.) und andere Gegenstände wie Schmuckstücke, Musikinstrumente (z. B. Flöten), Spielzeug usw. hergestellt. Weitere tierische Überreste wie Hörner, Geweihe, Häute, Felle und Sehnen sind ebenfalls für den Menschen wichtige Rohstoffe. Letztere erhalten sich allerdings sehr selten im archäologischen Zusammenhängen, während Hörner und Geweihe recht gute Erhaltungswahrscheinlichkeiten aufweisen.

Sind die Knochen stark zerstückelt, handelt es sich meist um Schlachtabfälle bzw. Reste von Mahlzeiten. Schnitt- und Schlagspuren auf den Knochen lassen Rückschlüsse auf die verwendeten Werkzeuge, die Art der Tötung des Tieres (Jagd oder Schlachtung), wie auch auf die Art der Verwertung des Tieres bzw. seiner Knochen. Schnittmarken weisen z. B. auf das Entfleischen hin, während zertrümmerte Langknochen mit der Gewinnung des Knochenmarks zusammenhängen. Brandspuren an den Knochen geben

Hinweise auf die Zubereitung von Fleisch, Brandkatastrophen oder das Verbrennen als Opfergabe.

Im rituellen Kontext treten aber auch nicht verbrannten Knochen von Pferden und Hunden auf, die dem Verstorbenen z. B. als Begleiter, als Zeichen seines Standes usw. mit ins Grab gegeben wurden. Bestimmte Knochen, wie Langknochen mit viel Fleisch oder Rippen, deuten auf Speisebeigaben hin. Tierzähne, Anhänger aus Knochen oder Geweih und Armbänder aus Muscheln sind weitere mögliche Grabbeigaben.

In Siedlungen wurden Tiere bzw. Teile davon als Bauopfer deponiert. So hat man Schweine unter den Herdstellen und Hunde unter der Türschwelle vergraben oder Hirschschädel im Mauerwerk verbaut.

### 4.2.4 Metallurgische Quellen

Die ältesten Spuren der Metallverarbeitung stammen aus der Zeit von vor 10.000 Jahren in Westasien. Allerdings hat sich die Metallverarbeitung an verschiedenen Orten auf der ganzen Welt zu verschiedenen Zeiten unabhängig voneinander entwickelt. In Mitteleuropa lassen sich die ersten Metallfunde aus Kupfer in das Jungneolithikum (ca. 4300-3800 v. u. Z.) datieren. Neben Kupfer treten noch die Metalle Bronze, Eisen und Gold im archäologischen Kontext auf. Metallfunde erhalten sich im Boden nur unter sehr günstigen Bedingungen, abhängig von der Art des Metalls. Eisen z. B. vergeht durch Korrosion recht schnell, während Kupfer sich wesentlich besser im Boden erhält.

Neben der allgemeinen archäologischen Bearbeitung (Typologie, Verbreitung, Fundzusammenhänge usw.) werden Metallfunde noch eingehender im Rahmen der Metallurgie bearbeitet (vgl. Band 3, Kap. III.4.3). Hier liegt der Fokus auf der Art der Metallgewinnung und -verarbeitung als auch auf der Feststellung der Herkunft des Metalls.

Über spezielle Analyseverfahren wie z. B. Bleiisotopenanalyse oder die Spurenelementanalyse, können die Lagerstätten des Rohmaterials bestimmt werden. Anhand dieser Hinweise können durch weitere Untersuchungen Handels- oder Austauschwege des Rohmaterials rekonstruiert werden, die Art des Kontaktes bzw. der Handelsbeziehungen von verschiedenen Gruppen untereinander.

Die Erforschung der Gewinnungs- und Verarbeitungsverfahren von Metallen ist nicht nur für die Technikgeschichte an sich interessant, da sie ein wesentlicher Teil der Kultur ist. Die Höhe der Metallverarbeitung gibt nicht nur einen Hinweis auf die chronologische Zeitstellung des Fundes (Kupfer-, Bronze-, Eisenzeit), sondern auch einen Einblick in die kulturelle Entwicklung der sie nutzenden Menschen und in welchen sozioökonomischen Zusammenhängen und Traditionen diese eingebettet sind. Zu beachten ist, dass sich Kultur und Technik wechselseitig beeinflussen.

### 4.2.5 Feuerstein und Felsgestein

Artefakte aus Stein erhalten sich im archäologischen Kontext sehr gut und können Millionen von Jahren überdauern. Bei dieser Fundgattung muss zwischen Felsgestein und Feuerstein unterschieden werden. Aus beiden wurden hauptsächlich Werkzeuge hergestellt. Aus Feuerstein vor allem solche mit einer schneidenden oder schabenden Funktion, aus Felsgestein meist Mahlsteine oder auch Beilklingen. Es entwickelte sich eine ganze Reihe an verschiedenen Feuersteinwerkzeugen, die alle einem speziellen Zweck dienten, wie z. B. Pfeilspitzen, Klingen, Schaber, Kratzer, usw. Das Werkzeugspektrum variiert je mach Zeitstellung und Kultur.

Gerade die Bearbeitungstechniken für Feuerstein zeigen bereits ab dem Paläolithikum, welche kognitiven Fähigkeiten nötig waren, um solch z. T. sehr komplexen Werkzeuge herzustellen. Ein genaues Verständnis des Werkstoffes und der Bearbeitungstechniken war essenziell wichtig.

Die Anteile der verwendeten Feuersteinmaterialien können Hinweise auf die chronologische Stellung des Fundplatzes geben. So wurden in bestimmten Zeiten, aber auch Kulturen bestimme Rohrmaterialien bevorzugt. Da Feuerstein nicht überall zugänglich war, entwickelten sich mancherorts Austauschnetzwerke über die Rohknollen, halbfertige und auch fertige Werkzeuge ausgetauscht und/oder verhandelt wurden. Diese Netzwerke könne Hinweise auf die Kommunikation und das Verhältnis von Kulturen und Siedlungen zueinander geben.

Auch die Felsgesteine können Hinweise auf die Zeitstellung eines Fundplatzes liefern, sowohl die Art der Werkzeuge als auch die des verwendeten Rohmaterials. Auch für Felsgesteine existierten in manchen Kulturen Austauschnetzwerke, wenn auch nicht so komplexe, wie die für Feuersteine.

Anders bei den Rohmaterialien für die Felsgesteinbeile, auch Dechsel genannt. Die dafür benötigten Rohmaterialien waren zur damaligen Zeit nur schwer bzw. nur an wenigen Orten zugängliche.

### 4.2.6 Keramik

Eine der wichtigsten und umfassendsten Fundgattungen sind Artefakte aus Ton. Der Großteil der Funde sind Gefäße bzw. Gefäßreste. Aber auch andere Objekte aus Ton, wie etwas Amulette, Idole usw. wurde daraus hergestellt. Die bisher älteste Keramikfigur stammt aus der Altsteinzeit. Es ist die jungpaläolithische Venus von Dolní Věstonice (siehe Abb. 4.2) sowie mehrere andere Tierfiguren, ca. 25.000 bis 29.000 Jahre alt. In Mitteleuropa ist gebrannte Keramik (vgl. Band 3, Kap. III.3.2) ab dem Neolithikum (Jungsteinzeit, Beginn: 5600/5500 v. u. Z.) regelhaft anzutreffen und bildet bis in die Neuzeit eine der wichtigsten Materialgattungen zur Gefäßherstellung.

Der deutsche Archäologe und Hochschullehrer Alexander Conze bezeichnet schon vor 120 Jahren die Keramik als „Leitfossil der chronologischen Archäologie" (Momm-

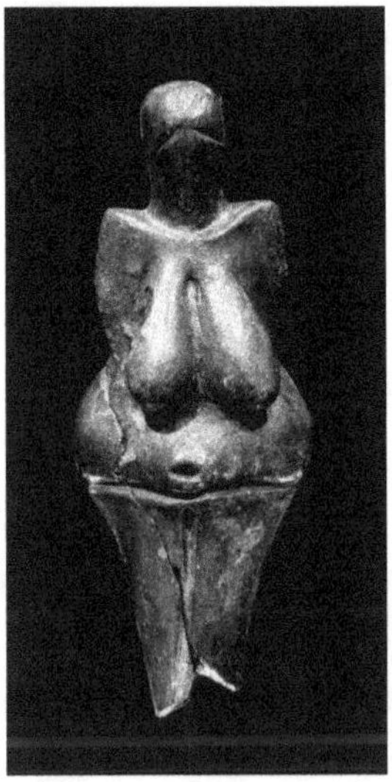

**Abb. 4.2:** Venus von Dolní Věstonice (Quelle: Wikipedia, CC2.5, Autor: Petr Novák)

sen 2007, S. 179). Nahezu jede archäologische Kultur hat ihr eigenes, ganz spezifisches „Service" an Keramikgefäßen. Gerade für die Jungsteinzeit stellen Keramikgefäße eine elementar wichtige Fundgattung dar, da über die Art, Ausprägung und Verzierung der Gefäße ein Großteil der neolithischen Kulturen definiert wird. Jede Kultur hat ihr ganz eigenes „Set" an Gefäßformen und Verzierungen.

In vielen Epochen weisen die Gefäßformen und -verzierungen eine zeitliche Tiefe auf und können so auch zur Datierung herangezogen werden. Auch bergen Keramikgefäße bzw. die auf ihnen angebrachten Verzierungen eine soziale Komponente. So dienten sie z. B. zur Identifikation einer Gruppe wie auch zur Abgrenzung gegenüber anderen Gruppen. Für die Bandkeramik z. B. kann angenommen werden, dass es Familien gab, die ihre eigenen Muster hatten und diese über die Linie der Frauen in die nächste Generation weitergegeben wurde, und dies auch, wenn die Frau aufgrund einer Partnerschaft in einen anderen Haushalt zog (vgl. Kap. 4.1.3).

Über die Spurenanalyse des Rohmaterials können seine Lagerstätten lokalisiert werden und damit Hinweise auf Netzwerke und Verbindungen zwischen Rohmaterialquelle, Produktions- und Nutzungsstätte liefern. Dies trifft z. B. für die in römischer Zeit in Mitteleuropa weit verbreitete Terra sigilata zu. Hier konnten bereits, mit unterschiedlichen Mitteln, verschiedenen Produktionsstätten lokalisiert werden. Das im Neolithikum verwendete Tonrohmaterial für die Herstellung von Keramikobjekten stammte hingegen meist aus lokalen Vorkommen. Hinweise darauf, dass Ton im mitteleuropäischen Neolithikum verhandelt oder ausgetauscht wurde, gibt es bisher nicht.

Keramikartefakte geben außerdem Auskunft über die eingesetzten Herstellungstechniken, wie z. B. das Brennverfahren, der Aufbau bzw. das Formen der Gefäße usw. Diese Techniken zeigen wiederum den technologischen Stand einer Kultur.

Anhand von Gebrauchsspuren, Kratzer, Rußrückstände etc., an bzw. auf den Gefäßen kann auf ihre Verwendung geschlossen werden. Die Analyse von Rückständen aus dem Inneren der Gefäße, wobei es sich oft um Nahrungsrückstände handelt, gibt wertvolle Hinweise auf Ernährungsgewohnheiten.

## 4.3 Achäologische Quellen

### 4.3.1 Der Fund

Der archäologische Fund ist das Kernstück der archäologischen Forschung. Unter einem Fund versteht man ein Artefakt, einen einzelnen beweglichen physischen Gegenstand wie eine Keramikscherbe, eine Münze oder eine Pfeilspitze aus Metall. in der Regel werden solche Funde bei ordentlichen Ausgrabungen oder Prospektionen gefunden und geborgen.

---

**Begriffserklärung: Artefakt**

Wichtig hierbei ist, dass ein *Artefakt* ein vom Menschen hergestellter, genutzter oder modifizierter Gegenstand ist. Im Vergleich dazu gibt es noch *Geofakte*, durch Naturkräfte bearbeitete Steine, und *Biofakte*, unter denen man die Überreste von Lebewesen versteht.

---

Allerdings ist das Fundstück alleine meist nur wenig aussagekräftig. Erst in Kombination mit den Fundumständen ergeben sich konkrete Aussagen zum Objekt und seiner Bedeutung. Daher ist die genaue Dokumentation der Fundumstände enorm wichtig. Hierzu gehören vor allem der genaue Fundort, die Vergesellschaftung des Funds, ob der Fund „in situ", d. h. in seiner ursprünglichen Lage gefunden wurde oder ob sein Lagerort gestört wurde, z. B. durch einen Pflug etc. Die Fundumstände lassen sich unter dem Begriff *Befund* zusammenfassen. Siehe dazu das nächste Kapitel. Es ist einleuchtend, dass ein bei einer systematischen Ausgrabung gemachter und penibel dokumentierter Fund i. d. R. eine höhere Aussagekraft hat, als ein Zufallsfund in der Schaufel eines Baggers auf einer Baustelle. Bei einem Keramikgefäß z. B. könnten noch Aussagen zur handwerklichen Technik seiner Herstellung gemacht werden aber alle anderen Informationen sind verloren. Gerade aus diesem Grund ist die Raubgräberei und das illegale Sondengehen wissenschaftlich und archäologisch katastrophal, denn die Informationen, die ein Fund hätte geben können, sind dabei vernichtet worden.

### 4.3.2 Der Befund

Im Gegensatz zum dinglichen Fund, einem realen Objekt, ist der Befund eine abstrakte Einheit. Er bezeichnet ein bei einer Ausgrabung oder Bergung festgestellten Umstand. In der archäologischen Praxis sind dies die genauen Fundumstände bzw. der Fundkontext des Befunds. Oft handelt es sich bei einem Befund um eine bei einer Ausgrabung gefundenen Struktur, wie eine Grube, eine Mauer, die Verfärbung des Bodens durch früher vorhandene Holzpfosten (sogenanntes Pfostenloch), ein Grab oder ein Hausgrundriss.

Ein Befund ist in der Regel, im Gegensatz zum Fund, nicht beweglich. Erst der Befund und sein Kontext geben ihm und den darin enthaltenen Funden ihre wissenschaftliche Bedeutung und Aussagekraft. Hierzu ist eine detaillierte Dokumentation unabdinglich. Eine nachträgliche Rekonstruktion der Fundumstände ist so gut wie nie möglich, da eine Ausgrabung einen Eingriff in den Befund darstellt und damit auch die Zerstörung der Befunde bedeutet. Die Befundaufnahme mittels Zeichnungen, Fototechniken, Beschreibungen und mitunter auch mit 3D-Laserscanning und seine Interpretation stellt einen komplexen Vorgang dar, für den archäologisches Fachwissen und Erfahrung nötig sind. Die Dokumentation stellt die Grundlage für die weiteren wissenschaftlichen Arbeiten und Auswertungen im Sinne einer Rekonstruktion der vorgefundenen Umstände dar.

Zum Fundkontext gehören Informationen zum genauen Fundort, in welcher Bodenschicht bzw. an welcher Position der vorliegenden Stratigrafie (also in welcher Schicht des Erdreichs) der Fund bzw. Befund gemacht wurde, wie der Befund entstanden ist, wie die Funde in den Boden gelangten, die Vergesellschaftung der im Befund vorgefundenen Objekte, ob der Fund in situ, d. h. in seiner ursprünglichen Lage gefunden wurde oder ob sein Lagerort gestört wurde usw.

Um einen Befund richtig anzusprechen, bedarf es neben genauen archäologischen Kenntnissen auch Wissen in der Geologie und Bodenkunde. Einer der häufigsten archäologischen Befunde ist eine Grube, also ein Loch im (vorgeschichtlichen) Boden, dass im Laufe der Zeit wieder verfüllt wurde. Diesen (vor-)geschichtlichen Bodeneingriff können Archäolog:innen anhand der Sediment- und Farbunterschiede erkennen. Die Form des Befunds bzw. der Grube, seine Tiefe unter der Bodenoberfläche, die Art und Weise wie die Grube verfüllt wurde und die Füllung selbst liefern wichtige Informationen, um den Befund in seiner Funktion und Zeitstellung zu interpretieren.

Befunde lassen sich in obertägig sichtbare und obertägig unsichtbare Befunde unterscheiden. Obertägige Befunde sind solche, die sich auf der Erdoberfläche befinden bzw. dort heute noch sichtbar sind, wie z. B. Mauern, Grabhügel, Häuser, Sakralbauten usw. Als obertägig unsichtbare Befunde werden solche bezeichnet, die heute nicht sichtbar sind und sind noch im Boden befinden. Dies können z. B. Horte, Gräber, Mauerreste, Straßen, Hausgrundrisse usw. sein, also Anlagen, die vom Menschen im Boden angelegt wurden. Häufig sind auf einem Areal Befunde unterschiedlicher Zeitstellungen anzutreffen, die erst durch die archäologische Bearbeitung der jeweiligen Zeitstellung dem richtigen Kontext zugeordnet werden können.

### 4.3.3 Lesefunde

Unter Lesefunden versteht man Artefakte und andere archäologisch relevante Objekte, die ohne technischen Aufwand auf der Erdoberfläche gefunden werden. Dies kann rein zufällig oder auch mit System geschehen, wie z. B. bei einer systematischen Feldbegehung.

Der klassische Lesefund wäre z. B. eine Münze oder Keramikscherbe auf einem Acker oder Feld. Solche Funde lagerten ursprünglich unter der Erde, aber infolge der Durchwühlung des Sediments durch den Ackerpflug werden Teile von archäologischen Funden und Befunden an die Oberfläche befördert.

Die Aussagekraft eines einzelnen Lesefunds an sich ist begrenzt, da er durch die Fundumstände aus einem Befundzusammenhang gerissen wurde, also nicht mehr in situ lag, und so viele Informationen verloren gingen. Allerdings kann die sorgfältige Kartierung von vielen Lesefunden Hinweise auf die Lage von Bodendenkmälern oder größeren Befunden liefern. So legt eine Häufung von Münzfunden auf einem relativ kleinen Raum auf einem Acker die Vermutung nahe, dass hier ein Münzdepot oder Hortfund vom Pflug angeschnitten und teilweise in Pflugrichtung auf dem Acker „verteilt" wurde. Durch einen gezielt angelegten Suchschnitt kann diese Hypothese überprüft werden.

### 4.3.4 Hort- und Depotfunde

Horte bzw. Depots sind gezielte Niederlegungen von Objekten. Meist handelt es sich um Gegenstände von höherem Wert, die für einen bestimmten Zeitraum verborgen aufbewahrt und später wieder abgeholt werden sollten. Es kann sich um ein einzelnes oder mehrere Objekte handeln, die aber alle zum selben Zeitpunkt niedergelegt wurden. Sie sind aber von Grabbeigaben oder Siedlungsfunden zu unterscheiden. Die Objekte wurden meist vergraben oder versenkt. Wichtig ist auch der intentionelle Charakter dieser Befundgattung im Unterschied zu verlorenen Objekten.

Offensichtlich wurden nicht alle Horte bzw. Depots vom ursprünglichen Besitzer wiedergefunden oder abgeholt und haben sich so durch die Zeit erhalten. Es gibt verschiedene Thesen, warum solche Depots angelegt wurden. Möglicherweise hat der Besitzer ihn in unsicheren Zeiten angelegt, um die für ihn wertvollen Objekte zu verstecken und sie so vor Dieben und Plünderern zu bewahren, was einem Verwahrfund entspricht.

Bei einem Rohstoffdepot hat ein Händler oder Handwerker hat ihn als Waren- bzw. Vorratsdepot angelegt. Für einige Horte bzw. Depots ist auch ein sakraler Niederlegungsgrund anzunehmen, wie ein Opfer an eine übergeordnete Instanz. Die Interpretation eines Hort- oder Depotfunds ist allerdings sehr von den gegeben (Befund-)Umständen abhängig und individuell.

Kann man bei einem Hort- oder Depotfund von einem geschlossenen Fund ausgehen, besitzt er einem besonderen archäologischen Wert. Trifft dies auf den Fund zu, so ist der Inhalt des Horts/Depots für die Erstellung einer relativen Chronologie wichtig, da sein Inhalt die Gleichzeitigkeit von verschiedenen Objekten belegt (abgesehen vom Problem des „Erbstücks"). Außerdem gibt er Hinweise z. B. auf Herstellungstechniken, Trachtenensembles oder soziale Ereignisse. So kann ein Anstieg von Horten zu einer bestimmten Zeit als Indiz auf eine sozial-gesellschaftliche Krise interpretiert werden, in der die Besitzer der Horte versuchten, ihre Wertgegenstände zu verstecken und so durch eine unsichere Zeitspanne zu bringen.

### 4.3.5 Siedlungen

In einer Siedlung kommen viele Quellengattungen zusammen, was nicht verwundert, ist sie doch in der Regel der Lebensmittelpunkt eines Menschen. Der Verbund von Haus-/Unterkunftsbefunden, Mauern, Zäunen, Gräben und Speicherbauten definiert eine Siedlung. Wobei die Aufenthaltsdauer zwischen einigen Tagen bis zu mehreren Jahrtausenden reichen kann. Auch ein singuläres Gebäude wird als Siedlung gesehen, z. B. in Form eines Einzelhofs. Entscheidend ist, dass die Struktur vorrangig dem Wohnen diente.

Neben den archäologischen Aussagen der einzelnen Quellengattungen (Häuser, Gruben, usw.) liegt bei der Analyse einer Siedlung der Fokus auf den Zusammenhängen der einzelnen Befunde zueinander. So können z. B. aus dem Aufbau einer Siedlung und/oder aus der Lage und Ausrichtung der Häuser zueinander Aussagen zur Sozialstruktur der Siedlung getroffen werden. War die dort ansässige Gesellschaft eher egalitär oder hierarchisch strukturiert? Bei letzterem wären Gebäude oder Zonen mit zentraler Funktion (Versammlungshaus, Palast, Dorfplatz usw.) zu erwarten. Weitere Gebäude bzw. Zonen wären Speicherbauten, Brunnen, Werkstätten, Verwaltungsgebäude usw. Die Größe und Struktur der Häuser kann Hinweise auf die Anzahl der Bewohner, die meist als Familie interpretiert werden, geben, wodurch sich die Siedlungsgröße bzw. Anzahl aller Siedler rekonstruieren lässt.

Zusätzlich zur inneren Struktur einer Siedlung muss auch der naturräumliche Kontext, in dem die Siedlung errichtet wurde, berücksichtigt werden. So wird die Entwicklung einer Siedlung an einer Furt oder anderem Verkehrsknotenpunkt, der sich meist aus der naturräumlichen Lage ergibt, anders verlaufen als die einer Siedlung am Bergfuß am Ende eines Tals. Des Weiteren ergeben sich noch politische und soziale Einflüsse durch benachbarte Siedlungen. Befindet man sich mit dem Nachbarn mehr oder weniger im Einklang, lassen sich z. B. Hinweise auf Handel oder Heiratsverbindungen finden, fortifikatorische Einrichtungen wie Wälle oder Palisaden deuten auf eine eher feindlich gesinnte Nachbarschaft.

Durch die Analyse aller Siedlungsbefunde, Einflüsse und naturräumlichen Gegebenheiten kann die Entwicklung der Siedlung in Zeit und Raum rekonstruiert werden.

### 4.3.6 Gräber/Gräberfelder

Ein Grab bezeichnet die Stelle, an der ein toter Körper, in der Regel der eines Menschen, in der Erde bestattet wurde. Hierbei kann der Körper entweder als solcher (Körpergrab bzw. Flachgrab) oder als Leichenbrand (Brand- oder Urnengrab) bestattet werden.

Ein Grab in Einzellage, sofern man ausschließen kann, dass mögliche andere Gräber nicht durch diverse Einflüsse wie Landwirtschaftliche Arbeiten, Erosion oder Überbauung verschwunden sind, ist eher selten und weist meist auf eine besondere Bedeutung der Bestattung hin.

Ein Gräberfeld fasst eine Ansammlung an Gräbern jeglicher Bestattungsform zusammen, wobei die Anzahl der Bestattungen kaum relevant ist. Der Begriff „Friedhof" wird mehr im christlichen Kontext benutzt. Es gibt eine Reihe von verschiedenen Gräberfeldern wie Hügelgräber-, Körpergräber-, Reihengräber-, Brandgräber- und Brandschüttgräber-, Urnengräber- oder birituelle Gräberfelder. In der archäologischen Praxis ist oft davon auszugehen, dass ein Gräberfeld nicht komplett erfasst wurde bzw. werden konnte. Zu einem Gräberfeld können auch diverse andere Gebäude oder Einrichtungen zählen, wie Tempel, Feuerstellen, Totenhütten, Kapellen usw., die im Zusammenhang mit der Bestattung oder des Totenrituals stehen können, sofern von einer Gleichzeitigkeit auszugehen ist. Die Nutzungsdauer eines Gräberfelds kann sehr unterschiedlich ausfallen. Sie kann von einem Einzelereignis (z. B. bei Katastrophen), einer Generation bis zu mehreren Jahrtausenden reichen. Die Auswahl der Lokalität des Gräberfeldes ist eher kulturspezifisch, die Belegungsdauer hingegen meist von demografischen und topografischen Gegebenheiten abhängig.

Des Weiteren treten noch Kollektivgräber bzw. Mehrfachbestattung auf, wie z. B. Megalithengräber/Dolme, Ganggräber und Galeriegräber, in denen über einen längeren Zeitraum die Toten einer bestimmten Gruppe, oft als Körperbestattung, beigesetzt wurden. Durch die Gräberfeldanalyse ergeben sich Daten zur dort bestatteten Gruppe, wie die demografische Entwicklung, Krankheiten, Lebenserwartung, Sozialstruktur, mögliche Hierarchien, Konflikte, religiöse Vorstellungen und vieles mehr. Zu beachten ist allerdings, dass ein Gräberfeld eine bestimmte Selektion aufweisen kann. So wurden in manchen Kulturen nicht alle Toten auf einem Gräberfeld bestattet, wie z. B. Kinder, die ein bestimmtes Alter noch nicht erreicht hatten. Auch ist von selbst mit archäologischen Mitteln nicht mehr nachweisbaren Bestattungsformen auszugehen. Die sogenannte Luftbestattung ist solch eine Praxis, bei der der Tote hoch über dem Erdboden in freier Luft beigesetzt wird und dort den Elementen, der Verwesung und Aasfressern überlassen wird.

### 4.3.7 Kultstätten

Bei der Befundgattung der Kultstätten müssen zwei verschiedenen Arten unterschieden werden. Zum einen solche aus natürlichen Gegebenheiten und solche die der Mensch erbaute. Außerdem ist die große Spannweite dessen, was mit „Kult" eigentlich definiert werden soll, zu beachten.

Bei der ersten Gattung handelt es sich z. B. um markante Felsen, Haine, Höhlen und Spalten, Quellen usw. bei denen kultische Handlungen vollzogen wurden. Allerdings sind sie aufgrund der Natur der Dinge etwas problematisch nachzuweisen. Zum einen sind sie als Stätte bzw. Lokalität nicht unbedingt als solche direkt anzusprechen bzw. eindeutig im archäologischen Befund. Zum anderen ist Ihre Nutzung schwer nachzuweisen. So muss z. B. bei einer Felsspalte, in der auf ihrem Boden Keramikgefäße und Knochen gefunden wurden, unbedingt eine sehr genaue Quellenkritik betrieben werden, da ausgeschlossen werden muss, dass die Artefakte nicht auf einen anderen Weg (Verlust, taphonomische Prozesse[3] etc.) als durch eine absichtliche Deponierung dorthin gelangt sind.

Beispiele für von Menschenhand erbaute Kultstätten wären Tempel, Kirchen, Grabanlangen und andere Sakralbauten. Sakralbauten werden als Bauwerke definiert, die durch religiöse Gruppen für kultische, sakrale oder rituelle Handlungen genutzt werden. Sie werden als Anwesenheitsort einer höheren Macht gedeutet. Diese Stätten als solche zu erkennen ist im Vergleich zur ersten Quellengattung relativ einfach, da bei einem Großteil dieser Bauten ein mehr oder weniger einheitliches Bauschema verwendet wurde. Als Beispiel sei hier der christliche Kirchenbau genannt. Es folgt im Grundriss seit Jahrtausenden einem recht stabilen Konzept mit sechs verschiedenen Formen. Dies sind: die Basilika, die Hallenkirche, die Saal- bzw. die darauf aufbauende Chorturmkirche, der Zentralbau, die Quer- und die Predigtkirche. Wobei die letzten beiden Formen erst seit der Reformation auftreten.

## 4.3.8 Wege und Verkehrsinfrastruktur

In diese Gattung fallen alle Befunde, die Hinweise auf Wege, Straßen, Pfade, Hohlwege, Furten, Wasserwege, Brücken und alle anderen Verkehrswegen, die Orte im weitesten Sinne miteinander verbinden, geben. Die Komplexität der Befunde ist sehr variabel, ebenso ihr Aufbau. So wurde z. B. ein Hohlweg nicht intentionell angelegt, sondern entstand durch seine fortwährende Nutzung durch den Mensch, Fuhrwerke und Vieh sowie der einsetzenden Erosion, wodurch im Laufe der Zeit der Weg in das Geländeprofil regelrecht hineingeschnitten wurde. Römische Straßen wiederum wurden geplant angelegt und weisen einen recht standardisierten Aufbau auf. Einige der Verkehrswege folgten den naturräumlichen Gegebenheiten (Täler, Pässe, Kämme usw.), andere wurden einem größeren Plan folgend ohne Rücksicht auf diese Topografie angelegt. So wurden z. B. in Niedersachsen neolithische Moorwege aus Holz freigelegt, die eine verkehrstechnisch sehr schwierige Landschaft wie ein Moor, erst nutzbar machten.

---

**3** Die Taphonomie untersucht die Prozesse, die auf ein Objekt während und nach seiner Einbettung im Sediment einwirken und bodenkundlich oder am Objekt selbst analysiert werden können.

Durch die Erforschung dieser Befunde können Verkehrswegenetze rekonstruiert werden, die nicht nur Güter und Menschen von einem Ort zum anderen brachten, sondern auch Kommunikationsnetzwerke über große räumliche Distanzen hinweg repräsentieren. Diese Wegenetze waren in vorgeschichtlicher wie auch historischer Zeit die Grundlage der Kommunikation. Banale Dinge, Neuigkeiten gesellschaftlicher und politischer Natur und auch Ideen konnten sich so ausbreiten. Um die Entwicklungen der Geschichte zu verstehen, ist es also von zentraler Bedeutung das entsprechende Verkehrswegenetz zu kennen.

Problematisch bei dieser Befundgattung ist in der Regel die Datierung, da Wege meist über einen sehr langen Zeitraum genutzt wurden. Außerdem können durch Reparaturen und Instandsetzungen der Wege ältere Bauspuren komplett zerstört werden. Des Weiteren hinterlassen einige Verkehrsarten keine archäologischen Spuren, wie Wasserwege oder der Transport mit Schlitten im Winter.

Für die historischen Zeiten stehen neben dem archäologischen Quellen noch schriftliche und bildliche Quellen, sowie historische Karten zur Rekonstruktion der Wegenetze zur Verfügung. Durch die Kombination dieser Quellen kann es gelingen die archäologischen Quellen durch die schriftlichen und bildlichen Quellen zu bestätigen bzw. umgekehrt.

### 4.3.9 Andere Befunde

Die vorangegangenen Ausführungen stellen natürlich nicht alle Arten von möglichen archäologischen Befunden dar, sondern zeigen nur die häufigsten auf. Die Bandbreite der Befunde ist so vielfältig wie das menschliche Handeln. In der Regel führt eine Aktivität auch zu einem entsprechenden Befund.

Ein Beispiel hierfür sind Werkstätten oder Werkplätze. Hierunter werden alle Lokalitäten bezeichnet an denen handwerkliche und wirtschaftliche Tätigkeiten direkt oder indirekt festgestellt werden können. Dies können z. B. Bergwerke sein, wo Rohmaterialien gewonnen wurden, Plätze an denen Nahrung verarbeitet wurde, Verhüttungsplätze mit Rennöfen usw.

Aber es gibt auch Aktivitäten, die sich nicht als Befund niederschlagen. Dies kann verschiedenen Gründe haben, etwa, dass der Mensch „aufgeräumt" und damit seine Arbeitsspuren zerstört hat oder, dass z. B. die Reste einer handwerklichen Aktivität auf einem felsigen Untergrund durch die Elemente zerstört oder verteilt wurden und nicht einsedimentieren konnten.

# 5 Methoden

Die in der Archäologie eingesetzten Methoden sind vielfältig und umfangreich. Zum Teil stammen sie auch aus völlig anderen Forschungs- und Arbeitsgebieten, ließen sich aber an die archäologische Forschung entsprechend anpassen. So werden Methoden aus der Geologie, der Physik, Biologie und Informatik eingesetzt. Die nachfolgenden Beschreibungen geben einen kurzen Einblick in die wichtigsten Methoden

## 5.1 Archäologische Feldarbeit

Im Folgenden sollen einige der häufigsten Ausgrabungsmethoden kurz dargestellt werden. Die Methoden entwickeln sich ständig weiter und werden kontinuierlich verbessert. Wobei man auch beachten muss, dass sich nicht jede Methode aus ganz unterschiedlichen Gründen (Eigenschaften des Bodens, verfügbare Technik, Finanzierung, Zeitdruck usw.) auf jeder Grabung anwenden lässt. Mitunter muss eine bestimmte Methode auch erst an die vorgefundenen Gegebenheiten angepasst werden.

### 5.1.1 Ausgrabung

Der Großteil der archäologischen Erkenntnisse wird durch Ausgrabungen gewonnen. Unter einer archäologischen Ausgrabung versteht man eine geplante und systematische Bearbeitung einer Fläche, die unter wissenschaftlichen Gesichtspunkten dokumentiert wird. Die umfassende und korrekte Dokumentation ist essentiell, da eine Ausgrabung letztlich eine kontrollierte Zerstörung der Befunde ist. Ohne diese Dokumentation geht der wissenschaftliche Wert des Artefakts bzw. des Befunds verloren, ein Artefakt hätte dann nur noch einen antiquarischen Wert. Es gilt den Primärkontext zu sichern, d. h. alle Informationen zur ursprünglichen Lage des Fundes in der Schicht, seine vorgefundene Erhaltung, seine Vergesellschaftung mit anderen Funden und sein Verhältnis zu den umliegenden Befunden. Ohne diese Informationen ist die nachträgliche Interpretation und Rekonstruktion kaum möglich. Hier liegt der größte Unterschied zwischen einer wissenschaftlichen Ausgrabung und illegalen Raubgrabungen. Bei Letzteren steht der mögliche monetäre Wert eines Fundes im Vordergrund, die Rekonstruktion der ursprünglichen Verhältnisse hat keinen Wert und geht unwiederbringlich verloren. Für die Dokumentation werden unterschiedliche Mittel verwendet. so werden die Befunde und Funde schriftlich dokumentiert und fotografiert, Zeichnungen und Pläne angelegt, mit dem Tachymeter (siehe Abb. 5.1) Messwerte zu den einzelnen Objekten aufgenommen und sogar mit 3D-Laserscan-Verfahren gearbeitet.

Normalerweise geht einer Ausgrabung eine Prospektion der Fläche und Sichtung der bisherigen amtlichen und archäologischen Informationen voraus. So ist es wichtig

https://doi.org/10.1515/9783111036540-022

**Abb. 5.1:** Tachymeter (Quelle: Wikipedia, CC1.0, Autor: Clicgauch)

für die Planung der Ausgrabung, ob es sich bei der zu untersuchende Fläche bereits um eine archäologische Verdachtsfläche handelt. Auch liegt einer Ausgrabung meist eine konkrete archäologische Fragestellung zugrunde.

Nach einer vorherigen Bereinigung des Grabungsareals, Beseitigung von Vegetation, Abtragen der obersten, gestörten Schicht, usw. wird der Erdboden in Straten, also schichtweise abgetragen. Diese Einteilung dieser Straten bzw. Schichten orientiert sich entweder am archäologischen Befund (z. B. verschiedenen Füllschichten einer Grube) oder am natürlichen entstandenen Schichtenverlauf bzw. dem Bodenprofil. Es gibt auch Fälle, in denen nach künstlichen, also nach frei definierten, Schichten ausgegraben wird.

Je nach den vorliegenden Gegebenheiten wird jedes zur Verfügung stehende Werkzeug benutzt, das der gestellten Aufgabe gerecht werden kann und sinnvoll ist. So reicht je nach den Erfordernissen die Werkzeugpalette vom Großbagger bis zum Zahnarztbesteck und Pinsel.

Es gibt verschiedene Typen von Ausgrabungen, die kurz skizziert werden sollen: Die *Forschungsgrabung* wird geplant und strukturiert angelegt, die Bearbeitung der Befunde hat höchste Priorität. In der Regel stehen ausreichend Zeit und Mittel zur Durchführung zur Verfügung, die eine genaue und umfassende wissenschaftliche Bearbeitung ermöglichen.

*Lehrgrabungen* werden im Rahmen einer universitären Lehrveranstaltung oder eines Projekts durchgeführt. Die Leitung liegt bei erfahrenen Archäolog:innen, während die Arbeiten von Studierenden durchgeführt werden, die so die archäologische Gra-

**Abb. 5.2:** Archäologische Ausgrabung Frankstraße, Köln (Quelle: Wikipedia, CC4.0, Autor: Raimond Spekking)

bungspraxis erlernen. Die Aufarbeitung der Ausgrabung, also der Befunde und Funde, können auch von den Studierenden übernommen werden. Im archäologischen Studium sind Lehrgrabungen ein Pflichtteil.

Eine *Notgrabung* weicht von der geplanten Ausgrabung dahingehend ab, dass hier oft keine vorherigen Untersuchungen der Fläche wie Prospektionen etc. gemacht wurden und am Fundort auch nicht mit archäologischen Funden bzw. Befunden gerechnet wurde. Typisch ist ein hoher Zeitdruck und nur eingeschränkte Möglichkeiten zur Bearbeitung. So ist es z. B. bei einem unvorhergesehen archäologischen Fund bei Kanalarbeiten kaum möglich den Befund komplett freizulegen, da der Erdeingriff auf den Schacht des Kanals beschränkt bleibt. Wie eine Notgrabung durchgeführt wird, hängt also von den jeweiligen Gegebenheiten ab (Zeit, technische Möglichkeiten zur Bergung, verfügbares Personal, Finanzierung usw.).

### 5.1.2 Survey/Oberflächenprospektion

Das Survey bzw. die Oberflächenprospektion, oft auch Feldbegehung oder kurz Prospektion genannt, ist eine der wichtigsten und auch ältesten archäologischen Methoden, um Fundstellen in einem bestimmten Gebiet zu lokalisieren, zu erfassen und ihre Ausdehnung genau zu bestimmen. Im Vorfeld der Prospektion im Gelände werden alle zugänglichen archäologischen, historischen und geologischen Informationen zusammengetragen. Dazu gehören auch Luftbilder und mittels Laserscans erstellte digitale Geländemodelle. Hinweise auf ein Gebiet mit möglichen archäologischen Fundstellen liefern oft bereits bekannte einzelnen Lesefunde.

Bei der Feldbegehung wird das vorher definierte Suchgebiet in Streifen abgelaufen. Die Streifen sollten ein einheitliches Maß aufweisen und nicht breiter sein, als das geschulte Auge des/der Archäologen:in Objekte auf der Oberfläche erfassen kann. Verständlicherweise ist Erfahrung nötig um, die Oberflächenfunde als solche zu erkennen.

Die Prospektion ist grundsätzlich ein systematischer, zerstörungsfreier Vorgang. Es werden nur die an der Oberfläche liegenden Funde aufgenommen und eingemessen bzw. kartiert. Die Kartierung erfolgt heute i. d. R. mit einem GPS-Handgerät oder, sofern verfügbar und für die Auswertung nötig, mit einem präziseren Tachymeter. Funde, die aus der Oberfläche herausragen aber noch tiefer im Sediment liegen, werden für gewöhnlich nicht ausgegraben. Es sei denn der Fund ist wissenschaftlich sehr wertvoll und ein weiteres Verbleiben des Funds im Erdreich würde seine Zerstörung bedeuten. Durch die Kartierung der gefundenen Objekte und ihre Auswertung hinsichtlich Alter und Fundart, ergeben sich Hinweise auf das Alter, die Art und die Ausdehnung des mutmaßlichen archäologischen Befunds.

Es ist auch möglich bei einer Prospektion Mauerstrukturen oder andere vorgeschichtliche Erdeingriffe wie Gräben etc. zu finden. Z. B. kann eine sich in Pflugrichtung des Ackers ausdehnender Streifen von zerbrochenen Kalksteinen auf eine vom Pflug erfasste und z. T. zerstörte Mauer hinweisen. Ein unterschiedliche Bewuchsintensität der Vegetation deutet auf eine Störung des Sediments hin, wobei es sich hier auch um einen noch unter der Erdoberfläche liegenden Mauerbefund handeln kann.

Der Erfolg einer Prospektion ist abhängig von der Jahreszeit und den Lichtverhältnissen. Funde und Strukturen sind nicht bei jedem Licht aufgrund der vorhandenen Helligkeit und seines Einfallwinkels erkennbar. Besonders günstig ist die schneefreie Winterzeit, da die Äcker zu dieser Zeit gepflügt sind und vegetationsfrei brach liegen. Regen und Frost sind in dem Fall den Archäolog:innen behilflich, da sie die Funde auf der Oberfläche frei legen. Auch wenn das Pflügen archäologische Fundstellen beschädigt, so befördert es doch weiter unter der Erdoberfläche liegende Artefakte an die Oberfläche, die so entdeckt werden können. Natürlich können Prospektionen auch in bewachsenem Gelände oder im Wald durchgeführt werden, jedoch sind sie wesentlich langwieriger und aufwendiger in der Durchführung.

Ziel und Zweck der Prospektion ist lediglich die Lokalisierung von Fundstellen, nicht das Ausgraben derselben. Über die Daten der Prospektionen können spätere Ausgrabungen und anderen denkmalpflegerische Maßnahmen geplant und koordiniert werden. Prospektionen werden auch oft im Vorfeld einer Bauplanung durchgeführt, um zu klären, ob es auf der betroffenen Fläche Hinweise auf Bodendenkmäler gibt. Ergeben sich solche Hinweise, so muss entschieden werden, ob eine vorausgehende oder baubegleitende archäologische Untersuchung der Fläche durchgeführt wird.

Problematisch bei Prospektionen sind die sich noch im Gelände befindlichen und bisher nicht entdeckten und/oder geborgenen militärischen bzw. explosionsfähigen Hinterlassenschaften der letzten beiden Weltkriege. Wird bei einer Prospektion ein solcher Fund gemacht (Fliegerbomben, Artilleriegeschosse, Granaten, Munition usw.)

so wird die Arbeit umgehend eingestellt und der zuständige Kampfmittelräumdienst benachrichtigt und erst nach der Bergung des gefährlichen Funds die Arbeit fortgesetzt.

### 5.1.3 Naturwissenschaftliche und geophysikalische Prospektionsmethoden

Unter den naturwissenschaftlichem/geophysikalischem Prospektionsmethoden werden verschiedenen Methoden zusammengefasst. Sie verwenden zwar verschiedenen Techniken, ihnen gemein ist allerdings, dass sie eine zerstörungsfreie Untersuchung des Geländes ermöglichen. Mittels der jeweiligen Technik werden Messungen der physikalischen Bodeneigenschaften durchgeführt und mittels Software die Messwerte visualisiert. Grundlage ist, dass sich die spezifischen Bodeneigenschaften durch anthropogene (menschliche) Eingriffe verändert haben. So stellt eine Grube, ein Graben oder eine Mauer im Boden eine messbare Anomalie dar. Allerdings kann die Messung keinen direkten Hinweis auf die Tiefe der gemessenen Anomalie geben. Der Erfolg und die Qualität der Messung sind allerdings von den Geländeeigenschaften und der Witterung abhängig. So beeinflussen der Grundwasserspiegel und die Sedimentfeuchtigkeit die Messung. Zur Interpretation der Messwert bedarf es viel Erfahrung. Im Folgenden sollen drei Methoden kurz skizziert werden.

#### Geomagnetik

Bei der Geomagnetik oder Magnetometerprospektion wird mittels spezieller Sonden, sogenannten Fluxgate-Gradiometer, das Erdmagnetfeld gemessen. Das Erdmagnetfeld ist nicht überall gleich stark magnetisch. Misst man also das Magnetfeld in regelhaften Abständen, können dabei Schwankungen im Magnetfeld registriert werden. Hierbei wird die relative Änderung des Erdmagnetfeldes in Bezug zu einem Basispunkt gemessen.

Für die Archäologie ist wichtig, dass im Boden magnetotaktische Bakterien vorhanden sind, die beim Abbau von organischer Masse magnetische Eisenminerale bilden. Da z. B. in Abfall- oder Pfostengruben meist mehr organische Masse vorhanden ist als im umgebenden Sediment, können diese Befunde aufgrund ihrer höheren Magnetik durch die Geomagnetik lokalisiert werden.

Zur Messung werden mehrere Fluxgate-Gradiometer auf einem Gestell in einer Linie angeordnet. So ist es möglich einen breiten Streifen des Geländes zu erfassen. Das Gelände wird dazu in einem Streifenmuster abgelaufen bzw. gefahren, wobei darauf zu achten ist, dass zwischen den Streifen keine Lücken entstehen. Das durch die Messungen produzierte Magnetogramm stellt eine Flächenprojektion der Daten dar, die dann von Archäolog:innen interpretiert werden.

#### Geoelektrik

Die Geoelektrik bzw. Bodenwiderstandsmessung ist der Geomagnetik recht ähnlich. Auch hier werden mittels Sonden die Bodeneigenschaften gemessen. Im Prinzip wird mit zwei

**Abb. 5.3:** Das auf einem fahrbaren Gestell montierte Fluxgate-Gradiometer wird mit einem Quad in Streifen über das zu untersuchende Feld gezogen (Quelle: Wikipedia, CC4.0, Autor: Glab310)

Sonden (unpolarisierte Elektroden) elektrischer Strom in den Boden geleitet und dabei der Widerstand bzw. die Leitfähigkeit des Bodens gemessen. Diese variiert aufgrund der unterschiedlichen Zusammensetzung des Bodens bzw. durch Störungen wie Gräben, Gruben, Mauern etc.

In der Praxis wird ein 4-Pol-Verfahren (z. B. die Wenner-Anordnung) verwendet, wobei der Übergangswiderstand an den vier Elektroden neutralisiert wird. Auch bei dieser Methode werden die Messdaten auf die Fläche projiziert. Die gemessenen und visualisierten Anomalien werden dann von Archäolog:innen ausgewertet.

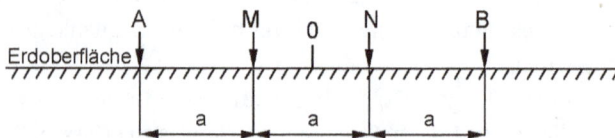

**Abb. 5.4:** Wenner-Anordnung, bestehend aus vier in gleichen Abständen in Linie angeordneten Elektroden/Sonden. Die äußeren (A,B) dienen der Stromzufuhr (Elektroden), die inneren (M,N) der Potenzial- bzw. Spannungsmessung (Sonden). Während der Sondierung werden die Abstände der Sonden bei gleichbleibenden Mittelpunkt (0) vergrößert.

### Georadar

Anders als bei der Geomagnetik und Geoelektrik liefert das Georadar-Verfahren, auch GPR bzw. Ground Penetrating Radar genannt, auch Informationen zur Schichtenabfolge des untersuchten Sediments, wodurch auch Hinweise auf die Tiefe der Sedimentschichten erlangt werden. Beim Georadar handelt es sich um ein elektromagnetisches Impulsreflexionsverfahren. Hierbei werden kurze elektromagnetische Impulse in den Boden gesendet und die von den Sedimenten und Objekten im Boden reflektierten Echos wieder empfangen. Die Ausbreitung der hochfrequenten elektromagnetischen Welle ist von der Permittivität (dielektrische Leitfähigkeit) und der elektrische Leitfähigkeit des Sediments abhängig. Während die Permittivität die Ausbreitungsgeschwindigkeit des Impulses beeinflusst, bestimmt seine elektrischen Leitfähigkeit wie stark der Impuls absorbiert wird.

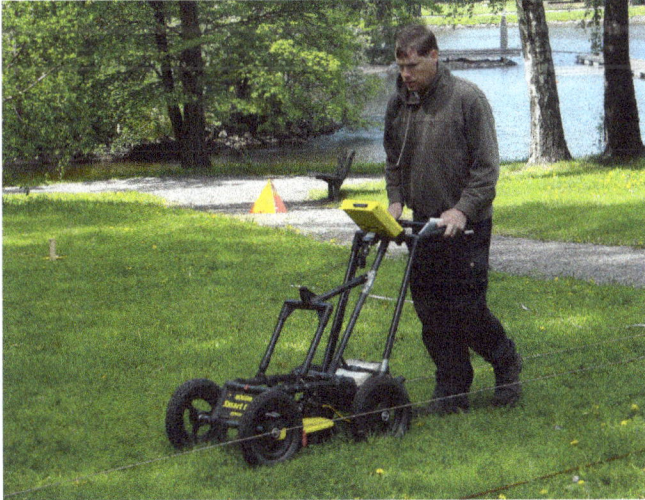

**Abb. 5.5:** Georadar-Verfahren (Quelle: Wikipedia, CC2.0, Autor: The Swedish History Museum, Stockholm)

Problematisch in der Auswertung ist, dass zwei Sedimente mit gleichen bzw. sehr ähnlichen physikalischen Eigenschaften bei dieser Messung nicht differenzierbar sind. Die gewonnenen Daten liefern einen Querschnitt des Bodens. Werden mehrere Schnitte zusammengefügt entsteht so eine Bodenkarte mit verschiedenen Tiefenhorizonten.

### Seismische Messung

Bei der seismischen Messung werden künstlich erzeugte seismische Wellen in den Boden gesandt und anschließend die Laufzeit dieser Wellen mittels Sensoren gemessen. Als Quelle der seismischen Wellen dient ein Fallgewicht, ein Hammer oder sogar eine Sprengung.

**Abb. 5.6:** Geophon (Quelle: Wikipedia, CC3.0, Autor: Balaji)

Die Sensoren, sogenannte Geophone, sind im Abstand von 1 Meter entlang einer Linie ausgelegt. Je weiter ein Geophon vom Ausgangspunkt der Wellen entfernt ist, desto länger wird die Laufzeit der seismischen Welle um, diesen zu erreichen. Die Wellen werden von den Sedimenten und Objekten im Boden unterschiedlich gebrochen und reflektiert. Dabei ist die Geschwindigkeit der Welle abhängig vom Material des Sediments, durch die sich die Welle ausbreiten muss. Die dadurch unterschiedlichen Laufzeiten der Wellen geben Hinweise auf die Sedimentschichten. Auch ist eine genaue Tiefenbestimmung bis zu einer Tiefe von 20 m möglich. Die empfangenen Daten werden in ein Seismogramm umgewandelt und digital ausgewertet.

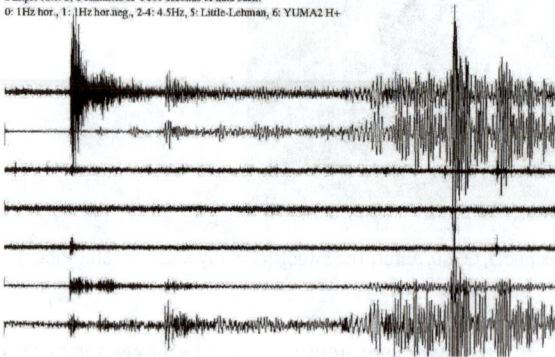

**Abb. 5.7:** Seismogramm (Hier eines Erdbebens in Japan am 8. August 2024, gemessen in Deutschland von Bernd Ulmann)

Ein Vorteil der seismischen Messung (siehe Abb. 5.7) ist ihre Unabhängigkeit von Wetter und Witterung. Lediglich starker Regen oder Hagel verursacht große Messstörungen.

# 5.2 Analysemethoden

## 5.2.1 Typologie

Eine der elementarsten Methoden zur Bearbeitung von archäologischem Fundmaterial ist die Typologie. Mit ihr werden die Objekte nach Form und Material klassifiziert. Die typologische Methode wurde vom schwedischen Prähistoriker Gustaf Oscar Augustin Montelius (Montelius 1903) zum Ende des 19. Jahrhunderts entwickelt.

Grundlage der Typologie ist die Annahme, dass sich eine Form aus einer vorangegangenen mehr oder weniger kontinuierlich entwickelt und zwar von einer zu Beginn einfachen zu einer komplexeren bzw. besseren Form. Funktion, Verzierung und Technik des Objektes entwickeln sich ständig fort. Dabei können Teile der Form, die vormals eine Funktion hatten (z. B. eine Niete), bei späteren Formen als funktionsloses Zierelement (nur angedeutete Niete) auftreten, als sogenanntes typologisches Rudiment.

Montelius ging von einem ständigen Streben des Menschen nach Verbesserung aus, bis ein Artefakt seinen Idealzustand erreicht hat. Er selbst verwies darauf, dass er bei der Entwicklung der typologischen Methode durch den Darwinismus, der Evolutionstheorie von Charles Darwin, beeinflusst wurde.

Die typologische Reihe eines Objektes stellt also die Abfolge einer sich entwickelnden Form dar und bringt dabei die einzelnen Entwicklungsstufen des Objekts in eine relativ-chronologische Ordnung. Relativ, da durch die Abfolge zwar geklärt ist welches Objekt älter als ein anderes ist, aber ein exakter Zeitpunkt, wann welches Objekt existierte, nicht bestimmt werden kann. Zu Montelius' Lebzeiten stand noch kein naturwissenschaftliches Datierungsverfahren zur Erstellung einer absoluten Chronologie zur Verfügung, dennoch stellt seine Methode ein Meilenstein in der archäologischen Forschung dar.

Besonders einfach lässt ich eine typologische Reihe z. B. an Fibeln erstellen. Fibeln sind Gewandspangen aus Metall, die einer großen Sicherheitsnadel ähneln. Zum einen dienten sie der Befestigung der Kleidung zum anderen waren sie auch Statussymbol. Da sie Bestandteil der Tracht waren, unterlagen sie auch einem gewissen modischen Wandel. So entwickelten sich aus den anfänglich recht einfach gehaltenen Fibeln immer aufwendigere Typen, die z. T. eine immer größere Zierfunktion erfüllten.

**Tab. 5.1:** Sortierung von Fundinventaren

| ungeordnet | | | | | geordnet | | | | |
|---|---|---|---|---|---|---|---|---|---|
| Inventar | Typ | Typ | Typ | Typ | Inventar | Typ | Typ | Typ | Typ |
| Inventar 1 | | B | C | | Inventar 2 | A | B | C | |
| Inventar 2 | A | B | C | | Inventar 1 | | B | C | |
| Inventar 3 | | | C | D | Inventar 3 | | | C | D |

Wird für eine bestimmte Fundgattung bei der Auswertung der Funde generell ein einheitliches System verwendet, können ganze Fundinventare wie auch Fundplätze miteinander verglichen und eben auch in eine relativchronologische Reihenfolge gebracht werden. Stark vereinfacht würde dies bedeuten, wenn Inventar 1 die Typen B und C, Inventar 2 die Typen A, B und C und Inventar 3 die Typen C, D und E aufweist, ergibt sich eine relative chronologische Abfolge der Inventare, die da lautet: Inventar 2 ist älter als Inventar 1 und dieser ist älter als Inventar 3, ausgehend davon das Typ A der älteste und Typ E der jüngste in der Reihe ist. (Vgl. Tabelle 5.1)

Allerdings weist die Typologie auch einen Schwachpunkt auf. Während sich die Abfolge einer sich entwickelnden Form wie z. B. den Fibeln typologisch wie auch chronologisch richtig bestimmen lässt, kann man von diesem Prinzip nicht automatisch ausgehen. So kann es zu Rückschritten kommen, sozusagen ein Aufleben alter Traditionen, gerade wenn ein Objekt mehr eine schmückende als eine technische Funktion hat. Auch können zu einem bestimmten Zeitpunkt alte wie auch aktuelle Formen des gleichen Objektes in Gebrauch sein. Daher nutzt die Archäologie heutzutage noch weitere Methoden um, die Abfolge der Objekte genauer zu bestimmen, wie die bereits erwähnten Datierungsverfahren.

Um also eine sichere typologische Reihe aufzustellen sind verschiedene Voraussetzungen und Hilfsmittel nötig. Zunächst muss eine eindeutige Definition der Typen erstellt werden. Des Weiteren müssen mehrere parallele Reihen von Typen vorliegen. Dann sind noch typologische Rudimente und sogenannte „geschlossene Funde" nötig.

---

**ℹ Begriffserklärung: Geschlossener Fund**

Unter einem „geschlossenen Fund" versteht man ein Ensemble von Funden, die alle gleichzeitig deponiert oder niedergelegt wurden und seitdem nicht mehr „gestört", d. h. durch irgendwelche Einflüsse – natürliche oder anthropogene – beeinflusst wurden. Ob diese Voraussetzungen vorliegen, muss in jedem Einzelfall präzise überprüft werden.

---

Als Beispiel für solch einen geschlossenen Fund kann eine Bestattung angesehen werden. Sie ist ein temporär kurzes Ereignis (die Niederlegung des Toten) und alle Objekte (Schmuck, Waffen und andere Grabbeigaben) wurden gleichzeitig mit dem Toten begraben. Wobei diese Fundensemble nur eben darüber Auskunft gibt, dass alle Funde gleichzeitig unter die Erde gekommen sind, nicht ob die Objekte auch alle zum selben Zeitraum hergestellt oder gleichzeitig in Benutzung waren. Auf ein Erbstück z. B. träfe dies nicht zu. Erst die Auswertung mehrerer geschlossener Funde und ihrer Fundensembles kann darüber Auskunft geben, ob und wann welche Objekte wahrscheinlich gleichzeitig existierten und auch gleichzeitig in Gebrauch waren.

## 5.2.2 Klassifikation

Wie auch die Typologie dient die Klassifikation der Ordnung von Objekten. Mit der Klassifikation sollen die Objekte so geordnet werden, dass die Ähnlichkeit der geordneten Objekte innerhalb einer Klasse größer ist als die der Objekte unterschiedlicher Klassen. Dazu wird eine Anzahl von Kriterien definiert, die auf jedes zu ordnende Objekt entweder zutreffen oder nicht zutreffen. Die Klassifikation erfasst alle Kriterien bzw. Merkmale einer Menge und ordnet jedes Objekt genau einer Klasse zu. Dies unterscheidet die Klassifikation von der Typologie, wo manche Typen nur marginal einem bestimmten Typ angehören oder mehreren Typen oder sogar gar keinem Typ zuzuordnen sind. Zwischen den Merkmalen der Klassifikation gibt es keine Wertigkeit. Besonders wichtig ist die Unterscheidung von Typen und Typ-Vertretern. Während ein Typ durch eine Anzahl von charakteristischen, wiederholt auftretenden Merkmalen definiert wird und damit sozusagen einen Ideal-Typ darstellt, ist ein konkretes Artefakte kein Typ, sondern nur ein Typ-Vertreter. Für die Einteilung der Klassifikation können qualitativen Merkmalen, wie etwa die Verzierungen, Funktion usw. oder quantitativen bzw. messbare Merkmale wie Höhe, Durchmesser, Wandstärke usw. herangezogen werden.

## 5.2.3 Seriation

Der Begriff Seriation leitet sich aus dem Wort Serie ab, der damit eine Reihe von äquivalenten Objekten bezeichnet. Ziel der archäologischen Seriation ist es, in eine bestimmte Menge an Objekten oder Befunden eine relative chronologische lineare Ordnung zu bringen. Hierzu bedient man sich einer Matrix (d. h. einer rechteckigen Anordnung bzw. Tabelle von Elementen, meist Zahlen) und der Annahme des unimodalen Modells. Die einzelnen Objekte sollen innerhalb der Matrix so angeordnet werden, dass ihre Position den Grad der Ähnlichkeit zwischen diesem und den anderen Objekten optimal wiedergibt.

Das unimodale Modell besagt in diesem Fall, dass ein Element bzw. Artefakte zunächst nur selten auftritt, dann immer häufiger und zum Schluss wieder seltener auftritt. Dieses unimodale Modell tritt bei vielen Artefakten auf. Z. B. wird ein bestimmter Fibel-Typ neu erfunden und tritt zunächst nur selten auf, kommt in Mode und wird häufiger, um dann nach einer gewissen Zeit wieder aus der Mode zu kommen und immer seltener zu werden.

In der archäologischen Praxis handelt es sich bei den verwendeten Matrizen oft um sogenannte schwachbesetzte Matrizen, d. h. Matrizen, die viele Einträge aus Nullen aufweisen. Wichtig bei der Seriation ist auch die Beachtung des geschlossenen Funds, denn durch ihn gewinnt man den Nachweis, dass bestimmte Objekte wirklich zeitgleich existierten.

In einer Tabelle (5.2) werden in den Zeilen geschlossene Funde (Inventar 1–10) wie z. B. Gräber oder Abfallgruben und in den Spalten bestimmte Artefakte wie bestimm-

**Tab. 5.2:** Geschlossene Funde (unsortiert)

**Ungeordnete Inventare**

| Inventar | Artefakte | | | | | | | | | |
|---|---|---|---|---|---|---|---|---|---|---|
| | A | B | C | D | E | F | G | H | I | J |
| Inventar 1 | - | - | - | x | x | x | - | - | | |
| Inventar 2 | - | - | | | x | x | x | x | - | - |
| Inventar 3 | - | | x | x | - | - | x | x | | |
| Inventar 4 | - | | | x | - | - | x | | | - |
| Inventar 5 | - | - | x | x | - | | | | - | - |
| Inventar 6 | x | x | x | - | - | - | x | - | - | |
| Inventar 7 | - | x | - | - | x | - | x | - | - | - |
| Inventar 8 | x | x | - | - | - | x | - | - | - | |
| Inventar 9 | - | - | - | - | - | - | x | x | - | x |
| Inventar 10 | - | - | - | - | x | x | | x | - | |

te Keramiktypen, Schmuck oder Waffen (Artefakt A-J) eingetragen. Je nach Datenlage können die einzelnen Felder nun entweder mit einer „0" oder „1" für die Ab- bzw. Anwesenheit eines Objektes (sogenannte Inzidenzmatrix) oder die Häufigkeiten des jeweiligen Artefaktes eingetragen werden (sogenannten Häufigkeitsmatrix). Anschließend werden die Zeilen und Spalten so lange umsortiert, bis anhand der ausgefüllten Felder in der Tabelle (5.3) eine von oben links nach unten rechts verlaufende Diagonale zu erkennen ist.

**Tab. 5.3:** Geschlossene Funde (sortiert)

**Geordnete Inventare**

| Inventar | Artefakte | | | | | | | | | |
|---|---|---|---|---|---|---|---|---|---|---|
| | A | B | C | D | E | F | G | H | I | J |
| Inventar 8 | x | x | - | - | - | x | - | | - | - |
| Inventar 6 | x | x | x | - | - | - | x | - | - | - |
| Inventar 7 | - | x | - | - | x | - | x | - | - | - |
| Inventar 3 | - | | x | x | - | - | x | x | | |
| Inventar 5 | - | - | x | x | - | | | | - | - |
| Inventar 4 | - | | | x | - | - | x | | | - |
| Inventar 1 | - | - | - | x | x | x | - | - | | |
| Inventar 2 | - | - | | | x | x | x | x | - | - |
| Inventar 10 | - | - | - | - | x | x | | x | - | |
| Inventar 9 | - | - | - | - | - | - | x | x | - | x |

Die so erstellte Ordnung von Zeilen und Spalten weist eine relativ chronologische Ordnung auf. Im Regelfall werden die ältesten Objekte oben links und die jüngsten unten rechts eingetragen. Nun muss der/die Archäologe:in noch überprüfen, ob wirklich eine chronologische Abfolge vorliegt.

Vor der Zeit des Computers wurde die Tabelle in Streifen geschnitten und anschließende händisch und iterativ neu angeordnet. Dieser Vorgang wurde so lange wiederholt bis, sofern möglich, sich die angestrebte Diagonale abzeichnete.

Das Seriationsverfahren geht in seinen Grundlagen auf Oscar Montelius zurück, der es in seinem Buch „Die Methode" (Montelius 1903) beschreibt. Montelius' Vorgehensweise wies allerdings auch Fehler auf, die im Laufe der Zeit durch andere Wissenschaftler:innen berichtigt wurden. Der Prähistoriker Klaus Goldmann führte das Verfahren schließlich 1972 zur Ordnung einer Ab-/Anwesenheits- bzw. Inzidenzmatrix ein. Im weiteren Verlauf wurde es immer weiter verbessert. Hier sei vor allem der deutsche Bioinformatiker Peter Ihm erwähnt, der die Seriation mit einer Häufigkeitsmatrix erweiterte. Durch weitere Forschungen fand man heraus, dass die optimale Diagonalisierung der Matrix durch eine Korrespondenzanalyse erreicht werden kann, denn die erste Lösung der Korrespondenzanalyse ist, sofern korrekt durchgeführt, identisch mit dem Ergebnis der Seriation.

### 5.2.4 Korrespondenzanalyse

Die Korrespondenzanalyse ist ein weiteres Verfahren zur relativchronologischen Ordnung von Artefakten bzw. Befunden. Aber anders als die Seriation, die nur ein eindimensionales Ergebnis liefert, ist die Korrespondenzanalyse ein multidimensionales Verfahren, bei der multivariate Statistik-Algorithmen zum Einsatz kommen, was praktisch nur mit Hilfe von Computerprogrammen durchführbar ist. Dies ermöglicht aber auch die Auswertung umfangreicher Datenmengen.

Bei der Korrespondenzanalyse werden die Beziehungen der Variablen (Artefakte/-Merkmale und Befunde) einer Kontingenztafel grafisch dargestellt, wobei die Werte einer Matrix durch Punkte im Raum repräsentiert werden. Die Koordinatenachsen werden durch die Merkmale gebildet. Als Werte der Matrix kann nicht nur die An- und Abwesenheit eines Objektes, sondern auch seine Häufigkeit eingetragen werden. Die Qualität der Auswertung hängt, anders als bei der (manuellen) Seriation, von der Qualität des eingesetzten Algorithmus ab.

Die Grundlagen der Korrespondenzanalyse sind dieselben wie die bereits für die Seriation erwähnten. Die ersten Überlegungen dazu wurden bereits im 19. Jahrhundert angestellt. Allerdings wurden die Verfahren bis in die 1960er Jahre oft nicht korrekt durchgeführt. Einige Voraussetzungen zur Durchführung müssen erfüllt sein:

- Einzelfunde werden bzw. können nicht berücksichtigt werden.
- Ein Artefakt bzw. Merkmal muss mindestens zweimal auftreten, um berücksichtigt zu werden. Diese müssen aus einem geschlossenen Fund stammen.
- Es können auch einzelne Artefakte mit mindestens zwei oder mehr (chronologisch relevanten) Merkmalen einbezogen werden, da sie einen geschlossenen Fund darstel-

len. Voraussetzung ist hier, dass die Merkmale nicht in einer späteren, sekundären Nutzungsphase entstanden sind.

– Es müssen mindestens zwei chronologisch relevante Merkmale auf einem Artefakt auftreten.

– Die Datenmenge darf nicht zu klein sein, ansonsten wäre das Ergebnis nicht stabil bzw. aussagekräftig. Sie muss für die Fragestellung der Analyse repräsentativ sein.

Wenn die Merkmale und Daten in der Inzidenzmatrix eine dichte Diagonale und in der Eigenvektordarstellung eine Parabel abbilden, wurde bei der Auswertung der archäologischen Daten ein sogenannter Gradient erfasst. Ob dieser allerdings auch chronologisch zu deuten ist, d. h. die „Zeit" darstellt, muss der/die Archäologe:in klären, da die Korrespondenzanalyse selbst diese Aussage nicht liefern kann. Das Ergebnis kann chronologisch interpretiert werden, wenn es hierfür eine archäologische Begründung gibt. Auch hier gilt, dass der/die Archäologe:in definieren muss, welches Ende der Parabel „alt" und welches „jung" ist. Generell gilt, dass die Auswahl der Daten, Funde, Befunde usw. nach archäologischen Gesichtspunkten erfolgen und begründbar sein muss und nicht wahllos oder „auf Verdacht" erfolgen kann. Es bedarf einer guten und umfassenden Materialkenntnis der Funde und Befunde einer spezifischen Kultur.

Eine Korrespondenzanalyse gelingt i. d. R. nie beim ersten Durchlauf. Bestimmte Daten können die gesamte Analyse verzerren und müssen sukzessive aus dem Datensatz ausgeschlossen werden. Warum bestimmte Daten dies tun, muss während der Analyse festgestellt werden, so dass der Ausschluss dieser Daten auch begründet werden kann (siehe Abb. 5.8).

Es gibt unter anderem das Phänomen der „Durchläufer". Dies sind Daten ohne chronologische Relevanz, da sie praktisch in jedem Datensatz bzw. Befund vorkommen. Diese Durchläufer verzerren die Diagonale der Inzidenzmatrix und anschließend auch die eigentlich angestrebte Parabel der Eigenvektordarstellung.

Es gilt generell bei der Korrespondenzanalyse überflüssige Kategorien zu vermeiden. Werden z. B. steinzeitliche Siedlungsgruben analysiert, so hat der Typ „Feuerstein" keine echte Aussagekraft, da in fast jeder Siedlungsgrube ein Feuerstein anzutreffen ist. Wenn möglich muss der Typ „Feuerstein" genauer differenziert werden, z. B. Werkzeuge aus Feuerstein wie Klingen, Schaber, Kratzer usw. Ansonsten muss der nicht näher identifizierbare Typ „Feuerstein" aus dem Datensatz entfernt werden. Es kann auch vorkommen, dass durch die Korrespondenzanalyse Befunde zwischen beiden Parabelästen liegen. In diesem Fall sind in diesem/n Befund(en) Typen vertreten die i. d. R. nie zusammen niedergelegt wurden, z. B. ein „junger" Typ und ein „alter" Typ. Dies wäre z. B. besagtes „Erbstück", also ein alter Typ in einem jungen Grab.

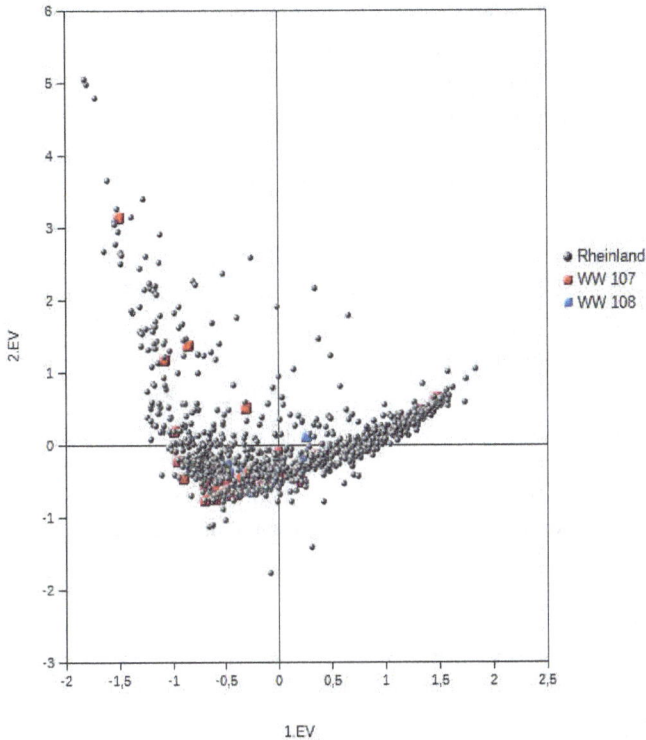

**Abb. 5.8:** Graph der Korrespondenzanalyse der Grubeninventare einer neolithischen Siedlungsgruppe auf Grundlage aller bis dato bekannten 1119 Grubeninventare des Rheinlandes (Quelle: Nockemann 2017:377)

## 5.3 Chronologie und Datierung

Um einen archäologischen Fund oder Befund zeitlich richtig einzuordnen, bedient sich die Archäologie mehrerer Verfahren, archäologischer und auch naturwissenschaftlicher. Hierbei sind zunächst zwei verschiedene Chronologiesysteme zu unterscheiden: die relative und die absolute Chronologie bzw. Datierung.

Bei der *relativen Datierung* wird durch den Vergleich zweier Objekte (A und B) festgestellt, welches von beiden älter als das andere ist. Beim Vergleich dieser Objekte sind nur drei Schlüsse möglich: A ist älter als B, A ist jünger als B oder A und B sind gleich alt. In der archäologischen Praxis wird dieses Verfahren u. a. bei der Seriation, Typologie und Stratigrafie angewendet. Beide Objekte werden bei der relativen Datierung also in eine zeitliche bzw. chronologische Reihenfolge gebracht. Wie die Bezeichnung schon vorwegnimmt, ist die hier erlangte Datierung relativ und gilt nur im Bezug der Objekte zueinander. Ein konkretes Datum kann diese Methode nicht liefern.

Mit Hilfe einer *absoluten Datierung* ist genau dies möglich. Durch naturwissenschaftliche Verfahren wie der Radiokarbondatierung, der Thermolumineszenz oder der

Dendrochronologie ist es unter besonders guten Umständen sogar möglich eine jahrgenaue Datierung zu erstellen. Ohne einen gesicherten archäologischen Kontext bzw. stratigrafischen Bezug ist die Datierung eines Objektes allerdings wissenschaftlich nahezu nutzlos. Wie bereits erwähnt, liegt der Fokus der archäologischen Forschung nicht auf dem einzelnen Objekt, sondern auf den vorgefundenen Umständen und den Bezügen des Objektes zu anderen Objekten oder Befunden. Das genaue Alter eines Artefakts mag zwar auf den ersten Blick eine interessante Information sein; viel wichtiger ist es aber, durch die Datierung des Objektes eine chronologische Einordnung des Befunds, in dem das Objekt gefunden wurde, vornehmen zu können, was sich wiederum auf die Erforschung der Siedlung, in der die Grube lag, auswirkt.

Ein Beispiel: Bei der Ausgrabung einer prähistorischen Friedhofs werden mehrere Artefakte bzw. Objekte aus den Gräbern, also den Befunden, geborgen. Können ein oder mehrere Artefakte aus einem Befund datiert werden, kann damit der Befund selbst, also das Grab, datiert werden. Wir wissen dann also, aus welcher Zeit das Grab stammt. Haben wir noch mehr datierte Gräber, bekommen wir eine Vorstellung von der Zeitspanne des Friedhofs und vielleicht auch davon, wann welche Bereiche des Friedhofs genutzt wurden.

## 5.3.1 Stratigrafie

In der Archäologie, besonders in der prähistorischen Archäologie, nimmt die Stratigrafie eine zentrale Rolle in der Bearbeitung und Auswertung von Ausgrabungen ein. Die Dokumentation einer Stratigrafie dient in der Archäologie der relativen Altersbestimmung der Schichten. Das Wort Stratigrafie setzt sich aus dem lateinischen Wort „stratum" für „Schicht" und dem griechischen Wort „gráphein" für „schreiben" zusammen. Im übertragenen Sinne ist die Stratigrafie also die Lehre von Schichten und Ablagerungen. Hier wird auch deutlich, dass es sich um eine naturwissenschaftlich beeinflusste Methode handelt. Gerade in der Anfangszeit der archäologischen Forschung waren viele Archäolog:innen bzw. Altertumsforscher:innen auch in der Geologie bewandert. Dort hatte sich die Stratigrafie bereits früh als Werkzeug zur Erstellung relativer Chronologien entwickelt, weshalb sie bei den Archäolog:innen auch schnell zum Einsatz kam.

Wichtige Forscher des 19. Jahrhunderts, die die Stratigrafie in Zusammenhang mit der archäologischen Forschung einsetzen, waren der Däne Christian Jürgensen Thomsen (dänischer Altertumsforscher), sein Schüler Jens Jacob Asmussen Worsaae (dänischer Archäologe), der französische Paläolithiker Louis Laurent Gabriel de Mortillet und Heinrich Schliemann (deutscher Archäologe), der Troja ausgrub.

Der britische Archäologe und Direktor des Bermuda Maritime Museum Edward Harris, der auch die sogenannte „Harris-Matrix" entwickelte (eine anschauliche Art der Darstellung der Beziehungen verschiedener Straten und Befunde zueinander), formulierte 1979 in seinem Buch „Principles of Archaeological Stratigraphy" (Harris 1989:29f.) spezielle für die Archäologie die vier Gesetze der Stratigrafie:

---

**Begriffserklärung: Vier Gesetze der Stratigrafie**

1. Dem *Steno'schen Lagerungsgesetz* zufolge sind während bzw. nach dem Ablagerungsprozess bei einer ungestörten Schichtenfolge die oberen Schichten stets jünger und die unteren älter.
2. Das *Gesetz der ursprünglichen Horizontalität* legt fest, dass unverfestigter Boden (vor allem aufgrund der Schwerkraft) dazu tendiert, sich in einer horizontalen Lage auszurichten. Dies heißt auch, dass Schichten, die eine gekrümmte Oberfläche aufweisen, sich bereits von vornherein so abgelagert haben oder einer unterliegenden Hohlform folgen.
3. Dem *Gesetz der ursprünglichen Kontinuität* folgend, dünnt jede archäologische Ablagerung oder Grenzfläche entweder zum Rand hin aus oder wird durch eine unterliegende Hohlform räumlich begrenzt. Andere Formen der Begrenzung weisen auf eine Störung durch jüngere stratigrafische Ereignisse bzw. Befunde hin.
4. Das *Gesetz der stratigrafischen Abfolge* besagt, dass die untersuchte Schicht durch ihre Position zwischen der oberen bzw. jüngeren und der unteren bzw. älteren Schicht bestimmt wird. Beziehungen zu anderen Schichten, die nicht direkt an diese zu untersuchende Schicht angrenzen, können vernachlässigt werden.

---

Straten bzw. Schichten entstehen entweder auf natürliche Weise (Erosion und Akkumulation) oder durch anthropogene Vorgänge. Der Mensch produziert „Abfall", dessen unvergängliche Bestandteile sich übereinander ablagern. Ohne den Menschen bilden sich an derselben Stelle auf natürliche Weise ebenfalls Schichten, z. B. durch abplatzende Bestandteile eines Höhlendachs, durch Einwehung von Sand, Ablagerungen aus Überschwemmungen usw. Diese Schichten weisen keine Spuren des Menschen auf. In der Archäologie bezeichnet man sie deshalb als „steril". Werden Schichtenpakete durch Erdeingriffe des Menschen gestört, wenn z. B. eine Grube angelegt wird, werden die übereinander liegenden Schichten durchbrochen. Die Füllung dieser Grube wiederum besteht dann aus einem anderen Sediment bzw. Füllung (Abfall, vermischte Reste des Aushubs, Knochen usw.), weshalb Archäolog:innen im Profil der Schichten die Grube gut erkennen können. Der Mensch stört durch seine Eingriffe bereits vorhandene Stratigrafien oder aber er legt selber neue, künstliche Stratigrafien an, wenn er z. B. einen Grabhügel oder einen Erdwall aufschüttet.

Die Dokumentation der Stratigrafie dient vor allem der Klärung der chronologischen Abfolge der menschlichen Präsenz bzw. Tätigkeiten. Es ergibt sich eine relativ-chronologische Abfolge, wobei die oberen Schichten jünger und die unteren Schichten älter sind. Daher müssen auf einer Ausgrabung an verschiedenen Stellen die Stratigrafie dokumentiert werden, um die Zusammenhänge zwischen den Schichten der einzelnen Stellen zu verstehen und zu synchronisieren.

Für die Chronologie ist ebenfalls wichtig, dass der Inhalt einer Schicht, also die darin vorgefundenen Objekte, innerhalb einer gewissen Zeitspanne als „gleichzeitig" gelten, sie stammen aus dem Zeitraum, in dem die Schicht gebildet wurde. Etwaige Störungen und Unregelmäßigkeiten müssen ebenfalls sorgfältig dokumentiert werden. So treten Fälle auf (Erdrutsche, starke geologische Ereignisse usw.), in denen die Stratigrafie so verändert wurde, dass sie „falsch herum" liegt, also die jüngeren Schichten unten und die älteren oben.

### 5.3.2 Archäologisch-Historische Methode

Die archäologisch-historische Methode wird zur absolutchronologischen Datierung angewendet. Ihre Grundzüge gehen auf den deutschen Prähistoriker Hans Jürgen Eggers zurück. (vgl. Eggers 1959) Sie basiert auf dem Austausch von Objekten zwischen Kulturen, und zwar aus sogenannten nicht-schriftlichen Kulturen. Dies wären hierzulande z. B. die jungsteinzeitlichen oder metallzeitlichen Kulturen, mit gleichzeitigen Funden aus Kulturen, die bereits über Schriftquellen und damit i. d. R. auch über eine bekannte bzw. datierte Historie verfügen. Dies wären z. B. die Kulturen des klassischen Griechenlands oder Ägyptens. Diese Funde, die z. B. durch Austauschbeziehungen in die zu datierende Kultur gelangt sind, zeigen durch ihr Alter dann ungefähr die Zeit der Niederlegung an, zumindest in der Theorie.

Nach Eggers gibt es drei methodische Wege, um Chronologien erstellen zu können. Dies sind die Importdatierung, die Kreuzdatierung und die Kettendatierung.

Die *Importdatierung* nutzt die aus den bekannten, datierten Kulturen stammenden Objekte, die in die undatierte Kultur gelangten. Die Datierung des Objekts kann so auf die noch undatierte Kultur übertragen werden. Je intensiver der Austausch zwischen den beiden Kulturen war, um so größer ist die Anzahl der zur Datierung geeigneten Objekte und um so genauer wird die Datierung der nicht-schriftlichen Kultur.

Bei der *Kreuzdatierung* tauschen beide Kulturen, die nicht-schriftliche und die schriftliche Kultur, gegenseitig Objekte aus. Somit können die Objekte aus beiden Kulturen sozusagen „über Kreuz" datiert werden, was die Qualität der Datierung erhöht.

Die *Kettendatierung* hingegen ist nicht so sicher, da hier kein direkter Austausch zwischen der nicht-schriftlichen (A) und der schriftlichen Kultur (C) stattfand, sondern indirekt über noch mindestens eine weitere nicht-schriftliche Kultur (B) erfolgte. Der Austausch fand also in der Reihenfolge A, B und C statt, woraus sich ergibt, dass alle drei Kulturen gleichzeitig existierten. Allerdings wird durch eine zunehmende Anzahl der beteiligten Kulturen die Datierung unsicherer.

Die archäologisch-historische Methode hat auch ihre Schwächen. Das Alter des in der zu datierenden nicht-schriftlichen Kultur niedergelegten Objekts zeigt, zumindest in der Theorie, den Zeitpunkt der Niederlegung an. Nicht berücksichtigt werden kann, da unbekannt, die Zeit des Umlaufs des Objekts. Ist es erst kurz vor seiner Niederlegung in die zu datierende Kultur gelangt oder wurde es dort bereits einige Jahre oder sogar Generationen lang von Hand zu Hand weitergegeben oder wohl möglich wie ein Erbstück sehr lange aufgehoben? Wie lange hat das Objekte von der einen Kultur zur anderen gebraucht? Insgesamt ist die archäologisch-historische Methode heutzutage nicht unbedingt die erste Wahl zur Erstellung einer Chronologie.

### 5.3.3 Dendrochronologie

Die Dendrochronologie ist ein naturwissenschaftliches Datierungsverfahren, das in der Archäologie aber auch in der Kunstwissenschaft, Bauforschung und den Geowissenschaften zum Einsatz kommt. Ihr Name setzt sich aus den griechischen Wörtern „déndron" für Baum, „chrónos" für Zeit und „lógos" für Lehre zusammen. Entwickelt wurde dieses Verfahren zu Beginn des 20. Jahrhunderts vom amerikanischen Wissenschaftler Andrew Ellicott Douglass. (Vgl. Webb 1983).

Anhand der Jahresringe eines Baumes ist es möglich das Alter des Baumes zu bestimmen. Im Gegensatz zu relativchronologischen Verfahren, die mehr oder minder nur feststellen können, ob ein Objekt älter ist als ein anderes, gelingt mit der Dendrochronologie die absolute Datierung, d. h. eine jahrgenaue Datierung oder zumindest die Zuordnung in eine bestimmte Zeitspanne. Sie ist auch die einzige naturwissenschaftliche Methode, die eine jahrgenaue Datierung ermöglicht und zählt heute zu den Standarddatierungsverfahren in den archäologischen Wissenschaften. Aber auch in anderen Bereichen, wie der Denkmalpflege, Bauforschung und Datierung von transportablen Kulturgütern (Musikinstrumente, Bilder, Möbel usw.). Wobei bei den letztgenannten Bereichen zwar die Datierungsmethode an sich dieselbe ist, aber die Art der Probengewinnung sich von denen der Archäologie z. T. erheblich unterscheidet.

Sofern eine Holzprobe groß und ausreichend genug erhalten und eine bestimmte Mindestanzahl an Jahresringen erkennbar ist, kann sie mittels der Dendrochronologie zur Datierung herangezogen werden. Diese Datierungsmethode stützt sich auf vier Annahmen, die sich als richtig herausgestellt haben:

1. Die Eigenschaft von Bäumen den Holzzuwachs in deutlich erkennbaren Jahrringen anzulegen. In Jahren mit guten Wachstumsbedingungen bilden sich breitere Jahresringe aus als in Jahren mit schlechten Wachstumsbedingungen, wo die Jahresringe entsprechend kleiner ausfallen. Die Jahresringe sind außerdem noch in Frühholz und Spätholz zu unterscheiden. Das Frühholz wird im Frühjahr angelegt und dient hauptsächlich dem Transport des Wassers durch den Stamm. Das sich im Sommer bildende Spätholz hingegen sorgt für die mechanischen Stabilität des Holzes bzw. des Stamms. Beide Ringarten lassen sich mikroskopisch unterscheiden.
2. Die Dicke der Jahresringe wird vor allem durch die lokale Umwelt beeinflusst, wie die Temperatur- und Niederschlagsverhältnisse.
3. Die Bäume einer Art reagieren in einem bestimmten Gebiet auf dieselbe Weise auf lokale Umwelteinflüsse und bilden so identische Jahresringe aus. Somit weisen in diesem Gebiet auch alle Bäume einer Art die gleiche charakteristische Abfolge von dünnen und dicken Jahresringen auf.
4. Bäume derselben Art reagieren selbst über größere Entfernung hinweg identisch auf ihre Umwelt und weisen weitergehend dieselbe Jahresringfolge auf. Diese Abfolge der breiten und schmalen Jahresringe ergibt eine charakteristische gezackte Kurve.

Um nun Funde und Befunde mit Hilfe der Dendrochronologie datieren zu können, benötigt man für jede einzelne Baumart einen lückenlosen Jahresringkalender. Das Prinzip ist in der Theorie relativ einfach: Die Jahresringe zweier Bäume werden miteinander verglichen. Sofern beide Bäume mehrere Jahre lang gleichzeitig existierten, wird sich die Jahresringkurve in einem bestimmten Bereich decken, die Jahre in denen beide Bäume gleichzeitig wuchsen. Nach der Korrelation der Jahresringe dieser beiden Bäume sucht man einen weiteren (älteren) Baum, dessen Jahresringkurve sich mit dem Ende der Jahresringkurve der beiden ersten Bäume deckt, usw. Durch die Überlappung der Jahresringkurven einzelner Bäume, dem sogenannten cross-matching, entsteht ein Jahreskalender, der immer weiter in die Vergangenheit verlängert wird. So können für bestimmte Regionen Jahresringkalender erstellt werden, die chronologisch bis zu 10.000 Jahre zurück reichen.

Je mehr Bäume in die Auswertung mit einfließen, desto stabiler ist der Kalender. Allerdings ist nicht jeder Baum hierzu geeignet. Er muss eine hohe Anzahl an Jahresringen aufweisen, um eine entsprechende zeitliche Tiefe zu haben. Auch sollten sich die Jahresringkurven zweier Bäume um mindestens 20 Jahre miteinander überschneiden. Eine schlechte Erhaltung des Holzes wirkt sich negativ aus; je mehr Jahresringe fehlen, desto „älter" wird eine Holzprobe. Problematisch bei der Erstellung eines Jahresringkalenders sind allerdings lokale Faktoren, die auf die Bäume im Laufe ihres Lebens eingewirkt haben, wie Pilzbefall, Insekten, Schädlinge, usw., die das Wachstum und damit die Entstehung der Jahresringe beeinflusst haben. Individuelle Einflüsse auf die Bäume lassen sich durch die Verknüpfung und Mittelung von hunderten bis zu tausenden zeitgleicher Jahresringserien verschiedener Bäume eliminieren. Um die Chance auf eine gute Datierung zu erhöhen und um kleinräumige Klimaschwankungen besser darstellen zu können, werden regionale Chronologien erstellt.

Da Holz seit der Jungsteinzeit einer der wichtigsten Baustoffe war, ergeben sich bei entsprechender Erhaltung viele Möglichkeiten zur Datierung von Artefakten, wie Bauholz aus Häusern, Zäunen, Brunnen, Werkzeugen, Booten, Schiffen, Wegbefestigungen usw. Durch die sehr gute Erhaltung der Hölzer in den neolithischen und bronzezeitlichen Seeufersiedlungen ist es z. B. mögliche nicht nur die dortigen Artefakte und Häuser zu datieren, sondern sogar den chronologischen Ablauf ganzer Siedlungsphasen rekonstruieren.

Bei der Datierung archäologischer Fundstellen mittels Holzproben muss allerdings auch immer eine Quellenkritik betrieben werden. Die Dendrochronologie (siehe Abb. 5.9) kann nur bestimmen wie alt das Artefakte bzw. die Probe ist. Ob und in welchem Zusammenhang die Probe mit dem archäologischen Befund steht, müssen Archäolog:innen erst klären. Wird z. B. ein Gründungspfahl einer Mauer mittels der Dendrochronologie datiert, ist damit das Alter des Pfahls bekannt, aber nicht zwangsläufig das der Mauer. Vorausgesetzt der letzte Jahrring unter der Baumrinde des Pfahls ist erhalten, ist damit das Fälldatum des Baumes bekannt. Aber das Holz kann erst noch Jahrzehnte abgelagert worden sein, bevor es als Gründungspfahl der Mauer verbaut wurde. Man bekommt

**Abb. 5.9:** Dendrochronologische Balkenprobe aus dem Rathaus von Gödenroth (Eichenholz) auf dem Roscheider Hof bei Konz (Quelle: Wikipedia, CC3.0, Autor: Stefan Kühn)

durch die dendrochronologische Datierung in dem Fall für die Mauer einen Terminus post quem, also den Zeitpunkt, nach dem die Mauer gebaut worden ist.

Aber nicht nur für die Datierung können die Jahresringe herangezogen werden, sondern auch zur Rekonstruktion der Klimaentwicklung. Stark vereinfacht würde dies heißen, dass sehr dicke Jahresringe für „gute" Jahre mit guten Wachstumsbedingungen sprechen und sehr dünne für Jahre mit wenig Wachstum bzw. ungünstigem Klima.

### 5.3.4 C14- bzw. Radiokarbonmethode

Die C14- bzw. Radiokarbonmethode ist ein oft in der Archäologie eingesetztes Verfahren zur Altersbestimmung organischer Materialien. Mit ihm ist eine relativ genaue Datierung von Funden möglich, wobei sich der Anwendungsbereich auf ein Zeitfenster von vor ca. 300 bis 57.300 Jahren beschränkt.

**Physikalische Grundlage**

Grundlage der Radiokarbonmethode ist der kontinuierliche Zerfall des radioaktiven Kohlenstoff-Isotops $_{14}C$. Dieses Isotop ist in der Erdatmosphäre enthalten und wird in ihren oberen Schichten ständig neu gebildet. Alle lebenden Organismen nehmen es kontinuierlich auf, wobei sein Anteil im Körper immer gleichbleibt. Nach dem Absterben des Organismus wird kein Kohlenstoff mehr aufgenommen, wodurch die Zahl der Isotope im Organismus durch den radioaktiven Zerfall sinkt. Da die konstante Halbwertzeit (die Zeitspanne, nach der sich eine mit der Zeit abnehmende Größe um die Hälfte verringert hat) des Kohlenstoff-Isotops $_{14}C$ genau 5730 Jahre beträgt, lässt sich durch Zurückrechnen der Zeitpunkt des Todes des Organismus berechnen.

Begrenzt wird die Radiokarbonmethode dadurch, dass sich nach 10 Halbwertzeiten (57.300 Jahren) das $_{14}C$ so weit abgebaut hat, dass es nicht mehr nachweisbar ist. Außerdem sind für die letzten 300 Jahre keine eindeutigen Datierungen möglich, da es durch zunehmenden Verbrennung fossiler Brennstoffe zu einer „Verdünnung" des $_{14}$C-Gehalts in der Atmosphäre kommt und so zu einer falschen Ausgangslage bei der Berechnung des Alters führt. Für die vergangen 10.000 Jahre ist eine Datierungsgenauigkeit von maximal ± 30 Jahren möglich, wobei auch größere Zeitspannen üblich sind.

Die Radiokarbonmethode ist nicht zerstörungsfrei, d. h. die Probe wird im Zuge der Datierung zerstört. Es ist also jeweils zu prüfen ob und wenn wie viel von einem Artefakt für die Datierung geopfert werden kann. Bei der Bergung ist darauf zu achten, dass die Probe nicht kontaminiert wird, da ansonsten falsche Datierungen produziert werden. So ist auf dem Grabungsgelände das Rauchen z. B. streng verboten, da eine durch Zigarettenasche kontaminierte Probe ein falsches Alter produzieren würde.

Zuerst wird die Probe mit chemischen Verfahren gereinigt. Dabei wird sie auf reinen Kohlenstoff reduziert. Anschließend kann die Probe mit verschiedenen Methoden untersucht werden. Hier wären die Zählrohrmethode nach Libby, die Beschleuniger-Massenspektrometrie (AMS, siehe Abb. 5.10) und die Flüssigszintillationsspektrometrie zu nennen, die alle ihre jeweiligen Vor- und Nachteile aufweisen. Ihnen gemein ist, dass die Menge des noch vorhandenen $_{14}$C ausgezählt wird.

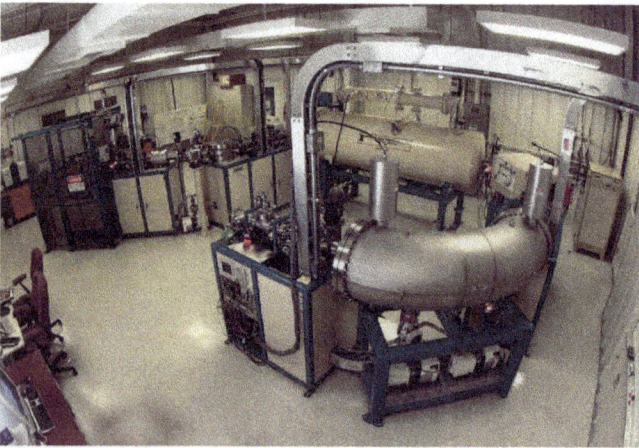

**Abb. 5.10:** Beschleuniger-Massenspektrometrie (AMS) im Lawrence Livermore National Laboratory

Die gemessenen Werte müssen anschließend noch kalibriert werden. Diesen Vorgang, bei dem eine Kalibrationskurve und eine Reihe von Faktoren (Kontaminierungen, natürliche Schwankungen des $_{14}$C, Suess-Effekt[1], Kernwaffen-, Reservoir- und Hartwassereffekt

---

[1] Der Suess-Effekt beschreibt den Einfluss der Industrialisierung auf den $_{14}$C-Gehalt in der Atmosphäre. Durch die Industrialisierung wurden bzw. werden vermehrt fossile Brennstoffe verbrannt. Da diese Stoffe kein nachweisbares $_{14}$C mehr enthalten (weil älter als ca. 10 Halbwertszeiten/ca. 60.000 Jahre),

usw.) berücksichtigt werden müssen, hier zu beschreiben würde allerdings den Rahmen sprengen.

Außerdem muss bei der anschließenden Interpretation des Datierungsergebnisses noch die Befundsituation berücksichtigt werden. Die Radiokarbonmethode misst letztendlich nur den Zeitpunkt, ab dem durch das Absterben eines Organismus die Aufnahme von Kohlenstoff eingestellt wurde. Dieser Zeitpunkt ist nicht notwendigerweise der Zeitpunkt, an dem das beprobte Objekt in der archäologischen Schicht abgelagert wurde. Archäolog:innen müssen den Kontext des beprobten Objekts und dem dazugehörigen Befund und anderen Artefakten in der betreffenden Schicht klären. Auch ist zu berücksichtigen, dass ein Objekt zu dem Zeitpunkt, als es in die Erde gelangte, bereits eine längere Zeit existierte, wie z. B. ein mehrere Jahrzehnte abgelagertes Stück Holz oder ein Erbstück.

### 5.3.5 Thermolumineszenzdatierung

Die Thermolumineszenzdatierung, auch kurz TL genannt, ist eine weitere naturwissenschaftliche Datierungsmethode, die sich allerdings nur bei gebrannten Objekten wie Keramik oder anderweitig gebrannten Artefakten wie z. B. Feuerstein, Kohle oder vulkanischer Asche, einsetzen lässt.

Da der Mensch bereits seit über einer Million Jahren Feuer für die Erhitzung von Gesteinsmaterial einsetzt, ergibt sich hier für die Archäologie eine weitere Datierungsmöglichkeit von Artefakten. Gerade in der paläolithischen Archäologie, also der Erforschung der Altsteinzeit, wird die Thermolumineszenzdatierung häufig für die Datierung anorganischen Materials wie Quarz, Quarzit, Feuer-, Horn- und Sandstein sowie anderen kristallinen Gesteinen eingesetzt.

Grundlage ist die Eigenschaft mancher Festkörper, dass sie vorher im Kristallgitter gespeicherte Energie beim Erhitzen in Form von Licht abgeben. Beim (vorgeschichtlichen) Erhitzen (Feuerstein) bzw. Brennen (Keramik) eines Artefaktes wurde seine Thermolumineszenz-Uhr auf „0" zurückgesetzt. Anschließend setzt die „Aufladung" des Kristallgitters durch die kosmische Strahlung und/oder durch die Strahlung aus den Zerfallsprozessen natürlich vorkommender radioaktiver Nuklide erneut ein. Je länger dieser Vorgang dauert, desto größer ist die aufgeladene Energie.

Im Labor wird die Probe nun kontrolliert erhitzt (auf ca. 300 °C) und aus der Temperatur, der Intensität und dem Spektrum der Thermolumineszenz sowie anderen Parametern wird bestimmt, wie hoch die Strahlenmenge war, der die Probe zum Zeitpunkt

---

werden bei ihrer Verbrennung $_{12}C$ und $_{13}C$ frei und verdünnen so die Menge des radioaktiven $_{14}C$ in der Atmosphäre. Diese Verdünnung des $_{14}C$ in der Atmosphäre führt zu einem verringerten Ausgangswert des $_{14}C$ in den Organismen. Dieser Umstand muss bei der Bestimmung des $_{14}C$-Alters berücksichtigt werden, da die Probe ansonsten zu alt datiert wird.

ihrer letztmaligen Hitzeeinwirkung ausgesetzt war. Je älter eine Probe ist, desto mehr Thermolumineszenz wird dabei erzeugt.

Durch diese Methode wird also der Zeitpunkt des letzten Brennens der Probe bestimmt. Anhand dieser Strahlenmenge kann dann das Alter der Probe ermittelt werden. Hierzu vergleicht man die Strahlenmenge des Artefakts mit der am Fundplatz vorherrschenden Strahlenmenge. Unter der Prämisse, dass die Strahlenmenge am Fundplatz dieselbe ist wie zum (vorgeschichtlichen) Zeitpunkt der Hitzeeinwirkung auf das Artefakt, kann über das Verhältnis beider Mengen das Alter der Probe bestimmt werden.

Diese Methode arbeitet nicht zerstörungsfrei, daher muss die Auswahl der Probe sorgfältig überlegt werden. Der Erfolg der Datierung hängt bei „jungen" Proben von der Empfindlichkeit der verwendeten Messgeräte und bei „alten" Proben von Sättigungserscheinungen des Thermolumineszenz-Signals aufgrund des hohen Alters ab. Es eigenen sich nur Proben aus Ausgrabungen und keine Oberflächenfunde, da diese der kosmischen Strahlung stärker ausgesetzt sind als Objekte im Boden. Diese beeinflusst die in der Probe gespeicherte Energie, wodurch sie sich nicht mehr korrekt datieren lässt. Die Genauigkeit der Thermolumineszenzdatierung liegt bei ca. 10 % des Alters der Probe. Abhängig von den verwendeten Geräten sind Datierung bis vor ca. 100.000 Jahren möglich, in Ausnahmen sogar 500.000 Jahre vor heute.

## 5.4  GIS – Geografische Informationssysteme

Geografische Informationssysteme oder auch Geoinformationssysteme (GIS) dienen der Erfassung, Bearbeitung, Auswertung und Präsentation raumbezogener Daten. Zu einem GIS zählen sowohl die dazugehörende Soft- als auch Hardware, Daten und Anwendungen. Sie werden in Stadtplanung, Logistik, Marketing, Gesundheitswesen, Militär, Kartografie und eben auch in der Archäologie eingesetzt. In GIS-Projekten arbeiten oft interdisziplinäre Gruppen aus Archäolog:innen, Geograf:innen, Geodät:innen und Bodenkundler:innen zusammen. Zum einen, um alle raumbezogenen Daten einer Ausgrabung zu erfassen und darzustellen. Mittels eines GIS können die kartierten Funde und Befunde umfassend ausgewertet werden, als einfachstes Beispiel sei die Verteilung bestimmter Artefaktgruppen in der Fläche und/oder auch Tiefe genannt. Zum anderen werden geografische Informationssysteme bei raumbezogenen Fragestellungen angewandt. Hier soll die Rolle von Fundorten im Verhältnis zum geografischen Raum geklärt oder die Raumnutzung und Raumwahrnehmung erforscht werden. So können z. B. Fundstellen mit Klimazonen, Bodenqualitäten, Entfernungen zu Gewässern, Rohstoffen und Nahrungsressourcen verknüpft und ausgewertet werden.

Weitere Forschungsansätze, bei denen GIS eingesetzt werden, sind die Sichtfeld- und die Wege-Analysen. Bei der Sichtfeld-Analyse (Viewshed-Analyse) werden die Sichtverhältnisse zwischen zwei Punkten im Raum bzw. der Landschaft ermittelt. So kann man der Frage nachgehen, ob z. B. von einer Siedlung aus die chronologisch zeitgleichen und zur selben Kultur gehörenden Grabhügel überhaupt sichtbar waren. Das Ergebnis kann

in die Interpretation des Verhältnisses der lebenden Bevölkerung zu ihren Toten einfließen. Oder, ob der Bezug zwischen Siedlung und Grabhügeln eine Art von Legitimation
des Besitzanspruchs auf dieses Gebiet darstellt, da ja schon die Vorfahren dort gelebt
haben. Wichtig bei dieser Analyse ist, dass der damalige Zustand der Landschaft so gut
wie möglich rekonstruiert wird (ursprüngliche Bewaldung, Erosion, Veränderungen des
Geländeprofils usw.)

Bei der Wege-Analyse (Least-cost-path-Analyse) werden ebenfalls möglichst präzise
Geländedaten benötigt. Mit Hilfe dieses Verfahrens soll der optimale, der einfachste
Weg zwischen zwei Punkten gefunden werden und wie lange man für diese Strecke
gebraucht hat. Da man für die meisten (archäologischen) Fälle annehmen kann, dass
der damalige Mensch zu Fuß unterwegs war, fließt genau dieser Umstand auch in das
Rechenmodell ein. Der Weg sollte möglichst leicht zu laufen sein und wenige Steigungen
und Hindernisse aufweisen. So wird das Rechenmodell auf Grundlage der Geländedaten
und der definierten Parameter den einfachsten Weg berechnen und im GIS darstellen. Allerdings muss das Ergebnis nicht der historischen Realität exakt entsprechen, bietet aber
eine Diskussionsgrundlage und Ausgangspunkte für neue Ansätze. Liegen nun weitere
Fundorte an dem berechneten Weg, können sie das Ergebnis bestätigen, was aber immer
einer genaueren Auswertung bedarf. Da verschiedene Verfahren mit unterschiedlichen
mathematischen Grundlagen in der Wege-Analyse zum Einsatz kommen (vgl. Band 2, Kap.
I.10.1), können deren Ergebnisse voneinander abweichen, was einer wissenschaftlichen
Diskussion bedarf.

Eine weitere wichtige Verwendung von GIS ist ihr Einsatz in der archäologischen
(Boden-)Denkmalpflege. Mit ihnen wird der Bestand an (Boden-)Denkmäler und Fundorte
erfasst, visualisiert und ausgewertet. Gerade bei der Planung von Bauvorhaben sind
diese Informationen für die Planung und Durchführung wichtig.

## 5.4.1 Experimentelle Archäologie

Oft werden, gerade von Laien, die Begriffe „experimentelle Archäologie" und „Re-
Enactment/Living History" gleichgesetzt. Allerdings weisen beide Bereiche sehr unterschiedliche Herangehensweisen und Ziele auf. Um dies verständlich zu machen, werden
im Folgenden beide Begriffe eingehender dargestellt.

Während Re-Enactment/Living History noch ein relativ junger Bereich ist, wird die
experimentelle Archäologie schon seit über 30 Jahren in der archäologischen Forschung
betrieben, vor allem in den angelsächsischen und skandinavischen Ländern. Was in
der experimentellen Archäologie und dem Re-Enactment/Living History in gewisser
Weise gleich ist, ist der Wunsch die Vergangenheit zu verstehen. Hierzu widmet man
sich vor allem technologischen Fragestellungen und praxisrelevanten Bereichen der
Vergangenheit.

Die experimentelle Archäologie verfolgt einen rein wissenschaftlichen Ansatz. Sie
versucht unter Laborbedingungen klar definierte und abgegrenzte Hypothesen zu ar-

chäologischen/historischen Prozessen bzw. technologischen Fragestellungen durch ein induktives Vorgehen und durch Versuche zu überprüfen. Hierbei wird, den Naturwissenschaften sehr ähnlich, beobachtet, gemessen und dokumentiert. Gerade die Dokumentation ist ein zentraler Punkt, da sie zum einen den Prozess für spätere Analysen konserviert und zum anderen der späteren Reproduktion des Versuchs dient. Durch wiederholbare und gleichartige Versuchsreihen werden Zufallsergebnisse erkannt und ausgeschlossen. Falsifizieren und Verifizieren sind hier die wichtigsten Vorgänge, wodurch der Versuch auch seine wissenschaftliche Aussagekraft bekommt. Die abschließende Publikation des Versuchs und seiner Dokumentation sichert die neuen Erkenntnisse und stellt sie der wissenschaftlichen Gemeinschaft zur Verfügung.

Zur Durchführung der kontrollierten Versuche ist es von größter Wichtigkeit die eingesetzten Werkstoffe und Materialien zu kennen und zu beherrschen. Um wirkliche vergleichbare Ergebnisse zu bekommen, müssen relevante archäologische/historische Arbeitsprozesse erst erlernt werden. Wenn man z. B. die Einsetzbarkeit eines Metallwerkzeugs überprüfen will, muss dieses Werkzeug auch mit den damals bekannten Herstellungsprozessen reproduziert werden. Es leuchtet ein, dass es wissenschaftlich keinen Sinn ergibt die Verwendbarkeit eines keltischen Schwertes zu überprüfen, wenn dieses aus modernem Stahl hergestellt wurde. Es mag dem archäologischen Original optisch gleichen, ist aber in seiner Leistungs- und Verwendungsfähigkeit nicht vergleichbar. Dem eigentlichen Versuch geht also eine Vorbereitungsphase voraus, in der die alten Arbeits- und Herstellungsprozesse erst verstanden und beherrscht werden müssen.

Was die die experimentelle Archäologie nicht leistet, ist eine historische Realität zu erschaffen. Eine gewisse Rekonstruktion findet allerdings doch statt, und zwar hinsichtlich der am Versuch beteiligten Objekte. Die Versuche geben gut begründete Hinweise auf diese vergangene Realität. Oft erkennt man die tatsächliche Funktion oder Verwendungsart eines Objektes erst durch seinen tatsächlichen Gebrauch. Im Versuch kann die Verwendungsart eines Objektes geklärt werden. Wurde z. B. ein bestimmtes, aus Feuerstein hergestelltes Werkzeug für das Zerlegen von Tieren oder zum Schneiden von Getreide verwendet? Oder: Wie musste ein bestimmter Axt-Typ geschäftet sein, um überhaupt effektiv eingesetzt werden zu können? Durch die experimentelle Archäologie können so die Hypothesen zu bestimmten Themen bestätigt oder widerlegt werden.

Der gesamte Versuchsvorgang findet i. d. R. ohne jedes Publikum statt. Im Rahmen von Veranstaltungen werden natürlich solche Versuche auch präsentiert und dargestellt. Diese dienen allerdings nicht primär der Erzeugung von Wissen, sondern der Vermittlung. Meist wurden die Ergebnisse der dargestellten Versuche bereits durch zahlreiche vorangegangene Versuche überprüft, so dass ihr Ausgang (den Versuchsdurchführenden) bekannt ist und auch entsprechend erläutert werden kann. Primäres Ziel der experimentellen Archäologie ist die Schaffung neuen Wissens und nicht die massentaugliche Präsentation einer möglichen vergangen Realität. Was sie, wie bereits erwähnt, so auch nicht leisten kann. Abgesehen davon erweckt ein Versuchsaufbau mit all seinen Messgeräten, Computern, Fotoapparaten und Archäologen:in in Alltagskleidung sicher keinen wirklich historisch authentischen Eindruck. Außerdem benötigen bestimmte Versuchsaufbauten eine große Zeitspanne, wie z. B. bei der Frage, wie halt-bar steinzeitliche Langhäuser waren oder wie und in welchen zeitlichen Dimensionen Erosionsprozesse an einer keltischen Holz-Erde-Mauer ablaufen.

Leider wird der Begriff der experimentellen Archäologie oft missbräuchlich genutzt. Schmiedevorführungen im Museumsdorf fallen nicht darunter, auch nicht Webarbeiten nach historischem Vorbild auf einem Mittelaltermarkt. Dies ist allenfalls eine „Erlebnisar-chäologie", aber keine Wissenschaft. Zur Vermittlung an Nicht-Wissenschaftler:innen sind sie allerdings, sofern auf fundierten Grundlagen fußend durchgeführt, wichtig und auch hilfreich.

### 5.4.2 Re-Enactment, Living History und Histotainment

Wie bereits im vorherigen Kapitel angesprochen, ist eine Differenzierung der Begrif-fe „experimentelle Archäologie" und „Re-Enactment/Living History" wichtig, da beide Bereiche unterschiedliche Arbeitsweisen und Ziele aufweisen. Einer der Hauptunter-schiede ist die im Re-Enactment/Living History nicht zwingende Wissenschaftlichkeit. Während den Versuchen in der experimentellen Archäologie stets eine definierte Frage-stellung und ein wissenschaftlicher Ansatz zu Grunde liegt, sind die Beweggründe im Re-Enactment/Living History meist anders.

Im Re-Enactment dient ein tatsächliches geschichtliches Ereignis als Ausgangspunkt, es ist also zeitlich wie auch geografisch fixiert. Das Ereignis soll in einer Neuinszenie-rung möglichst authentisch dargestellt werden. Neben der Motivation der Freude der Beteiligten soll ein weiteres Ziel des Re-Enactments sein, Geschichte wiedererlebbar zu machen, um sie so verständlicher und auch für andere erlebbar zu machen. Allerdings tritt diese Vermittlung oft in den Hintergrund, da die Beteiligten bzw. Re-Enactors oft mehr bestrebt sind sich ganz und gar in diese Neuinszenierung des Ereignisses einzu-bringen. Solche Veranstaltungen können eine beachtliche Größe erreichen, wie z. B. die Nachstellung der mittelalterlichen Schlacht von Hastings, wo mitunter über 3000 Betei-ligte mitspielten und 30.000 Interessierte zuschauten. Es gibt aber auch Veranstaltungen, die man durchaus kritisch betrachten kann, wie z. B. Re-Enactments von Ereignissen des zweiten Weltkriegs, inkl. fahrtüchtiger Panzer, SS-Uniformen und Platzpatronen. Hier ist die Bandbreite der Motivation der Veranstalter und Beteiligten sehr groß, von ehrlich gemeinter Geschichtsvermittlung bis hin zur Glorifizierung der NS-Zeit. Derartige Veranstaltungen finden meist im Ausland statt, da die rechtliche Lage dort oft anders ist. So ist das öffentliche Zurschaustellen von Hakenkreuzen hierzulande i. d. R. verboten.

Das Ziel der Living History unterscheidet sich vom Re-Enactment dahingehend, dass sie sich nicht an einem konkreten geschichtlichen Ereignis orientiert. Hier wird z. B. versucht Alltagssituationen, wie das Marktgeschehen im Mittelalter, das Leben in einem römischen Heerlager oder auch konkretere Dinge, wie die Darstellung der Arbeit in einer Schmiede usw. zu inszenieren. Es geht also meist um eine eher kleinräumige und mehr spezifische Darstellung einzelner Handlungen. Die Darstellung und Vermittlung dieser Aktionen an die unbeteiligten Zuschauer sind häufig ein Ziel dieser Bemühungen. Hier kann es, je nach wissenschaftlichem Anspruch, zu Überschneidungen mit der experimentellen Archäologie kommen. Aber wie dort bereits erwähnt, fällt die reine Darstellung von prähistorischen Handwerkstechniken etc. ohne Versuchsaufbau, Dokumentation usw. nicht unter den Begriff der experimentelle Archäologie, sondern ist eher eine „Erlebnisarchäologie".

Zum Re-Enactment und zur Living History gibt es einige Theorien, z. B. die Theorie der Historiografie des Philosophen und Historikers Robin George Collingwood. Collingwood ist der Meinung, dass Geschichte nur durch das Wiedererleben verstanden werden kann. (Collingwood 1955) Living History sollte daher eine gelebte Geschichte mit wissenschaftlichem Ansatz sein. Ein bestimmtes konkretes geschichtliches Ereignis soll anhand vorhandener Quellen auf möglichst authentische Weise rekonstruiert bzw. durchlebt werden. Des Weiteren soll der Darsteller des Re-Enactment auch die Gedankenwelt der historischen Akteure „durchleben". Der wissenschaftliche Ansatz ist dabei nach Collingwood eine zentrale Voraussetzung für die Definition des modernen Re-Enactment.

Das Problem hierbei ist allerdings der Mensch. Die Vorgaben Collingwoods werden von den Akteuren oft nicht berücksichtigt bzw. konsequent eingehalten, so dass ein Mindestmaß an Wissenschaftlichkeit meist nicht gegeben ist. Grundsätzlich wären diese Unstimmigkeiten nicht problematisch, wenn nicht in vielen Fälle, bewusst oder unbewusst, eine Wissenschaftlichkeit der Darstellung suggeriert würde. Es ist völlig legitim, wenn die Beteiligten ihr Hobby als solches verstehen und dies nach außen so kommunizieren. Wird allerdings behauptet, dass die gewählte Darstellung historisch bzw. geschichtlich korrekt ist, kann man dies aus wissenschaftlicher Sicht nicht stehen lassen. Oft sind grobe Fehler zu beobachten. Beispielsweise werden bei der Darstellung einer frühmittelalterlichen Tracht Objekte aus unterschiedlichen Epochen und/oder geografischen Räumen vermischt, für deren Kombination kein wissenschaftlicher Beleg existiert. Wissenslücken werden mit Phantasie gefüllt. Aber nicht nur unter den Wissenschaftler:innen, sondern auch unter den Beteiligten werden die Rekonstruktionen oft kontrovers diskutiert, die dies auch als „A-Debatte" („Authentizitäts-Debatte") bezeichnen. Also die Frage nach der Authentizität eines Objektes, einer Darstellung usw. Diese Diskussion ist leider nur selten zielführend, da die Beteiligten als Privatleute selten über die Mittel verfügen eine wirklich authentische Rekonstruktion einer Tracht, Waffe, Objekt etc. herzustellen. So kann z. B. eine mittelalterliche Tracht, aus modernen Rohmaterialien und mit Hilfe einer Nähmaschine hergestellt, keine echte Rekonstruktion sein. Material und Herstellungsart haben auf die Anwendbarkeit, Haltbarkeit und Funktionalität der Rekonstruktion erheblichen Einfluss.

Im Grunde genommen müssten viele Re-Enactments bzw. Living-History-Darstellungen eher als Histotainment bezeichnet werden, da sie unwissenschaftlich und in der Art der Darstellung oft sogar zweifelhaft durchgeführt werden. Zum Histotainment zählen die sogenannten Mittelaltermärkte, Computerspiele, Themenparks und auch TV-Reality-Soaps. Während Computerspiele nicht vorrangig das Ziel verfolgen historisch-korrektes

Wissen zu vermitteln, sondern historische Settings zumeist kreativ inszenieren, um die Spielhandlung darin einzubetten, treten Veranstalter von Themenparks und Mittelaltermärkten oft mit genau dieser Intention auf: Die Zuschauer der dort inszenierten Rollenspiele sollen den Eindruck ‚historisch-authentischer' Inszenierung bekommen.

Zusammenfassend kann gesagt werden: Zwischen den Begriffen des *Histotainment*, *Re-Enactment* und *Living History* gibt es Überschneidungen, weshalb diese gerade in der öffentlichen Diskussion oft identifiziert werden. Grundsätzlich ist gegen diese Formate nichts einzuwenden, sofern dem Zuschauer auch korrekt und wahrheitsgemäß vermittelt wird, auf welcher Grundlage sie basierten, was belegt, was rekonstruiert und was frei ergänzt ist. Für den unvoreingenommenen und weder geschichtlich noch wissenschaftlich bewanderten Rezipienten derartiger Formate ist es bei dem dargebotenen Konglomerat aus Fakten und Fiktion meist nicht von vorneherein ersichtlich, wo wissenschaftlich bestätigte Geschichte aufhört, und Inszenierung beginnt. Die Gefahr besteht darin, dass den Zuschauern ein nicht korrektes geschichtliches Bild als faktisch vermittelt wird und sich durch die hohe Visualität auch fest einprägt.

# 6 Interpretation, Theorien und Forschungsansätze

Da sich Artefakte und Befunde in den seltensten Fällen selbst erklären, bedarf es i. d. R. ihrer Interpretation durch den Archäolog:innen. Hierzu wurden im Laufe der archäologischen Forschungsgeschichte verschiedenen Theorien und Ansätze entwickelt und verfolgt. Einige werden heute kaum noch angewendet und gelten als überholt, andere entwickeln sich erst noch. Im Folgendem sollen die wichtigsten Forschungsansätze und wissenschaftlichen Strömungen kurz vorgestellt werden. Im Rahmen dieser Einführung können nicht alle bekannten Ansätze und Theorien vorgestellt werden. (Weiterführende Hinweise finden sich in der Literaturempfehlung im Anhang.)

## 6.1 Archäologische Quellenkritik

Wie bereits angesprochen, ist es das Ziel der Archäologie die ur-/früh-/vorgeschichtliche Lebenswelt des Menschen zu rekonstruieren. Als Basis dieser Rekonstruktion werden die materiellen Hinterlassenschaften dieser Zeit(en) herangezogen. Anschließend werden diese mit bestimmten Methoden analysiert und interpretiert. Um eine größtmögliche Authentizität bzw. Wahrscheinlichkeit der Rekonstruktion zu erreichen, ist es allerdings zwingend notwendig eine entsprechende Quellenkritik an den zugrunde liegenden Daten durchzuführen. Denn eines der schwierigsten Probleme in der Archäologie ist der Umstand, dass der vorgefundene archäologische Befund nicht die vergangene Realität direkt abbildet. Das ein bestimmter Zeitpunkt archäologisch in Gänze „eingefroren" wird, wie z. B. Pompeji beim Ausbruch des Vesuvs, ist in der archäologischen Praxis extrem selten.

Mittels der Quellenkritik soll also Aufschluss darüber erlangt werden, unter welchen Umständen eine Quelle entstanden ist, wer oder was sie aus welcher Motivation heraus wie erzeugt hat. Das Zustandekommen eines archäologischen Befunds und der Prozess der Überlieferung ist bei weitem komplexer als dies für das Pompeji-Beispiel der Fall ist. Besonders problematisch ist nicht nur der dabei auftretende Informationsverlust, sondern dass die Informationen während dieser Prozesse verzerrt worden sind.

Entscheidend dabei ist es, die sogenannten Formationsprozesse, die zum Entstehen einer Quelle führten, zu verstehen. Diese sind in natürliche und kulturelle Prozesse zu unterscheiden. Beide sind für das Verständnis der Quelle wichtig. Für die Rekonstruktion der ehemaligen Realität ist die Bestimmung der kulturellen Formationsprozesse ein wichtiger Aspekt.

Neben der kritischen Betrachtung der Datenbasis ist auch die Frage nach dem methodischen Vorgehen bei der Analyse und Rekonstruktion der vergangenen Lebenswelt zu stellen. Um eine entsprechende Quellenkritik der archäologischen Datenbasis durchzuführen, wurden im Laufe der archäologischen Forschungsgeschichte verschiedenen Ansätze und Theorien entwickelt. Die Idee einer Quellenkritik in der archäologischen

https://doi.org/10.1515/9783111036540-023

Forschung war nicht von Anfang an gegeben. Erst Anfang des 19. Jahrhunderts wurden Überlegungen in diese Richtung angestellt.

Oscar Montelius' Konzept des geschlossenen Funds, welches er in „Die Methode" 1903 vorstellte (Montelius 1903), war eine erste Form der Quellenkritik. Denn ein mutmaßlicher geschlossener Fund konnte erst dann als solcher akzeptiert werden, wenn auch seine Fundumstände dies zuließen. Christian Jürgensen Thomsen (Thomsen 1836) hatte diese Prämisse bereits bei seiner Arbeit am Dreiperiodensystem angewendet (vgl. Kap. 2.1).

1928 erschien Karl Hermann Jacob-Friesens Arbeit „Grundfragen der Urgeschichts-forschung: Stand und Kritik zu den Rassen, Völkern und Kulturen in urgeschichtlicher Zeit" (Jacob-Friesen 1928) in der er sich auch der Quellenkritik widmete. Seine Arbeit ist vor allem für den deutschsprachigen Raum relevant. Elementar für Ihn war die Frage, ob ein Fund echt ist oder nicht bzw. vielleicht sogar eine Fälschung. Dazu sind ihm die Fragen nach dem Fundort und den Fundumständen wichtig, wie auch die nach der Art und Weise der Bergung und die Qualität der Dokumentation. Gerade bei der Bergung und Dokumentation ist es wichtig, ob sie von Fachleuten bzw. Archäolog:innen oder von Laien durchgeführt wurde, da letztere nicht über die nötige fundierte Ausbildung verfügen und ihnen daher bestimmte Hinweise und Informationen entgehen können, die somit auch nicht dokumentiert wurden und für immer verloren sind. Eine umfangreiche und detaillierte Dokumentation bildet das Fundament für die spätere wissenschaftliche Diskussion des Fundes. Wie bereits erwähnt, sind archäologische Ausgrabungen immer ein invasiver und zerstörender Vorgang.

Es dauerte aber noch über 30 Jahre bis sich im deutschsprachigen Raum H. J. Eggers systematisch mit dem Thema der Quellenkritik auseinandersetzte. Eggers beschrieb dies in einem eigenen Kapitel in seiner „Einführung in die Vorgeschichte" (Eggers 1959). Den Schwerpunkt seiner Quellenkritik legte er auf die Erhaltungs- bzw. Überlieferungsbedingungen archäologischer Funde. Bei der Analyse der Objekte unterschied er zwischen solchen aus *vergänglichen* und solchen aus *unvergänglichen* Materialien. Für die Erhaltung der Objekte aus vergänglichen Materialien macht Eggers vor allem natürliche Einflüsse verantwortlich, für die aus unvergänglichen wäre primär der anthropogene Einfluss relevant. Des Weiteren wollte Eggers die Unterschiede zwischen einer nur noch archäologisch fassbaren toten und einer lebenden Kultur darstellen. Er unterschied daher zwischen *lebendem* und *totem* Gut.

Aus *lebenden Kulturen* sind uns geistige und materielle Dinge bekannt. Es ist also möglich die materielle und geistige Kultur noch im unmittelbaren Austausch abzufragen. Bei der toten Kultur hingegen sind nur noch ihre materiellen Fragmente überliefert, das kulturelle Umfeld ist nicht feststellbar und muss rekonstruiert werden. Nur bestimmte Anhaltspunkte, wie die Form, die Fundumstände und der Fundort können noch aktiv beobachtet und dokumentiert werden. Dies schließt zum einen nicht mehr existente Kulturen ein, wie auch der Wandel von Wissen um materielles Kulturgut. Bei Objekten, die zur *toten Kultur* gezählt werden, sind vor allem ihr Rohmaterial und die Lagerungsbedingungen entscheidend. Beim Rohmaterial ist zwischen vergänglichem und unvergänglichem Rohmaterial zu unterscheiden. Zum unvergänglichen zählen Stein,

Ton und Metall. Wobei Ton nach heutigem Erkenntnisstand nicht völlig unvergänglich ist. So erhalten sich ungebrannte Artefakte aus Ton generell eher schlecht und solche aus gebranntem Ton können verwittern bzw. sich zersetzen, wenn sie den Elementen oder sauren Böden längere Zeit ausgesetzt sind. Hingegen können vergängliche Materialien unter bestimmten Umständen sehr lange erhalten bleiben. So kann z. B. große Hitze oder Kälte den Verwesungsprozess verlangsamen, mitunter sogar ganz verhindern. Nicht ganz unproblematisch ist eine gewisse Verzerrung innerhalb des toten Guts. So weisen Artefakte aus Stein und Ton i. d. R. eine große Häufigkeit auf, ganz im Gegensatz zu solchen aus Metall. Dies scheint in einer anthropogenen Selektion begründet zu sein. Artefakte aus Material mit geringerem Wert, wie Ton oder Stein wurden vergleichsweise schnell verworfen bzw. entsorgt, da man diese relativ schnell und einfach ersetzen konnte. Solche aus Metall hingegen hatten wohl einen höheren Wert und waren länger in Gebrauch bzw. weisen einen längeren Lebenszyklus auf. Dies scheint in der aufwändigeren Beschaffung und Verarbeitung des Rohmaterials und der Herstellung des Artefakts begründet zu sein.

Allerdings gilt auch zu bedenken, dass hier unsere eigene, heutige Wertvorstellung von Rohrmaterialien auf die vergangene Lebenswelt übertragen wird. Zudem sind auch geflickte Keramikgefäße bekannt, die offenbar wertvoll genug waren, um repariert zu werden. Welche Wertvorstellungen damals vorherrschten, wäre, sofern überhaupt möglich, noch zu klären.

Zwischen den beiden vorangegangenen Formen möchte Eggers noch das *sterbende Gut* stellen. Hierbei handelt es sich um Kulturgüter aus vorangegangener Zeit, die in der lebenden Kultur noch erhalten sind und sozusagen noch Teil dieser lebenden Kultur sind. Das sterbende Gut stellt also einen Übergang dar, das Kulturgut befindet sich sozusagen im Prozess des „Vergessens". Eggers definiert das sterbende Gut als eine Unterkategorie des lebenden Gutes.

Hier stellt sich die Frage, welche Faktoren für diesen Prozess relevant sind und wie lange er dauert. Meistens handelt es sich um sehr langwierige Prozesse. Kurze Ereignisse wie z. B. die Vulkankatastrophe von Pompeji sind eher Ausnahmen. Die verschiedenen Objektgruppen weisen unterschiedlich lange Lebensdauern auf, während der sie im Gebrauch waren und an deren Ende sie „unter die Erde kommen". Dabei geht das Wissen um die Bedeutung und Verwendung des Objektes verloren. Als Beispiel führt Eggers Kleidung an. Sie besitzt eine relativ kurze Lebensdauer und wird innerhalb weniger Jahre durch solche einer anderen Mode ersetzt. Möbel hingegen werden wesentlich länger gebraucht, z. T. werden sie auch vererbt und bleiben so über Generationen in Gebrauch. Objekte aus Edelmetallen wiederum weisen oft eine noch längere Lebensdauer auf, da sie schon aufgrund ihres materiellen Wertes von einer Generation an die nächste weitergegeben werden.

Eggers definiert noch eine weitere Gruppe, die der *wiederentdeckten Kultur.* Darunter versteht er die Objekte, die in heutiger Zeit entdeckt bzw. ausgegraben wurden und so der archäologischen Forschung zur Verfügung stehen. Damit stellt Eggers auch klar, dass der uns dadurch bekannte Umfang der wiederentdeckten Kultur nur einen kleinen Teil dessen darstellt, was einmal existierte, und dass man auch keine Kenntnis darüber hat, was sich noch im Boden verbirgt.

Die Datenbasis selbst trat erst in den 1970er Jahren in den Fokus. Im angelsächsischen Raum begann man zu dieser Zeit sich mit den Problemen bezüglich der archäologischen Daten zu beschäftigen. Hier ist Michael Brian Schiffer mit seiner Arbeit „Archaeological context and systemic context" (Schiffer 1972:156ff.) hervorzuheben. Anhand von Befunden untersuchte er ihr Zustandekommen und die Formation des archäologischen Befunds, wobei er sich vor allem auf die Beobachtung des Befunds während der Ausgrabung stütze. Auch Schiffer analysierte die Lebensdauer eines Objekts und differenzierte dabei zwischen einem „systemic context" und einem „archaeological context". Beide Begriffe ähneln Eggers' Definition der lebenden und toten Kultur.

Des Weiteren stellen der Forschungs-, Bearbeitungs- und Publikationsstand in der archäologischen Forschung Faktoren der Quellenkritik dar. Zweck der archäologischen Quellenkritik ist auch, den mögliche Zugewinn an Wissen der wiederentdeckten Kultur darzustellen. Dafür wird der Forschungs-, Publikations- und Bearbeitungsstand zu den archäologischen Hinterlassenschaften einer definierten Region untersucht. Der Forschungsstand gibt wieder, wie viel archäologisches Untersuchungsmaterial vorhanden ist, sowie die Art und Qualität der „Gewinnung" des Materials. Ob und in welchem Umfang das Fundmaterial wissenschaftlich untersucht wurde, sagt etwas über den Bearbeitungstand aus. Dazu gehört neben der Materialbeschreibung auch die weiterführende Auswertung im Kontext des bekannten Quellenmaterials. Was und wie viel des archäologischen Materials bereits publiziert und damit auch im größeren Maße bekannt und zugänglich ist, wird im Publikationsstand zusammengefasst.

## 6.2 Induktion und Deduktion

Induktion und Deduktion sind zwei wichtige wissenschaftliche Methoden, die auch in der Archäologie Anwendung finden:

Die *Induktion* (bzw. Induktivismus) ist eine wissenschaftliche Theorie, nach der auf Grundlage von Induktionsschlüssen sichere Erkenntnisse möglich sind. Hierbei wird von einer singulären Beobachtung auf ein allgemein gültiges Gesetz geschlussfolgert. Aus vergangenen Ereignissen könnte also sicher auf zukünftige Ereignisse geschlossen werden. Bei dieser Theorie ergibt sich allerdings auch das sogenannte Induktionsproblem, das von David Hume formuliert wurde (Hume 1740). Er zeigte auf, dass durch Induktion keine endgültige Erkenntnis erreicht werden kann.

Das Gegenstück zu Induktion ist die *Deduktion* bzw. der Deduktivismus. Hier wird vom Allgemeinen zum Speziellen geschlussfolgert. Die wissenschaftliche Aussagekraft der jeweiligen Annahme wird dabei von ihrer Falsifizierbarkeit (d. h. ihre Widerlegbarkeit) abhängig gemacht. Denn der Ursprung der aufgestellten Hypothese ist beliebig, aber eine wissenschaftliche Erkenntnis ist nur durch die Falsifikation möglich.

## 6.3 Hermeneutik

Der Begriff Hermeneutik leitet sich aus dem altgriechischen Verb hermēneúein ab und bedeutet „erklären", „auslegen" oder „übersetzen". Man könnte sagen, Hermeneutik ist der Versuch das Verstehen zu verstehen. Ihren Ursprung hat die Hermeneutik in der Analyse von Texten, um sie zu verstehen, zu deuten und auszulegen. Da die Hermeneutik bzw. ihre Methoden vor allem textbasiert ausgelegt sind, musste zunächst geklärt werden, wie sprachlose archäologische Objekte hier bearbeitet werden können. Die Hermeneutik wird aber auch in anderen Geisteswissenschaften angewendet. Heute verstehen wir unter der Hermeneutik zum einen die praktische Auslegung, also die tatsächliche Deutung eines Umstands, und zum anderen die Theorie hinter der Auslegung. Mit Hilfe der Hermeneutik sollen Symbole entschlüsselt werden. Dies gelingt aber nur mit einer umfassenden Materialbasis, auf deren Grundlage auch sinnvolle Fragen gestellt werden können. Weiteres Charakteristikum der Hermeneutik ist die Gegenwartsgebundenheit, Ganzheitlichkeit und Unabgeschlossenheit. Letztendlich kommt die Hermeneutik zu keinem endgültigen Schluss.

Problematisch bei der Interpretation mit hermeneutischen Methoden ist der sogenannte hermeneutische Zirkel. Einfach ausgedrückt muss das Einzelne aus dem Ganzen und das Ganze aus dem Einzelnen heraus verstanden werden. Dadurch ergibt sich ein Paradoxon, denn das, was verstanden werden soll, muss schon vorher auf irgendeine Weise verstanden worden sein. Das hermeneutische Verstehen geht also von einem bereits vorhandenen Verständnis der zu deutenden Sache aus. Es findet ein permanenter Dialog zwischen dem Deutenden und dem zu Deutenden statt.

Die Hermeneutik ist die elementare Methode der postprozessualen Archäologie. Mit Hilfe des paradoxen hermeneutischen Zirkels soll sich der uns unbekannten Vorstellungswelt der Vorgeschichte angenähert werden. Als Ausgangsbasis dient das bereits vorhandene, möglichst umfängliche Wissen. Dieses Wissen wird auf eine Antwort auf eine bereits vorher formulierte Frage abgesucht, mit dem Ziel bzw. Wunsch, dass ein sich dadurch ergebender Erkenntnisgewinn die Ausgangsbasis erweitert. Mit dieser durch das neue Wissen erweiterten Ausgangsbasis wird der Prozess gleich einer Spirale beliebig oft wiederholt.

Durch diesen Prozess erhält man allerdings nicht *die* Lösung zur gestellten Frage, sondern mehrere gleichwertige Deutungen, die sich widersprechen können und auch nicht widerlegt werden können, da sie alle mehr oder weniger schlüssig sind.

Man kann mit der Hermeneutik demnach keine rein objektive Wissenschaft betreiben, da sie nie vollständig unbeeinflusst ist. So können die „Vorurteile" der Wissenschaftler:innen in Hinsicht auf Vorwissen, Meinung etc. nicht ausgeschlossen werden, zumal sie z. T. völlig unbewusst in die Deutung mit einfließen. Die Deutung spiegelt also auch den Wissensstand der Wissenschaftler:innen wider. Eine „richtige" und finale Deutung der Sache findet also nie statt. Der hermeneutische Zirkel stellt somit einen nie endenden Prozess der Erkenntnis bzw. Analyse dar.

## 6.4 Kulturhistorische Archäologie

Als am Ende des 19. Jahrhunderts die Archäolog:innen immer mehr jungsteinzeitliche Fundplätze entdeckten, fiel ihnen auf, dass die Fundplätze z. T. eine ganz spezifische Keramik mit eigenen Formen und Verzierungen aufwiesen. Auf dieser Grundlage wurden die Funde geordnet und jeder Fundplatz charakterisiert. Als man sich nun die Lage der Fundplätze auf geografischen Karten anschaute, glaubte man anhand der charakteristischen Funde Verbreitungsgebiete dieser Typen mit klaren Abgrenzungen erkennen zu können. Zu diesem Zeitpunkt waren noch nicht viele Fundplätze bekannt, denn ansonsten hätte man diese klaren Grenzen nicht erkennen können. Man vermutete also einen starken Zusammenhang zwischen Kultur und Raum. Dieses Verständnis ist die Grundlage für die kulturhistorische Archäologie.

Die kulturhistorische Archäologie umfasst bzw. beschreibt im Wesentlichen die vortheoretische Archäologie des 19. und 20. Jahrhunderts und spiegelt auch gleichzeitig den damaligen Zeitgeist wider. Sie nimmt für sich in Anspruch die (prä-)historische Geschichte archäologischer Kulturen durch deren Wanderungen (Migration) rekonstruieren zu können. Die Forschung dieser Zeit wurde durch diffusionistische Strömungen beeinflusst. Der klassische Diffusionismus umfasst verschiedene sozial- und kulturhistorische Theorien zur Klärung der kulturellen Entwicklung archäologischer Kulturen. Mit diesem monokausalen Modell wurden die Zusammenhänge der Ähnlichkeiten von weiter entfernten und benachbarten Kulturen erklärt. Prämisse dieses Ansatzes ist, dass kulturelle Innovationen nur selten auftreten und sich vom Ursprung aus in andere Kulturen ausbreiten. Diese Innovationen sollen derart von der jeweiligen Umwelt abhängig sein, dass sie nur einmal an einem Ort stattfinden können. Daher sprächen Ähnlichkeiten bzw. Gleichheiten zwischen verschiedenen Kulturen für einen irgendwie geartete Interaktion dieser Kulturen miteinander.

Forschungsgeschichtlich bildet das Konzept der Anthropogeografie von Friedrich Ratzel (Ratzel 1882–1891) aus den 1880er Jahren die Grundlage für die Kulturhistorischen Archäologie. Die Anthropogeografie, auch Humangeografie oder Kulturgeografie beschäftigt mit sich dem Einfluss und Verhältnis des Menschen auf bzw. zum Raum. In der Anthropogeografie werden unabhängige Neuerungen abgelehnt und ein rigider Diffusionismus verlangt. Sie steht damit im Gegensatz zur vorangegangenen kulturevolutionistischen Denkweise. An Übergang zum 20. Jahrhundert stellte Oskar Montelius (Montelius 1899; Montelius 1903) fest, dass die neolithischen und bronzezeitlichen Kulturen Südosteuropas in ihrer materiellen Hinsicht immer weiterentwickelt waren als Nordeuropa. Montelius erklärte dies mit dem Diffusionismus. Außerdem war Montelius Anhänger des „ex oriente lux", sah also den Ursprung der Zivilisation im Osten bzw. Orient. Kulturevolutionistische Ansätze hingegen verloren in dieser Zeit immer weiter an Bedeutung.

Gustav Kossianna wiederum übte an Monteilus' Sichtweise des rückständigen Nordeuropas heftige Kritik. In den Augen Kossinnas lag der Ursprung der Zivilisation nicht im Orient, sondern in Nordeuropa. Seiner Ansicht liegt eine fundamentale rassistische und nationalistische Denkweise zu Grunde. Für Kossinna stand fest, dass „Scharf umgrenzte Kulturprovinzen [...] sich zu allen Zeiten mit ganz bestimmten Völkern oder Völkerstämmen" decken. (Kossianna 1911:3, zit. n. Grünert 1992:114). Anhand der materiellen Hinterlassenschaften, wie z. B. Keramikgefäßen, wäre es also möglich die Ausbreitung eines Volkes zu rekonstruieren und in die Vergangenheit zurückzuverfolgen. Archäologische Kulturen wurden also mit Ethnien und biologischen Gruppen („Rassen") gleichgesetzt. Kossinnas Ansatz stand im völligen Widerspruch zur „ex oriente lux"-Schule. Seine Theorien und Methoden bereiteten den Weg für die spätere nationalsozialistisch geprägte Archäologie. Während der Zeit des Nationalsozialismus sollte mit Hilfe der Archäologie die angeblich berechtigte Vormachtstellung des eigenen „Volks" herausgestellt und bestätigt werden. Kossinna versuchte den Ursprung der Germanen zu klären. Die Nationalsoziallisten nutzten die Archäologie, um das „deutsche Volk" als Nachfahren der Germanen darzustellen und so auch Gebietsansprüche aus prähistorischen Verbreitungsgebieten in die damalige politisch-geografische Lage zu übertragen.

Vere Gordon Childe war ein Vertreter des modernen Diffusionismus: Er entwickelte auf der Grundlage von Kossinnas Theorien und unter Umgehung der rassistischen Ansätze eine eigene Theorie. Childe definierte Kultur wie folgt:

> We find certain types of remains – pots, implements, ornaments, burial rites and house forms – constantly recurring together. Such a complex of associated traits we shall term a ‚cultural group' or just a ‚culture'. We assume that such a complex is the material expression of what today would be called a ‚people'. (Childe 1929:v–vi.)

Er verstand die archäologische Kultur mehr als ein Werkzeug zur Analyse und nicht als Deutung. Nach dem modernen Diffusionismus ist die Ausbreitung von Kulturen nicht vorrangig durch Migration, Eroberungen bzw. Landnahmen vorangetrieben worden, sondern durch den Kontakt und die Interaktion zwischen den Kulturen. Innergesellschaftlichen Dynamiken wurde eine größere Bedeutung zugestanden als Migrationsbewegungen oder asymmetrischen Kulturkontakten. Anstatt der „Völker" wandert hier also eine Idee. Im weiteren Verlauf wurde die Diffusion der archäologischen Kulturen das Hauptargument in der Interpretation.

Allerdings gibt es auch berechtigte Kritikpunkte an der kulturellen Archäologie. Zunächst kann man kritisieren, dass der klassische Diffusionismus die Möglichkeit ausschließt, dass dieselbe oder ähnliche Innovationen an zwei (oder mehreren) verschiedenen Orten stattfinden kann. Lewis Binford kritisiere, dass in der Kulturhistorische Archäologie Artefakte viel zu pauschal betrachtet werden. Eine differenziertere Analyse wäre zielführender, wodurch sich ein vielschichtigeres Bild der jeweiligen Kultur ergibt. Bruce Trigger, kritisierte in seinem Buch „A History of Archaeological Thought"(vgl. Trigger 2006:121–165, 211–313), dass die Veränderung immer von außerhalb einer Gesellschaft/Kultur eingebracht und die Möglichkeit eines internen Wandels nicht beachtet wird. Aus kulturhistorischer Sicht würde der Transfer einer Idee bzw. Technik von einer „überlegenen" zu einer „unterlegenen" bzw. nicht so weit entwickelten Kultur stattfinden.

Allein die in diesem Ansatz enthaltene Wertung von Kulturen und der unidirektionale Transfer ist zu kritisieren. Des Weiteren liegt der kulturellen Archäologie eine zutiefst nationalistische und auch rassistische Denkweise, die gerade im 19. und beginnenden 20. Jahrhundert mehr oder weniger salonfähig war, zu Grunde. Zu dieser Zeit wurden, wie bereits erwähnt, durch Kossinna archäologische Kulturen mit Völkern gleichgesetzt, wodurch sich später starke Anknüpfungspunkte zur nationalsozialistischen Ideologie ergaben.

Heutzutage ist der Diffusionismus, sofern von nationalistischen und rassistischen Ideen befreit, nur eine mögliche Erklärung zur kulturellen Entwicklung des Menschen. Allerdings gibt es immer noch Länder, in denen die Theorien der kulturhistorischen Archäologie immer noch vorrangig angewendet werden. Dort dominiert meist eine nationalistische Archäologie den wissenschaftlichen Diskurs, um mit Hilfe materieller Hinterlassenschaften die eigene Nation als überlegene Kultur darzustellen.

## 6.5 New Archaeology/Prozessuale Archaeologie

In den 1960er Jahren entwickelte sich im englischen Sprachraum für die prähistorische Archäologie ein neuer Forschungsansatz der als „New Archaeology" (auch Processual Archaeology genannt) bekannt wurde. Die wichtigsten Akteure waren Lewis Binford und David Leonard Clarke. Binfords Aufsatz „Archaeology as Anthropology" von 1962 wird heute als Beginn der New Archaeology angesehen.

Diese jüngere Forschergeneration sah die bisherigen Ansätze kritisch und warf den älteren Generationen vor, die archäologischen Daten nur zu beschreiben, nicht aber zu erklären. Statt des in der kulturhistorischen Archäologie bisher betriebenen positivisti-schen Beschreibens[1] und induktiven Schlussfolgerns wollte man ein deduktives Erklären betreiben (vgl. Kap. 6.2). Man empfand die eher kulturhistorisch ausgerichtete Archäolo-gie als unwissenschaftlich und wollte sie stattdessen mehr zur Anthropologie orientieren. Eine der wichtigsten Forderungen der New Archaeology war die Objektivierung und Verwissenschaftlichung der archäologischen Forschung. Hierzu sollten Fragestellungen klar definiert und Hypothesen überprüft werden. Die Datengrundlage sollte mit Hilfe von naturwissenschaftlichen und mathematisch-statistischen Verfahren, und dem Einsatz von EDV, GIS-Anwendungen und neuen Grabungsmethoden erarbeitet werden.

Bei der Interpretation der Daten sollte das menschliche Verhalten bzw. die durch es verursachten kulturellen Prozesse im Vordergrund stehen und nicht die Artefakte. Mit Hilfe der allgemeinen Systemtheorie sollten prähistorische Gesellschaften untersucht werden. Dabei wird eine Gesellschaft als ein aus Subsystemen bestehendes System ange-sehen und kulturelle Prozesse innerhalb des Systems als eine Anpassung an von außen einwirkenden Umwelteinflüssen. (Bernbeck 1997:109–123) Die bisherige traditionelle In-

---

1 Positivismus meint das Beschreiben des tatsächlich Vorhandenen und Überprüfbaren.

terpretation eines kulturellen Wandels als Folge von Wanderungen und Kulturdiffusion wurde abgelehnt.

Auch wenn die New Archaeology, die vor allem in den USA und Großbritannien wirkte, in der gesamten Forschungsgemeinschaft bekannt war, war ihr Einfluss in den einzelnen Ländern unterschiedlich. Im Laufe der Zeit entwickelte sich auch Kritik an der New Archaeology. So wurde sie von der nächsten jüngeren Archäolog:innen-Generation aber auch von traditionelleren Archäolog:innen als zu schematisch und funktionalistisch angesehen. Auch, dass menschliche und individuelle Faktoren ignoriert wurden und die doch allzu positivistische Haltung, dass die New Archaeology ein völlig objektiver Ansatz wäre, mit dem sich alles erklären ließe, wurde kritisiert. Einer ihrer Kritiker war Ian Hodder. Seine Beiträge zur New Archaeology hatte die entstehende Diskussion entscheidend beeinflusst (vgl. Hodder 1991, Hodder 1995) Später nahm er aber eine kritischere Haltung zur New Archaeology ein und entwickelte mit seiner Postprocessual Archaeology eine Antwort auf die New Archaeology. In Deutschland fand die New Archaeology erst spät Beachtung. Wichtig ist hier der Prähistoriker Manfred Eggert, der 1978 hier die Auseinandersetzung mit der New Archaeology initiierte (vgl. Eggert 1978) und sie kritisch betrachtete. So wies er auf das Missverhältnis zwischen dem methodischen Ansatz und dem de-facto-Erkenntnisweg hin, welcher sich einer reinen naturwissenschaftlichen Schlussfolgerung meist entzieht. Daraufhin folgte in 1980er Jahren eine Theoriediskussion.

Bei aller berechtigten Kritik steht dennoch fest, dass die New Archaeology einen großen Beitrag zu einer wissenschaftlicheren Arbeitsweise in der Archäologie geleistet hat.

## 6.6 Postprocessual Archaeology/Interpretative Archäologie

Der Begriff der „Postprocessual Archaeology" wurde von Ian Hodder in den 1980er Jahren in die Fachdiskussion eingebracht. (Vgl. Bernbeck 1997:271–294) Die Postprocessual Archaeology, zeitweise auch „Interpretative Archaeology" genannt, stellt die Antwort der nächsten Forschergeneration auf die New Archaeology dar und will sich von dieser kritisch abgrenzen. Sie ist der Überbegriff für eine Reihe von Ansätzen, die zum einen den subjektiven Einfluss des/der Wissenschaftler:in auf die Interpretation deutlich machen will und zum anderen mit einer nicht-analytischen, kulturellen Perspektive an die Archäologie herangeht. Der größte Input zu dieser Diskussion kam seinerzeit von den englischen Universitäten und auch aus Skandinavien.

Als einige Vertreter dieser Ansätze seien die Contextual Archaeology (vgl. Hodder 1991:121–155), der Strukturalismus, die Neomarxistische Archäologie oder auch die Gender Archaeology genannt. Auch aus der allgemeinen Kulturtheorie und Literaturwissenschaft wurden Ideen übernommen. Es gibt keinen genau definierten Rahmen für die Postprocessual Archaeology, sie ist mehr ein Bündel an facettenreichen Ansätzen. Außerdem bestehen zwischen einigen der vertretenen Ansätze erhebliche Gegensätze, was dadurch bedingt ist, dass ihre Zurechnung zur Postprocessual Archaeology relativ undifferenziert erfolgte. Ihnen allen gemein ist vor allem die Kritik an der New bzw. Processual Archaeology. Diese manifestiert sich vor allem in vier Punkten. Zunächst wird der Funktionalismus der Processual Archaeology als übertrieben angesehen. Zweitens wird das Individuum als vom sozialen System bestimmt angesehen, obwohl sich das System erst durch das Handeln des Individuums ergibt. Drittens werden durch kulturübergreifende Vergleiche nur die miteinander vergleichbaren Bereiche analysiert und damit andere Bereiche völlig unbeachtet. Und als vierten Punkt wird kritisiert, dass die Vorstellungswelt und Denkweisen prähistorischer Kulturen gar nicht in die Analyse einfließen, obwohl dies von Binford ursprünglich vorgesehen war.

Hauptziel der Postprocessual Archaeology war bzw. ist, den Fokus auf soziale Handlungen zu legen und die Bedeutung von Symbolen zu konstatieren. Die vorangegangene Processuale Archäologie legte ihren Schwerpunkt mehr auf die technischen Aspekte eines Artefakts (Funktion, Herstellung, Nutzung usw.). Die Contextual Archaeology vertritt den Standpunkt, dass alle Teile einer Kultur einen Sinn haben bzw. ergeben. Daher sieht sie, im Gegensatz zur Postprocessual Archaeology, den kulturellen Stellenwert des Objektes bzw. der materiellen Kultur im Vordergrund. Ab Mitte der 1970er Jahre formte sich durch den Einfluss des Strukturalismus und der Linguistik die Theorie, dass die materielle Kultur der Vergangenheit als Symbole anzusehen seien. Diese Symbole sollen ähnlich einem Text zu lesen sein. Ein Symbol ist Träger einer Bedeutung, welche mit mehreren Vorstellungen verknüpft ist. Rein funktional betrachtet ist z. B. eine Feuerstelle eine Einrichtung zur Zubereitung von Speisen. Eine Feuerstelle kann aber auch eine soziale Funktion innehaben, z. B. als Versammlungspunkt der Gruppe.

Durch einen größeren Interpretationsspielraum soll in der Postprocessual Archaeology ein Tunnelblick auf eine mutmaßlich korrekte Deutung vermieden werden. In den 1990er Jahren kam es zu einer verstärkten Anbindung der Theorien an die Praxis und die postprozessuale Archäologie wurde temporär auch unter dem Begriff der „Interpretative Archäologie" geführt. Zu dieser Zeit vertrat man den Ansatz, dass unterschiedliche Personen, von denen jede ihren speziellen sozialen Hintergrund hat, dadurch bei der Deutung der Geschichte auch zu unterschiedlichen Interpretationen kommen müssen.

Allein, dass die Postprocessual Archaeology mit ihren z. T. extremen Positionen die bisherigen Methoden und Theorien infrage stellte, regte sowohl die Diskussion als auch die Selbstkritik in der Archäologie an. Die Postprocessual Archaeology hat die Forschung nachhaltig beeinflusst und hat, unabhängig davon, ob man ihre Positionen vertritt oder nicht, zu einer lebendigeren und kritischeren Diskussion über den Umgang und die Deutung der archäologischen Daten und dem Einfluss des/der Wissenschaftler:in selbst auf die Daten beigetragen. Die Aufgabe der Theorie in der archäologischen Forschung ist nicht vorrangig die Daten zu interpretieren, sondern die Basis der Interpretation darzustellen. Heute herrscht im Allgemeinen Einigkeit darüber, dass es *die* Theorie nicht gibt bzw. geben kann.

## 6.7 Siedlungs- und Landschaftsarchäologie

Das Arbeitsgebiet der Siedlungsarchäologie sind die chronologischen und räumlichen Aspekte von Siedlungen unter Einbeziehung ihrer natürlichen und vom Menschen veränderten Umgebung. Unter den Begriff der Siedlung fallen nicht nur Siedlungen, sondern auch Wüstungen (eine aufgegeben Siedlung) und andere Besiedlungsformen des Raumes.

Die Bereiche der Siedlungs- und Landschaftsarchäologie lassen sich nicht klar trennen, da sich in (prä-)historischer Zeit wie auch heute Mensch, Siedlung und Umwelt ständig gegenseitig beeinflussen. Hier gilt es, die oft komplexen und miteinander verwobenen Mensch-Umwelt-Beziehungen zu analysieren. In der Praxis werden bei einer siedlungsarchäologischen Untersuchung die Siedlung selbst, aber auch dazugehörige fortifikatorischen Anlagen und das (mögliche) Gräberfeld untersucht. Der Fokus liegt hierbei auf der Siedlungs- und Wirtschaftsweise, aber auch andere Bereiche werden berücksichtigt.

Der Begriff der „Siedlungsarchäologie" geht auf Gustaf Kossinna zurück. Im Rahmen seiner umstrittenen ethnischen Deutung, versuchte er den Ursprung und die Ausbreitung der Germanen zu klären. Mit Hilfe der Siedlungsarchäologie wollte die Entwicklung von „Völkern" aufzeigen. Allerdings waren Kossinnas Basis die Gräberfelder und nicht die Siedlungen selbst, wie auch von anderen Archäolog:innen richtigerweise kritisiert wurde.

Wichtig für die moderne Siedlungsarchäologie ist Herbert Jankuhns „Einführung in die Siedlungsarchäologie" von 1977. (Vgl. Jankuhn 1977) Obwohl Jankuhn unbestreitbar ein überzeugter Nationalsozialist und Mitglied der SA und später der SS war, war er dennoch einer der wichtigsten und einflussreichsten deutschen Archäologen Nachkriegsdeutschlands. Eine der ersten Siedlungen, die im Sinne der Siedlungsarchäologie ausgegraben wurden, war die wikingerzeitliche Siedlung Haithabu. Während der Arbeiten dort stellte Jankuhn Überlegungen zu einer Siedlungsarchäologie an, die er später in seiner Einführung fixierte. In dieser Einführung forderte er (wie auch andere Archäolog:innen bereits vorher), dass eine Siedlung möglichst vollständig ausgegraben werden muss, wie auch die Umgebung der Siedlung, also die natürliche Umwelt, ebenfalls untersucht werden muss. Als Basis für die Siedlungsarchäologie betrachtet Jankuhn eine ganze Reihe an archäologischen Quellen, wie die Siedlung, Gräber, Plätze für kultische oder religiöse Handlungen, Burgen und Spuren der Rohmaterialgewinnung und der landwirtschaftlichen Tätigkeiten. Auch, wenn die komplette archäologischen Dokumentation bzw. Ausgrabung einer Siedlung zeit- und kostenintensiv ist, sollte dies nach Möglichkeit immer angestrebt werden, um eine optimale Datengrundlage zu erhalten. Da der Boden, das Klima, Flora und Fauna Einfluss auf die Siedlungsaktivitäten genommen haben, bzw. Landschaft und Siedlung in ständiger Wechselwirkung zueinanderstehen, sind dieses Landschaftsdaten ebenfalls zu analysieren. Gerade, was Fragen zu Klima, Flora, Fauna und Boden anbelangt, werden vor allem naturwissenschaftliche Methoden, wie die Archäobotanik, Archäozoologie und Bodenkunde angewendet. Auch die Phosphatanalyse ist hier sehr wichtig. Ein hoher Phosphatwert in einen bestimmten Bereich kann auf die Haltung von Vieh hindeuten, da ihre Ausscheidungen zu einem Anstieg des

Phosphatgehalts im Boden führen können. Aber auch andere organische Abfälle oder menschliche Fäkalien tragen zu einem hohen Phosphatanteil bei.

Heutzutage ist es durch die Anwendung von geografischen Informationssysteme (GIS) möglich, ganze Landschaftsräume zu untersuchen und nicht nur die Siedlung und ihr mehr oder minder direktes Umfeld. Daher kann man heute auch mehr von einer Landschafts- als von einer Siedlungssarchäologie sprechen.

## 6.8 Stilanalyse

Eine der ältesten archäologischen Methoden zur Analyse von Objekten ist die Stilanalyse. Der Begriff „Stil" bezeichnet in Hinblick auf Objekte eine spezifische Erscheinungsform bzw. im kunst- und baugeschichtlichen Bereich eine einheitliche künstlerische Ausprägung einer bestimmten Zeit.

Durch den Einfluss der Kunstgeschichte entwickelten sich Bezeichnungen wie Regionalstil, Zeitstil oder solche für den Stil von bzw. nach einer bestimmten Person. Hier kommt die Annahme zum Tragen, dass jede Zeit ihren eigenen Stil entwickelt hat.

Gerade die Klassische Archäologie verwendet diese (kunstgeschichtliche) Definition von Stil. Die prähistorische Archäologie wiederum verwendet mehr funktionale Ansätze. So würde z. B. eine räumliche Verteilung bestimmter Stilmerkmale einer Objektgattung als Ausbreitung einer durch diesen Stil geprägten sozialen Einheit interpretiert.

Problematisch ist allerdings, dass die Definition, was ein bestimmter Stil ist, wohl nie absolut eindeutig zu klären ist, geschweige denn, wie dieser Stil bzw. der Stil als solcher erforscht werden soll/kann. Reinhard Bernbeck (vgl. Bernbeck 1997:231-250) führt hier einige Punkte an. Zunächst stellt er fest, dass eigentlich allen vom Menschen erschaffenen Objekten ein gewisser Stil innewohnt. Des Weiteren sind auch die Fragen der jeweiligen Definition an das Objekt für unterschiedliche Definitionen verantwortlich. Man denke an die unterschiedlichen Sichtweisen bei der Definition, wenn man das Objekte z. B. mehr hinsichtlich seiner künstlerischen Erscheinung oder mehr in Bezug auf seine tatsächliche Verwendung betrachtet. Als Drittes sei die Frage nicht gelöst (sofern überhaupt lösbar), ob ein Stil überhaupt ein bewusstes Mittel zur Kommunikation ist bzw. unbewusst auftritt. Als Letztes sollen noch starke philosophische Unterschiede auftreten und die Diskussion zum Thema Stil verkomplizieren.

## 6.9 Weitere Theorien und Ansätze

Natürlich gibt es in der archäologischen Wissenschaft noch weitere Ansätze und Theorien, die hier aber nicht im Einzelnen vorgestellt werden können. Zu nennen wären beispielsweise noch feministische, ökologische und marxistische Ansätze, die Middle-Range-Theorie, die archäologische Taphonomie, die Systemtheorie und Simulationen, die Gender Archaeology oder der Strukturalismus.

# 7 Archäologie der Medien

Wo besteht nun also konkret die Verbindung zwischen Medien, Medienwissenschaft und Archäologie? Zuallererst müssen wir uns vom Klischee den „Peitsche schwingenden Archäologen:innen" aus Film und Computerspiel trennen, die mehr Grabräuber:innen als Wissenschaftler:innen sind. Archäologie ist unbestreitbar eine „Spaten"-Wissenschaft, aber noch sehr viel mehr. Letztendlich geht es vor allem darum die Geschichte zu verstehen, zu rekonstruieren und das „Was war wann wie und warum" zu klären. Dabei ist es prinzipiell egal, ob das Medium bzw. Artefakt aus dem Boden ausgegraben oder auf einem Schrottplatz gefunden wurden oder ob es ein virtuelles bzw. nicht-physisches Objekt wie z. B. Software ist. Wichtig ist eine möglichst intelligente Anwendung und ggf. Transformierung der archäologischen Werkzeuge auf die Medienwissenschaft. Beiden Wissenschaften gemein ist die Frage nach der Kultur bzw. der kulturellen Aussage des Mediums/Artefakts. Eins sei hier nochmals erwähnt: Die Dokumentation der Bearbeitung ist essentiell für die Forschung an einem Medium/Artefakt.

Die Betrachtung der Archäologie und ihrer Artefakte führt uns ein großes Problem unserer technologisch-medialen Kultur der Neuzeit vor Augen: All diese (noch) modernen Medien wurden bzw. werden bisher kaum dokumentiert, da sie mehr oder weniger noch im kulturellen Bewusstsein der jeweiligen Generation vorhanden sind, wodurch sie i. d. R. auch als nicht erhaltenswert angesehen werden, sondern eher als alter „Schrott", der im Keller oder auf dem Speicher liegt.

Die Generation der 1970er-Geborenen wird sich (jetzt) noch an die Spiele für den Home Computer Commodore 64 (C64), die sie in ihrer Jugend gespielt haben, erinnern. Aber wer von dieser Generation hat noch einen funktionstüchtigen C64 (siehe Abb. 7.1) zu Hause? Wie kann man den jüngeren Generationen (z. B. den eigenen Kindern oder Enkeln) den Spielspaß an einer 8-Bit-Grafik erklären und die enorme Bedeutung dieser technischen Errungenschaft, die es damals bis ins Kinderzimmer geschafft hat, verdeutlichen? Oder, welche Auswirkungen der C64 und seine Spiele auf diese Generation, die damalige Gesellschaft, die sich durch diese ersten Computererfahrungen verändernden Berufswünsche dieser Generation oder die sich durch die zunehmende Computerisierung verändernden Berufe hatte? Der alte C64 wird also mit der Zeit, nachdem er seinen zeitgenössischen Zweck als „Home Computer" erfüllt hat, zu einem Artefakt dessen Funktion und Bedeutung verloren geht, während er im Keller, auf dem Speicher oder auf der Müllhalde liegt. Aber ohne Funktion ist ein Computer oder Computerspiel nur ein stummes „Ding", dessen ganze kulturelle und technische) Dimension so nicht erkannt werden kann.

Versuchen wir die Problematik beispielhaft noch etwas konkreter zu betrachten. Irgendwo in einem Haus wird in Jahr 2030 in einem Schrank ein viereckiges, flaches, wabbelig-flexibles „Ding" gefunden. Der/Die Jungwissenschaftler:in, gerade mal 20 Jahre alt, hat keine Idee, was es sein könnte. Keine Kolleg:in erkennt das Objekt und er fragt einen alten, pensionierten Mitarbeiter, der das „Ding" prompt als eine 8-Zoll-Diskette

https://doi.org/10.1515/9783111036540-024

**Abb. 7.1:** Commodore 64 (Foto: Stefan Höltgen)

identifiziert, die in seiner Jugend zwischen 1970 und 1975 eingesetzt wurde. Durch den glücklichen Umstand, dass es noch einen Menschen gab, der diese Objekte kannte, wissen wir nun, dass es ein Datenträger ist. Wir können uns ausmalen wie aufwendig die Sachen werden würde, wenn man keine Zeitzeugen hat. Nun beginnen aber die ernsten Probleme: Wie finden wir heraus, was für Daten auf der Diskette gespeichert sind, welchen Zweck und Bedeutung die Diskette selbst und ihre Daten hatten? Über ihren Inhalt könnten wir antworten auf diese Fragen erhalten. Es ergeben sich folgende praktischen Fragen:

–   Mit welchem Gerät kann man die Daten auslesen?
–   Gibt es noch ein funktionsfähiges Gerät?
–   Mit welcher Software und Betriebssystem kann man die Diskette auslesen?
–   Mit welcher Software sind die Daten selbst darstellbar?

Wir müssen also einen funktionsfähigen Computer mit dem passenden Laufwerk, dem passenden Betriebssystem und der passenden Software finden, um das Medium in seiner vollen Bedeutung als Informationsträger zu erfassen und nicht bloß als einfache physisch vorhandene Diskette.

Zunächst mag es sich eher um rein technische Probleme handeln, aber woher nehmen wir das Wissen, um sie zu lösen? Immer seltener gibt es noch Zeitzeugen, die mit diesen Objekten gearbeitet haben. Das Fachwissen ist i. d. R. nicht mehr vorhanden und auch oft nicht dokumentiert worden. Hier ergibt sich also eine Menge Forschungsarbeit. Konnte man schließlich doch noch an die Daten der Diskette gelangen, ergeben sich weitere Fragen:

–   Welche Art von Daten sind auf dem Medium gespeichert?
–   Was sagen diese Daten aus?

–   Wozu wurden diese Daten verwendet?
–   Wer hat diese Daten erstellt?
–   Was sagen die Daten über ihren Erschaffer und seine Kultur aus?
–   Wie kann man dieses Medium kulturell einordnen?

Neben dem technischen Fachwissen wird noch das Wissen zu der Kultur, die dieses Medium erschaffen hat, benötigt, um seine Relevanz und Bedeutung zu verstehen. Denn das Medium ist nicht nur Informationsträger für die auf ihm gespeicherten Daten, sondern gibt durch seine Daten auch Auskunft über die Menschen ihrer Zeit und Kultur.

Vor diesem Hintergrund ist eine *Archäologie der Medien* also von großer Bedeutung, um bereits verlorenes Wissen zu technischen Geräten und Medien zu rekonstruieren und zu erhalten. Bei der so genannten *Medienarchäologie* zeigt sich schließlich sowohl eine Transformation des Archäologiebegriffs als auch der Frage, was Medien im Sinne von archäologische Artefakte sind. Diese Position soll am Schluss aufgeführt werden.

## 7.1 Anwendungsbeispiele

Mit den folgenden Beispielen soll die Verbindung bzw. das Miteinander- und Ineinanderwirken von *Archäologie und Medien* zu einer Archäologie der Medien verdeutlicht werden. Mitunter ist „die Archäologie" noch recht deutlich auszumachen, in anderen Beispielen ist sie schon mehr auf eine medial-kulturelle Weise transformiert.

### 7.1.1 Das Computerspiel „E. T." und die Archäologie

Das Paradebeispiel für eine sehr „archäologische" Archäologie der Medien ist die Ausgrabung der Module des Atari-Computerspiels „E. T. – The Extra-Terrestrial" (USA 1982, Atari) im Jahr 2014. In den 1980er Jahren nahm die Hollywood-Filmindustrie auch Einfluss auf die Landschaft der Videospiele. So erschienen Videospiel-Adaptionen zu einigen erfolgreichen Kinofilmen. War der Film erfolgreich, so hoffte man auch auf einen Erfolg mit der Vermarktung des entsprechenden Videospiels. Allerdings kam es im folgenden Fall ganz anders und es wurde der Grundstein für eine Urbane Legende gelegt.

Aufgrund des erwarteten Filmerfolgs von „E. T." (USA 1982, Regie: Steven Spielberg) wurde 1982 eine entsprechende Videospieladaption für die Atari-VCS-Konsole angestrebt. Rechtzeitig zum Start des Films hatten der Filmregisseur und Produzent Steven Spielberg und Atari einen Lizenz-Vertrag für das Projekt abgeschlossen. Howard Scott Warshaw, ein Computerspiel-Entwickler, der bereits erfolgreich das Film-Spiel „Raiders of the Lost Ark" (USA 1982, Atari), das Spiel zum Indiana-Jones-Film „Jäger des verlorenen Schatzes" (USA 1981, Steven Spielberg), und das erfolgreiche Shoot'em up-Videospiel „Yar's Revenge" (USA 1982, Atari) entworfen hatte, sollte das Projekt umsetzen. Problematisch war allerdings, dass Warshaw zur Realisierung nur sehr wenig Zeit blieb, weniger als sechs Wochen, da das Spiel rechtzeitig zum Weihnachtsgeschäft im Handel sein sollte und auch zwischen Filmstart und Veröffentlichung des Spiels nicht zu viel Zeit verstreichen sollte, um den Hype des Films voll nutzen zu können. Das Spiel war zwar zum Weihnachtsgeschäft fertig, floppte aber, da es nicht ausgereift war.

Man hat den Eindruck, dass durch den Zeitdruck das Spielkonzept nicht sauber strukturiert war. Die Spielregeln wie auch die Storyline erscheinen nicht stringent, die Ästhetik ließ zu wünschen übrig. Warum z. B. ist E. T. im Spiel grün, während das Film-Original braun ist? (Siehe Abb. 9.3) Auch musste der Spieler die Anleitung des Spiels beachten, während die meisten Spiele dieser Zeit selbsterklärend waren. Des Weiteren strapazierten noch diverse Bugs in der Programmierung die Nerven des Spielers. Die Idee des Spiels ist simpel: E. T. muss diverse Gegenstände einsammeln, um ein Funkgerät zu bauen („E. T. nach Hause telefonieren") mit dem er das rettende Raumschiff rufen kann. Daran hindern ihn aber FBI-Agenten, Wissenschaftler und Gruben, in die E. T. stützen kann.

Offenbar war man bei Atari von einem Erfolg des Spiels überzeugt und produzierte ca. 5 Millionen Module des Spiels. Interessanterweise sogar mehr als überhaupt Konsolen verkauft wurden. Aufgrund der beschriebenen Fehler und Probleme gab es allerdings schlechte Kritiken und auch eine große Anzahl an Rückgaben des fehlerhaften Spiels. Man bezeichnete „E. T." sogar als das schlechteste Spiel aller Zeiten. Der erwartete Erfolg blieb aus.

Das Problem mit dem „E. T."-Spiel steht auch synonym für die Lage der Spielekonsolenindustrie in dieser Zeit. Die Verkaufszahlen brachen ein, die Konkurrenz durch die technisch besseren Home Computer war groß und einige Hersteller, die nicht flexibel genug auf die Situation reagieren konnten, verschwanden vom Markt.

Atari hatte nun das Problem eines gigantisch großen Lagerbestands an Spielmodulen plus der großen Anzahl an Rückgaben, was enorme Kosten verursachte. Eine Lösung für das Problem musste schnell gefunden werden. So entschied man sich bei Atari 1983 für die Vernichtung des Spiels. Über die Entsorgung des Atari-Elektro-Schrotts wurde seinerzeit sogar in verschiedenen Zeitungsartikel berichtet. Angeblich wurden 14 LKW-Ladungen an Atari-Elektro-Schrott, inkl. einer großen Anzahl von „E. T."-Spielmodulen, auf einer Mülldeponie nahe der Stadt Alamogordo im US-Bundesstaat New Mexico vergraben. Aber in der Prä-Internet-Zeit wurde diese Information schnell vergessen.

Später entstanden Gerüchte über die entsorgten Spiele, die schließlich eine Urbane Legende formten. Diese Legende brachte 2013 ein Film-Team zu dem Plan eine Dokumentation über diesen Mythos zu produzieren. Man beantragte bei der örtlichen Stadtverwaltung eine Lizenz, um eine Ausgrabung auf der Deponie durchführen zu können. Es beteiligten sich die Stadt selbst und Microsoft an dem Projekt. Auch mehrere Archäolog:innen und Historiker:innen stießen zu dem Film-Team. Die Archäolog:innen waren sich darüber einig, dass es sich bei dem hoffentlich zu findenden Material um „echte" Artefakte handelt. Artefakte, die einen Einblick in die Konsumenten-Welt der 1980er Jahre ermöglichen können. Außerdem wollten sie einige der Artefakte für weitere Analysen aufheben, nicht nur für archäologische Untersuchungen, sondern auch in

Hinblick auf Aspekte des Umweltschutzes. Denn wer weiß, wie Elektroschrott nach 30 Jahren in der Erde aussieht, sich verändert hat und sich auf die direkte Umgebung bzw. das Sediment auswirkt?

**Abb. 7.2:** Foto der Ausgrabung in Alamogordo vom 24. April 2014 (Quelle: Wikipedia, CC2.0, Autor: taylor-hatmaker)

Im April 2014 begann man medienwirksam mit den Arbeiten. Ziel war es, das Zentrum der entsorgten Warenladung zu lokalisieren und einen Kreuzschnitt anzulegen, um so viel Material wie möglich in der kurzen gegebenen Zeit zu bergen. Der Erfolg ließ nicht lange auf sich warten und es kamen Module des „E. T."-Spiels und andere Atari-Artefakte zu Tage (siehe Abb. 7.2). Ein Sandsturm unterbrach zunächst die Arbeiten, aber der Schnitt (ein archäologischer Suchgraben) wurde mit Videos, Notizen und Audio-Files im MP3-Format dokumentiert und tausende von Artefakten geborgen. Weitere Untersuchungen sollten den Zusammenhang zwischen dem Atari-„Müll" und dem umgebenen Müll klären, sowohl aus einer wirtschaftlichen als auch kulturellen Sichtweise.

Insgesamt wurden über 1300 Spielmodule geborgen, darunter mehr als 40 verschiedenen Spiele-Titel. Des Weiteren Atari-VCS/2600-Konsolen inkl. Controllern. Interessanterweise sind an diesen bereits vor der Entsorgung die Kabel abgeschnitten worden. Man könnte hier an eine Unbrauchbarmachung der Hardware vor der Entsorgung denken, damit sie nicht womöglich doch noch einmal genutzt bzw. illegal verkauft werden kann.

Die Ausgrabung konnte nicht nur die Urbane Legende bestätigen, sondern auch einen Einblick in die Welt der Konsolenspiele, der (Spiele-)Kultur der 1980er Jahre und der wirtschaftlichen Geschichte der Computerspiel-Pionier-Firma Atari gegeben.

**Abb. 7.3:** „The Elder Scrolls IV: Oblivion" (Bethesda Game Studio 2006) (li.) und „The Elder Scrolls V: Skyrim" (Bethesda Game Studio 2011) (re.)

## 7.1.2 Archaeogaming

Der Begriff „Archaeogaming" wurde erstmals von Andrew Reinhard 2013 in seinem gleichnamigen verwendet. Dort diskutierte er die archäologischen Grundlagen der Spielwelt „World of Warcraft" (Blizzard 2004) und vertrat die Meinung, dass man diese Spielwelt mit archäologischen Methoden untersuchen könne. Archaeogaming umfasst sowohl archäologischen Forschung in Computerspielen als auch die Nutzung von Computerspielen für die archäologischen Forschung.

Die Erforschung von (Spiel-)Kulturen in Computerspielen mag zunächst befremdlich erscheinen. Aber eigentlich müssen Computerspiele und die dazu nötige Hardware nur als das gesehen werden, was sie sind, als Artefakte einer Kultur. Bedenkt man, dass die für Computerspiele erschaffenen Welten das Produkt unserer realen Kultur und Gesellschaft darstellen, bekommen diese virtuellen Kulturen sofort eine archäologisch-kulturelle Relevanz. Virtuelle Kulturen, wie z. B. die Welten der Spiele „The Elder Scrolls" (siehe Abb. 7.3) oder „World of Warcraft", können sehr komplexe Ausmaße annehmen. Die Grenzen werden meist nur von der Hard- und Software gesetzt. Diese Spielwelten sind in sich geschlossene Systeme mit ihren eigenen Regeln und Gesetzen.

Andererseits sind Computerspiele auch als eine Art Erweiterung der Kultur zu verstehen, die diese Spielwelten erschaffen hat. Alles, was in ihnen existiert, verdankt seine Existenz einer externen Kultur-Quelle, nämlich der des Entwicklers. Somit sollten auch Rückschlüsse vom Spiel auf die „Schöpferkultur" möglich sein. In der „realen" Archäologie werden die Information, die aus den ausgegrabenen Artefakten extrahiert werden, i. d. R. digitalisiert und können so mit Computern bearbeitet und ausgewertet werden. Die Spielwelten sind von vorneherein digital. Faktisch gibt es also in der Art der Untersuchung der Daten aus einer Ausgrabung oder aus einem Computerspiel kaum Unterschiede. Lediglich die Untersuchungsmethoden müssen angepasst und der wissenschaftliche Standard der Arbeit eingehalten werden.

Interessant ist auch, wie das Wissen und die dargestellte Kultur von den Spielenden selbst wahrgenommen werden und wie sich dieses Wissen entwickelt. Ein weiterer Bereich ist die Erforschung, wie die Archäologie und Archäolog:innen als solches in Computerspielen dargestellt werden und wie die Spieler wiederum diese Darstellung

**Abb. 7.4:** Lara Croft aus „Tomb Raider I-III Remastered" (USA 2024, Aspyr Media) (li.) und Indiana Jones aus „Indiana Jones: Raiders of the Lost Ark" (USA 1981, Steven Spielberg) (re.).

wahrnehmen. Man denke hier nur wieder (als eher negatives Beispiel) an den Peitsche schwingenden Film-Wissenschaftler Dr. Henry Walton Jones Jr. mit Fedora-Hut aus der Filmreihe „Indiana Jones" (USA 1981ff., siehe Abb. 7.4, rechts) oder sein weibliches, durchaus schießfreudiges Pendant Lara Croft mit Pferdeschwanz und kurzer Hose aus der Computerspiel-Reihe „Tomb Raider" (Eidos/Square Enix/Aspyr 1996ff., siehe Abb. 7.4, links). Des Weiteren kann man davon ausgehen, dass es bald Spiele geben wird, in denen die Kulturen von der Maschine generiert werden und nicht mehr von den Spiel-Designern. Dann wird es wissenschaftlich spannend zu erforschen, wie diese „unabhängigen" Kulturen entstanden sind.

Interessant ist ein bestimmter Vorfall im Spiel „No Man's Sky" (GB 2016, Hello Games, siehe Abb. 7.5). Durch ein katastrophales (reales) Software-Update des Spiels kam es zu einem regelrechten Exodus eines Teils der Spielwelt. Dort, wo eine Gruppe von Spielern sich eine Welt aufgebaut hatte, gab es nun aufgegebene Siedlungen, Stationen usw. Durch die aufgrund des Updates veränderte Topografie waren einige Siedlungen nun regelrecht „vergraben", andere schwebten in der Luft. Die Spieler gaben ihre Siedlungen bzw. zerstörte Spielwelt auf und verlagerten ihre Aktivitäten in andere Bereiche des Spiels. Einige haben sogar einen Abschiedsbrief hinterlassen oder eine neue „Adresse". Durch das Update existierte nun also im „No Man's Sky"-Universum ein von Menschen aufgegebener digitaler Raum. Dieser Raum wurde nun in der Dissertation von Andrew Reinhard archäologisch bearbeitet. Ziel der Arbeit ist es herauszufinden, ob und wenn wie archäologische Methoden auf eine digitale Umgebung angewendet werden können. Und wie bei Ausgrabungen in der realen Welt war auch hier Zeitdruck ein Faktor, da durch ein neues Update die zerstörte Welt behoben werden sollte. Was in diesem Fall die Löschung dieser bedeutete.

Aber nicht nur die Kultur der Spiele-Entwickler wirkt auf das Spiel, das Spiel hat auch durchaus Wirkung auf die reale Welt. Nicht nur in Hinblick auf gesellschaftliche Dinge, wie die Bildung von Communities und die Entstehung eigener Kommunikationswege (Chats im Spiel, Foren zum Spiel usw.), sondern auch, wenn Teile des Spiels „real" werden. Man denke an Reproduktionen von Objekten aus einer virtuellen Spielwelt (Münzen, Waffen, Kleidung) oder auch die Anwendung von Wissen aus dem Spiel in der realen Welt (z. B. Kochrezepte usw.).

**Abb. 7.5:** No Man's Sky – aufgegebenen und ausgegrabene Farm von Spieler Sunaru2 (Reinhard 2019)

Die andere Seite des Archaeogamings ist die Nutzung von *Computerspielen für die Archäologie* bzw. *Spiele über Archäologie.* Virtuelle Welten oder Augmented-Reality-Anwendungen lassen vergangene Welten neu erstehen oder projizieren archäologische/historische Rekonstruktionen in die reale Welt. Für bestimmte Ausstellungen, Museen und andere Institutionen werden Archäologie-Spiele entwickelt, vornehmlich mit dem Ziel der Bildung oder Information. Aber auch in „normalen" Spielen findet die Archäologie ihren Platz. Wie auch in „World of Warcraft" gibt es im Weltraumdeckerspiel „No Man's Sky" archäologische Missionen. In diesen Missionen macht sich der Spieler auf die Suche nach Artefakten und kann Ausgrabungen durchführen.

Je nachdem wie die Archäologie bzw. die Suche nach Artefakten im Spiel dargestellt wird, gibt dies Hinweise auf das Verständnis und den Stellenwert der Archäologie an sich. Sollen einfach nur Artefakte gesucht werden, um diese gegen eine Währung oder Level-Punkte einzutauschen? Oder haben die Spielenden die Wahl, wie etwa in „No Man's Sky"? Dort kann man sich wie ein:e Grabräuber:in verhalten und die Artefakte auf dem Markt verkaufen oder aber lieber dem höheren Zweck der Wissenserhaltung und Forschung dienen und die Artefakte im Spiel an der richtigen Stelle zur Bearbeitung abgeben, wofür man auch mit Punkten etc. belohnt wird. Hier kommen also zwei ethische Standpunkte gegenüber der Archäologie zu Tage.

Der Bereich des Archaeogaming ist noch in Entstehung und wohl eines der jüngsten Felder in der Archäologie. Dass aber dieses Thema durchaus auch in der archäologischen Forschung angekommen ist, zeigte sich 2016 auf der *VALUE Conference on Interactive Pasts* in den Niederlanden. Dort hatten sich Wissenschaftler:innen zusammen gefunden und erarbeiteten ein Manifest zu Archäologie und Computerspielen, um Rahmenbedingungen für die Methoden, Theorien und Anwendungen in diesem Bereich festzulegen.[1]

---

1 Siehe https://en.wikipedia.org/wiki/Archaeogaming (Abruf: 29.10.2024) unter Kapitel „Subsequent Developments".

### 7.1.3 Archäologisch-technische Arbeit am Computer Zuse Z23

Die ISER (Informatik-Sammlung Erlangen) ist eine universitäre Sammlung der Friedrich-Alexander-Universität Erlangen-Nürnberg. Sie wurde 1997 offiziell gegründet und wächst seitdem ständig an. Hauptaugenmerk der Sammlung ist die Entwicklung der Computer- und Rechentechnik von Anbeginn der Zeit bis heute, mit einem starken Blick auf die regionale Geschichte. Das Flaggschiff der ISER-Sammlung ist die Zuse Z23. Das damalige IMMD (Institut für Mathematische Maschinen und Datenverarbeitung), der Vorläufer der Informatik-Lehrstühle an der FAU, hatte 1962 diese Zuse Z23 Großrechenanlage angeschafft. Sie war die erste elektronische Rechenanlage an der Universität und legte so den Grundstein für die elektronische Datenverarbeitung an der FAU. (siehe Abb. 7.6)

Die Z23 wurde 1958 von der Zuse KG entwickelt und ging 1962 in Serie. Sie wurde vor allem an deutschen Universitäten und Forschungseinrichtungen eingesetzt. Die Z23 ist die Weiterentwicklung des Röhrenrechners Z22 und war die erste Maschine, die vollständig auf Basis von Transistoren realisiert wurde. Insgesamt wurden 2700 Transistoren und 6800 Dioden verbaut. Die Anlage bestand aus einem Schrank mit dem Trommelspeicher, einem Schrank mit dem Rechen- und Steuerwerk (siehe Abb. 7.7) sowie dem Schnellspeicher mit einer Kapazität von 1,2 KB, und der Steuerkonsole (siehe Abb. 7.6). Hinzu kamen noch ein 5-Kanal-Fernschreiber mit Lochstreifenleser und -stanzer zur Ergebnisausgabe, sowie ein schneller Lochstreifenleser zur Programm- und Dateneingabe. Die gesamte Anlage kostete damals mit allen Zusatzgeräten 640.000 DM.[2] Die Z23 arbeitet im Dualsystem bei einem Takt von 3.500 Hz pro Wort und einer Wortlänge von 40 Bit. Programmiert wurde sie im Freiburger Code, eine an mathematische Formeln angepasste Maschinensprache, als auch in ALGOL 60 (ALGOL, Algorithmic Language). ALGOL gilt als Vorbild vieler moderner Programmiersprachen, die zur Lösung wissenschaftlicher und technischer Problemstellungen eingesetzt werden. Die Maschine rechnet mit Gleitkommazahlen mit einer Genauigkeit von neun Stellen und einem Zahlenbereich von $10^{-39}$ bis $10^{+38}$. Die minimale Befehlsausführungszeit beträgt 0,3 ms, eine Gleitkommamultiplikation dauert 20 ms.

---

2 Das wären heute etwa 3.744.000 Euro.

**Abb. 7.6:** Das Eingabe-Panel der Zuse Z23 in der ISER. (Foto: Stefan Höltgen)

**Abb. 7.7:** Geöffnetes Rechen- und Steuerwerk der Zuse Z23 in der ISER. (Foto: Stefan Höltgen)

Die Erlanger Z23 wurde nach 14 Jahren Betriebszeit 1976 ausgemustert und glücklicherweise nicht verschrottet, sondern an das Erlanger Christian-Ernst-Gymnasium abgegeben, wo sie weiter betrieben und im Informatikunterricht eingesetzt wurde. Sie lief dort noch weitere sieben Jahre bis zu einer Netzstörung 1983. Somit war die Erlanger Z23 insgesamt 21 Jahre in Betrieb. 2009 wurde sie wieder an die FAU bzw. an die ISER abgegeben.

Grundsätzlich muss man sich aus konservatoristischer und wissenschaftlicher Sicht fragen, ob die Restaurierungen von historischen Maschinen sinnvoll sind. Denn durch die Restaurierung wird das Artefakt verändert, sein Zustand entspricht durch die Reparaturen und den Austausch von Teilen nicht mehr dem historischen Zustand. Anderseits kann nur mit einem funktionstüchtigen Gerät die ganze kulturelle Aussagekraft des Artefakts erfasst werden. Denn viele Informationen ergeben sich erst durch die Nutzung bzw. die Beobachtung der Funktion des Artefakts. In Erlangen wurde daher 2011 eine Projektgruppe zur Restaurierung des Rechners gegründet. 2012 gab es den ersten Erfolg, doch einen Tag später versagte das Lager des Trommelspeichers. Erst zwei Jahre später war die Z23 wieder einsatzfähig.

Zu Beginn des Restaurierungsprojektes stand das Team vor ganz simplen Problemen. Wo und wie muss die Stromversorgung angeschlossen werden? Einen normalen handelsüblichen Netzstecker hat die Z23 nicht. Welche Teile sind überhaupt beschädigt? Wo ist das BIOS der Maschine? Wie bootet man den Rechner? Es wurde also klar, dass man sich zunächst ganz grundlegend in die Materie einarbeiten musste. Das Hauptproblem bei solch alten Computern ist meist, dass es kaum Dokumentation dazu gibt und schon gar keine Reparaturanleitung. Zeitzeugen sind auch nur noch selten zu finden. Allerdings hatte man in diesem Fall das Glück, zum Teil auf das Wissen und die handwerklichen Fähigkeiten eines ehemaligen ZUSE-Technikers zurückgreifen zu können. Ein weiterer Glücksfall war, dass es noch genügend Unterlagen und Schaltpläne zur Z23 gab. Aber diese muss man auch erst verstehen bzw. lesen können. Denn zu der Zeit, als die Z23 gebaut wurde, gab es, was diese Pläne betraf, noch keine DIN/ISO-Norm. So hatte die ZUSE KG also ihre ganz eigenen Zeichen und Symbole verwendet, die man erst entschlüsseln musste. Es war eine intensive wissenschaftliche Auseinandersetzung mit den Unterlagen und Plänen notwendig. Das Funktionsprinzip, die Architektur des Rechners und sein Funktionsablauf mussten zunächst verstanden werden.

Abgesehen von dem kurzen Funktionserfolg in 2012 setzt eine derart lange betriebslose Zeit, über 30 Jahre, auch einer elektronischen Maschine zu. Daher war die Restaurierung recht umfangreich. Platinen mussten überprüft, ausgetauscht und repariert werden, die Kabelummantelungen waren brüchig, Leitungen mussten ersetzt werden, usw. Um einen Computer wieder zum Leben zu erwecken, müssen zwei Dinge wieder funktionieren. Zum einen die Hardware und zum anderen die Software. Denn ohne Programm ist auch ein lauffähiger Computer nur Hardware: Er funktioniert zwar, aber offenbart dem Nutzer seine Möglichkeiten nicht.

Das Kernproblem der Erlanger Z23 war der defekte Trommelspeicher (siehe Abb. 7.8). Der Trommelspeicher ist ein Direktzugriffsspeicher mit einem sequentiellen Zugriff.

**Abb. 7.8:** Der demontierte Trommelspeicher der Zuse Z23 von der ISER (li). Ein Trommelspeicher der Zuse Z22 aus dem Museum datArena in München (re.) Fotos: Stefan Höltgen

Anders als bei einer Festplatte dreht sich hier keine Scheibe, sondern eine Trommel mit einer magnetisierbaren Beschichtung. Es gab keine beweglichen Schreib-/Leseköpfe, sondern starre Köpfe, die auf die richtige Spur eingestellt werden müssen. Außerdem brauchte der Rechner einen Takt, um seine Prozesse zu synchronisieren. Zunächst wusste man aber nicht, wie dies bei der Z23 realisiert worden war. Eine erste Idee war, dass es irgendwo in der Maschine einen Quarz geben müsste, den man aber nicht fand. Durch die Recherchen und das Studium der Pläne fand man heraus, dass der Trommelspeicher der Z23 auch gleichzeitig den Takt der Rechenmaschine vorgibt. Oben auf der Trommel befindet sich eine Riffelscheibe mit ca. 1400 Kerben, die magnetisch abgetastet werden. Mit dieser Idee hatte die Ingenieure der Z23 auch gleich ein anderes Problem gelöst. Dadurch, dass die „Festplatte" den Takt vorgab, war der Massenspeicher und das Rechenwerk immer synchron. Ohne den Trommelspeicher war die Maschine also nicht lauffähig.

Der ursprüngliche Trommelspeicher musste zunächst restauriert werden. Nicht nur das Lager der Trommel war defekt, auch der Motor war durchgebrannt und die Spuren wiesen Fehler auf. Nach der Reparatur lief die Z23 zunächst, man konnte das Grundprogramm starten und einfache Funktionstests durchführen. Allerdings quittierte der Trommelspeicher im Dezember 2012 den Dienst. Aufgrund des schlechten Zustands der Trommel entschied man ihn auszutauschen. Aus einer anderen Sammlung konnte man eine zweite Trommel besorgen und diese einbauen. Allerdings musste bei dieser auch zunächst jeder einzelne Lese-/Schreibkopf neu justiert werden. Das Justieren der 280 Köpfe (256 Köpfe + 24 Reserve-Köpfe) dauerte pro Kopf ungefähr 30 Minuten. Man war also schon 16 Tage lang damit beschäftigt mit Hilfe eines Oszilloskops die Köpfe zu justieren.

Ein weiteres Problem war die Stromversorgung. Die Z23 benötigt einen Starkstroman- schluss. Da man durch mögliche Fehlfunktionen oder Kurzschlüsse keinen Zwischenfall im Rechenzentrum provozieren wollte, setzte man einen Generator mit Baustellenvertei- ler ein. Vorher mussten noch die defekten Stromkabel repariert werden. Nun war die Z23 aber immer noch nicht funktionstüchtig, denn das nächste Problem lag im Inneren des Rechners. Fast alle 800 Platinen waren gesteckt, somit gab es eine Unmenge an oxidierten Kontakten, die erst bearbeitet werden mussten. Als dies auch geschafft war, ging es an die nächste Fehlersuche. Defekte Bauteile mussten lokalisiert werden. Insgesamt mussten an der Elektronik unglaublicherweise nur 20 Transistoren ausgetauscht werden, um die Z23 wieder zum Leben zu erwecken.

Die Hardware war der erste Schritt. Der zweite war das Verstehen der Programmie- rung bzw. der Software. Denn, wie bereits erwähnt, ohne Software ist ein Computer nicht nutzbar. Der verwendete Code ist sehr maschinennah. Heutzutage wird hauptsächlich in höheren Programmiersprachen gearbeitet. Da es in den 1960er Jahren noch keine allgemein gültigen Konventionen bezüglich Hard- und Software gab, war jedes Maschi- nenmodell ein Unikat und das Wissen über die eine Maschine nicht eins zu eins auf eine andere übertragbar. Die Mitarbeiter mussten sich also in eine „alte" Sprache einarbeiten und diese decodieren und verstehen lernen. Für die Programmierung der Z23 muss man auch den Aufbau der Maschinen kennen, damit man weiß und versteht, wo an welche Stelle die Informationen im Speicher verschoben werden. Außerdem verfügt die Z23 über kein internes BIOS, das direkt verfügbar ist. Nach dem Einschalten des Rechners und dem Hochfahren bzw. Warmlaufen des Trommelspeichers, wurde das Grundprogramm eingelesen. Dieses Programm wurde von einem Lochstreifen über einen Lochstreifenle- ser in den Speicher geladen und ausgeführt. (Siehe Abb. 7.9.) Das Grundprogramm ist auch gleichzeitig das Betriebssystem. Das Resultat wurde dann auf dem Fernschreiber ausgegeben. Es gibt bereits Simulationsprogramme für Windows-PCs, um Programme für die Z23 zu erstellen und zu testen. Für die Erlanger Z23 wurde eine USB-Schnittstelle entwickelt, um die Programme direkt vom Laptop aus in den Speicher zu laden ohne erst einen Lochstreifen stanzen zu müssen.

Aber wo steckt nun bei der ganzen Technik die Archäologie in diesem Projekt? Eigent- lich in allem, denn die Z23 ist ein anthropogenes Artefakt, deren kulturellen Stellenwert man erst komplett erfassen kann, wenn man die funktionstüchtige Maschine beobachten kann. Neben den rein technischen Aufgaben der Restaurierung gab es also viele andere Dinge zu bewältigen. Das man sich über die eigentliche Funktion der Z23 als Computer, im Gegensatz zu manch anderen Artefakten mit unbekanntem Verwendungszweck, von vornherein im Klaren war, steht außer Frage. Allerdings wusste keiner der Beteiligten, wie ein solcher Rechner funktioniert, da er sich in vielen Dingen von unseren heutigen Computern unterscheidet. Das Team musste zunächst das Artefakt an sich untersuchen. Dabei wurden die ganzen Defekte festgestellt, die es zu beheben galt. Des Weiteren musste viel recherchiert und so viele Informationen, wie noch verfügbar waren, zusammenge-

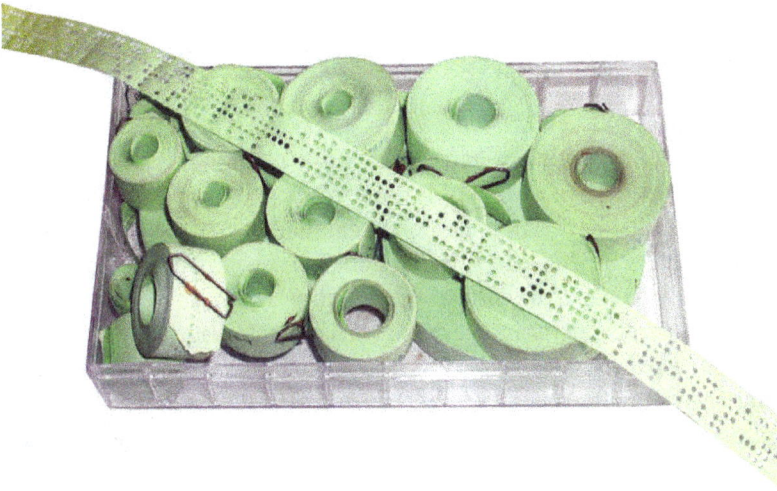

**Abb. 7.9:** Lochstreifen für die Z23. (Foto: ISER)

tragen werden, um den notwendigen Wissenshintergrund zu dem Artefakt aufzubauen. Außerdem mussten nicht mehr bekannte Codes entschlüsselt werden, da die Schaltpläne der Z23 mit Symbolen versehen sind, die heute nicht mehr benutzt werden. Bereits die Schaltpläne sind Medien mit Informationsgehalt, die erst analysiert werden müssen. Das Team musste sich in die Vorstellungswelt der Erbauer hineindenken und sich auf ihre damalige Realität einlassen. Denn die Frage nach bestimmten Funktionen der Z23 kann man nur lösen, wenn man sich auch über die damaligen technischen Möglichkeiten im Klaren ist. Das Team arbeitet sich sozusagen Schicht für Schicht durch das Artefakt, um seine Funktion zu ergründen. Erst wenn als man die erste Schicht (Rechnerarchitektur) verstanden hatte, konnte man zu den Problemen der nächsten Schicht (Hardware bzw. elektronische Bauteile) übergehen, um schließlich zur nächsten Schicht (Software und Betrieb des Rechners) zu gelangen. Bei der Software musste eine alte Programmiersprache erlernt, also abermals Codes entschlüsselt und verstanden werden. Und dies auf einem Level, auf dem man diesen Code bzw. die Programmiersprache auch „schreiben" bzw. anwenden kann. Mit der wieder funktionstüchtigen Z23 konnten nun Programme getestet und die Leistungsfähigkeit des Rechners erforscht werden, was wiederum dazu führte, dass man sich mit der damaligen Lebensrealität der Anwender auseinandersetzt und den sich damals daraus ergebenden Möglichkeiten. Erst durch das Erleben des funktionstüchtigen Rechners wird das Verständnis für die damaligen Welt der Nutzer und den Stellenwert der Z23 möglich.

## 7.2 Zusammenfassung: Archäologie der Medien

Wir stellen also fest, dass die Archäologie der Medien äußerst vielfältig in ihrer Anwendung wie auch Ausprägung ist.

Zum einen kann sie ganz „klassisch archäologisch" sein, wie z. B. bei der Ausgrabung des Computerspiels „E. T. – The Extra-Terrestrial". Hier wurden mit Hilfe archäologischer Methoden Medien ausgegraben. Mit Hilfe dieser Methoden wurden die entsorgten Spiele lokalisiert und geborgen. Durch die Dokumentation der Ausgrabung nach archäologischen Standards wurden weitere wichtige Informationen zu den Medien selbst dokumentiert, die zum Verständnis der Thematik beigetragen haben.

Zum anderen erforscht die Archäologie der Medien virtuelle Welten, die für Computerspiele erschaffen wurden. Diese Welten sind ein Produkt unserer realen Kultur und Gesellschaft und somit auch ihr Spiegelbild bzw. ihrer „Erbauer". Sie sind eine kulturelle Erweiterung unserer realen Welt. Daher ist es naheliegend auch auf diese virtuellen Welten archäologische Methoden anzuwenden.

Archäologie kann aber auch Spielinhalt sein, wobei hier interessant ist, wie die Archäologie dargestellt wird. In der praktischen Archäologie wiederum werden Spiele, Spielkonzepte und Spielsoftware z. B. zur Visualisierung archäologischer Inhalte genutzt oder um archäologische Themen mittels Gamification im realen Raum mittels virtueller Ergänzungen erleb- und nutzbar zu machen.

Die Restaurierung und Wiederinbetriebnahme der Zuse Z23 bekommt ebenfalls eine archäologische Dimension, wenn man diesen Computer als anthropogenes Artefakt sieht. Es wurde verlorenes Wissen rekonstruiert, Schaltpläne entziffert, der Maschinencode (d. h. die Software) dekodiert und erlernt, sowie Teile der Maschine erforscht, um ihre Funktion zu verstehen. Die Funktion und Leistungsfähigkeit dieses anthropogenen Artefakts namens Zuse Z23, ihr Bezug zur Kultur ihrer Zeit und der Stellenwert der Maschine in der damaligen Welt ihrer Nutzer, kann erst anhand der funktionierenden Maschine vollständig erfasst werden.

# 8 Schluss

Die hier vorliegenden Ausführungen können natürlich nur einen Einblick in die Archäologie geben und sind selbstverständlich nicht vollständig. Es gibt nicht „die" eine Archäologie. Sie ist sehr vielfältig, sowohl methodisch, thematisch, geographisch als auch chronologisch. Die Archäologie beschäftigt sich mit der Kultur der Menschen, ihren Ausprägungen und auch ihren Folgen.

Wortwörtlich bedeutet das Wort „Archäologie" in etwa „Lehre von den alten Dingen". Diese „alten Dinge" sind die materiellen und immateriellen Hinterlassenschaften des Menschen und seiner Kultur. Durch die Untersuchung dieser Hinterlassenschaften versucht sie so die kulturelle Entwicklung des Menschen durch die Zeit zu rekonstruieren und zu erklären.

Reflexartig geht man im Allgemeinen davon aus, dass sich die Archäologie mit sehr alten Dingen beschäftigt. Da sie aber alle kulturellen Hinterlassenschaften der Menschen betrachtet, gehören aber auch solche Dinge dazu, die uns noch relativ neu erscheinen, wie z. B. die Home Computer aus den 1980er Jahren.

Im Hinblick auf Medien bzw. Medienarchäologie muss man sich zunächst vom Bild der Archäolog:innen, die Artefakte aus der Erde graben, lösen und die Archäologie als einen Werkzeugkasten sehen, in dem man verschiedenen Methoden zur Untersuchung von Medien findet. Bei der Übertragung der archäologischen Methoden auf die Erforschung von Medien ist eine möglichst intelligente Anwendung und ggf. Transformierung der archäologischen Werkzeuge auf die Medienwissenschaft essentiell. Um nun aber die archäologischen Methoden auf Medien übertragen zu können, ist es nötig die Archäologie als Disziplin verstehen.

Hierzu wurde in den vorliegenden Ausführungen die Geschichte der Entstehung der Archäologie als wissenschaftliche Disziplin (Kap. 2.) und ihre verschiedenen Fachrichtungen (Kap. 3.) vorgestellt, wie auch die Ziele der Archäologie (Kap. 1.) und die wichtigsten Quellengattungen (Kap. 4). Auch die wichtigsten Arbeits- und Analysemethoden (Kap. 5) wurden in den genannten Kapiteln kurz skizziert. Um nun die Ergebnisse der archäologischen Forschung interpretieren zu können, bedarf es noch der Kenntnis der wichtigsten Theorien, Forschungs- und Interpretationsansätze, die in Kapitel 6. vorgestellt wurden.

Es ist wichtig, die Art des „archäologischen" Denkens zu verstehen und ein Verständnis dafür zu entwickeln, dass man oft nach etwas sucht, von dem man eigentlich nichts weiß. Manchmal sogar noch nicht mal, dass es existiert. Letztendlich geht es vor allem darum, die Geschichte (nicht nur aber auch der Medien) zu verstehen, zu rekonstruieren und das „Was war wann wie und warum?" zu klären.

https://doi.org/10.1515/9783111036540-025

# 9 Nachwort: Medien- und Computerarchäologie

*Stefan Höltgen*

Aus den im Kapitel vorangegangenen Beispielen von Funden und Befunden, welche *materielle Medien* (Schriftstücke, Bilder, technische Medien und Apparate) oder *Medieninhalte* (Texte, Abbildungen, audiovisuelle Aufzeichnungen, Spiele) zum Gegenstand haben, ließe sich der Begriff „Medienarchäologie" durchaus als eine Richtung innerhalb der Fachdisziplin Archäologie verorten, die sich mit der Suche nach und der Auswertung von solchen Objekte und Informationen mit archäologischen Methoden widmet. In der Medienwissenschaft – und vor dem Hintergrund dieser Buchreihe – meint Medienarchäologie jedoch noch etwas anderes, das vor allem auf einem anderen Begriff von Archäologie basiert. Im nachfolgenden Exkurs soll dieses alternative Verständnis hergeleitet, seine Ausprägungen skizziert und seine Beziehungen zur Facharchäologie dargestellt werden.

## 9.1 Diskursarchäologie

Die Konstituente „Archäologie" leitet sich für die Medienarchäologie aus einem Verständnis des Begriffs ab, das der französische Philosoph *Michel Foucault* Ende der 1960er Jahre zur Skizzierung einer eigenen Forschungsmethode entwickelte: Die „Lehre von den Altertümern" (*archaios* und *lógos*) bezog er weniger auf materielle Artefakte historischer Provenienz oder auf das, was man aus ihnen über vergangene Epochen erfahren kann, als vielmehr auf die Frage, *welche Kräfte und Mechanismen der Wissensentstehung und -verbreitung sich aus der Anordnung von Archivalien ablesen lassen.* Die hierbei von Foucault gemeinten Archive sind jedoch nicht jene Institutionen, die materielle Archivgüter sammeln, aufbewahren und erhalten. Sein Begriff von Archiv meint die Totalität aller Aussagen und Zusammenhänge zu einem jeweiligen *Diskurs.* Foucault sieht diese Archive als eine Art von unbewusster Gedächtnisinstitution. Bei seiner Archäologie stehen die folgenden konkreten Fragen im Zentrum: Warum ist dieses (und nicht anderes) Wissen archiviert? Warum orientiert sich die Historiographie an bestimmten Monumenten (und nicht an anderen)? Und was kann dies über das Sagbare und das Nichtsagbare einer Kultur bzw. einer Epoche mitteilen?

*Diskurse* sind nach Foucault „geregelte und diskrete Serien von Ereignissen" (Foucault 1991:38). In ihnen spiegelt sich „das Auftreten und das Verschwinden von Aussagen" (Foucault 2001:902) in einer Kultur und damit indirekt auch die Macht, mit der das Sagbare bewahrt und das Nichtsagbare eliminiert wird. Insofern unterscheidet sich auch Foucaults Diskursbegriff von denen in der Philosophie oder Linguistik verwendeten, wenn er vorschlägt, Diskurse

https://doi.org/10.1515/9783111036540-026

als Praktiken zu behandeln, die systematisch die Gegenstände bilden, von denen sie sprechen. Zwar bestehen diese Diskurse aus Zeichen; aber sie benutzen diese Zeichen für mehr als nur zur Bezeichnung der Sachen. Dieses mehr macht sie irreduzibel auf das Sprechen und die Sprache. Dieses mehr muß man ans Licht bringen und beschreiben. (Foucault 1981:74)

Dieser *konstruktivistische* Begriff von Diskurs (der also dasjenige erst hervorbringt, von dem er handelt) und die *positivistische* Methode der Archäologie (die allein das vorhandene Wissen berücksichtigt) kulminieren bei Foucault methodisch in eine radikale Ablehnung von „Sinn" als Suchmuster: Diskursgegenstände werden erst nachträglich (eben durch machtvolle Praktiken) mit Sinn versehen; demgegenüber versucht die Diskursarchäologie Foucaults Funde und Befunde aus dem Archiv zu bergen, um durch ihre Anordnung die Brüche, Widersprüche, Diskontinuitäten und Anachronismen von „Geschichtserzählungen" offenzulegen.

Ein Beispiel hierfür ist Foucaults Archäologie der europäischen Strafsysteme, die er 1975 in seinem Buch „Überwachen und Strafen" (Foucault 1977) darlegt. Der Wandel von einer pönalisierenden zu einer disziplinierenden Justiz (also von der Folter zur Strafe zur Selbstregulierung) geht für Foucault einher mit der Entwicklung eines neuen Subjektbegriffs (dem Gefangenen als Subjekt). Die vormaligen Machttechniken, mit denen der Staat sein Rechtssystem gegenüber Verbrechern durchsetzt, weicht ab der französischen Revolution sukzessive einem System, das die Tat nicht mehr in direkte Beziehung zur Strafe setzt (Gewalttaten führen zu Körperstrafen), sondern in welchem sich die staatliche Macht in das Individuum selbst verlagert. Bildlich steht dafür das panoptische Gefängnis, in welchem die Insassen nie wissen können, ob und wann sie von ihren Wärtern überwacht werden, so dass sie sich in ihrem Verhalten selbst zu regulieren beginnen, als stünden sie unter ständiger Aufsicht. Foucault sieht dieses Prinzip als eine ab dem 18. Jahrhundert die europäischen Gesellschaften bestimmende Machtfiguration, die sich auch auf andere Bereiche ausdehnt. Als Quellen für seine Untersuchung dienen ihm Berichte von Hinrichtungen, Gefängnisordnungen, Gerichtsurteile, Gesetzestexte aber auch Beiträge zur Architekturtheorie, Staatsphilosophie und Theologie. Aus diesen Archivalien kondensiert Foucault eine „Geschichte der Gegenwart" (Foucault 1977:43), die zeigt, welche Machtkonfigurationen in heutigen Gesellschaften das Rechtssystem und das „disziplinierte" Individuum bestimmen.

Die Macht über solches Wissen liegt mithin in den Archiven selbst. Was aber alles als Träger dieser Archivalien gefasst werden kann, bleibt bei Foucault erstaunlicherweise ebenso konventionell, die die Gegenstände, die es daraus zu bergen gilt: vor allem *Texte*. Sie bilden in Form und Inhalt die „Monumente", die Foucault den Diskursen gegenüberstellt.

## 9.2 Frühe Medienarchäologie

Eine strukturalistische Position, die den Blick von den (Zeichen)Bedeutungen auch auf die (Zeichen)Träger richtet, um danach zu fragen, ob eine und ggf. welche Beziehung zwischen beiden besteht, ist in Hinblick auf die *Schrift* und die *Sprache* schon recht früh entwickelt worden. In der Folge Ferdinand de Saussures (de Saussure 1967:76–82) und seines *strukturalistischen* Programms haben die *Poststrukturalisten* ab den 1960er Jahren (allen voran Jacques Derrida, Claude Levi-Strauss, Jacques Lacan und Michel Foucault) daran gearbeitet, die Beziehungen solcher Zeichensysteme als ein vollständig durch Diskurse und Machtgefüge formiertes kulturelles Konstrukt offenzulegen.

Welchen Anteil aber *non-diskursive* (Macht)Faktoren an diesen Prozessen haben, ist erst im Zuge der Erweiterung der Diskursarchäologie zu einer *Medienarchäologie* in den Blick geraten. Die Feststellung, dass der Zeichenträger eine Bedeutung für sich sein kann (worauf Marshall McLuhan mit seinem vielzitierten Satz „The medium is the message." nachdrücklich hingewiesen hat; McLuhan 1964:7), hat eine Auseinandersetzung mit den Technologien und Substraten der Informationsübertragung, -speicherung und -verarbeitung provoziert, die über Foucault hinausgeht. Friedrich Kittler (der den Begriff „Medienarchäolgie" selbst nicht benutzt und sich auch nicht als Medienarchäologe bezeichnet hat), Wolfgang Ernst und Siegfried Zielinski waren die ersten, die auf diese Fehlstelle hinwiesen. *Friedrich Kittler* schrieb 1986 in seinem Buch „Grammophon – Film – Typewriter":

> Und Foucault, der letzte Historiker oder erste Archäologe, brauchte nur nachzuschlagen. Der Verdacht, daß alle Macht von Archiven ausgeht und zu ihnen zurückfindet, war glänzend zu belegen, zumindest im Juristischen, Medizinischen und Theologischen. […] Auch Schrift, bevor sie in Bibliotheken fällt, ist ein Nachrichtenmedium, dessen Technologie der Archäologe nur vergaß. Weshalb seine historischen Analysen alle unmittelbar vor dem Zeitpunkt haltmachten, wo andere Medien und andere Posten das Büchermagazin durchlöcherten. Für Tonarchive oder Filmrollentürme wird Diskursanalyse unzuständig. (Kittler 1986:13)

Derlei neue Archive zu analysieren, bedarf allerdings anderer Methoden als denen des Lesens (mit menschlichen Augen) und des hermeneutischen Verstehens. Zwischen den lesenden Archiv(be)sucher:innen und die Archivinhalte tritt nämlich ein technisches Dispositiv, das augenscheinlich bloß als Medienkanal erscheint, der ein Zeichensystem von der für Menschen unlesbaren Quelle zu dessen Sinnen transportiert. Kittlers Hinweis auf die Schrift als „Nachrichtenmedium" deutet bereits an, dass die Verfahren zum Verständnis solcher Archive nicht bei den Inhalten einer Nachricht verweilen dürfen, sondern deren „technologische Aprioris" (Kittler 1986:180) – also die technologischen Bedingungen der Möglichkeit einer solchen Nachricht – selbst zum Untersuchungsgegenstand machen müssen. Damit fügt die Medienarchäologie der Diskursarchäologie Foucaults die ingenieurswissenschaftliche Nachrichtentheorie Claude Shannons (Shannon 1948) hinzu: In seinem Kommunikationsmodell blendet Shannon die semantischen Inhalte einer Botschaft aus und fokussiert sich auf die Nachrichtensignale, die *technisch* kodiert, übertragen und dekodiert werden. Information ist dabei der Neuigkeitswert, der sich gegen die Redundanz (als Entropie) abhebt. Die Kodierungsverfahren und der niemals rauschfreie technische Kanal nehmen einen Einfluss auf die Dekodierung (und nachfolgend das Verständnis) der Inhalte.

Zur Verwirklichung dieses medienarchäologischen Programms formuliert *Wolfgang Ernst* eine konkrete Forschungsmethode. Anders als Kittler sieht er in der Auslassung Foucaults kein bloßes Defizit:

> Medien *archäologisch zu wissen* bleibt sein Denkauftrag an uns. So meint Medienarchäologie die Beschreibung von Diskursen auf dem Niveau ihrer apparativen oder logischen Existenz, insofern sie Funktionen medienarchivischer Elemente sind. (Ernst 2004:240)

*Medienarchäologie als Methode* muss das technologische Apriori des Wissens in den Medien mit geeigneten Mitteln suchen. Hierzu bedarf es spezifischer Kenntnisse, Praktiken und Werkzeuge: Medienwissenschaftler:innen sollen mit Schraubendreher, Oszilloskop, Lötkolben, Schaltplänen, Datenblättern usw. ausgerüstet sein, um der non-diskursiven Verfassung technischer Medien auf den Grund zu gehen. Daneben behalten Medienarchäolog:innen auch das diskursiv verfasste (vor allem historische) Wissen über Medien und deren Gebrauchsformen im Blick, um die Diskurse, Quellen und Wirkungen ihrer Entstehung mit ihrem materiellen Status abzugleichen. (Vgl. Schröter 2022)

Dieses Abtauchen unter die Oberflächen (das in seiner Ähnlichkeit zum Graben der Archäolog:innen zu einem missverständlichen Begriff von Medienarchäologie führte) ist eine konkrete, positivistische Arbeit am *Wissen von Medien* und zugleich darüber, *wie Medien Wissen ‚formatieren'*. Denn stets verändern, ergänzen und/oder reduzieren Medien Inhalte auf Basis ihrer Technologien und sorgen damit dafür, dass wir die durch sie übertragenen, gespeicherten und verarbeiteten Informationen so wahrnehmen, wie es in ihren technischen Möglichkeiten und Grenzen liegt. Dies gilt für die Oberflächen wie auch die „Unterflächen" (Nake 2006:47) der Medien: die Inhalte einer Radioübertragung können wir enbensowenig sehen, wie wir ein Fernsehbild hören können; die unsichtbare und lichtschnelle Signalverarbeitung in ihren technischen Tiefen bleibt für uns ohne apparative Hilfsmittel unerfahrbar.

Medienarchäologie bedient sich zur Exploration dieser Unterflächen technischer Werkzeuge und *techno-mathematischer* Verfahren.[1] Nur mit mathematischen, physikalischen, informatischen, elektrotechnischen usw. Methoden können die für die menschlichen Sinne zu schnellen, zu hoch- oder tieffrequenten, zu kleinen und anderweitig inkomprehensiblen Operationen von Medien erfahrbar gemacht werden. Messinstrumente können die inkomprehensiblen Signalprozesse technischer Medien für unsere Sinne aufbereiten: Mit Oszilloskopen können wir eine Radiofrequenz sichtbar und mit spezifischen Sensoren die elektromagnetischen Felder eines Fernsehapparates hörbar

---

**1** Die Intention dieser Buchreihe bildet hierzu den „Werkzeugkasten": eine Handreichung für Medienwissenschaftler:innen, die solch techno-mathematisches Medienwissen einsetzen wollen.

machen. Dies bedeutet implizit aber auch, dass Medienarchäologie vorrangig am *operativen Medium* interessiert sein muss – an Medien, die sich im Hier und Jetzt, also im *Medienzustand* befinden. Dies „zeigt" sich beim Fernsehapparat in aller Deutlichkeit: „Das elektronische Fernsehen als technologische Apparatur, die erst unter Strom, also im Vollzug des Schaltplans, in den Medienzustand tritt, stellt in multipler Form genuine Medienzeitobjekte her und dar." (Ernst 2012:247, siehe Abb. 9.1)

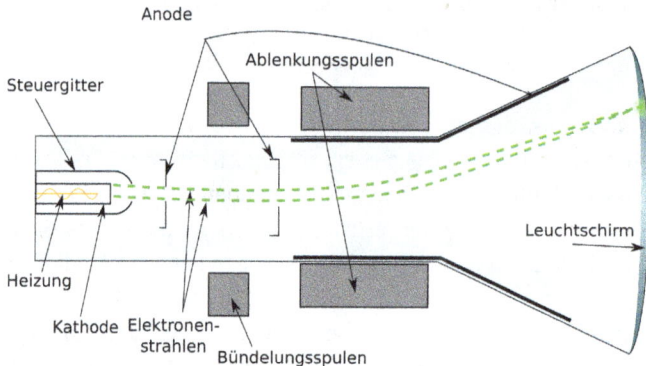

**Abb. 9.1:** Funktionsprinzip einer Fernsehröhre: Pro Sekunde werden vom Kathodenstrahl 50 Halbbilder mit jeweils 625 Bildzeilen auf die Innenseite der Mattscheibe „geschrieben". Derartige Frequenzen unterschreiten die optische Wahrnehmungsschwelle des menschlichen Betrachters und ermöglichen erst dadurch den Eindruck eines stehenden Bildes. (Quelle: Wikipedia, CC3.0, Autoren: FischX, Interiot, Raster:Theresa Knott)

Nur in diesem Zustand können wir etwas über seine Operationen und Funktionen erfahren – und erleben, dass aus den unsere Wahrnehmungsschwellen unterlaufenden Operationen Medieninhalte emergieren, die unseren Sinnesanforderungen entsprechen. Medienarchäologie fordert daher eine technisch-sensible Form der *Zeitkritik*. Medienarchäologie ergänzt die anthropo-temporalen Medienzeiten der Oberflächen um die vielfältigen sublibiminalen Zeitprozesse auf ihren Unterflächen. Darin offenbart sich zugleich aber auch ein weiterer Rückbezug der Medienarchäologie auf Foucault: Auch er dekonstruierte das (oft chronologisch oder kausal organisierte) historische Wissen durch die Neuordnung der Archive und den Hinweis auf Anachronismen und Diskontinuitäten, um eine andere Logik der Ordnung zu akzentuieren. Medienarchäologie leistet hierzu ihren Beitrag, indem sie ganz neue Zeitgefüge in diesen Diskurs bringt (und dabei eine Dekonstruktion an Mediengeschichtsschreibung vornimmt). Die Archive „wandern" damit in die Medientechnologien aus:

> Die Zeit des Archivs verschiebt sich vom Signifikat der Geschichtszeit auf die Zugriffszeit, den Signifikanten. Wo die Energie textueller Kopplungen eher zwischen Schrift und Code (Programm) als zwischen Sprache und Schrift liegen (wie schon in den Code-Büchern der Telegraphie seit 1850) und Software selbst zum storyspace wird, ändert sich auch die Natur des Archivs vom residenten,

zeitverzögernden Speicher hin zu dynamischen Prozessen beständiger Daten(re)aktivierung in Echtzeit. (Ernst 2007:261)

Dieses Zitat zeigt bereits, dass mit dem *Digitalcomputer* und dessen fortschreitender *Medienkonvergenz*, bei der vormalige Einzelmedien (Fernsehen, Radio, Telefon, …) als Softwareformate und Hardwareperipherien im Computer aufgehen, die Situation noch einmal eine Eskalation erfährt, auf die die Medienarchäologie reagieren *muss* (vgl. Schröter 2022:3f.). Das von der so genannten »Berlin School of Media Studies« etablierte Programm der Medienarchäologie begann sich Anfang der 2010er Jahre (vielleicht mitbedingt durch den Tod Friedrich Kittlers im Jahr 2011) zu reformieren und zu internationalisieren. Vor allem ein neuer diskursarchäologischer und dokumentenorientierter (Patente, Oral Histories, …) Ansatz wurde hierbei zugunsten einer weniger streng genommenen techno-mathematischen Objektanalyse ins Zentrum gerückt. „Media Archaeology" (als ein Beispiel hierfür siehe: Parikka 2012) stellte sich damit als eine Stimme innerhalb eines Cultural-Studies-Programms dar, das für diskursanalytische (etwa postkolonialistische oder gendertheoretische) Forschungen neue, medienwissenschaftliche Perspektiven bot. Ausrichtungen, wie die „Critical Code Studies" oder die „Media Geology" setzten zu ihrer kulturwissenschaftlichen, kritischen Forschungen medienarchäologische Theorien ein.

Die Berliner Medienwissenschaft reagierte hierauf mit einer neuerlichen Rückbesinnung auf das techno-mathematische Methoden-Paradigma in Form einer ‚*Radikalisierung*':

> Radical media archaeology is hereby proposed as a method of investigating media as technologies, with its epistemic focus on time-discrete, symbol- processing mechanisms. Its thematic thread is *technológos*, the hypothesis that there is a self-expressing quality of technical objects, beyond, below and across their simply functional assemblage. Going in medias res, the operative unfoldings of technical reason in matter, and as actual machine, are the core drama of technological culture. Radical media archaeology, with its ambition to derive epistemic insights from within technological devices, is its proper mode of analysis. (Ernst 2021:1)

Die Umkehrung der Perspektive – *Prozesse* aus der „Sicht der Medien" zu analysieren (durchaus im Sinne einer „Alien Phenomenology"; Bogost 2012), soll die Skepsis gegenüber diskursivierendem *Aufschreiben* als einer medienfremden Darstellung unterstreichen. Mit Experimenten, Re-enactments, medienkünstlerischen Installationen und Demonstrationen sollen Medienprozesse *in actu* zu Bewusstsein gebracht werden.

## 9.3 Computerarchäologie

Eine jüngere Ausrichtung, die sich dieser radikalen medienarchäologischen Rückbesinnung verpflichtet sieht und ebenfalls die Computertechnologie(n) fokussiert, ist die von *Stefan Höltgen* ab 2013 entwickelte *Computerarchäologie* (Höltgen 2014, 2017, 2022). In ihr wird die Methodologie medienarchäologischer Theorien exemplarisch an computerhistorischen Gegenständen (diskursiven, immateriellen und materiellen Objekten) vollzogen und dabei in eine archäologisch fundierte (Computer)Geschichtskritik eingebettet. Dem Gegenstand Computer (in möglichst vielen seiner Ausformungen – digital, analog, unconventional, …) angemessen, werden vor allem Methoden der Informatik und Elektrotechnik eingesetzt, um das Spezifikum von Computern und Computerprozessen hervorzukehren: eine zugleich symbolisch, diagrammatisch und physikalisch basierte Operativität, die sich ausschließlich am eingeschalteten Gerät manifestiert und erfahrbar wird.

Computerarchäologie stellt zunächst zur Erforschung „historischer" Computersysteme verschiedene konkrete Methoden vor, welche die paradoxen Zeitgefüge (Medienzeit vs. historische Zeit), die nondiskursive Verfassung (die Signalebene) und die theoretischen Generalisierungsbemühungen medienwissenschaftlicher Forschung (kondensiert im Gebrauch des Kollektivsingulars „der Computer") erkennbar werden lassen. So wird die Frage nach der Historizität eines Computers als dem Gegenstand unangemessen abgewiesen, weil ein Computer aus Wissensbeständen besteht, die von der Gegenwart der operativen Maschine bis in die griechische Antike zurückreichen und zudem aus Theorien zur Berechenbarkeit, Formalisierungen der Logik und physikalischen Komponenten, welche individuelle „historische" Objekte darstellen, bestehen.[2] Konkrete „Zeitstempel", wie das Veröffentlichungsdatum eines Computermodells, wirken demgegenüber als ökonomische oder zeithistorische Reduktion und damit Elemente einer Technikgeschichtserzählung.

Die non-humane Perspektive aus der Sicht von Computerprozessen liefert demgegenüber zwar objektivere Erkenntnisse, kann als solche jedoch kaum diskursiv fixiert werden, ohne zugleich wieder in eine „Erzählung" zu münden. Daher schlägt Computerarchäologie den Selbstausdruck des Mediums in Form von *Demonstrationen* vor. Diese sind einerseits geeignet, um die spezifischen Zeitgefüge des Systems zu performieren (und messbar zu machen) und liefern andererseits ein stichhaltiges Argument für die totale Präsenz/s operativer Medien (und damit für ihre Ahistorizität im eingeschalteten Zustand). Schließlich schlägt Computerarchäologie vor, Elemente der Computergeschicht*schreibung* durch *Re-Enactments* zu supplementieren, um von den „oberflächlichen" Betrachtungen der Historiografie auf die Wissensbestände der Unterflächen wechseln zu können. Diese Vorgehensweise empfiehlt sich besonders auch dann, wenn vom Ausgangsobjekt lediglich noch Befunde vorliegen (etwa Schaltpläne und Entwürfe nie realisierter Maschinen, vgl. Swade 2000, siehe Abb. 9.2). Hierin zeigt Computerarchäologie eine gewisse Nähe zu Methoden der experimentellen Archäologie (vgl. Kap. 3.6.4 und 5.4.1).

Computerarchäologie findet dabei nicht nur in akademischen Kontexten statt, sondern vor allem im so genannten „Retrocomputing". Dabei werden (vor allem von Hobby-

---

2 Im Sinne der Facharchäologie wäre ein Computer ein ‚geschlossener Fun‘, dessen ‚epistemologische Straten‘ eben noch zu ergründen wären.

**Abb. 9.2:** Das Re-enactment der Difference Engine No. 2 – 1991 vollständig aus Entwürfen Charles Babbages konstruiert (Quelle: Wikipedia, GFDL CC-BY-SA, Autor: geni)

isten aber auch zunehmend von Computermuseums-Kuratoren) anachronistisch anmutende Experimente mit „historischen" Computern durchgeführt: Alte Computer werden mit neuen Ersatzteilen repariert; an sie werden neue Peripherien (z. B. Massenspeicher, Flachbildschirme, Vernetzungsschnittstellen) adaptiert; neue Software wird in obsoleten Programmiersprachen für sie entwickelt oder alte Software debuggt[3] und in ihren Codes nach Programmierwissen gesucht. Ein Beispiel hierfür liefert das bereits diskutierte Beispiel des Atari-VCS-Computerspiels „E. T. – The Extra-Terrestrial" (vgl. Kap. 7.1.1).

2012, zwei Jahre, bevor die archäologische Grabung in der Wüste von Alamogordo stattfand, bei der Module des Spiels (sowie andere Objekte, die dort 1983 von der Firma Atari entsorgt wurden) geborgen wurden, hat sich eine Gruppe US-amerikanischer Hobbyisten zur Aufgabe gesetzt, die Gründe für den Misserfolg des Spiels *in dessen Programmcode* zu suchen und zu beseitigen. Hierzu wurde das Programm disassembliert (vgl. Band 2, Kap. II.2.6), kommentiert und sein logischer Aufbau dargestellt. Dann wurden die verschiedenen Kritikpunkte, die zurzeit seines Erscheinens in der Spielepresse genannt wurden[4], im Code identifiziert und Schritt für Schritt bearbeitet. Hierbei mussten sich die Game-Hacker an die engen Grenzen des Systems (vor allem an den

---

3 Solch ein Eingriff in die Archivalie schließt mit Wolfgang Ernst an die ursprüngliche Bedeutung von Archäologie an: „Dionysius von Halikarnaß meint *archaiologia* schlicht die Redaktion, das Bearbeiten alter Nachrichten." (Ernst 2004:253f.)

4 Diese Punkte haben bis in die Gegenwart dazu geführt, dass „E. T." als das „schlechteste Spiel aller Zeiten" (Guins 2014:225) bezeichnet und zentraler Grund für den so genannten „Video Game Crash" (Guins 2014:207ff.) angeführt wird.

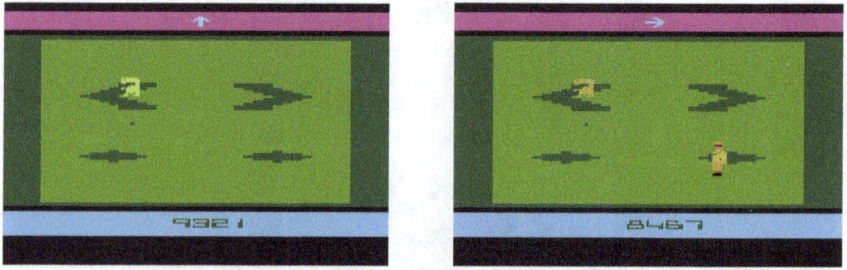

**Abb. 9.3:** E. T. im Originalspiel (li.) & E. T. im ‚gefixten‘ Spiel (re.) (Richardson 2013)

geringen Speicherplatz des Spiel-ROMs und an das empfindliche Timing des Bildaufbaus der Spielkonsole) halten und mit eingen Tricks arbeiten.

Die Webseite des Projektes[5] dokumentiert die Vorgehensweise sowie alle Änderungen, die am Spielcode vorgenommen wurden und liefert am Ende eine „gefixte“, lauffähige Version von „E. T. – The Extra-Terrestrial“. En passent entdeckten die „Redakteure“ bei ihrer Arbeit, dass einige der damaligen Kritikpunkte am Spiel auf der für diese Zeit noch ungewöhnlichen Spielperspektive und dem elaborierten Level-Design basierten – also schlicht unzeitgemäß (ihrer Zeit voraus) und nicht etwa fehlerhaft waren. Zu guter letzt bauten die Programmierer noch zusätzliche „Easter Eggs“ in das Spiel ein. Eine solche Vorgehensweise würde in einem museologischen oder historiografischen Kontext als unüblich, ja sogar „geschichtsverfälschend“ angesehen. Die „historische Authentizität“ des Originals zu „beschädigen“, würde hier als problematisch empfunden.

Bei genauerer Betrachtung zeigt sich allerdings, dass es gar nicht das historische Spiel (in seinem „gefrorenen“ Zustand als ROM-Modul oder Archivalie) ist, dem die Programmierer hier zuleibe gerückt waren. Vielmehr war der *Diskurs um das Spiel*, der sich aus nicht-medientechnischem Wissen speist, welcher hier einer Korrektur unterzogen wurde. Das eigentliche Ziel dieses „Fixing“-Prozesses war also nicht ein „Debugging“ des Spiels (etwa, um es besser verkaufen zu können), sondern die „Freilegung“ eines durch anekdotische Diskurse überlagerten Objektes. Die Programmierer betonen mehrfach, dass es ihnen um die Rehabilitierung eines Spiels, das in vielem seiner Zeit voraus war, ging. Dabei wurde nebenher der Programmierstil des ursprünglichen Entwicklers (Howard Scott Warshaw) sowie Programmiertricks, die um 1983 verwendet wurden, sichtbar gemacht. Beide Aspekte sind Elemente eines unterflächlichlichen symbolischen Wissens, das die oberflächliche Ausgestaltung des Spiels und damit den Diskurs, der sich um es entwickelt hat, deutlich mit-formatierten, dabei aber selbst unsichtbar blieben.

---

5 http://www.neocomputer.org/projects/et/ (Abruf: 10.01.2023)

## 9.4 Archäologische Medienarchäologie

Es hat sich gezeigt, dass das Programm der Medienarchäologie zwar einige thematische und methodologisches Schnittstellen zur Facharchäologie besitzt. Statt Dokumente und Monumente zur historischen Zuordnung zu suchen, wird jedoch Historisierung als nachträgliche Sinnzuschreibung (in Form von Chronologien, Kausalitäten, Fortschrittsnarrationen u. a.) abgelehnt. Medien sollen als Objekte für sich selbst sprechen und nicht allein über ihre Inhalte Zeugenschaft für etwas anderes ablegen. Und trotz dieser Diskrepanz zwischen Fach- und Medienarchäologie zeigen sich in dem Moment produktive Überschneidungen und Kooperationen, wo Facharchäologie Medien als Forschungsinstrumente einsetzt.

Heute wird keine Wissenschaft mehr ohne den Einsatz technischer Medien gelehrt, gelernt oder betrieben. Bereits die Verwendung von Papier (oder eines anderen Schreibsubstrats), Tinte (oder anderer Pigmente) und Schreibmaschine hat „an unseren Gedanken mitgeschrieben", wie Friedrich Nietzsche dies schon 1882 konstatierte (vgl. Nietzsche 2003:18). Und spätestens seit dem Einsatz des Fernrohrs in der Astronomie fußten Wissenschaften mehr und mehr auf durch Apparate gestützter Forschung. Computer und Medien, die Computerprozesse durchführen, sind auf diesem Feld heute allgegenwärtig. Dies gilt auch für die Facharchäologie, wie das Kapitel 5 an vielen Beispielen vorgeführt hat. Medien werden hier zur Analyse, zur Simulation, zur Dokumentation und zur Proliferation archäologischer Gegenstände und Erkenntnisse eingesetzt. Und viele moderne Verfahren und Methoden sind überhaupt erst mittels Computereinsatz möglich bzw. aus diesem hervorgegangen. (Vgl. Abb. 9.4)

Damit kommt ein Aspekt von Medienarchäologie zum tragen, der hier zum Schluss ins Bewusstsein gerückt werden soll, weil er eine wichtige Motivation für die Erarbeitung *medientechnischen Wissens* darstellt: Medienarchäologie versucht diejenigen Elemente von Wissen zu kennzeichnen, die durch Medien bestimmt und formatiert werden, und darzulegen, welche spezifischen Einflüsse eine Medientechnologie auf die Ausgestaltung solchen Wissens nimmt. Dies verfolgt im Prinzip schon das eingangs von Michel Foucault vorgestellte Programm einer Diskursarchäologie – abermals übertragen auf Medientechnologie als nicht-menschliche Akteure, die die Entstehung, Verarbeitung, Verbreitung und Bewahrung von Wissensbeständen mitbestimmt. Dieser Faktor wird vor allem dann brisant, wenn das durch ihn bestimmte und beeinflusste Wissen ohne Medientechnologie gar nicht erreichbar wäre. Dann werden die medientechnischen Methoden und Werkzeuge im Prinzip selbst zu Forschern und Wissensgeneratoren.

Den Einfluss, den sie auf das (nicht nur aber hier vor allem *wissenschaftlich* gemeinte) Wissen nehmen, gilt es für jeden Erkenntnisprozess zu kennen und zu berücksichtigen. Aus diesem Einfluss entstehen komplexe Diskurse, Blindheiten, Vorurteile, Filterungen aber auch neue Perspektiven und Zugriffe auf Informationen, die ohne Medientechnik unerreichbar oder unbekannt geblieben wären. Zwei markante Beispiele hierfür sind der Einsatz von *Simulationen* oder Verfahren der *künstlichen Intelligenz*. Beide finden in der Facharchäologie wie auch in anderen Wissenschaften zunehmend Einsatz. Ihre

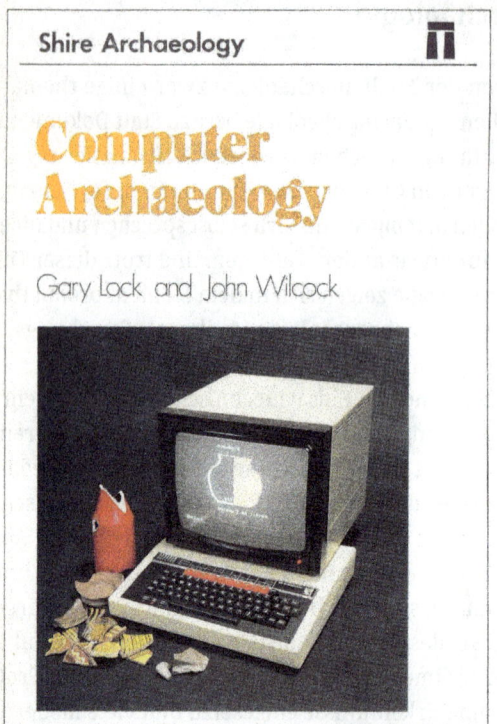

**Abb. 9.4:** Computereinsatz in der Archäologie bereits 1987 (Lock/Wilcock 1987)

algorithmischen Vorgehensweisen zu kennen und zu wissen, welchen Einfluss diese auf Informationen, Daten und schließlich das daraus gewonnene Wissen nehmen, erscheint unerlässlich, um eine (gegenüber solchen Werkzeugen) emanzipierte und aufgeklärte Forschung betreiben zu können. Medienarchäologie wird in ihrem Ansatz, „Medientechnik zu wissen", damit zu einer heute unerlässlichen Hilfswissenschaft.

# 10 Anhang

## Wichtige Personen der Archäologischen Forschung

(Die folgende Liste beinhaltet nur die im Text aufgeführten Wissenschaftler.)

- Bernbeck, Reinhard (geb. 1958) – Deutscher Vorderasiatischer Archäologe.
- Binford, Lewis Roberts (1931–2011) – US-amerikanischer Archäologe.
- Biondo, Flavio (1392-1463) – Italienischer Historiker, Humanist und Begründer der antiquarischen Topografie.
- Boucher de Perthes, Jacques Boucher de Crèvecoeur (1788-1868) – Französicher Zollinspektor und Kommandant der Küstenwache.
- Carter, Howard (1874-1939) – Britischer Ägyptologe.
- Childe, Vere Gordon (1892-1957) – Australisch-britischer Archäologe und Archäologietheoretiker.
- Clarke, David Leonard (1937-1976) – Britischer Prähistoriker.
- Collingwood, Robin George (1889-1943) – Philosoph und Historiker.
- Conze, Alexander (1831-1914) – Deutsche Archäologe und Hochschullehre.
- Crawford, Osbert Guy Stanhope (1886-1957) – Britischen Archäologen und Pilot.
- Cuvier, Georges Léopold Chrétien Frédéric Dagobert, Baron de (1769-1832) – Französischer Naturforscher und Zoologe.
- Douglass, Andrew Ellicott (1867–1962) – US-Amerikanischer Astronom und Begründer der Dendrochronologie.
- Eggers, Hans Jürgen (1906-1975) – Deutscher Prähistoriker.
- Fuhlrott, Johann Carl (1803-1877) – Deutscher Naturforscher.
- Harris, Edward (geb. 1946) – Britischer Archäologe und Direktor des Bermuda Maritime Museum.
- Heyerdahl, Thor (1914-2002) – Norwegischer Archäologe, Anthropologe und Ethnologe.
- Hodder, Ian Richard (geb. 1948) – Britischer Archäologe.
- Hume, David (1711-1776) – Schottischer Philosoph und Historiker.
- Jacob-Friesens, Karl Hermann (1886-1960) – Deutscher Prähistoriker.
- Jankuhn, Herbert (1905-1990) – Deutscher Prähistoriker, prägte die moderne Siedlungsarchäologie.
- Kossinnas, Gustaf (1878–1931) – Deutscher Prähistoriker.
- Lubbock, John (1834-1913) – Britischer Anthropologe, Paläontologe, Entomologe und Botaniker.
- Lyells, Charles Lyell (1797–1875) – Britischen Geologe.
- Montelius, Gustaf Oscar Augustin (1843-1921) – Schwedischer Prähistoriker.
- de Mortillet, Louis Laurent Gabriel (1821–1898) – Französischer Paläolithiker.
- de La Peyrère, Isaac (1596-1676) – Französischer Diplomat.

https://doi.org/10.1515/9783111036540-027

- Ramsauer, Johann Georg (1795-1874) – Österreichischer Bergwerksbeamter und Archäologe.
- Ratzel, Friedrich (1844-1904) – Deutscher Zoologe und Geograf.
- Schaaffhausen, Hermann (1816-1893) – Deutscher Anthropologe und Naturwissenschaftler.
- Schiffer, Michael Brain (geb. 1946) – US-amerikanisch-kanadischer Archäologe und Anthropologe.
- Schliemann, Johann Ludwig Heinrich Julius (1822-1890) – Deutscher Kaufmann und Archäologe.
- Thomsen, Christian Jürgensen (1788–1865) – Dänischer Altertumsforscher.
- Trigger, Bruce Graham (1937 -2006) – Kanadischer Anthropologe und Archäologe.
- Usher, James (1581-1656) – Irischer anglikanischer Theologe und Erzbischof.
- Virchow, Rudolf Ludwig Carl (1821-1902) – Deutscher Prähistoriker, Anthropologe, Pathologe, Pathologischer Anatom, Arzt und Politiker.
- Winkelmann, Johann Joachim (1717-1768) – Deutscher Archäologe, Schriftsteller, Bibliothekar und Antiquar.
- Worsaae, Jens Jacob Asmussen (1821–1885) – Dänischer Archäologe.

## Lektüreeempfehlungen

Im Folgenden wird eine Anzahl von einführenden oder Standardwerken zu Themengebieten vorgestellt, die sich als Vertiefung der in diesem Kapitel vorgestellten Themen empfehlen lassen.

*Schröter, J. (2022): Medienarchäologie der digitalen Medien. (Siehe Bibliografie)*
Der Medienwissenschaftler Jens Schröter stellt konzise die Notwendigkeit eines medienarchäologischen Methodensets angesichts technischer Medien (und vor allem digital-technischer Medien) dar. Er benennt beispielhafte Anwendungsfälle und zeigt den Mehrwert, den eine zusätzliche medienarchäoligsche Methodik bei der Erforschung von Medien und ihrer Entstehung erbringt.

*Eggers, Hans J. (2018): Einführung in die Vorgeschichte. Frankfurt am Main: Westhafen.*
Auch wenn „der Eggers" in manchen Bereichen nicht mehr ganz up-to-date ist, so bietet er doch eine fundierte Einführung in das, was Archäologie ist und wie sie funktioniert. Damit ist er gerade für Laien und am Studium der Archäologischen Wissenschaften Interessierte lesenswert.

*Bernbeck, Reinhard (1997): Theorien in der Archäologie (Reihe UTB). Marburg: Francke.*
Bernbecks zusammenfassende Darstellung der wichtigsten und einflussreichsten Theorien in der Archäologie ist für alle Archäolog:innen eine gute Einführung in die wichtigsten Aspekte der theoretischen Debatten im Fach. So werden z. B. die prozessuale und die darauf reagierende postprozessuale Archäologie, sowie marxistische und feministische

Ansätze besprochen. Des Weiteren werden die theoretischen Grundlagen zu einer Vielzahl von archäologischen Methoden beschrieben.

*Gersbach, Egon (1998); Ausgrabung heute. Methoden und Techniken der Feldgrabung. Stuttgart; Theiss.*
Für diejenigen, die wissen wollen, wie Feldarchäologie tatsächlich durchgeführt wird, liefert Gersbachs „Ausgrabung heute" detaillierte Antworten. Archäologie ist eben mehr als mit einem Spaten Artefakte aus der Erde auszugraben Diese praxisorientierte Einführung zeigt in prägnanter Darstellung, welches Handwerk hinter der Feldarbeit der Archäolog:innen steckt und ist dabei auch für Laien verständlich geschrieben.

*Cunliffe, Barry (1996): Illustrierte Vor- und Frühgeschichte Europas. Frankfurt am Main: Campus.*
Dieses Buch bietet eine reich bebilderte Darstellung der archäologischen Entwicklung Europas von seiner ersten Besiedlung durch den Menschen und den ersten bäuerlichen Kulturen, über die Bronze- und Eisenzeit sowie das römische Reich bis zu den Kulturen der ersten Jahrhunderte nach unserer Zeitrechnung. Dabei werden nicht nur die materiellen Hinterlassenschaften beschreiben, sondern es wird auch auf die damaligen Gesellschaften und die sich verändernde Umwelt und Landschaft Europas eingegangen.

*Daniel, Glyn/Rehork, Joachim (1993): Enzyklopädie der Archäologie. Augsburg: Weltbild.*
Diese Enzyklopädie bietet über 1800 Stichwörter zur Archäologie der Alten und Neuen Welt durch alle Epochen und zu zahlreichen Fundplätzen. Dabei ist es sowohl für den Fachmann als auch den Laien leicht verständlich geschrieben.

*Wagner, Günther A. (2007): Einführung in die Archäometrie. Berlin: Springer Verlag.*
In seiner Einführung gibt Wagner einen fundierten Überblick über die in der Archäologie angewendeten naturwissenschaftlichen Methoden, besonders in Hinblick auf Datierungs- und Prospektionsmethoden, sowie Materialanalysen. Die Methoden werden anhand von Fallbeispielen erläutert.

*Schnapp, Alain (2010): Die Entdeckung der Vergangenheit: Ursprünge und Abenteuer der Archäologie. Stuttgart: Klett-Cotta; 2. Edition.*
Eine nicht zu wissenschaftliche (Forschungs-)Geschichte der Archäologie, die mehrere hundert Jahre andauerte und immer noch nicht abgeschlossen ist.

## Zitierte Literatur

Bernbeck, Reinhard (1997): Theorien in der Archäologie Tübingen/Basel: A. Francke.

Binford, Lewis (1962): Archaeology as Anthropology. American Antiquity 28, 1962, S. 217–225.

Bogost, Ian (2012): Alien Phenomenology, or What It's Like to Be a Thing. London/Minneapolis: University of Minnesota Press.

Boucher de Perthes, Jacques (1847): Antiquités celtiques et antédiluviennes: Mémoire sur l'industrie primitive et les arts à leur origine. 1 – Paris: Treuttel et Wurtz [u. a.] 1847.

Caviezel-Rüegg, Zita (2012): „Schwab, Friedrich", in: Historisches Lexikon der Schweiz (HLS), Version vom 21.11.2012. Online: https://hls-dhs-dss.ch/de/articles/027767/2012-11-21/ (Abruf: 04.10.2023).

Childe, Vere Gordon (1929): The Danube in Prehistory. Oxford: At The Calrendon Press.

Cobet, Justus (2007): Schliemann, Heinrich. In: Neue Deutsche Biographie (NDB), Band 23, https://www.deutsche-biographie.de/pnd118608215.html (Abruf: 07.08.2024)

Collingwood, Robin George (1955): Philosophie der Geschichte. Stuttgart: Kohlhammer.

Crawford, Osbert Guy Stanhope (1928): Air Survey and Archaeology. Southampton: Ordnance Survey .

Crawford, Osbert Guy Stanhope (1929): Air-Photography for Archaeologists. Richmont: Her Majesty's Stationery Office..

Cuvier, Georges (1825): Discours sur les Révolutions de la surface du Globe, et sur les changemens qu'elles ont produits dans le règne animal. Paris: Chez Edmond D'Ocagne.

de Saussure, F. (1967): Grundfragen der allgemeinen Sprachwissenschaft. Berlin: Walter de Gruyter & Co.

Eggers, Hans Jürgen (1959): Einführung in die Vorgeschichte. Berlin: scrîpvaz.

Eggert, Manfred K. H. (1978): Prähistorische Archäologie und Ethnologie. Studien zur amerikanischen New Archaeology, in: Prähistorische Zeitschrift, Nr. 53, 1978, S. 6–164.

Ernst, Wolfgang (2004): Das Gesetz des Sagbaren. Foucault und die Medien. In: Gente, Peter (Hg): Foucault und die Künste. Frankfurt am Main: Suhrkamp, S. 238–259.

Ernst, Wolfgang (2007): Das Gesetz des Gedächtnisses. Medien und Archive am Ende (des 20. Jahrhunderts). Berlin: Kadmos.

Ernst, Wolfgang (2012): Gleichursprünglichkeit. Zeitwesen und Zeitgegebenheit technischer Medien. Berlin: Kadmos.

Ernst, Wolfgang (2021): Technológos in Being. Radical Media Archaeology and the Computational Machine. New York u. a.: Bloomsbury.

Foucault, Michel (1977): Überwachen und Strafen. Frankfurt am Main: Suhrkamp.

Foucault, Michel (1981): Archäologie des Wissens. Frankfurt am Main: Suhrkamp.

Foucault, Michel (1991): Die Ordnung des Diskurses. Frankfurt am Main: Suhrkamp.

Foucault, Michel (2001): Foucault antwortet Sartre [Gespräch mit J.-P. Elkabbach]. In: Ders.: Dits et Ectirs. Schriften Band I: 1954–1969. Frankfurt am Main: Suhrkamp, S. 845–852.

Fuhlrott, Johann Carl (1859): Menschliche Ueberreste aus einer Felsengrotte des Düsselthals. Verhandlungen des naturhistorischen Vereins der preussischen Rheinlande und Westphalens. Duisburg: W. Falk & Volmer.

Gleser, Ralf (2007): Zur Idee von Vor- und Frühgeschichte als historischer Wissenschaft. Forschungsmagazin der Universität des Saarlands, Heft 2, 2007, S. 42ff.

Guins, Richard (2014): Game After. A Cultural Study of Video Game Afterlife. London/Cambrdige: MIT Press.

Hakelberg, Dietrich & Wiwjorra, Ingo (Hgg.) (2010): Vorwelten und Vorzeiten: Archäologie als Spiegel historischen Bewußtseins in der Frühen Neuzeit. (Wolfenbütteler Forschungen; 124) Wiesbaden: Harrassowitz.

Harris, Edward Cecil (1989): Principles of Archaeological Stratigraphy. O. O.: academic Press.

Heyerdahl, Thor (1949): Kon-Tiki. Wien: Ullstein

Hodder, Ian (1991): Reading the Past. Current Approaches to Interpretation in Archaeology. New York u. a.: Cambridge University Press.

Hodder, Ian (1995): Interpreting Archaeology. Finding Meaning in the Past. London/New York: Routledge.

Höltgen, Stefan (2014) (Hg.): Shift – Restore – Escape. Retrocomputing und Computerarchäologie. Winnenden: CSW.

Höltgen, Stefan (2017/2021): RESUME. Hands-on Retrocomputing. (Reihe: Computerarchäologie, Band 1.2, 2. erweiterte Auflage) Bochum: Projektverlag.

Höltgen, Stefan (2022): >OPEN HISTORY_ Archäologie des Retrocomputings. Berlin: Kadmos.

Hume, David (1739): A Treatise of Human Nature: Being an Attempt to introduce the experimental Method of Reasoning into Moral Subjects. London: John Noon

Jacob-Friesen, Karl Hermann (1928): Grundfragen der Urgeschichtsforschung: Stand und Kritik der Forschung über Rassen, Völker und Kulturen in urgeschichtlicher Zeit ; [Festschrift zur Feier des 75jährigen Bestehens des Provinzial-Museums]. In: Veröffentlichungen der Urgeschichtlichen Sammlungen des Provinzial-Museums zu Hannover, Band 1: Hannover.

Jürgensen Thomsen, Christian (): Ledetraad til nordisk Oldkyndighed. Det kongelige nordiske oldskriftselskab, 1836.

Kittler, Friedrich (1987): Grammophon – Film – Typewriter. Berlin: Brinkmann & Bose.

Kossianna, Gustav (1911): Die Herkunft der Germanen. Zur Methode der Siedlungsarchäologie, Würzburg: Kabitzsch, S. 3; zitiert nach Grünert, Heinz (1992): Ur- und Frühgeschichtsforschung in Berlin. In: Reimer Hansen, Wolfgang Ribbe (Hgg.): Geschichtswissenschaft in Berlin im 19. und 20. Jahrhundert. Persönlichkeiten und Institutionen. Berlin u. a.: Walter de Gruyter, S. 114.

Lock, Gary & Wilcock, John (1987): Computer Archaeology. London: Shire Publications.

Mayer, F. J. C. (1864): Ueber die fossilen Ueberreste eines menschlichen Schädels und Skeletes in einer Felsenhöhle des Düssel- oder Neander-Thales. In: Archiv für Anatomie, Physiologie und wissenschaftliche Medicin. (Müller's Archiv), Nr. 1, 1864, S. 1–26.

McLuhan, Marshall (1964). Understanding Media: The Extensions of Man. Milton Park: Routledge.

Mommsen, Hans (2007): Tonmasse und Keramik: Herkunftsbestimmung durch Spurenanalyse. In: Wagner, G. (Hg.): Einführung in die Archäometrie. Berlin: Springer, S. 179–192.

Montelius, Oskar (1899): Der Orient und Europa; Einfluss der orientalischen Cultur auf Europa bis zur Mitte des letzten Jahrtausends v. Chr. Stockholm: Königl. Adakad. der schönen Wissenschaften.

Montelius, Oskar (1903): Die typologische Methode. Die älteren Kulturperioden im Orient und in Europa 1, Stockholm: Selbstverlag des Verfassers.

Nake, F. (2006): Das Doppelte Bild. In: Bredekamp, H./Bruhn, M./Werner, G. (Hgg.): Bildwelten des Wissens. Berlin: Akademie-Verlag, S. 40–50.

Nietzsche, F. (2003): Schreibmaschinentexte. Vollständige Edition, Faksimiles und kritischer Kommentar. Aus dem Nachlass herausgegeben von Stephan Günzel und Rüdiger Schmidt-Grépály. Weimar: Universitätsverlag.

Nockemann, Guido (2017): Die bandkeramische Siedlungsgruppe Weisweiler 107 / Weisweiler 108 im Schlangengrabental, Heidelberg: Propylaeum (Archäologische Berichte, Nr. 28: Band 1. Dokumentation und Auswertung sowie Nr. 29: Band 2. Anhang und Tafeln).

Parikka, J. (2012): What is Media Archaeology? Cambridge/Malden: polity.

Parkinson, Richard Bruce (2022): Howard Carter und das Grab des Tutanchamun: Geschichte einer Entdeckung. Darmstadt: wbg Philipp von Zabern

Pertlwieser, Margarita & Zapfe, Helmuth (1983): Ramsauer Johann Georg, Bergmann und Ausgräber. In: Österreichische Akademie der Wissenschaften (Hg.): Österreichisches Biographisches Lexikon 1815–1950 (ÖBL). Band 8, Wien: Verlag der Österreichischen Akademie der Wissenschaften, S. 409.

Pettitt, Paul & White, Mark (2013): John Lubbock, caves, and the development of Middle and Upper Palaeolithic archaeology – Published online 2013 Nov. 27. DOI: 10.1098/rsnr.2013.0050.

Pfannenstiel, Max (1973): Der fossile Mensch in der Geschichte der Geologie. In: Quartär – Jahrbuch für Erforschung des Eiszeitalters und der Steinzeit, Bd. 23/24 (1972/1973). Bonn: Ludwig Röhrscheid Verlag, Seite 1–19.

Ratzel, Friedrich (1882): Anthropogeographie: Die geographische Verbreitung des Menschen, 1882–1891. (Nachdruck). Norderstedt: Vero Verlag.

Reinhard, Andrew (2019): Sojainnedy Kibits (Binoscopes Pad) [data-set]. York: Archaeology Data Service [distributor] https://doi.org/10.5284/1056629.

Richardson, David (2013): Fixing E. T. The Extra-Terrestrial for the Atari 2600. http://www.neocomputer.org/projects/et/ (Abruf: 05.09.2024).

Schaaffhausen, Hermann (1888): Der Neanderthaler Fund. Bonn: Adolph Marcus.

Schiffer, Michael (1972): Archaeological Context and Systemic Context. In: American Antiquity. Vol. 37, No. 2, S. 156–165.

Schrenk, Friedemann & Müller, Stephanie (2005): Die Neandertaler. München: Beck.

Schröter, J. (2022): Medienarchäologie der digitalen Medien. In: Stollfuß, S./Niebling, L./Raczkowski, F. (Hgg.): Handbuch Digitale Medien und Methoden. Wiesbaden: Springer VS. DOI: https://doi.org/10.1007/978-3-658-36629-2_21-1

Shannon, C. E. (1948): A Mathematical Theory of Communication. in: The Bell System Technical Journal, Vol. 27 (July, October, 1948), S. 379–423, 623–656.

Swade, D. (2000): Virtual Objects. Threat or Salvation. In: Lindqvist, S. (Hgg.): Museums of Modern Science. Canton: Science History Publications/USA, S. 139–147.

Trigger, Bruce (2006): A History of Archaeological Thought. Cambridge/New York: Cambridge University Press.

Webb, George Ernest (1983): Tree Rings and Telescopes. The Scientific Career of A. E. Douglass. Tucson: University of Arizona Press.

# Schlagwortverzeichnis

## Namen

https://doi.org/10.1515/9783111036540-028

Wells, Herbert George  206[FN]
Wheeler, David John  199
Wiener, Norbert  6, 143, 145, 147, 150, 158, 167,
    169f., 254f., 257, 263
Winckelmann, Johann Joachim  285

Wozniak, Steven  90
Zemanek, Heinz  81, 182
Zielinski, Siegfried  384
Ziv, Jacob  199
Zuse, Konrad  58, 70, 77, 85f., 99, 205[FN]

## Apparate

Altair 8800  76
AN/FSQ-7  79
Arduino  XIV
Atari-VCS/2600  115, 368, 370, 389
Barry-Atanasov-Computer  79
C64 s. Commodore 64
Colossus  79
Commodore 64  115, 366f.
ENIAC  79, 131
Geophon  332
GPS  328
IBM 1311  236
IBM 2314  236
IBM 350  236
IBM 370/145  220
Kugelrechenmaschine  s. Machina Arithmeticae
    Dyadicae
Machina Arithmeticae Dyadicae  58, 106f.
Mailüfterl  81

Mark I  77
Mark II  77
Minicomputer  75, 83, 109, 115[FN]
MONIAC  85
MOS 6502  XIV, 115–126, 135, 138
OPREMA  217
Papiermaschine  39, 45
Setun  130f.
Setun-70  131
Tachymeter  325f., 328
Taschenrechner  60, 71
Tischrechner  83, 106
TX-0  81
Zuse Z1  58, 70, 85f., 99
Zuse Z3  77
Zuse Z4  77
Zuse Z22  374, 377
Zuse Z23  374–380

## Begriffe

3D  302, 319, 325
8-Bit  16, 96[FN], 97, 108, 113, 115, 126, 199, 366
Abfall  214, 243, 303, 313f., 319, 335, 341
Absorptionsgesetz  36f., 50, 212
Abstraktion  17, 58, 73, 154
A/D-Wandler (ADU)  5, 175, 180
Adaption  40, 368, 389
Addition  49, 58, 61, 62–65, 68, 92, 101, 121, 125f.,
    178
Adjunktion  23–25, 32, 34–37, 40, 49, 51–53, 56, 88,
    92[FN], 119, 123f., 128
Adresse (A.-Bus)  98, 112[FN], 119–124, 126f., 212,
    372
Adressierungsarten  115f., 118
AEG  231, 233

ahistorisch  388
Algebra  15f., 35, 39, 40, 48f., 158
– Boole'sche Algebra  15f., 30, 40, 45, 48–53, 54, 58,
    62, 64, 92[FN], 128, 130[FN], 133, 135, 137f.
– Schaltalgebra  15f., 29, 73–114, 135, 158
ALGOL 60  374
Algorithmus (A. Kodierung)  XV, 6f., 13, 16, 54,
    65–67, 125f., 136, 160, 162, 197, 208, 223, 254f.,
    265, 337, 374, 392
Alphabet  2, 159f., 162, 170
ALU  98, 106, 108–110, 116, 118f., 121
Amplitude  114, 174–177, 260
– Spannungsamplitude  114
– Amplitudewerte  179
– Amplitudestufen  175, 178, 180, 183–185, 194f.

www.ingramcontent.com/pod-product-compliance
Lightning Source LLC
Chambersburg PA
CBHW080646220326
41598CB00033B/5130